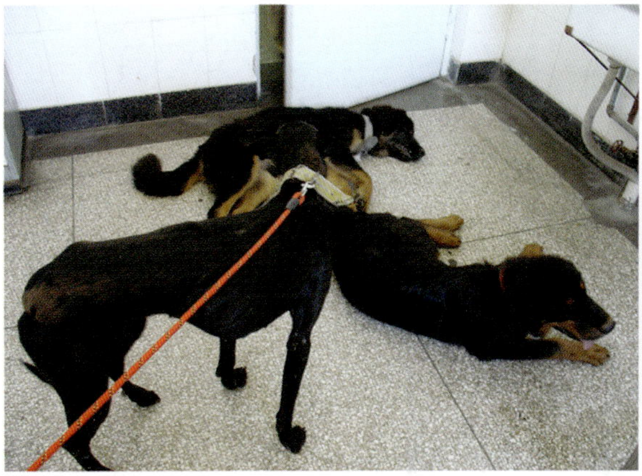

彩图 2-1 伪狂犬病 —— 病犬精神沉郁、流涎

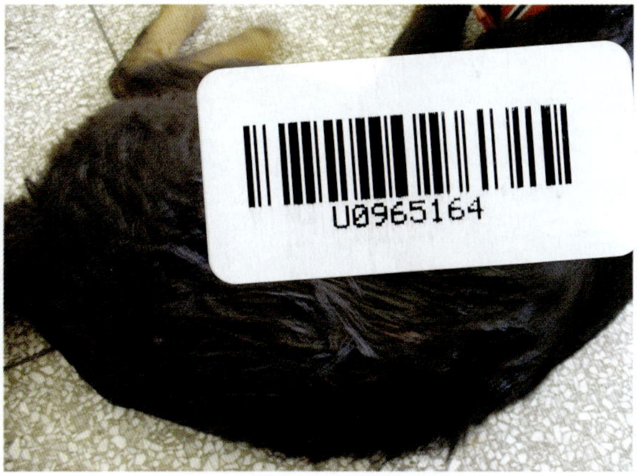



彩图 2-2 伪狂犬病 —— 病犬尖叫、抽搐

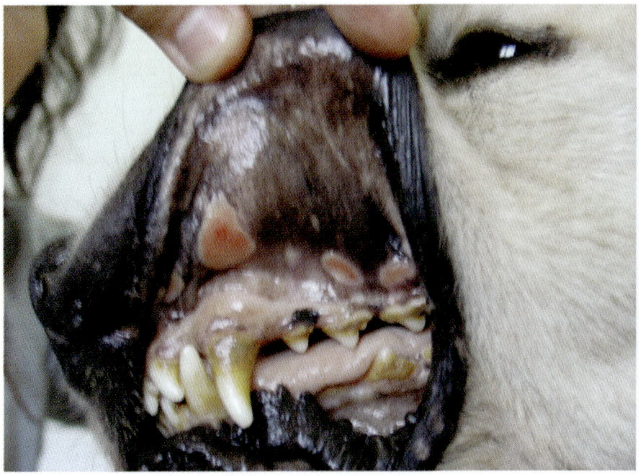

彩图 6-1 口炎

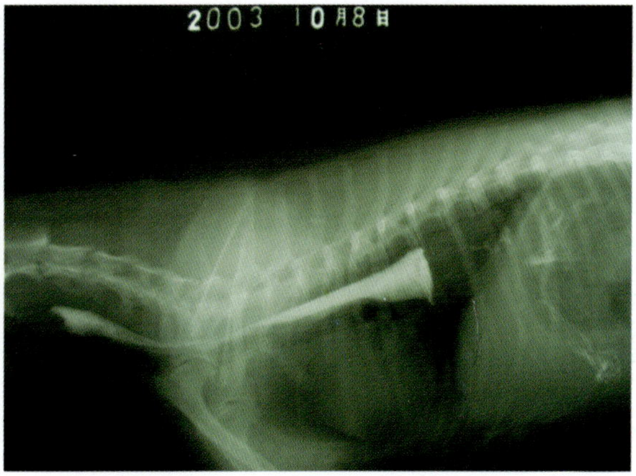


彩图 6-2 食道阻塞的 X 射线照片

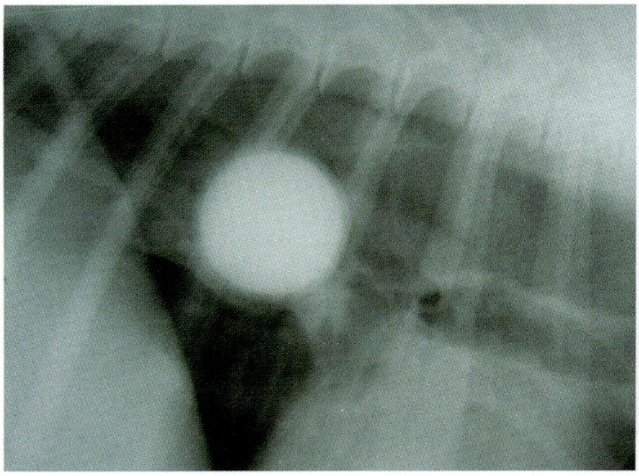

彩图 6-3 食道鼠标球堵塞

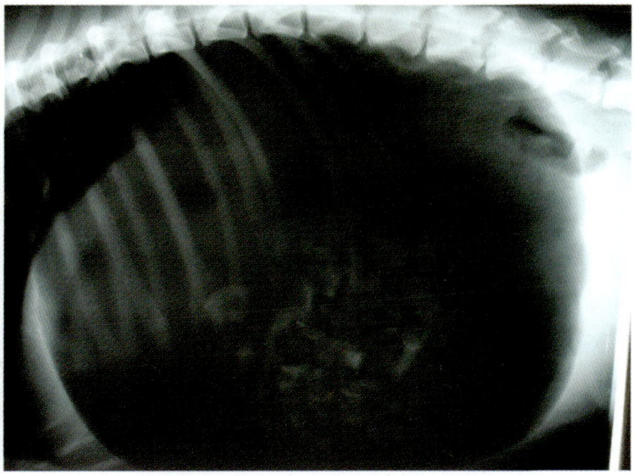

彩图 6-4 胃扩张的 X 射线照片

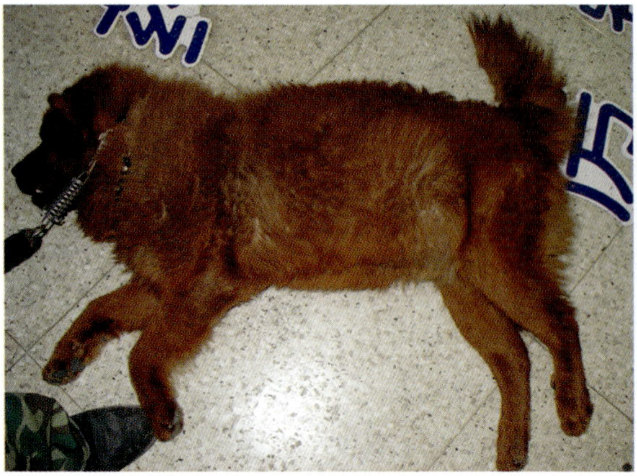

彩图 6-5 胃扩张的犬

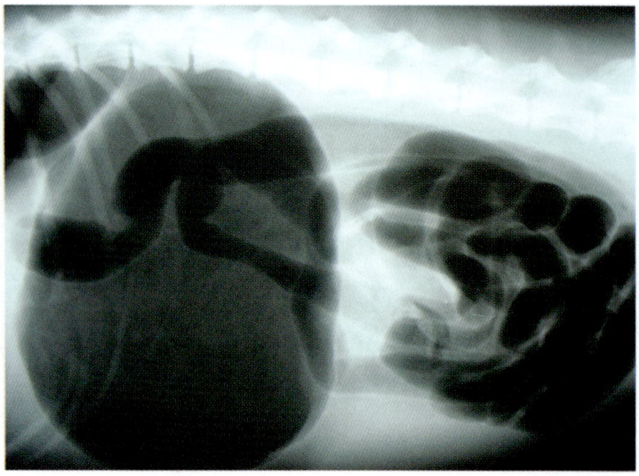

彩图 6-6 胃肠臌气

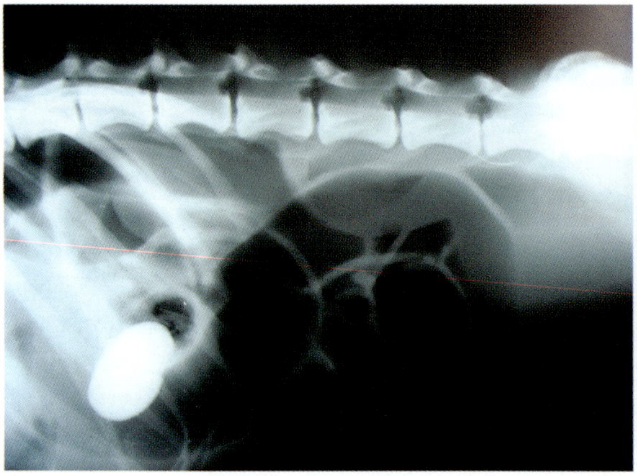

彩图 6-7 石头阻塞性肠臌气

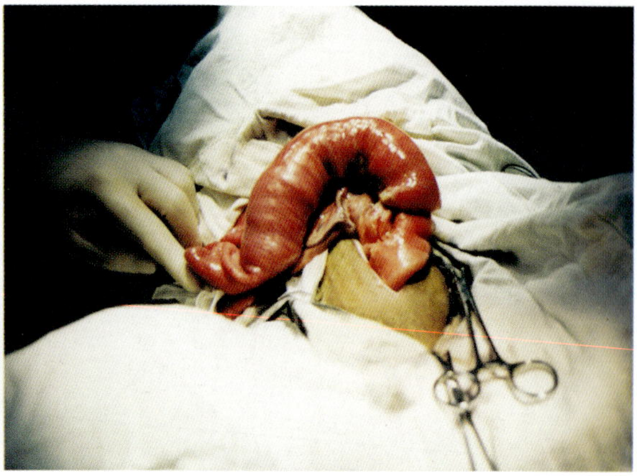

彩图 6-8 肠套叠

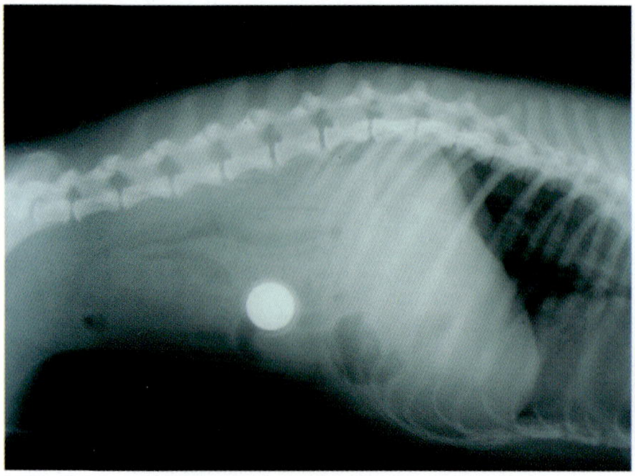

彩图 6-9 鼠标球在小肠阻塞

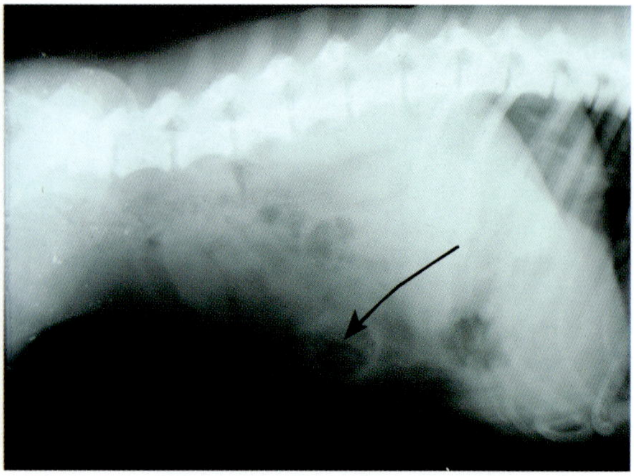

彩图 6-10 橡皮垫在小肠阻塞

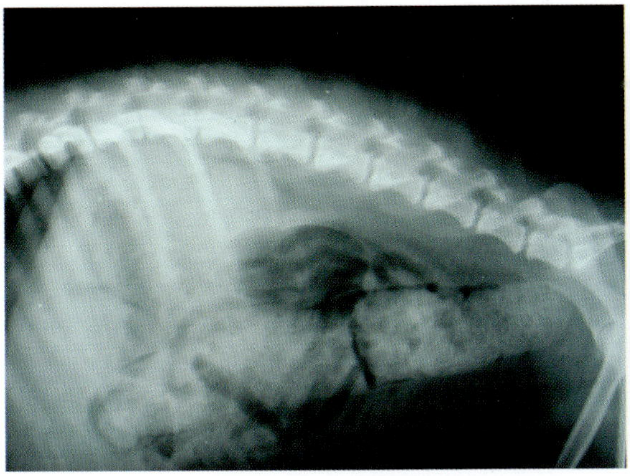

彩图 6-11 肠便秘

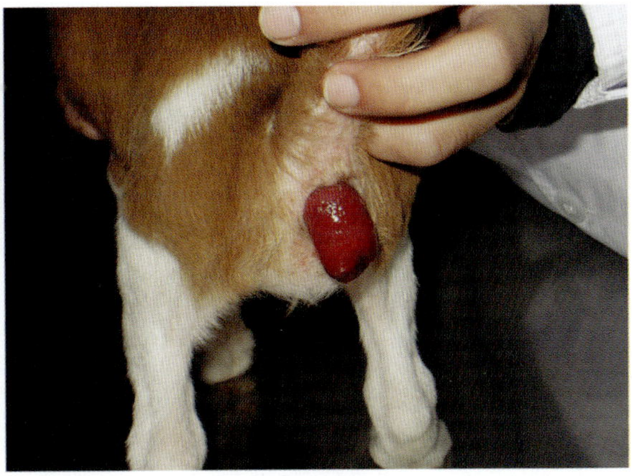

彩图 6-12 幼犬脱肛

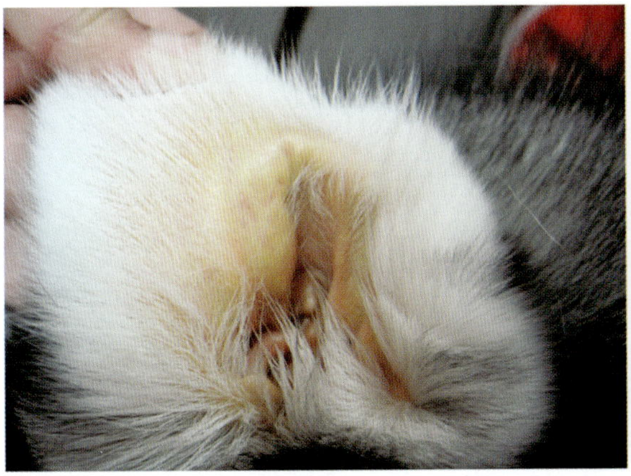

彩图 6-13 黄染（承蒙田野提供）

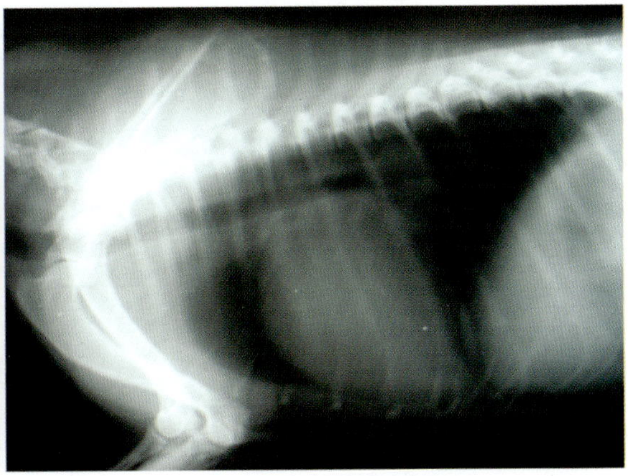

彩图 7-1 正常肺片

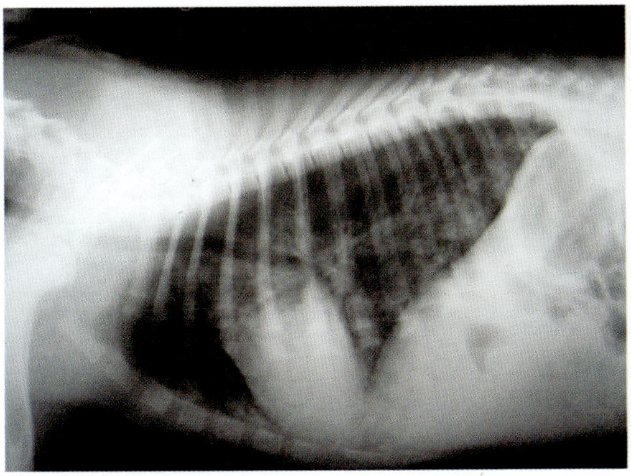

彩图 7-2 小叶性肺炎右侧位
（承蒙田野提供）

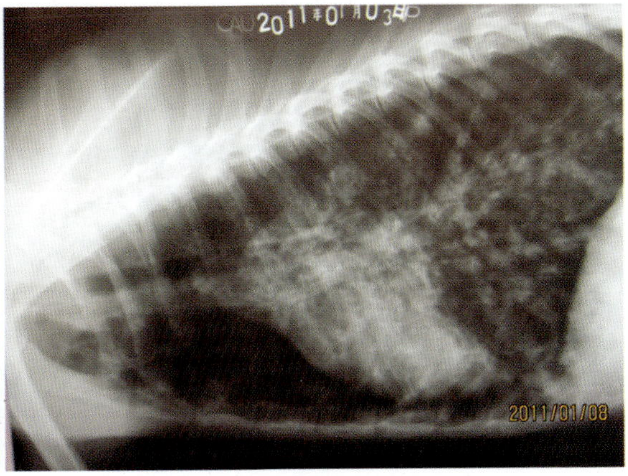


彩图 7-3 小叶性肺炎右侧位
（承蒙田野提供）

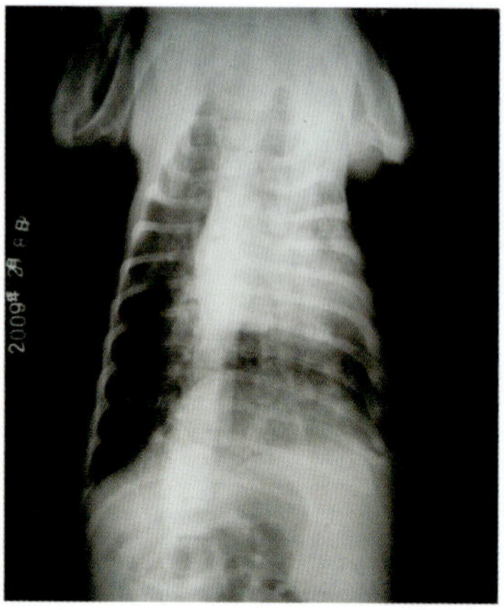

彩图 7-4 小叶性肺炎右侧背腹位
（承蒙田野提供）

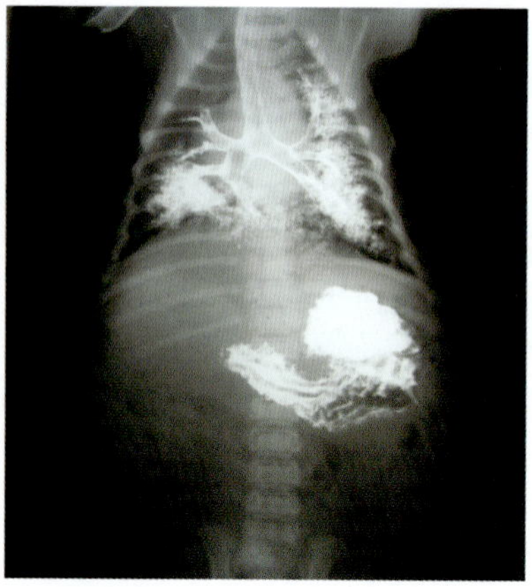

彩图 7-5 犬异物性肺炎

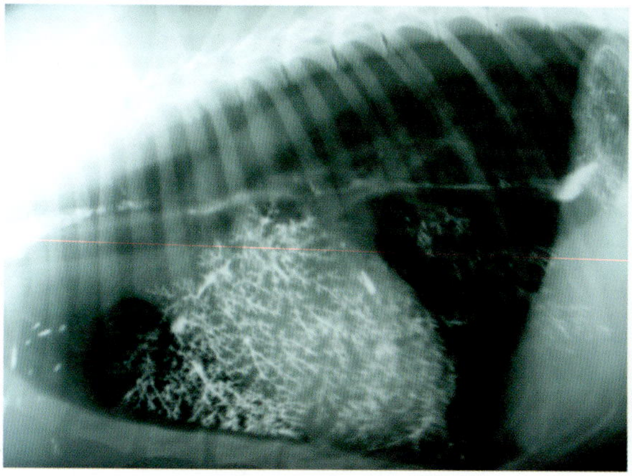

彩图 7-6 犬异物性肺炎

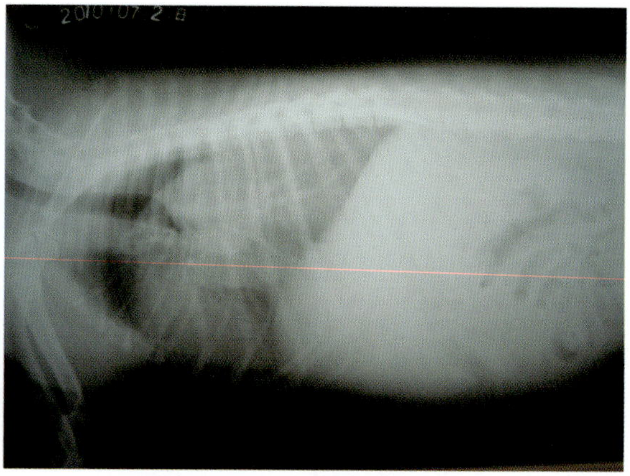

彩图 7-7 大叶性肺炎右侧位
（承蒙田野提供）

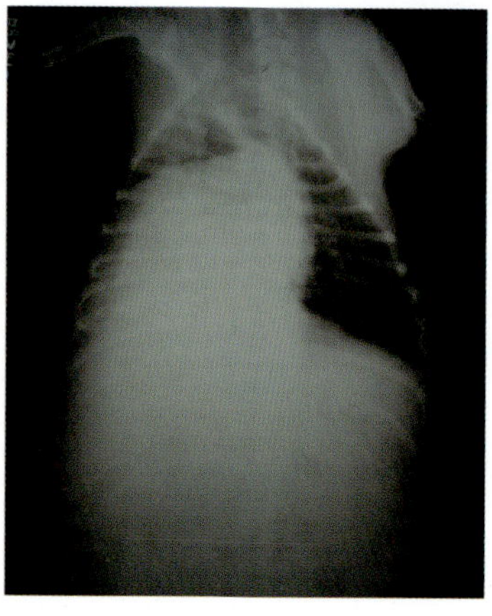

彩图 7-8 大叶性肺炎背腹位
（承蒙田野提供）

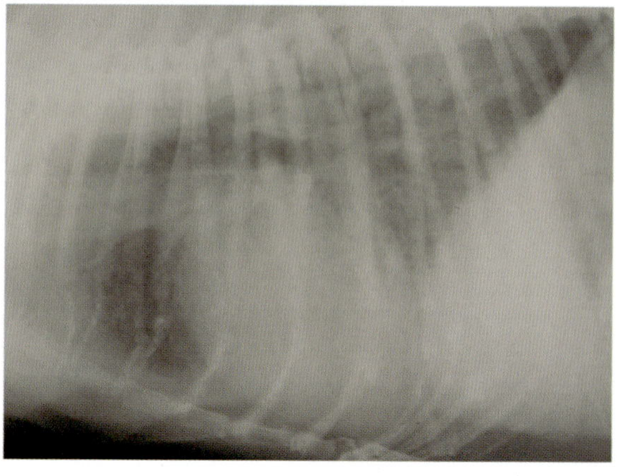

彩图 7-9 肺水肿

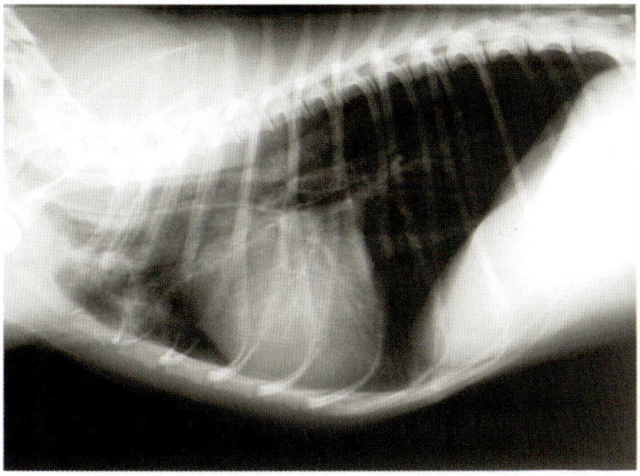

彩图 7-10　肺气肿

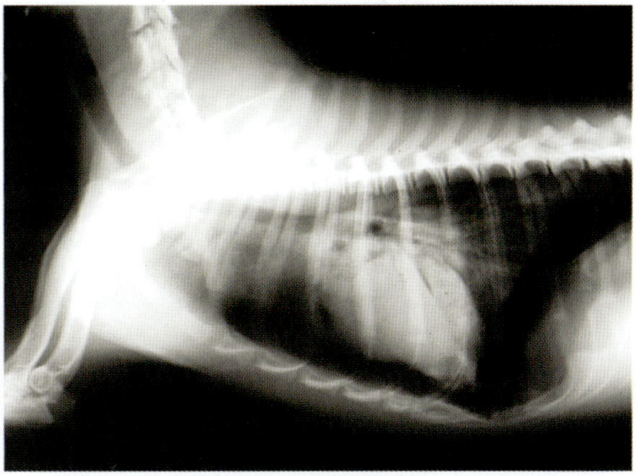

彩图 7-11　肺气肿

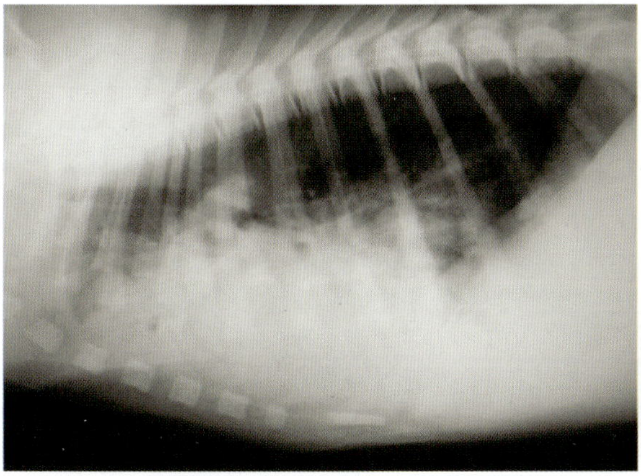

彩图 7-12　胸膜炎（治疗前）

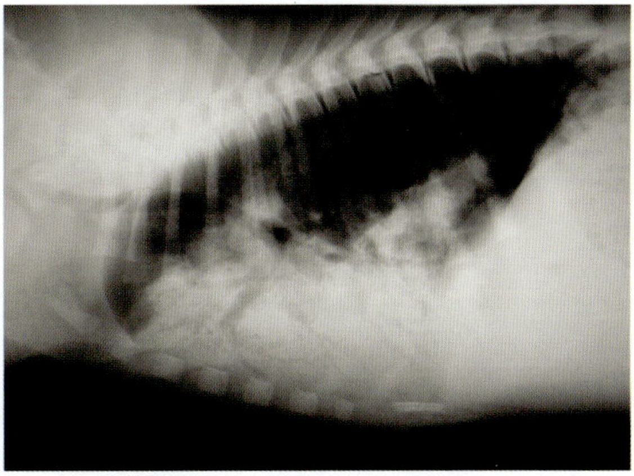

彩图 7-13　胸膜炎（治疗后）

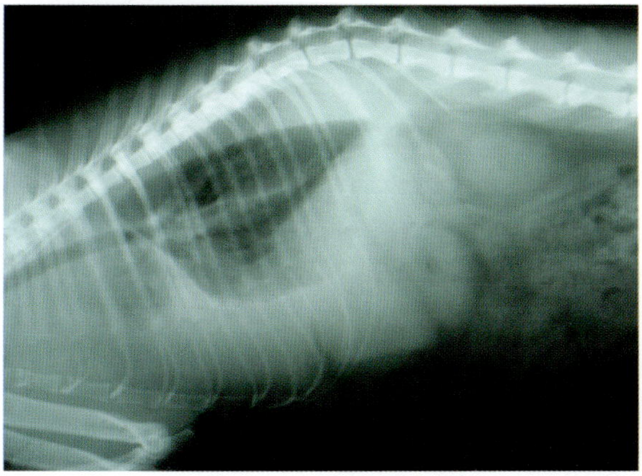

彩图 7-14　猫胸腔积液

彩图 7-15　胸腔抽出的液体

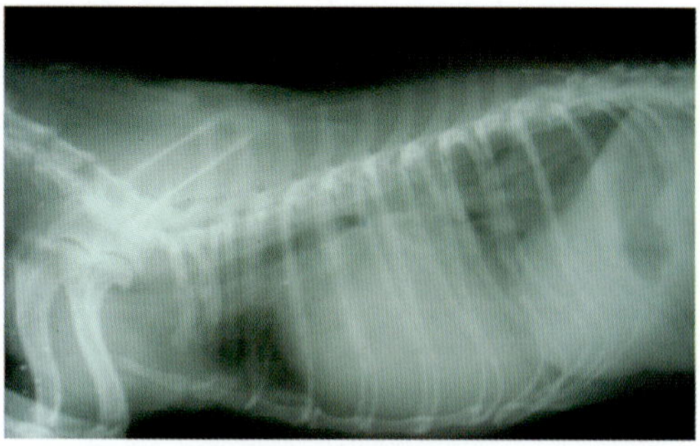

彩图 8-1　心脏肥大

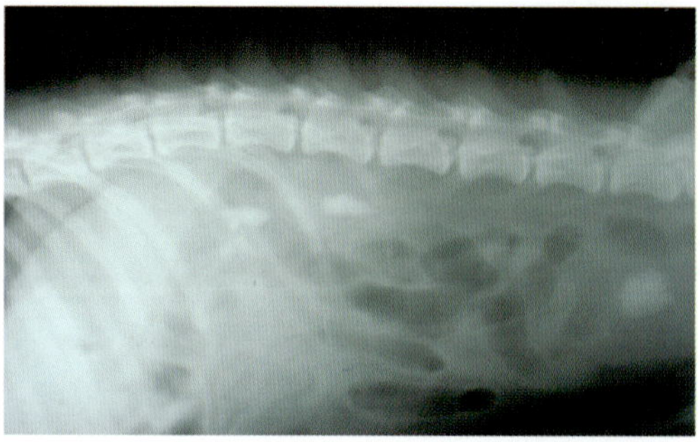

彩图 9-1　肾膀胱结石

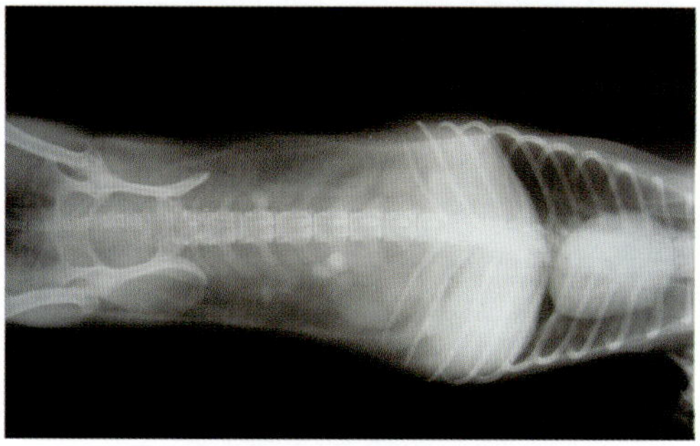

彩图 9-2　输尿管结石

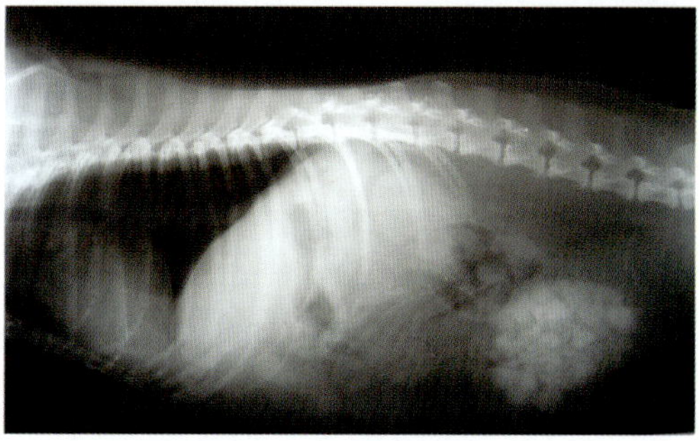

彩图 9-3　膀胱结石

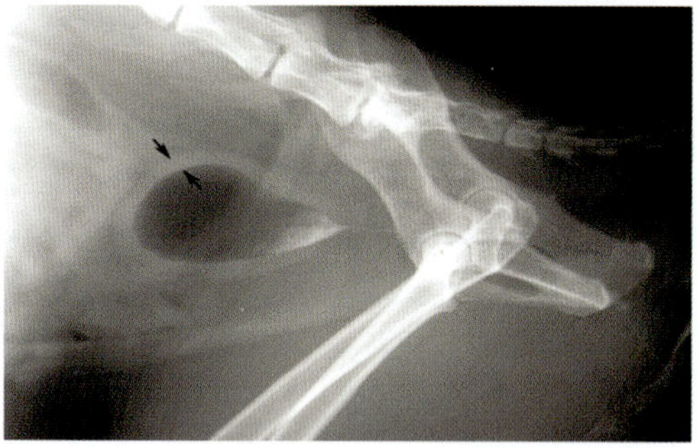

彩图 9-4　膀胱炎

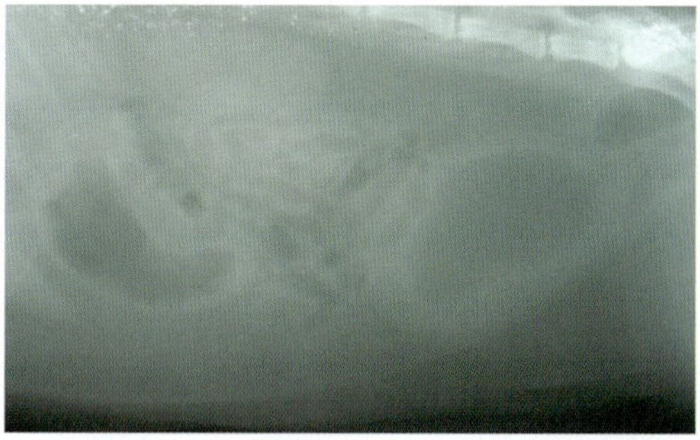

彩图 9-5　犬膀胱炎 —— 膀胱壁增厚

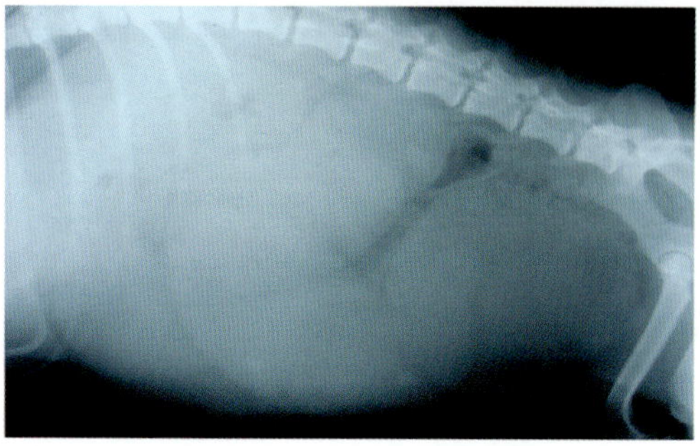

彩图 10-1　犬子宫蓄脓

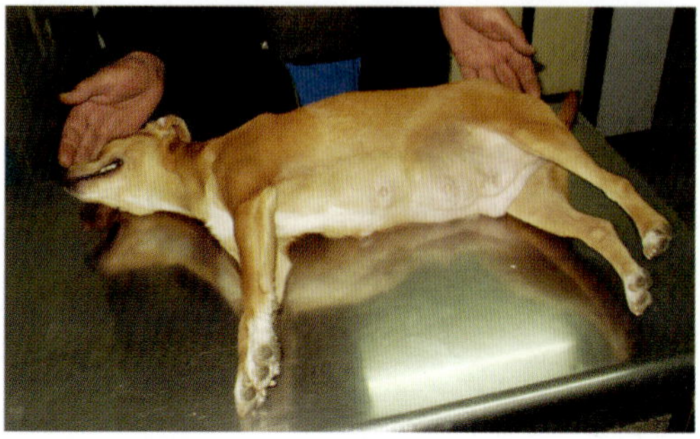

彩图 10-2　低钙性痉挛的症状

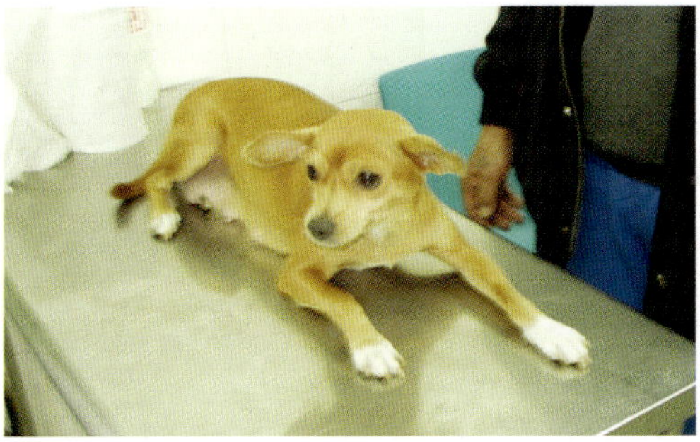

彩图 10-3 低钙性痉挛治疗后的症状

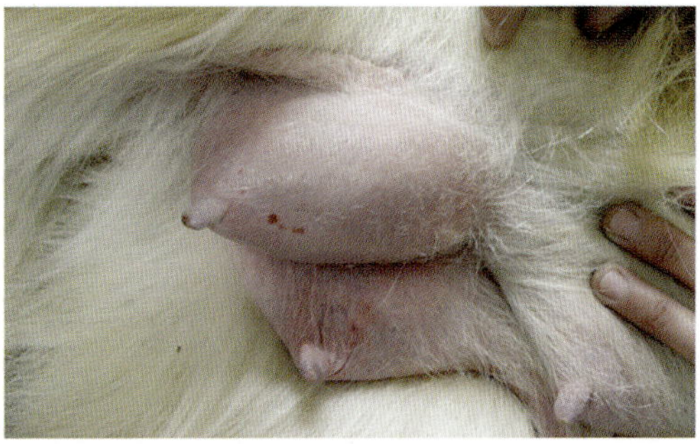

彩图 10-4 犬乳房炎

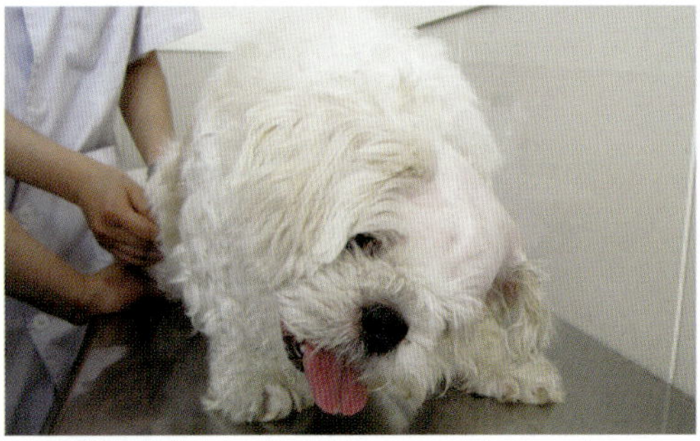

彩图 11-1 颈部歪斜 （承蒙田野提供）

彩图 11-2 重症肌无力病犬治疗前不能站立（承蒙田野提供）

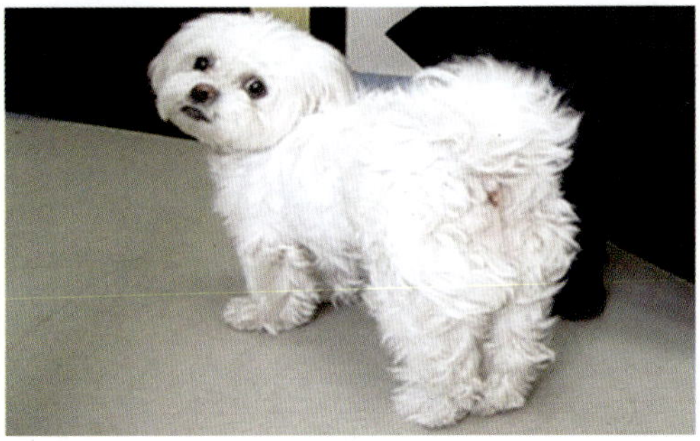

彩图 11-3 重症肌无力病犬治疗后能站立行走（承蒙田野提供）

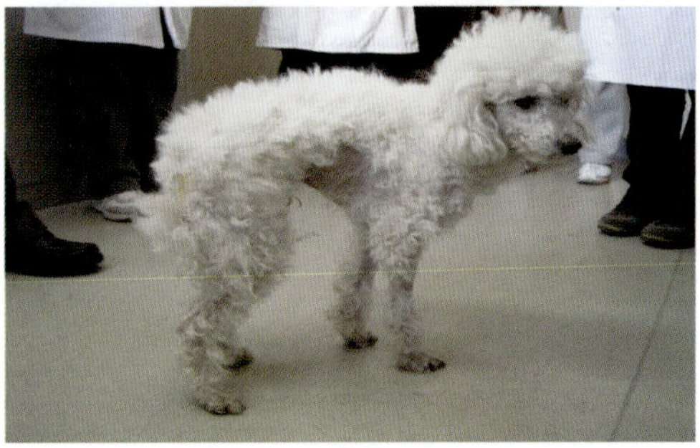

彩图 12-1 肾上腺皮质功能减退（承蒙田野提供）

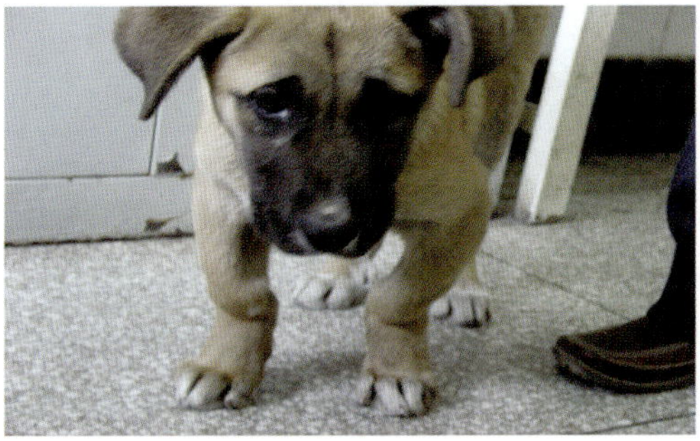

彩图 13-1 犬佝偻病

彩图 13-2 犬佝偻病

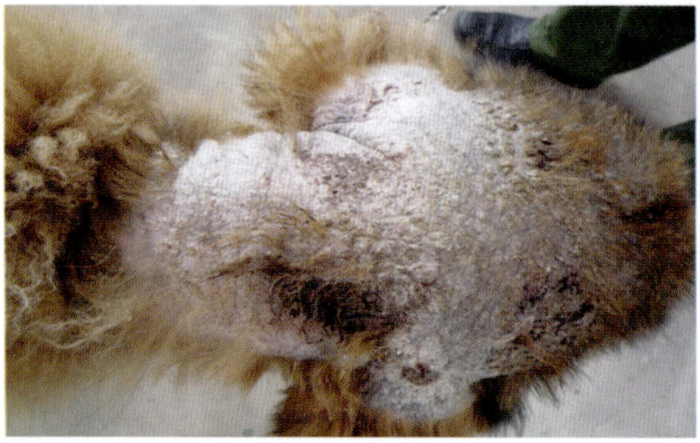

彩图 17-1 脓皮肿

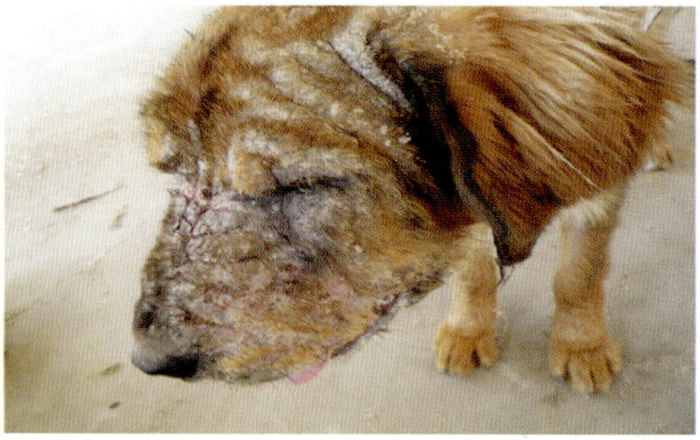

彩图 17-2 犬脓皮肿

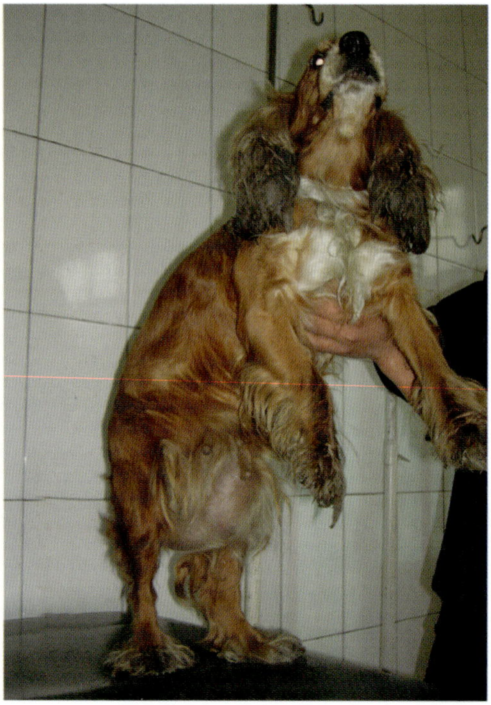

彩图 20-2 腹股沟疝

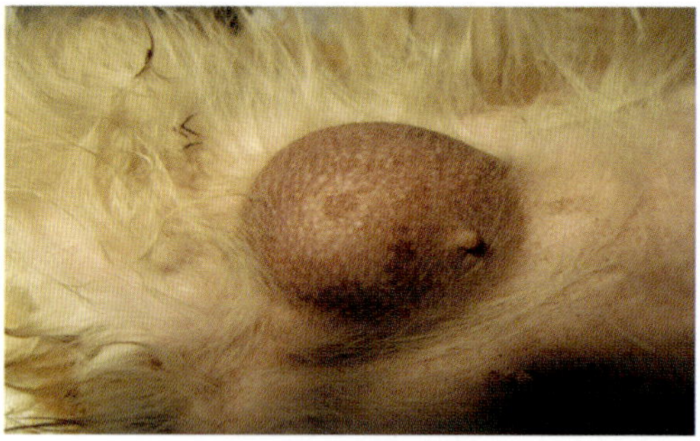

彩图 20-1 脐疝

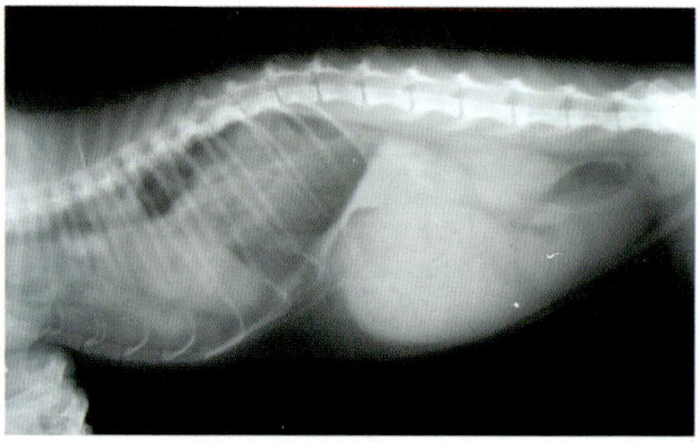

彩图 20-3 膈疝造影前

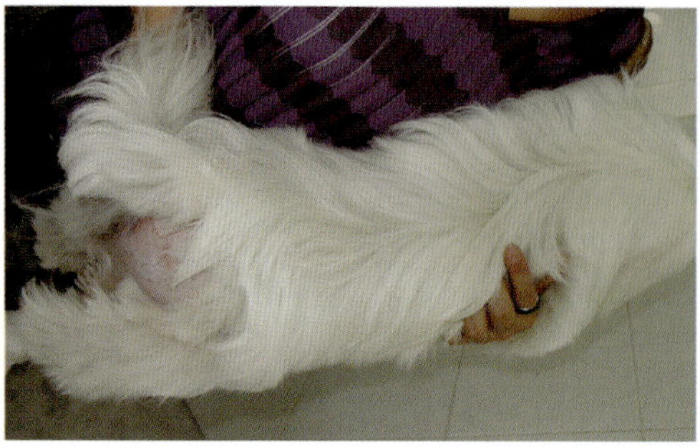

彩图 20-5 犬会阴疝

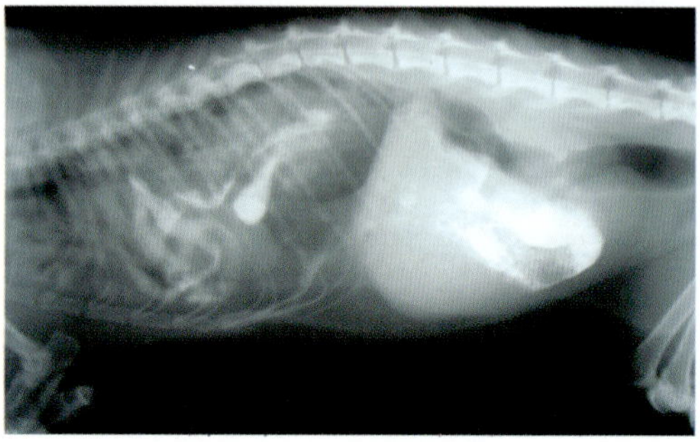

彩图 20-4 膈疝造影后

普通高等教育"十一五"国家级规划教材

面向 21 世纪课程教材

Textbook Series for 21st Century

# 犬猫疾病学

**（第 3 版）**

韩　博　主编

中国农业大学出版社

·北京·

# 内 容 简 介

近年来我国犬猫饲养量显著增多，为适应我国犬猫疾病防治的新形势，本书第3版主要讲述了犬猫解剖与生理，病毒性、细菌性、真菌性、寄生虫疾病，消化系统、呼吸系统、心血管系统、泌尿系统、生殖系统、神经系统、内分泌系统疾病，营养与代谢疾病，中毒性、免疫性疾病，眼和耳、皮肤疾病，肌肉和骨骼系统疾病以及疝、肿瘤疾病；另外还专门讲述了抗菌药物的临床应用。此外，本书还增加了53幅典型诊疗图片组成的彩色版图，可为临床工作者提供更为直观的参考。

本书可作为高等农业院校本科生、研究生教材，也是从事犬猫临床诊疗工作者不可或缺的重要参考书。

**图书在版编目(CIP)数据**

犬猫疾病学/韩博主编. —3版. —北京：中国农业大学出版社，2011.6(2023.2重印)

ISBN 978-7-5655-0319-1

Ⅰ.①犬…　Ⅱ.①韩…　Ⅲ.①犬病-诊疗-高等学校-教材②猫病-诊疗-高等学校-教材　Ⅳ.①S858.2

中国版本图书馆CIP数据核字(2011)第108018号

**书　　名**　犬猫疾病学

**作　　者**　韩　博　主编

**策划编辑**　张　程　高　欣　张　蕊　　**责任编辑**　杨建民　王学艳

**封面设计**　郑　川

**出版发行**　中国农业大学出版社

**社　　址**　北京市海淀区圆明园西路2号　　**邮政编码**　100193

**电　　话**　发行部 010-62818525,8625　　读者服务部 010-62732336

编辑部 010-62732617,2618　　出　版　部 010-62733440

**网　　址**　http://www.cau.edu.cn/caup　　**e-mail**：cbsszs@cau.edu.cn

**经　　销**　新华书店

**印　　刷**　北京鑫丰华彩印有限公司

**版　　次**　2011年6月第3版　2023年2月第4次印刷

**规　　格**　170 mm×228 mm　16开本　30.75印张　533千字　彩插4

**定　　价**　69.00元

# 《犬猫疾病学》第3版参加编写人员

**主　编**　韩博

**副主编**　苏敬良　夏兆飞

**参加编写和校稿人员(以姓氏笔画为序)**

中国农业大学　吕艳丽　刘　群　苏敬良　林德贵　赵德明
　　　　　　　夏兆飞　谢富强　韩　博

南京农业大学　王小龙　孙卫东　沈向真　侯加法

山东农业大学　刘建柱

河南农业大学　吴炳樵　董海聚

北京农学院　　陈　武

佛山科学技术学院　周庆国

塔里木大学　　贺建忠

内蒙古农业大学　王　志

中国动物疫病预防控制中心　田克恭　遇秀玲

**主　审**　高得仪

# 《犬猫疾病学》第 2 版参加编写人员


**主　编**　高得仪

**副主编**　林昆华　温代如

**参加编写和校稿人员**

中国农业大学　高得仪　温代如　林昆华　甘孟侯　赵德明
　　　　　　　林德贵　夏兆飞　刘　群　苏敬良　韩　博

南京农业大学　侯加法　王小龙　孙卫东　沈向真

山东农业大学　刘子清　谷风柱

河南农业大学　吴炳樵

北京农学院　　陈　武

佛山大学　　　周庆国

农业部兽医诊断中心　田克恭

军事医学科学院实验动物中心　遇秀玲

# 第 3 版前言

随着我国经济的发展和人民生活水平的提高，犬猫已成为很多家庭必不可少的成员和伴侣动物，因此对它们的健康提出了更高的要求。如何保障犬猫的健康，不仅成为兽医工作者的一项新的研究课题，同时也成为高校动物医学专业学生必修的一门重要课程。正因为如此，《犬猫疾病学》才能由 1995 年的初版，2001 年的第 2 版，发展到现在的第 3 版。特别是第 2 版，自发行伊始就深受高等院校师生、科研院所研究人员和宠物医院医生的喜爱，现已经成为他们从事犬猫临床诊疗工作不可或缺的重要参考书。

尽管该教材对犬猫疾病的临床诊疗具有重要参考价值，但仍难以跟上兽医科学发展的步伐。为此，我们组织了全国包括高等院校和科研院所在内的 9 个单位共 21 名专家共同编写了第 3 版的《犬猫疾病学》。第 3 版是在第 2 版的基础上通过修改、完善、增补完成的，力求保留传统、贴近实际、跟踪前沿，并实现图文并茂。本次修订，增补、更新、完善了近 30 节内容，并删除了个别临床上不常见的疾病。此外，还专门增设了由 53 幅典型的诊疗图片组成的彩色版图，可为临床工作者提供更为直观的参考。

本教材承蒙《犬猫疾病学》前两版的主编高得仪先生亲自审校，并提出了许多宝贵的意见，不胜感激。另外，田野同志为本教材提供了 10 余幅珍贵的图片，在此一并表示感谢。尽管各位编委尽了很大的努力，但由于时间仓促、水平有限，书中的缺点和错误在所难免，希望各位同行能够及时批评指正，以便再版时修正。

**编　者**

2011 年 3 月

# 第2版前言

近年我国犬猫饲养量增加很多，为防治犬猫疾病的宠物门诊或动物医院也像雨后春笋一样建立起来。全国各地在犬猫疾病的研究和防治上，也积累了许多宝贵资料和经验。为了适应我国犬猫疾病防治的新形势，我们又邀请了多名在犬猫疾病防治上卓有成就的专家教授，对《犬猫疾病学》第1版内容进行了较大的调整和修订，压缩了一些篇幅，增加了一些必要内容，如皮肤疾病和肿瘤，生殖系统疾病单立一章。其中不少章节又进行了重新编写，使其更加适应我国的国情。在这次调整和修订中，中国畜牧兽医学会兽医外科学分会前理事长陈家璞教授给予了多方面的指导和帮助，在此表示诚挚感谢。由于作者水平有限，书中缺点和错误在所难免，敬请读者指正。

编　者

# 目　　录

# 第 1 章　犬猫应用解剖与生理

解剖学和生理学虽然是 2 门独立的课程，但两者是不可分割、相互联系而又相互制约的。本章结合宠物临床，简要地叙述了犬猫的解剖和生理特点，以便为犬猫疾病的诊断、手术和治疗打基础。

## 第1节　头 颈 部

### 一、头骨

头骨(图 1-1)由颅骨和面骨组成。颅骨位于头的后上方，构成颅腔、感觉器官和嗅觉器官的保护壁。面骨位于头的前下方，形成口腔、鼻腔、咽、喉和舌的支架。

矢状嵴是由顶骨和顶间骨构成的背正中嵴，高度不一。多数短头型犬无矢状嵴，以 1 对颞线代替。颞线自枕外结节至额骨颧突。

项嵴横向是头骨背侧面和后面的交界。

眶韧带、额骨颧突和颧骨额突短小，眶韧带连接于两突之间，构成眼眶的后缘。在骨标本上，颞窝与眼眶相延续。

颧弓细长，由颞骨颧突、颧骨和上颌骨颧突组成，易发生骨折。

眶下孔位于上颌第 3 前臼齿的背侧，在活体上易于触摸到。各前臼齿和臼齿的齿根使上颌骨外表面呈现出一些相应的隆起。这些隆起叫做齿槽轭。

枕骨位于颅后部，构成颅腔后壁和下底部的一部分。枕骨后端正中有枕骨大孔，前通颅腔，后通椎管。枕骨大孔为中医针灸疗法的穴位之一。

筛骨位于颅骨的前壁，参与构成颅腔和鼻腔，由筛板、垂直板和一对筛骨迷路组成。筛板是位于颅腔和鼻腔之间的筛状隔板。筛板上有许多小板，为嗅神经纤维的通路。垂直板位于正中间，伸向鼻腔，构成鼻中隔后部。筛骨迷路又称侧块，呈圆锥形，位于垂直板两侧，由许多卷曲的软骨组成，向前突出鼻腔，支撑鼻黏膜。

上颌骨位于面部的两侧，构成鼻腔的侧壁、底壁和口腔的上壁，与大部分的面骨相连。

下颌骨是头骨中最大的骨，左右 1 对。骨体联合终生不骨化愈合。下颌骨角处有个勾状突起，称作角突。颏孔有前、中、后 3 个。颏前孔最小，位于下颌第 2、第 3 切齿的腹侧。颏中孔最大，易触摸到，位于第 2 前臼齿的腹侧，颏后孔次之，位于第 3 前臼齿的腹侧。下颌孔与髁突和角突的顶端呈等腰三角形关系。

下颌骨脱位多为髁突向背前方移位，上下齿间的咬合显著异常，上下切齿集中在一起。下颌骨脱位需在全身麻醉、肌肉松弛的情况下方可整复。在矮腿长耳猎犬，因关节发育异常，见有冠状突向颧弓外侧移位的关节脱位，其症状为口腔开张，不能闭合，切除颧弓腹侧部的一部分便可矫正。

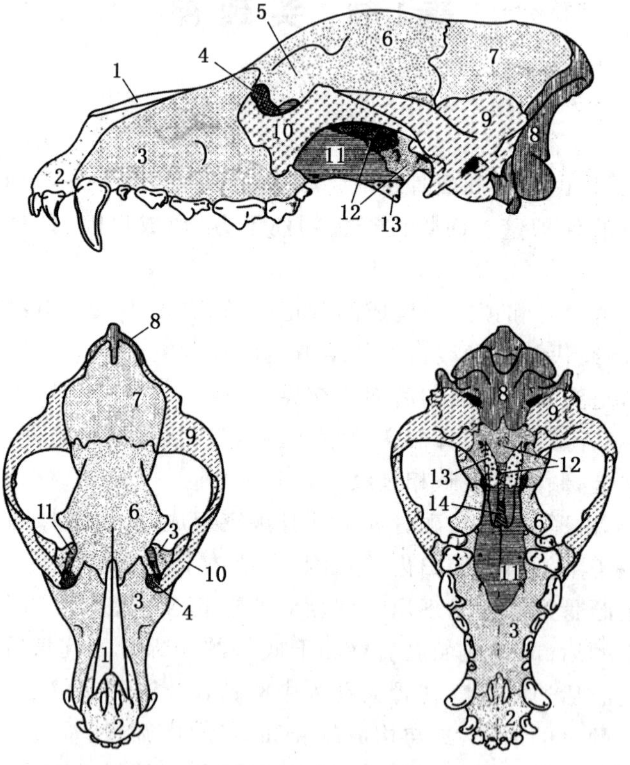


**图 1-1　犬头骨的外侧、背侧和腹侧**

（引自安铁洙等主编《犬解剖学》，吉林科学技术出版社，2003）

1. 鼻骨　2. 切齿骨　3. 上颌骨　4. 泪骨　5. 眼眶　6. 额骨　7. 顶骨　8. 枕骨　9. 颞骨　10. 颧骨　11. 腭骨　12. 蝶骨　13. 翼骨　14. 犁骨

## 二、犬猫牙齿

### (一)犬的齿式

犬乳齿 28 个。其一侧齿式如下：

$$\frac{\text{切齿 }3,\text{犬齿 }1,\text{前臼齿 }3,\text{臼齿 }0}{\text{切齿 }3,\text{犬齿 }1,\text{前臼齿 }3,\text{臼齿 }0}$$

犬恒齿 42 个。其一侧齿式如下：

$$\frac{\text{切齿 }3,\text{犬齿 }1,\text{前臼齿 }4,\text{臼齿 }2}{\text{切齿 }3,\text{犬齿 }1,\text{前臼齿 }4,\text{臼齿 }3}$$

第 1 前臼齿无乳齿阶段,上颌第 4 前臼齿的两个外侧齿根紧邻眶下管的腹外侧,内侧齿根紧邻眶下孔的腹内侧。需拔除该齿时,应注意避免损伤眶下神经和血管。短头型犬各齿间排列紧密。长头型犬的各个前臼齿之间、前臼齿与犬齿之间、上颌犬齿与切齿之间,都存在大小不一的间隙。犬的齿全部为短冠型。上颌第 1、第 2 切齿齿冠为三峰型,中部是大尖峰,两侧有小尖峰,其余切齿各有大小 2 个尖峰。犬齿呈弯曲的圆锥形,尖端锋利,阻力臂长,是进攻和自卫的有力武器。前臼齿为三峰型,臼齿为多峰型。上颌第 4 前臼齿和下颌第一臼齿最大,其余向前向后依次变小。这 2 枚最大齿的大尖峰咬合完整、密切,阻力臂短,是强有力的撕裂装置,故称裂齿。裂齿为判定肉食性动物的标志。

犬的年龄鉴别的依据和准确程度与大家畜相似;以乳齿生发和恒齿替换为依据,则误差最小;以恒齿磨灭状态为依据,对大型犬为 99%的准确率,对小型犬或短嘴型犬则误差很大。依据牙齿鉴别犬年龄如下：

4～5 周　乳切齿生发。

6～8 周　乳前臼齿生发。

5 个月　恒切齿长齐,第 3 切齿尚未磨损。

6 个月　恒犬齿生发。

1.5 岁　下颌第 1 切齿大尖峰磨损至与小尖峰平齐。此时称尖峰磨灭。

2.5 岁　下颌第 2 切齿尖峰磨灭。

3.5 岁　上颌第 1 切齿尖峰磨灭。

4.5 岁　上颌第 2 切齿尖峰磨灭。

5 岁　下颌第 3 切齿尖峰轻微磨损。下颌第 1、第 2 切齿磨面呈矩形。犬齿轻微磨损。

6 岁　下颌第 3 切齿尖峰磨灭。犬齿磨钝。下颌犬齿上出现上颌第 3 切齿的压模。

7 岁　　下颌第 1 切齿磨至齿根，磨面纵长。

8 岁　　下颌第 1 切齿磨面向前方倾斜。

10 岁　　下颌第 2 切齿和上颌第 1 切齿磨面纵长。

12 岁　　第 1 切齿脱落。

16 岁　　切齿全部脱落。

20 岁　　犬齿脱落。

**（二）猫的齿式**

猫乳齿 26 个。其一侧齿式如下：

$$\frac{\text{切齿 3，犬齿 1，前臼齿 3，臼齿 0}}{\text{切齿 3，犬齿 1，前臼齿 2，臼齿 0}}$$

猫恒齿 30 个。其一侧齿式如下：

$$\frac{\text{切齿 3，犬齿 1，前臼齿 3，臼齿 1}}{\text{切齿 3，犬齿 1，前臼齿 2，臼齿 1}}$$

猫的裂齿是第 4 上前臼齿和第 1 下臼齿，猫缺少第 1 上前臼齿和第 1、第 2 下前臼齿。15～21 日龄，乳齿开始生发。2 月龄时，最后一枚乳齿——第 2 上前臼齿冒出。6 月龄，恒齿已全部生发。第 4 上前臼齿的齿根位于眼眶腹侧壁内，当齿根顶端感染脓肿病灶时，破溃脓汁便进入结膜囊，自眼内流出。4 岁时，第 1、第 2 上切齿尖峰磨灭。老龄 10 岁后，上颌犬齿突出于唇外，并开始脱落。

**（三）齿神经封闭法**

1. 上颌神经封闭

（1）口内法

于最后上臼齿的后方，经黏膜向背后内侧方向进针。在大型犬，深度约 2.5 cm。

（2）口外法

在颧弓腹侧和眼外侧角处，经皮肤向对侧的上犬齿根方向进针。此法势必穿过颧腺，实施中应注意。

2. 眶下神经封闭

眶下孔的外侧缘薄锐突出，在第 3 前臼齿的背侧很容易触摸到，直接进针即可。

3. 下颌齿槽神经封闭

（1）口内法

于下颌骨支内侧面触摸颞肌的腹侧部。该部后方有一凹处，在此处能触摸到进入下颌孔之前的神经干。自最后下臼齿的后内侧向下颌角突方面，沿骨内侧面进针至上述凹陷处。

(2)口外法

触摸角突前方的下颌骨腹侧切迹，自切迹中点，沿骨内侧面，向背侧方向进针；下颌孔位于自角突至最后臼齿连接线的中点，如麻醉下切齿、犬齿、前 2 枚前臼齿和下唇为目的，可经颏中孔封闭。

## 三、唾液腺

犬有 4 对大唾液腺，即下颌腺、舌下腺、颧腺和腮腺(图 1-2)。

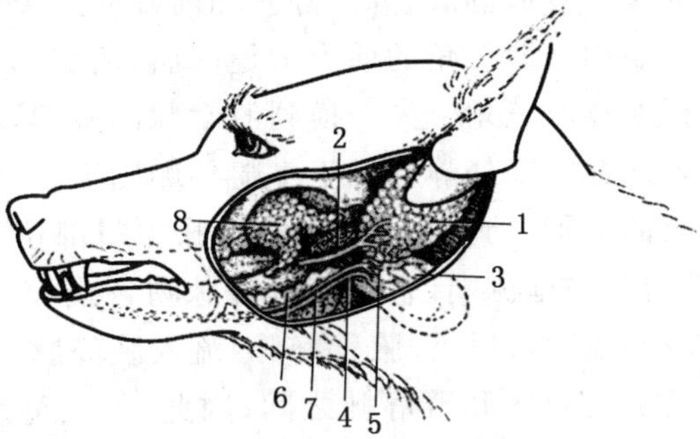


**图 1-2　犬的唾液腺**

(引自安铁洙等主编《犬解剖学》，吉林科学技术出版社，2003)

1. 腮腺　2. 腮腺管　3. 下颌腺　4. 下颌腺管　5. 舌下腺的后部　6. 舌下腺的前部　7. 单孔舌下腺　8. 颧腺

犬的颈部囊肿通常是因单孔舌下腺管或腺体破损引起的一种黏液囊肿。漏出的唾液在结缔组织间隙内集聚，并向后沿颈腹侧蔓延。黏液囊肿的内壁既没有上皮组织构造也没有分泌功能。只要切除滴漏的唾液腺便不再复发。

舌下腺分前后两部分并汇入一条腺管；后半部分与下颌腺紧密相贴，并在同一个被膜内；前半部分位于下颌骨内侧、犬舌下腺管和下颌腺管的周围。

切除舌下腺不可能不破坏下颌腺管，因此，需将两腺一起摘除。

颧腺位于眼球的后下方，有几条腺管开口于对着上颌最后臼齿的外侧面。颧腺脓肿或黏液囊肿，能导致眼球突出，剧烈疼痛，试图张口时更加剧疼痛。

腮腺管位于咬肌表面中部 1/3 与下部 1/3 的交界处及颊上神经与颌下神经之间，开口于与上颌第 4 前臼齿后端相对的颊乳头。把腺管和颊乳头移植到结膜背外侧穹窿，可治疗角膜结膜干燥症。

### 四、颈部

胸头肌自胸骨柄至颞骨乳突和枕骨颈嵴(横嵴),终止于下颌骨。臂头肌以锁骨腱板为界,分为后部的锁臂肌、前部的锁乳突肌和背侧部的锁颈肌。颈外静脉位于胸头肌和锁臂肌之间的沟内,在颈中部和前部;颈外静脉位于胸头肌的外侧表面,加之颈皮肌覆盖,因此,仅颈基部的静脉沟比较明显。这是猫大量采血用的最方便的部位,也是犬的常用静脉穿刺部位。

猫的静脉注射部位还可在隐内侧静脉和前臂部的头静脉。

犬的静脉注射部位还有股静脉、隐外静脉和前臂部的头静脉。

股静脉位于股三角内。股三角的前界为缝匠肌,后界为耻骨肌。股动脉和股静脉一前一后并行通过股三角。先触摸到股动脉的脉搏,再向股动脉后侧和耻骨肌前侧的缝隙内进针。隐外静脉位于小腿外侧皮下,其近端被股二头肌和半腱肌固定于腓肠肌的表面。此处是理想的静脉注射部位。头静脉在前臂部位于颈侧,在三角肌结节的远侧端,它与腋臂静脉吻合成V字形,前支(头静脉或臂皮下静脉)进入颈外静脉,后支(腋臂静脉)流入腋静脉。在肘部,有一吻合支(肘正中静脉)连接于头静脉和臂静脉之间;因此,做头静脉穿刺时需压迫肘部下方,如在肘部以上压迫,需压迫臂部的前、内和外三面,方能使静脉怒张。

## 第2节 胸 部

### 一、肺

膈胸膜转折线是肋胸隐窝的腹后侧界线,即胸膜腔的后界,具有重要临床意义。犬和猫的膈胸膜转折线自第8肋膝经第11肋骨肋软骨关节的上方至第13肋骨的背侧部。肋膝在大动物指肋骨肋软骨关节处的弯曲部,在犬、猫指肋软骨的弯曲部。胸腔穿刺部位,犬在第7或第8肋间隙正中、肋骨肋软骨关节的稍背侧,猫在第8肋间隙。肋间血管在背侧是紧靠肋骨的后缘,在腹侧有2支,靠近肋软骨和肋骨胸骨端的前后缘。

肺的叩诊需用指指法。叩诊和听诊区的背侧界线为脊柱背侧肌群的外侧缘(距背中线2～3指宽的水平线),前侧界线为自肩胛骨后角并沿其后缘向下所做的垂线,止于第6肋间,后界为自第12肋骨与脊柱的交界处开始向下、向前经过以下3点所画的弧线:髋结节水平线与第11肋间的交点,坐骨结节水平线与第10肋间的交点,肩关节水平线与第8肋间的交点,止于第6肋。

## 二、心脏

犬、猫心脏的位置见表 1-1。

**表 1-1　犬猫心脏位置**

| | 前缘 | 后缘 |
|---|---|---|
| 猫心脏 | 第 4 肋间 | 第 7 肋间 |
| 犬心脏 | 第 3 肋间 | 第 6 肋间 |

犬的心脏叩诊比较容易，令犬呈蹲坐姿势，从胸腹侧进行叩诊。左侧心脏浊音区超出第 4 和第 5 肋间隙的肋骨肋软骨关节之上，但达不到第 6 肋间隙。右侧浊音区在第 4 和第 5 肋间隙，自胸骨向背侧仅 1～2 cm。注意浊音区不等于在侧面观放射照片上见到的心脏轮廓。

**犬心脏听诊：**第 1 心音（缩期心音）由左右房室瓣关闭产生，第 2 心音（舒期心音）由主动脉瓣和肺动脉瓣关闭产生。关于心杂音的产生，缩期杂音发生在第 1 心音与第 2 心音之间；舒期杂音比较少见，它发生在第 2 心音与下一个心动周期的第 1 心音之前。一旦发现缩期或舒期杂音，可初步判定是心瓣膜损伤，但还需要进一步确定杂音发生在 4 个心瓣膜的哪一个上（表 1-2）。

**表 1-2　心脏损伤和杂音**

| 损伤 | 杂音发生期 | |
|---|---|---|
| | 收缩期 | 舒张期 |
| 瓣膜狭窄 | 主动脉瓣 | 右房室瓣 |
| | 肺动脉瓣 | 左房室瓣 |
| 瓣膜关闭不全 | 右房室瓣 | 主动脉瓣 |
| | 左房室瓣 | 肺动脉瓣 |

确定是哪一个心瓣膜的损伤，主要依据是在每个瓣膜的最强听诊点上反复对比听诊（表 1-3）。最强听诊点不一定与瓣膜的解剖学位置完全一致。最强听诊点是根据瓣膜病的听诊记录和尸体剖检记录对照制定的。

**表 1-3　犬的各种心脏瓣膜最强听诊点**

| 瓣　膜 | 最强听诊点 |
|---|---|
| 左房室瓣 | 左侧第 5 肋间隙，肋骨肋软骨关节处，低位 |
| 主动脉瓣 | 左侧第 4 肋间隙，肩关节水平线的下方，高位 |
| 肺动脉瓣 | 左侧第 3 肋间隙，低位 |
| 右房室瓣 | 右侧第 3 或第 4 肋间隙，低位 |

心脏听诊要注意步骤。一种高效率的方法是从左房室瓣开始，这里缩期心音最洪亮；然后向前移动听诊器，直至肺动脉瓣处听到最强大的舒期心音；再回到左房室瓣，沿第 4 肋间隙逐渐向背侧移动，直至主动脉瓣处听到最强大的舒期心音。

猫的各种心脏瓣膜听诊几乎不可能，因为猫心脏长约 4 cm，和听诊器头的直径相等。此外，心搏频率也太快(90～240 次/min)。

除瓣膜之外，心脏某些部位的损伤也能产生杂音。犬心脏室间隔缺损杂音，在右侧听最明显，并伴有在左侧听最强大的肺动脉瓣功能性狭窄音。动脉导管不闭合杂音，具有“机械杂音”性质，在左侧第 3、第 4 肋间隙听最强。此杂音在缩期增强。舒期减弱。

心脏穿刺(采血或药物注射)通常在右侧第 4 或第 5 肋间隙，胸骨之上几厘米，约与肘突水平处。此处是右肺前叶与中叶之间的心切迹，右心壁较薄。从右侧穿刺还能避开粗大的冠状动脉锥旁室间支。如需采左心室血，可进而穿过室间隔。如果以复苏和心按摩为目的的穿刺，则应在左侧第 5 肋间隙实施。因为左心室壁厚，按摩期间不易引起出血或发生急性心压塞。

## 三、犬猫胸部放射照片

胸部的放射学检查有背腹位和侧位 2 个方位。侧位通常是右侧位(右侧卧)，如怀疑右肺损伤才用左侧位。位于上方的肺充气更充分，有利于显示实质性损伤。背腹位和腹背位的胸腔器官位置更精确和稳定。在人医和兽医放射学中，习惯上把两者都当做腹背位对待。

摄制放射照片要选定最大限度吸气的时刻，以便更清楚地观察到下述特征：增加肺的 X 射线可透射性，增大椎骨与膈肌之间的可透射性夹角(侧位观)和肋骨与膈肌之间的夹角(背腹位观)，心脏后方右肺副叶区扩大，右心室与胸骨的接触面积缩小，膈肌与心脏重叠减少，后腔静脉变窄细，主动脉更清晰。呼气时刻的照片，胸廓相对缩小，心显示伪性肥大。

观察心脏轮廓影像，判定某心脏腔或血管的肥大。侧位观察，心脏轮廓影像的前背侧部为右心耳，前腹侧部为右心室，后腹侧部为左心室(后腔静脉的下方)，后背侧部为左心房。背腹位观，假设把心脏轮廓影像当钟表面，其前缘和后缘与正中矢面的交点分别指 12 点钟和 6 点钟；心各部在钟表面 12 个数字上的位置是：主动脉弓 11～1 点钟，肺动脉干 1～2 点钟，左心室 2～7 点钟，右心室 7～9 点钟，右心房 9～11 点钟。猫心脏轮廓影像：左心耳 2～3 点钟位置，左心室 3～7 点钟位置。

因瓣膜狭窄后继发心脏扩张或犬恶丝虫病感染使肺动脉干粗大时，前缘与左侧缘之间的凸出部分则出现膨大。正常心脏轮廓影像，犬的左心耳不显；当左心耳肥大时，2～3点钟像膨突，此为动脉导管不闭合或左房室瓣关闭不全的早期症状。左房室瓣关闭不全是犬的最常见的后天性心脏病。此病心脏轮廓影像的相继变化是：左心房肥大；左心室肥大；右心室肥大；左中心室、左心房和肺动脉干进一步粗大。当整个心脏轮廓影像呈圆形时，则表明心力衰竭。

## 第3节 腹 部

### 一、腹壁肌和腹股沟

在人和大动物，腹股沟韧带是指腹外斜肌腱膜的后缘，它自髋关节至耻骨结节或耻前腱。在犬和猫，腹外斜肌腱膜后缘不附着于髋结节，而经髂骨的前下方与耻骨肌腱一起附着于髂耻隆起（犬），或附着于耻骨梳的内侧半部分（猫）。因此，犬、猫没有腹股沟韧带。

马和牛的耻前腱主要由纵行的纤维构成，腹直肌的后部为腱质。犬的耻前腱主要是横行纤维，腹直肌肌质终止于这些横行纤维和耻骨。

鞘突是胚胎时期的腹膜凸出，睾丸下降之后，即变为鞘膜。在雌犬仍保持为鞘突。

#### （一）雄性犬的腹壁

腹股沟浅环几乎呈矢状面方向，在髂耻隆起处及浅环后端的连合点易触摸到浅环内外侧脚，鞘膜自浅环前端浮现。阴部外血管经浅环后端至外生殖器，腹股沟浅淋巴结位于阴部外血管上。做腹股沟疝修复术时，应避免缝合住位于浅环后端的阴部外静脉和淋巴管，否则能引起下腹壁和下肢水肿。还要注意粗大的髂外血管，它与浅环之间仅隔有狭窄的腹外斜肌腱膜后缘。

#### （二）雌性犬的腹壁

与其他家畜稍有不同，雌犬具有腹股沟管深环，腹横肌向后延伸至深环，与腹内斜肌一起构成环的前内侧缘，内侧角由腹直肌肌质构成。后外侧缘是腹外斜肌腱膜。腹股沟管内有伴随子宫圆韧带的鞘突。雌犬的腹股沟疝比较常见。

在脐前或脐后做腹白线切开时，常有脂肪自切口膨出。它们是镰状韧带或膀胱中韧带内的脂肪，是胚胎和胎儿期的遗迹。若碍手术，可摘除这些残余物。

## 二、胃

### (一)犬、猫胃放射影像

放射影像能显示犬、猫胃的各种状态。胃空虚时完全位于肋弓之内,肝后方,第 9 胸椎和第 1 腰椎 2 个横断面之间,大弯与第 10 肋间隙平行。胃腹侧面与腹底壁之间是小肠环袢。横结肠位于胃后方,常充满气体。中度充满的胃向左侧延伸,与肝左侧的膈肌相接触,但仍达不到腹底部,胃大弯与左侧第 12 肋骨相平行。高度充满的胃向后下方延伸,胃大弯横于自剑状软骨至耻骨的腹底壁中部。

胃底部在最背侧,位于膈左脚的后方,因有气体存在,易于辨认。有的影像,在气体的下方出现液体的水平线。右侧卧,气体集中于胃底;左侧卧,气体则向幽门集中。液体内容物或钡乳液在胃内聚集的部位与气体位置恰好相反。猫胃和小肠内通常没有气体,幽门常呈现一圆形致密块,位于肝后方,腹腔下半部,与胃体部相重叠,不要误认为外来的物体。胃底和胃体都比幽门部约大 2 倍。在背腹位观的照片上,犬的胃底和胃体位于正中线的左侧,幽门部位于右侧。猫胃全部位于左侧,幽门部抵正中线,胃体和幽门间的夹角更尖锐。胃底与膈左脚相邻,幽门与肝相邻。在腹背位观的照片上,气体常集中于胃体和幽门部。照片还受犬品种和胸腹形状的影响,宽胸品种犬的胃底和胃体较宽,胃后缘也较为凸出,窄深胸者,胃细长,后缘较平直。

利用胃影像照片可诊断相邻器官的病变。肝肿大能使胃向后移位。胰左叶肿块、肝萎缩或膈疝等使胃向前移位,脾肿大使胃向前向右侧移位。

在一般影像照片上不易看到食管,灌服硫酸钡悬乳液可清楚地显示食管。钡制剂还能更精确地显示胃的位置、大小和形状以及黏膜类型,能估测把造影剂输送入小肠的能力。

### (二)犬胃、脾和网膜

小网膜自胃小弯至肝门,大网膜自胃大弯向后延伸。脾沿胃大弯左侧附着于大网膜。

胃的主要血管沿大弯和小弯分布,供给胃大弯的血管是胃网膜左、右动脉,左者起自脾动脉,右者起自肝动脉的分支——胃十二指肠动脉。供给小弯的血管是起自肝动脉的胃右动脉和起自腹腔动脉的胃左动脉,胃切开的最佳部位是壁面的中部。

作为管状器官的胃,2 个固定端非常靠近而形成一个 U 形袢,胃越膨大,袢越大,最长时可抵达胃底壁。当长大的袢以小网膜胃枢轴发生捻转时,便形成胃扭转。从后腹侧观,扭转常呈顺时针方向。2个固定附着点是食管和小网膜的边缘——肝十二指肠韧带。胃底部自原位向背侧,继而向右侧,再继续向腹侧,旋转了270°。胃体部大弯移至腹正中线,食管贲门端被捩转而闭锁,胃管探诊不能通过。幽门自右侧移至左侧,仅旋转了180°,十二指肠被拉至位于食管的腹侧面。

肺的背侧端有脾膈韧带(大网膜的一部分)附着于膈,脾的中部经胃网膜左血管和胃脾韧带附着于胃大弯。胃大弯扭转至右侧,脾被牵拉成V字形。胃脾韧带中的网膜左静脉因捩转而阻塞,从而引起胃充血和脾肿大;经腹壁可触摸到肿大的脾。在尸体剖检中,胃扭转因死后复位常被忽视,但脾凝血使脾保持的V字形能说明此问题。

胃扭转常出现严重的胃臌气,压迫背侧的后腔静脉,肝、十二指肠韧带内的门静脉因捩转而阻抑,引起心搏输量锐减和组织缺血,导致缺血性休克。胃臌气使腹壁左侧或右侧的肋旁区隆凸。在此处做胃穿刺可解除对静脉的压力。腹壁切开整腹扭转,暴露胃,在左侧靠近贲门处找到幽门,向切口方向拉幽门的同时,把胃底向背侧推进腹腔,使胃袢按逆时针方向旋动复位。

### 三、肠

十二指肠肠位固定。自幽门向背前方行一很短距离至肝右叶脏面,便向后转折形成十二指肠前曲。自前曲继续向后行,即达十二指肠降段。降段位于升结肠和盲肠的外侧,与右侧腹壁相接触。降至接近髋关节处,再向左向前转折形成十二指肠后曲,再继续向前行,即达十二指肠升段。升段位于肠系膜根的左侧,并在此续接空肠(十二指肠空肠曲)。

空肠形成许多小肠袢,占居腹腔的后下部。肠系膜根把空肠和回肠附着于腹背侧壁上,空肠自肠系膜根的左侧开始,为小肠中最长的一部分,其位置易受胃、膀胱和子宫等体积可变器官的影响。回肠为小肠的末端部分,很短,自左向右,在肠系膜根后方,通过腰中部的横断面。在右侧,有回肠会合结肠的回结口。

盲肠短小,呈S形,位于右肾后端的腹侧,小肠袢的背侧,第2、第3腰椎横断面内。盲肠经盲结口与升结肠相通。

结肠位于腹腔背侧,依次分为以下几段:

①升结肠自盲结口向前行,很短(约10 cm),位于肠系膜根的右侧。

②横结肠位于肠系膜根的前方,自右侧幽门处至左侧左肾腹侧。横结肠

由升至横的转折部叫结肠右曲；由横至降的转折部叫结肠左曲。

③降结肠是最长的一段，起始部位于肠系膜根的左侧，然后斜向正中矢面，至骨盆入口处与直肠衔接。降结肠与十二指肠升段之间是十二指肠结肠韧带。

直肠是降结肠的延续，自盆腔入口起始。肛门腺囊2个，位于肛门周围的4点钟和8点钟位置。囊壁内有微小的腺体，其分泌物在囊内滞留，并经囊管向外排入肛门内。

**(一)犬和猫的肠放射影像照片**

腹腔器官都是液体密度组织构成；当没有脂肪或气体存在时，因周围透射密度相近或相同不易分辨器官的边缘轮廓。幼犬、幼猫和消瘦动物腹内缺乏脂肪，很难分辨它们的器官轮廓。使用造影剂能解决这个问题。

空肠的位置易受腹腔肿大团块的影响而变化。肝肿大能使空肠向后方移位；脾使其向背侧、前方或后方移位；子宫使其向背侧移位；前列腺肿或充盈的膀胱使其向前方移位。空肠的直径不超过最后肋骨宽度的2.5倍。空肠如因含有过多的气体或液体而膨大，表明有阻塞。盲肠充满气体时，在腹腔中央可见其半圆形的轮廓。横结肠经常存有气体，见位于腹腔中部或背侧，胃的后方。降结肠粗大，内容物致密，显而易见，常呈直线延伸至骨盆。在腹背位观照片上，见空肠位于腹腔中部和后部两侧，盲肠位于右侧，降结肠位于左侧。

**(二)犬活体触摸**

腹壁肌充分松弛的情况下，在右侧可触摸到十二指肠。先把十二指肠压至腰下肌系，再由内侧向外侧滚动触摸。左侧易摸到降结肠，便秘时更容易摸到。在腹下部能摸到空肠，空肠淋巴结大而长，肿大时可以摸到。猫的回肠结肠交界处较坚硬，易摸到，不要误认为异物。肠套叠或淋巴肉瘤也易触摸到。

**(三)犬腹白线切开腹腔探查项目**

向腹侧推剑状突，向后方拉肝，探触膈肌的附着缘和膈肌上的裂孔。检查肝。把肝复位，把胃向后方拉。从右侧，于幽门与肝之间插入一手指至网膜孔内(此孔位于幽门和前部十二指肠的背侧)，触摸肝、十二指肠韧带。此韧带内含有肝动脉、肝管、胆管和门静脉。轻轻地压挤胆囊，将胃置于两手之间进行触摸。

把胃大弯及附着于胃大弯的大网膜和脾向前翻转，同时注意检查脾，于是，暴露出肠系膜根、肠系膜前动脉及其分支、空肠淋巴结、主动脉、后腔动脉、肾和胰左叶等。在肠系膜前动脉的前方，观察腹腔动脉及其分支。

恢复胃的位置，大网膜仍保持向前翻转状态，自幽门至直肠触摸检查全部肠管。触摸十二指肠降段时，注意检查位于其系膜内的胰右叶。触摸空肠时，将其向腹侧拉，以显现肠系膜内的血管系统。辨认回肠的依据是其对系膜缘回盲褶。在盲肠、结肠交界处，检查盲肠淋巴结。

把肠管向右侧或左侧翻开，显示主动脉及其主要分支、后腔静脉及其主要分支、肾上腺、肾、输尿管、卵巢和子宫等。在雄性，检查鞘环和输精管，追踪输精管至尿道，追踪输尿管至膀胱。检查膀胱和尿道近侧部。检查雄性前列腺，雌性的子宫体和子宫颈。

## 四、胰腺和肝

胰腺位于腹腔前背侧部。右叶位于十二指肠降部系膜内，胰腺体部与幽门相接触；左叶在横结肠的前背侧、胃后背侧的大网膜背侧附着缘内。胰腺的 X 射线诊断主要是利用其他器官钡造影显示的变化做间接的推断。

胰管与人体解剖学相一致，有来自右叶的胰管和来自胰腺体和左叶的副胰管。胰管和胆管一起开口于十二指肠大乳头，副胰管则开口于十二指肠小乳头。犬的腺管很细小(个别个体没有胰管)。它开口于十二指肠大乳头。胆管开口的近旁，两者在大乳头内没有共同的壶腹。因此，犬不会发生像人那样的胆汁沿胰管逆行流入性胰腺炎。犬的副胰管较粗大，开口于大乳头后方约 3 cm 处的小乳头。猫的副胰管细小，有的个体没有。犬的胰管和副胰管的变异现象比较多见，变异可能发生在胰腺内或进入十二指肠处或两者都有变异。在切除一个胰腺叶或胰腺叶的某一部分时，应先找到要切除部分的主轴管并结扎之。不要试图在胰管和副胰管之间进行分离。

胰腺(图 1-3)切除术的另一个关键是血管供给。胰十二指肠前动脉和后动脉供给胰右叶和邻近的十二指肠降段。这 2 支动脉的分布变化无常。切除胰腺右叶时，应钝性分离胰腺组织与这些血管的联系，保留血管，以防十二指肠发生局部缺血性坏死。供给胰左叶的血管有腹腔动脉、肝动脉和脾动脉等血管的胰支，偶尔见有肠系膜前动脉的一近侧支。切除胰腺左叶时，可在这些血管进胰左叶的部位进行结扎。

犬的肝脏可分为六叶：左外叶、左内叶、右内叶、右外叶、方叶和尾叶。胆囊位于右内叶，隐藏于右内叶、方叶和左内叶之间，必须掀开肝叶才能看到。尾叶中部缩细，两端形成 2 个突即尾状突和乳头突。尾状突向后有个深深地右肾压迹。乳头突与胃小弯为邻。

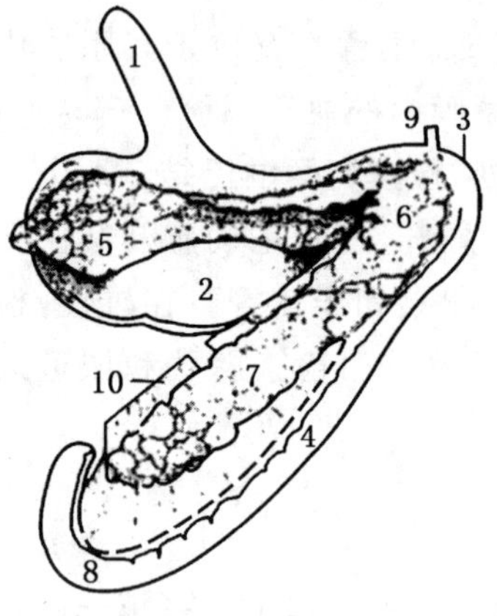


**图 1-3　犬的胰腺**

(引自安铁洙等主编《犬解剖学》,吉林科学技术出版社,2003)

1. 食管　2. 胃　3. 十二指直肠前曲　4. 十二指肠下行部　5. 胰腺左叶　6. 胰腺本体　7. 胰腺右叶　8. 十二指肠后曲　9. 总胆管　10. 十二指肠系膜

**胆管系统:**在大多数动物,来自各叶的肝管汇合成肝左管和肝右管,两者再汇合成肝总管,肝总管和胆囊再合成胆管(或称胆总管)。犬没有肝总管,有 3～5 支肝管进入胆囊管,然后成为胆管。

胆管系统常因外伤而破裂。如果破裂发生在胆(总)管,应结扎断裂的两端,然后把胆囊底吻合于十二指肠壁。破裂比较常见的是一支肝管与胆囊管汇合处断裂。对此,应缝合闭锁胆囊管上的断口,肝管断端也应予以结扎。

## 五、雌性生殖器官

雌性生殖器官如图 1-4 所示。

### (一)阴道、前庭和阴门

犬的外阴切开术部在阴唇背侧连合的正中,腹侧连合与坐骨弓处在同一水平位。腹侧连合的前方约 5 cm 处有尿道结节。尿道开口于结节。尿道较长,约 7 cm。尿道结节是阴道与前庭的分界。阴门由阴唇和阴唇连合组成。含有阴蒂头的阴蒂窝位于腹侧连合前方的前庭底壁,不要把它误认为是阴道口。阴道长约 9 cm。子宫外口很难观察到,也不容易把导管插入,因开口面对腹侧,而且被阴道背侧正中褶掩盖。此褶自子宫颈向后延伸 2～3 cm。

### (二)卵巢和子宫

犬的卵巢位于接近相应肾的后端处第 4 腰椎腹侧、最后肋骨与髂骨之间的中点、脐横切面后方约 2.5 cm 处。右卵巢在十二指肠降段的背侧或外侧,左卵巢在降结肠的背外侧、脾上端的背内侧。暴露犬和猫的右卵巢,可向腹内侧牵拉十二指肠降段并用该段的肠系膜推开其他器官。暴露左卵巢方法相同,不过是操作降结肠及其系膜。

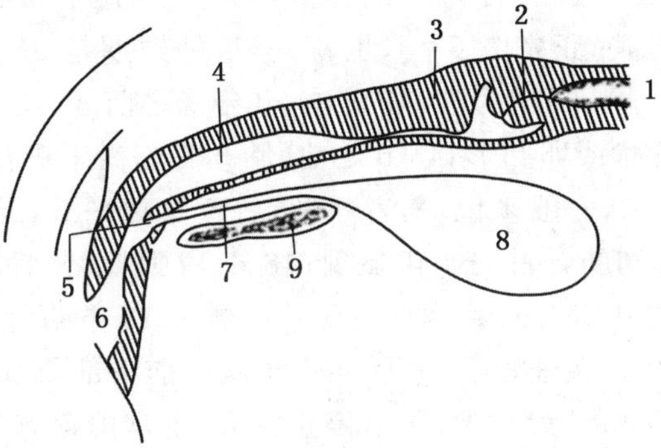


**图 1-4　雌犬生殖器官模式图**

(引自徐明主编《犬解剖生理学》,中国人民公安大学出版社,2008)

1. 子宫　2. 子宫颈　3. 背侧褶　4. 阴道　5. 尿道外口　6. 阴道前庭　7. 尿道　8. 膀胱　9. 骨盆联合

卵巢系膜可游动。卵巢能从它在的矢状面向内侧或外侧摆动 90°。非动情期的卵巢完全被包在卵巢囊内。囊的裂隙状开口位于内侧、吊韧带的背侧。输卵管伞附着于开口处。输卵管先在囊内侧壁内向腹侧行,然后经腹侧缘,再经外侧壁向后行至子宫。

卵巢动脉起自第 4 腰椎处的腹主动脉。卵巢或睾丸静脉,特别是左侧的,通常进入肾静脉,而不是后腔静脉。因此,在肾切除手术中,必须仔细检查性腺静脉的归宿,应自性腺静脉进入肾静脉的远侧部结扎肾静脉。分布于犬、猫子宫的动脉仅有卵巢动脉的子宫动脉和来自阴道动脉的子宫动脉 2 支。

卵巢借卵巢固有韧带附着于子宫角的前端,与固有韧带相延续的是卵巢吊韧带,吊韧带附着于最后肋骨椎骨骨端处的横筋膜。当子宫角受到向后牵拉力时,这些韧带具有牵制作用。吊韧带主要牵制向后牵拉卵巢的力。因韧带附着于前方,所以,使躯干屈曲有助于腹壁切口摘除卵巢。手术时撕断吊韧带,一般不会发生出血。

### (三)子宫活体触摸和放射影像照片

在给以镇静剂之后,可经腹壁触摸妊娠子宫各发育阶段的大小和形态。中等体型雌犬的妊娠时间和子宫形态如下：18～21 d，12 mm×8 mm；24 d，球面形，15 mm；38～42 d，各胎儿之间的缩细部消失，腹部膨大；42～50 d，迅速增大，能摸到胎儿。

妊娠开始期的确定有 2 种方法即交配日期和血清黄体素高峰日期。许多学者研究证实，后法比前法更为准确。排卵发生在血清黄体素高峰之后 1～2 d。自高峰期至分娩，正常为 65 d，也就是说，妊娠期是 65 d 左右。放射影像学资料都是以黄体素高峰期为准，妊娠 30 d(分娩之前 35 d)，出现链珠状膨大；35 d，球形；41 d，管状或卵圆形；45 d 之前，胎儿骨骼尚未钙化，凭子宫膨大很难断言是妊娠还是蓄脓，一般来说，前者球形，后者轮廓平滑，无明显的分节；妊娠 45 d 时，椎骨、头骨和肋骨首先矿化显现；48 d，肩胛骨、臂骨和股骨显现；52 d，桡骨、尺骨和胫骨显现；54 d，骨盆骨显现并可数出 13 条肋骨；61 d，尾椎、腓骨、跟骨、爪和乳齿显现。在妊娠后期，胎儿位于腹腔前下部，把肠管排挤向背侧。

**死胎特征**：30～45 d 死亡者，子宫停止膨大，子宫内存有气体；45 d 以后，仅显现头骨或头骨畸形，胎儿姿势不正常(躯干过分屈曲或后肢伸展)，胎衣或胎周围积气。

**猫妊娠子宫的放射影像学**：25～35 d，子宫膨大，位置向腹前部；38 d，头骨、肩胛骨、臂骨和股骨发生矿化；41 d，桡骨和尺骨；43 d，胫骨、腓骨和骨盆骨；49 d，跖骨和掌骨；52 d，指(趾)骨、胸骨和跟骨；58 d，乳齿。猫的妊娠期也是 65 d 左右。

**(四)乳腺**

雌犬通常有 5 对乳腺，如不足 5 对，则缺第 1 对，即缺胸前乳腺。第 2 对至第 5 对分别叫做胸后、腹前、腹后和腹股沟乳腺。犬乳腺肿瘤的发病率自前而后增多，主要发生在第 4 对和第 5 对乳腺。在犬的所有肿瘤病例中，乳腺瘤约占 50%，乳腺瘤中恶性病又占 50%；猫分别是 17%和 84%。

每个乳腺有 8～14 个导管系统(猫 4 对乳腺，每个有 5～7 个导管系统)。它们互不相通，分别开口于乳头。分布于乳腺的血管和淋巴管可粗略地区分为前、后两部，其分界线在第 3 与第 4 乳腺之间或通过第 3 乳腺。前 3 个淋巴管互相吻合，后 2 个淋巴管互相吻合。肿瘤细胞常沿淋巴管转移至淋巴结或邻近的乳腺。原发生在第 1、第 2 乳腺的淋巴结转移瘤见于腋淋巴结和胸骨淋巴结，第 4、第 5 的见于腹股沟浅淋巴结。按理，第 3 的应转移至腋淋巴结，但少数病例却见于腹股沟浅淋巴结，对此不能排除是第 4 乳腺瘤。

犬和猫的腋淋巴结位于腋静脉的后方、背阔肌和大圆肌止点的内侧、第 2 肋骨处。它收集来自第 1、第 2、第 3 乳腺的淋巴，在活体上不易触摸到。犬和猫有不恒定的胰副淋巴结,如存在,可以触摸到;它位于第 5 与第 6 肋骨之间、背阔肌和胸深肌之间的夹角内,被躯干皮肌覆盖着。把手平放在臀部后方的胸廓上,由前向后触摸腋副淋巴结。第 1、第 2、第 3 乳腺的淋巴管还穿过胸壁流入胸骨淋巴结。

猫的乳腺瘤发病率很高。外壳治疗法是把患侧的所有乳腺、腋淋巴结和腹股沟淋巴结等彻底切除。在犬,可以只切除患病乳腺、邻近乳腺或患侧的所有乳腺和淋巴结。

## 六、雄性生殖器官

雄性生殖器官如图 1-5 所示。

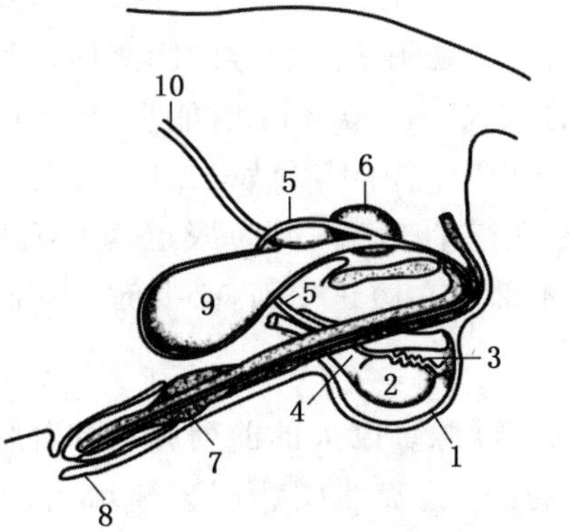


**图 1-5　公犬生殖器官模式图**

(引自徐明主编《犬解剖生理学》,中国人民公安大学出版社,2008)

1. 阴囊　2. 睾丸　3. 附睾　4. 精索　5. 输精管　6. 前列腺　7. 阴茎　8. 包皮　9. 膀胱　10. 输尿管

### (一)犬阴茎头

在包皮腔后端,包皮内层和阴茎头皮肤相延续。阴茎头区分为近侧的头球和远侧的长部。阴茎骨位于阴茎头中央,几乎与头等长(约 10 cm)。阴茎骨的腹侧有尿道沟,沟围绕着尿道和尿道海绵体的背侧及两侧。尿道海绵体和阴茎球海绵体相连续,球与长部的海绵体之间有层结缔组织间隔。阴茎头球和阴茎球不同,后者在阴茎根部,两阴茎脚之间。

阴茎海绵体被一中隔左右分开,勃起的第 1 阶段是由阴茎海绵体和尿道海绵体内的螺旋状动脉开放引起的尤其是阴茎球的膨胀,插入时海绵体血压高达动脉收缩压的 40 倍。

第2阶段，雌犬的前庭球和前庭缩肌紧夹阴茎头后方的阴茎体。此处的夹压刺激反射性地引起坐骨尿道肌强直收缩和球海绵体肌的节律收缩，从而压瘪了位于坐骨弓内的阴茎背总静脉。静脉被压瘪，阻断了头球海绵体内的血液回流，后者的节律收缩将血液经尿道海绵体不断地泵入阴茎头球。结果，头球和长部相继极度膨胀。在第二阶段，雄犬臀部反复抽动，并发射含丰富精子的精液，球海绵体肌的节律收缩还能推进尿道中的精液。

第3阶段，又称锁住，持续5～45 min。极度膨胀的头球被前庭球和前庭收缩肌锁在阴道内。在此阶段发生大量无精子的射精。

阴茎头冠是围绕阴茎头远侧端的边缘。在未插入阴道之前用手触及头冠时，能引起勃起的消退反射。消退反射具有实践意义。如果阴茎头过早勃起有碍插入。它能提供另一次插入机会。人工采精时，不要触动头冠，以免引起消退。刺激射精的最敏感部位是阴茎头后方的阴茎体，不是阴茎头。

切断坐骨尿道肌的雄犬，在10 min内能反复交配若干次，但每每不被锁住。正常的锁住过后，几小时之内不愿做第二次爬跨。

尿路结石常发生在阴茎骨后端，因为尿道沟骨质壁限制了此处的尿道扩张。取结石，尿道切开术部位在腹正中面，必要时可切除一侧的骨沟壁。

### (二)犬前列腺

犬没有精囊腺和尿道球腺。巨大的前列腺围绕着膀胱后方的尿道。8月龄之前，前列腺位于骨盆腔内，随着性成熟而逐渐增大，并向腹腔伸展。4岁时，2/3腺体位于腹腔。10岁以后，整个腺体位于腹腔。如经腹壁不能摸到它，可一手将膀胱向后推，一手指经直肠触摸。

前列腺动脉左右2支，盆神经与其伴行。盆神经与腹下神经联合成盆神经丛。做前列腺切除术需结扎这2支动脉；要注意保护神经。

### (三)猫雄性生殖器官

猫没有精囊腺。尿道球腺在坐骨弓处。前列腺在骨盆入口处。尿道有一段前列腺前部。膀胱比犬的更远，在耻骨之前。

松弛的阴茎指向腹后侧。阴茎头上长有尖锐指向近侧的角化刺，交配时这些角化刺刺激母猫阴道，引起母猫排卵。成年猫的阴茎头内有一块小骨。勃起时，阴茎长度增长50%，直径增加1倍，并向前下方弯曲，呈现和犬阴茎一样的方位。

**会阴部尿道切开造口术**：自骨盆底分离出尿道，向后下方拉出阴茎，暴露尿道面。将尿道纵行切开至尿道球腺之间的骨盆部，目的是在尿道骨盆部造口。这里的内腔(4 mm)比阴茎部宽大。把尿道切口创缘缝合于皮肤创缘。这部分尿道创缘包括阴茎部的近侧2/3。用褥式缝合法结扎阴茎体，截除结扎远侧的(1/3)阴茎。

**(四)犬猫的睾丸和阴囊**

犬睾丸长轴稍向背后方倾斜。附睾位于睾丸的背侧缘。附睾尾突出于睾丸的后端，在活体上易于触摸到。犬和猫的附睾尾顶端不被鞘膜覆盖，而是疏松地连接于精索筋膜，相当于附睾尾韧带的是附着于此部位的鞘膜脏层和壁层之间的坚韧的环形转折。输精管沿附睾的内侧向前行。

猫的阴囊位于包皮的背侧，靠近肛门处。睾丸长轴指向背后方。同猪一样，猫的精索很长，在骨盆腹侧能触摸到精索。此处是暴露和切除输精管的术部。在睾丸后及其以上能触摸到附睾尾。向附睾尾内注射硬化剂也能达到绝育的目的。

(贺建忠　刘建柱)

# 第2章　病毒性疾病

在犬猫传染性疾病中，病毒性疾病占有非常重要的位置。有的病毒，如犬瘟热病毒、犬细小病毒和猫泛白细胞减少症病毒，是目前危害我国犬猫最为严重的一些病毒，发病率和死亡率都很高；有的病毒，如犬冠状病毒、猫传染性鼻气管炎病毒，是近年来我国犬、猫群中新发现的病毒，发病率呈逐渐上升的趋势；有的病毒，如猫白血病病毒和猫免疫缺陷病毒，可改变动物的免疫功能，造成免疫抑制，使感染猫易患其他疾病；有的病毒，如狂犬病病毒、伪狂犬病病毒，属人兽共患病原，可同时引起人和动物的疾病，更具有危险性；因此，有必要了解犬猫主要的病毒性疾病，以利临床上诊断和防治。

## 第1节　犬瘟热

犬瘟热(canine distemper)是由犬瘟热病毒(canine distemper virus，CDV)引起的，是感染肉食兽中的犬科(尤其是幼犬)、鼬科及一部分浣熊科动物的高度接触传染性、致死性传染病。病犬早期表现双相热型、急性鼻卡他，随后以支气管炎、卡他性肺炎、严重胃肠炎和神经症状为特征，少数病例出现鼻端和脚垫的高度角化。

**病因**　CDV在分类上属副黏病毒科麻疹病毒属。核酸型为单股RNA。病毒粒子呈圆形或不整形，有时呈长丝状。粒子中心含有直径15～17 nm的螺旋形核衣壳，外面被覆一近似双层轮廓的膜，膜上排列有长约1.3 nm的杆状纤突。

CDV与麻疹病毒和牛瘟病毒在抗原性上密切相关，但各自具有完全不同的宿主特异性。研究证实，来源于不同地区、不同动物和不同临床病型的CDV毒株属同一个血清型。

CDV对热和干燥敏感，50～60℃ 30 min即可灭活。在炎热季节，CDV在犬群中不能长期存活。这可能是犬瘟热多流行于冬春寒冷季节的原因。在较冷的温度下，CDV 可存活较长时间，在 2～4℃可存活数周，在－60℃可存活 7 年以上。冻干是保存 CDV 的最好方法。

CDV 对紫外线和有机溶剂敏感，最适 pH 7.0，pH 4.5～9.0 条件下均可存活。0.75%石炭酸和 0.3%季胺类消毒剂 4℃ 10 min 不能灭活该病毒。临床上常用 3%的氢氧化钠作为消毒剂，效果很好。

CDV 经各种途径实验接种均可使雪貂、犬和水貂发病，也可实验感染其他动物。脑内接种乳小鼠、乳仓鼠和猫可产生神经症状。猪感染 CDV 强毒可产生支气管肺炎。兔和大鼠对非肠道接种具有抵抗力。猴和人类非肠道接种可产生不明显的感染。CDV 对不同易感动物的致病性有所差异。这种差异的存在与病毒本身的适应性有关。随着病毒对某种动物的适应，对该动物的致病力不断增加，而对其他动物的致病力相应降低。将 CDV 接种鸡胚绒毛尿囊膜，传 3～10 代后产生病变，适应于鸡胚 80～100 代的 CDV 对犬和貂的毒力减弱，可以用做弱毒疫苗。

CDV 能适应多种细胞培养物，包括原代或继代犬肾细胞、雪貂肾细胞、鸡胚成纤维细胞、Vero 细胞和 FL 细胞等。在犬肾细胞上，CDV 产生的细胞病变包括细胞颗粒变性和空泡形成，形成巨细胞和合胞体，并在细胞中（偶尔在核内）出现包涵体。

**流行病学**　CDV 的自然宿主为犬科动物（犬、狼、丛林狼、豺、狐等）和鼬科动物（貂、雪貂、白鼬、臭鼬、伶鼬、南美鼬鼠、黄鼠狼、獾、水獭等），在浣熊科中曾在浣熊、密熊、白鼻熊和小熊猫中发现。

犬瘟热一年四季均可发生，以冬春季多发，有一定的周期性。据报道，每隔 3 年有一次大的流行。不同年龄、性别和品种的犬均可感染，以不满 1 岁的幼犬最为易感。犬群中自发性犬瘟热发生的年龄与幼犬断乳后母源抗体的消失有关。纯种犬和警犬易感性高，且病情严重，死亡率高。

病犬是犬瘟热最重要的传染源。病毒大量存在于鼻汁、唾液中，也见于泪液、血液、脑脊髓液、淋巴结、肝、脾、心包液、胸、腹水中，并能通过尿液长期排毒，污染周围环境。至于粪便是否排毒尚未定论，有人报道从有消化道症状的病犬粪便中观察到 CDV。主要传播途径是病犬与健康犬直接接触，通过空气飞沫经呼吸道感染。有人提出 CDV 在犬可通过胎盘垂直传播，造成流产和死胎。尚未发现有节肢动物传播 CDV 的报道。

**发病机理**　自然状态下病毒通过气溶胶或与上呼吸道黏膜上皮接触而传播。之后 24 h 内在组织巨噬细胞中增殖并扩散至整个细胞，经局部淋巴管到达扁桃体和支气管淋巴结。2～4 d 后，病毒在扁桃体、咽后和支气管淋巴结中的数量急剧增加，在骨髓、胸腺和脾脏中可见少量感染有 CDV 的单核细胞。4～6 d 后，病毒在脾脏淋巴滤泡、胃及小肠固有层、肠系膜淋巴结和肝枯否氏细胞内增殖，导致体温升高和白细胞减少，主要表现淋巴细胞减少，包括 T 淋巴细胞和 B 淋巴细胞。8～9 d 后，病毒进一步扩散至上皮细胞和神经组织，导致血源性病毒血症，并与犬的体液免疫和细胞介导免疫状态有关。14 d 后，动物依靠体内的特异性抗体和细胞介导细胞毒性从大多数组织中清除 CDV，而不表现临床症状。9～14 d 具有中等水平的细胞介导免疫应答和特异性抗体的犬体内的病毒扩散至上皮组织。临床症状最终因抗体滴度的增加而消失。病毒因抗体滴度增加而从大多数组织中被清除。但可能存留于神经元和皮肤，如鼻端和脚掌。病毒在这些组织中的扩散和存在可能使某些犬发生中枢神经系统症状和趾部皮肤角化病(硬脚垫)。

免疫状态低下的犬 9～14 d 后病毒扩散至许多组织器官，包括皮肤、分泌腺、胃肠道、呼吸道和泌尿生殖道的上皮细胞；临床症状严重时，病毒在上述脏器中持续存在直至动物死亡。

CDV 在脑组织中主要表现为对血管壁细胞的激活过程，继而引起神经胶质细胞反应，其中大部分犬在感染 21～28 d 后出现神经症状而死亡。中枢神经系统病变的类型和感染过程决定于以下几个因素：动物的年龄、免疫状态以及病毒的嗜神经作用和免疫抑制作用。急性和慢性脑炎均可发生，急性过程可能转变为慢性。

**症状**　犬瘟热的潜伏期随传染来源的不同，长短差异较大。来源于同种动物的潜伏期 3～6 d；来源于异种动物，因需要经过一段时间的适应，潜伏期可长达 30～90 d。

犬瘟热的症状表现多种多样，与病毒的毒力、环境条件、宿主的年龄及免疫状态有关。50%～70%的 CDV 感染呈现亚临床症状，表现倦怠、厌食、发热和上呼吸道感染。重症犬瘟热感染多见于未接种疫苗、年龄在 84～112 日龄的幼犬，可能与母源抗体消失有关。自然感染早期发热常不被注意，表现为结膜炎、干咳，继而转为湿咳、呼吸困难、呕吐、腹泻、里急后重、肠套叠，最终因严重脱水和衰弱而导致死亡。此种情况下适当采取对症治疗可以降低死亡率。

犬瘟热的神经症状通常在全身症状恢复后 7～21 d 出现，也有一开始发热时就表现出神经症状者；通常依据全身症状的某些特征预测出现神经症状的可能性。幼犬的化脓性皮炎通常不会发展为神经症状，但鼻端和脚垫的表皮角化可引起不同类型的神经症状。犬瘟热的神经症状是影响预后和感染恢复的最重要因素。由于 CDV 侵害中枢神经系统的部位不同，临床症状有所差异。大脑受损表现癫痫、好动、转圈和精神异常；中脑、小脑、前庭和延髓受损表现步态及站立姿势异常；脊髓受损表现共济失调和反射异常；脑膜受损表现感觉过敏和颈部强直。咀嚼肌群反复出现阵发性颤搐是犬瘟热的常见症状。

幼犬经胎盘感染可在 28～42 d 产生神经症状，母犬表现为轻微或不显症状的感染。妊娠期间感染 CDV 可出现流产、死胎和仔犬成活率下降等症状。

新生幼犬在永久齿长出之前感染 CDV 可造成牙釉质的严重损伤，牙齿生长不规则。此乃病毒直接损伤了处于生长期的牙齿釉质层所致。小于 7 日龄的幼犬实验感染 CDV 还可表现心肌病，临床症状包括呼吸困难、抑郁、厌食、虚脱和衰竭；病理变化以心肌变性、坏死和矿化作用为特征，并伴有炎性细胞浸润。

犬瘟热的眼睛损伤是由于 CDV 侵害眼神经和视网膜所致。眼神经炎以眼睛突然失明、胀大、瞳孔反射消失为特征。炎性渗出可导致视网膜分离。慢性非活动性基底损伤与视网膜萎缩和瘢痕形成有关。

**实验室检验** 血液学和血清生化检验在犬瘟热的诊断中无太大意义。在表现严重全身性症状和神经症状的幼犬，血液学变化主要表现为淋巴细胞减少。实验感染新生幼犬可见血小板减少和再生性贫血。通过血常规检验，有时可在外周血液循环中尤其是淋巴细胞中见到包涵体。血沉棕黄层抹片检查则较常发现包涵体，尤其在发育早期更易见到。

**病理变化** CDV 为泛嗜性病毒，对上皮细胞有特殊的亲和力，因此，病变分布非常广泛。新生幼犬感染 CDV 通常表现胸腺萎缩；成年犬多表现结膜炎、鼻炎、气管支气管炎和卡他性肠炎。表现神经症状的犬通常可见鼻端和脚垫的皮肤角化病。中枢神经系统的大体病变包括脑膜充血、脑室扩张和因脑水肿所致的脑脊液增加。

CDV 的包涵体通常呈嗜酸性，位于胞浆内，直径 1～5 μm，可在黏膜上皮细胞、网状细胞、白细胞、神经胶质细胞和神经元中发现。人工感染 35 d 后，包涵体仍可在淋巴系统和泌尿道中发现。核内包涵体多位于被覆上皮细胞、腺上皮细胞和神经节细胞。

**诊断** 犬瘟热病型复杂多样，又常易与多杀性巴氏杆菌、支气管败血波氏杆菌、沙门氏菌以及犬传染性肝炎病毒、犬细小病毒等病原混合感染或继发感染，所以诊断较为困难。根据临床症状、病理剖检和流行病学资料仅可做出初步诊断。确诊需通过下述方法进行：

①病毒分离与鉴定。从自然感染病例分离病毒较为困难。组织培养分离 CDV 可用犬肾细胞、犬肺巨噬细胞和鸡胚成纤维细胞等。据报道，剖检时直接

培养病犬肺巨噬细胞，容易分离到病毒。另外，取肝、脾、粪便等病料，用电子显微镜可直接观察到病毒粒子，或采用免疫荧光试验从血液白细胞、结膜、瞬膜以及肝、脾涂片中检查出CDV抗原，也可在肺和膀胱黏膜切片或印片中检出包涵体。

②血清学诊断。包括中和试验、补体结合试验、酶联免疫吸附试验等方法。

**治疗** 感染CDV后出现临床症状之前的最初发热期间给以大剂量高免血清，可使免疫状态增强到足以防止产生临床症状，这种情况仅限于已知感染后刚刚开始发热的青年犬。当出现神经症状时，使用高免血清则效果不佳。近年来，田克恭等人将具有很高中和活性的犬瘟热病毒单克隆抗体应用于犬瘟热病犬的治疗，取得了比高免血清更好的治疗效果。

犬感染CDV后常继发细菌感染，因此，发病后配合使用抗生素或磺胺类药物，可以减少死亡，缓解病情。根据病犬的病型和病征表现以支持和对症疗法，加强饲养管理和注意饮食，结合采用强心、补液、解毒、退热、收敛、止痛、镇痛等措施，具有一定的治疗作用。

**预防** 一旦发生犬瘟热，为防止疫情蔓延，必须迅速将病犬严格隔离，用火碱、漂白粉或来苏儿彻底消毒，停止动物调动和无关人员来往，对尚未发病的假定健康动物和受疫情威胁的其他动物，可考虑用犬瘟热高免血清或小儿麻疹疫苗做紧急预防注射，待疫情稳定后，再注射犬瘟热疫苗。

患犬瘟热的康复犬能产生坚强持久的免疫力。因此，防治犬瘟热的合理措施是免疫接种。目前国内广泛使用的是美国生产的犬瘟热、犬细小病毒、犬传染性肝炎、犬腺病毒2型、犬副流感弱毒苗以及灭活的犬钩端螺旋体组成的六联苗和夏咸柱等人研制的犬瘟热、犬细小病毒、犬传染性肝炎、犬副流感、狂犬病五联苗。这些疫苗对我国警犬、军犬、实验用犬、宠物犬等病毒性疾病的预防起到了积极的作用。

## 第2节 犬细小病毒感染

犬细小病毒(canine parvovirus，CPV)感染是近年来发现犬的一种烈性传染病。其临床表现以急性出血性肠炎和非化脓性心肌炎为特征。

**病原** CPV在分类上属细小病毒科细小病毒属。病毒粒子呈圆形，直径为21～24 nm；呈二十面体立体对称，无囊膜；病毒核衣壳由32个长为3～4 nm的壳粒组成。病毒基因组为单股线状DNA。

CPV在抗原性上与猫泛白细胞减少症病毒(FPV)和水貂肠炎病毒(MEV)

密切相关。

CPV对多种理化因素和常用消毒剂具有较强的抵抗力。在4～10℃存活180 d,37℃存活14 d,56℃存活24 h,80℃存活15 min。在室温下保存90 d,感染性仅轻度下降;在粪便中可存活数月至数年。甲醛、次氯酸钠、β-丙内酯、羟胺、氧化剂和紫外线均可将其灭活。

CPV在4℃条件下可凝集猪和恒河猴的红细胞,对其他动物如犬、猫、羊等的红细胞不发生凝集作用。CPV对猴和猫红细胞,无论是凝集特性还是凝集条件均与FPV不同,由此可区别CPV与FPV。

与多数细小病毒不同,CPV可在多种细胞培养物中生长,如原代猫胎肾、肺,原代犬胎肠细胞、MDCK细胞、CRFK细胞以及FK81细胞等。

**流行病学** 犬是CPV的主要自然宿主。其他犬科动物,如郊狼、丛林狼、食蟹狐和鬣狗等也可感染CPV。豚鼠、仓鼠、小鼠等实验动物不感染CPV。

犬感染CPV发病急,死亡率高,常呈暴发性流行。不同年龄、性别、品种的犬均可感染,但以刚断乳至90日龄的犬较多发,病情也较严重,尤其是新生幼犬,有时呈现非化脓性心肌炎而突然死亡。纯种犬比杂种犬和土种犬易感性高。

病犬是主要的传染来源。感染后7～14 d,粪便可向外排毒。粪便中的病毒滴度常达$10^9$ $TCID_{50}$/g。发病急性期,呕吐物和唾液中也含有病毒。

感染途径主要是由于病犬和健康犬直接接触或经污染的饲料和饮水通过消化道感染。无症状的带毒犬也是重要的传染源。有证据表明,人、苍蝇和蟑螂等可成为CPV的机械携带者。

本病一年四季均可发生,但以冬春季多发。天气寒冷,气温骤变,饲养密度过高,拥挤,有并发感染等均可加重病情和提高死亡率。

**发病机理** 到目前为止,犬细小病毒感染的病理发生尚缺乏深入研究。大部分学者认为,犬心肌炎和胃肠炎2种综合征是同一病毒的不同感染形式;许多学者叙述了3～4周龄的幼犬患急性心肌炎,而成年犬和10周龄以上的犬患胃肠综合征。

关于疾病的发生机理问题意见不一致。有的学者认为,CPV对迅速分裂的细胞有趋向性。例如,Mccandlish等(1979)认为哺乳幼犬心肌迅速生长,而肠上皮很少更新,因此,CPV感染可导致心肌炎。但Finnie(1979)则认为心肌细胞在出生后是不分裂的,这是一般人所公认的现象。他认为,出生后的幼犬心肌中的卫星细胞对CPV的复制可提供DNA功能的需要。这一点是Finnie根据Parker等(1979)"鸡心肌中的卫星细胞可转变成肌核"的理论提出的。John-

son 和 Smith(1979)提出,出现心肌炎的幼犬是“胎盘内感染”的结果。

**症状** CPV 感染在临床上表现各异,但主要可见肠炎和心肌炎 2 种病型。有时某些肠炎型病例也伴有心肌炎变化。

①肠炎型。自然感染潜伏期 7～14 d,人工感染 3～4 d。病初 48 h,病犬抑郁、厌食、发热(40～41℃)和呕吐,呕吐物清亮、胆汁样或带血。随后 6～12 h 开始腹泻;起初粪便呈灰色或黄色,随后呈血色或含有血块腥臭。胃肠道症状出现后 24～48 h 表现脱水和体重减轻等症状。粪便中含血量较少则表明病情较轻,恢复的可能性较大。在呕吐和腹泻后数日,由于胃酸倒流入鼻腔,导致黏液性鼻漏。

②心肌炎型。多见于 28～42 日龄幼犬,常无先兆性症候,或仅表现轻度腹泻,继而突然衰弱,呼吸困难,脉搏快而弱,心脏听诊出现杂音,心电图发生病理性改变,短时间内死亡。

**实验室检验** 肠炎型主要表现白细胞减少,小犬可低到 $0.1\times10^9$ 个/L 至 $0.2\times10^9$ 个/L,多数是 $0.5\times10^9$ 个/L 至 $2\times10^9$ 个/L;较老的犬只有轻微的降低。因胃肠道黏膜受损,蛋白质缺失,造成低蛋白症,尤其是低白蛋白症。心肌炎型病犬表现天门冬氨酸转氨酶(AST)、乳酸脱氢酶(LDH)、肌酸激酶(CK)活性增高。

**病理变化**

①肠炎型。自然死亡犬极度脱水,消瘦,腹部蜷缩,眼球下陷,可视黏膜苍白,肛门周围附有血样稀便或从肛门流出血便。有的病犬从口、鼻流出乳白色水样黏液,血液黏稠呈暗紫色。小肠以空肠和回肠病变最为严重,内含酱油色恶臭分泌物;肠壁增厚,黏膜下水肿。黏膜弥漫性或局灶性充血,有的呈斑点状或弥漫性出血。大肠内容物稀软,酱油色,恶臭。黏膜肿胀,表面散在针尖大出血点。结肠肠系膜淋巴结肿胀、充血。肝肿大,色泽红紫,散在淡黄色病灶,切面流出多量暗紫色不凝血液。胆囊高度扩张,充盈大量黄绿色胆汁;黏膜光滑。肾多不肿大,呈灰黄色。脾有的肿大,被膜下有黑紫色出血性梗死灶。心包积液,心肌呈黄红色变性状态。肺呈局灶性肺水肿。咽背、下颌和纵隔淋巴结肿胀、充血。胸腺实质缩小,周围脂肪组织胶样萎缩。膈肌呈现斑点状出血。

②心肌炎型。肺水肿,局部充血、出血,呈斑驳状。心脏扩张,左侧房室松弛,心肌和心内膜可见非化脓性坏死灶,心肌纤维严重损伤,可见出血性斑纹。

**诊断** 根据流行特点,结合临床症状和病理变化可以做出初步诊断。

①病毒分离与鉴定。将病犬粪便材料处理后接种猫肾、犬肾等易感细胞。

CPV 属自主性细小病毒，复制时需要细胞分裂期产生的一种或多种细胞功能。因此，必须将含毒样品加入胰蛋白酶消化的新鲜细胞悬液中同步培养。通常可采用免疫荧光试验或血凝试验鉴定新分离病毒。

②电镜和免疫电镜观察。病初粪便中即含有大量 CPV 粒子，因此，可用电镜负染 CPV 粒子。为与非致病性犬微小病毒（MVC）和犬腺联病毒（CAAV）相区别，可于粪液中加适量 CPV 阳性血清，进行免疫电镜观察。

③血凝和血凝抑制试验。由于 CPV 对猪和恒河猴红细胞具有良好的凝集作用，应用血凝试验可很快测出粪液中的 CPV。

近年来，田克恭等研制成功犬细小病毒酶标诊断试剂盒，可在 30 min 内检出病犬粪便中的 CPV，达到了国外同类产品的水平，目前已在宠物门诊广泛应用。

关于 CPV 的血清学诊断方法，目前已建立多种，其中包括血凝和血凝抑制试验、乳胶凝集试验、酶联免疫吸附试验、免疫荧光试验、对流免疫电泳、中和试验等。可依据各自的实验室条件建立相应的检测方法。

**治疗**　CPV 感染发病快，病程短，临床上多采用对症治疗。近年来，田克恭等研制成功治疗 CPV 感染的犬细小病毒单克隆抗体，结合对症治疗措施，可大大提高治愈率，目前已在临床上广泛应用。

**预防**　本病发病迅猛，应及时采取综合性防疫措施，及时隔离病犬，对犬舍及用具等用 2%～4%火碱水或 10%～20%漂白粉液反复消毒。

疫苗免疫接种是预防本病的有效措施。为了减少接种手续，目前多倾向于使用联苗。美国生产的 CDV、CPV、CAV-1、CAV-2、CPIV 和犬钩端螺旋体六联苗以及我国夏咸柱等（1989）研制的 CDV、CPV、CAV-1、CPIV 和狂犬病五联苗，目前均已在临床上使用。

## 第 3 节　犬腺病毒感染

犬传染性肝炎（infectious canine hepatitis，ICH）是由犬腺病毒 1 型（canine adenovirus virus type 1，CAV-1）引起的一种急性败血性传染病。本病主要发生于犬，也可见于其他犬科动物。在犬主要表现肝炎和眼睛疾患，在狐狸则表现为脑炎。犬腺病毒 2 型（CAV-2）主要引起犬的呼吸道疾病和幼犬肠炎。

**病原**　CAV 在分类上属腺病毒科哺乳动物腺病毒属。CAV 形态特征与其他哺乳动物腺病毒相似，呈二十面体立体对称，直径为 70～90 nm，有衣壳，无囊膜。衣壳内由双股 DNA 组成的病毒核心，直径为 40～50 nm。

CAV包括CAV-1型和CAV-2型。二者具有共同的补体结合抗原，但其生化特性和核酸同源性不同。应用血凝抑制试验与中和试验可以将其加以区别。

CAV对乙醚、氯仿有抵抗力。CAV在pH 3.0～9.0条件下可存活，最适pH 6.0～8.5。CAV在4℃可存活270 d，室温下存活70～91 d，37℃存活29 d，56℃ 30 min仍具有感染性。病犬肝、血清和尿液中的病毒，20℃可存活3 d。碘酚和氢氧化钠可用于消毒。

CAV能凝集人O型、豚鼠和鸡的红细胞，不凝集大鼠、小鼠、猪、犬、羊、马、牛、兔的红细胞。CAV可在原代犬、猪、雪貂、豚鼠、浣熊的肾和睾丸细胞以及MDCK细胞上增殖。细胞病变为增大、变圆、变亮、聚集成葡萄串状。

**流行病学** CAV主要感染犬和狐狸，山狗、狼、浣熊、黑熊等也有感染的报道。犬不分年龄、性别、品种均可发病，但1岁以内的幼犬多发。幼犬死亡率高，可达25%～40%，成年犬很少出现临床症状。

ICH的传染来源主要是病犬和康复犬。康复犬尿中排毒可达180～270 d，是造成其他犬感染的重要疫源。传播途径主要是通过直接接触病犬(唾液、呼吸道分泌物、尿、粪)和接触污染的用具而传播，也可发生胎内感染造成新生幼犬死亡。

**发病机理** 自然感染主要经消化道感染。病毒通过扁桃体和小肠上皮经由淋巴和血液而广泛散播。肝实质细胞和多种组织器官的血管内皮细胞是病毒定位和损害的主要靶细胞。肝脏是受损害的首要部位常发生变性、坏死等退行性变化或慢性肝炎变化。病毒可在肾脏长期存在，开始局限于肾小球血管内皮，导致蛋白尿；随后出现在肾小管上皮，引起局灶性间质性肾炎。在疾病的急性发热期，病毒可侵入眼而引起虹膜睫状体炎和角膜水肿。

**症状** ICH自然感染潜伏期6～9 d；最急性病例，在呕吐、腹痛和腹泻等症状出现后数小时内死亡。急性型病例，患犬怕冷，体温升高(39.4～41.1℃)，精神抑郁，食欲废绝，渴欲增加，呕吐，腹泻，粪中带血。亚急性病例症状较轻微，咽炎和喉炎可致扁桃体肿大；颈淋巴结发炎可致头颈部水肿。特征性症状是角膜水肿，即“蓝眼”病。角膜水肿的病犬表现眼睑痉挛、畏光和浆液性眼分泌物。角膜浑浊通常由边缘向中心扩展。眼疼痛反射通常在角膜完全浑浊后逐渐减弱，但若发展为青光眼或角膜穿孔则重新加剧。慢性病例多发于老疫区或疫病流行后期，多不死亡，可以自愈。

**实验室检验** 在疾病早期，蛋白尿和胆红素尿反映了肾和肝的损伤。当肝实质广泛损伤时，丙氨酸转氨酶(ALT)、天门冬氨酸转氨酶(AST)、碱性磷酸酶(ALP)、乳酸脱氢酶(LDH)等血清酶活性增高。发病早期白细胞减少,包括淋巴细胞减少和中性粒细胞减少,随后无并发症的康复犬可发生中性粒细胞减少和淋巴细胞增多。在病毒感染期间可见弥漫性血管内凝血,血小板数量明显减少,凝血酶原时间(PT)、凝血酶时间(TT)和激活凝血激酶时间(APTT)延长。

**病理变化** CAV 感染主要表现全身性败血症变化。在实质器官、浆膜、黏膜上可见大小、数量不等的出血斑点。浅表淋巴结和颈部皮下组织水肿、出血,腹腔内充满清亮、浅红色液体。肝肿大,呈斑驳状,表面有纤维素附着。胆囊壁水肿增厚,灰白色,半透明,胆囊浆膜被覆纤维素性渗出物。胆囊的变化具有诊断意义。脾肿大、充血。肾出血,皮质区坏死。肺实变。肠系膜淋巴结肿大、充血。中脑和脑干后部可见出血,常呈两侧对称性。

**诊断** ICH 早期症状与犬瘟热等疾病相似,有时还与这些疾病混合发生。因此,根据流行病学、临床症状和病理变化仅可做出初步诊断。特异性诊断必须进行病毒分离鉴定和血清学诊断。

①病毒分离与鉴定。可采取病犬血液、扁桃体或肝、脾等材料,处理后接种犬肾原代细胞或传代细胞,随后可用血凝抑制试验或免疫荧光试验检测细胞培养物中的病毒抗原。

②血凝和血凝抑制试验。急性或亚急性 ICH 病犬肝脏中含有大量病毒粒子。夏咸柱等(1990)根据 CAV-1 可凝集人 O 型红细胞,且此种凝集作用既可被 CAV-1 血清所抑制也可被 CAV-2 血清所增强的原理,建立了 ICH 的血清学诊断方法。本法既可通过病料中血凝抗原的检测用于急性病例的临床诊断,也可通过血清中血凝抑制抗体检查用于免疫力测定和流行病学调查。

③其他诊断方法。可依据各自的实验条件建立免疫荧光试验、琼脂扩散试验、补体结合试验、中和试验和酶联免疫吸附试验等。

**治疗** 在病初发热期,可用高免血清进行治疗以抑制病毒扩散。然而,一旦出现明显的临床症状,由于已经产生广泛的组织病变,即使应用大剂量高免血清也很少有效。在轻型病例,采取静脉补液等支持疗法或对症疗法,有助于病犬康复。可用抗生素或磺胺类药物防止细菌继发感染。

**预防** 加强饲养管理和环境卫生消毒,防止病毒传入。坚持自繁自养,如需从外地购入动物,必须隔离检疫,合格后方可混群。一旦发病,需立即控制疫情发展。应特别注意,康复期病犬仍可向外排毒,不能与健康犬合群。

关于免疫接种,国外已成功地应用甲醛灭活疫苗和弱毒疫苗进行免疫接种。国内多使用美国生产的六联苗和夏咸柱等研制的五联苗进行预防接种。

## 第4节 犬冠状病毒感染

犬冠状病毒(canine coronavirus,CCV)可使犬产生轻重不一的胃肠炎症状,特征为频繁地呕吐、腹泻、沉郁、厌食;临床症状消失后14～21 d仍可复发。本病是当前对养犬业危害较大的一种传染病。

**病原** CCV在分类上属冠状病毒科冠状病毒属。核酸型为单股RNA。病毒粒子形态多样,多呈圆形(直径80～100 nm)或椭圆形(长径180～200 nm、宽径75～80 nm);表面有一层厚的囊膜,其上被覆有长约20 nm呈花瓣样的纤突。

CCV对乙醚、氯仿、脱氧胆酸盐敏感,对热敏感,易被甲醛、紫外线等灭活;但对酸和胰酶有较强的抵抗力,pH 3.0,20～22℃条件下不能灭活,这是病毒经胃后仍有感染活性的原因。

CCV存在于感染犬的粪便、肠内容物和肠上皮细胞内。在肠系膜淋巴结及其他组织中也可发现病毒。CCV只有1个血清型,存在毒力不同的毒株。

CCV可在多种犬的原代和继代细胞上增殖并产生细胞病变,包括犬肾、胸腺、滑膜细胞和A-72细胞系。

**流行病学** CCV仅感染犬科动物;犬、貂、狐均有易感性;不同年龄、性别、品种均可感染;幼犬的发病率和死亡率较高。尚未见人感染CCV的报道,病犬管理人员体内也未检出CCV抗体。

传染来源主要是病犬和带毒犬。病犬排毒时间为14 d,保持接触性传染的能力为期更长。病犬经呼吸道、消化道随口涎、鼻液和粪便向外排毒,污染饲料、饮水、笼具和周围环境,直接或间接地传给有易感性的动物。CCV在粪便中可存活6～9 d,在水中也可保持数日的传染性。因此,本病一旦发生,则很难制止传播流行。

本病一年四季均可发生,以冬季多发,可能与CCV对热敏感、对低温有相对的抵抗力有关。过高的饲养密度、较差的饲养卫生条件、断乳、分窝、调运等饲养管理条件突然改变以及气温骤变等都会提高感染和临床发病的几率。CCV经常和犬细小病毒、轮状病毒、类星状病毒等混合感染,往往可从一窝患肠炎的幼犬中同时检出这几种病毒,诊断时应予以注意。

**发病机理** CCV具有高度的接触传染性,感染后迅速扩散至整个小肠。人工感染,口腔接种2 d天病毒到达并侵染十二指肠上部,4 d侵害到整个小肠。与犬细小病毒侵害腺体细胞不同,CCV主要侵害位于小肠绒毛上2/3处的消化吸收细胞。CCV能侵害局部肠系膜淋巴结，偶尔也可侵害肝和脾。CCV可使小肠上皮细胞死亡、脱落，导致小肠绒毛发生萎缩。未受侵害的腺体细胞则大量增殖，以补充脱落的绒毛上皮细胞，结果使小肠上皮细胞发生下移。含有病毒粒子的脱落细胞随肠道下泄，引起肠道下段的进一步感染，同时也使病犬粪便排毒。消化酶和吸收功能的丧失导致腹泻。

有些因素可能使新生幼犬对CCV的易感性增加。幼犬具有吸收大分子蛋白的功能。这也许会使其更易摄入病毒粒子。黏膜的免疫性对抵抗病毒感染起着重要作用。成年犬比幼犬免疫功能更强，因此，抵抗病毒感染的能力强。经口感染CCV的犬康复后能产生坚强的免疫力，可免受再次感染，但其保护期还不清楚。人工感染未食初乳的新生幼犬容易成功，常在1～3 d死于出血性肠炎。新生幼犬也曾有生后1～2 d感染发病的报道，而且死亡率极高。值得注意的是，病犬临床症状消失后14～21 d，中和抗体虽有明显上升，但仍可再次出现CCV感染症状。给这些犬注射犬瘟热、犬细小病毒疫苗，免疫应答反应也比较低，提示本病的免疫不易形成且依靠肠道的局部免疫。CCV感染对抗体的免疫功能是否有抑制作用有待进一步研究证实。

**症状**　本病传播迅速，数日内即可蔓延全群，人工感染潜伏期24～48 h，自然病例潜伏期1～3 d。病犬嗜睡、衰弱、厌食，最初可见持续数天的呕吐，随后开始腹泻，粪便呈粥样或水样，黄绿色或橘红色，恶臭，混有数量不等的黏液，偶尔可在粪便中看到少量血液。CCV临床上很难与犬细小病毒区别，只是感染时间更长，且具有间歇性，可反复发作。

**实验室检验**　病毒可从粪便中分离出来。细胞致病作用只在犬的细胞培养上产生，而在其他动物的细胞上则不生长。从临床病例中取粪便进行超速离心，负染色后在电镜下观察，可见到冠状病毒的典型形态。

**病理变化**　表现为不同程度的胃肠炎变化。尸体严重脱水，腹部增大，腹壁松弛，胃及肠管扩张；肠壁菲薄，肠内充满白色或黄绿色液体，肠黏膜充血、出血，肠系膜淋巴结肿大，肠黏膜脱落（这是本病较典型的特征）；胃黏膜脱落出血，胃内有黏液，胆囊肿大；病犬易发生肠套叠。

**诊断**　本病流行特点、临床症状、病理剖检缺乏特征性变化，在血液学和生物化学方面也没有特征性指标，因此，确诊必须依靠病毒分离、电镜观察和血清学检验。

取粪便悬液负染后进行电镜检查是检测CCV最迅速的方法。病毒分离最好使用A-72细胞。从粪便和小肠内容物中分离病毒成功率最高。

**治疗**　主要采取对症治疗，如止吐、止泻、补液以及用抗生素防止继发感染等。

**预防** 由于病犬粪便中含有大量的传染性病毒粒子，因此，对病犬的严格隔离和保持良好的卫生条件尤为重要。一旦有本病发生，如不进行粪便处理和适当的消毒，就会在犬群中迅速传播。1∶30 的漂白粉水溶液和 0.1%～1%的甲醛是经济有效的消毒剂。目前国内外已有疫苗用来预防。

## 第 5 节 犬副流感病毒感染

犬副流感病毒(canine parainfluenza virus，CPIV)感染是犬主要的呼吸道传染病。临床表现发热、流涕和咳嗽。病理变化以卡他性鼻炎和支气管炎为特征。近年来研究认为，CPIV 也可引起急性脑脊髓炎和脑内积水，临床表现后躯麻痹和运动失调等症状。

**病原** CPIV 在分类上属副黏病毒科。副黏病毒属。核酸型为单股 RNA。病毒粒子呈多形性，直径 80～300 nm，外有囊膜，内含螺旋对称的核衣壳。CPIV 粒子表面含有血凝素和神经氨酸酶。在 4℃和 24℃条件下可凝集人 O 型红细胞及鸡、豚鼠、大鼠、兔、犬、猫、羊的红细胞。CPIV 可在原代和传代犬肾、猴肾细胞培养物中良好增殖。CPIV 可在鸡胚羊膜腔中增殖。鸡胚不死亡。羊膜腔和尿囊液中均含有病毒，血凝效价可达 1∶128。

**流行病学** CPIV 可感染玩赏犬、实验犬和军犬、警犬。在军犬中常发生呼吸道病，在实验犬产生犬瘟热样症状。成年犬和幼龄犬均可发病，但幼龄犬病情较重。CPIV 在军犬和实验犬中具有很高的传染性。急性期病犬是最主要的传染来源。自然感染途径主要是呼吸道。

**症状** 本病是犬主要的呼吸道传染病。Crandell 等(1968)报道，临床症状为突然暴发，发热，大量黏液性、不透明鼻分泌物和咳嗽。Binn 等(1968)报道，176 只犬中，34%犬发病；其特征是突然暴发，迅速传播，干咳，浆液性或黏液性鼻漏，病犬疲软无力。当与支原体或支气管败血波氏杆菌混合感染时，病情加重。

Evetmann 等(1980)报道，210 日龄犬感染后可表现后躯麻痹和运动失调等症状。病犬后肢可支撑躯体，但不能行走。膝关节和腓肠肌腱反射和自体感觉不敏感。随后从病犬脑脊液中分离到 CPIV，证实 CPIV 也可引起神经疾患。Evermann 等(1981)用所分离的 CPIV 78～238 毒株脑内接种 6 日龄幼犬，病犬可在感染 7～10 d 后表现痉挛、抑郁等神经功能障碍。

**病理变化** 可见鼻孔周围有浆液性或黏液脓性鼻漏、结膜炎、扁桃体炎、气管炎、支气管炎，有时肺部有点状出血。神经型主要表现为急性脑脊髓炎和脑内积水，整个中枢神经系统和脊髓均有病变，前叶灰质最为严重。

**诊断**　与犬呼吸道传染病的临床表现非常相似，不易区别。确诊需进行病毒分离鉴定和血清学调查。从病犬分离 CPIV，在细胞培养物上极易生长并可产生细胞病变。另一显著特点是 CPIV 具有红细胞吸附作用，可用于鉴定。因此，细胞培养是分离和鉴定病毒的最好方法。另外，利用血清中和试验和血凝抑制试验检查双份血清的抗体效价是否上升也可进行回顾性诊断。

**治疗**　犬副流感目前尚无特异疗法，采取“隔离消毒、防止继发感染、止咳化痰、增强机体抵抗力及对症治疗”的治疗原则进行综合治疗。

**预防**　近年来，美国生产的联苗中包括 CPIV 弱毒苗，国内夏咸柱等生产的五联苗中也包括 CPIV 弱毒苗。与 CDV、CPV、CAV 等弱毒苗联合使用可以减少免疫次数，但经皮下接种产生的免疫力如何，尚无确实的实验数据予以证实。

当犬感染 CPIV 时，常常继发感染支气管败血波氏杆菌、支原体等。因此，应用抗生素或磺胺类药物可防止继发感染，减轻病情，促使病犬早日康复。

## 第6节　犬疱疹病毒感染

犬疱疹病毒(canine herpesvirus，CHV)感染可引起多种病型。新生幼犬多呈致死性感染；大于 21 日龄的犬主要表现上呼吸道症状；同时可造成母犬不育、流产和死胎以及公犬的阴茎炎和包皮炎。

**病原**　CHV 在分类上属疱疹病毒科甲型疱疹病毒亚科。CHV 具有疱疹病毒所共有的形态特征。位于细胞核内未成熟无囊膜的病毒粒子直径为 90～100 nm，胞浆内成熟带囊膜的病毒粒子直径为 115～175 nm。

CHV 只有 1 个血清型，但从不同地区、不同病型分离的毒株可能存在毒力的差异。CHV 与其他疱疹病毒如牛鼻气管炎病毒、马鼻肺炎病毒、猫鼻气管炎病毒和鸡喉气管炎病毒等均不存在交叉抗原关系，但与人单纯疱疹病毒之间存在轻度的交叉抗原关系。

CHV 对温热的抵抗力较弱，56℃ 5～10 h、37℃ 22 h 或 4℃ 1 d 均可灭活，在 −70℃仅可保存数月。CHV 在 pH 6.5～7.6 条件下稳定，但在 pH 4.5 以下 30 min 即失去感染性。CHV 囊膜表面无血凝素，不凝集人和动物的红细胞。

CHV 可在犬源组织培养细胞中良好增殖，其中以犬胎肾和新生犬肾细胞最为易感。

**流行病学** CHV只能感染犬，小于14日龄幼犬的体温偏低，恰好处于CHV的最适增殖温度，因此，易感性最高，常可造成致死性感染。CHV主要通过唾液、鼻汁、尿液向外排毒，传播途径为呼吸道、消化道和生殖道。新生幼犬也可经胎盘感染。

**发病机理** 本病可以在子宫内感染，也可当仔犬通过感染阴道或通过和同窝病犬接触或者食入、吸入被污染的物质而感染。大犬是无症状的带毒者，为小犬提供感染来源。1周龄以内的小犬通过口、咽感染。病毒在扁桃体、鼻甲骨和咽黏膜处繁殖，以后随白细胞进入血液发生病毒血症，进而病毒在全身繁殖，产生弥漫性局灶坏死、出血，于感染后5～12 d死亡。

超过2周龄的动物感染时，病毒主要局限在鼻腔、口和咽，导致亚临床感染，或引起很轻微的鼻炎和咽炎。亚临床感染时，病毒可在这些部位和体内各器官长期存在。试验表明，体温是影响犬疱疹病毒活性的重要因素。病毒在细胞培养中于37℃条件下能迅速繁殖；但在39℃时，病毒生长明显下降。新生小犬所以有很高的敏感性，是由于它们有相对低的体温，故易暴发和散播疱疹病毒感染。

**症状** 自然感染潜伏期4～6 d，人工感染3～8 d，小于21日龄的新生幼犬可引起致死性感染。初期病犬痴呆，抑郁，厌食，软弱无力，呼吸困难，压迫腹部有痛感，排黄色稀粪。有的病犬表现鼻炎症状、浆液性鼻漏、鼻黏膜表面广泛性斑点状出血。皮肤病变以红色丘疹为特征，主要见于腹股沟、母犬的阴门和阴道以及公犬的包皮和口腔。病犬最终丧失知觉，角弓反张，癫痫。病犬多在临床症状出现后24～48 h死亡。康复犬有的表现永久性神经症状，如运动失调、失明等。

大于21～35日龄的犬主要表现流鼻涕、打喷嚏、干咳等上呼吸道症状，大约持续14 d，症状较轻。如果发生混合感染，则可引起致死性肺炎。

母犬的生殖道感染以阴道黏膜弥漫性小泡状病变为特征。妊娠母犬可造成流产和死胎。公犬可见阴茎和包皮病变，分泌物增多。

**病理变化** 新生幼犬的致死性感染以实质器官尤其是肝、肾、肺的弥漫性出血、坏死为特征。胸腹腔内可见浆液、黏液性渗出。肺充血、水肿。肺门淋巴结肿大。脾充血、肿大。肠黏膜表面有点状出血。偶尔可见黄疸和非化脓性脑炎。

**诊断** 新生幼犬感染CHV后发病急，死亡率高。实质器官尤其是肾的局灶性出血具有诊断意义。急性感染期，CHV可从肾上腺、肾、肺、脾和肝等多种实质器官中分离到。在康复犬或老龄犬，CHV通常仅存在于口腔黏膜、上呼吸道和外生殖道，不易分离成功。CHV 可在原代犬肾细胞上良好增殖。最适培养温度为 35～37℃，感染细胞变圆脱落，蚀斑形成明显。蚀斑变小表明毒力减弱。新分离病毒的鉴定可采用电镜观察、免疫荧光试验或中和试验进行。血清中和试验可作为回顾性诊断和流行病学调查的手段。

**治疗**　对新生幼犬急性全身性感染治疗无效。在流行期间给幼犬腹腔注射 1～2 mL 高免血清可减少死亡。提高环境温度对病犬有利。对出现上呼吸道症状的病犬可用广谱抗生素防止继发感染。

**预防**　由于 CHV 感染率低，且免疫原性较差，因此，疫苗研制进展不快。

## 第 7 节　犬轮状病毒感染

犬轮状病毒(canine rotavirus，CRV)感染是主要侵害新生幼犬、以腹泻症状为特征的急性接触性传染病。成年犬多呈亚临床感染。

**病原**　CRV 在分类上属呼肠病毒科轮状病毒属。核酸型为双股 RNA。病毒粒子直径为 68～83 nm，无囊膜，二十面体立体对称。病毒衣壳呈双层结构，内层衣壳放射状排列，如车轮的辐条；其外由外壳膜包围，如同轮胎一样。

CRV 对温度、乙醚、酸和胰酶不敏感。在 4℃和 37℃，CRV 对猪和人红细胞(O 型、AB 型)具有较好的凝集作用并可被相应的 CRV 抗血清所抑制。

CRV 可在犬肾传代细胞、MA104 细胞上增殖，并可产生细胞病变。

**流行病学**　传染来源主要是病犬和隐性带毒犬。传播途径以消化道为主，含毒粪便污染用具和周围环境而使健康犬发生感染。CRV 通常引起幼犬严重感染，成年犬多呈亚临床感染。

**症状**　人工感染新生幼犬，20～24 h 后发生腹泻，并可持续 6～7 d。病犬排黄绿色稀便，夹杂有中等量黏液，严重病例粪便中混有少量血液。病犬被毛粗乱，肛门周围皮肤被粪便污染，轻度脱水。与其他病毒性疾病不同、病犬自始至终精神，食欲正常。这可作为临床鉴别的参考。

**病理变化**　人工感染后 12～18 h 死亡，幼犬无明显异常。病程较长的死亡犬被毛粗乱，病变主要集中在小肠。轻型病例，肠管轻度扩张，肠壁变薄，肠内容物中等量、黄绿色；严重病例，小肠黏膜脱落、坏死，有的肠段弥漫性出血，肠内容物中混有血液。其他脏器不认为异常。

经间接免疫荧光试验证实，CRV 主要存在于小肠黏膜上皮细胞，在肠系膜淋巴结皮质和副皮质区的网状细胞内也可见到 CRV。电镜观察，CRV 在肠黏膜上皮细胞的胞浆中复制，通过胞浆内质网膜“出芽”成熟。CRV 主要侵害肠绒毛上1/3处的吸收细胞。由于小肠上皮细胞被破坏，营养吸收不良导致腹泻。

**诊断** 由于导致犬腹泻的病原很多，因此，依据临床症状和病理变化只能做出初步诊断。

病毒分离可将病犬粪便材料经水解蛋白酶或胰蛋白酶处理后，接种犬肾传代细胞或犬胎肺细胞，因CRV的细胞病变不甚明显，可负染后电镜观察病毒粒子形态；也可采用间接免疫荧光试验和血凝抵制试验确认CRV的存在。

血清学检测方法包括放射免疫测定法、免疫荧光试验、对流免疫电泳、酶联免疫吸附试验、血凝和血凝抑制试验等，可用于病毒鉴定和流行病学调查。

**治疗** 犬轮状病毒感染尚无特异疗法，主要治疗措施包括隔离消毒、注射高免血清、抗菌消炎、抗病毒、防止脱水和对症治疗等。

**预防** 发病动物以对症治疗为主，目的是减少发病率和防止疫情扩散。CRV的免疫，不论是来自初乳（对幼犬而言），还是自身局部产生（对成年犬而言），都取决于小肠黏膜表面的抗体分泌情况。因此，应保证幼犬能摄食足量的初乳，或给予采自成年犬的血清，使其获得免疫保护。

关于CRV的疫苗研究，倾向于弱毒活苗，目前正处于研究阶段，尚未在临床上应用。

## 第8节 狂犬病

狂犬病（rabies）又名恐水症（hydrophobia），俗称疯狗病。本病是由狂犬病病毒（Rabies virus，RV）引起的人和所有温血动物共患的一种急性直接接触传染病。其临床表现极度兴奋、狂躁、流涎和意识丧失，终因局部或全身麻痹而死亡。典型的病理变化为非化脓性脑炎，在神经细胞胞浆内可见内基氏小体（negri bodies）。

**病原** RV在分类上属弹状病毒科狂犬病病毒属。病毒粒子呈子弹状或杆状，一端圆形，一端平坦或稍凹；长180～250 nm，宽75 nm。核酸型为单股RNA。外围以螺旋状对称排列的蛋白质壳粒，表面有脂蛋白囊膜，囊膜上有纤突，排列整齐，为六边形蜂房状结构，每个纤突长6～7 nm。

经中和试验研究证实，本病毒群有4个血清型。第1型（原型株为$CVS_{11}$）为最典型的RV；第2型（lagos蝙蝠形）是从尼日利亚以果食为生的蝙蝠的混合血中分离得到的；第3型（mokota型）是从人体内分离得到的；第4型（duvenhage）是从南非人体内分离得到的。自然界中分离的RV的流行毒株称“街毒”。将其直接接种到兔和其他动物脑中，进行长时间的连续继代，结果潜伏期缩短和固定化，末梢感染性减少，尼氏小体出现频度降低及神经组织亲和性增强。发生这些性状变化的病毒称为“固定毒”。

RV可被日光、紫外线、超声波、1%～2%肥皂水、70%酒精、0.01%碘液、丙酮、乙醚等灭活。对酸、碱、石炭酸、新洁尔灭、甲醛、升汞等消毒药敏感。RV不耐湿热，56℃ 15～30 min或100℃ 2 min即可灭活，但在冷冻或冻干状态下可长期保存。RV能抵抗自溶和腐烂，在自溶的脑组织中可保持活力达7～10 d。

RV可在5～6日龄鸡胚绒毛尿囊膜、卵黄囊、尿囊腔中生长，鸡胚成纤维细胞对RV高度易感。适应于鸡胚成纤维细胞的毒株，如Fluny毒株的LEP和HEP株，病毒产量较高，可用于制备疫苗。

RV还可在小鼠、仓鼠、兔、犬及人的原代或继代细胞中生长，其中BHK-21、BHK-13和人双倍体细胞WI-26株较为易感，几乎100%可被感染并产生明显的细胞病变。我国人用狂犬病疫苗是用仓鼠肾细胞制备的。

**流行病学**　几乎所有温血动物都对RV易感。犬猫等动物对RV高度易感，应及时进行有效的疫苗接种。

RV主要存在于患病动物的延脑、大脑皮质、海马回、小脑和脊髓。唾液腺和唾液中也有大量病毒，并随唾液排出体外。RV主要通过咬伤的皮肤黏膜感染；也可通过气溶胶经呼吸道感染；人误食患病动物的肉或动物间相互蚕食可经消化道感染；在人、犬、牛及实验动物也有经胎盘垂直传播的报道。

本病一年四季均可发生，春夏季发病率稍高，可能与犬的性活动以及温暖季节人畜移动频繁有关。本病流行的连锁性特别明显，以一个接着一个的顺序呈散发形式出现。伤口的部位越靠近头部和前肢或伤口越深，发病率越高。年龄与性别之间无差异。

**症状**　本病潜伏期长短不一，一般14～56 d，最短8 d，最长数月至数年；犬、猫、人平均20～60 d。潜伏期的长短与咬伤部位的深度、病毒的数量及毒力等均有关系。病型分为狂暴型和麻痹型。

**犬：**狂暴型分3期，即前驱期、兴奋期和麻痹期。前驱期1～2 d。此期病犬精神抑郁，喜藏暗处，举动反常，瞳孔散大，反射功能亢进，喜吃异物，吞咽障碍，唾液增多，后躯软弱。兴奋期2～4 d。此期病犬狂暴不安，攻击性强，反射紊乱，喉肌麻痹，狂暴与抑郁交替出现。麻痹期1～2 d。此期病犬消瘦，张口垂舌，后躯麻痹，行走摇晃，最终全身麻痹而死亡。

**猫：**多表现为狂暴型。前驱期通常不到1 d。病猫的特点是低度发热和明显的行为改变。兴奋期通常持续1～4 d。病猫常躲在暗处，当人接近时突然攻击。因其行动迅速，不易被人注意，又喜欢攻击头部，因此比犬的危险性更大。此时，病猫表现肌颤，瞳孔散大，流涎，背弓起，爪伸出，呈攻击状。麻痹期通常持续 1～4 d。病猫表现运动失调，后肢明显；头、颈部肌肉麻痹时，叫声嘶哑；随后惊厥、昏迷而死。约 25%的病猫表现为麻痹型，在发病后数小时或 1～2 d 死亡。

**病理变化** 无特征性变化。濒死期动物表现痛苦状，消瘦，脱水，头、体表和四肢有外伤。死于狂犬病的犬，胃空虚，存有毛发、石块等异物。胃黏膜充血、出血、糜烂。肠道和呼吸道呈现急性卡他性炎症变化。脑软膜血管扩张充血，轻度水肿，脑灰质和白质小血管充血，并伴有点状出血。

**诊断**

①综合性诊断。典型病例根据临床症状，结合咬伤病史，可做出初步诊断。

②病原学检验。对怀疑为狂犬病的动物，取其脑组织、唾液腺或皮肤等标本，直接检测其中的 RV 或进行病毒分离，是确诊狂犬病的重要手段。

③血清学检验。在狂犬病的预防工作中，检测血清中的 RV 抗体是评价疫苗效果的一个重要指标。检测和观察感染者血清中抗体消长情况，对狂犬病的诊断和预后也有重要价值。

**治疗** 狂犬病尚无治疗之法，死亡率为 100%。

**预防** 野生动物是狂犬病的自然宿主。对其唯一可行的防制原则是减少已证实的媒介动物的群体数量，并避免这些动物与犬、猫和人接触。

从世界范围来讲，由犬传播给人类的狂犬病数量居第 1 位，其次是猫。在控制犬的狂犬病方面，有 2 种方法已证实十分成功即对有主家犬和军犬、警犬、实验用犬进行疫苗接种，同时取缔无主犬和游荡犬。乌拉圭已 40 年无狂犬病发生，成功的经验是感染地区 80%以上的犬进行了疫苗接种。

狂犬病的疫苗接种分为两类。对犬等动物，主要进行预防接种；对人则是在被疯狗或其他动物咬伤后做紧急接种(暴露后接种)，争取在街毒进入中枢神经系统以前，就使机体产生较强的主动免疫性，从而防止临床发病。对于经常接触犬、猫和野兽，具有较大感染危险的兽医或其他人员，也应考虑进行预防性接种。

目前，我国犬用狂犬病疫苗有 3 种，即 a G 株原代仓鼠肾弱毒佐剂疫苗、羊脑弱毒活疫苗或灭活疫苗以及 Flury 病毒 LEP 株的 BHK-21 细胞培养弱毒疫苗。3 种疫苗的免疫期均在 1 年以上，在控制传染媒介(犬)、降低人群被咬伤率和狂犬病死亡率方面都有积极作用。

近年来，中国兽药监察所从美国引入狂犬病 ERA 弱毒株，在 BHK-21 细胞和原代猪肾细胞上可良好增殖。用 ERA 毒株所制疫苗在牛、羊、犬和家兔经肌肉注射是安全的。在犬免疫 7 d 后抗体呈现阳性，21 d 后血清中和抗体水平接近狂犬病鸡胚低代毒的免疫水平。此外，该疫苗可口服免疫，对狂犬病的预防提供了新的手段。当前从美国进口的富道狂犬病疫苗，幼犬猫每年注射 1 次，连续注射 2 年，以后每隔 3 年注射 1 次。

狂犬病是一种人兽共患的烈性传染病，主要构成对人的威胁。犬、猫等动物一旦发病，应立即向有关部门报告疫情，扑杀发病动物，房舍和周围环境彻底消毒，避免疫情扩散。

## 第 9 节　伪狂犬病

伪狂犬病（pesudorabies，PR）是由疱疹病毒科疱疹病毒甲亚科的猪疱疹病毒Ⅰ型所致的一种人畜共患传染病。本病特征：临床上以早期出现行为异常、流涎；后期表现为剧烈的瘙痒、尖叫、皮肤出现红斑等。本病能够感染多种动物，最易感的是猪，其次为犬、猫和野生动物。

**病原**　PRV 在分类上属疱疹病毒科甲型疱疹病毒亚科。核酸型为双 DNA。病毒粒子呈圆形或椭圆形，位于核内无囊膜的病毒粒子直径为 110～150 nm，位于胞浆内带囊膜的成熟病毒粒子直径为 180～230 nm。

PRV 仅有 1 个血清型，但从世界各地分离的不同毒株的毒力有所差异。毒株对不同动物的致病性有所不同。

PRV 对外界环境具有较强的抵抗力。在污染的动物房内可存活 30～46 d，肉中可存活 35 d 以上。PRV 对乙醚、氯仿等脂溶剂、甲醛、紫外线、1%氢氧等敏感，胰蛋白酶、胃蛋白酶等能灭活病毒，但不损坏衣壳。病毒粒子表面没有凝集禽类和哺乳类动物红细胞的血凝素。

PRV 具有广泛嗜性，能在猪、牛、羊、兔、猴肾细胞和牛睾丸细胞、鸡成纤维细胞以及 MDCK、Hela、PK15 等传代细胞上增殖，但易感程度不同，以兔肾和猪肾细胞最为易感，产生明显的细胞病变。

**流行病学**　PRV 具有广泛的宿主，易感畜禽包括猪、牛、绵羊、山羊、鸡、鸭等；易感的野生动物包括野猪、狼、狐、獾、刺猬、鼬、蝙蝠、猿、浣熊等；实验中家兔最易感，其次为犬、猫、小鼠、大鼠、豚鼠和仓鼠。

猪和鼠类是本病的主要宿主；犬、猫主要是由于误食了死于本病的鼠、猪和牛的尸体而感染，同时也成为本病的传播者。

**症状**　本病的潜伏期因感染途径而异，最短 36 h，最长 10 d，一般多为 3～6 d，主要是通过飞沫和创伤感染。

本病的临床症状和病程因动物种类和年龄而异。

①犬。起初病犬精神抑郁，凝视和舐擦皮肤某一受伤处；随后局部瘙痒，主要见于面部、耳部和肩部，病犬用爪搔或用嘴咬，产生大块烂斑，周围组织肿胀，甚至形成很深的破损。病犬烦躁不安，对外界反应强烈，有攻击性。后期大部分病犬头颈部肌肉和口唇部肌肉痉挛，呼吸困难，常于 24～36 h 死亡。有的病犬全身皮肤发红并有丘疹，瘙痒，啃咬皮肤，不能站立和行走，抽搐（彩图 2-1 和彩图 2-2），严重者导致死亡。

②猫。症状与犬相似，发出痛苦的叫声，呈犬坐姿势，神经过敏。猫的瘙痒程度较犬严重，搔抓头部，致使皮肤破损、发炎。病猫烦躁不安，乱搔乱咬，甚至咬伤舌头。偶尔病猫表现明显的神经症状，运动失调，昏迷。病程很短，一般在症状出现后 18 h 以内死亡。

**病理变化**　无特征病变，仅见局部损伤和因动物搔抓造成的破溃，以面部、头部、肩部较为常见，皮下呈弥漫性出血。局部淋巴结肿胀、充血。肺水肿。有的病例脑膜充血，脑脊液增加。

**诊断**　根据流行特点、临床症状和病理变化可以做出初步诊断。确诊需进行病毒的分离鉴定。血清学检测具有流行病学意义。

①病毒分离。取病死动物的中脑、脑桥、延脑和扁桃体等组织研磨，无菌处理后接种猪肾细胞或兔肾细胞，多在接毒后 48 h 出现细胞病变。此时将细胞培养物经 HE 染色检查可见嗜酸性核内包涵体。

病毒鉴定可用已知标准株的免疫血清进行中和试验。将病毒与血清混合液置 37℃ 1 h，接种猪肾或兔肾细胞培养物。也可用荧光抗体染色法检查细胞培养物中的病毒抗原。

②血清学检验。血清学检验包括微量中和试验、微量琼脂扩散试验、酶联免疫吸附试验、免疫荧光试验、乳胶凝集试验等。单克隆抗体和核酸探针技术的应用将给伪狂犬病的诊断提供新的手段。

**治疗**　伪狂犬病尚无特效疗法，死亡率为 100%。

**预防**　疫苗接种是防治伪狂犬病的重要措施。在国外，灭火苗和弱毒苗均广泛使用。国内亦有疫苗生产。

伪狂犬病主要是通过猪和啮齿类动物传播。因此，对实验动物应严格检疫。犬、猫饲养房舍应有隔离设施，防止野鼠进入。同时，犬、猫要分别饲养，在房舍设计上应注意保持一定间隔。发病时，应及时处理动物，房舍彻底消毒。甲酚皂、烧碱和碘仿等均有良好的消毒效果。

本病对人的威胁很小，但在欧洲曾有患病的报道，并分离到病毒，说明 PRV

对人有一定的致病性。因此。在病死动物的尸体处理过程中，有关人员应注意自身保护。

## 第 10 节　犬流感

犬流感（canine infuenza，CI）是 2004 年在美国首次确诊的一种新的传染病。最初发现是由马流感病毒（equine influenza virus，EIV）$H_3N_8$ 的变异毒株引起，后续研究结果显示本病可由多种亚型毒感染引发。本病临床上以体温升高、喷嚏、咳嗽等呼吸道症状为特征，患犬最终会因出血性肺炎而死亡。犬流感病毒无品种特异性，可感染所有品种的犬。

**病原**　流感病毒按核蛋白的可溶性补体结合抗原的不同，被分为甲（A）、乙（B）和丙（C）3 个属；各属流感病毒又根据其表面血凝素（haemagglutinin，H）及神经氨酸酶（neuraminidase，N）抗原性的不同分为多种亚型，如 $H_3N_8$、$H_5N_1$、$H_3N_2$ 和 $H_1N_1$ 等。通常所说的犬流感病毒是指最初分离到的 $H_3N_8$ 亚型，属于正黏病毒科 A 型流感病毒属。病毒粒子呈多形态，直径 80～120 nm；具有脂质双层囊膜。膜表面具有致密分布的纤突结构，其中 90％为血凝素（H），其余 10％为神经氨酸酶（N）。二者构成病毒的主要表面抗原，并在病毒入侵宿主细胞的过程中发挥作用。病毒核酸为单股负链 RNA，可分为 8 个相对分子质量不同的节段，核酸本身不具有感染性。流感病毒在病毒复制过程中缺乏 RNA 聚合酶校正功能使其极易发生变异。其中，HA 基因决定其毒力强弱，也是 EIV 基因组中变化频率最高的基因；它的变异直接影响着病毒侵袭宿主细胞的能力和致病力。分子研究显示，最初的 CIV 分离株与甲型马流感病毒 $H_3N_8$ 亚型的序列相似性大于 96％，从而说明 CIV 起源于在北美洲占优势地位的 $H_3N_8$ 甲型马流感病毒，是通过马传染给犬的一种新型传染病。这 2 种病毒虽然有很高的同源性，但也存在着根本的区别：CIV 可以在犬类之间相互传播；其他亚型的病原学特征与原病毒亚型特征相同。

**流行病学**　2004 年 3 月，在一群患中度到重度呼吸系统感染的比赛灵缇中分离到了一种流感病毒，经研究发现这种病毒具有特殊的遗传特点，类似于马流感病毒 $H_3N_8$ 亚型，并定义为犬流感病毒（CIV）。以后的几年中，陆续分离到其他流感病毒亚型。

①$H_3N_8$。自第一次发现 $H_3N_8$ 后，对犬流感病毒进行了广泛的流行病学调查。2004 年 6 月和 2005 年 4 月分别在德克萨斯州的爱荷华州分离到 $H_3N_8$ 犬流感病毒。2005 年，病毒分离和血清学检验都证实了在佛罗里达州和纽约

州，CIV已经转移到了伴侣动物体中。2006年年初，在丹佛和科罗拉多地区也鉴定出了CIV病毒。2007年，澳大利亚EIV大暴发，并最终导致了犬流感的流行。圣迭戈(2006)、洛杉矶(2007)、匹兹堡(2007)、芝加哥(2008)和北弗吉尼亚(2009)等也曾检测到CIV的存在。

②$H_5N_1$。1996—1997年引发严重的人类呼吸疾病的高致病性禽流感的出现，使得全世界开始了从亚洲、非洲到欧洲的追踪这一病毒家族的计划。2003年，发现该病毒可以感染动物园里的猫科动物。发病之前，这些猫科动物食用过已染病的禽类。2004年10月，泰国的一只幼犬因食用了$H_5N_1$疫区的鸭子，于数天后死于严重的呼吸症状。后来从该犬体中分离到了$H_5N_1$流感病毒。它的遗传特征与在泰国流行的$H_5N_1$病毒相一致。在动物试验研究中发现，感染犬可能不表现临床症状，但是可在数日后应用RT-PCR法可检测到病毒的存在。

③$H_3N_2$。2007年夏天，韩国从患呼吸道疾病犬的鼻腔中分离流感病毒，经与GenBank中8个基因片段的数据相比较，该病毒与东亚的禽流感病毒$H_3N_2$有95.5%到98.9%的同源性。将分离到的病毒接种到10周龄的幼犬中，2 d后出现了典型的急性呼吸感染症状。从实验性感染的动物体内释放的病毒数量显著多于$H_3N_8$ CIV，说明$H_3N_2$亚型可以在犬中更迅速地复制。针对受感染养狗场的血清学调查显示，被感染犬中$H_3N_2$抗体水平较高，由此提示可能存在犬与犬之间的传播。除了韩国外，目前在我国的华南地区也发现了该病毒的存在。

④$H_1N_1$。2009年初检测到引发人呼吸疾病临床病例的新的$H_1N_1$病毒，使得全世界都致力于监测和控制该病毒的传播。在火鸡和猪中检测到此病毒，激起了人们探究$H_1N_1$是否在其他哺乳动物中也存在的兴趣。有报道称，中国的52只病犬中有2只呈$H_1N_1$阳性，且该病毒与2009年人的$H_1N_1$病毒有99%的同源性。此外，在纽约也发现了$H_1N_1$阳性犬。

**症状** 自然条件下，本病的潜伏期为2～3 d。感染流感后，大多数犬会出现嗜睡、厌食、流涕、打喷嚏、抑郁、眼部黏液性或脓性分泌物以及咳嗽等临床症状，其中咳嗽可持续3周左右。这一系列的临床症状无论是用$H_3N_8$感染还是用$H_3N_2$感染，都可以在实验室复制出来。发病初期，患犬出现浆液性鼻液，随着病情发展会逐渐转为黏液性鼻液和脓性鼻液。大部分犬会出现发热症状，并持续1～4 d。在无并发症的病例中，会出现持续几个星期的干咳。很多犬会发展为肺炎、支气管肺炎。

在试验感染条件下，1 d后就可以出现临床症状，2 d后症状会更加明显。

自然条件下的感染,病毒散发的高峰是感染后的 2～4 d,通过分离可得到有生活力的病毒;到 7 d 以后就很难检测到病毒的存在。病毒感染对下呼吸道的影响是不可逆的,病变在感染后期更加严重。感染后 3 d,在大多数肺叶里都会出现点状出血。感染后期,肺部出现肝变。组织病理学检查,可见细支气管周、血管周淋巴细胞和血浆细胞的渗透(气管支气管炎和细支气管炎)由炎症细胞的渗透引起的肺泡间隔增厚以及由中性粒细胞和巨噬细胞引起的肺泡渗透物的出现。

**病理变化**　犬流感导致的病理变化以呼吸系统为主,病变可见肺水肿、肺泡变薄,气管和支气管出血并附有大量的炎性产物。镜检可见肺泡内嗜中性粒细胞和巨噬细胞浸润。此外,随着病情恶化,会导致其他器官出现相应的病变。

**诊断**　诊断的最佳时间为感染后 2～4 d。当前使用的检测流感病毒的方法是针对矩阵基因的 RT-PCR 法。这种方法已通过认证,可以检测出任意 H 亚型的流感病毒。首先要确定的是所有流感病毒是否都有临床症状。如果测试结果是阳性的,那么流感病毒的亚型可以使用辅助手段来检测。检测样品通常为鼻腔分泌物,用鼻拭子采集。

病毒的分离可以使用达二氏犬肾(MDCK)细胞或鸡胚。这 2 种方法都被证明可以成功分离病毒,但是有些样品却只能在其中一种上生长。这种现象目前尚无法解释。

酶联免疫吸附试验(ELISA)在分析单个犬的感染时作用不大,原因是难以获得最佳的感染时期和受感染犬产生病毒的水平低。因此,最好在多只犬暴发疫情的情况下使用。此时时机的因素不用考虑,因为多只犬是处于不同的感染阶段。

在美国,HI 测试是 CIV 标准的血清学鉴定的方法。该测试有高度的敏感性,能够检测出早在感染后 7 d 内的抗体反应。在没有其他 H 亚型的流感病毒流行的情况下,这是最好的选择。在病犬已经表现出临床症状超过 5 d 的临床病例中,试剂检测很少能成功,所以血清学实验应该被用于检测病毒感染。

**治疗**　由于本病主要表现为呼吸系统症状,因此,治疗时应以控制呼吸系统疾病为主。如果用广谱抗生素来预防或治疗细菌性或支原体性肺炎,为了提高治疗效果,在感染初期,就要使用抗病毒药物。

**预防**　预防可以通过疫苗来实现。美国已经生产出一种 CIV 疫苗。韩国也研发出了禽类起源的 $H_3N_2$ 的疫苗,但尚未商业化。这 2 种疫苗都是灭活疫苗,目前尚未见关于活疫苗的报道。

## 第 11 节　猫泛白细胞减少症

猫泛白细胞减少症(feline panleucopenia)又称猫瘟热(feline distemper)或猫传染性肠炎(feline infections enteritis),是由猫泛白细胞减少症病毒(feline panleucopenia virus,FPV)引起的猫及猫科动物的一种急性高度接触性传染病。其临床表现以患猫突发高热、呕吐、腹泻、脱水及循环血流中白细胞减少为特征。

**病原**　FPV 在分类上属细小病毒科细小病毒属。病毒粒子呈二十面体立体对称,无囊膜,直径约 20 nm。核衣壳由 32 个壳粒组成,每个壳粒 3～4 nm。核酸类型为单股 DNA。FPV 对乙醚、氯仿、胰蛋白酶、0.5%石炭酸及 pH 3.0 的酸性环境具有一定抵抗力;50℃ 1 h 即可灭活;在低温或甘油缓冲液内能长期保持感染性;0.2%甲醛处理 24 h 即可失活;次氯酸钠对其有杀灭作用。

FPV 仅有 1 个血清型,且与水貂肠炎病毒(MEV)、犬细小病毒(CPV)具有抗原相关性。FPV 血凝性较弱,仅能在 4℃条件下凝集猴和猪的红细胞。

FPV 不能在鸡胚组织中增殖,而能在多种猫源细胞如猫肾、肺、睾丸、骨髓、淋巴结、脾、心、膈肌、肾上腺及肠组织细胞培养物中增殖。

**流行病学**　FPV 除能感染家猫外,还可感染其他猫科动物(虎、猎豹和豹)及鼬科(貂、雪貂)和浣熊科(长吻浣熊、浣熊)动物。各种年龄的猫均可感染。由于种群的免疫状况不同,发病率和死亡率的变化相当大。母源抗体通过初乳可使初生小猫受到保护。多数情况下,1 岁以下的幼猫较易感,感染率可达 70%,死亡率为 50%～60%,最高达 90%。成年猫也可感染,但常无临床症状。

自然条件下可通过直接接触及间接接触而传播。处于病毒血症期的感染动物,可从粪、尿、呕吐物及各种分泌物排出大量病毒,污染饮食、器具及周围环境而经口传播。康复猫和水貂可长期排毒达 1 年之久。除水平传播外,妊娠母猫还可通过胎盘垂直传播给胎儿。

本病流行特点为冬末至春季多发,尤以 3 月份发病率最高。1 岁以内的幼猫多发,随年龄增长发病率降低,因饲养条件急剧改变、长途运输或来源不同的猫混杂饲养等不良因素影响,可能导致急性暴发性流行。

**发病机理**　当鼻内或口服接种后全身所有组织均有病毒侵入。病毒进入体内后首先居留口咽部,18 h 形成病毒血症,48 h 全身所有组织均有病毒,7 d 后病毒滴度最高。随着血清抗体的出现,病毒滴度急剧下降,14 d 后大多数组织已很少或无病毒。在某些组织如肾脏可持续 1 年存在少量病毒。在妊娠母猫，病毒很容易感染仔猫，并通过胎盘进入胎儿体内，侵害胎儿脑部，造成畸胎。

**症状**　本病潜伏期 2～9 d。最急性型，动物不显临床症状而立即倒毙，往往误认为中毒。急性型 24 h 内死亡。亚急性型病程 7 d 左右。第 1 次发热体温 40℃左右，24 h 左右降至常温，2～3 d 后体温再次升高，呈双相热型，体温达 40℃。病猫精神不振，被毛粗乱，厌食，呕吐，出血性肠炎和脱水症状明显，眼、鼻流出脓性分泌物。妊娠母猫感染 FPV，可造成流产和死胎。由于 FPV 对处于分裂旺盛期细胞具有亲和性，可严重侵害胎猫脑组织，因此，所生胎儿可能小脑发育不全。

**实验室检验**　典型血液学变化是第 2 相发热后白细胞数迅速减少，由正常时血液白细胞 $15\times10^{6}$～$20\times10^{6}$ 个/L 降至 $8\times10^{6}$ 个/L 以下，且以淋巴细胞和中性粒细胞减少为主；严重者血液涂片中很难找到白细胞。因此，本病称为猫泛白细胞减少症。一般认为，血液白细胞减少程度标志着疾病的严重程度。血液白细胞数目降至 $5\times10^{6}$ 个/L 以下时表示重症，$2\times10^{6}$ 个/L 以下时往往预后不良。

**病理变化**　以出血性肠炎为特征。胃肠道空虚，整个胃肠道的黏膜面均有程度不同的充血、出血、水肿及被纤维素性渗出物覆盖。其中，空肠和回肠的病变尤为突出，肠壁严重充血、出血及水肿，致肠壁增厚似乳胶管样，肠腔内有灰红或黄绿色的纤维素性坏死性假膜或纤维素条索。肠系膜淋巴结肿大，切面湿润，呈红、灰、白相间的大理石样花纹，或呈一致的鲜红或暗红色。肝肿大呈红褐色。胆囊充盈，胆汁黏稠。脾脏出血。肺充血、出血和水肿。长骨骨髓变成液状，完全失去正常硬度。

**诊断**　根据流行病学、临床双相热型、骨髓多脂状、胶冻样及小肠黏膜上皮内的病毒包涵体等病理变化及血液白细胞大量减少可以做出初步诊断。

①病毒的分离与鉴定。急性病例宜采取患病动物血液、内脏器官及其排泄物，病死动物则取其脾、小肠和胸腺材料，接种于猫肾原代或继代细胞。

病毒鉴定可采用免疫荧光试验对患病动物组织脏器的冰冻切片或接毒的细胞培养物进行检查，也可用已知标准毒株的免疫血清进行病毒中和试验。如有可能，还可应用免疫电镜技术对病猫粪便进行免疫电镜检查，以检出病毒抗原而进行确诊。

②血清学诊断。血清中和试验和血凝抑制试验最常用。

**治疗**　可用抗生素或磺胺类药物结合对症疗法进行综合治疗，对防止细菌继发感染、降低死亡率有一定效果。近些年，应用高效价的猫瘟热高免血清进行特异性治疗，同时配合对症治疗，取得了较好的治疗效果。

**预防** 由于 FPV 仅有 1 个血清型，故所用疫苗均具有长期有效的免疫力。有 3 种疫苗可供选择。一种是甲醛灭活的同种组织苗，一种是灭活的细胞苗，还有一种为弱毒苗。应用最多的是后 2 种。免疫程序是在出生 49～70 日龄的幼猫进行首次免疫接种；84 日龄时进行第 2 次；为加强免疫效果，可在 112 日龄时进行第 3 次免疫接种。以后每年 1 次。

对于未吃初乳的幼猫，28 日龄以下不宜应用活苗接种，可先接种高免血清（2 mL/kg 体重），间隔一定时间后再按上述免疫程序进行预防接种。由于 FPV 可通过胎盘垂直传播，弱毒活疫苗可能会对胎儿造成危害，故建议妊娠猫使用灭活疫苗。国外进口的猫三联疫苗，可预防猫泛白细胞减少症、猫病毒性鼻气管炎、猫杯状病毒病；幼猫 9 周龄注射 1 次，间隔 3～4 周再注射 1 次，以后每年注射 1 次。

除进行免疫接种预防本病外，平时应搞好猫舍卫生。对于新引进的猫，必须经免疫接种并观察 60 d 后，方可混群饲养。

## 第 12 节　猫传染性鼻气管炎

猫传染性鼻气管炎（feline infectious rhinotracheitis）是由猫疱疹病毒 1 型（feline herpesvirus，FHV-1）引起的猫的一种急性、高度接触性上呼吸道疾病，主要侵害仔猫，发病率可达 100%，死亡率约 50%。

**病原** FHV-1 在分类上属疱疹病毒科。甲型疱疹病毒亚科，具有疱疹病毒的一般特征。位于细胞核内的病毒粒子直径约 148 nm，位于胞浆内的病毒粒子直径 126～167 nm，细胞外的约 164 nm。病毒粒子中心致密，外有囊膜。核酸型为双股 DNA。立体对称的核衣壳上分布有 162 个壳粒。

FHV-1 对外界环境抵抗力较弱，对酸、热和脂溶剂敏感。甲醛和酚易将其杀灭。在－60℃条件下可存活 180 d，50℃ 4～5 min 灭活。在干燥条件下，12 h 以内即可灭活。

FHV-1 可在猫胎肾、肺及睾丸细胞内增殖，在兔肾细胞也能较好生长。接种病毒后，24～48 h 出现细胞病变，表现为单层细胞呈灶状圆缩、变暗以至全部脱落，有时出现多核巨细胞或合胞体细胞；1～3 d 后病毒滴度可达 $10^4$～$10^6$ $TCID_{50}$/0.1 mL。病毒在细胞核内增殖，感染细胞经包涵体染色后，可见到大量嗜酸性核内包涵体。

FHV-1 可吸附和凝集猫红细胞，可以采用血凝试验及血凝抑制试验检测病毒抗原和抗体。FHV-1 仅有 1 个血清型。它与猫泛白细胞减少症病毒、传染性牛鼻气管炎病毒、伪狂犬病病毒、猫杯状病毒及人单纯疱疹病毒均无交叉反应。

**流行病学**　FHV-1 主要通过接触传染，病毒经鼻、眼、咽的分泌物排出，易感猫通过鼻与鼻的直接接触及吸入含病毒的飞沫经呼吸道感染。自然康复或人工接种的耐过猫，能长期带毒和排毒，成为危险的传染源。

FHV-1 具有高度的种属特异性，目前仅从家猫分离到了该病毒，但有时也能引起猫科其他动物发生感染，对猫科动物以外的其他异种动物及鸡胚不致病。

**症状**　本病潜伏期为 2～6 d，仔猫较成年猫易感且症状严重。病初患猫体温升高，上呼吸道感染症状明显，表现为突然发作，中性粒细胞减少，阵发性喷嚏和咳嗽，畏光，流泪，结膜炎，鼻腔分泌物增多，食欲减退，体重下降，精神沉郁。鼻液和泪液初期透明，后变为黏脓性。约半数患病仔猫可发生死亡，合并细菌感染时死亡率更高。

急性病例症状通常持续 10～14 d，成年猫死亡率较低，但仔猫可达 20%～30%。带毒母猫所产新生仔猫罹病、体衰、嗜睡、腹式呼吸或无症状死亡。耐过病猫 7 d 后症状逐渐缓和并痊愈。部分病猫则转为慢性，表现持续咳嗽、呼吸困难和鼻窦炎症状。

**病理变化**　病理变化主要表现在上呼吸道。病初，鼻腔和鼻甲骨黏膜呈弥漫性充血，喉头和气管也可出现类似变化。较严重病例，鼻腔、鼻甲骨黏膜坏死，眼结膜、扁桃体、会厌软骨、喉头、气管、支气管甚至细支气管的部分黏膜上皮也发生局部灶性坏死，坏死区上皮细胞中可见大量的嗜酸性核内包涵体。对于全身性感染的仔猫，血管周围局部坏死区域的细胞也可见嗜酸性核内包涵体。慢性病例可见鼻窦炎。表现下呼吸道症状的病猫，可见间质性肺炎、支气管炎和细支气管炎，周围组织坏死，有时可见气管炎及细支气管炎的病变。

**诊断**　从临床症状看，FHV-1 所致疾病，与 FCV 感染、FPV 感染和猫肺炎（衣原体感染）很难区分，只有靠特异性的血清学反应或病原分离才能做出准确诊断。

剖检时，在上呼吸道黏膜上皮细胞中可见典型的嗜酸性核内包涵体，具有一定的诊断价值。病猫眼结膜和上呼吸道黏膜的涂片或切片标本，用 FHV-1 荧光抗体染色，可做出准确快速的诊断。中和试验（病毒感染 21 d 后中和抗体可达 64 倍）及血凝抑制试验也具有诊断意义。

最可靠的诊断是分离病毒。该病毒可在病猫鼻咽部黏膜和结膜持续存在 30 d 以上。出现 7 d 后，在肝、肺、肾、脾等实质脏器也可分离出病毒。成功率较高的分离方法是在急性发热期以灭菌棉拭子在鼻咽、喉头和结膜部取样，接种于原代猫肾细胞,逐日观察有无细胞病变。对新分离病毒,可用已知 FHV-1 免疫血清进行中和试验鉴定。对于细胞培养物,也可进行荧光抗体染色而做出快速鉴定。

**治疗** 目前尚缺乏特效药。5-碘脱氢尿嘧啶核苷可用于治疗 FHV-1 感染引起的溃疡性角膜炎。

对于病猫,应用广谱抗生素可有效地防止细菌继发感染,防止后遗症的发生。对症疗法也十分重要,口腔损害和病程长的病猫,可口服或肌肉注射维生素 A。结膜炎可每天多次用 10%磺醋酰胺钠、1%氯霉素或 0.5%新霉素眼膏涂擦,但不宜使用含皮质类固醇的眼膏。

患猫需早期隔离,隔离舍保持恒温;如果有脱水,可口服或皮下注射等渗葡萄糖盐水,每日 50～100 mL,每日 2 次;为增进食欲,可给予少量香味食物,如鱼、肝、瘦肉等,有利于患猫康复。

**预防** 有些研究者认为,FHV-1 免疫性不强,持续时间较短。现在也有人认为,尽管某些病猫发病 21 d 后仍缺乏中和抗体,但康复后患猫 150 d 仍具有部分免疫力,此时接种病毒,仅表现轻微临床症状。

目前,美国已有 FHV-1 弱毒苗可供应用。猫 63～84 日龄时首免,以后每隔 180 d 加强免疫 1 次。该苗单独应用或与 FCV 弱毒苗联合应用,均有较好的预防效果;有时,也与猫泛白细胞减少症及猫肺炎(衣原体感染)疫苗联合应用。

带毒母猫不宜再做种用,因为分娩常是促进带毒母猫排出病毒的应激因素之一,从而造成新生仔猫的感染。但应注意,并非所有表现慢性呼吸道症状的猫都是疱疹病毒带毒者。

加强饲养管理是预防本病的根本措施。平时应尽量减少应激因素,将猫饲养于通风良好的环境中。新引进猫或仔猫应至少隔离观察 14 d 方能混群饲养。减少每个猫群的数量和密度,加强饲养人员的个人卫生都对本病预防有一定好处。

## 第 13 节　猫杯状病毒感染

猫杯状病毒(feline calicivirus,FCV)感染是猫病毒性呼吸道疾病的一种,主要表现为上呼吸道症状,双相发热,浆液性和黏液性鼻漏,结膜炎,极度沉郁。有的病猫可听诊到呼吸啰音。猫 FCV 感染是猫的多发病,发病率较高,但死亡率较低。

**病原** FCV 在分类上属杯状病毒科杯状病毒属。核酸型为单股 RNA。病毒粒子直径 37～40 nm；32 个空心壳粒呈二十面体立体对称；无囊膜。病毒在胞浆内增殖，有时呈结晶状或串珠状排列。

FCV 对脂溶剂（如乙醚、氯仿和脱氧胆酸盐）具有抵抗力；对 pH 的敏感性介于肠道病毒和鼻病毒之间，pH 3 时失去活力，pH 4～5 时稳定；50℃ 30 min 灭活，$MgSO_4$ 和 $MgCl_2$ 不能增强病毒对热的抵抗力。FCV 无血凝性；只有 1 个血清型。

初次分离 FCV 时，通常用猫肾细胞。FCV 还可在二倍体猫舌细胞及猫胸腺细胞系、猫胎肺细胞上增殖。

**流行病学**　自然条件下，仅猫科动物对 FCV 易感，常发于 56～84 日龄的猫，但 7～84 日龄的猫均可感染发病。本病的传染源主要是病猫和带毒猫。前者在急性期可随分泌物和排泄物排出大量病毒，污染笼具、地面等，也可直接传给易感猫。后者一般由急性病例转变而来，虽然临床症状消失，但可长期排毒，是最重要和最危险的传染源。宠物商店、兽医院、后备种群、实验猫群等密集聚居处，更利于 FCV 的传播。

**症状**　FCV 感染的潜伏期为 2～3 d，尔后发热 39.5～40.5℃。症状的严重程度依感染病毒毒力的强弱而不同。口腔溃疡是常见和具有特征性的症状，且有时是唯一的症状。口腔溃疡常见于舌和硬腭，尤其是腭中裂周围。舌部水疱破溃后形成溃疡，有时鼻黏膜也可出现类似病变。

病猫精神欠佳，打喷嚏，口腔和鼻、眼分泌物增多，有时出现流涎和角膜炎。鼻眼分泌物初呈浆液性、灰色，后呈黏液性，4～5 d 后则可呈黏液脓性。有时可见痢疾和温和性白细胞减少的症状。病毒毒力较强时，可发生肺炎而表现呼吸困难等症状。小于 84 日龄的猫常可因此致死。某些毒株仅能引起发热和肌肉疼痛而无呼吸道症状。

猫感染 FCV 时，症状通常不如感染 FHV-1 时严重，多能耐过，7～10 d 后恢复。耐过猫虽然临床症状消失，但往往成为带毒者（病毒主要存在于咽部，尤其是扁桃体内），成为危险的传染源。

**病理变化**　表现上呼吸道症状的猫，可见结膜炎、鼻炎、舌炎及气管炎。舌、腭部初为水疱，后期水疱破溃形成溃疡。溃疡的边缘及基底有大量中性粒白细胞浸润。肺部可见纤维素性肺炎（仅表现下呼吸道症状的病猫）及间质性肺炎。后者可见肺泡内蛋白性渗出物及肺泡巨噬细胞聚积，肺泡及其间隔可见单核细胞浸润。

支气管及细支气管内常有大量蛋白性渗出物、单核细胞及脱落的上皮细胞。若继发细菌感染时，则可呈现典型的化脓性支气管肺炎的变化。表现全身症状的仔猫,其大脑和小脑的石蜡切片可见中等程度的局灶性神经胶质细胞增生及血管周围套出现。

**诊断** 由于多种病原均可引起猫的呼吸道疾患,且症状非常相似,因此,确诊较为困难。怀疑本病时,可刮取眼结膜组织进行荧光抗体染色,以检测抗原的存在,也可应用荧光抗体染色法检查扁桃体活组织。

本病急性期,可取眼结膜刮取物、鼻腔分泌物和咽部及溃疡部组织,用猫源细胞进行病原分离。病毒的鉴定可用补体结合试验、免疫扩散试验及免疫荧光试验进行。

**治疗** 无特异性疗法。疾病急性期可应用广谱抗生素防止继发感染。

**预防** 本病康复猫带毒可达 35 d 之久,故对其应严格隔离,防止病毒扩散。目前,国外已有 FCV 弱毒疫苗以及与 FPV、FHV-1 等组成的联苗可供使用。

## 第 14 节 猫白血病

猫白血病病毒(feline leukemia virus,FeLV)是一种外源性 C 型反转病毒。感染猫产生两类疾病,一类是白血病,表现为淋巴瘤、成红细胞性或成髓细胞性白血病;另一类主要是免疫缺陷疾病。后一类与前一类的细胞异常增殖相反,主要是以细胞损害和细胞发育障碍为主,表现为胸腺萎缩、淋巴细胞减少、中性粒细胞减少、骨髓红细胞系发育障碍而引起的贫血。后一类疾病免疫反应低下,易继发感染,近年来已将其与猫免疫缺陷病毒(FIV)引起的疾病均称为猫获得性免疫缺陷综合征,即猫艾滋病(FAIDS)。

**病原** FeLV 在分类上属反转病毒科肿瘤病毒亚科 C 型肿瘤病毒属哺乳动物 C 型肿瘤病毒亚属。病毒粒子切面呈圆形或椭圆形,直径 90～110 nm;由单股 RNA 及核心蛋白构成的类核体位于病毒粒子中央,含有反转录酶;类核体被衣壳包围,最外层为囊膜,其上有许多由糖蛋白构成的纤突。

与 FeLV 及所感染细胞有关的抗原有三类,即囊膜抗原、病毒粒子内部抗原和与肿瘤病毒相关的细胞膜抗原(FOCMA)。根据囊膜抗原的不同,FeLV 分为 A、B、C 3 个亚群或血清型。FeLV-A 和 FeLV-B 易从猫分离到,FeLV-C 则不常见。在自然界中,这 3 个亚群常以混合状态存在,常见 FeLV-A 和 FeLV-B 混合存在。FeLV-A 致病作用很弱,但能建立持久的病毒血症。FeLV-B 不易建立病毒血症,但致病作用最强,可能是诱导恶性病变和 FAIDS 的直接病原,而常同时与之混合存在的 FeLV-A 则可能起辅助作用。FeLV-C 主要引起骨髓红细胞系发育不全而导致贫血。

FeLV 对乙醚和脱氧胆酸盐敏感，56℃ 30 min 可使之灭活；常用消毒剂及酸性环境(pH 4.5 以下)也能使之灭活。FeLV 对紫外线有一定的抵抗力。

FeLV 可在猫、人、犬、猪和牛源细胞上增殖，其宿主范围与亚群有关。FeLV-A 仅能在猫源细胞上增殖；FeLV-B 的宿主范围最广，在人源细胞上比在猫源细胞上更易增殖。FeLV 的宿主范围决定于 FeLV 的囊膜抗原及细胞表面的受体。

**流行病学** FeLV 主要引起猫的感染，不同性别和品种间无差异。幼猫比成年猫较为易感。据报道，约 33%死于肿瘤的猫是由于 FeLV 所致。FeLV 不传染给人，不会对人类健康构成威胁。

FeLV 在猫群中以水平传播方式为主，病毒通过呼吸道和消化道传播。处于潜伏期的猫可通过唾液排出高滴度的病毒(每毫升唾液可含 $10^4$～$10^6$ 个病毒粒子)。进入猫体内的病毒可在气管、鼻腔、口腔上皮细胞和唾液腺上皮细胞内复制。一般认为，在自然条件下，消化道传播比呼吸道传播更易进行。除水平传播外，也可垂直传播。妊娠母猫可经子宫感染胎儿。本病病程较短，致死率高，约有半数的病猫在发病 28 d 内死亡。

**症状** 本病潜伏期一般较长，症状多种多样。

①与 FeLV 相关的肿瘤性疾病。

**消化道淋巴瘤：**主要以肠道淋巴组织或肠系膜淋巴结出现 B 细胞性淋巴瘤为特征。临床上表现为食欲减退、体重减轻、黏膜苍白、贫血、有时呕吐或腹泻等症状。此型较多见，约占全部病例的 30%。

**多发性淋巴瘤：**全身多处淋巴结肿大，身体浅表的病变淋巴结常可用手触摸到。瘤细胞常具有 T 细胞的特征。临床上表现消瘦、精神沉郁等一般症状。此型病例约占 20%。

**胸腺淋巴瘤：**瘤细胞常具有 T 细胞的特征，严重者整个胸腺组织被肿瘤组织代替。由于肿瘤形成和胸水增多，引起呼吸和吞咽困难，常使病猫发生虚脱。该型常发生于青年猫。

**淋巴白血病：**这种类型常具有典型症状，表现为初期骨髓细胞的异常增生。由于白细胞引起脾脏红髓扩张会导致恶性病变细胞的扩散及脾脏肿大，肝常肿大，淋巴结轻度至中度肿胀。临床上出现间歇热、食欲下降、机体消瘦、黏膜苍白、黏膜和皮肤上有出血点。血液学检验可见白细胞总数增多。

②免疫抑制。FeLV 阳性猫死亡的主要原因是贫血、感染和白细胞减少。这些猫容易感染主要是由于 FeLV 所致的免疫抑制。

**病理变化** 由于本病症状多种多样，病理变化也较复杂。淋巴结发生肿瘤时，常可在病理切片中看到正常淋巴组织被大量含有核仁的淋巴细胞代替。病变波及骨髓、外周血液时，也可见到大量淋巴细胞浸润。胸腺淋巴瘤时，剖检可见胸腔有大量积液；涂片检查，可见到大量未成熟淋巴细胞。

**诊断** 根据临床症状和病理变化，结合实验室检验可以做出初步诊断。若病猫持续性腹泻，胸腺出现病理性萎缩，血液及淋巴组织中淋巴细胞减少，经淋巴细胞转化实验证明其细胞免疫功能降低，即可怀疑本病。确诊需进行血清学和病毒学检验。

FeLV 的分离可采用病猫淋巴组织或血液淋巴细胞与猫的淋巴细胞系或成纤维细胞系共同培养的方法进行。随后检测培养液中反转录酶的活性，电镜观察病毒粒子的形态结构，并采用免疫学方法进一步鉴定。

目前，采用酶联免疫吸附试验、免疫荧光技术、中和试验、放射免疫测定法等方法检测病猫组织中 FeLV 抗原及血清中的抗体水平而进行 FeLV 的诊断和分型。

**治疗** 临床上可通过血清学疗法治疗猫白血病毒和猫肉瘤病毒引起的肿瘤。有的学者不赞成对病猫施以治疗措施，因治疗不易彻底，且患猫在治疗期及表面症状消失后具有散毒危险。据介绍，利用放射性疗法可抑制胸腺淋巴肉瘤的生长，对于全身性淋巴结肉瘤也具有一定疗效。

**预防** 目前，国外已有疫苗可供使用。而最有效的预防措施还是建立无 FeLV 猫群。猫群中引进新成员时，必须进行 FeLV 检疫，确认无 FeLV 感染后方可混群饲养。

## 第 15 节　猫传染性腹膜炎

猫传染性腹膜炎（feline infectious peritonitis）是由猫传染性腹膜炎病毒（feline infectious peritonitis virus，FIPV）引起的猫科动物的一种慢性进行性传染病，以腹膜炎、大量腹水聚积和致死率较高为特征。

**病原** FIPV 在分类上属冠状病毒科冠状病毒属。核酸型为单股 RNA。病毒粒子呈多形性，大小为 90～100 nm，螺旋状对称；有囊膜，囊膜表面有长 15～20 nm 的花瓣状纤突。FIPV 对乙醚等脂溶剂敏感，对外界环境抵抗力较差，室温下 1 d 失去活性，一般常用消毒剂可将其杀死，但对酚、低温和酸性环境抵抗力较强。

据文献报道，FIPV 仅能在活体内连续传代。近年来发现，也可在猫肺细胞、腹水细胞等组织培养物内增殖。

病原学研究表明，FIPV 与猪传染性胃肠炎病毒（TGEV）、犬冠状病毒

(CCV)和人冠状病毒229E株在致病性及抗原结构上均有不同程度的相似性。

**流行病学** FIPV可感染各种年龄的猫,以1～2岁的猫及老龄猫(大于11岁)发病最多。不同品种、性别的猫对本病的易感性无明显差异,但纯种猫发病率高于一般家猫。本病呈地方性流行,首次发病的猫群发病率可达25%,但从整体看,发病率较低。

本病可经消化道感染或经昆虫传播,猫的粪尿可排出病毒;也可经胎盘垂直传播。

**症状** 本病症状分为"湿性"(渗出性)和"干性"(非渗出性)2种。发病初期症状常不明显或不具特征性,表现为病猫体重逐渐减轻,食欲减退或间歇性厌食,体况衰弱;随后,体温升高至39.7～41.1℃,血液中白细胞数量增多。有些病猫可能出现温和的上呼吸道症状。持续7～42 d后,"湿性"病例腹水积聚,可见腹部膨胀。母猫发病时,常可误认为是妊娠。腹部触诊一般无痛感,但似有积液。病猫呼吸困难逐渐衰弱,并可能表现贫血症状,病程数天至数周,有些病猫则很快死亡。约20%的病猫还可见胸水及心包液增多,从而导致部分病猫呼吸困难。某些湿性病例(尤其疾病晚期)可发生黄疸。

干性病例则主要侵害眼、中枢神经、肾和肝等组织器官,几乎不伴有腹水。眼部感染可见角膜水肿,角膜上有沉淀物,虹膜睫状体发炎,眼房液变红,眼前房内有纤维蛋白凝块,患病初期多见有火焰状网膜出血。中枢神经受损时表现为后躯运动障碍,行动失调,痉挛,背部感觉过敏。肝脏受侵害的病例,可能发生黄疸。肾脏受侵害时,常能在腹壁触诊到肾脏肿大,病猫出现进行性肾功能衰竭等症状。

**病理变化** 湿性病例,病猫腹腔中大量积液,呈无色透明、淡黄色液体,接触空气即发生凝固;腹膜浑浊,覆有纤维蛋白样渗出物;肝、脾、肾等器官表面也见有纤维蛋白附着;肝表面还可见直径1～3 mm的小坏死灶,切面可见坏死深入肝实质中。有的病例还伴有胸水增加。对于主要侵害眼、中枢神经系统等的病例,几乎见不到腹水增加的变化。剖检可见脑水肿;肾脏表面凹凸不平,有肉芽肿样变化;肝脏也见有坏死灶。

**诊断** 根据流行病学特点、临床症状和病理变化可做出初步诊断。对于干性病例,由于常常缺乏必要的诊断依据,应结合实验室检查进行确诊。

①渗出液检验。腹腔渗出液早期多呈无色透明或淡黄色,有黏性,含有纤维蛋白凝块,暴露空气中即发生凝固;比重一般较高(大于1.017),蛋白质含量较高(32～118 g/L),并含有大量巨噬细胞、间皮细胞和嗜中性粒细胞。

②血清学检验。常用的有中和试验、免疫荧光试验。

③病原分离。目前还没有适用于FIPV增殖的组织培养细胞。有人试用腹水细胞及猫肺细胞进行培养取得了一定成效。

**治疗** 尚无有效的特异性治疗药物。出现临床症状的猫一般预后不良。有人在疾病早期应用免疫抑制剂如皮质类固醇药物进行治疗取得了一定成效。

**预防** 目前,国外已有疫苗供应用。预防还应注重猫舍的环境卫生,消灭猫舍的吸血昆虫及啮齿类动物。对于污染的猫舍应用0.2%甲醛或0.5 g/L洗必泰或其他消毒剂彻底消毒。有人认为,本病的发生与猫白血病病毒(FeLV)在猫群中存在有关,因此,净化FeLV将有助于控制本病。随着FIPV致病机理的进一步阐明及该病毒分离技术的成熟,可望研制出有效的疫苗。

## 第16节　猫肠道冠状病毒感染

猫肠道冠状病毒感染(feline enteric coronavirus infections)是由猫肠道冠状病毒(feline enteric coronavirus,FECV)引起的猫的一种新的肠道传播病,主要引起42～84日龄幼猫患肠炎。

**病原** FECV在分类上属冠状病毒科冠状病毒属。病毒粒子直径75～150 nm,呈多形性;有囊膜,囊膜表面有许多放射状排列的纤突。间接荧光抗体法检查时,该病毒与FIPV、犬冠状病毒(CCV)和猪传染性胃肠炎病毒(TGEV)具有交叉反应。FECV对外界理化因素抵抗力弱,大多数消毒剂可使其灭活。

FECV和FIPV最显著的区别是致病性不同。FECV引起42～84日龄幼猫肠炎;FIPV导致0.5～5岁猫致死性腹膜炎。FECV的靶组织只是十二指肠中段至盲肠末端的柱状上皮,尤其是亲嗜空肠和回肠,当机体产生免疫反应时FECV并不逃逸到其他部位;而FIPV亲嗜部位很多,当免疫产生时可从淋巴组织逃逸到小静脉、肝、腹膜、胸膜、眼结膜、脑膜等靶组织,引起广泛的组织损伤。

**流行病学** FECV主要感染42～84日龄幼猫,经消化道传染。由于母猫初乳中特异性抗体的作用,故35日龄以下仔猫很少发病。42～84日龄猫感染时常表现为肠炎症状。成年猫则多呈隐性感染,若呈恶性发作也可出现致死性病例。患猫、健康带毒猫可经粪便途径排出大量病毒,病后康复猫体内虽仍可带毒,但90～120 d不会引起发病。迄今未见FECV感染人的报道。

**症状** 本病常使断乳仔猫发病。人工接种FECV后3 d,仔猫体温升高,食欲下降;尔后发生呕吐,肠蠕动加快,出现中等程度腹泻,肛门肿胀。较严重病例可见脱水症状。本病死亡率一般较低。疾病急性期,血液中嗜中性粒细胞降至50%以下。感染后10～14 d,免疫荧光抗体滴度可达1∶32～1∶1 024。

**病理变化** 本病与猪传染性胃肠炎病例的病变相似。尸体剖检常无明显损伤，自然感染的青年猫可见肠系膜淋巴结肿胀，肠壁水肿，粪便中有脱落的肠黏膜。除特别严重的病例外，几乎整个肠道损伤均可恢复。

**诊断** 肠炎明显时应怀疑本病，但确诊较困难。目前的诊断方法是电镜观察病猫粪便中有无 FECV 粒子。组织培养和病毒分离较难取得成功。常用的细胞系有 FC0009、FCWF-4Grandall、猪睾丸细胞和猫肾细胞系。检测病猫体内 FECV 中和抗体的滴度有助于诊断。荧光抗体检测冷冻切片，病毒主要存在于小肠和肠系膜淋巴结，扁桃体及胸腺中较少，肺、脾、肝和肾中则看不到病毒。

**治疗** 除非脱水严重的病例需要补液，一般情况下不需治疗。

**预防** 据认为，FECV 可能广泛分布于猫群中，许多无临床症状的猫可能为带毒者。血清学阳性的猫可通过粪便排毒，因此，本病的预防较为困难。平时应加强猫舍卫生，各年龄猫分居饲养，断乳仔猫由于很快失去母源抗体的保护作用，需加强护理，以减少发病率。

FECV 与 FIPV 之间的关系目前尚不完全清楚。有人认为前者可能在后者感染时起刺激机体产生冠状病毒抗体的作用。也有人认为，FIPV 实际上是 FECV 的变种。另外，由于 FECV 与人、犬、犊牛、猪、火鸡等动物的肠道冠状病毒致病机制相似以及其与 CCV、TGEV、FIPV 在抗原特性的相似性，有关本病毒的研究已越来越受到重视。

## 第 17 节 猫免疫缺陷病毒感染

猫免疫缺陷病毒感染（feline immunodeficicncy virus infections）是由猫免疫缺陷病毒（feline immunodeficiency virus，FIV）引起的危害猫类的慢性接触性传染病，也称猫艾滋病（FAIDS）。本病临床表现以慢性口腔炎、鼻炎、腹泻及高度虚弱为特征。

**病原** FIV 在分类上属反转病毒科慢病毒亚科免疫抑制群。病毒粒子由囊膜、衣壳及核芯组成，内含反转录酶。病毒粒子呈圆形或椭圆形，直径 105～125 nm。核酸型为单股 RNA，其基因长度为 9.5 kb，具反转病毒 gag-nol-env 基因结构。

FIV 能在原代猫血液单核细胞、胸腺细胞、脾细胞和猫 T-淋巴母细胞系如 LSA-1 和 FL-74 细胞上生长增殖。但不能在非淋巴结细胞系如猫粘连细胞系 Fcwf4 和 Fc9 细胞上增殖。在非猫源细胞如 Raji 细胞、人血液单核细胞、犬血液单核细胞、BALB/c 小鼠脾细胞、小鼠 IL-2 依赖 HT2cT 淋巴母细胞及绵羊正常成纤维细胞上观察不到 FIV 增殖现象。

**流行病学** 病猫的感染率明显高于健康猫。各种年龄、性别的猫均可感染发病。由于 FIV 感染的潜伏期较长，因此，发病多为 5 岁以上的猫。公猫的感染率比母猫高 2 倍多，尤其是未经去势的公猫患病更多，故认为猫患 FAIDS 与其性行为有直接关系。

FIV 主要经被咬伤的伤口而造成感染。散养猫由于活动自由，相互接触频繁，因此，较笼养猫的感染率要高。在猫两性间的互舐中，通过唾液也能传染 FIV。精液是否传染 FIV 未得到证实，母子间可相互传染。

本病呈世界范围性分布，在流行地区的猫群中，FIV 阳性率达 1%～12%，高危险猫群中高达 15%～30%。猫群密度越大，患 FAIDS 的猫越多。

**症状** 潜伏期长短因猫而异。人工感染 FIV 21～28 d 后，从血液中可分离到 FIV，30～60 d 后表现淋巴腺肿、齿龈发红、腹泻等症状。发病初期，表现发热、不适、中性粒细胞减少、淋巴腺肿等非特异性症状；随后 50%以上的病猫表现慢性口腔炎、齿龈红肿、口臭、流涎，严重者因疼痛而不能进食。约 25%的猫出现慢性鼻炎和蓄脓症。病猫常打喷嚏、流鼻涕，长年不愈，鼻腔内储有大量脓样鼻液。由于 FIV 破坏了猫的正常免疫功能，肠道菌群失调，常表现菌痢或肠炎。约 10%猫的主要症状为慢性腹泻，约 5%表现神经紊乱症状。发病后期常出现弓形虫病、隐球菌病、全身蠕形螨病和耳痒螨病及血液巴尔通氏体病(hemobarto nellosis)等。有些病猫因免疫力下降，对病原微生物的抵抗力减弱，稍有外伤，即会发生菌血症而死亡。猫发病到死亡多为 3 岁，尚未发现数月内发生死亡的病例。

**病理变化** 依症状表现不同可见不同的病理变化过程。结肠可见亚急性多发性溃疡病灶，在盲肠和结肠可见肉芽肿，空肠可见浅表炎症。淋巴结滤泡增多，发育异常呈不对称状，并渗入周围皮质区，副皮质区明显萎缩。脾脏红髓、肝窦、肺泡、肾及脑组织可见大量未成熟单核细胞浸润。

**诊断**

①病毒分离与鉴定。猫外周血淋巴细胞以刀豆 A(5 μg/mL)刺激后培养于含人 IL-2(100 μ/mL)的 RPMI 培养液中，然后加入被检病猫血液样品制备的血沉棕黄色层，37℃培养，14 d 后培养细胞出现细胞病变，取细胞病变阳性培养物电镜观察，免疫转移分析。

②血清学试验。在 FIV 感染 14 d 后出现血清抗体。抗体产生与病毒感染具有较好的相关性。免疫荧光试验、酶联免疫吸附试验等可用于抗体测定。采用酶联免疫吸附试验检出抗体比免疫荧光试验早 7 d 以上，且滴度高。但也存

在病毒阳性而抗体阴性的情况，应予以注意。目前，广泛采用的是免疫荧光试验，用 FIV 感染血液淋巴细胞做基质，用 PBS 将被检血清按 1∶10 稀释，加在经丙酮固定的基质上，置湿盒 37℃ 30 min，取出用 PBS 冲洗 3 次，加荧光素标记的兔抗猫 IgG 抗体，复置 37℃ 30 min，取出用 0.01%伊文斯蓝复染，细胞质出现荧光者为阳性。每次试验均设阴性和阳性对照。

**治疗**　目前尚无治疗本病的有效药物和疗法。患病猫只能采取对症治疗和营养疗法以延长生命。特异性抗病毒药物叠氮胸腺嘧啶虽已成功地试用于人艾滋病治疗，但尚未在 FIV 感染猫中试用。

**预防**　疫苗的研究工作正在进行，尚未在临床上应用。最佳的预防措施是改善饲养环境和饲养方式，改散养为笼养。猫的住处和饮食器具要经常消毒，保持清洁。雄猫实行阉割去势术。病(死)猫要集中处理，彻底消毒，以消灭传染源。逐步建立无 FIV 猫群。

## [附]　猫传染病的分子诊断方法

猫传染病的诊断方法有很多种。历史上，人们用细胞学技术、组织病理技术、微生物培养技术证明病原体的存在，通过检测血清抗体效价证明机体对感染的免疫应答。然而，这些技术本身都有缺陷。细胞学技术和组织病理技术需要病原体大到可以用显微镜观察到，需要病原体的数量多到能够被肉眼观察到。随着疾病的发展，根据病原体的可视性进行诊断的实验，其敏感性通常会下降，因为宿主的免疫反应减少了机体中病原体的数量。微生物培养需要具备病原体生长所需的特殊条件，在保存病原体时可能需要进行特殊处理，而且进行病原体培养所需的时间可能很长，不适用于临床。以血清抗体效价为例，宿主对病原体的免疫应答可能很敏感，但免疫应答往往需要数天到数周的时间，且免疫应答只是针对特定的病原体，不能提供继发感染和并发感染的证据。

一种诊断方法要应用到实践中，必须具备高敏感性和特异性、可重复、方便、经济这些特点。考虑到这些因素，在猫医学中对于那些难于鉴别、检测和及时培养的病原体引起的疾病，分子方法受到了医生的青睐。由于分子方法在兽医的日常诊断中正确使用，兽医学获得了很大的发展。本节对在猫医学中可以使用的分子技术，其优缺点及在目前临床中的应用进行了一个简短的回顾。

分子方法基于对 DNA 和 RNA 的检测。核酸是病原体基因组成的一部分，核酸序列由 4 种核苷酸排列组成。虽然不同病原体间 DNA 和 RNA 的大部分都高度保守，但其他部分在科、属、种甚至品种水平上是特异的。使用互补序列或信号分子，可以检测临床样品中病原体的特异性序列。信号分子通常是以荧光分子的形式来提高其敏感性。

## 一、不扩增病原的检测

检测传染性病原体最简单的分子工具是带有荧光标记的探针（互补的核苷酸序列）。探针直接加到临床样本中进行检测，样品可以是液体或组织切片。不同荧光标记的复合探针可加到单一样品中检测多种病原体。人医临床中针对病原体目标序列的探针杂交技术应用非常广泛，然而在猫医学中应用不广。探针杂交技术具有快速、方便、操作简单的优点，不需要特殊培养条件，但在敏感性上不如其他分子技术。微生物培养虽可使样本增多，但培养本身需要很长时间，还得了解病原体生长所需的特殊条件。这使微生物培养技术在临床上的应用受限。在其他快速培养方法出现前，分子探针技术对检测真菌、分枝杆菌这样生长缓慢的病原体仍然有用，可用于快速检测少量临床样本。

探针杂交的一个更特殊的用途是原位杂交。这种技术和简单的探针杂交原理相同，不同点在于原位杂交用于组织样本，可检测与炎症损伤或组织特殊部位相关的病原体。当检测到大量病原体，而这些病原体可能是机体正常的菌落（如胃肠道中的正常菌群）时，便可以使用原位杂交技术了。它可以确定某种细菌是否和炎症有关，是否存在于消化道浅表细胞层。荧光分子是最普遍的信号机制。有荧光分子的原位杂交简称为FISH（原位荧光杂交法）。原位杂交很简单，和用于溶液的探针杂交一样，但需要熟练的操作人员，因为非特异背景染色能引起假阳性。

## 二、扩增病原的检测：PCR

1985年，Kary Mullis和他的同事第1次描述了PCR。后来，Mullis因此获得了诺贝尔化学奖。这个强大的工具通过使用一种专用酶使被检DNA单链以指数形式循环扩增到能被检测的水平。然后在凝胶上分析DNA是否达到了反应的预期水平。PCR可以检测到少量样本中微量的病原体。因为猫个体比较小，所以PCR在猫医学中有很大的优势。因为PCR具有扩增性，所以其敏感性优于探针杂交技术。尽管扩增使PCR具有极大地优势，但这往往也会成为其失败的根源——污染。最初，PCR仅在高特异性研究和诊断实验室中使用，现在商业化提供的配套设备使PCR得到了广泛的应用。这项技术降低了成本，提高了可靠性，但增加了人们对于质量控制的关注。良好的实验室规范中，为确保实验结果的可靠性必须严格按照操作规范进行。这个规范引起了临床医生的关注，因为他们不清楚那些满足实验需求的实验室所使用的实际规范。因此，人们推荐，假如一个最近发表的 PCR 实验要在临床中使用，如果可能的话，人们可以使用原来的实验室。原因在于原来的实验室人员熟悉个体实验的细微差别，有丰富的经验。

将灭活的病原体 DNA 注入实验动物的血液中，1 周后可以检测到该病原体的 DNA，证明这项技术不仅有很高的敏感性，还说明在解释结果时必须将护理考虑其中。在血液中检测到一个病原体的核苷酸并不意味着一定是主动感染或发生疾病。核苷酸的存在仅仅说明病原体核物质的存在，并不能说明病原体是否是活的，是否具有复制能力，是否能引起宿主的临床症状。病原体和治疗与临床症状的关系，必须结合 PCR 的结果。最后，为了防止假阳性结果的出现，必须在治疗前采样，因治疗可能会减少病原体的数量；有时病原体虽然存在，但会减少到连 PCR 也无法检测出来。

**(一)PCR:重点转移**

DNA 和 RNA 存在结构差异，PCR 中使用的酶仅能复制 DNA 链，但很多感染是由 RNA 病毒引起的。所以，得先进行一个预备步骤——反转录(RT)，即从目的 RNA 合成与之互补的 DNA 链，再通过 PCR 扩增互补的 DNA。人们通常称这种方法为 RT-PCR。

在 PCR 中可以通过设计引物来扩增一个特定的属、种甚至品种的核苷酸序列。到目前为止，在兽医学中 PCR 最主要的用途是检测可疑病原体。一个实验只检测一种病原体的技术叫单重 PCR(singleplex PCR)，检测多种病原体的叫多重 PCR(multiplex PCR)。很明显，一个实验检测多种病原体是最有利的。但是在 PCR 试验中，由于各目标序列相互竞争反应所需的基础物质(酶、核苷酸、各种缓冲液和铁等)，所以，多重反应一般比单重反应敏感性低，并且需要广泛的优化才能使用。

当没有检测出特殊病原体(临床症状的可能原因)时，可以使用范围更广的引物或者兼并引物(用于扩增种，甚至界的 DNA)，针对的是核苷酸的高度保守区域。PCR 最普遍的用处是快速检测和鉴定样本中的细菌和真菌。可以在 2 h 内得到 PCR 结果，从而知道样本中存在的核苷酸序列是细菌的还是真菌的。对 PCR 产物的随后分析可以鉴定病原体，速度比传统的微生物技术快得多，且对难养细菌的鉴定可能更敏感，但这种方法不能提供抗菌药敏感性信息，所以，PCR 和传统的培养技术是互补的。然而，在临床中已开始使用 PCR 来鉴定耐药基因，在药敏实验结果出现前，它可能提供其他的有效信息。

PCR 在猫的临床医学中的最新应用是实时定量 PCR。传统端点 PCR 的定量化是很困难的,因为经过多个循环扩增后,大部分样品基本上产生相同数量的产物(在最后的循环扩增结束前,一些有限的试剂会被完全消耗掉)。1992年,Higuchi 和他的同事报道了一种技术,它可以在每个循环扩增中监控 DNA 产物。根据监控每个个体反应的对数扩增阶段,可以推测出原始量。这种技术使用荧光染料或探针,在产物形成后产生一个信号;每个循环中,一个探测器记录着样本中荧光的数量。通常使用 qPCR 来测量基因表达。猫的很多疾病可以使用基因表达的方法来评估宿主对感染的反应。病原检测和确定病原载量是这项技术中的一部分。这种方法具有传统端点 PCR 的所有优点(敏感性,特异性),可以提供一个更快速的结果,还有定量微生物 DNA 或 RNA 载量的能力。然而,随着这些改进,关于质量控制的其他关注也增加了。因为检测 PCR 产物的荧光染料和探针适用于很敏感的实验,所以易受污染而导致假阳性结果。量化的准确性依赖于一个可重复的高质量的标准曲线。为了管理快速增加的产物,人们制定了基本的实验室标准。

**(二)猫医学中的分子实验**

本处是对商业上可提供的猫传染病诊断实验的回顾。预期在未来几年很多应用会发展成熟。临床医生有责任通过阅读现有文献以恰当的方式应用这些新实验。分子实验仅仅表明了微生物 DNA 或 RNA 的存在,不能说明疾病的存在。实验的敏感性和特异性用来评价其诊断病原体的能力:该实验检验出病原体的频率(敏感性),检验特定病原体(特异性)。一个诊断实验的真实价值在于其判断能力,阳性预测值代表着疾病的存在,阴性预测值代表着疾病不存在。然而,大多数诊断实验室只报告敏感性和特异性(因为这二者容易预测),因此,临床医生有责任了解一项实验在疾病的综合症状中的预测价值。

1. 呼吸道病原

猫杯状病毒(calicivirus,FCV)感染是猫的一种常见的呼吸道疾病病原,临床上以口腔炎和鼻炎为特征。猫杯状病毒和幼猫的结膜炎、多发性关节炎、呼吸道疾病的相关性很低。病毒分离可以证明目前的感染,但需要几天时间才能知道结果。RT-PCR 可以用来扩增 FCV 的 RNA,很快拿到结果。但这些实验同样可以扩增 FCV 的免疫毒株。FCV 的 RNA 既可以从携带这种病毒的正常猫样本中扩增,也可以从临床患病猫的样本中扩增。例如,有一项研究表明,FCV 的 RNA 的存在和猫是否患口腔炎之间没有关系。另外,FCV 的 RNA 的扩增不能证明毒性杯状病毒的全身性感染。FCV 的 RT-PCR 的结果同样可能是假阴性,所以,其阴性预测值的意义不大。

猫疱疹病毒(feline herpetovirus,FHV)感染是猫的另一种常见呼吸系统疾病病原，以鼻炎、口腔炎、结膜炎、角膜炎和面部皮炎为特征。因为该病毒分布广泛和免疫接种的缘故，PPV 血清学检测意义不大。FHV 可以通过结膜刮取物的间接荧光染色、病毒分离或者 PCR 来检测。FHV 的 DNA 可以从健康猫的结膜、鼻涕和咽的样本中扩增出来，所以，PPV 的传统 PCR 检测意义不大。目前使用的 PCR 实验同样可以检测出 FHV 的疫苗株，进一步降低了其阳性预测值的价值。研究表明，FHV 的 DNA 的存在和猫是否患口腔炎之间没有关系。另有报道，qPCR 的结果可能最终证明了该疾病是否存在，但却不能和是否患结膜炎联系起来。FHV 的 PCR 实验的 NPV(阴性预测值)同样遭到质疑，因为很多极有可能和 FHV 有关的疾病，检测结果却是阴性。这些结果可能和超敏反应导致 FHV 的 DNA 从组织中的清除有关。组织活检比结膜分泌物刮取法的敏感性高，但组织活检的预测值却不一定更好。从一些猫的眼房水中可以扩增出 FHV 的 DNA，但不清楚其是否证明了和 FHV 有关的葡萄膜炎的存在。

霉浆菌、猫披衣菌、博德特氏菌是猫常见的其他肠道病原体。对 FHV 和 FCV、PCR 阳性实验结果不能用来区分病原携带猫和临床患病猫。另外，PCR 实验不能提供抗菌药的敏感性实验，所以，对于可能有博德特氏菌病的猫，培养和敏感性是最理想的诊断技术，特别是在疾病突然发生的情况下。所以，对尚未被鉴定出病原体的患病动物来说，PCR 是评估样本的一个不错的选择。

2. 消化道病原

一般将粪便检查和涂片检查结合起来检测鞭毛虫。粪便病原检查同样是精确的，有几种方法可供医护点使用，包含一个兽医使用的标签。粪便 PCR 检查很容易出现假阴性结果，因为粪便中有 PCR 抑制剂。因此，PCR 不能用作这种因子的筛选方法。但鞭毛虫 PCR 实验可以决定易感物种是否是混合感染，这是这项技术的主要作用。然而，现在似乎需要多个基因(大于 1 个)才能准确地确定混合感染。

尽管隐孢子虫感染很普遍，但在猫的粪便检查中找到隐孢子虫的猫属卵囊却不常见。

一个薄的粪便涂片的抗酸染色很麻烦且不敏感。将人的粪便抗原检测用在猫的粪便上是不精确的，所以，PCR 对于猫和狗隐孢子虫的检测可能是有帮助的。对于猫，PCR 比免疫荧光实验的敏感性好。隐孢子虫的 PCR 检测在解释免疫荧光试验呈阴性的不明腹泻和决定隐孢子虫的基因型时有很大作用。然而，猫的隐孢子虫猫科传染病很普遍，所以，其阳性测试结果并不总能证明猫科隐孢子虫是临床疾病的病因。没有药物可以消除隐孢子虫传染病。人们通常不把隐孢子虫的小动物作为重要的传染病病原。所以，PCR在健康动物身上没有检测作用。PCR同样可以检测胎儿三毛滴虫、沙门氏菌、弯曲杆菌、梭菌和刚第弓形体，RT-PCR还可以检测冠状病毒。新鲜粪便的涂片检查可以检测胎儿三毛滴虫的滋养体。在诊所中就可以完成这种检测。健康猫的携带者中也可以检测到胎儿三毛滴虫的DNA，所以，阳性测试结果并不能证明三毛滴虫是疾病的病因。疑似沙门氏菌或弯曲杆菌的病例，应该通过培养而不是PCR实验来评估抗菌药敏感性。用PCR方法检测狗粪便中的梭菌，阳性预测值很低；如要使用PCR，需和肠毒素实验相结合。目前，猫这方面的信息是不足的，没有证据证明粪便细小病毒PCR检测比现在使用的抗原检测方法优越，也没有证据证明目前检测猫瘟病毒的PCR方法可以扩增疫苗株。刚第弓形虫的卵囊在7～10 d内排出。在这期间，数以百万计的卵囊被排放出来；病原体很容易鉴别。因此，通常不需要用PCR检测这种传染病，因为在临床上分离病毒不实用。RT-PCR通常用来检测粪便中冠状病毒RNA。然而，阳性测试结果不能区分猫传染性腹膜炎的诱导株和肠冠状病毒。

3. 血液传播的病原

可以在猫中发现Mhf、Mhm和Mtc。至少有2个关于实验感染猫的研究表明，Mhf比Mhm致病性强。Mtc似乎有中等致病性。诊断依据是通过血涂片或PCR实验在红细胞表面找到病原体。由于病原体数量的变动，血涂片检查的假阴性率可以上升到50%。要找到细胞学因子可能很困难，特别是在慢性病中。因此，PCR因其敏感性受到关注。

猫可以被一种类犬埃利希氏体属的病原体和嗜吞噬无形体感染。因为不同种属的病原体间血清交叉反应是可变的，所以，尽管临床症状可能很相似，但没有一种单一的血清学实验，也没有一种标准的血清学实验可以对疾病进行确诊。另外，一些被犬埃利希氏体感染的猫没有发生血清转化(对疫苗产生抗体)，所以，猫的PCR实验比血清学实验优越。PCR可以用来扩增每个病原体中的核苷酸。另外，在单一的反应中，引物可以用来扩增病原体的全部核苷酸，经测序便可以确定感染物种。

猫被猫科立克次氏体感染，并产生针对立氏立克次氏体的抗体。一些国家的人感染猫科立克次氏体后会出现发烧、头疼、肌痛和斑疹症状。对亚拉巴马州、马里兰州、德克萨斯州92份猫血样和92份跳蚤提取物进行PCR实验，扩增出了柠檬酸合成酶基因和外膜蛋白B基因；62份跳蚤提取物中扩增出了猫立克次氏体DNA，但在猫的血液中没有扩增出。另一份研究表明，发烧的猫中，猫科立克次氏体和立氏立克次氏体的抗体普及率分别为5.6%和6.6%，但都没有从其血液中扩增出 DNA。这些结果证明，猫有时会接触这些病原体，但是需要进一步的数据来说明其与疾病之间的关系。猫立克次氏体的 PCR 实验是否有价值目前尚不知道。

可以用血培养、血液的 PCR 实验、血清学实验来评估个体猫的巴尔通氏体感染。血培养阴性或 PCR 阴性、抗体阴性的猫，和血培养阴性、PCR 阴性、抗体阳性的猫可能作为不同的传染源感染跳蚤、猫和人。然而，由于猫可能有间断性的菌血症，所以，可能会出现假阴性培养结果和假阴性 PCR 结果。这降低了实验预测值的准确性。尽管可以用血清学实验来确定一个猫是否接触过病原，但血清学检测为阴性和阳性的猫均能有菌血症，这限制了血清学诊断的效用。因此，目前不推荐做健康动物的巴尔通氏体感染检测。在临床上，当猫疑似巴尔通氏体感染时再做巴尔通氏体检测。因为巴尔通氏体在健康猫之间的传播很普遍，即使血培养阳性或 PCR 阳性也不能证明临床上的巴尔通氏体病。例如，尽管在发热猫中检测出巴尔通氏体 DNA 的频率比未发热的配对猫高，但健康猫的检测结果也是阳性。将血清学和 PCR 相结合，是一种理性评估疑似猫巴尔通氏体感染的方法。

通过血涂片和脾脏抽吸物的镜检很容易鉴别临床上感染猫科胞殖原虫属病原的动物。没有商业化的血清学检测。对于细胞学检查胞殖原虫属为阴性的猫，可以用 PCR 从其血液中扩增出病原体的 DNA。在临床实践中可以通过 ELISA 在血清中频繁地检测到 FIV 的抗体。将不同的实验进行比较，发现大部分实验结果是类似的。一些血清学检查为阴性的猫，病毒分离的结果或血液 RT-PCR 的结果却是阳性。使用 ELISA 时会出现假阳性结果，所以，可以使用蛋白质印迹免疫实验证明健康猫或低风险猫的 ELISA 阳性结果。小猫在几个月内可以检测到来源于初乳的抗体。病毒分离或血液 PCR 同样能够证明是否发生了感染。但 FIV 在血液中的水平不高，假阴性测试结果很普遍。所以，该实验不能准确地区分免疫猫和自然感染的猫。

大多数感染猫科白血病病毒的猫都患有病毒血症，所以，在临床实践中通常不需要做分子诊断实验。然而，新的敏感 qPCR 实验通常被用来精确地描述各感染阶段的特征。但是，这些实验都没有商业化。

FIP 和猫科肠道冠状病毒的 RNA 均可以从猫的血液中扩增出来，所以，阳性测试结果和 FIP 的发展并不一定有关系。最近的 2 项研究中，用 RT-PCR 对 M 基因的 mRNA 进行扩增的结果差别很大。第 1 份报告说，这个扩增在理论上符合逻辑，有高度的特异性。然而，第 2 项研究调查了更多的猫，26 只猫中只有 13 只猫的 FECV mRNA 扩增结果为阳性，表明这种实验方法诊断 FIP 的水平不高。这种实验虽是商业化的，但公布的数据表明，这种实验临床诊断 FIP 的价值跟其他分子方法差不多。

由于现在可以更广泛地获得分子工具，分子实验的成本和效用更加贴近猫的从业者。然而，分子诊断是一个快速扩张的领域。由于这些检测实验在健康动物身上也具有很高的敏感性，所以，很难解释这些实验的阳性检测结果。临床医生必须记得，在一个特殊病例中，预测值在评估实验结果效用的时候是一个更有价值的工具。

（田克恭　遇秀玲　韩　博　贺建忠　王　志）

# 第 3 章　细菌性疾病

## 第 1 节　犬埃立克体病

犬埃立克体病(canine ehrlichiosis)是埃立克体属多个成员引起的临床和亚临床感染，其中以犬埃立克体感染最常见，所引起的感染最为严重，主要以呕吐、黄疸、进行性消瘦、脾脏肿大、眼部流出黏液脓性分泌物、畏光和后期严重贫血等病症为特征。幼犬致死亡率较成年犬高。

**病原学**　近年来，根据 16Sr RNA 基因、柠檬酸盐合成酶基因(*gltA*) gro-ESL 操纵子及外膜蛋白基因序列比较，将立克次体目分为 2 个科：无浆体科(Anaplasmataceae)和立克次体科(Rickettsiaceae)。其中，大部分对动物有致病性的立克次体属于无浆体科。表 3-1 列出了无浆体科中对犬和猫具有致病性的病原体。

**表 3-1　埃立克体属对犬具有感染性的各个种及其主要特征**

| 种名 | 自然感染宿主 | 疾病 | 主要传播媒介 | 地理分布 |
|---|---|---|---|---|
| 犬埃立克体<br>*E. canis* | 犬 | 单核细胞性埃立克体病 | 血红扇头蜱<br>(*Rhipicephalus sauguineus*) | 世界各地 |
| 查菲埃立克体<br>*E. chaffeensis* | 人、犬、鹿 | 单核细胞性埃立克体病 | 美洲钝眼蜱<br>(*Amblyomma americanum*)<br>变异革蜱<br>(*Dermacentor variabilis*) | 美国、欧洲 |
| 伊氏埃立克体<br>*E. ewingii* | 犬 | 粒细胞性埃立克体病 | 美洲钝眼蜱 | 美国 |
| 嗜吞噬细胞无浆体<br>*A. phagocytophilum* | 人、犬、猫、食草动物 | 粒细胞性无浆体病 | 蓖麻硬蜱<br>(*Ixodes ricinus*) | 欧洲 |
| 血小板无浆体<br>*A. platys* | 犬 | 循环血小板减少症血小板 | 不明 | 美国、欧洲 |

埃立克体归属于无浆体科的埃立克体属(*Ehrlichia*)为专性细胞内寄生的革兰氏阴性小球菌,有时可见卵圆形、梭镖状以及钻石样等多种形态,平均长度为 0.5～1.5 μm;主要存在于宿主血源性细胞,如单核吞噬细胞、粒细胞及血小板中,某些菌株可侵染上皮细胞。在宿主的吞噬细胞的胞质内空泡中以二分裂方式生长繁殖,多个菌体聚在一起形成光镜下可见的桑葚状包涵体,也可单个存在于细胞的胞质内。用 Romanovsky 染色时埃立克体被染成蓝色或紫色,用 Giemsa 染色时菌体呈蓝色。

埃立克体不能在无细胞的培养基中生长,但大部分埃立克体可以在脊椎动物原代单核细胞和传代细胞系如 THP-1、DH82 中增殖。在培养细胞内一般生长缓慢,需经 1～2 周方能通过细胞涂片和染色在光镜下观察到包涵体,之后迅速繁殖,数天后细胞将被严重感染。埃立克体属内成员 16S rRNA 基因相似程度为 97%～99.9%。埃立克体属中对犬具有感染性的各个种及其主要特征见表 3-1。

**流行病学** 本病主要发生于热带和亚热带地区。已证明犬埃立克体群和嗜吞噬细胞埃立克体群成员主要以蜱作为储存宿主和传播媒介。通常情况下,蜱因摄食感染犬的血细胞而感染,尤其是在犬感染的头 2～3 周最易发生犬-蜱传播。带菌蜱在吸食易感犬血液时,埃立克体从蜱的唾液中进入犬体内。菌体在蜱中可以跨虫期传播(transstadial transmission),在感染蜱体内可持续 155 d 以上。因此,越冬的蜱可在来年感染易感犬。这种蜱是本病年复一年传播的主要保存储存宿主。

急性期过后的病犬可带菌 29 个月。临床上用这些犬的血液给其他犬进行输血疗法时,可将埃立克体病传给易感犬。这也是一条重要的传播途径。在一种非洲豺中曾发现埃立克体可存活 112 d。除家犬外,野犬、山犬、胡狼、狐等亦可感染本病。

本病主要在夏末秋初发生。夏季有蜱生活的季节较其他季节多发,多为散发,也可呈流行性发生。

**发病机理** 人工感染犬埃立克体后,疾病的发展一般经过 3 个阶段——急性阶段、亚临床阶段和慢性阶段。

感染经过 8～20 d 的潜伏期后,进入埃立克体病的急性阶段;此阶段持续 2～4 周。病菌在血液单核细胞和肝脏、脾脏、淋巴结中的单核吞噬组织内繁殖,引起淋巴结肿大、肝脏和脾脏淋巴网状内皮细胞增生。感染细胞通过血液转运到身体的其他器官,特别是肺、肾脏和脑膜等;感染细胞吸附于血管内皮引起脉管炎和内皮下组织感染。由于血小板被破坏引起血小板减少。由于红细胞生成受抑制以及红细胞破坏速度加快，逐渐出现贫血。

感染后 6～9 周进入亚临床感染阶段。此阶段不表现临床症状，主要特征是存在不同程度的血小板减少、白细胞减少和贫血。免疫能力较强的犬可以将寄生菌清除，而免疫功能较低的感染犬则逐渐进入慢性感染阶段。

进入慢性期感染阶段很难治愈。此阶段犬主要表现为恶性贫血、严重消瘦、血尿、便血、皮肤及黏膜出血等，严重者可出现神经症状。

**临床症状**　根据犬的年龄、品种、免疫状况及病原不同有不同表现。

**犬埃立克体感染(犬单核细胞性埃立克体病)**：潜伏期过后即进入急性期。该阶段可持续 1-4 周，主要表现为发热、精神沉郁、食欲下降、嗜睡、眼和鼻流出黏液脓性分泌物、淋巴结肿大、脾肿大、有出血斑等。大部分病例在急性期出现血小板减少。急性期的临床表现为短时性的。脑膜炎症或出血可引起不同程度的神经症状，如感觉过敏、肌肉抽搐。

大部分病例因为得到全面的治疗从急性期直接康复，但也有部分犬在急性期症状 1～2 周后逐渐消失而进入亚临床阶段。在亚临床阶段，犬体重和体温恢复正常，但实验室检验仍然异常，如轻度血小板减少和高球蛋白血症。亚临床阶段可持续 40～120 d，然后进入慢性期。慢性期病犬又可出现急性症状，如消瘦、精神沉郁。疾病发展及严重程度与感染菌株和犬的品种、年龄、免疫状态及是否并发感染有关。幼犬致死率一般较成年犬高。

血液学检验，疾病早期可见病犬单核细胞增多，嗜酸性粒细胞几乎消失。随着病程的发展，贫血症状明显，表现为红细胞压积，血红蛋白和红细胞总数下降。

**犬粒细胞性埃立克体病**：主要由伊氏埃立克体引起，临床上表现为 1 肢或多肢跛行、肌肉僵硬、呈高抬腿姿势、不愿站立、拱背、关节肿大和疼痛、体温升高。血液学变化包括贫血、中性白细胞减少、血小板减少、单核细胞增多、淋巴细胞增多以及嗜酸粒细胞增多。

**病理变化**　犬埃立克体感染病例剖检可见贫血变化，骨髓增生，肝脏、脾脏和淋巴结肿大，肺有淤血点。少数病例还可见肠道出血、溃疡、胸腔和腹腔积水、肺水肿。

组织学观察，可见骨髓组织受损，表现为严重的泛细胞减少，包括巨核细胞发育不良和缺失，正常窦状隙结构消失。慢性感染病犬，骨髓组织一般正常。

以中性粒细胞炎症反应为主的多关节炎是粒细胞性埃立克体病的主要特征。

**诊断**　在临床症状、流行病学做出初步诊断的基础上，结合血液学检验、生化试验、病原分离和鉴定、血清学试验等可做出确切诊断。

由于埃立克体数量少，而且包涵体的出现往往为一过性，所以血液涂片染色检出率较低。取离心抗凝血液白细胞层涂片，可以提高感染白细胞的检出率。胞浆包涵体 Giemsa 染色呈蓝紫色。发热期进行活体检验，可在肺、肝、脾内发现犬埃立克体。以新鲜病料接种易感犬能够成功地复制本病。

犬埃立克体感染缺乏特征性临床症状，血液中病菌检验比较困难，一般采用间接免疫荧光技术(IFA)来进行诊断。大多数犬在感染后 7 d 血清中可以查出特异性抗体。未经治疗犬在 80 d 抗体达到高峰，抗体水平一般在 1∶10～1∶10 240。IFA 滴度在 1∶10 即可以判为阳性。也可用 IFA 对血红扇头蜱的中肠组织进行染色，检验犬埃立克体的存在。

聚合酶链反应(PCR)基因扩增技术是目前埃立克体病原学诊断最有效的方法之一。根据埃立克体 16S rRNA 基因的特异性碱基序列设计的引物扩增其特异性片段，可以大大提高检测的敏感性。所用的特异性引物见表 3-2。

**表 3-2　用于犬、猫埃立克体 PCR 鉴定的特异性引物**

| 埃立克体 | 目的基因 | 引物 | |
|---|---|---|---|
| 犬埃立克体 | 16S rRNA | 上游 | 5′-CAATTGCTTATAACCTTTTGGTTATAAAT-3′ |
| | | 下游 | 5′-ATAGGGAAGATAATGACGGTACCTATA-3′ |
| 查菲埃立克体 | 16S rRNA | 上游 | 5′-CAATTATTTATAGCCTCTGGTTATAGGA-3′ |
| | | 下游 | 5-ATAGGGAAGATAATGACGGTACCTATA-3′ |
| 伊氏埃立克体 | 16S rRNA | 上游 | 5′-CAATTCCTAAATAGTCTCTGACTATTTGA-3′ |
| | | 下游 | 5′-ATAGGGAAGATAATGACGGTACCTATA-3′ |

有的学者应用犬腹腔内巨噬细胞培养技术进行犬埃立克体病病原分离和诊断，已获得成功。部分埃立克体可采用细胞培养进行分离和传代。可采集感染犬血液分离白细胞接种原代单核细胞培养或巨噬细胞系，如 DH82、UL37、THP-1、Vero 和 L929 细胞等。感染细胞可采用 Romanowsky 染色、免疫荧光抗体染色或 PCR 进行检测以确定所分离的病原。

**治疗**　及时隔离病犬，及时治疗。常选用四环素类抗生素治疗，可按每千克体重 22 mg，口服，每日 3 次。应注意用药持续时间，如果治疗见效，至少应持续 3～4 周。对慢性病例，可能要持续 8 周。除了抗生素治疗以外，应配合一定的支持疗法，尤其是慢性病例。

**预防**　病愈犬往往能抵抗犬埃立克体再次感染。有人认为间接荧光抗体的滴度与保护性有着直接关系。由于目前还缺乏有效的疫苗可供应用，消灭其传播和储存宿主——蜱就成为关键。但由于血红扇头蜱宿主范围太广，故将其完全消灭尚有一定困难。

对间接免疫荧光抗体检测阳性犬应进行治疗，直到检验阴性才能混群饲养。每隔 6～9 个月做 1 次血清学检验，这样才能很好地控制本病。

有人应用药物预防已取得成效。方法是口服长效四环素，每千克体重 6.6 mg，每天 1 次，在蜱的生活周期内连续用药，即可预防感染。另外，应该注意，临床治疗中作为供血用犬应是血清学反应阴性。

## 第 2 节　钩端螺旋体病

钩端螺旋体病(leptospirosis)是多种动物和人共患的自然疫源性疾病。除南极洲之外，本病各大洲均有分布。人感染后可引起螺旋体性黄疸，又称 Weil 氏病。猪、牛、马、羊感染后可引起妊娠动物流产、死胎以及泌乳牛的乳房炎。犬感染后，根据所感染钩端螺旋体的不同，主要有 2 种病型，一种是急性、致死性黄疸，另一种为亚急性或慢性肾炎。大多数感染犬临床上通常要表现与肾病有关的症状，其他器官系统也可受到侵害。本病在世界大多地区均有流行，尤其热带、亚热带地区多发。犬钩端螺旋体病也较常见，根据血清学调查，有些地区 20%～80%犬曾感染过钩端螺旋体病。

**病原**　钩端螺旋体属钩端螺旋体科(Leptospiraceae)的钩端螺旋体属(*Leptospira*)。该属目前有 13 个致病种此外还有许多腐生种。在传统的分类中，根据钩端螺旋体脂多糖抗原的表位的不同，采用交叉凝集吸附试验(cross agglutination absorption test, CAAT)将钩端螺旋体种进一步分为不同的血清型，已确定的致病性钩端螺旋体至少有 260 多个血清型，腐生型钩端螺旋体血清型有 60 多个。在实际工作中，又将具有共同抗原的血清型的钩端螺旋体归为一个血清群(serogroup)。我国是发现钩端螺旋体血清型最多的国家。

钩端螺旋体菌体纤细，螺旋紧密缠绕，一端或两端弯曲呈钩状，长 6～20 μm，宽 0.1～0.2 μm，革兰氏染色阴性，但很难着色。Fontana 镀银染色法着色较好，菌体呈褐色或棕褐色。

钩端螺旋体运动非常活泼，在暗视野显微镜下可见旋转、屈曲、前进、后退或围绕长轴做快速旋转。当其旋转活动时，两端较柔软，而中段较僵硬，有利于区别血液或组织内假螺旋体。

钩端螺旋体为需氧或微需氧菌，最适生长温度为 28～30℃，但从感染组织中初次分离时，37℃效果更佳；最好使用 pH 7.2 的液体培养基，但生长缓慢，通常在接种后2～3周才可观察到明显的生长现象;常用Korthof培养基,添加10%的兔血清或牛血清。在进行血清学诊断和对新分离的菌株进行分型时,一般选用EMJH培养基进行培养。从动物组织中分离钩端螺旋体时,可以使用加0.2%～0.5%琼脂的半固体培养基。

钩端螺旋体对干燥、次氯酸消毒剂和pH 6.2～8.0之外的酸碱度敏感,尤其对酸性尿液、缺氧的下脚料和污水等敏感,50℃ 10 min、60℃ 10 s可将其杀死。但致病性钩端螺旋体在pH 6.8以上湿润的体外环境中可存活数天,动物组织中的钩端螺旋体在低温条件下存活时间较长。

**流行病学** 由于钩端螺旋体几乎遍布世界各地,尤其在气候温暖、雨量充沛的热带亚热带地区,而且其动物宿主的范围非常广泛,几乎所有温血动物均可感染,给该病的传播提供了条件。国外已从170多种动物分离到钩端螺旋体。我国广大地区钩端螺旋体的储存宿主也十分广泛,已从80多种动物中分离到,包括哺乳类、鸟类、爬行类、两栖类及节肢动物,其中哺乳类的啮齿目、食肉目和有袋目以及家畜是我国的主要储存宿主。南方稻田型钩端螺旋体病的主要传染源是鼠类和食虫类。鼠类感染后,多呈健康带菌,带菌时间可长达数年,是本病自然疫源的主体,加之感染后发病家畜或带菌家畜,就构成了自然界牢固的疫源地。猪是北方钩端螺旋体病的主要传染源,也是南方洪水型钩端螺旋体病流行的重要宿主。钩端螺旋体可以在宿主肾脏中长期存活,经常随尿排出污染水源而成为本病的传染源。

钩端螺旋体主要通过动物的直接接触传染,如接触具有感染性的尿液及通过交配、咬伤、食入污染有钩端螺旋体的组织脏器等均可感染本病,有时亦可经胎盘垂直传播。幼犬在拥挤的状态下更容易发生直接传播。间接感染通过被污染的水源、土壤、食物和垫料等感染可导致大批发病(图3-1)。某些吸血昆虫和其他非脊椎动物可作为传播媒介。患病犬可以从尿液间歇地或连续性排出钩端螺旋体污染周围环境如饲料、饮水、圈舍和其他用具,甚至在临床症状消失后,体内有较高滴度抗体时仍可通过尿液间歇性地排菌达数月至数年,使犬成为危险的带菌者。

本病流行有明显季节性,一般夏秋季为流行高峰,冬春季比较少见,但热带地区可长年发生。雄犬发病较多,幼犬容易发病,症状也较严重。饲养管理好坏与本病发生有密切关系,如饲养密度过大、饥饿或其他疾病使机体衰弱时,均可使原为隐性感染的动物表现出临床症状,甚至死亡。

我国从犬分离的钩端螺旋体达8群之多,但主要是犬群(*L. canicola*),黄疸出血群(*L. icterohemorrhagiae*),其他的如波摩那群(*L. pomona*)、流感伤寒群（*L. grippotyphosa*）及拜伦群（*L. ballum*）也可引起犬感染。

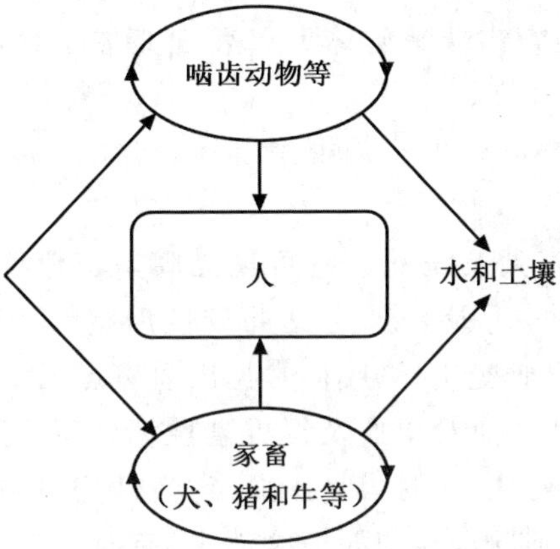


**图 3-1 钩端螺旋体病在人和动物之间的循环**

猫钩端螺旋体病的发病率很低，主要是接触野生动物排出的病菌而感染。户外猫血清阳性率较高。猫可以通过接触感染犬的尿液和接触携带钩端螺旋体的啮齿动物而感染。

**症状** 动物感染钩端螺旋体后的临床症状，取决于患病动物的年龄、免疫状态及病原的毒力。幼龄动物比成年动物感染严重，但大型户外运动犬感染最多见。

最急性型钩端螺旋体感染可引起严重的钩端螺旋体血症，在临床表现不明显时即死亡。

急性感染初期症状为发热（39.5～40℃），震颤和广泛性肌肉触痛，尔后出现呕吐、迅速脱水和微循环障碍，并可出现呼吸迫促、心律快而紊乱、毛细血管充盈不良。由于凝血功能不良及血管壁受损，可出现呕血、鼻出血、便血、黑粪症和体内广泛性出血。病犬极度沉郁，体温下降，以至死亡。

亚急性感染以发热、厌食、呕吐、脱水和饮欲增加为主要特征。病犬黏膜充血、淤血并有出血斑点；出现干性及自发性咳嗽和呼吸困难的同时，可出现结膜炎、鼻炎和扁桃体炎症状；由于肾功能障碍，可出现少尿或无尿，部分犬出现黄疸。耐过亚急性感染病犬，肾功能障碍症状通常于感染发病后 2～3 周恢复。有的病犬由于肾功能严重破坏，亦可出现多尿或烦渴等症状。

由出血性黄疸钩端螺旋体引起的犬急性或亚急性感染，常出现的症状还有黄疸。有的犬则表现出明显的肝衰竭症状，出现体重减轻、腹水、黄疸或肝脑病。有的病犬由于肾脏大面积受损而表现出尿毒症症状，口腔恶臭，严重者发生昏迷。有的病例发生溃疡性胃炎和出血性肠炎等。

临床上，大部分感染钩端螺旋体犬仅表现亚临床感染或慢性经过，症状不明显，但可能引起急性肾衰。

猫感染钩端螺旋体可产生抗钩端螺旋体，但往往临床症状较温和，剖检仅见肾和肝脏炎症。

**病理变化** 剖检病犬及病死犬常可见黏膜呈黄疸样变化，还可见浆膜、黏膜和某些器官表面出血，舌及颊部可见局灶性溃疡，扁桃体常肿大，呼吸道水肿，肺呈充血、淤血及出血变化，胸膜面常见出血斑点。

肺组织学变化包括微血管出血及纤维素性坏死等。肝肿大，色暗、质脆；肾肿大，表面有灰白色坏死灶，有时可见出血点，慢性病例可见肾萎缩及发生纤维变性；心脏呈淡红色，心肌脆弱，切面横纹消失，有时杂有灰黄色条纹；胃及肠黏膜水肿，并有出血斑点；全身淋巴结尤其肠系膜淋巴结肿大，呈浆液性卡他性以至增生性炎症。

**诊断** 急性、亚急性病例，临床症状较明显，根据发热、黏膜黄疸及出血、尿液黏稠呈黄色等，结合剖检时肾及肝不同程度的损害和流行病学特点，可初步诊断。慢性病例，由于症状不明显，病变亦不典型，诊断较为困难。确诊时，应结合下列检验进行综合诊断：

①血液及生化检验。典型犬钩端螺旋体病可出现白细胞增多和血小板减少，但白细胞计数可能因疾病的不同阶段和严重程度不同而有所不同。在菌血症阶段白细胞减少，逐渐发展为白细胞增多，到后期白细胞数为16 500～45 000个/μL。大多数病犬初次检查时有不同程度肾衰，患犬血清尿素氮肌酸酐浓度升高。大多数犬出现低血钠、低血氯、低血清钾和高磷酸盐血症，但最终因肾衰少尿而出现高血清钾。部分病犬可能出现肝功能紊乱，但比肾衰发展慢。

②影像学检查。部分病犬在X射线检查可见肺间质和肺泡密度增加。超声波检查可发现尿路系统异常，包括肾肿大、肾盂扩张、皮质回声增强、肾周围轻度积水和髓质带回声增强等。

③血清学检验。常用微量凝集试验和补体结合试验。前者是诊断钩端螺旋体的标准方法。由于钩端螺旋体抗原的复杂性，有必要以多种抗原检验同一份血清。一般初步诊断后应尽快取第1份血清，2～4周后取第2份血清，后者比前高出4个滴度时，就可基本上确诊为钩端螺旋体感染。据介绍，双份血清法的准确率约为50%，若在采取第2份血清1～2周再取第3份血清检验，准确率一般可达100%。对于未接种过疫苗的犬，如果测定单份血清的效价高于

1∶800,一般认为具有诊断意义。补体结合反应法虽然操作复杂,但由于受钩端螺旋体血清群(型)的交叉反应限制较小,对于诊断来说就更有价值,尤其是慢性患犬的诊断就更有意义。另外,还可采用IFA、ELISA等免疫学方法进行检测。

PCR技术有应用于钩端螺旋体病早期诊断的报道。该方法具有很高的敏感性和特异性,在很大程度上可以弥补传统病原学诊断方法上的不足,但很容易出现假阳性,应结合临床症状来解释结果。

④微生物学检验。从临床标本中培养钩端螺旋体一般需要数天到数周,因此,只能做出追溯性诊断。另外,由于钩端螺旋体生长条件较为苛刻,且易受不良环境影响,因此,选择正确时间和方法是分离病原的关键。急性发热期,血液及内脏器官中都有大量菌体存在,体内特异性抗体滴度增高。这些病原就易被杀死,只是在抗体难以到达的地方如肾小管中可存活下来。因此,生前急性发病期(发病初期头7 d并且未使用抗生素之前)常以血液、中后期以脊髓液和尿液作为病原检验的分离材料。死后检验时,最好在动物死亡1h内进行,最长不得超过3 h,否则组织中菌体大部分发生溶解而难于检出。病料采集后应立即处理,用暗视野显微镜及荧光抗体染色后检验,病理组织中菌体常经镀银染色后检查。

用于钩端螺旋体分离培养的培养基中应加入一定比例的灭能血清(常用5%~20%兔血清),接种后置25~30℃,每隔5~7 d用暗视镜观察1次。初次分离时,往往需较长时间,有的甚至长达1~2个月。也可用病料直接接种或以钩端螺旋体培养物接种实验动物。常用动物有金地鼠(体重约50 g),它对许多血清型钩端螺旋体都很敏感。幼龄豚鼠(体重小于150 g),它对致死型钩端螺旋体血清型敏感。动物一般3~5 d后出现症状,表现为行动迟缓,食欲下降,1~2 d后出现黄疸(眼结膜、耳部及趾部皮肤发黄),死前体温下降。临死前扑杀,观察病变,检验菌体和接种培养基,通常肝及肾含大量菌体,易于培养。接种病料后体温不上升的动物亦要于接种3~5 d后采血,并每隔2天培养1次,如此2~3周。剖杀后的动物取血清作血清学检验,肝、肾做细菌分离,并要以同一种动物连续盲传3代,仍为阴性者方可判为阴性。应注意的是,接种病料后的试验动物要严格管理,排出的粪便及时收集,彻底消毒,以防污染环境、实验器具和传给工作人员。

**治疗** 应根据感染的严重程度、肾和肝功能损伤状态以及并发感染情况采取支持性治疗。对犬的急性钩端螺旋体病主要应用抗生素和针对肾病的支持疗法。首选青霉素及其衍生物,但不能消除带菌状态。在应用青霉素治疗后可使用四环素、氨基糖苷类或氟喹诺酮类。强力霉素可用于急性病例或跟踪治疗。

对于肾病主要采用输液疗法，也有个别病例采用血液透析。部分病犬因慢性肾衰绝或弥散性血管内凝血而死亡或施予安乐死。

**预防** 预防主要应包括3个方面内容。一是消除带菌排菌的各种动物（传染源），包括对犬群定期检疫，消灭犬舍中的啮齿动物等。二是消毒和清理被污染的饮水、场地、用具，防止疾病传播。三是进行预防接种。目前常用的有钩端螺旋体的多联菌苗和用于犬的包括犬钩端螺旋体和出血性黄疸钩端螺旋体二价菌苗以及再加上流感伤寒钩端螺旋体和玻摩那钩端螺旋体的四价菌苗，间隔2～3周免疫2～3次，至少可保护6～8个月。

**公共卫生学** 钩端螺旋体病对公共卫生安全构成一定的威胁，接触病犬的人员应采取适当的预防措施。污染的尿液具有高度的传染性，应尽量避免接触尿液，特别是黏膜、结膜和皮肤伤口不能接触尿液。

## 第3节 莱姆病

莱姆病（Lyme disease）是由疏螺旋体引起的多系统性疾病，也叫疏螺旋体病（borreliosis），本病是一种由蜱传播的自然疫源性人兽共患病。本病与犬、猫、马、牛及人类的多关节炎有关，最早于1975年发现于美国康涅狄克州Lyme镇，在北美、欧洲和亚洲均有本病报道。我国于1986年、1987年在黑龙江省和吉林省相继发现莱姆病，至今已证实18个省、区存在莱姆病自然疫源地。

**病原** 疏螺旋体菌体形态似弯曲的螺旋，呈疏松的左手螺旋状，有数个大而疏的螺旋弯曲，末端渐尖；有多根鞭毛，长度5～40 μm不等，平均约30 μm，直径为0.18～0.25 μm，能通过多种细菌滤器。革兰氏染色阴性，姬姆萨染色着色良好。微需氧，营养要求苛刻，但在一种增强型培养基——Barbour-Stoenner-KellyⅡ（BSK-Ⅱ）培养基生长良好，最适的培养温度为33～35℃。该菌生长缓慢，一般需培养2～3周才可观察到生长情况。从蜱中较易分离到螺旋体，而从患病动物和人中分离则较难。引起莱姆病的疏螺旋体至少有4个基因种群。第1群为伯氏疏螺旋体（*Borrelia burgdorferi*），主要分布于美国和欧洲。第2群为伽氏疏螺旋体（*B. garinii*），主要分布于欧洲和日本。第3群为埃氏疏螺旋体（*B. afzelii*），主要从欧洲和日本分离出。第4群为日本疏螺旋体（*B. japonica*），主要分布于日本。根据莱姆病病原体的外膜蛋白，如OspA和OspB的分子特征和氨基酸差异可进一步分为不同的亚种。

**流行病学** 伯氏疏螺旋体的宿主范围很广。自然宿主包括人、牛、马、犬、猫、鹿、浣熊、狼、野兔、狐及多种小啮齿类动物。从多种节肢动物(包括鹿蝇、马蝇、蚊子、跳蚤)分离到伯氏疏螺旋体,但最主要是通过感染蜱的叮咬来传播。美国学者认为,引起莱姆病的螺旋体从动物传播到人的主要生物媒介是蓖麻硬蜱种群,北美是鹿蜱(*Ixodes dammini*)、肩突硬蜱(*I. scapularis*)和太平洋硬蜱(*I. pacificus*),欧洲主要是蓖麻硬蜱(*I. ricinus*)。国外报道的主要致病性疏螺旋体的分布见表 3-3。

**表 3-3 人和动物致病性疏螺旋体及其分布**

| 种 | 疾病 | 地理分布 | 媒介 | 野生动物储存宿主 | 感染对象 |
|---|---|---|---|---|---|
| 伯氏疏螺旋体 | 游走性红疹、多发性关节炎、脑膜炎、心肌炎 | 北美、欧洲 | 肩突硬蜱、太平洋硬蜱、*I. neotomae*、蓖麻硬蜱 | 幼虫和若虫、啮齿动物、哺乳动物、鸟类 | 人、犬、猫 |
| 伽氏疏螺旋体 | 慢性游走性红疹、脑膜多神经炎 | 欧洲、亚洲 | 蓖麻硬蜱、全沟硬蜱 | 小型哺乳动物、鸟类 | 人、犬? 猫? |
| 埃氏疏螺旋体 | 慢性游走性红疹、脑膜多神经炎、关节炎、肢皮炎、慢性萎缩性狼疮 | 欧洲、亚洲 | 蓖麻硬蜱、全沟硬蜱 | 小型哺乳动物 | 人、犬? |
| 日本疏螺旋体 | 未知 | 日本 | 卵形硬蜱、全沟硬蜱 | 啮齿动物、鸟类 | 未知 |

我国医学研究人员调查研究证明莱姆病在我国分布范围广泛,东北林区、内蒙古林区和西北林区是莱姆病主要流行区。不同地区发病季节略有不同,东北林区为 4～8 月份,福建林区为 5～9 月。从 10 种媒介蜱分离出伯氏疏螺旋体,其中全沟硬蜱(*I. persulcatus*)是我国北方莱姆病螺旋体的主要生物媒介,而在南方地区二棘血蜱(*Haemaphysalis bispinosis*)和粒形硬蜱(*I. granulatus*)可能是相当重要的生物媒介。从姬鼠到华南兔等 12 种小型啮齿类动物分离到伯氏疏螺旋体,其中姬鼠类可能是主要的储存宿主。动物血清学检验结果,犬感染率在 38%～60%,牛在 18%～32%,羊在 17%～61%。这些大动物在维持媒介的种群数量上起着重要作用。

螺旋体存在于未采食感染蜱的中肠，在采食过程中螺旋体进行细胞分裂并逐渐进入到血液中，几小时后侵入蜱的唾液腺并通过唾液进入叮咬部位。菌体在蜱体通常可发生经期传递，而经卵传递极少发生。犬和人进入有感染蜱的流行区即可能被感染。另外伯氏疏螺旋体也可能通过黏膜、结膜及皮肤伤口感染。

**症状** 病犬体温升高(39.5～40.5℃)、跛行、关节肿大、淋巴结肿大、食欲减退、精神沉郁，抗生素治疗后症状有所改善。急性感染犬一般不出现关节肿大，所以难于确定疼痛部位。跛行常常表现为间歇性，并且从一条腿转到另一条腿。

慢性感染犬可能出现心肌功能障碍，病变表现为心肌坏死和赘疣状心内膜炎。在流行区，犬常出现脑膜炎和脑炎，与伯氏疏螺旋体的确切关系还未完全证实。

自然感染伯氏疏螺旋体犬可继发肾病——肾小球肾炎和肾小管损伤，出现氮血症、蛋白尿、血尿等。

猫人工感染伯氏疏螺旋体主要表现厌食、疲劳、跛行或关节异常，但尚未有自然感染病例报道。

**诊断** 莱姆病感染的症状一般只表现低热、关节炎和跛行等，常常容易与其他疾病相混淆，在诊断时应注意病史。首先本病的发病高峰与当地蜱类活动高峰季节相一致。患病动物进入过林区或被蜱叮咬过(特别是猎犬)。体检时可能发现一个或多个关节肿大，或者外表正常关节在触诊时有明显的疼痛表现。

免疫荧光抗体技术(IFA)和酶联免疫吸附试验(ELISA)是较为常用的诊断技术。血清效价低于1∶128判为阴性；1∶128～1∶256为弱阳性；1∶512或更高为强阳性。有临床症状而血清学检验阴性时，应在1个月后再检验。血清效价高而未表现临床症状者，说明近期接触过伯氏疏螺旋体，1个月后再检验，如果血清效价升高说明正被感染。检验关节液中的抗体更有利于确诊。已有医用ELISA试剂盒。IFA和ELISA检测阳性后，可采用免疫印迹技术进行跟踪检测。该方法出现假阳性的几率较低，而且可以区分自然感染和疫苗免疫抗体。

分离伯氏疏螺旋体比较困难，但已有人成功地从野生动物、实验动物及血清学阳性犬的不同组织和体液中分离到该菌。应用BSKⅡ培养基可以使病原分离工作进一步改善。

多聚酶链反应(PCR)技术是根据伯氏疏螺旋体独特的5S-23S rRNA基因

结构设计引物检验蜱和动物样本(包括尿液),不仅能检测出伯氏疏螺旋体,而且同时可以测出感染菌株的基因种。

**治疗** 因为临床上很难获得精确的诊断结果,所以一般根据经验应用抗生素进行治疗性诊断。对莱姆病关节炎应用抗生素治疗有很好的疗效,一般在用药后24～48 h症状即有明显的改善,但应注意莱姆病关节炎往往为间歇性发作,在评价治疗效果时应注意。对有莱姆病症状或者血清学阳性犬应使用抗生素治疗2～3周;可选强力霉素,按每千克体重10 mg,每天口服2次,持续30 d;头孢氨噻按每千克体重20 mg,每天静脉注射3次,持续14～30 d。氨苄青霉素、羧苄青霉素等对伯氏疏螺旋体也有一定的疗效。

感染动物用抗生素治疗后很快见效。如果治疗见效,应在1～3个月之后再做一次血清学检验。如果某种抗生素治疗效果不佳,应考虑选用另一种抗生素或做进一步诊断。

**预防** 国外已研制成功犬莱姆病灭活菌苗和基因工程重组OspA蛋白疫苗,必须在被感染性蜱叮咬之前进行免疫接种。接种疫苗之后血清学转阳可能会给血清学诊断带来一定的困难,但可采用免疫印迹技术来区分疫苗接种和自然感染引起的免疫反应。

在不能完全依靠疫苗来进行预防的情况下,可以考虑减少犬被感染的机会,如控制犬进入自然疫源地;应用驱蜱药物减少环境中蜱的数量;定期检验动物身上是否有蜱,并及时清除蜱,以减少感染机会。

**公共卫生学** 没有证据表明伯氏疏螺旋体可以在犬、猫、家畜或者畜主之间直接传播,但犬感染伯氏疏螺旋体的几率比人高,因为犬更易与蜱接触,而且被蜱叮咬时不易驱除,使得叮咬时间延长。犬还可能是伯氏疏螺旋体的无症状携带者,成为周围人群的感染来源。家养犬、猫还可能将感染蜱带入家庭或社区。犬尿液中可以传播伯氏疏螺旋体使得其具有潜在的公共卫生学意义。

## 第4节 布鲁氏菌病

犬布鲁氏菌病(Brucellosis)是由布鲁氏菌引起的一种人兽共患性传染病,主要引起犬隐伏性细菌血症和繁殖障碍,也可引起椎间盘炎、骨髓炎、脑膜脑炎和眼色素层炎等。流行病学监测发现,我国犬布鲁氏菌病阳性率为1.68%～13.4%。

**病原** 布鲁氏菌属有6个种,有的种还分为不同的生物型。犬布鲁氏菌病主要由犬布鲁氏菌(*Brucella. canis*)引起,但亦可感染流产布鲁氏菌(*B. abortus*)、马耳他布鲁氏菌(*B. melitensis*)、猪布鲁氏菌(*B. suis*)。第1例犬布鲁氏菌病的报道见于1931年,由猪布鲁氏菌引起,直到1966年才从患犬的组织和阴道分泌物中分离到犬布鲁氏菌。我国从1990年以来从人、畜分离的220株菌中羊种菌占79.1%、牛种菌占12.27%、猪种菌占0.45%、犬种菌占2.21%、未定种菌占5.51%。

布鲁氏菌为革氏兰阴性小球杆菌或短杆菌,大小(0.5～0.7) μm×(0.6～1.5) μm;无运动性,不产生芽孢和荚膜;Macchiavello和改良Ziehl-Neelsen染色呈红色;对培养基的营养要求比较高,初代分离时可能至少需要3～5 d才能形成肉眼可见的菌落,大多数需要10～15 d。与其他种略有不同,犬布鲁氏菌在培养基上形成不规则的多绉菌落。在布鲁氏菌常用培养基上均可生长,不需要二氧化碳。

在适当的环境条件下,布鲁氏菌在奶液、尿液、水和潮湿的土壤中可存活4个月。大多数对革兰氏阴性菌有效的消毒剂均可杀灭该菌,巴氏消毒也可将奶液中布鲁氏菌杀死。

**流行病学** 犬是犬布鲁氏菌的主要宿主,也是羊、牛和猪布鲁氏菌机械携带者或生物学携带者。

自然条件下,犬布鲁氏菌主要经患病及带菌动物传播。流产后母犬的阴道分泌物、流产胎儿及胎盘组织均带菌,含菌量可高达$10^{10}$ cfu/mL。流产后的母犬可排菌达6周以上。患病母犬的乳汁常成为新生犬的传染源,但这些新生幼犬大多数在胎盘内已发生垂直感染。感染犬的精液及尿液亦可成为犬布鲁氏菌病的传染来源,公犬尿液细菌含量可达到$10^3$～$10^6$ cfu/mL。感染后4～8周即可通过尿液排菌。某些犬在感染后2年内仍可通过交配散播疾病。

乳液中含菌量也很高,但其在疾病传播中的意义仍有争议。有些人认为,幼犬在子宫内已被感染,而有些人则认为,污染仍很危险,可以将病菌散播到环境中。从唾液、眼和鼻分泌物以及粪便中也能分离到少量细菌,但其作为传染源的意义稍微次要一些。此外,被污染的笼具、设备以及和感染犬接触的人均可作为传染源。

本病主要传播途径是消化道,易感犬舔食流产病料、分泌物、摄食被病原体污染的饲料和饮水而感染。

**症状** 口腔黏膜、结膜和阴道黏膜为最常见的布鲁氏菌侵入门户。消化道黏膜、皮肤创伤亦可使病原侵入体内造成感染。成年犬感染布鲁氏菌很少表现出严重的临床症状,或仅表现为淋巴结炎,亦可经2周至长达半年的潜伏期后表现出全身症状。怀孕母犬常在怀孕40～60 d时发生流产,流产前1～6周,病犬一般体温不高,阴唇和阴道黏膜红肿,阴道内流出淡褐色或灰绿色分泌物。

流产胎儿常发生部分组织自溶，皮下水肿、淤血和腹部皮下出血。怀孕早期（配种后 10～20 d）胚胎死亡并被母体吸收。流产母犬可能发生子宫炎，以后往往屡配不孕。公犬可能发生睾丸炎、附睾炎、阴囊肿大及阴囊皮炎和精子异常等。另外，患病犬除发生生殖系统症状外，还可能发生关节炎、腱鞘炎，有时出现跛行。部分感染犬并发眼色素层炎。

**病理变化**　病原通过生殖道、口鼻黏膜或结膜途径侵入后，被巨噬细胞等吞噬细胞吞噬进入淋巴器官（淋巴结和脾脏）和生殖道并在其中繁殖。感染后 1～4 周形成菌血症，并可持续至少 6 个月，之后间歇性菌血症可持续 64 个月。细菌通过血流到达靶器官并引起病变（图 3-2）。

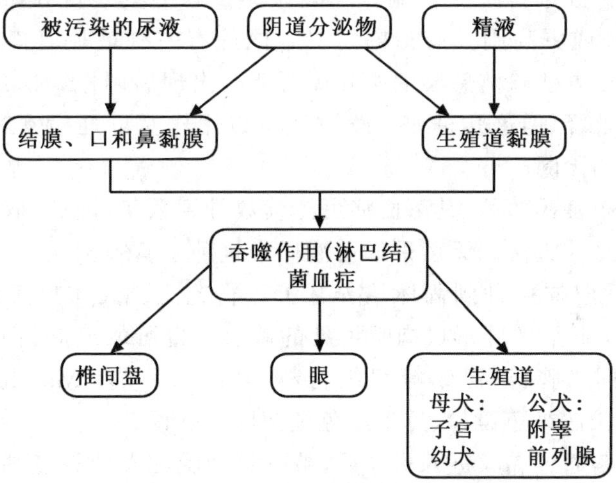


**图 3-2　犬布鲁氏菌病的致病机理**

隐性感染病犬一般无明显的肉眼及病理组织学变化，或仅见淋巴结炎。临床症状较明显的患犬，剖检时可见关节炎、腱鞘炎、骨髓炎、乳腺炎、睾丸炎、淋巴结炎变化。

怀孕母犬流产的胎盘及胎儿常发生部分溶解，由于纤维素性及化脓性炎症或坏死性炎症，常使流产物呈污秽的颜色。

除定居于生殖道组织器官，布鲁氏菌还可随血流到达其他组织器官而引起相应的病变，如随血流达脊椎椎间盘部位而引起椎间盘炎；有时出现眼前房炎、脑脊髓炎的变化等。

**诊断**　怀孕母犬发生流产或母犬不育及公犬出现睾丸炎或副睾炎时即应怀疑本病。确诊应结合流行病学资料、临床症状、细菌学检验及血清学反应为依据进行综合诊断。

犬群中出现大批怀孕母犬流产及屡配不孕现象，公犬发生睾丸炎、副睾炎、阴囊肿大及配种能力降低时，应怀疑有本病存在。有时在公犬精液涂片中可见大量肿大的异形细胞出现。

感染 2 周后可检测到布鲁氏菌抗体。这些抗体主要是针对细菌细胞壁和胞浆蛋白。检测布鲁氏菌抗体的方法的敏感性、特异性和复杂性有所不同，主要有快速平板凝集试验、试管凝集试验、琼脂扩散试验、ELISA、间接免疫荧光抗体技术和补体结合试验等。

2-巯基乙醇快速平板凝集试验可用于本病的筛选，出现阳性反应时再用试管凝集和琼扩试验进行跟踪检测。一般认为试管凝集效价在 1∶50～1∶100 为可疑，1∶200 或更高则具有诊断意义。国外有一种玻片凝集快速诊断盒出售。上述血清学方法检测感染的头几周可能会出现假阳性，对某些滴度不高的抗体反应难于解释，但这几种血清学方法可以用作对可疑病例进行初步筛选，以便做进一步的诊断。

犬感染犬布鲁氏菌后，其菌血症可持续数月到数年，因此，取血液进行细菌培养是确诊的最佳方法。无菌采取血液样本接种于营养肉汤，在有氧条件下培养 3～5 d，然后取样接种到固体培养基上进行鉴定。犬布鲁氏菌生长比较缓慢，需要 48～96 h 后才能形成肉眼可见的菌落。也可取流产胎衣、胎儿胃内容物或有病变的肝、脾、淋巴结等组织材料，制成涂片，以 Macchiavello 和改良 Ziehl-Neelsen 氏法染色镜检，见到红色细菌即可确诊。

**治疗** 细菌通过黏膜进入机体后，被巨噬细胞和其他吞噬细胞吞噬并运送到淋巴结和生殖道。细菌在单核吞噬细胞内持续存在，因此，临床治疗很难将其完全杀灭。

由于布鲁氏菌寄生于细胞内，抗生素对其较难发挥作用。对于雄性动物，药物难于通过血-睾屏障，因此，治疗比较困难。必须反复进行血液培养以检验疗效，停药后几个月感染还可能反复。抗菌治疗费用较高。早期可口服米诺环素（25 mg/kg，每天 2 次，持续 3 周以上）加肌肉注射双氢链霉素（10 mg/kg，每天 2 次，持续 1 周）；也可用庆大霉素替代双氢链霉素。强力霉素、四环素等配合双氢链霉素使用效果稍差。应用抗生素治疗的同时应用维生素 C、维生素 $B_1$ 等则效果更好。

**预防** 应采取如下综合措施进行预防：

①对犬群（尤其种群）定期进行血清学检验，必要时抽血进行细菌培养，最好每年进行 2 次。检出的阳性犬严格隔离，仅以阴性者作为种用。

②尽量进行自繁自养。新购入的犬，应先隔离观察1个月，经检疫确认健康后方可入群。

③种公犬配种前进行检疫，确认健康后方可参加配种。

④犬舍及运动场应经常消毒，流产物污染的场地、栏舍及其他器具均应彻底消毒。

⑤经济价值不大的病犬，可以扑杀。有使用价值的病犬，可以隔离治疗，但一定要做好兽医卫生防护工作。

**公共卫生学**　根据1990—1996年全国布鲁氏菌病监测结果，人群布鲁氏菌病发生有如下特点：

①牧区的布鲁氏菌病老疫区疫情活跃，半农半牧区、农区疫情明显回升。

②除广西、广东以病猪为主要传染源外，其余各省区主要传染源仍是布鲁氏菌病羊和牛，犬和鹿是值得注意的次要传染源。

③毒力强的羊布鲁氏菌已成为当前布鲁氏菌病流行的优势菌种。

④非职业人群、老年人及儿童感染率增高。

⑤布鲁氏菌病病人临床表现典型化。

犬布鲁氏菌对人的感染性虽然较低，但仍可以感染人。兽医工作人员在接触可疑病例。特别是流产病例时应加以注意。人感染后临床症状无特异性，表现不适、头疼、关节痛、淋巴结炎、间歇热、怕冷及体重减轻等，需进行血清学和细菌检验才能确诊。抗生素治疗效果较好。

## 第5节　沙门氏菌病

沙门氏菌病(Salmonellosis)是由沙门氏菌属细菌引起的人和动物共患性疾病的总称，临床上可表现为肠炎和败血症。犬和猫沙门氏菌病虽然不常见，但健康犬和猫却可以携带多种血清型的沙门氏菌，对公共卫生安全构成一定的威胁。据报道，外表健康的犬和猫粪便中沙门氏菌的分离率分别为1%～36%和0～14%。

**病原学**　沙门氏菌为一大群寄生于人类和动物肠道中、生化反应和抗原结构相似的革兰氏阴性杆菌，大小(0.6～1) μm×(2～3) μm。该菌属于肠杆菌科的沙门氏菌属(*Salmonella*)。该属目前包括2个种，即肠沙门氏菌(*S. enterica*)和帮戈尔沙门氏菌(*S. bongori*)。肠沙门氏菌包括6个亚种：*enterica*、*arizonae*、*diarizonae*、*houtenae*、*indica* 和 *salamae*。应用抗细菌表面高度变异的O抗原(脂多糖)和H抗原(鞭毛蛋白)的抗血清可将沙门氏菌分为不同的血清型(serovar)。已确定的O抗原和H抗原分别为46种和114种。大部分沙门氏菌携带有2个鞭毛蛋白基因分别编码为H抗原的H1和H2变异体。已分离到的沙门氏菌血清型有2 500多种。每一个血清型都有不同的O、H1和H2抗原组合。

沙门氏菌生长对培养基的营养要求不高,在普通琼脂平板上形成中等大小、无色半透明的S形菌落,不发酵乳糖或蔗糖,大多数产生$H_2S$。生化反应对沙门氏菌属中各菌种的鉴定具有重要意义。

对人和动物有重要致病意义的沙门氏菌主要有鼠伤寒沙门氏菌(*S. ser typhimurium*)、肠炎沙门氏菌(*S. ser enteritidis*)、亚利桑那沙门氏菌(*S. ser arizonae*)、伤寒沙门氏菌(*S. ser typhi*)及猪霍乱沙门氏菌(*S. ser choleraesuis*)。肠炎沙门氏菌又进一步被分为1 700多个生物血清型(bioserotype),名称亦各不相同,如都柏林沙门氏菌(*S. enteritidis dublin*)。

**流行病学** 鼠伤寒沙门氏菌在自然界分布较广,易在动物、人和环境间传播(图3-3)。沙门氏菌在体外环境中存活时间比较长,从环境中检出该菌则表明直接或间接受到粪便污染。本病主要经消化道途径传播,偶尔可发生呼吸道途径感染。饲养员、污染的饲料、饮水、空气中含沙门氏菌的尘埃、盛装食粮的容器、医院的笼具、内窥镜及其他污染物亦可成为传播媒介。圈养犬和圈养猫往往因采食未彻底煮熟或生肉品而感染,散养犬和散养猫在自由觅食时,吃到腐肉或粪便而感染。

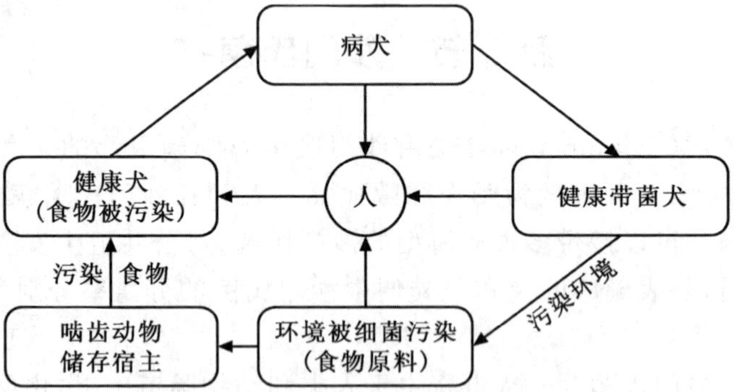


图3-3 沙门氏菌病的传染过程

影响发病的因素主要有年龄、营养状况、应激因素、并发症等。免疫抑制疗法、外科手术和饲养环境拥挤可增加发病的危险性。长期使用抗生素破坏肠道的正常菌群可降低机体对沙门氏菌的抵抗力。

**症状**　沙门氏菌病的临床表现与感染细菌数量、动物的免疫状态以及是否有并发感染等有关，临床上可人为地分为胃肠炎、菌血症和内毒素血症、局部脏器感染以及无症状的持续性感染等几种类型。

大多数胃肠炎型病例在感染后 3～5 d 发病，往往以幼龄及老龄动物较为严重。该类型开始表现为发热(40～41℃)，食欲下降，尔后出现呕吐、腹痛和剧烈腹泻。腹泻开始时粪便稀薄如水，继之转为黏液性，严重者胃肠道出血而使粪便带有血迹，猫还可见流涎；几天内可见明显的消瘦、严重脱水，表现为黏膜苍白、虚弱。

严重感染的病例形成细菌血症和内毒素血症。这种类型一般为胃肠炎过程前期症状，有时表现不明显，但幼犬、幼猫及免疫力较低的动物，其症状较为明显。患病动物表现极度沉郁、虚弱，出现休克和中枢神经系统症状，甚至死亡。有神经症状者，表现为机体应激性增强、后肢瘫痪、失明、抽搐。有些病例前期不一定有胃肠炎症状。

细菌侵害肺时可出现肺炎症状，咳嗽、呼吸困难和鼻腔出血。出现细菌血症后，细菌可能转移侵害其他脏器而引起与该脏器病理有关的症状。病原也可定居于某些受损存活多年，应激因素作用或机体抵抗力下降，即可出现明显的临床症状。子宫内发生感染的犬和猫，还可引起流产、死胎或产弱仔。

患病犬、猫仅有少部分(＜10%)在急性期死亡，大部分 3～4 周后恢复，少部分继续出现慢性或间歇性腹泻。康复和临床健康动物往往可携带沙门氏菌 6 周以上。

**病理变化**　仅有部分出现临床症状的动物，有肉眼可见的病理变化，表现为黏膜苍白，脱水，并伴有较大面积黏液性至出血性肠炎。肠黏膜的变化由卡他性炎症到较大面积坏死脱落。病变明显的部位往往在小肠后段、盲肠和结肠，肠系膜及周围淋巴结肿大并出血。由于局部血栓形成和组织坏死，可在大多数组织器官(肝、脾、肾)表面出现密布的出血点(斑)和坏死灶。肺常有水肿及硬化。

病变组织学变化以纤维素性及纤维性化脓性肺炎、坏死性肝炎、化脓性脑膜炎及出血性溃疡性胃肠炎为主，并可在许多器官(包括骨髓)、脾及淋巴结内发现细菌。

**诊断**　根据临床症状怀疑为沙门氏菌感染时可进行如下检查：

①细菌分离与鉴定。这是确诊的最可靠方法。在疾病急性期，从分泌物、血、尿、滑液、脑脊液及骨髓中发现沙门氏菌可确定为全身感染。剖检时，应从肝、脾、肺、肠系膜淋巴结和肠道取病料，接种于普通培养基或麦康凯培养基上。

但必须注意，培养结果阴性并不能排除沙门氏菌感染的可能性，因为在其他细菌共存的条件下，很难培养出沙门氏菌。为此，肠道及口腔所取材料应接种在选择性培养基或增菌培养基（四硫磺酸盐增菌液、亚硒酸盐增菌液、氯化镁-孔雀绿增菌液），24 h 后，再在选择性培养基（如 SS 琼脂、麦康凯琼脂等）上传代。获得纯培养后，再进一步鉴定。

②粪便细胞学检验。通过检验粪便中白细胞数量的多少，可以判断肠道病变情况。粪便中大量白细胞的出现，是沙门氏菌性肠炎及其他引起肠黏膜大面积破溃疾病的特征。否则，粪中缺乏白细胞，则应怀疑病毒性疾患或不需特别治疗的轻度胃肠道炎症。

**治疗** 发现病猫或病犬，应立即隔离，加强管理，给予易消化的流质饲料。为了缓解脱水症状，可经非消化道途径补充等渗盐水。呕吐不太严重者，亦可经口灌服。抗菌药物是较常用的治疗方法。氯霉素剂量为每千克体重 20 mg，内服，每天 4 次，连用 4～6 d，肌肉注射量减半。恩诺沙星为每千克体重 5～10 mg，分 2 次内服，连用 1 周。也可用磺胺类药物内服。

心脏功能衰竭者，肌肉注射 0.5%强尔心 1～2 mL（幼犬减半）；有肠道出血症者，可内服安络血，每次 5～10 mg，每天 2～3 次；清肠止酵，保护肠黏膜；亦可用 0.1%高锰酸钾液或活性炭和次硝酸铋混悬液做深部灌肠。

**预防** 由于慢性亚临床感染及潜伏感染的存在，预防犬和猫沙门氏菌病较为困难。预防主要考虑以下几个方面：

①保持犬、猫房舍的卫生，笼具、食盆等用品应经常清洗、消毒，注意灭蝇灭鼠。

②禁止饲喂不卫生的肉、蛋、乳类食品，尽可能采用煮熟的饲料（尤其是动物性饲料）喂犬和猫，杜绝传染病。

③严禁耐过犬、猫或其他可疑带菌畜禽、人与健康犬、猫接触。患病动物住院或治疗期间，应专人护理，防止病原人为扩散。

④病死尸要深埋或烧掉，严禁食用；病犬、病猫房舍清洗后，要用 5%氨水或 2%～3%火碱液消毒。

## 第 6 节 弯曲菌病

弯曲菌病（campylobacter infections）是人和多种动物共患的腹泻性疾病之一。本病由空肠弯曲菌和大肠弯曲菌引起。其主要宿主有犬、猫、犊牛、羊、貂及多种实验动物和人。

**病原学**　弯曲菌属(*Campylobacter*)细菌菌体弯曲呈逗点状、S 形或海鸥展翅状,革兰氏染色阴性,大小为(1.5～5) μm×(0.2～0.5) μm,单个、成对或短链状存在。菌体一端或两端具有单鞭毛,运动活泼。细菌对营养要求较高,需要加入血液、血清等物质后方能生长。分离时多采用选择性培养基,如 Skirrow 琼脂、Butzler 培养基和 Campy-BAP 培养基。这些培养基均以血琼脂为基础,加入多种抗生素抑制肠道正常菌群而有利于本菌的分离。该菌微需氧,在含 5% $O_2$、85% $N_2$、10% $CO_2$ 的气体环境中及 36～37℃条件下生长良好,但在 42℃中选择性好,因为此温度可以抑制粪便中其他杂菌生长。

在该属细菌中,空肠弯曲菌(*Campylobactr. jejuni*)通常与腹泻疾病有关,偶尔也从腹泻动物中分离到大肠弯曲菌(*C. coli*)。另外,从患腹泻犬及无症状犬和猫中分离到乌普萨拉弯曲菌(*C. upsaliensis*)和瑞士弯曲菌(*C. helveticus*)。

**流行病学**　空肠弯曲菌广泛存在于人及多种动物肠道中。这些动物即可成为本病病原体的主要储存宿主和传染源。家禽的带菌率很高,可达 50%～90%,一般认为是最主要的传染源。猪的带菌率也很高。犬和猫空肠弯曲菌的分离率与其年龄及生活环境有关。自由游荡和群养犬和猫粪便分离率最高。出现腹泻的犬和猫分离率约 20%～30%,而正常犬和猫分离率低于 10%。病原菌随粪便排出体外(包括患病动物、人和无症状带菌者)而污染食物、饮水、饲料及周围环境,也可随牛乳和其他分泌物排出散播传染。与大多数肠道病原相同,主要经粪、口传播,通常经食物或饮水途径感染。苍蝇等节肢动物带菌率也很高,可能成为重要的传播者。犬、猫的一个重要感染途径是摄食未经煮熟的肉制品特别是家禽肉和未经巴氏消毒的牛奶。幼犬和幼猫最易感染并表现临床症状。

**症状**　弯曲菌病的临床表现与摄入的细菌数量、毒力、动物是否具有保护性抗体和其他肠道感染有关。环境、生理、手术应激及并发其他肠道感染可加重病情。

临床上,犬、猫对弯曲菌感染的抵抗力似乎比人强,大多数为无症状携带者。临床病例多见于 6 月龄以下的幼龄动物,尤其是受到某些应激因素如住院、并发疾病、怀孕运输和外科手术等的影响。病犬的临床症状差异很大,从轻度的腹泻到中度的水样腹泻或血性黏液性腹泻。幼犬和部分成年犬急性弯曲菌病可持续 5～15 d,出现含有大量黏液的水性腹泻,腹泻物或有胆汁。部分出现厌食,偶尔有呕吐,也可能出现发热及白细胞增多,但比较少见。个别犬可能表现为急性胃肠炎(此时应注意与犬细小病毒感染区别)。临床症状可持续 1～3 周。

**病理变化** 侵袭性弯曲菌感染可引起胃肠道充血、水肿和溃疡，通常可见结肠充血、水肿，偶尔可见小肠充血。新生动物主要表现为急性或慢性回肠结肠炎。组织学检验可见结肠黏膜、盲肠上皮细胞高度变低以及结肠和回肠杯状细胞减少、肠黏膜增厚，炎性细胞浸润。银染可见弯曲菌黏附于结肠上皮。

**诊断** 取新鲜粪便在相差或暗视野显微镜下观察弯曲菌的快速运动，据此可做出推测性诊断；特别是在疾病急性阶段，动物粪便中可排出大量病菌，革兰氏染色可见淡染的海鸥展翅状细杆菌。但仅凭形态学不能确诊，应注意粪便白细胞可能增多。

细菌的分离鉴定可选用专用选择性培养基对粪便进行培养。空肠弯曲菌在42℃微需氧环境下培养可生长，然后进行生化鉴定。另外，可采用特异性的杀菌试验来检测血清抗体滴度上升情况，也可用ELISA方法检查感染情况。

在检验弯曲菌腹泻时，应排除其他的肠道病毒和细菌感染。

**治疗** 从动物粪便中分离到空肠弯曲菌并不意味着必须使用抗生素进行治疗。对严重感染的病例或者对人的公共卫生构成威胁时，才必须使用抗生素进行治疗。从动物中分离的空肠弯曲菌与人群中分离的菌株药敏谱相近。人弯曲菌病选用红霉素治疗，动物体按每千克体重8～15 mg口服，每日2～3次，也可以达到有效的血药浓度。还可使用庆大霉素、呋喃唑酮、强力霉素或氯霉素。四环素和卡那霉素体外试验有效，但很容易诱导耐药性。喹诺酮类药物治疗效果不错，但该病主要发生于幼龄犬猫，此类药物对软骨发育有一定的毒性作用，应予以考虑。某些动物虽然经过抗生素治疗，但仍然可以继续排菌，遇此情况可考虑用另一种抗生素连续治疗。进行药物治疗的同时应考虑其他并发疾病的防治。对患病动物，特别是幼龄腹泻动物，需注意补充体液和电解质，以利于治疗。

**公共卫生学** 空肠弯曲菌是人类腹泻的重要病原。现已确诊，犬、猫和灵长类动物是人类感染的重要来源。新近购进的动物更应加以重视。应采用可靠的血清学分型系统来鉴定人和动物的分离株，以便更好地了解空肠弯曲菌的流行病学及动物在病菌传播中的确切作用。

## 第7节 结核病

结核病(tuberculosis)是由结核分枝杆菌引起的人、畜和禽类共患的慢性传染性疾病，偶尔也可能出现急性型。本病病程发展很快，其特征是在机体多种组织器官形成肉芽肿和干酪样或钙化病灶。

**病原学**　结核分枝杆菌群包括结核分枝杆菌(*Mycobacteriμm tuberculosis*)和牛分枝杆菌(*M. bovis*),为高度致病性并产生结核的严格的胞内寄生菌。菌体细长略弯曲,有时有分枝或出现丝状体,大小(1～4) μm×(0.3～0.6) μm。牛型较人型短而粗。组织内菌体较体外培养细而长。细菌细胞壁含有分枝菌酸等特殊成分,与细菌的毒力有关。细菌革兰氏染色阳性,但不易染色,常用 Ziehl-Neelsen 抗酸染色,以 5%苯酚复红加温染色后,再用 3%盐酸乙醇不易脱色。若再用亚甲蓝复染,则分枝杆菌呈红色,而其他细菌和背景中的物质为蓝色。结核分枝杆菌为专性需氧,生长缓慢,最适生长温度为 37℃。初次分离需要营养丰富的培养基,常用 Lowenstein-Jensen 固体培养基,内含蛋黄、甘油、马铃薯、无机盐和孔雀绿等。一般 2～4 周可见菌落生长。菌落呈颗粒、结节或花菜状,乳白色或米黄色,不透明。

除了上述 2 种结核型分枝杆菌外,从猫中分离到田鼠分枝杆菌(*M. microti*)以及介于牛分枝杆菌和结核分枝杆菌之间的田鼠分枝杆菌样细菌(*M. microti-like*)。

其他能引起肉芽肿的腐生型条件性分枝杆菌被归属到禽结核分枝杆菌复合群(*Mycobacterium avium* Complex, MAC)。在分类系统中,其被标记为非结核性分枝杆菌(Nnontuberculous mycobacteria,NTM),可引起肉芽肿,但不是真正的结核。这些细菌在培养过程中生长缓慢,与结核菌类似。MAC 可引起成年人肺浸润和弥散性疾病,一般是具有免疫缺陷的人。对猫和儿童可引起局部淋巴腺炎。相对而言,MAC 更多的是引起菌血症和多脏器弥散性疾病。

结核分枝杆菌对干燥抵抗力特别强,黏附在尘埃上保持传染性 8～10 d,在干燥痰内可存活 6～8 个月;对湿热敏感,在液体中加热到 62～63℃、15 min 或煮沸即被杀死;对乙醇和紫外线敏感。

**流行病学**　结核分枝杆菌主要作为人的结核病病原,呈世界性分布,患病率总体呈下降趋势,但近年来该菌的耐药性明显增强,尤其在人口稠密、卫生和营养条件较差的地区人群及艾滋病患者的患病率有升高迹象。人是结核分枝杆菌的唯一的自然储存宿主。一般认为,犬和猫结核分枝杆菌感染由人传播而来(图 3-4)。犬和猫对结核分枝杆菌及牛分枝杆菌敏感,偶尔被禽分枝杆菌感染。草食动物和某些野生动物是牛分枝杆菌的感染来源。猫和犬可能因采食感染牛未经消毒的奶液、生肉或内脏而感染。猫还可能因捕食被感染的啮齿类动物而感染牛分枝杆菌。当猫和犬的消化道或呼吸道有该菌定植时,可通过粪便和呼吸道分泌物排出细菌成为病原散播者。

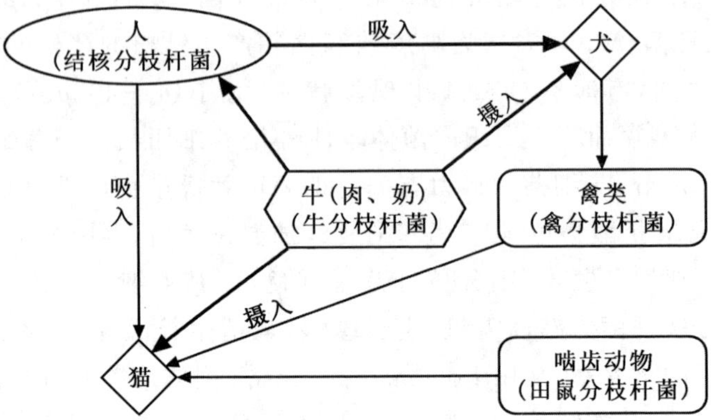


图 3-4　犬和猫结核病的传播示意图

相比之下,猫和犬感染禽分枝杆菌比其他动物少,其感染来源主要是家禽。被感染家禽粪便中含有大量病菌,采食被感染的禽肉或接触含有大量细菌的土壤或粪便也可发生感染。

本病主要通过呼吸道和消化道感染。结核病患者(畜)可通过痰液排出大量结核杆菌。咳嗽形成的气溶胶或被这种痰液污染的尘埃就成为主要的传播媒介。据介绍,直径小于 3～5 $\mu$m 的尘埃微粒方能通过上呼吸道而达肺泡造成感染,体积较大的尘埃颗粒则易于沉降在地面,危害性相对较小。由于结核杆菌的侵袭力和感染性不如其他细菌性病原强烈,长期、经常性和较多量细菌感染方能引起易感动物发病。

研究证实,猫感染牛分枝杆菌的几率远大于感染结核分枝杆菌的几率。这可能跟猫饮食结核病牛的乳汁或肉等机会较多有关。临床上,猫、犬感染禽型结核杆菌则极少。

**临床症状**　犬和猫结核病多为亚临床感染。有时则在病原侵入部位引起原发性病灶。犬常表现为支气管肺炎,胸膜上有结节形成和肺门淋巴结炎,并引起发热、食欲下降、体重减轻、呼吸啰音和干咳。如果病理损伤发生于口咽部,犬、猫表现为吞咽困难、干呕、流口水及扁桃体肿大等。猫的原发性肠道病灶比犬多见,主要表现为消瘦、贫血、呕吐、腹泻等消化道吸收不良症状。肠系膜淋巴结常肿大,有时在腹部体表就能触摸到。某些病例腹腔渗出液增多。禽分枝杆菌感染主要表现全身淋巴结肿大、食欲减退、消瘦和发热。实质性脏器形成结节或肿大。

结核病灶蔓延至胸膜和心包膜时,可引起胸膜、心包膜渗出增多,临床上表现为呼吸困难、发绀和右心衰竭。猫的肝、脾等脏器和皮肤也常见结节及溃疡。骨结核时可见跛行及自发性骨折。有的还出现咯血、血尿及黄疸等症状。

**病理变化**　结核分枝杆菌多通过呼吸道或消化道黏膜进入人或动物体内，在侵入部位局部及附近淋巴结引起炎性反应，但有时也可能不出现这种炎性变化。进入体内的结核杆菌，与吞噬细胞相遇，易被吞噬并在噬细胞内继续存活和繁殖，而使机体体液免疫对此无能为力。

大多数情况下，结核杆菌可摧毁机体的防御能力而引起进行性疾病。原发性病灶内的结核杆菌可长期存活，一旦机体抵抗力下降或遇有应激因素作用，即可向邻近组织及全身扩散，在多处形成续发病灶，甚至形成全身性结核。

结核杆菌是细胞内寄生细菌。据报道，机体对结核病的免疫力主要依靠其细胞免疫功能，这种免疫特点是对外源性重复感染有一定抵抗力，但对内源感染抵抗力甚微。结核免疫的另一特点是传染性免疫和传染性变态反应同时存在，以此可应用变态反应试验来检验机体对结核杆菌有无免疫力或有无感染与带菌。

剖检时可见患结核病的犬及猫极度消瘦，在许多器官出现多发性的灰白色至黄色有包囊的结节性病灶。犬常可在肺及气管、淋巴结而猫则常在回、盲肠淋巴结及肠系膜淋巴腺见到原发性病灶。犬的继发性病灶一般较猫常见，多分布于胸膜、心包膜、肝、心肌、肠壁和中枢神经系统。猫的继发性病灶则常见于肠系膜淋巴腺、脾脏和皮肤。一般来说，继发性结核结节较小(1～3 mm)，但在许多器官亦可见到较大的融合性病灶。有的结核病灶中心积有脓汁，外周由包囊围绕，包囊破溃后，脓汁排出，形成空洞。肺结核时，常以渗出性炎症为主，初期表现为小叶性支气管炎，进一步发展则可使局部干酪化，多个病灶相互融合后则出现较大范围病变。这种病变组织切面常见灰黄与灰白色交错，形成斑纹状结构。随着病程进一步发展，干酪样坏死组织还能够进一步钙化。

组织学上，可见到结核病灶中央发生坏死，并被炎性浆细胞及巨噬细胞浸润。病灶周围常有组织细胞及成纤维细胞形成的包膜，有时中央部分发生钙化。在包囊组织的组织细胞及上皮样细胞内常可见到短链状或串珠状具抗酸染色性的结核杆菌。

**诊断**　结核病的临床症状一般为非特征性，怀疑本病时应结合如下诊断进行确诊：

①血液、生化及 X 光检查。患结核病动物常伴有中等程度的白细胞增多和贫血、血清白蛋白含量偏低及球蛋白血症，但无特异性。X 光检查胸腔可见气管支气管淋巴结炎、结节形成及肺钙化灶。腹腔触诊、放射检查或超声波检查

可见脾脏、肝脏等实质性脏器肿大或有硬固性团块，肠系膜淋巴结钙化。腹腔可能有积液。

②皮肤试验。犬、猫结核菌素皮肤试验结果不容易判定。据报道，对于犬，接种卡介苗试验结果更敏感可靠。皮内接种 0.1～0.2 mL 卡介苗，阳性犬 48～72 h 后出现红斑和硬结。因为被感染犬可能出现急性超敏反应，所以试验有一定的风险。由于猫对结核菌素反应微弱，故一般此法不应用于猫。

③血清学检验。血清学检验包括血凝(HA)及补体结合反应(CF)常作为皮肤试验的补充，尤其补体结合反应的阳性检出符合率可达 50%～80%，具较大的诊断价值。

④细菌分离。用以细菌分离的病料常用 4% NaOH 处理 15 min，用酸中和后再离心沉淀集菌，接种于 Lowenstenin-Jensen 氏培养基进行培养。需培养较长时间。根据细菌菌落生长状况及生化特性来鉴定分离物。也可将可疑病料如淋巴结、脾脏和肉芽肿腹腔接种于豚鼠、兔、小鼠和仓鼠，以鉴定分枝杆菌的种别。

有时直接取病料如痰液、尿液、乳汁、淋巴结及结核病灶作成抹片或涂片，抗酸染色后镜检，可直接检到细菌。近年来，用荧光抗体法检验病料中的结核杆菌，也收到了满意的效果。

目前已将聚合酶链反应(PCR)技术用于结核分枝杆菌 DNA 鉴定，每毫升只需几个细菌即可获得阳性，且 1～2 d 得出结果。

**治疗** 犬结核病已有治愈的报道。但对犬、猫结核病而言，首先应考虑其对公共卫生构成威胁。在治疗过程中，患犬、患猫(尤其开放性结核患者)可能将结核病传给人或其他动物，因此，建议施以安乐死并进行消毒处理。确有治疗价值的，可选用下列药物：异烟肼，每千克体重 4～8 mg，每天 2～3 次；利福平，每千克体重 10～20 mg，分 2～3 次内服；链霉素，每千克体重 10 mg，每 8 h 肌肉注射 1 次(猫对链霉素较敏感，故不宜采用)。应该提及的是，化学药物治疗结核病在于促进病灶愈合，停止向体外排菌，防止复发，而不能真正杀死体内的结核杆菌。

治疗过程中，应给动物以营养丰富的食物，增强机体自身的抗病能力。冬季应注意保暖。

**预防** 应对犬、猫定期检疫，可疑及患病动物尽早隔离。对开放性结核患犬或患猫，无治疗价值者尽早扑杀，尸体焚烧或深埋。人或牛发生结核病时，与其经常接触的犬、猫应及时检疫。平时，不用未消毒牛奶及生杂碎饲喂犬、猫。国外有人应用活菌疫苗预防犬结核病取得初步成效，尚未普遍推广应用。

**公共卫生学**　虽然犬和猫不是结核分枝杆菌和牛分枝杆菌的自然储存宿主，但感染动物可作为一过性传染源将病菌排出到环境中，其呼吸道和消化道分泌物均可能被污染，因此，对感染犬应及时治疗或实施安乐死。

## 第 8 节　梭菌性疾病

梭菌主要存在于土壤中，并且是动物肠道正常菌群的组分之一。梭菌革兰氏阳性，厌氧，可形成芽孢。芽孢对消毒剂和环境具有极强的抵抗力。部分梭菌可产生致病力很强的毒素。犬和猫对梭菌毒素的抵抗力相对较强。犬偶尔发生破伤风、肉毒中毒、梭菌性肠炎及气性坏疽，猫则极少发生破伤风和肉毒中毒。

破伤风、肉毒梭菌毒素中毒均是由梭菌引起的梭菌性疾病（clostridial diseases）。

### 一、破伤风

破伤风（tetanus）是由破伤风梭菌感染所产生的特异性神经毒素所引起的毒素血症。发病后机体呈强直性痉挛、抽搐，可因窒息或呼吸衰绝死亡。本病在世界范围内广泛分布。各种家畜对破伤风均有易感性，犬、猫亦可感染破伤风梭菌，但较其他家畜易感性低。

**病原**　破伤风梭菌（*Clostridiμm tetani*）菌体细长，大小为（0.5～1.7）μm×（2.1～18.1）μm，有周身鞭毛，无荚膜。本菌的典型特征是芽孢正圆，比菌体粗，位于菌体一端，使菌体呈鼓槌状或球拍样。该菌严格厌氧，在血液平板上37℃培养 48 h 后呈薄膜状爬行生长，并伴有 β 溶血。生化反应（糖发酵、分解蛋白等）随培养基的不同而有所差异。芽孢可耐煮沸 1.5 h，但高压（121℃，10 min）可破坏。3％的碘制剂消毒有效，但常规浓度的酚类、来苏儿和福尔马林效果不佳。

根据鞭毛抗原的不同，可将细菌分为 10 个血清型，但神经毒素的抗原性一致。

**流行病学**　由于破伤风梭菌及其芽孢在自然界中分布甚广，极易通过伤口途径侵入体内。钉伤、刺伤、脐带伤、阉割伤等可引起感染。病菌在一般的潜表伤口不能生长繁殖，感染的重要条件是创口内形成厌氧微环境。小而深的创伤（如刺伤），创口过早被血凝块、痂皮、粪便及土壤等覆盖，创伤内组织发生坏死及与需氧菌混合感染，这些情况下，创伤内形成的厌氧环境有利于破伤风梭菌繁殖。由于本病是创伤感染后产生的毒素所致，因而不能通过直接接触传播，常表现为散发。本病季节性不太明显，不同品种、年龄、性别的易感动物均可发病，幼龄较老年动物易感。

**症状** 破伤风梭菌无侵袭能力，仅在局部繁殖，其致病作用完全依赖于病菌所产生的毒素。破伤风梭菌能产生2种外毒素。一种是对破伤风溶素(tetanolysin)，致病作用尚不清楚。另一种为破伤风痉挛毒素(tetanospasmin)，是引起破伤风的主要致病物质。释放到菌体外的毒素由一条重链和一条轻链组成，二者由二硫键连接。重链通过其羧基端识别神经肌肉结点处运动神经元外胞浆膜受体并与之结合，促进毒素进入细胞内由细胞膜形成的小泡中。小泡从外周神经末梢沿轴突逆行向上，到达运动神经元细胞体，通过跨突触运动，小泡从运动神经元进入传入神经末梢，从而进入中枢神经系统，然后通过重链N端的介导产生膜的转位使轻链进入胞质溶胶。轻链为一种锌内肽酶，可裂解储存有抑制性神经介质(γ-氨基丁酸)小泡上膜蛋白特异性肽键，使小泡膜蛋白发生改变，从而阻止抑制性介质的释放，使肌肉活动的兴奋与抑制失调，造成麻痹性痉挛。犬、猫等是对破伤风毒素不甚敏感的动物，主要是在临近毒素产生的神经杆吸收了大量的毒素引起明显的临床症状。

破伤风潜伏期5～10 d，有时可长达3周。受伤部位越靠近中枢，发病越迅速，病情也越严重。由于犬和猫对破伤风毒素抵抗力较强，故临床上局部性强直较常见，表现为靠近受伤部位肌肉或肢体发生强直和痉挛，且往往从近伤口处开始僵硬，并可能逐渐波及整个神经系统。患病动物有时耳朵僵硬竖起、耳和脸部肌肉收缩、瞬膜突出外露。其他症状可见牙关紧闭、流口水、心跳和呼吸节律改变、喉头痉挛、吞咽困难。轻微的刺激可能引起全身肌肉周期性强直收缩和角弓反张，部分病例可能出现癫痫性抽搐。患病动物因呼吸肌痉挛，出现呼吸困难而死亡。疾病过程中一般病犬或病猫神志清楚，体温一般不高，有饮食欲。

临床上，破伤风的症状、病程和严重程度差异很大。急性病例可在2～3 d死亡；若为全身性强直病例，由于患病动物饮食困难，常迅速衰竭，有的3～10 d死亡；其他则缓慢康复；局部强直的病犬一般预后良好。

**病理变化** 因破伤风死亡的动物，剖检一般无明显变化，仅可在浆膜、黏膜及脊髓膜等处发现小出血点，四肢和躯干肌肉结缔组织发生浆液性浸润。因窒息死亡者血液凝固不良，呈黑紫色，肺充血、水肿。有的可见异物性肺炎变化。

**诊断** 根据病犬和病猫的特殊临床症状，如骨骼肌强直性痉挛和应激性增高，神志清醒，一般体温正常及多有创伤史等，即可怀疑本病。临床上，脑炎、狂犬病等有时也有牙关紧闭、角弓反张、肌肉痉挛等症状，但瞬膜不突出，且意识扰乱或昏迷，并有麻痹现象，虽应激性增高，但受轻微刺激时远端肌肉并不发生强直，故可区分开。

从伤口分离细菌不太容易。必要时，可将病料(创伤分泌物或创内坏死组织)接种于细菌培养基，于严格厌氧条件下 37℃培养 12 d，以生化试验鉴定分离物；也可将病料接种于肝片肉汤，4～7 d 培养后，以滤液接种小鼠，或将病料制成乳剂注于小鼠尾根部，若上述滤液或病料中含有破伤风外毒素，2～3 d 后则实验小鼠表现出强直病状。

**治疗**　本病必须及早发现，及早治疗者才有治愈希望。治疗原则为加强护理，消除病原，中和毒素，镇静解痉与其他对症疗法。

①加强护理。将病犬或病猫置于干净及光线幽暗的环境中，冬季应注意保暖，要保持环境安静，以减少各种刺激因素。采食困难者，给以易消化营养丰富的食物和足够的饮水。

②消除病原。破伤风梭菌主要存在于感染创伤中，故对病犬、病猫应仔细检验发现创伤处。创伤中脓汁、坏死组织及异物等应及时进行清创和扩创术，可用 3%双氧水、1%高锰酸钾或 5%～10%碘酊进行消毒，再撒布碘仿硼酸合剂，并结合青霉素、链霉素在创伤周围组织分点注射，以消除感染，减少毒素的产生。

③中和毒素。这是特异性治疗破伤风的方法。早期使用破伤风抗毒素，疗效较好。它能够中和组织中未与神经细胞结合的毒素，但不能进入脑脊髓和外周神经中，使已与神经细胞结合的毒素解脱出来。因此，抗毒素仅能在一定程度减少神经细胞的进一步中毒，故应用得越早越好。一般犬、猫推荐应用的破伤风抗毒素用量为每千克体重 100 IU，可分点注射于创伤周围组织，亦可静脉注射。静脉注射时，为防止发生过敏反应，患病动物可预先注射糖皮质激素或抗组胺药。精制破伤风类毒素 2 mL 皮下注射，可提高机体的主动免疫力。

④镇静解痉与其他对症疗法。患病犬、猫出现强烈兴奋和强直性痉挛时，可使用镇静解痉药物，如氯丙嗪、巴比妥钠等；采食和饮水困难者，应每天进行补液、补糖；酸中毒时，可静脉注射 5%碳酸氢钠以缓解症状；喉头痉挛造成严重呼吸困难者，可施行气管切开术；体温升高有肺炎症状时，可采用抗生素和磺胺类药。

**预防**　主要是防止发生外伤。一旦受伤应及时进行外科处理。对较大和较深的创伤，可注射破伤风抗毒素或类毒素，以增加机体的被动和主动免疫力。犬和猫去势时，可注射破伤风抗毒素预防。

## 二、肉毒梭菌毒素中毒

肉毒梭菌毒素中毒(botulism)主要是因为摄取腐败动物尸体或饲粮中肉毒梭菌产生的神经毒素——肉毒梭菌毒素而发生的一种中毒性疾病。临诊上以出现运动中枢神经麻痹和延脑麻痹的症状为本病特征,死亡率很高。本病是人类一种重要的食物中毒症,多种动物亦可发生。

**病原** 肉毒梭菌(*Clostridum botulinum*)为革兰氏阳性粗短杆菌,大小0.9 μm×(4～6) μm;能形成芽孢,芽孢位于菌体的次极端,比菌体粗。该菌严格厌氧,可在普通琼脂平板上生长,产生酯酶;在卵黄培养基上菌落周围出现混浊圈。肉毒梭菌为非侵袭性致病菌,其致病作用主要由神经毒素所引起。肉毒毒素是已知最剧烈的毒物,比氰化钾强1万倍。根据产生细菌所产生的神经毒素的抗原性分为A～G 7个型,其中C型和D型毒素由噬菌体编码,其他型毒素均由染色体决定。大多数菌株只产生一种型别的毒素,各型毒素只能被同型抗毒素中和。细菌芽孢对热有较强的抵抗能力,可耐热100℃ 1 h以上,但肉毒毒素不耐热,煮沸1 min即可被破坏。

**流行病学** 肉毒梭菌主要存在于土壤及淤泥中。动物往往因摄入被该菌污染的动植物而使得该菌能进入其消化道。存在于动物消化道内的肉毒梭菌及其芽孢一般对动物没有危害,但在特定的条件下也可能产生毒素。犬对该毒素有相当的抵抗力,较少发病;猫则极少见。

自然发病主要因动物摄食腐肉、腐败饲料和被毒素污染的饲料、饮水而经口传播。动物摄入毒素量少时可不发病,大群发病者亦不多见。健康易感动物与患病动物直接接触亦不会受到传染。人的食品在制作过程中被肉毒梭菌芽孢污染,制成后未彻底灭菌,芽孢在厌氧环境中发育繁殖而产生毒素,食入又未经加热烹调并已产生毒素的食品而发生中毒。主要食物品种有罐头、香肠、腊肠、发酵豆制品及甜面酱等。

**发病机理** 肉毒毒素在胃和肠道前段被吸收后,进入血流循环,其结构、功能和致病机制与破伤风神经毒素非常相似,不同点在于肉毒毒素达到神经-肌肉接头处,作用于外周胆碱神经,抑制神经肌肉接头处神经介质乙酰胆碱的释放,导致弛缓性麻痹。

**症状** 动物肉毒梭菌毒素中毒症状与其严重程度取决于摄入体内毒素量的多少及动物的敏感性。潜伏期数小时至数天,一般症状出现越早,说明中毒越严重。犬的初期症状为发生进行性、对称性肢体麻痹,一般从后肢向前延伸,进而引起四肢瘫痪,但此时尾巴仍可摆动。患犬反射功能下降,肌肉张力降低,呈明显的运动神经功能病的表现。发生肉毒梭菌毒素中毒的病犬体温一般不高，神志清醒。由于下颌肌张力减弱，可引起下颌下垂，吞咽困难，流涎。严重者则两耳下垂，眼睑反射较差，视觉障碍，瞳孔散大。有时可见结膜炎和溃疡性角膜炎。严重中毒的犬，由于腹肌及膈肌张力降低，出现呼吸困难，心率快而紊乱，并有便秘及尿潴留。发生肉毒梭菌毒素中毒的犬死亡率较高，若能恢复，一般也需较长时间。

**病理变化**　肉毒梭菌毒素主要作用于神经-肌肉结合点，动物死后剖检一般无特征性病理变化，有时在胃内可发现木石、骨片等异物，说明生前可能发生异嗜症。咽喉及会厌部黏膜有灰黄色黏液性覆盖物，黏膜上有出血点。胃肠黏膜有时有卡他性炎症和小点出血。心内膜及心外膜也可能有点状出血。有时肺充血、淤血、水肿。中枢和外周神经系统一般无肉眼可见病变。

**诊断**　据疾病临床特征如典型的麻痹、体温和意识正常、死后剖检无明显变化等，结合流行病学特点，可怀疑为本病。

确诊时，需在可疑饲料、病死动物尸体、动物血清及肠内容物内查到肉毒梭菌毒素。方法如下：

采取可疑饲料或胃肠内容物，以 1∶2 比例加入灭菌生理盐水或蒸馏水，研磨为混悬液，置室温 1～2 h，离心沉淀或过滤，取上清液或滤过液 2 份。其中一份不加热灭活，供毒素试验用；另一份 100℃加热 30 min，作为对照。第 1 组小鼠皮下或腹腔注射 0.2～0.5 mL 上清液，第 2 组注射加热过的上清液；第 3 组先注射多价肉毒抗毒素，然后注射不加热的上清液。如果被检材料中有毒素存在，则第 1 组试验鼠 1～2 d 发病，有流涎、眼睑下垂、四肢麻痹、呼吸困难症状，最后死亡，而第 2 组、第 3 组正常。也可用加热和不加热的上清液用豚鼠做实验，分别以 1～2 mL 注射或口服，试验组 3～4 d 豚鼠出现流涎、腹壁松弛和后肢麻痹等症状，并可引起死亡，而对照组仍健康，亦可做出诊断。如有条件还可用分型的单价抗毒素做保护试验以确定毒素型别。除以上可疑饲料及肠内容物接种动物的试验方法外，患肉毒梭菌毒素中毒的动物血清对小鼠的毒性可达 $20LD_{50}$/mL，因此，以患病动物血清接种于小白鼠亦有助于诊断。

有人认为，被检材料为肠内容物或可疑饲料时，样品最好在注射前经胰酶处理，以使不具毒性的毒素前体激活。

由于肉毒梭菌广泛分布于自然界，故从可疑饲料和动物尸体内分离出肉毒梭菌也不具备太大诊断意义。

**治疗**　治疗主要靠中和体内的游离毒素，为此可应用多价抗毒素。犬的肉毒梭菌毒素中毒病例多由 C 型毒素引起，故可应用 C 型抗毒素治疗。也可肌肉注射或静脉注射 5 mL 多价抗毒素。值得注意的是，若毒素已进入神经末梢（往往在毒素进入机体血液循环后的短时间内发生），再应用抗毒素已无解毒作用，抗毒素仅能中和肠道中未被吸收或已进入血液循环但仍未与神经末梢结合的毒素。因此，病初应用抗毒素治疗，效果较好。

对于因食用可疑饲料而中毒的犬，应促使胃肠道内容物的排出，减少毒素的吸收，为此可应用洗胃、灌肠和服用泻剂等方法。心脏衰弱的动物应用强心剂；出现脱水时应尽快补液。盐酸胍可促进神经末梢胆碱酯酶的释放，必要时可用此药增强肌肉张力，缓解瘫痪症状。

**预防**　肉毒梭菌毒素加热 80℃ 30 min 或 100℃ 10 min 就可失去活性，故饲喂犬猫的食物应尽量煮沸；不要让犬猫接近腐肉等。

## 第 9 节　放线菌病

放线菌病（actinomycosis）是由放线菌引起的一种人兽共患慢性传染病，特征为组织增生、形成肿瘤和慢性化脓灶。本病广泛分布于全世界。

**病原学**　放线菌属细菌为革兰氏阳性、非抗酸性的丝状菌。菌丝细长无隔，直径 0.5～0.8 μm，有分枝。菌丝在 24 h 后开始断裂成链状或链杆状。培养比较困难，厌氧或者微需氧。部分对犬猫致病的放线菌在有氧的条件下生长良好，如黏性放线菌（*Actinomyces viscosus*）、溶齿放线菌（*A. odontolyticus*）。其他的则要求降低氧浓度或严格厌氧。例如，内氏放线菌（*A. naeslundii*）和受损大麦放线菌（*A. hordeovulneris*）细菌可以在血液或添加血清等的营养培养基上生长，生长比较缓慢，需要 2～4 d 才能形成肉眼可见的菌落；菌落较致密，灰白或瓷白色，表面呈粗糙的结节状。放线菌是条件性细菌，可以在正常犬猫的口腔和肠道发现。在病组织里呈颗粒状，随脓汁排出后，外观似硫黄颗粒，直径 1～2 mm。此为放线菌在组织中形成的菌落。

**流行病学**　放线菌在世界广泛分布，正常动物的口腔和肠道也有存在。主要为内源性感染，当动物机体防御功能破坏，放线菌可经损伤的皮肤、黏膜或吸入胸腔引起感染。外界物体或带刺的草刺伤皮肤或黏膜后，使局部发炎坏死，氧气减少，为放线菌无氧繁殖创造了条件。动物的放线菌不能直接传染给人。

**症状**　犬和猫放线菌病侵害的组织部位包括胸腔、皮下组织、椎骨体，其次为腹腔和口腔，并从发病部位通过血液播散到脑和其他器官。皮肤放线菌病损伤散布全身，但多见于四肢、后腹部和尾巴。发病皮肤出现蜂窝织炎、脓肿和溃瘘结节，有时还有排泄窦道。分泌物灰黄色或红棕色，常有恶臭气味。

胸部放线菌病多见于犬，由吸入放线菌或外物穿透胸腔引起肺或胸腔发病，或肺和胸腔同时发病。肺放线菌病早期阶段，出现体温稍高和咳嗽，体重减轻。当胸膜出现病变时，由于胸腔有渗出物而表现呼吸困难。胸腔 X 射线照片，可发现类似诺卡菌病病变。

骨髓炎性放线菌病也多见于犬，猫也有报道。骨髓炎一般发生在第 2 和第 3 腰椎及其邻近椎骨，可能继发于草刺的移行。草刺刺伤脊髓，引起脊髓炎，甚至脑膜炎或脑膜脑炎，此时脑脊髓液中蛋白质和细胞含量增多，尤其是多叶核细胞增多。

腹部放线菌病少见，可能继发于肠穿孔。放线菌从肠道进入腹腔，引起局部腹膜炎、肠系膜和肝淋巴结肿大。其临床症状变化较大，一般表现体温升高和消瘦。

**病理变化**　放线菌主要激发脓性肉芽肿反应。细菌在组织中形成菌落，引发周边的化脓性反应，周围单核细胞浸润、形成肉芽以及纤维化。病灶或窦道有渗出液流出，而且往往含有“硫黄样颗粒”，为组织中放线菌菌落聚集物。将硫黄样颗粒制成压片或组织切片，在显微镜下可见颗粒呈菊花状，核心部分由分枝的菌丝交织组成。周围部分长丝排列成放线状，菌丝末端由交织胶质样物质组成的鞘包围，且膨大成棒状体。病理标本经苏木精伊红染色，中央为紫色，末端膨大部红色。

**诊断**　本病的病变比较特殊，除诺卡氏菌病外，不易与其他疾病混淆，但放线菌病和诺卡氏菌病鉴别诊断比较困难。放线菌革兰氏阳性，无抗酸性，具有分枝菌丝，在无氧条件下繁殖；诺卡氏菌通常具有部分抗酸性，在有氧条件下才能繁殖。

最主要和简单的方法是从化脓性材料寻找硫黄样颗粒进行压片检查，或者对病料进行革兰氏染色初步掌握病变细菌感染情况。确诊需要从化脓病灶或穿刺组织中分离出放线菌并进行鉴定。通常情况下，黏性放线菌比较容易分离到，而其他菌株由于采样和保存不当(如未立即进行厌氧保存和厌氧培养)而不易分离到。

**治疗**　对体表感染病灶可进行必要的外科处理，如引流、灌洗、切开等；再辅以长时间的抗生素治疗。抗生素可选用青霉素类药物，如氨苄青霉素、甲氧苄氨嘧啶-磺胺甲基异恶唑效果较好；也可选用其他药物如红霉素、利福平、头孢噻啶、克林达霉素。

## 第10节　诺卡氏菌病

诺卡氏菌病(Norcardiosis)是由诺卡氏菌属细菌引起的一种人兽共患的慢性病，特征为组织化脓、坏死或形成脓肿。本病广泛分布于世界各地。

**病原学**　犬猫诺卡氏菌病多由星形诺卡氏菌(*Nocardia asteroides*)引起，巴西诺卡氏菌(*Nocardia braziliensis*)和豚鼠诺卡氏菌(*Nocardia caviae*)也可引起。

诺卡氏菌与放线菌属形态相似，为丝状，但菌丝末端不膨大。革兰氏染色阳性，抗酸染色呈弱酸性。在培养早期，菌体多为球状或杆状，分枝状菌丝较少，时间较长则可见有丰富的菌丝体。病灶如脓、痰、脑脊液中细菌为纤细的分枝状菌丝。

本菌为专性需氧菌。在普通培养基和沙氏培养基中，室温或37℃可缓慢生长，菌落大小不等，不同细菌产生不同色素。星形和豚鼠诺卡氏菌菌落呈黄色或深橙色，表面无白色菌丝。巴西诺卡氏菌表面有白色菌丝。

**流行病学**　诺卡氏菌是土壤腐物寄生菌，在自然界广泛分布，而诺卡氏菌病却并不多见。本病主要发生在生长带有锐刺草的地区，犬的发病率比猫高，免疫功能降低的犬猫容易发生感染。各种年龄、品种和性别的犬、猫都可发病，主要通过吸入、摄入和外伤途径感染。

**症状和病理变化**　诺卡氏菌通过呼吸道、外伤和消化道进入动物机体，再通过淋巴和血流播散到全身，能在脾、肾、肾上腺、椎骨体和中枢神经系统引起化脓、坏死和脓肿。临床症状分为全身型、胸型和皮肤型3种。

全身型症状类似于犬瘟热，由于病原在动物体内广泛播散，动物表现体温升高、厌食、消瘦、咳嗽、呼吸困难及神经症状。

胸型在犬和猫都有发生，症状为呼吸困难、高热及胸膜渗出，发生脓胸，渗出液像西红柿汤。X射线透视可见肺门淋巴结肿大、胸膜渗出、胸膜肉芽肿、肺实质和间质结节性实变。

犬猫皮肤型多发生在四肢，损伤处表现蜂窝织炎、脓肿、结节性溃疡和多个窦道分泌物类似于胸型的胸腔渗出液。巴西诺卡氏菌引起的脓肿和窦道分泌物中含有硫黄样颗粒或鳞片，犬星形诺卡氏菌引起的脓肿和分泌物中很少含有。硫黄样颗粒染色后，在显微镜下可看到其中含有菌丝丛。诺卡氏菌病的骨髓炎类似于放线菌病，体侧常从窦道向外排泄脓汁。诺卡氏菌病的血象呈慢性化脓性炎症反应，中性粒细胞和巨噬细胞增多。

**诊断**　根据流行病学和临床症状可得出初步诊断，确诊需实验室进行分泌物或活组织物质涂片染色和人工培养检验。脓汁或压片检查可见革兰氏阳性和部分抗酸性分枝菌丝。进行分离培养的样品不能冷冻。可用血液琼脂于37℃进行培养，菌落干燥、蜡样，用接种针不容易挑取，在厌氧条件下不能生长。对分离的细菌可做进一步的生化鉴定。

**治疗**　诺卡氏菌病的治疗包括外科手术刮除、胸腔引流以及长期使用抗生素和磺胺药物。用磺胺嘧啶治疗，每千克体重 40 mg，每天 3 次，口服；磺胺二甲氧嘧啶按每千克体重 24 mg 口服，每天 3 次。也可用磺胺增效剂及磺胺与青霉素联合应用，青霉素最初的剂量每千克体重可高达 10 万～20 万 IU；氨苄青霉素每天每千克体重 150 mg；另外，还可用红霉素和二甲胺四环素治疗。治疗一般需 6 个月以上。如果治疗得当，皮肤型治愈率可达 80%，胸型达 50%，全身型只有 10%左右。

## 第 11 节　猫巴尔通体病

猫巴尔通体病(feline bartonelliasis)是巴尔通体引起的一种人畜共患病，临床上以菌血症、淋巴结炎、肝炎、脾炎、中枢神经系统紊乱和关节炎等为特征。除猫外，还可感染牛、犬、啮齿动物和野生动物等多种动物。

**病原**　巴尔通体属于变形菌门 $\alpha$ -2 亚群巴尔通体科，个体较小，营养要求苛刻，主要通过媒介传播，并能够长期存在于哺乳动物宿主体内，形成菌血症，但并不表现出临床症状。杆菌样巴尔通体可在人类红细胞和内皮细胞包内寄生，引起严重的溶血性贫血和皮肤损伤。南美的一些国家，巴尔通体呈地方性流行，可通过白蛉在人之间传染。巴尔通体在种类史上接近于立克次氏体、布鲁氏菌、脓杆菌和阿菲比亚杆菌。目前至少有 22 种巴尔通体已经正式命名，其余种属即将正式命名。大约有 14 种巴尔通体被认为具有传染性，其中多数可通过伴侣动物(如猫)传染给人类。

最先发现与猫有关的传染性巴尔通体种是猫汉赛巴尔通体。它可引起健康猫发生菌血症。通过 PCR 法可在很多哺乳动物体内检测到菌血症，如犬、海豹、鲸、马和野猫等。汉赛巴通体可引起人猫爪病(CDS)、杆菌性血管瘤病、细菌性紫癜、菌血症性反复发热、脑膜炎、脑炎、视神经视网膜炎和心内膜炎等，并表现出复杂的临床症状。猫是汉赛巴尔通体最原始的宿主。

**流行病学**　猫感染汉赛巴尔通体首次报道于 1992 年。此后陆续报道猫先天感染的 5 种巴尔通体：五日热巴尔通体(*B. quintana*)、汉赛巴尔通体(*B.*

*henselae*）、伊丽莎白巴尔通体（*B. elizabethae*）、克氏巴尔通体（*B. clarridgeiae*）和杆菌样巴尔通体（*B. bacilliformis*）。但除汉赛巴尔通体和克氏巴尔通体感染猫外，其他巴尔通体少有报道。对猫血清学研究表明，汉赛巴尔通体最为常见，且分布于世界各地。在热带或潮湿季节，老猫、野猫、长有虱子的猫感染率最高。在美国，5%～40%的猫出现汉赛巴尔通体菌血症，个别品种的猫高达 90%；法国和菲律宾猫巴尔通体病菌血症感染率也比较高，可达 30%。

野生动物也可以感染巴尔通体，佛罗里达州美洲豹的感染率为 18%，德克萨斯州美洲豹为 28%；加利福尼亚州猎食性野生动物为 30%～53%，非洲狮为 17%，非洲豹为 31%。

汉赛巴尔通体的基因型多样，最初发现的有 2 种 16S rRNA 型，每一种型至少有 2 种亚型。据报道，复合感染汉赛巴尔通体 16S rRNA 的 1 型和 2 型、汉赛巴尔通体和克氏巴尔通体的猫，携带的不同 rRNA 型的汉赛巴尔通体的感染率有地区性差异。另一些分子方法表明，在分离巴尔通体时其存在巨大的分子差异性。有证据表明，在猫感染汉赛巴尔通体的不同阶段，巴尔通体基因组有所改变。这些改变基因组的巴尔通体似乎能使它长期存在于已感染猫的体内，为疫苗的开发增加了难度。巴尔通体在猫体内的存在部位尚未完全清楚。巴尔通体通常是细胞内寄生，先天性感染的猫的体内可检测到。个别情况下，巴尔通体也可能在被感染猫的血管内皮细胞内寄生，或细胞外寄生。

**症状**　许多实验猫感染巴尔通体后并没有出现临床症状，即使表现出临床症状也很轻微，且因接种的汉赛巴尔通体菌株的不同而有所差异。皮下注射 2～21 d 后，可在注射部位出现硬块和脓肿；取得的肿块样品进行纯培养，可获得汉赛巴尔通体。有的猫会出现淋巴结肿大或微热。有的猫在发热时表现出昏睡或厌食，轻度的神经症状（眼球震颤、一过性全身震颤，对外界刺激反应降低或增加、短暂而轻微的行为改变等）。

**诊断**　巴尔通体病不能直接诊断，出现的临床症状大多是暂时和多变的。因此，确诊本病比较困难。通常应用营养富集的培养基培养巴尔通体，但同时也会导致营养要求较高的细菌过度滋生。

标准 PCR 对血液内巴尔通体 DNA 的检测灵敏性可能比活性巴尔通体感染后进行的血液培养检测率低，且检测 DNA 并不等于检测活性有机体。实时 PCR 提高了诊断的灵敏性。PCR 中引物的应用对 PCR 试验的灵敏性有极大影响。PCR 检测的优点在于，相比于血液培养，能更快地得到结果。

**治疗**　因菌血症反复出现，通过抗生素治疗猫巴尔通体感染病程十分困难。巴尔通体感染最少需要 4～6 周的抗生素注射治疗。目前尚无有效清除猫巴尔通体感染的抗生素治疗方案。研究表明，恩诺沙星(3.5～11.4 mg/kg，每12 h口服1次)治疗28 d能够有效清除汉赛巴尔通体或克氏巴尔通体感染。但是，当服用剂量超过5 mg/kg时，可致肾功能减退和失明，因此，在临床治疗中需要特别注意。但也有报道称，部分巴尔通体分离株天然地对氟喹诺酮类药物产生耐药性。此外，强力霉素和阿奇霉素也常用于治疗巴尔通体感染。

阿奇霉素广泛用于治疗猫巴尔通体病，但并没有对照研究的数据来支持这一实践。在一个临床对照试验中，证明阿奇霉素能抑制患CSD病人的淋巴结肿大，自那以后，就大量用于治疗猫。对巴尔通体菌株抗大环内酯类药物已有报道。有报道称，大环内酯类抗生素治疗动物后会导致抗药性增加。近期实验研究数据表明，阿奇霉素抗巴尔通体的效果很有限，而且耐药性进一步增加。除它的广谱抗菌性之外，阿奇霉素还具有重要的免疫调制性和抗炎性。另一大环内酯类药物红霉素，能够显著抑制由汉赛巴尔通体所致的内皮细胞的增生，但这一结果与药物抑制细菌生长的结果无关。因此，很难确定用阿奇霉素治疗患猫仅仅是抗巴尔通体活性，或者相反。是阿奇霉素其他的作用，还是阿奇霉素对其他细菌的抗微生物活性，还是所有这些作用的总和，这些资料显示阿奇霉素并非治疗猫巴尔通体病的首选药物。

**预防**　预防巴尔通体病感染最好是通过避免和易感动物、跳蚤及其他节肢动物媒介接触。因为汉赛巴尔通体和克氏巴尔通体通过接触易感的猫的血液来传染。被检测出血清学反应阳性的猫不能作为供血者。据报道，巴尔通体能在人红细胞内存活长达35 d之久，尚没有适宜的疫苗来预防巴尔通体感染猫。

**公共卫生**　巴尔通体属会引起人类许多临床症状，其中包括CSD(典型和非典型形式，包括儿童的脑病和其他神经异常)、杆菌性血管瘤病、杆菌性紫癜菌血症、心内膜炎、视神经炎、肉芽肿以及骨髓炎等。具有免疫活性的个体更多的是局部性感染，但是发生于免疫抑制的个体更趋向于系统性甚至全身性感染。兽医工作人员、宠物美容师以及其他一些广泛接触伴侣动物的人员有更高的感染巴尔通体的可能性。兽医工作人员应多了解关于巴尔通体感染的潜在的传染性因素以及接受其潜在的传播方式的特殊培训。

汉赛巴尔通体在猫和人之间的传染可能通过被猫抓带有跳蚤的排泄物来传播。据报道，一些感染巴尔通体的人接触犬而非猫，其他一些报道则指出根本没有接触犬猫。

(苏敬良　韩　博　吕艳丽)

# 第4章　真菌性疾病

真菌性疾病多为人和犬猫共患病。致病性真菌存在于空气、土壤、地毯等处，可以说无处不在。因此，可能随时感染犬猫，引起真菌病。临床上以犬猫皮肤真菌病多见，其他真菌病较少见。真菌病一般无特异性临床症状，即使有真菌病发生，也往往难于诊断，所以，有必要了解各个真菌病，以利临床上诊断和防治。

## 第1节　皮肤真菌病

寄生于犬猫等多种动物被毛与表皮、趾爪角质蛋白组织中的真菌(皮肤真菌)，所引起的各种皮肤疾病，统称为皮肤真菌病(dermatomycosis)。其特征是在皮肤上出现界限明显的脱毛圆斑，潜在性皮肤损伤，具有渗出液、鳞屑或痂、发痒等。本病为人兽共患病，人医简称为“癣”。世界各国均有发生。

**病原和流行病学**　犬猫皮肤真菌病病原性真菌主要有2个属，即小孢子菌属(*Microsporum*)和毛癣菌属(*Trichophyton*)。前一属包括犬小孢子菌(*M. canis*)和石膏样小孢子菌(*M. gypseum*)；后一属只有须毛癣菌(*T. mentagrophytes*)。须毛癣菌又有亲动物型和亲人型之分。猫皮肤真菌病病原大约98%是犬小孢子菌，石膏样小孢子菌和须毛癣菌各自占1%。犬的皮肤真菌病70%由犬小孢子菌引起，石膏样小孢子菌为20%，须毛癣菌为10%。

犬猫皮肤真菌病的流行和发病率受季节、气候、年龄、性成熟和营养状况等影响较大，炎热潮湿气候发病率比寒冷干燥季节高，但犬小孢子菌能使猫全年感染发病。

根据美国统计，大约45%的猫受过犬小孢子菌侵害。被侵害的猫身上带菌，成为传染源，但其中90%的猫不呈现临床症状(亚临床)。幼小、年老、体弱及营养差的动物比成年、体强及营养好的动物易发感染。这与成年动物防御功能发育健全，通过免疫系统及皮肤局部皮脂腺和顶泌汗腺分泌脂肪酸，有力地制止皮肤真菌侵害有着密切的关系。

皮肤真菌的传染途径主要是通过直接接触，或接触被其污染的刷子、梳子、剪刀、铺垫物等媒介物。患病犬、猫能传染给接触它们的其他动物和人，患病人和其他动物也能传染给犬、猫。皮肤真菌在自然界生存力相当强，如在干燥环境中的犬小孢子菌能存活 13 个月，有些真菌甚至能存活 5～7 年。石膏样小孢子菌是亲土壤型真菌，它不但能在土壤中长期存活，还能繁殖。由于它们生栖在动物圈舍附近表层土壤中，动物和人，尤其是幼龄犬猫和儿童往往接触上述的土壤而被感染发病。

皮肤真菌病愈后的动物，对同种和它种病原性真菌再感染具有抵抗力，通常维持几个月到一年半不再被感染。皮肤真菌病又是一种自限性疾病，患病动物在 1～3 个月内，由于自身状况可不加医治而自行减轻，直到自愈。

**症状**　常在患病犬猫的面部、耳朵、四肢、趾爪和躯干等部位发病。典型的皮肤病变为被毛脱落，呈圆形迅速向四周扩展(直径 1～4 cm)。皮肤病变除呈圆形外，还有呈椭圆形、无规则的或弥漫状。石膏样小孢子菌和须毛癣菌的慢性感染，有时会出现大面积皮肤损伤。感染皮肤表面伴有鳞屑或呈红斑状隆起。有的形成痂；有痂下继发细菌感染而化脓的，称为“脓癣”。真菌本身也能引起小脓疱及产生分泌物。痂下的圆形皮损呈蜂巢状，并有许多小的渗出孔。重剧炎症和化脓灶的皮损区，将不利于真菌的生长蔓延，可限制病变的发展。

有些皮肤真菌病在发病过程中，皮损区的中央部分真菌死亡，病变皮肤恢复正常。只要毛囊未被继发性感染的细菌破坏，仍能长出新毛。

通常急性感染病程为 2～4 周，若不及时治疗转为慢性，往往可持续数月，甚至数年。

**诊断**　根据病史、流行病学、临床症状、病理变化、实验室检验和真菌培养鉴定等，可做出病性诊断。注意与蠕形螨病、疥螨和圆形皮脂溢病鉴别诊断。

①伍氏灯检查。用伍氏灯在暗室里照射病毛、皮屑或动物皮损区，凡出现绿黄色荧光的为犬小孢子菌感染。石膏样小孢子菌感染很少看到荧光。须毛癣菌感染无荧光出现。

②病原菌的检验。从患病皮肤边缘采集被毛或皮屑，放在载玻片上，滴加几滴 10%～20%氢氧化钾溶液，在弱火焰上微热，待其软化透明后，覆以盖玻片，用低倍或高倍镜观察。犬小孢子菌感染，可见到许多呈棱状、厚壁、带刺、多分隔的大分生孢子。石膏样小孢子菌感染，可看到多呈椭圆形，壁薄，带刺，含有达 6 个分隔的大分生孢子。须毛癣菌感染，可看到毛干外呈链状的分生孢子。亲动物型的须毛癣菌产生圆形小分生孢子，它们沿菌丝排列成串状；而大分生孢子呈棒状，壁薄，光滑。有的品系产生螺旋菌丝。

③真菌培养。将病料接种在沙氏葡萄糖琼脂培养基上，在室温条件下培养。犬小孢子菌培养 3～4 d，有白色到浅黄色菌落生长，1～2 周后有羊毛状菌丝形成，表面浅黄色绒毛状，中间有粉末状菌丝，背面呈橘黄色。这是其特征。石膏样小孢子菌菌落生长快，浅黄色到黄棕色，表面平坦至颗粒状结构，背面呈浅黄色到黄棕色。须毛癣菌亲动物型的菌落，白色到淡黄色，表面平坦呈粉末状，背面一般呈棕色到黄棕色，也可能为深红色；亲人型的菌落表面为白色棉花样结构。

④动物接种。选择易感动物——兔、猫、犬等，先将接种处被毛剃掉、洗净，用细沙纸轻轻擦皮肤（以不出血为宜），再取病料或培养菌落抹擦皮肤使之感染。一般几天后就出现阳性反应：发炎、脱毛和结痂等病变。

**治疗** 对患病动物要及时治疗。

①外用药物疗法。宜选择刺激性小、对角质浸透力和抑制真菌作用强的药物。目前我国生产的药物有皮康霜软膏、克霉唑软膏、硫软膏和癣净等。用药前将患部及其周围剪毛，洗去皮屑和结痂等污物后，再涂软膏，每天一两次，痊愈为止。也可用 0.5%洗必泰每周洗 2 次。

②内服药物疗法。对慢性和重剧的皮肤真菌病，必须内服药物治疗，或内服和外用药物同时治疗。内服药物有灰黄霉素和酮康唑等。灰黄霉素，犬每天每千克体重 40～120 mg，猫 20～50 mg，将药碾碎，1 次或分几次拌食饲喂，连用几周，直到治愈。服药期间增饲脂肪性食物，可促进药物的吸收。灰黄霉素虽然对犬猫副作用较小，但空腹给药也可引起呕吐、腹泻。妊娠动物禁忌口服灰黄霉素，否则将引起胎儿畸形。酮康唑每天每千克体重 10～30 mg，分 3 次口服，连用 2～8 周。此药在酸性环境条件下较易吸收，故用药期间不宜喝牛奶和饲喂碱性食物。其副作用是厌食、消瘦、呕吐、腹泻和妊娠动物死胎等。

**预防** 预防本病感染尚无有效措施，不过采取下列几种方法可控制传播和降低发病的可能性。

①加强营养，饲喂全价平衡商品性犬猫食品，以增强动物机体对真菌感染的抵抗力。

②发现犬猫患有皮肤真菌病，应马上隔离，并对用具应用洗必泰、次氯酸钠等溶液进行严格消毒杀菌。接触患病动物的人，应特别注意防护。

③应用伍氏灯检查无临床症状的成年猫，凡是阳性者，应隔离治疗。新引进的动物，应进行隔离（一般为 30 d）；应用伍氏灯和真菌培养检验呈阴性后，方能解除隔离。

④兽医院平时应注意卫生，以预防器械、用具的污染和控制病原性真菌的

传染。兽医确诊罹患皮肤真菌病动物后，让主人了解此病对公共卫生的危害性和如何防止散播传染措施。

⑤患有皮肤真菌病的人，应及时治疗，以免散播并传染给犬猫等动物。

## 第 2 节　球孢子菌病

球孢子菌病（coccidioidomycosis）又称为球孢子菌性肉芽肿。它是由粗球孢子菌（*Coccidioides immitis*）引起的一种人和多种动物高度感染的慢性病。临床上以肺和淋巴结形成化脓性肉芽肿为特征。本病世界各地均有发生，在我国也有患此病的报道。

**病原**　粗球孢子菌是一种双相性真菌，腐生在土壤和接种在培养基上培养时，可产生分隔菌丝和少量节孢子。节孢子富有传染性，在 4℃干燥条件下，可存活达 5 年之久。节孢子被人和动物吸入体内，发育成 20～100 μm 长的孢子囊，孢子囊内含有大量内生孢子。成熟后孢子囊破裂，内生孢子逸出到附近组织，或随淋巴和血流转移到其他组织生长发育新孢子囊。

**流行病学**　本病易在地势低、夏天炎热、冬天适度潮湿而不结冰的地区流行。在这种地区，真菌能在土壤中生长繁殖，产生许多孢子，处于干燥有风月份，孢子被风吹到空中，人和动物吸入后而感染发病，农村发病率比城市高。本病也可经皮肤伤口引起感染。目前尚无人与人之间或动物与人之间相互传染病例的报道。患病动物和人的脓汁、排泄物和尸体应烧掉，避免污染土壤。

**症状**　球孢子菌病分为原发性和播散性 2 种。

①原发性球孢子菌病。原发性球孢子菌病又分为原发性肺球孢子菌病和原发性皮肤球孢子菌病。前者为轻度感染不显症状，或只现有支气管炎症状。胸部 X 射线照相，肺有结节性实变和暂时性空洞。后者为皮损变成硬结，中心出现溃疡面，也发生相关的淋巴结病变，但临床上极少见。

②播散性球孢子菌病。原发性病灶中内生孢子随血流和淋巴播散到机体其他部位，主要侵害肺、淋巴结、骨骼和眼等。临床呈现持续性发热、厌食、咳嗽、呼吸困难、消瘦、腹泻、关节肿大、跛行及外周淋巴结发炎或化脓。肺部 X 射线照相，可发现肺部具有空洞性损伤或结节、肺门淋巴结肿大。患犬多伴发骨骼损伤和跛行。眼损伤表现畏光、发红、有翳、视力差，甚至角膜炎、前葡萄膜炎和继发青光眼。

**诊断**　根据临床症状和 X 射线检查可做出初步诊断，但应注意与结核病和放线菌病的区别。确诊尚需进行实验室检验。

①直接检验。采集痰液、脓汁等涂片，加10%氢氧化钾溶液1滴，使之透明镜检。

②血清学检验。在急性球孢子菌病时，可进行沉淀试验诊断。补体结合试验诊断在重剧播散性球孢子菌病的血液中抗体增多时才有价值。

③皮肤免疫检查。应用球孢子菌素皮内注射，经24～48 h后，注射部位出现直径5 mm的红斑硬结为阳性反应。此法检查，在原发性感染呈强阳性反应；在播散性感染呈阴性或轻度反应。

**治疗** 应用两性霉素B，犬每千克体重0.5～1.0 mg，猫每千克体重0.25～0.5 mg，加入5%葡萄糖溶液100～500 mL中，静脉注射，隔天1次，犬或猫最大累积量为每千克体重4～5 mg。此药可引起肾损伤、呕吐、缺钾等副作用。酮康唑是另一种有效药物，每天每千克体重5～10 mg，分2次口服，可连用1年。

## 第3节 隐球菌病

隐球菌病(cryptococcosis)是由新型隐球菌(*Cryptococcus neoformans*)引起的哺乳动物和人慢性或亚急性真菌病。病菌主要侵害犬猫的呼吸系统、脑、皮肤、眼和骨骼。本病世界各国均有发生。我国各地均有人发病的报道。

**病原** 新型隐球菌以单一芽生方式进行无性繁殖。在病变组织、渗出物和培养基上生长新型隐球菌，呈椭圆形或圆形酵母样真菌，直径5～20 μm，有芽孢，被厚的多糖荚膜包围着。

**流行病学** 隐球菌是一种腐物寄生菌，广泛存在于自然界，已从鸽粪、土壤、果汁、牛乳及健康人的口、喉、胃肠道和皮肤上分离到本菌，但很少引起人和动物发病，只有在机体抵抗力明显降低时才会发病。在猫常为猫白血病的继发病，尤其在长期或大剂量应用肾上腺皮质激素和抗生素后，更易引起本病的继发感染。猫的发病率比犬高，公猫的发病率比母猫高。目前尚未发现本病在动物和人或人与人之间相互传染发病的报道。病原性真菌可能通过呼吸道或污染伤口侵入机体，然后再通过血液和淋巴转移到其他部位。

**症状** 根据新型隐球菌侵害的部位不同，临床症状各异。在猫主要侵害上部呼吸道。患猫从一侧或两侧鼻孔经常排出脓性、黏液性或出血性鼻分泌物，并常混有少量颗粒组织；鼻梁肿胀、发硬，有时出现溃疡；颌下淋巴结和咽背淋巴结肿大变硬，但触压无痛。新型隐球菌在猫只偶尔侵害肺，而在犬却常侵害肺，患病犬猫出现咳嗽、呼吸困难等。

犬多感染中枢神经系统，发病后出现精神沉郁、转圈、共济失调、后躯麻痹、瞳孔大小不等、失明以及丧失嗅觉等症状。

皮肤隐球菌病在猫的头部皮肤引起丘疹、结节或脓肿，破溃后流出脓血。在犬周身皮肤都易发病。新型隐球菌侵害眼睛可引起前葡萄膜炎、肉芽肿性脉络膜视网膜炎、视神经炎，有时眼前房出血等。侵害的骨骼主要是头骨和鼻腔骨。

**诊断**　单凭临床症状不能做出病性诊断，只有病原性真菌检验才是确诊的可靠依据。采集鼻分泌物、脊髓穿刺液或皮肤损伤处脓汁涂片，滴浸印度墨汁或亚甲蓝染色，镜检发现新型隐球菌方可确诊。还可应用胶乳凝集试验，检验多糖荚膜抗原诊断。

**治疗**　首选两性霉素 B 治疗，或与 5-氟胞嘧啶联合应用；联合应用时，两性霉素 B 剂量减半，5-氟胞嘧啶每天每千克体重 150 mg，分 3 次或 4 次口服。酮康唑口服，每千克体重 10 mg，每天 1 次。一般治疗上呼吸道感染，效果较好。其他部位感染用大剂量，每天每千克体重可高达 70 mg。对皮肤隐球菌病、骨骼隐球菌病，除全身疗法外，还可做外科切开或截除术。

## 第 4 节　组织胞浆菌病

组织胞浆菌病(histoplasmosis)是由荚膜组织胞浆菌(*Histoplasma capsulatum*)引起的一种真菌病。人和犬最易感染，猫较少感染。临床上主要侵害肺和胃肠道。本病世界各地均有分布。我国北京、广州、广西等地均有本病发生。

**病原**　组织胞浆菌为双相性真菌，在感染组织中呈酵母样真菌，3～4 μm 长，芽生方式繁殖。胞浆常浓缩于菌体中央，与胞壁之间有一条空白带；在土壤里和沙氏葡萄糖培养基室温培养，产生白色到棕色棉絮样菌丝，菌丝上长有小分生孢子(2～5 μm)和大分生孢子(8～14 μm)。小分生孢子易感染肺，大分生孢子易感染胃肠道。

**流行病学**　本菌在温暖和热带地区尤其是潮湿富含氮的表层土壤中能长期存活和繁殖。鸡舍、鸽舍和鸟类以及蝙蝠生栖的周围土壤为疫源地。人和动物的感染均来自污染严重的环境。组织胞浆菌能使各种年龄犬猫感染发病，四五岁的犬猫发病后多具有明显症状，1 岁以下的患病犬猫多易发展成播散型。目前尚未有关动物与动物或动物与人相互传染的报道。病死的动物除宜深埋或烧掉之外，污染的地方必须用 3%煤酚或 3%甲醛溶液消毒，每天 1 次，连续 3 d。

犬猫在吸入混有本菌的尘埃引起肺发病的同时，也可通过采食被污染的食物使消化道感染。在动物机体抵抗力减弱时,更易感染发病,甚至经淋巴和血液转移到全身各个部位。

**症状** 根据侵害的器官、病程、原发性和播散性的不同,临床表现也各异。原发性肺组织胞浆菌病,除少数不显症状(亚临床症状)、不治自愈外,多数呈现典型肺炎症状,即精神不振、厌食、消瘦、高热、咳嗽和呼吸困难。原发性胃肠道组织胞浆菌病出现排血便、腹泻、消瘦、不规律发热、肠系膜淋巴结肿大和低蛋白血症、腹腔积液。播散性肺组织胞浆菌病除呈现肺炎症状(同原发性)外,还由于侵害网状内皮系统,出现肝脾和淋巴结肿大、贫血和单核细胞增多。另外,还侵害骨髓和骨骼;侵害眼时发生全眼炎;侵害皮肤时呈现结节性皮肤溃疡。

**诊断** 根据流行病学、症状和胸部X射线透视,可做出初步诊断,确诊需进行实验室检验。

①直接检验。将抗凝血离心,除去血浆,取白细胞层或采骨髓、痰、脓汁等涂片,经瑞氏或姬姆萨染色,在油镜下检验,发现单核细胞或中性粒细胞内含有本菌即可确诊。

②血清学检验。常用补体结合试验,但易与芽生菌病发生交叉反应。另外,还可用胶乳凝集试验、琼脂凝胶扩散和荧光抗体试验等诊断方法。

**治疗** 用两性霉素B和酮康唑治疗,一般需治疗4～6个月,但对慢性肺组织胞浆菌病疗效较差,用法参考球孢子菌病。两性霉素B和利福平联合应用治疗本病,具有协同作用。利福平口服,每天10～20 mg/kg。

## 第5节 孢子丝菌病

孢子丝菌病(sporotrichosis)是由申克氏孢子丝菌(*Sporothrix schenckii*)引起的一种慢性真菌病,特征是在皮肤和皮下组织形成结节,继而发软,破溃,形成顽固性溃疡。本病多见于欧洲、北美洲和非洲,我国从北到南多个省市有人发病的报道。

**病原** 本菌是一种腐物寄生菌,也是双相性真菌。在犬猫病灶脓汁中,菌体为酵母样细胞,呈圆形、椭圆形或雪茄形芽细胞,长3～5 μm,革兰氏阳性,芽生方式繁殖。在人工培养基上和土壤中,生成分隔菌丝,在菌丝末端有成堆的小分生孢子。

**流行病学** 孢子丝菌在自然界广泛分布,尤其是潮湿而温暖的地区。本病为人兽共患病,经伤口感染发病,亦可经消化道和呼吸道感染。动物发病率高低与性别、年龄无关。犬发病较多，猫较少。至今尚未有人和动物或动物之间相互传染的报道。

**症状**　症状分为局限皮肤型、皮肤淋巴管型和播散型3种。

局限皮肤型发生在动物背部或其他部位。发病部位无毛、肿胀或形成溃疡，病灶直径0.5～3.5 cm，通常无痛无痒。

皮肤淋巴管型是最多见的类型，特征为发病部位坚实，形成局限性皮肤和皮下组织结节、脓肿和淋巴结炎，有时还形成淋巴管炎。脓肿破溃后，成为红棕色溃疡。

播散型很少发生，通常因动物抵抗力降低，通过皮肤淋巴管或呼吸道转移播散。播散型可侵害多种器官组织，包括骨骼、眼、胃肠道、中枢神经系统、脾和睾丸等。由于侵害的器官不同，临床表现也各异。

**诊断**　确诊宜进行实验室检验。

①直接检验。采取脓汁涂片，直接镜检或经过碘酸染色法染色镜检。

②动物接种。抽取尚未破溃脓肿中脓汁，接种于公小鼠或大鼠腹腔，2周后在腹腔和肠系膜引起肉芽肿；接种于睾丸，1周后发生睾丸炎；再结合直接检验来确诊。

**治疗**　局限皮肤型和皮肤淋巴管型孢子丝菌病可用碘化钾或碘化钠治疗，犬40 mg/kg体重，猫20 mg/kg体重，配成20%溶液口服，12～24 h 1次，连续治疗三四周，以防复发。在猫服药后如出现呕吐、厌食、颤抖、体温降低和心血管异常等碘敏感时，应停止用药，等恢复后再试用减半剂量治疗。播散型孢子丝菌病可用两性霉素B和灰黄霉素治疗，配合应用5-氟胞嘧啶，效果更好。除顽固病例外，对病变部位应尽量避免外科切除手术，以防脓肿和溃疡沿淋巴管扩散或恶化。

## 第6节　曲霉菌病

曲霉菌病(aspergillosis)是由曲霉菌属几种真菌引起的人兽共患病。临床上以呼吸器官组织发生炎症，并形成肉芽肿结节为特征。本病世界各地均有分布。

**病原**　曲霉菌属中病原性真菌种类较多，其中最常见且致病性最强的是烟曲霉菌(*Aspergillus fumigatus*)和土曲霉菌(*A. terreus*)。烟曲霉菌广泛分布于自然界，它们能在植物上、土壤中、人工培养基上和动物体内含有空气的组织中生长繁殖。曲霉菌为有隔呈分枝状菌丝，菌丝末端生出连锁状分生孢子。

**流行病学** 曲霉菌在自然界广泛分布，人和犬猫虽经常从空气中吸入其孢子，但不一定感染发病，只有在机体免疫功能降低或应用皮质类固醇及细胞毒药物的情况下，才有可能诱发本病。例如，猫曲霉菌病多为继发于猫泛白细胞减少症。犬曲霉菌病多发生在具有中等头型和长头型品种犬，如德国牧羊犬、Collies、Irish setters 和 Dachshunds。目前尚未有动物传染给人的报道。

**症状** 猫曲霉菌病主要侵害支气管和肺。临床呈现呼吸困难、咳嗽和高热。肺部 X 射线透视，肺实质含有大量结节性坏死。猫偶发肠型曲霉菌病，出现腹泻。猫肺型与肠型曲霉菌病同时发生，多为继发性，即继发于猫泛白细胞减少症。

犬烟曲霉菌病主要侵害鼻窦和额窦，常在鼻腔外伤、肿瘤等基础上发生；由一侧或两侧鼻孔排出黏液脓性分泌物，有时混有血液。患犬喷鼻伴发暴发性喷嚏。X 射线透视除鼻窦和额窦骨骼增生和破坏外，常见到弥散溶解性损伤。犬土曲霉菌病呈播散型，病初精神欠佳，跛行或腰痛、逐渐消瘦；体温升高，体表淋巴结肿大，双眼或单眼色素层炎；关节肿大，指压关节、脊椎和胸骨疼痛。尸体剖检可见脾、肾和肝等器官组织肉芽肿。

**诊断** 根据病史、临床症状和 X 射线检查可做出初步诊断。通过患病动物鼻分泌物和病料直接检验及病原性真菌培养，同时检出主要致病性曲霉菌成分，才能确诊。另外，琼脂凝胶扩散试验，可用于犬曲霉菌病诊断。土曲霉菌可从淋巴结抽出物和尿中发现真菌。

**治疗** 犬曲霉菌病可用外科手术切开鼻翼或做额窦圆锯术，然后刮除鼻窦或额窦中病理组织，局部涂擦制霉菌素药液或 1%卢戈耳氏(Lugol's)液。全身疗法可注射两性霉素 B 或两性霉素 B 结合 5-氟胞嘧啶注射液。曲霉菌病的发生常与动物免疫功能降低有关，因此，可用非特异性刺激免疫药物噻苯达唑，10～20 mg/kg，每天 2 次拌食服用，连用 7 周。噻苯达唑也可和酮康唑同时应用治疗。播散性土曲霉菌病一般疗效不好，预后不良。

## 第 7 节 念珠菌病

念珠菌病(candidiasis)是由白色念珠菌(*Candida albicans*)等侵入犬猫体内引起的真菌病，俗称“鹅口疮”。患病犬猫多在消化道黏膜上形成黄白色伪膜斑片，并伴发黏膜炎症为特征。本病广泛分布于世界各地。

**病原** 白色念珠菌等为假丝酵母样真菌。在渗出物、病变组织以及培养基上都能产生芽生孢子和假菌丝，不形成有性孢子。芽细胞(酵母样细胞)呈椭圆形(直径 2～4 μm),革兰氏染色呈阳性。假菌丝是由芽细胞萌发出芽体(芽管)簇聚而成。此菌在吐温 80 玉米琼脂培养基上可长出大而圆的厚膜孢子及芽生孢子。

**流行病学** 白色念珠菌等为动物体内常在的条件致病性真菌。其感染发病取决于 2 个方面:一是通常寄生于动物消化道内的白色念珠菌等在长期饲喂或使用广谱抗生素、皮质类固醇和免疫抑制剂时尤其是幼龄和体弱的动物较易感染发病;二是通过与患病犬猫直接或间接接触感染。

白色念珠菌等还能感染人和多种家畜和家禽,野生动物对本病原性真菌也易感染。

**症状** 主要表现为口腔和食道黏膜上形成一个或多个隆起软斑。软斑面覆有黄白色伪膜,有时整个食道被黄白色伪膜覆盖;去除伪膜,可见浅在性溃疡面。患病动物疼痛不安。例如,胃肠黏膜上也发生散在的小溃疡性病灶时,动物常出现呕吐和腹泻症状。

除感染消化道外,有时可转移到支气管和肺、皮肤、肾和心脏。当散播到支气管和肺,发生呼吸道念珠菌病时,出现咳嗽、胸痛和体温升高等。

**诊断** 由于犬猫念珠菌病在临床上缺乏特异性症状,病性确诊必须根据病原真菌学检验、参考病史、临床表现等,进行综合性诊断。白色念珠菌等为条件致病性真菌。动物的分泌物和排泄物中常易分离出此类真菌。所以,必须由病料涂片直接镜检,检验出白色念珠菌等为依据。如镜检到大量假菌丝和成群芽生孢子,表示此类真菌处于致病状态,故而有诊断价值。为了鉴定念珠菌属中各种病原性菌种,将病料接种于吐温 80 玉米琼脂培养基上培养,根据其培养特性和生长形态特点来鉴定。

**治疗** 根据病变的部位不同,可采取局部疗法或全身疗法。前者适用于范围较小的黏膜和皮肤念珠菌病治疗,如应用两性霉素 B 软膏、0.1%高锰酸钾溶液和甲紫液等,通常经过 1～2 周治疗痊愈。后者适用于消化道等念珠菌病治疗。例如,应用克霉唑,每天 20～60 mg/kg,分 3 次口服,连用 2～3 周;制霉菌素,每天 40 万～100 万 IU/kg,分 3 或 4 次口服,连用 1 周,疗效较好。也可用两性霉素 B 静脉注射治疗(参考球孢子菌病)。

**预防** 首先平时要加强动物的饲养管理,饲养群体密度适宜,饲喂全价平衡食物,动物圈舍内外要干燥卫生。其次是尽量避免长期使用抗生素、皮质类固醇和免疫抑制剂。必须长期应用此类药物的患病犬猫,在每隔数周后投服克霉唑或制霉菌素 3～5 d,以防止继发感染。

## 第 8 节　马拉色菌病

犬猫马拉色菌病是由马拉色菌属(*Pityrosporum*)引起的一种皮肤性疾病，临床上以皮肤皱褶处、外耳道、口腔周围和肛门处发生炎症为特征。马拉色菌病与动物品种有关，多发于可卡犬和北京杂品种犬；全年均可发病，但 6 月份至 7 月份为发病高峰期。

**病因**　马拉色菌病是犬猫等动物一种真菌性疾病。感染马拉色菌时，耳廓内侧、耳道等部位会出现红斑、肿胀甚至糜烂、溃疡、表皮脱落、结痂等症状。临床上最常见的致病菌是厚皮马拉色菌。厚皮马拉色菌是一种单细胞真菌。当犬机体发生超敏反应或该菌生长多度时，会引起皮肤病。马拉色菌过度生长通常与潜在因素有关，如遗传性过敏、食物过敏、内分泌疾病、皮肤角质化紊乱、代谢病或长期皮质激素治疗。对于猫，马拉色菌过度生长引起的皮肤病可继发于其他疾病，如猫免疫缺陷病毒、糖尿病或体内恶性肿瘤等。在特殊情况下，广泛性马拉色素皮肤病可发生于猫胸腺瘤相关皮肤病和癌旁脱毛症。犬马拉色菌病比较常见，尤其是美国可卡犬、西高地犬、腊肠犬、英国雪达犬、巴吉度犬、史宾格犬和德国牧羊犬等。犬舔患部皮肤是犬马拉色素感染的主要原因。

**症状**　被毛着色和患部皮肤显红是本病主要表现。患部可发生轻度到严重的瘙痒，并伴有局部或广泛性脱毛、慢性红斑和脂溢性皮炎。随着疾病缓慢发展，受影响的皮肤可发生苔藓化，色素沉着和过度角质化，通常有难闻的体味。病变可涉及趾间、颈部腹侧、腋窝部、会阴部及四肢折转部，常并发真菌性外耳炎。

猫的症状包括黑色蜡样外耳炎、慢性下颚粉刺、脱毛、多发性到广泛性红斑和脂溢性皮炎。

**诊断**

①细胞学(胶带检查，皮肤压片)。单细胞真菌过度生长，可通过高倍视野下多于 2 个圆形至椭圆形出芽的单细胞真菌确诊。但在真菌过敏时，可能较难找到菌体。

②皮肤组织病理学。浅表血管周及间质淋巴细胞性皮炎，角质层有单细胞真菌或假菌丝，菌体可能数量稀少并很难找到。

诊断也可以采用真菌培养，分离得到厚皮症马拉色菌即可确诊。

**治疗** 对于程度较轻的病例，单纯体表用药通常有效。患病动物应每 2～3 d 局部涂擦 2%酮康唑软膏或先用 2%洗必泰溶液局部清洗，再涂擦 2%咪康唑，直至病变消退。复诊时，细胞学检查中没有菌体(2～4 周)。中度至重度病例，可每 12～24 h 和食物一起口服酮康唑，剂量为 5 mg/kg(犬)；或者口服伊曲康唑，剂量为 5 mg/kg。治疗切忌暂停和反复，必学等到病变消退，且复诊时细胞学检查无菌体(2～4 周)，方可停药。每周 1～2 次用抗真菌香波药洗浴，防止复发。此外，尚可应用胶态燕麦片或芦荟，止痒效果良好；或者应用含有薄荷的喷雾剂治疗局限性损伤，同时可杀死马拉色菌。

## [附] 犬猫真菌病的治疗药物

由免疫缺陷症(免疫缺陷病毒引起)、造血干细胞移植、实体器官移植、化疗和恶性血液病引起的系统性真菌病开始逐年增加。近几年来，对系统性真菌病的治疗也局限在静脉注射两性霉素 B 和口服酮康唑阶段。但是，同时新一代的三唑类药物和吉他霉素在过去的 20 年里都取得了重要进展。传统的抗真菌药物能够抑制胆固醇的产生或破坏哺乳动物的细胞膜引起细胞毒性，而新的抗真菌药物主要是针对真菌，毒副作用较小。本文就当前常用的抗真菌药物进行了总结，并为它们在犬猫的临床应用提供依据。

### 一、两性霉素 B

两性霉素 B 于 1956 年被发现，已广泛使用，已经成为真菌感染的参考治疗药物。两性霉素 B 是从结节链霉菌中提取出来的一种大环多烯抗生素。两性霉素 B 的功效，是因为其更大的亲和力是麦角甾醇，而真菌细胞膜主要是甾醇，哺乳动物细胞膜主要是胆固醇。

两性霉素 B 通过胃肠道吸收甚微，因此，有效的治疗需要静脉注射。由于两性霉素 B 易导致肾毒性，因此，临床应用受到限制。然而，有报告称，大约 1%的治疗动物会出现过敏反应。对肾毒性的原因目前尚未完全清楚，可能与直接毒性、肾上皮细胞的细胞膜和血管收缩有关，从而导致了肾血流量和肾小球滤过率减少。在小鼠和犬的研究表明，钠的消耗增加，钠负荷降低和肾毒性与两性霉素 B 相关。最初两性霉素 B 配方(脱氧胆酸钠)造成的肾毒性导致 3 个新配方的产生：脂质体，复合脂类，离散胶体与胆固醇硫酸

(表 4-1)。

脂质体两性霉素 B(lip-amB;AmBisome;Astellas Pharma)是第一个被标记的脂类。两性霉素 B 在氢化大豆卵磷脂、胆固醇和二硬脂酰甘油中的比例是 10∶5∶4。纯霉素在血浆中可以达到较高的浓度。据称,这是由于网状内皮系统(RES)减少摄取引起的。脂质体与两性霉素 B 可使真菌细胞膜融合,从而导致真菌细胞死亡。当一只犬按照每天每千克体重 1 mg 的剂量使用 29 d,不会出现氮质血症,但会出现肾小管坏死。单剂量使用后,两性霉素 B 的血浆峰值浓度比预期高 6 倍多。因此,尽管血药浓度高,纯霉素并不会对犬的肾脏造成影响。

**表 4-1　两性霉素 B 规格及价格一览表**

| 两性霉素 B 规格 | 特征 | 价格(美元/100 mg) |
|---|---|---|
| 脱氧胆酸钠胶体分散剂 | 添加脱氧胆酸钠进行重组(两性霉素 B 不溶于水) | 17.5 |
| 脂质体 | 两性霉素 B 包括一个双层脂质体;脂质体形成一个水溶液环境;两性霉素 B 的亲脂性部分变成了脂质体双分子层的一部分 | 142.5 |
| 复合脂类(ABLC) | 两性霉素 B 包括 2 个磷脂;药物和脂质的摩尔比是 1∶1,外观黄色,不透明 | 360 |
| 胆固醇硫酸钠胶体分散剂 | 两性霉素 B 和胆固醇硫酸形成一个稳定的复合体;两性霉素 B 释放并结合脂蛋白 | 240 |

两性霉素 B 脂质复合物(ABLC;Abelcet,Enzon Pharmaceuticals)是第二个进入市场的脂类。ABLC 通过 RES 细胞传递,并随后进入肝、肺和脾。对于 ABLC,两性霉素 B 依然和磷脂紧密结合,从而阻止胆固醇与哺乳动物细胞膜相互作用。据报道,按照每天每千克体重 5 mg 的剂量,从肾指标和肾组织学检查看,ABLC 比使用传统的两性霉素 B 脱氧胆酸下降 8～10 倍。另据报道,犬按照每千克体重 1 mg 使用 ABLC 治疗 1 周,总剂量达到每千克体重 12 mg。在 8 只犬上使用 ABLC 按照每千克体重 12 mg 的剂量进行治疗,7 只犬治愈,1 只犬 30 d 后复发。尽管在治疗过程中平均肾小球率过滤降低,而只有 1/10 的犬在接受 ABLC 治疗(每千克体重 8～12 mg)显示比参考范围要低。

第 3 代被开发的脂类是两性霉素 B 胶体分散系(ABCD;Amphotec,Three Rivers Pharmaceuticals)。这种配方的组成是在两性霉素 B 之间插入胆固醇硫酸双层,创造一个不一样的结构。类似于 ABLC,ABCD 能够迅速地通过网状内皮系统。通过对一只犬的研究表明,健康犬 ABCD 能够在骨髓、肝和脾脏中达到高浓度,而在肾脏和肺保持低浓度。等浓度下 ABCD 的剂量比常规两性霉素 B 的剂量要低,ABCD 按照旧配方的剂量(如按照每天每千克体重 0.6 mg 治疗 14 d)进行治疗不会引起氮质血症。

上述 3 种重组的两性霉素 B 制剂有更强的疏水性,更容易作用于感染部位,减少肾脏负担。相对于传统的两性霉素 B,这 3 种重组物的主要功效是降低对人的肾毒性。分析表明,和原始配方相比,脂质两性霉素 B 配方减少 28% 的死亡率和 53% 血清肌酐增加的风险。两性霉素 B 的钠负荷似乎能够减少肾毒性,而这种减少机制目前还不太清楚。为增加安全性,在正常输液补钠的基础上额外增加 150 mEq 的钠。

两性霉素 B 对许多系统性真菌病有很好的疗效,包括组织胞浆菌病、酿母菌病、隐球菌病、球孢子菌病和曲霉菌病。两性霉素 B 已经开始推广到犬猫系统性真菌病的治疗。

在兽医临床上,两性霉素 B 依然是重要的治疗药物。但是,目前可用的新药在兽医临床使用成本太高。许多报道称,用两性霉素 B 治疗危及生命的系统性真菌病,更多的通常用 ABLC 配方药。作者用 ABLC 治疗一只患酿母菌病的犬,每天剂量 1 mg/kg,总剂量达到了 12 mg/kg。这种剂量能够扩充血容量和利尿,但是避免林格氏液和两性霉素 B 混合使用。尽管有报道称,肾毒性下降与两性霉素 B 相关,但没有任何的实验或者临床数据来说明这一点。

## 二、唑类药物

酮康唑(Nizoral,Ortho-McNeil-Janssen Pharmaceuticals)作为第 1 代的口服抗真菌药物,早在 1980 年就开始治疗门诊病人的系统性真菌病。唑类药物(表 4-2)通过抑制羊毛甾醇 14-α 脱甲基酶发挥疗效,导致细胞膜上麦角固醇的消耗和有毒甾醇的异常积累。唑类药物被分为咪唑类和三唑类,主要取决于其唑环上拥有 2 个或者 3 个氮分子。在人用药中,咪唑类药物用的很广,而三唑类药物主要治疗系统性疾病。某些唑类药物抑制哺乳动物细胞色素酶 $P_{450}$,当联合使用的时候要考虑潜在的药物相互作用。

表 4-2 唑类抗真菌药物的规格,适应症及副作用

| 药物 | 分类和规格 | 适应症 | 副作用 |
|---|---|---|---|
| 酮康唑 | 咪唑类药物<br>(口服,外用) | 外用治疗真菌性感染;治疗马拉色菌性皮炎;治疗系统性真菌病 | 打乱血糖生成指数;剂量依赖性会增加谷丙转氨酶;有力的 CYP3A 抑制剂(犬猫同理);糖蛋白抑制剂;抗酸剂吸收减少 |
| 氟康唑 | 第一代三唑类药物<br>(口服,注射剂) | 念珠菌和隐球菌;眼部和中枢神经系统的系统性真菌病;治疗芽生菌的首选药物 | 打乱血糖生成指数;剂量依懒性增加谷丙转氨酶;肾功能衰竭减少用量 |
| 伊曲康唑 | 第一代三唑类药物<br>(口服) | 治疗无生命危险的系统性真菌病的首选药;不能作用于中枢神经系统 | 打乱血糖生成指数;剂量依懒性增加谷丙转氨酶;CYP3A 抑制剂;抗酸剂吸收减少 |
| 伏立康唑 | 第 2 代三唑类药物<br>(口服) | 侵袭性曲霉菌;对大多数的系统性真菌病有效 | 患者视觉异常;CYP3A 抑制剂;犬能够随着时间的推移诱导药物本身的代谢 |
| 泊沙康唑 | 第 2 代三唑类药物<br>(口服) | 曲霉菌、念珠菌和隐球菌;有限的数据显示,对其他的系统性真菌病可能有效 | 打乱血糖生成指数;头痛;延长 QT 区间;CYP3A 抑制剂 |
| 克霉唑 | 咪唑类药物(外用) | 鼻窦曲霉菌病;马拉色菌性中耳炎 | 口服生物利用度差 |
| 恩康唑 | 咪唑类药物(外用) | 鼻窦曲霉菌病 | 口服生物利用度差 |

**(一)酮康唑**

酮康唑是第 1 代唑类药物,是仅有的对系统性真菌病有疗效的咪唑类抗真菌药。该药具有高度的亲脂性,极易与血浆蛋白结合(99%),会损害大脑和脑脊液。在人和犬上,酮康唑在酸性胃液中可进行最佳的溶解和吸收,因此,不能给予抗酸药。

对于治疗系统性真菌病,高剂量的酮康唑(800 mg/d)具有最佳的效果。然而,更多有效的唑类药物代替酮康唑被推荐使用。现在,酮康唑在治疗人的浅部真菌感染和脂溢性皮炎时仍广泛使用。

酮康唑长期被用来治疗犬的各种系统性真菌病,包括酿母菌病和组织胞浆菌病。尽管酮康唑对治疗系统性真菌病很有疗效,但必须联合两性霉素 B 一起

使用。相比而言，伊曲康唑对犬系统性酿母菌病疗效显著。对人而言，三唑类药物如氟康唑和伊曲康唑没有酮康唑单独使用效果好，同样对犬酿母菌病和组织胞浆菌病有疗效。尽管如此，在兽医临床上酮康唑依然广泛用于治疗马拉色菌性皮炎。最近的研究表明，用酮康唑治疗犬的马拉色菌性皮炎的有效剂量为每天每千克体重5 mg和每天每千克体重10 mg并持续治疗3周，较低和较高剂量的治疗效果并无差异。酮康唑目前制成口服片剂、中药膏和洗发水。

据报道，用酮康唑治疗犬导致肠胃不适或者食欲下降，7%的犬会出现恶心和呕吐，5%的犬仅表现为食欲不振。猫也有相似的症状。肝毒性和皮肤反应很少见，包括红斑、瘙痒。酮康唑造成的肝毒性一般表现为轻度至中度的谷丙转氨酶(ALT)增加，停药后可逆少见，但很严重的情况会导致肝功能衰竭。酮康唑造成的肝毒性依据剂量已在啮齿类动物得到复制。毒性是由一种氧化代谢物引起的，可通过谷胱甘肽改善。然而，在人和兽医临床，补充谷胱甘肽对改善肝毒性不能给出准确的评估。

酮康唑是$P_{450}$酶CYP3A和P-糖蛋白的强效抑制剂，因此，存在很多潜在的药物相互作用。例如，酮康唑导致犬体内伊维菌素和咪唑安定的血药浓度增加，犬猫体内环孢素浓度增加。酮康唑抑制肾上腺产生睾酮，尽可能避免用于养殖动物。此外，由于酮康唑抑制皮质醇的合成，对犬进行紧张治疗的过程中注意肾上腺抑制造成的危险。

### (二)氟康唑

氟康唑(Diflucan，Pfizer)是1990年发布的第1代三唑类药物，最初主要是针对念珠菌和隐球菌。体外药敏试验显示，氟康唑是一种低效力的抗真菌剂；然而，该药是水溶性的，容易与微创蛋白结合分布于整个身体，在体内起到很好的功效。氟康唑可以轻易地穿过人和动物的血脑屏障、血眼屏障、血前列腺屏障。尽管氟康唑被用来治疗人的流行性系统性真菌病，但是没有其他三唑类药物的效果好。氟康唑也不是治疗系统性真菌病的首选药物，除非涉及眼睛、大脑和隐球菌性脑炎。同时，使用制酸剂并不影响氟康唑的吸收，或许对患者而言，使用$H_2$-受体阻滞剂或者质子泵抑制剂治疗是更好的选择。氟康唑也不需要通过饮食达到最佳的吸收效果。因为氟康唑大约70%的原形通过尿液排出，合适的剂量可减少对病人肾功能的损害。

氟康唑被推荐用于治疗动物的系统性真菌病。该药会影响动物的中枢神经系统和眼睛。氟康唑已被成功用于治疗犬猫的隐球菌病和酿母菌病。通过调查发现，氟康唑是用于治疗系统性酿母菌病的首选药，和伊曲康唑相比，未发现有明显的临床效果。此外，在伊曲康唑肝毒性发生之后给犬服用氟康唑，发现一部分犬能够耐受氟康唑而肝酶无变化。然而，患酿母菌病的几只犬在接受氟康唑治疗时谷丙转氨酶中度增加；根据氟康唑剂量的减少，谷丙转氨酶的增加量也有所减少或者趋于正常。氟康唑在小动物有致畸性，应该避免在动物怀孕期使用。根据经验，氟康唑在犬的用量是每天5～10 mg/kg。对一只猫的研究发现，每天给予50 mg的剂量就可以达到大部分病原真菌的最低抑菌浓度。由于氟康唑有可预见的药代动力学，不用对其治疗过程进行监测。氟康唑目前有片剂、口服混悬液以及静脉注射制剂。

### (三)伊曲康唑

伊曲康唑(Sporanox，Ortho-McNeil-Janssen Pharmaceuticals)是继氟康唑之后的另一代三唑类药物，并迅速成为治疗人的组织胞浆菌病和酿母菌病的口服药物。尽管成功率很低，伊曲康唑也用于治疗球孢子菌病。伊曲康唑仍然是治疗非危及生命的系统性真菌病的首选唑类药物，不包括中枢神经系统。伊曲康唑具有脂溶性并且很容易与蛋白质结合(＞99％)；和酮康唑一样，伊曲康唑在有酸制剂时吸收减少。因此，建议伊曲康唑随饮食一起使用，尽量避免伊曲康唑和抗酸药物一起服用。

伊曲康唑已成为治疗犬猫系统性真菌病的药物，对治疗酿母菌病、组织胞浆菌病、隐球菌病和球孢子菌病有很好的疗效。尽管伊曲康唑不能很有效的穿过血脑屏障和血眼屏障，但当炎症损害屏障系统时，伊曲康唑仍能够治疗中枢神经系统和眼部的炎症。

伊曲康唑的剂量是每天5～10 mg/kg，可以单剂量或者一天2次的剂量。最常见的副作用有肠胃不适和肝细胞毒性。研究发现，用每天每千克体重5 mg和每天每千克体重10 mg的剂量治疗酿母菌病没有疗效差异，但是高剂量会导致肝功能指标升高。研究者建议，在治疗犬的酿母菌病时，伊曲康唑的用量控制在每天每千克体重5 mg。

正如酮康唑，伊曲康唑是一种CYP3A的抑制剂，同样存在药物间的相互作用。人用过伊曲康唑后显示环孢素、地高辛和咪唑安定的浓度升高；然而，这些研究还没有应用于犬猫。健康人用过伊曲康唑后也发现甲基强的松龙浓度增加，而强的松龙的浓度无变化。和酮康唑不同的是，伊曲康唑在临床常用剂量下使用不会抑制皮质醇和睾酮的合成。伊曲康唑可作为口服胶囊和溶液；在人和猫，口服伊曲康唑溶液比胶囊更能增加生物利用度。

### (四)伏立康唑

伏立康唑(Vfend，Pfizer)是新开发的三唑类药物，其结构类似于氟康唑的第 2 代三唑类药物。伏立康唑于 2002 年被批准上市，成为治疗人的侵袭性曲霉菌的药物。尽管该药的结构和氟康唑相似，但是伏立康唑的水溶性很差，并且能很好地与蛋白质结合。研究证明，该药对念珠菌、曲霉菌属以及对体外的芽生菌、组织胞浆菌、球孢子菌和新生隐球菌有抗性。据报道，人的不良反应主要是视力模糊、畏光和视觉颜色的变化，很少出现幻觉和幻听；也有报道出现肝损伤、皮疹和周围神经病变。相对于酮康唑和伊曲康唑而言，伏立康唑是 CYP3A 的底物抑制剂，能够增加其他药物的血药浓度。伏立康唑对动物也有致畸性，应该避免用于怀孕动物。对犬而言，伏立康唑会经过广泛的代谢，同时诱导自身发生多次代谢。在体外，伏立康唑对患畜真菌菌株的效力比伊曲康唑更好。伏立康唑有口服片剂或溶液，也可作为静脉注射制剂。人用的伏立康唑平均批发价格估计是 120 美元/d。迄今为止，伏立康唑还未用于兽医临床，并且该药成本太高。

### (五)泊沙康唑

泊沙康唑(Noxafil，Schering-Plough)是由伊曲康唑派生出的具有亲脂性的第 2 代三唑类药物。泊沙康唑于 2006 年批准上市，主要用于预防侵袭性曲霉菌和念珠菌的感染并治疗口咽部的念珠菌感染。泊沙康唑表现出对体外微生物和新生隐球菌的良好抗性。泊沙康唑对芽生菌、组织胞浆菌和球孢子菌属都有良好的抗性，但是价格昂贵限制了该药在临床的应用。像伊曲康唑一样，泊沙康唑伴食(特别是高脂肪食物)服用可提高生物利用度；然而，和氟康唑一样，胃酸的改变不会影响泊沙康唑的吸收。据报道，泊沙康唑对人体最常见的副作用是头痛和肠胃不适；肝损伤和 QT 间期延长也比较常见。尽管泊沙康唑有较窄的药物相互作用，但是对 CYP3A4 存在抑制作用。这种药物相互作用表现在增加他克莫司和环孢素的血药浓度。泊沙康唑没有静脉注射剂型。最近有报道称，人用泊沙康唑的平均批发价格是 115 美元/d。正如伏立康唑，由于泊沙康唑缺乏有效的通用剂型，该药在兽医临床的使用也受到限制。

### (六)克霉唑和恩康唑

克霉唑(Taro Pharmaceuticals)和恩康唑(Merial)被列为咪唑类药物。然而，由于较高的首过效应，这 2 种药物的系统性生物利用度降低；犬对克霉唑的生物利用度也是如此。因此，这些药物仅限于外用，如用克霉唑耳滴剂治疗犬猫的马拉色菌性中耳炎。克霉唑和恩康唑对治疗犬的鼻窦曲霉菌病有效。据报道，克霉唑也可用于治疗猫的鼻腔曲霉菌病。对治疗鼻窦曲霉菌病而言，恩康唑比克霉唑的疗效和预后更好。1 h 输 1%的克霉唑溶液或者 1%～2%的恩康唑溶液，并结合对真菌菌斑的适当清理，可有效地治愈50%～65%的犬。一些犬需要进行多次的治疗，大约85%的犬都能在进行3次治疗后康复。虽然很少有副作用出现，但据报道，1只犬使用克霉唑治疗出现了严重的咽炎和上呼吸道水肿。然而，这种反应被提出是由于丙二醇和异丙醇作为载体而发生的，并非克霉唑本身。含有1%的克霉唑的兽药溶液(Vetoquinol USA)是可用的；这种产品中也含有丙二醇。因此，作者建议，使用人用的克霉唑产品进行鼻腔滴注；产生的聚乙二醇不会引发咽炎。

## 三、吉他霉素

吉他霉素是一类比较新的抗真菌药物；作为第1代化合物，卡泊芬净(Cancidas，Merck)于2001年通过美国食品和药物管理局批准上市。葡聚糖是组成真菌细胞壁必不可少的，而吉他霉素抑制葡聚糖合成酶的活性并阻止β-1,3葡聚糖的合成。对于易感真菌，细胞壁的完整性遭到破坏，最终导致细胞裂解。棘其他霉素的另一种作用方式是通过中断细胞壁甘露糖蛋白，导致更多的抗原暴露，随后被机体免疫系统识别。在人医临床，吉他霉素仅用于念珠菌和曲霉菌属；新生隐球菌和接合菌(机会传染源包括根霉菌属)通常是耐药的。皮炎芽生菌和组织胞浆菌的菌丝形式似乎容易易感吉他霉素，尽管发酵形式不同，因为α-葡聚糖(不是吉他霉素的目标)在酵母细胞壁占优势。吉他霉素口服生物利用度差并且只有静脉注射制剂。吉他霉素的副作用很小，仅有发热、胃肠道症状、静脉炎和头痛。

卡泊芬净被批准用来抢救和治疗患者的侵袭性曲霉菌病。除了卡泊芬净外，米卡芬净(Mycamine，Astellas Pharma)和阿尼芬净(Eraxis，Pfizer)也被批准用来治疗念珠菌和食道念珠菌感染。这些药物有可能治疗患畜的系统性曲霉菌病，但是对治疗常见的真菌效果差，因为它们缺乏对抗真菌发酵形式的功效。

## 四、特比萘芬

特比萘芬(兰美抒，诺华公司)属于烯丙基胺组抗真菌药物，是最常用的治疗人类脚气和趾甲真菌病的药物。它抗真菌活性是由非竞争性抑制角鲨烯环氧介导的，是一种存在于真菌麦角甾醇的合成过程中的酶，对于真菌与哺乳动物的细胞色素$P_{450}$酶来说其选择性超过4 000倍。特比萘芬的药代动力学与其他抗真菌药物有很大的出入。这种药物很容易在胃肠道被吸收，并迅速通过血液扩散到真皮和表皮。特比萘芬高亲脂，这导致其在毛囊、皮肤、指甲板以及脂肪等组织的浓度很高,在 12 d 的治疗后角质层中的水平超过血浆。特比萘芬对许多种皮肤病都有很好的体外疗效,包括毛和癣属,并且已经在很大程度上取代了灰黄霉素在人类的真菌和癣类疾病中发挥作用。特比萘芬也以多式联运方式与新型抗真菌药吉他霉素类或三唑类药物结合,已在人类的系统性真菌病方面发挥作用。其副作用不止限于胃肠道,少数情况下对肝也有副作用。特比萘芬目前的剂型有片剂、外用霜以及凝胶。在犬类,特比萘芬对孢子和毛发具有体外活性,但在治疗中很少有证据显示其具有获得抗性。由于在酵母计数上的减少以及瘙痒程度上的减轻,特比萘芬在治疗犬马拉色菌性皮炎方面的作用似乎等同于或优于酮康唑类药物。

现在市场上的抗真菌制剂越来越多,但是治疗患畜的系统性真菌仍然受到限制。尽管伊曲康唑价格很贵,但是氟康唑或伊曲康唑仍用于治疗由皮炎芽生菌、组织胞浆菌和粗球孢子菌引起的无生命危险和无中枢神经系统感染的真菌病。假如中枢神经系统、眼部被新型隐球菌感染,治疗可首选氟康唑,这主要是考虑到它比伊曲康唑便宜。如果患系统性真菌病的病人被确诊存在生命危险,或者患者被确诊为系统性曲霉菌病,可选择起效快和疗效好的两性霉素 B。酮康唑和特比萘芬主要是外用抗真菌药。在将来,新的三唑类药物和吉他霉素在兽医临床将变得更为实用和实惠。

(贺建忠　韩　博　王　志)

# 第5章　寄生虫病

犬猫体内外寄生虫的感染途径有5种。第1种是经口感染。经口感染有3种方式。一是吞食了感染性虫卵或幼虫。二是采食了带有感染性幼虫的中间宿主和传递宿主(如啮齿动物)。三是母体寄生幼虫(如蛔虫幼虫)通过乳汁感染。第2种是垂直传播。母体中寄生虫幼虫(如蛔虫和钩虫幼虫)通过胎盘感染胎儿。第3种是经皮肤侵入。感染幼虫(如钩虫幼虫)穿过皮肤感染。第4种是虫媒传播。吸血昆虫(蚊子、白蛉等)通过叮咬患病犬猫,再叮咬其他犬、猫时传播。第5种是接触感染。接触感染有2种方式。一是借身体接触(如螨、虱、跳蚤等)直接传播。二是交配时(如阴道滴虫)传播。犬猫体内外寄生虫吸取犬猫营养分泌毒素毒害犬猫、损害组织细胞、骚扰犬猫影响休息、传播多种疾病,严重危害犬猫健康。其中,有些是人和犬猫共患的寄生虫病,直接危害人的生命安全。一般情况下,犬猫尤其是幼年犬猫几乎都有寄生虫寄生。因此,了解犬猫寄生虫的生物学特性并掌握犬猫寄生虫病的防治是非常重要的。

## 第1节　蠕虫病

### 一、弓首蛔虫病

弓首蛔虫病(toxocariasis)是犬猫常见的寄生虫病,分布于全国各地。本病常引起幼年犬和猫发育不良,生长缓慢,严重时可导致死亡。

**病原**　有犬弓首蛔虫、猫弓首蛔虫和狮弓蛔虫。

犬弓首蛔虫和猫弓首蛔虫同属于弓首科(Toxocaridae)的弓首属(*Toxocara*),通称犬蛔虫和猫蛔虫。狮弓蛔虫属于弓首科(Toxocaridae)的弓蛔属(*Toxascaris*)。

犬弓首蛔虫(*Toxocara canis*)寄生于犬和犬科动物的小肠中,是犬常见的一种寄生线虫(图 5-1a)。虫体浅黄色,头端有3片唇,缺口腔,食道简单,食道与肠管连接处有一个小胃。虫体有狭长的颈翼膜,头部向腹面弯曲。雄虫体长

50～110 mm；尾端弯曲，有尾翼膜，尾尖有圆锥状突起物；交合刺两根，长0.75～0.95 mm。雌虫体长 90～180 mm；尾端直；阴门开口于虫体前半部。虫卵呈亚球形，卵壳厚，表面麻点状，大小为(68～85) μm×(64～72) μm。

猫弓首蛔虫(*Toxocara cati*；*T. mystax*)寄生于猫和猫科动物的小肠中，是猫常见的寄生虫(图 5-1b)。成虫与犬弓首蛔虫相似，只是其颈翼膜短而宽，近头端处颈翼膜变窄，使虫体前端如箭头状。雄虫体长 30～60 mm；交合刺两根，等长，长 1.63～2.08 mm。雌虫体长 40～100 mm。虫卵大小为 64 μm×70 μm，卵壳表面麻点状结构。

狮弓蛔虫(*Toxascaris leonina*)寄生于犬、猫和野牛、肉食兽的小肠中(图 5-1c)。虫体头端常向背侧弯曲，食道与肠管连接处无小胃构造；从头端开始到近食道末端的两侧具有狭长而对称的颈翼膜，颈翼膜角质，上有横纹；有3 片近似长圆形的唇片，唇缘具有细小的锯齿状缺刻，每片唇的中部两侧各式各样的圆丘状乳突，镶嵌于凹窝中。雄虫体长 35～70 mm；有两根等长的交合刺，长 0.7～0.15 mm；无尾翼膜；肛门有 21～28 对乳突，肛后有 5 对乳突。雌虫体长 30～100 mm，阴门开口于虫体前 1/3 与中 1/3 交界处，尾直而尖细。虫卵近似圆形，卵壳光滑，大小为(49～61) μm×(74～84) μm。

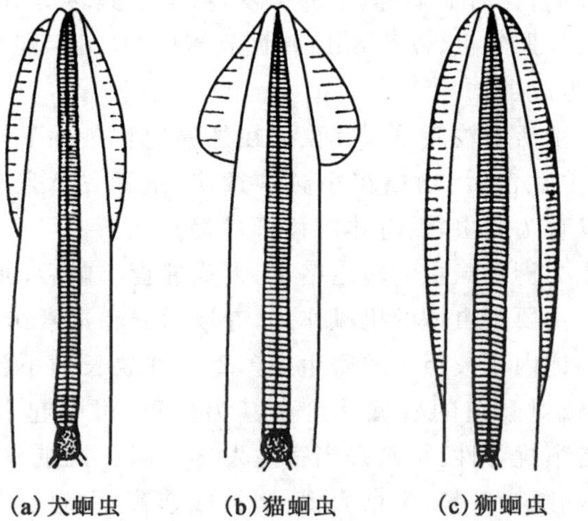

(a) 犬蛔虫　　(b) 猫蛔虫　　(c) 狮蛔虫

图 5-1　蛔虫

**生活史**　犬弓首蛔虫卵随粪便排出体外，在适宜条件下，经 10～15 d 发育为感染性虫卵。几周到 3 个月龄以内的幼犬吞食了感染性虫卵后，感染性虫卵在肠内孵出幼虫。幼虫钻入肠壁，经淋巴系统到肠系膜淋巴结，然后经血流到达肝脏，再随血流到达肺，感染后第5天肺中幼虫达到高峰；幼虫经肺泡、细支气管、支气管、气管，再经喉头被咽入胃，到小肠进一步发育为成虫。从吃进感染性虫卵到幼虫发育为成虫，经4～5周时间。

6月龄以上犬感染后，幼虫多随血流被带到体内各组织器官内形成包囊；幼虫在囊内生活，但不进行发育，若被其他肉食动物吞食，幼虫仍可发育为成虫。

感染性虫卵被成年母犬吞食后，幼虫随血流到达其体内各组织器官中，形成包囊，幼虫保持活力，但不进一步发育；当母犬怀孕后，幼虫被激活尔后移行到胎儿体内引起胎内感染；当幼虫到达胎儿肝脏，蜕皮变为第3期幼虫，胎儿出生后，第3期幼虫移行到肺，停留1周时间，蜕化为第4期幼虫，尔后移行到胃肠道，幼犬出生后3周末，肠里可出现成熟的蛔虫。胎内感染到发育为成虫排卵，在幼犬出生后的23～40 d。

新生幼犬吮吸初乳而获得感染。感染后幼虫在小肠中直接发育为成虫。

猫弓首蛔虫的生活史与犬弓首蛔虫相似，但未见胎内感染；随猫粪便排出的虫卵，在外界适宜环境中，需10～15 d才能发育为感染性虫卵。猫吃到感染性虫卵后，幼虫在小肠中逸出，钻入肠壁，经肺、气管再回到小肠，发育成熟。若感染性虫卵被转运宿主如蚯蚓、蟑螂、鸟类、啮齿类动物吞食后，幼虫在其体内各组织中形成包囊，存活下来，但不进行发育，猫吃到转运宿主而被感染。幼虫在胃壁蜕化为第3期幼虫，停留6 d后，回到胃中，13 d后蜕化为第4期幼虫，然后到小肠，发育为成虫。

狮弓蛔虫的生活史较简单。其虫卵在外界适宜条件下经3～6 d发育为感染性虫卵，被宿主吞食后，幼虫在小肠中逸出，进而钻入肠壁内发育后返回肠腔，经3～4周发育为成虫，没有体内移行过程。

小鼠也可作为狮弓蛔虫的转运宿主，犬猫捕食小鼠后，亦可感染狮弓蛔虫。

**致病作用**　主要为虫体的机械作用，夺取营养和毒素作用。

蛔虫是犬猫体内比较粗大的寄生虫。寄生在狭长的小肠中，其寄生数量常多至数十条，以致对肠道的机械性刺激甚为严重，可引起卡他性肠炎、肠壁出血。蛔虫有游走窜扰习性，特别是当宿主发热、妊娠、饥饿或饲料成分改变等因素刺激下，其活动更为频繁，常窜入胃、胆管或胰管，引起呕吐。严重感染时，蛔虫常在肠内集结成团，造成肠阻塞或发生扭转，套叠，甚至发生肠穿孔。

蛔虫幼虫在宿主体内移行时，损伤肠壁、肺毛细血管和肺泡壁，引起肠炎和肺炎。

蛔虫在小肠内寄生，以半消化物质为食，掠夺宿主大量营养，致使宿主消瘦，营养不良；其新陈代谢产物和体液对宿主呈现毒害作用，能引起造血器官和神经系统中毒，发生过敏反应。据实验，犬蛔虫的浸出物注入犬体后，可引起呕吐，食欲减退。

**症状**　主要症状为渐进性消瘦，食欲不振，营养不良，黏膜苍白，呕吐，异嗜，消化障碍，先下痢尔后便秘。偶见有癫痫性痉挛，幼畜腹部膨大，生长发育受阻。

**诊断**　一方面根据临床症状观察；另一方面则应进行粪便检验，发现蛔虫卵得以确诊。

**治疗**　治疗蛔虫病的药物很多，现介绍以下几种：

①驱蛔灵。每千克体重 100 mg，1 次内服，对成虫有效；200 mg，则可驱除 1～2 周龄幼犬体内的未成熟蛔虫。

②甲苯咪唑。每千克体重 22 mg，内服，每天 1 次，连用 3 d。

③硫苯咪唑。每千克体重 22 mg，内服，每天 1 次，连用 3 d。

④左旋咪唑。每千克体重 10 mg，1 次内服。

⑤伊维菌素。每千克体重 0.2～0.3 mg，皮下注射或口服。柯利犬及有柯利犬血统的犬，禁止应用。

**预防**　要注意环境、食槽、食物的清洁卫生，及时清除粪便，并进行发酵处理。对犬猫要进行定期驱虫。

## 二、钩虫病

钩虫病(hookworm disease)是由钩口科(Ancylostomatidae)钩口属(*Ancylostoma*)、弯口属(*Uncinaria*)和板口属(*Necator*)的多种线虫寄生于犬和猫的小肠(主要是十二指肠)所引起的。我国各地均有发生，热带地区常见。

**病原**　犬钩口线虫(*Ancylostoma caninum*)寄生于犬的小肠中，虫体(图 5-2)刚硬呈淡黄色；头端稍向背侧弯曲；口囊很发达；口囊前缘腹面两侧各式各样 3 个大牙齿，其大小自内向外逐渐增大，各齿向内呈钩状弯曲；背沟终止于口囊背侧边缘“V”字形凹口处；口囊深处有 1 对呈三角形背齿和 1 对中侧齿，排列于背沟两侧。雌虫体长 10～12 mm；有一发达的交合伞，交合伞各叶和腹肋对称排列；两根等长的交合刺，其长度为 0.8～0.95 mm。雌虫体长 14～16 mm；阴门开口于虫体后 1/3 前部，尾端

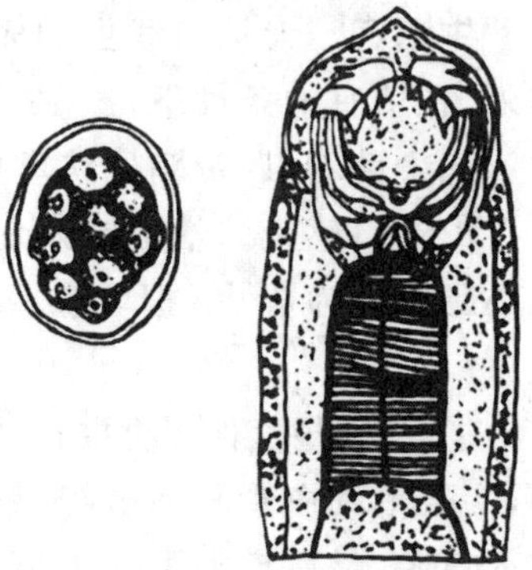

图 5-2　犬钩口线虫头部及虫卵

尖锐，呈细刺状。虫卵钝椭圆形，浅褐色，新排出时内含 8 个卵细胞，大小为 (56～75) μm×(34～47) μm。

狭头弯口线虫(*Uncinaria stenocephala*)寄生于犬猫小肠。虫体(图 5-3)呈淡黄白色，两端稍细，较犬钩口线虫小；口弯向背面，口囊发达，呈漏斗状；其腹面前缘两侧各有 1 片半月状切板；靠近口囊底部有 1 对亚腹侧齿。雄虫体长 5～8.5 mm；交合伞发达，各叶和腹肋对称排列；两根等长的交合刺，其长度为 0.64～0.76 mm。雌虫体长 7～10 mm，尾端尖细。虫卵与犬钩口线虫卵相似，大小为(65～80) μm×(40～50) μm。

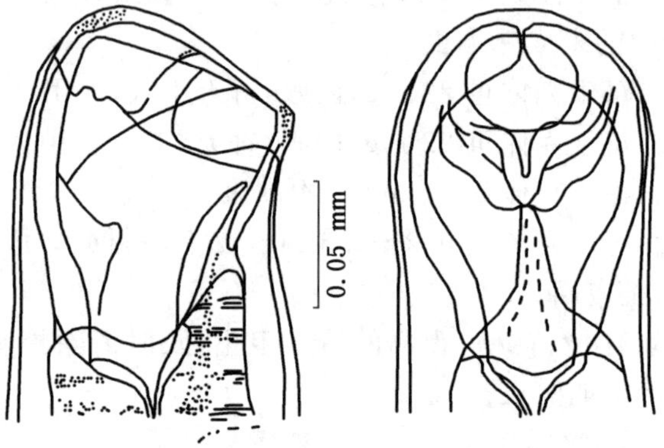


(a)头端侧面　　(b)头端背面

图 5-3　狭头弯口线虫

此外，还有巴西钩口线虫(*A. brazilense*)和美洲板口线虫(*N. americanus*)，前者寄生于犬、猫和狐小肠，后者寄生于人和犬的小肠。

**生活史**　犬钩口线虫的成熟雌虫一天可产 16 000 个卵。虫卵随粪便排出体外，在适宜的条件下，经 12～30 h 孵出幼虫(杆状幼虫)；幼虫再经 1 周时间蜕化为感染性幼虫(带鞘丝状丝虫)。其感染宿主的途径如下：

①经口感染。幼虫钻入食道黏膜，进入血液循环最后经呼吸道、喉头、咽而达小肠发育为成虫；据实验，若幼虫直接进入胃内，幼虫到小肠，直接发育为成虫。

②经皮肤感染。幼虫侵入皮肤，钻入血管，随血流到右心，再沿小循环到肺，穿破毛细血管和肺组织，移行到肺泡和细支气管，再经支气管、气管随痰液进入口腔，最后被咽下到小肠发育为成虫。此途径较为常见。

③胎盘感染。幼虫移行到肺，然后经体循环进入胎盘，使胎儿感染。

④幼虫进入初乳，幼犬吸吮乳汁而被感染。

狭头弯口线虫的生活史与犬钩口线虫相似，但以经口感染的途径较为多见。胎盘感染和初乳感染的途径较少见。

**致病作用**　虫以它们强大的口囊吸附在宿主的肠黏膜上，并利用它们的牙齿或切板刺破黏膜而大量吸血，造成黏膜出血，溃疡。虫体能分泌抗凝素延长凝血时间。虫体有不断移位吸血的习惯，以致伤口失血更多。由于慢性失血，宿主体内的铁质和蛋白质不断损耗，随之宿主出现缺铁性贫血。

幼虫侵入皮肤时可引起皮炎。移行时可招致肺组织的显著破坏，引起局部出血及炎性病变。

**症状**　犬钩口线虫病和狭头弯口线虫病多发生于夏季，特别是狭小而又潮湿的犬窝和猫舍更易发生。严重感染时，病畜出现食欲减退、异嗜、呕吐、消化障碍；下痢和便秘交替发作，粪便带血或呈黑色，柏油状；黏膜苍白；消瘦，被毛粗乱无光泽，易脱落，最后因极度衰弱而死亡。胎内感染和初乳感染犬钩口线虫的出生 3 周龄内幼犬，可引起严重贫血，导致昏迷和死亡。

**诊断**　根据临床症状观察（贫血，黑色柏油状粪便，消化障碍，营养不良等）；粪便检验虫卵（每克粪含数千个虫卵）；死后剖检发现虫体。

胎内或初乳感染的急性病例，严重贫血的症状常出现在虫卵排出之前。

**治疗**　施用抗蠕虫药时，应配合对症疗法。

①盐酸丁咪唑（butamisol hydrochloride）。犬和猫剂量均为每千克体重 0.22 mL，1 次皮下注射。此药不宜和盐酸丁萘脒（bunamidine hydrochloride）合用；对感染了犬恶丝虫的犬禁用，8 周龄以下的幼犬禁用。

②二碘硝基酚（disophenel）。犬的剂量为每千克体重 10 mg，1 次内服。

③双羟萘酸噻嘧啶。犬每千克体重 6～25 mg，1 次内服。

④丙硫咪唑。犬每千克体重 8～10 mg，1 次内服。

⑤左旋咪唑。犬每千克体重 10 mg，1 次内服。

⑥伊维菌素。犬每千克体重 0.25 mg，1 次皮下注射。

**预防**　保持畜舍干燥，及时清理粪便。犬窝地面可用硼酸盐处理（10 $m^2$ 面积用 2 kg）以杀死幼虫。

### 三、毛首线虫病

毛首线虫属于毛科（Trichuridae）毛属（*Trichusis*）。这个属的线虫虫体前部细如毛发，整个虫体外形很像放羊鞭，故称为鞭虫（*Whipworms*）。犬鞭虫病是由狐毛首线虫（*T. vulpis*）寄生于犬的盲肠引起的，我国各地均有发生。本病主要危害幼犬，严重感染可引起死亡。

**病原** 狐毛首线虫呈乳白色；前部细长呈丝状为食道部，为一串单细胞重叠构成，约占虫体全长的2/3；后部为体部，短粗，宽1.3 mm，虫体长45～75 mm。雌虫后部钝直，阴门开口于虫体粗细交界处。雄虫尾端卷曲，有一根交合刺，外有鞘包围，鞘的近端被有小刺。虫卵呈腰鼓状，黄褐色，两端有塞状构造，壳厚，光滑，大小为70～89 μm（图5-4）。

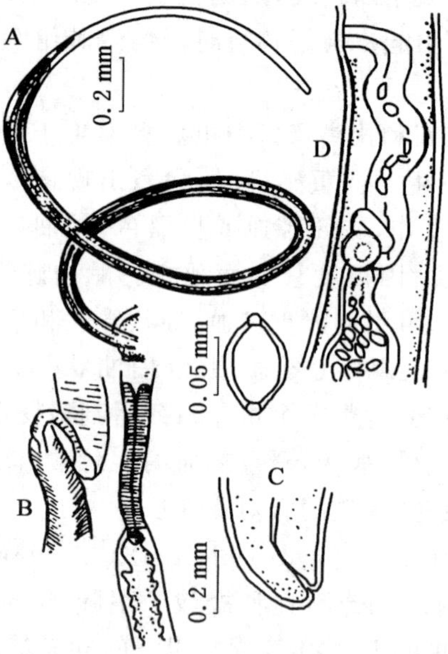


**图5-4 狐毛首线虫**

A. 雄虫尾端 B. 储精囊与射精管的接合处 C. 雌虫的后端 D. 阴道 E. 虫卵

**生活史** 随粪便排出体外的虫卵，在外界适宜的条件下约经3周发育为感染性虫卵。犬吞食了感染性虫卵后，幼虫在肠中孵出，钻入小肠前部黏膜内，停留2～10 d，然后进入盲肠内发育为成虫；从吃进感染性虫卵到幼虫发育成熟经11～12周。

**致病作用** 虫体寄生时将其头部深深地钻入黏膜内，可引起急性或慢性肠炎；虫体吸血常导致宿主贫血。

**症状** 一般感染无临床症状表现。当严重感染时（虫体达百条到千条）常出现下痢、贫血、消瘦、食欲不振、粪便中常带黏膜和血液及幼犬猫发育障碍，可导致死亡。

**诊断** 生前诊断除临床症状观察外，还必须进行虫卵检查；死后剖检见虫体可建立诊断。

**治疗**

①甲苯咪唑。犬总剂量为每千克体重 22 mg,内服每天 1 次,连用 3 d。

②硫苯咪唑。犬剂量为每千克体重 22 mg,内服每天 1 次,连用 3 d。

③左旋咪唑。犬剂量为每千克体重 5～11 mg,1 次内服。

④双羟萘酸酚嘧啶。犬用每千克体重 5～10 mg,1 次内服。

⑤碘化噻唑青胺。犬用每千克体重 6～10 mg,每天 1 次,连用 5 d。

**预防**　搞好犬窝卫生,及时清除粪便;严重污染的场地应保持干燥,让日光晒,以杀死虫卵。

### 四、犬恶丝虫病

本病是由于丝虫科的犬恶丝虫(*Dirofilaria immitis*)寄生于犬心脏的右心室及肺动脉(有时见于右心房和后腔静脉)引起循环障碍、呼吸困难及贫血等症状的一种丝虫病。犬恶丝虫除感染犬外,猫、狐、狼等肉食动物也可遭侵袭。

**病原**　犬恶丝虫隶属于丝虫科(Filarioidea)恶丝虫属(*Dirofilaria*)。虫体灰白色,长 15～30 cm;口部无唇状构造;食道细长,长约 1.25～1.5 mm。雄虫体长 12～16 cm,末端成螺旋状弯曲;有窄的侧翼膜;泄殖腔周围有 4～6 对乳突;两根交合刺不等长,左侧交合刺长而尖,右侧交合刺短而钝。雌虫体长 25～30 cm,尾端直;阴门开口于食道后端。微丝蚴无鞘,虫体前端尖后端钝,大小为(307～332) μm×6.8 μm。

**生活史**　犬恶丝虫的中间宿主为按蚊、伊蚊和库蚊。雌虫在寄生部位产出微丝蚴直接进入血流,被带到全身。雌蚊吸血时把微丝蚴吸入消化道内,约经 2 周时间发育到感染性微丝蚴,移行至口器;当蚊再次吸取血液将感染性幼虫注入动物体内,终末宿主即被感染。幼虫经由皮下、浆膜下组织移行并进行后 2 次蜕化,再经静脉循环到右心及肺动脉。虫体最小潜隐期为 6 个月,在宿主体内能生存数年。

本病主要分布于温带、热带地区,世界各地均有报道。本病在我国分布甚广,北至沈阳南至广州,均有发现。

犬恶丝虫可感染人,但致病性较轻,可能引起肺组织的轻微损伤。

**流行病学**　犬是最适宜宿主,一般感染 1 岁以上犬,还可能发生子宫内感染。犬恶丝虫病的传播取决于宿主和传播媒介 2 个方面。本病在犬体内的显露期可长达 5 年,在此期间缺乏有效的免疫反应。微丝蚴在末梢血液中昼伏夜出的特点有利于蚊子吸血传播。蚊子普遍存在,在适宜温度下其体内的微丝蚴很快发育为感染性第 3 期幼虫。

**致病作用与病理变化** 主要是成虫寄生阶段致病。轻度感染不显症状，重度慢性感染时，由于血流不畅可出现慢性充血性右心衰竭。大量活虫体寄生产生的代谢分泌产物可引起心瓣膜处内膜炎和肺动脉炎。此外，死亡或濒死的虫体可引起肺动脉栓塞。大约 9 个月后，持续性的肺动脉高压导致代偿性右心室肥大，进一步发展成充血性心力衰竭，并伴发腹水和水肿。犬表现虚弱和精神不佳。

若有大量虫体寄生于后腔静脉，可导致急性甚至致死性综合征，表现为溶血、血红蛋白尿、胆红素血、黄疸、呼吸困难、食欲减退或虚脱等一系列症状。死亡可发生于 2～3 d 内。偶见由于微丝蚴堵塞肾毛细血管引发肾小球肾炎，也可能与免疫复合物沉着有关。

猫很少见肺动脉高压、右心衰竭以及腔静脉综合征。常见虫体存在于肺动脉末梢而至的弥散性肺炎。异位寄生也多见于猫，见有寄生于眼、中枢神经和皮下组织的报道。

犬恶丝虫病主要是以动脉内膜炎为特征的肺血管病，伴随着白细胞浸润，以嗜酸性粒细胞为主；随之肌内膜细胞增生。血栓形成的原因包括活虫或死虫、血栓栓塞以及驱虫药导致的肺动脉梗塞。肺的变化包括含铁血黄素沉着、弥散性肺泡间纤维变性和肺泡上皮增生。死亡虫体沉积在肺部形成结节。此外，还可能出现右心衰竭、肝慢性充血和腹水。由于肾小球免疫复合物沉着导致肾小球性肾炎，可出现轻度至中度的蛋白尿。腔静脉综合征引起肝淤血，导致伴随静脉硬化以及肝静脉和强腔静脉血栓形成引起的肝静脉扩张。

**症状** 犬重度感染病例较少见，临床常见的是犬精神倦怠、运动能力下降、接受训练的耐受性下降及伴有咯血的慢性温和的咳嗽；疾病后期由于腹水和水肿可出现呼吸困难。如果发生急性甚至致死性综合征，可出现溶血、血红蛋白尿、胆红素血、黄疸、呼吸困难等一系列症状。感染猫主要表现咳嗽、呼吸急促和呼吸困难，重度感染可引起死亡。

**诊断** 主要基于心血管系统功能异常以及血中微丝蚴的检查。但低于 1 岁的犬往往不能检出微丝蚴，2 岁以上犬可检出微丝蚴。如果疑似病例血液中不能检出微丝蚴，可做胸部放射线摄影，显示肺动脉壁增厚、扭曲以及右心室肥大。血管造影可清晰地显示血管壁的变化。尸体解剖可见大量虫体聚集在右心室和临近大血管中。

国外已经有商品化的诊断试剂盒用于检测宿主体内的抗原或抗体，尤其对于未能检出微丝蚴的病例。

微丝蚴的检查最好在晚上采血,涂片用亚甲蓝或吉姆萨染色。微丝蚴需与寄生于犬皮下组织的隐现棘唇线虫(*Dipetalonema reconditum*)的微丝蚴进行鉴别。犬恶丝虫的微丝蚴一般超过 300 μm,前端逐渐变细,尾端直;后者一般不足 300 μm,虫体前端钝圆,尾端呈钩状。还可用基于 PCR 技术检测二者的特异性基因进行鉴别。

**治疗**　成虫和微丝蚴对抗蠕虫药的敏感性不同,药物治疗较为复杂。治疗前需先检查犬的心、肺、肝和肾的功能。如果心脏功能显著异常,应先进行相关治疗。通常推荐的方法是:先静脉内注射硫乙胂胺(thiacetarsamide)2 d,或肌肉注射美拉索明(melarsamide)清除成虫;由于虫体死亡裂解导致的栓塞,有时用药后出现毒性反应;用药犬需限制行动 2～6 周,6 周以后再给其他药物进行清除微丝蚴的治疗。有几种药物可用于驱除微丝蚴,如碘二噻宁(dithiazanine iodide)连用 7 d 以上或左旋咪唑连用 10～14 d。阿维菌素是高效抗微丝蚴药,但有明显的副作用,因此,选用此类药的剂量要准确,用药后需特别关注犬的反应。

所有药物均存在一定的危险,有些严重病例,心脏手术取虫可能比用药更可靠。

没有合适的药物用于猫心丝虫病。

**预防**　因为控制媒介蚊子相当困难,所以心丝虫病的预防还是基于药物控制。流行区常用的预防药物是乙胺嗪(diethylcarbamazine),幼犬 2～3 月龄开始每日经口给药能够杀死微丝蚴;热带地区需全年给药;在温带地区在蚊子出现前 1 个月至蚊子消失后 2 个月给犬用药。成年犬和感染犬治疗后也需进行预防。对用药物预防的犬每 6 个月进行 1 次微丝蚴检查。

## 五、猫圆线虫病

猫圆线虫病(feline aelurostrongylosis)由莫名猫圆线虫(*Aelurostrongylus abstrusus*)寄生于猫的细支气管和肺泡而引起。猫是唯一的终宿主。野生小鼠和其他啮齿动物常可作为转送宿主。

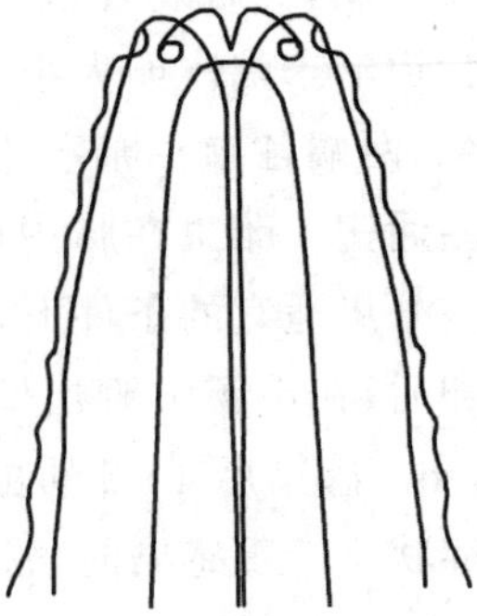

图 5-5　猫圆线虫头端

**病原**　虫体呈丝状,乳白色。雄虫体长 7.5 mm,交合伞短,分叶不清楚,腹肋完整,背肋有 3 个强壮的分枝,交合刺两根不等长。雌虫体长 9.86 mm,阴门开口近虫体后端。虫卵大小为 80 μm×70 μm(图 5-5)。

**生活史** 雌虫产卵于肺泡管。卵进入邻近的肺泡，形成小结节。卵在结节边缘孵出第1期幼虫，幼虫进入空气通路，上行到气管，经喉、咽被咽下，随粪便排到体外。幼虫长360 μm，尾部呈波浪状弯曲，其背侧有一小刺。幼虫在外界存活时间仅2周左右，需蜗牛和蛞蝓作为中间宿主，啮齿动物、蛙、蜥蜴和鸟类可作为转运宿主。猫吃到含有感染性幼虫的中间宿主或转运宿主后而被感染。幼虫从胃通过腹膜和胸腔进入肺中，大约经1个月可发育成熟。成虫寿命为4～9个月。

**症状** 中度感染时，病猫出现咳嗽、打喷嚏、厌食、呼吸急促。严重感染时(少见)出现剧烈咳嗽、消瘦、腹泻、厌食、呼吸困难，常发生死亡。

**病理变化** 肺表面有直径1～10 mm的灰色结节，结节内含虫卵和幼虫；胸腔充满乳白色液体，其中包含虫卵和幼虫。

**诊断** 对可疑病例可用贝尔曼法检验粪中的幼虫，发现大量幼虫即可确诊。

**治疗** 可用左旋咪唑100 mg/kg，口服隔天1次，共给5次或6次药。苯硫咪唑20 mg/kg，每天1次，连用5 d为一疗程，间隔5 d后，再重复一疗程。

**预防** 每半年驱虫一次。

### 六、肺毛细线虫病

肺毛细线虫病(capillariasis)由肺毛细线虫(*Capillaria aerophila*)寄生于犬猫的支气管和气管(少见于鼻腔和额窦)而引起的。

**病原** 成虫细长，乳白色。雄虫体长15～25 mm；尾部有两尾翼；有1根纤细的交合刺，交合刺外被有膜质的交合刺鞘。雌虫体长20～40 mm；阴门开口接近食道的末端。卵大小为(59～80) μm×(30～40) μm，卵壳厚带有纹理，呈淡绿色，两端各有一卵塞(图5-6)。

**生活史** 雌虫在肺中产卵。卵随痰液上行到喉、咽，被咽下后随粪排出体外。在外界适宜的条件下，经5～7周，卵发育为感染性虫卵。宿主吞食了感染性虫卵后，在小肠中孵出幼虫。幼虫钻入黏膜，随血液移行到肺。这一阶段需7～10 d。感染后40 d幼虫发育为成虫。

**症状** 严重感染时，常引起鼻炎、慢性支气管炎、气管炎。病犬流涕、咳嗽、呼吸困难，继而消瘦、贫血、被毛粗糙。

**诊断** 根据症状，结合粪便、鼻液虫卵检验。注意与狐毛首线虫卵进行区别。肺毛细线虫虫卵较小，卵壳表面有明显的凹陷点。

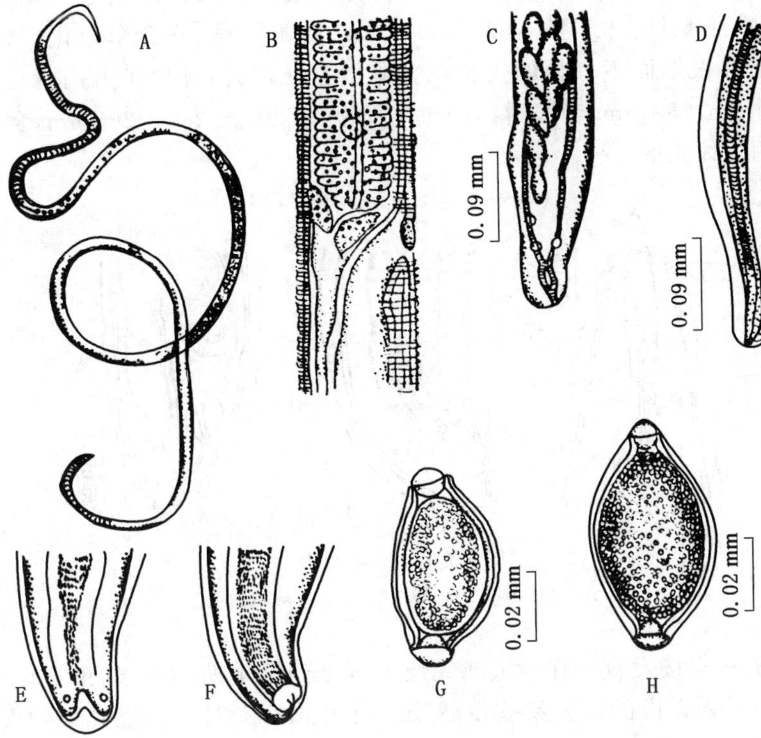


**图 5-6　肺毛细线虫**

A. 雌虫　B. 雌虫阴门　C. 雌虫后部　D、E、F. 雄虫后部　G、H. 虫卵

**治疗**

①左旋咪唑。5 mg/kg，每天 1 次，连用 5 d，停药 9 d，然后再按上法重复治疗 2 次；也可 4.4 mg/kg，皮下注射，每天 1 次，连用 2 d，2 周后 8.8 mg/kg，皮下注射 1 次。

②甲苯咪唑。6 mg/kg，每天 2 次，口服，连用 5 d。

**预防**　保持犬窝、猫舍的干燥，及时清除粪便。

## 七、犬类丝虫病

犬类丝虫病(canine filaroidiasis)是由类丝虫科类丝虫属(*Filaroides*)的几种丝虫寄生于犬的肺引起的。欧氏类丝虫(*F. osleri*)寄生于犬的气管和支气管，褐氏类丝虫(*F. hirthi*)寄生于犬的肺实质，乳类丝虫(*F. milks*)寄生于犬的肺实质和细支气管。

**病原** 欧氏类丝虫(图 5-7)寄生于气管和支气管虫体所引起的结节内,罕见于肺实质。雄虫细长,体长 5.6～7.0 mm;尾端钝圆;交合伞退化,只见有几个乳突,有 2 根短而不等长的交合刺。雌虫粗壮,阴门开口于肛门附近。虫卵大小为 80 μm×50 μm,卵壳薄。幼虫尾部呈"S"状,长 232～266 μm,食道不太清楚,长约为体长的 1/4。

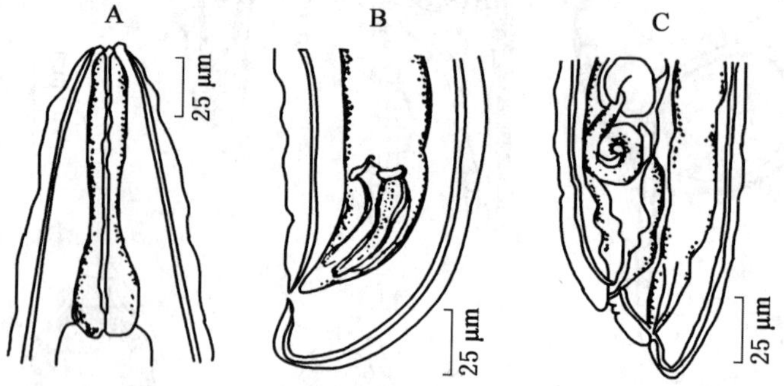


**图 5-7 欧氏类丝虫**

A. 虫体前端 B. 雄虫后端 C. 雌虫后端

**生活史** 直接发育。在唾液或粪便中可见到第 1 期幼虫,幼虫立刻成为感染性幼虫。6 周以内的幼犬易获得感染。母犬舔幼犬时也可能感染幼犬,粪便污染也可能感染。犬感染后,幼虫通过淋巴、门静脉系统移行到心和肺,然后幼虫移行到细支气管,寄生于气管分叉处。从感染到成熟约需 10 周。

**致病作用** 虫体寄生在气管或支气管黏膜或黏膜下引起结节。结节为灰白色或粉红色,直径为 1 cm 以下,息肉样;结节内有腔,虫体寄生于其中。结节发育很慢。据实验,感染后 92 d 结节直径仅 2 mm;252 d 时结节增大到 6 mm。严重感染时,气管分叉处有许多出血性症状病变覆盖。

**症状** 症状取决于感染的严重程度和结节的数目大小。本病主要感染幼犬,疾病是慢性的,但有时可能引起死亡。最明显的临床症状是顽固的咳嗽、呼吸困难、食欲缺乏、消瘦。某些感染群死亡率可达 75%。

**诊断** 用支气管窥镜检查或痰液中发现幼虫;粪便中也可发现幼虫,但数量不会太多,必须细心检查。另外,雌虫产卵不是连续性的,必须进行多次检查。

**治疗** 丙硫咪唑,25 mg/kg,每天口服 1 次,连用 5 d 为一疗程。停药 2 周后,再用药 1 次。

**预防** 犬饲养场应执行严格卫生消毒措施。母犬在繁殖前应进行驱虫。

对新来的犬要隔离，确认健康后方可并入犬群中饲养。

## 八、旋毛虫病

旋毛虫病（trichinosis）是由毛线科（Trichinellidae）的旋毛虫（*Trichinella spiralis*）寄生于哺乳动物引起的。旋毛虫的宿主范围非常广泛，寄生于猪、犬、人和鼠以及多种野生动物，是一种重要的人兽共患寄生虫病。

**病原**　旋毛虫是一种细小的线虫。成虫寄生于小肠黏膜。雄虫长约 1.0 mm，食道长约为身体的 1/3，尾部有 2 个生殖瓣，无交合刺。雌虫长约 3.0 mm，子宫内含发育的幼虫。幼虫寄生于横纹肌内，并形成包囊（图 5-8）。

图 5-8　肌肉内的旋毛虫幼虫

**生活史**　同一动物（宿主）既是中间宿主又是终末宿主。当成虫寄生于动物小肠黏膜的绒毛间，雌、雄虫交配后，雄虫死去，雌虫钻入黏膜，向淋巴间隙中产大量的幼虫；幼虫随淋巴液和血流进入全身的骨骼肌，侵入骨骼肌细胞；宿主细胞形成包膜将其包裹，虫体在包膜内卷曲。此时被虫体寄生的肌细胞叫做“营养细胞”。这一时期动物是中间宿主，旋毛虫幼虫为肌旋毛虫。幼虫在包囊内进一步发育为感染性幼虫。这一过程大约需要 7 个星期。包囊在数月后开始钙化，但幼虫仍在其中保持生命力，直至虫体被完全钙化。据报道，幼虫可在包囊内存活数年甚至数 10 年。犬、猪、人或其他易感动物食入生的或未煮熟的猪肉、犬肉或其他野生动物的尸体，包囊在胃和小肠内被消化，幼虫释出，在小肠内经 2 天即可发育为成虫（肠旋毛虫）。此时，动物为终末宿主。

**流行病学**　动物旋毛虫病广泛流行，主要有 3 个原因。第 1 是旋毛虫的宿主范围和感染范围都非常广泛，流行于世界各地的多种野生动物和家养动物。第 2 是感染来源广，多种家养动物和野生动物可以传播本病，甚至许多海洋动物、甲壳动物都能感染并传播本病。第 3 是肌肉中的包囊幼虫对外界的抵抗力较强，−20℃时可保持生命力 57 d，在腐败的肉或尸体内可存活 100 d 以上，而且盐渍或烟熏均不能杀死肌肉内的幼虫。

一般认为鼠旋毛虫的感染率较高，猪感染旋毛虫的主要来源是吞食老鼠。另外，废肉水、生肉屑和其他动物的尸体亦同样是猪感染旋毛虫的来源。犬的活动范围更加广泛，可以吃到多种动物的尸体，其旋毛虫的感染率远远大于猪。据调查，哈尔滨地区犬旋毛虫的感染率为 50%，而猪的感染率只有 0.1%。人感染旋毛虫主要是嗜食生肉和肉品烹调不当，食入含有活的旋毛虫包囊。

**致病作用和症状**　犬和家畜感染旋毛虫后致病性较轻，无明显的临床症状。但当人感染大量虫体时，可出现明显的病状。肠旋毛虫主要是引起肠炎，肌旋毛虫可引起急性肌炎、发热、嗜酸性粒细胞增多、心肌炎等症状。如果不及时治疗可能危及生命。

**诊断**　由于没有特异症状，动物生前很难做出诊断。目前，已有些单位应用 ELISA 方法进行免疫学诊断，可以在临床诊断中试用。

目前对于家畜（猪和犬）旋毛虫病的诊断主要依靠死后肉品检验。

①压片法。当肉眼发现膈肌纤维内有细小的白点时，再取膈肌剪成麦粒大碎块，置于两载玻片之间，压平，显微镜下检查肌纤维间是否有旋毛虫幼虫包囊。

②消化法。将肌肉剪碎（或绞碎），用人工胃液消化，使幼虫由肌纤维间的包囊内释放出来，然后镜检。

**治疗**　动物很少有生前发病病历，一般不采用治疗手段。但旋毛虫的成虫和幼虫对苯丙咪唑类药物敏感。伊维菌素能驱除旋毛虫成虫，对幼虫的驱除效果较差。

**预防**　加强肉品卫生检验，阳性肉一概按规定处理；加强环境卫生管理，在养殖场内消灭鼠类和其他啮齿类动物。

### 九、吸吮线虫病

犬、猫的眼虫病（thelaziosis）是由吸吮科（Thelaziidae）吸吮属（*Thelazia*）丽嫩吸吮线虫（*T. callipaeda*）寄生于瞬膜下引起的，故又称吸吮线虫病。该虫体还寄生于猫、羊、兔和人，造成犬的结膜炎和角膜炎，视力下降，甚至造成角膜糜烂、溃疡和穿孔。在我国河南某地调查显示，犬的感染率为 33.39%，猫的感染率为 7.53%，在夏、秋季节多发。

**病原**　虫体乳白色，体表有细横纹，口囊小，无唇，口缘有内外 2 圈乳突。雄虫(图 5-9)长 7～11.5 mm;有 11 个肛前乳突和 4 个肛后乳突;交合刺 2 根,左交合刺比右交合刺长 12 倍。雌虫长 7～17 mm,阴门位于食道部;卵排时已含幼虫,并迅速孵化;幼虫带鞘。

**生活史**　多种蝇类(家蝇、厕蝇等)均可作为丽嫩吸吮线虫的中间宿主。雌虫在寄生部位产含幼虫的卵,迅速孵出第 1 期幼虫。蝇在舔食犬眼分泌物时食入幼虫。幼虫在蝇的卵泡内发育为感染性幼虫。感染性幼虫进入体腔,移行到蝇的口器。当带有感染性幼虫的蝇再次舐食犬眼分泌物时,幼虫进入眼内瞬膜下,发育成熟。

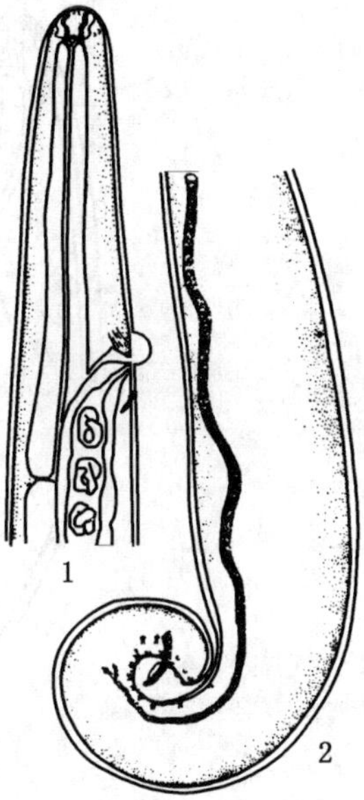

**图 5-9　丽嫩吸吮线虫**

1. 雌虫前部　2. 雄虫尾部

**致病作用和症状**　丽嫩吸吮线虫的致病作用主要表现在虫体机械性刺激泪管、结膜和角膜,造成损伤、发炎。如有细菌感染,则危害加重。临床上常见眼部奇痒,结膜充血肿胀,分泌物增多,畏光,流泪。病犬或病猫常用爪挠、摩擦患眼,造成角膜浑浊、视力下降,严重的可致溃疡或穿孔。成虫多在瞬膜囊、结膜囊和泪管等部位。偶尔可见虫体在眼前房液中活动。

**诊断**　在眼内发现虫体即可确诊。

**治疗**　首先在麻醉状态下手术取出眼内可见的虫体。然后用含抗蠕虫药的滴眼液点眼(如 0.5%盐酸左咪唑),连用 2～3 d;同时,应用抗生素滴眼液预防继发感染。

**预防**　每年在蝇类大量出现之前,对全群犬猫进行驱虫,减少病原传播;注意环境卫生,减少蝇类孳生,防止蝇类滋扰犬猫。

## 十、犬旋尾线虫病

犬旋尾线虫病(canine spirocercosis)俗称犬食道线虫病,为旋尾科(Spirocercidae)旋尾属(*Spirocerca*)狼旋尾线虫(*Spirocerca lupi*)寄生于热带、亚热带犬的食道、胃及其他组织,引发食道瘤等疾病,我国华中、华南等地区多发。

**病原**　成虫浅红色,一般是卷曲的。雄虫长 30～54 mm,雌虫长 54～80 mm。虫卵有一厚的壁,随粪排出时,卵内已有幼虫。虫卵大小为(30～37) μm×(11～15) μm(图 5-10)。

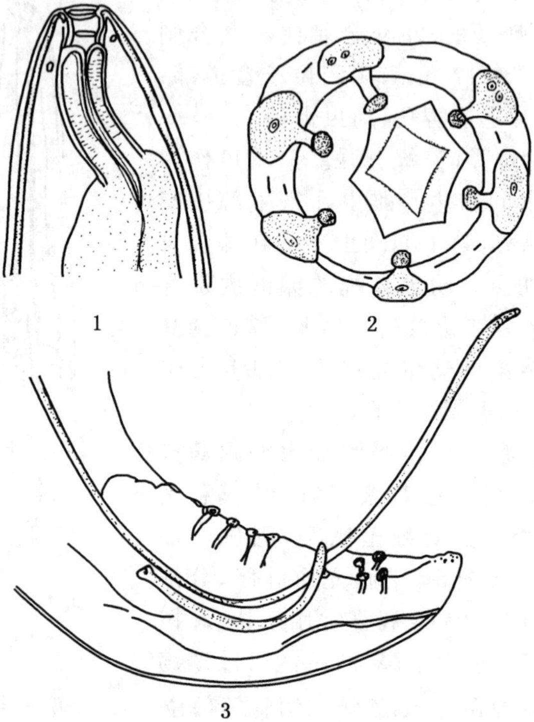


**图 5-10　狼旋尾线虫**(Babero,等)

1. 头端　2. 头顶面　3. 雄虫尾部

**生活史**　狼旋尾线虫的发育是间接的。成虫通过食道破口产卵于食道腔,卵经消化道随粪便排出。中间宿主是一些食粪甲虫、蟑螂和蟋蟀,其他许多昆虫都可实验感染。幼虫在中间宿主体内形成包囊后可直接感染犬。如果中间宿主被其他适宜动物食入,其幼虫包囊可停留在肠系膜内,仍保持其感染性。犬食入中间宿主,感染性幼虫逸出,钻入胃动脉壁,移到主动脉,再通过结缔组织到达食道壁,从感染到粪便中查到卵需 5 个月。

**症状**　幼虫移行可造成动脉内壁的瘢痕,可能不出现症状;常见症状为咽下困难、呕吐、食道瘤形成和主动脉动脉瘤;另见肥大性骨关节病、贫血、脊椎炎、流鼻血、胸膜炎、腹膜炎、呼吸困难、厌食、咳嗽、唾液分泌增加。

**诊断**　根据临床症状;漂浮法检查粪便内虫卵。由于虫卵是周期性排出的,因此,需要反复多次检查。放射学检查胸部是否有脊椎炎。

**治疗**　二碘硝基酚,剂量为每千克体重 7.7 mg,皮下注射,1 周后重复给药

1次。注意事项见钩虫病治疗部分。也可用左咪唑或丙硫咪唑驱虫。

**预防** 防止犬与中间宿主或转运宿主接触。在流行地区，要把犬放在铁丝网上饲养。

## 十一、华支睾吸虫病

华支睾吸虫病(clonorchiasis)是由后睾科(Opisthochiidae)支睾属(*Clonorchis*)的中华分支睾吸虫(*C. sinensis*)(简称华支睾吸虫)寄生于犬、猫多种哺乳动物和人的胆管和胆囊引起的，俗称肝吸虫病。本病在我国主要流行于广东、广西、江苏、浙江、湖南、湖北、山东、河南、河北、四川、北京和上海，东北地区也有报道。

**病原** 虫体扁平，柔软，半透明，葵花籽状，前端稍尖，后端钝圆；体长10～25 mm，宽3～5 mm；口吸盘略大于腹吸盘，两者相距较远；咽呈球形，食道短，两条盲肠末端达虫体后端；2个呈树枝状的睾丸，前后排列于虫体后部；卵巢呈分叶状，位于睾丸前方；睾丸与卵巢之间有一大的受精囊；卵黄腺分布于虫体中部两侧；子宫盘绕在卵巢之前直到腹吸盘前缘，生殖孔位于腹吸盘前缘；排泄囊呈“S”状弯曲，位于虫体后部(图5-11)。雄虫生殖器官缺雄茎、雄茎囊和前列腺。虫卵黄褐色，卵壳厚，平均大小为29 μm×17 μm，形似灯泡，内含毛蚴，顶端有盖，盖的两旁可见肩峰样小突起，底端有一个小突起。

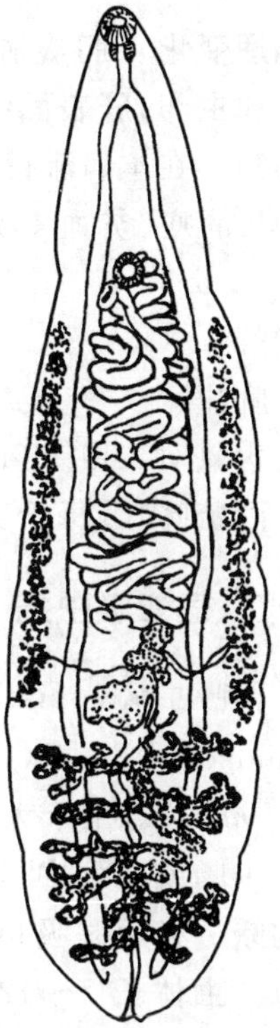
图5-11 华支睾吸虫腹面

**生活史** 虫卵随粪排出落入水中，被适宜的第1中间宿主淡水螺吞食后，毛蚴在螺的消化道中孵出。毛蚴进入螺的淋巴系统，发育为胞蚴、雷蚴和尾蚴。成熟尾蚴离开螺体落入水中，遇第2中间宿主淡水鱼或虾，就侵入其体内各部，以肌肉内最多，最后形成囊蚴。犬、猫由于吞食含囊蚴的生鱼、虾或未经煮熟的鱼、虾而被感染。幼虫在十二指肠中破囊而出，经总胆管而进入胆管。也有人认为是幼虫钻入肠壁经血流而到达胆管的。幼虫约经1个月发育为成虫。

**致病作用** 虫体寄生于胆管和胆囊内，机械性刺激胆管和胆囊黏膜，引起发炎；管壁变厚影响胆汁分泌，导致消化功能受到影响；大量虫体寄生时，阻塞胆管，胆汁分泌受阻，可引起黄疸；虫体分泌的毒素，可引起贫血；虫体寄生时间长久，可引起肝脏结缔组织增生，肝细胞变性萎缩，引起肝硬化。

**症状** 常表现为慢性经过。因胆管和胆囊发炎以及肝功能破坏，患者表现消化不良、食欲不佳和下痢症状，最后出现贫血、消瘦，常继发其他疾病而死亡。

**病理变化** 胆囊肿大，胆管变粗，胆汁浓稠，呈草绿色；胆管和胆囊内有许多虫体和虫卵；肝表面结缔组织增生，有时引起肝硬化或脂肪变性。

**诊断** 在本病流行地区，并有以生鱼、生虾喂犬猫的习惯，临床上出现消化不良、下痢、消瘦、贫血等症状，可疑为本病。粪便检验发现大量虫卵，即可建立诊断。

**治疗**

①吡喹酮。每千克体重 50～75 mg，1 次口服。

②六氯对二甲苯(Hetol)。每千克体重 50 mg，每天 1 次，连用 10 d。

③丙硫咪唑：每千克体重 30 mg，口服，每天 1 次，连用 12 d。

## 十二、后睾吸虫病

后睾吸虫病(opisthorchosis)是由后睾科(Opisthorchiidae)后睾属(*Opisthorchis*)的猫后睾吸虫(*O. felineus*)寄生于犬、猫胆管中引起的。该虫偶尔寄生于小肠或胰管中。

**病原** 猫后睾吸虫(图 5-12)和华支睾吸虫形态很相似。虫体长 7～12 mm，宽 2～3 mm；新鲜时呈淡红色；体表光滑；食道短；两盲肠末端几乎达虫体后部；睾丸分叶，排泄囊从它们中间通过，无雄茎囊和前列腺，有一不太发达的射精管；卵巢小，位于虫体后 1/3 起始处；卵黄腺占据虫体 1/3 部的两侧边处，子宫袢不延伸到卵巢后。虫卵大小为(26～30) μm×(14～15) μm，有卵盖，排出时卵内含一毛蚴。

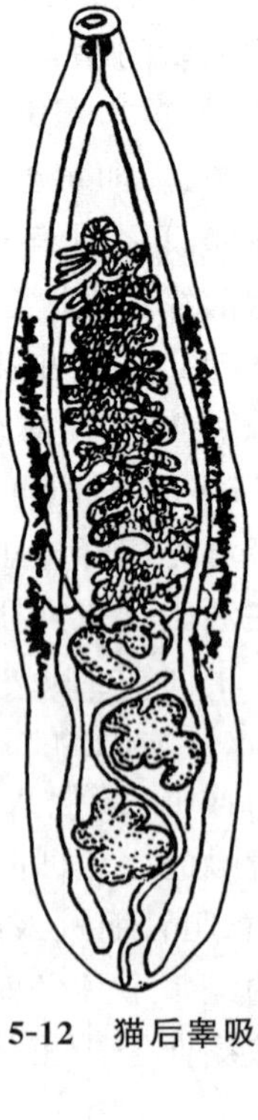
图 5-12　猫后睾吸虫

**生活史** 猫后睾吸虫与华支睾吸虫相似，其第 1 中间宿主为李氏豆螺，第 2 中间宿主是一些淡水鱼类。

致病作用、临床症状、防治等参阅华支睾吸虫病。

## 十三、并殖吸虫病

并殖吸虫病(paragonimiasis)又名肺蛭病,由并殖科(Paragonimidae)并殖属(*Paragonimus*)的几种并殖吸虫寄生于犬、猫和人的肺组织内所引起,偶见于脑、脊髓和其他器官。最常见的是卫氏并殖吸虫(*P. westermani*),主要流行于浙江、台湾和东北地区。还有斯氏并殖吸虫(*P. skrjabini*),见于广东、四川、江西和贵州等省,通常寄生于皮下结节中,较少侵害肺。

**病原** 虫体肥厚,棕色,外形似半粒赤豆,腹面扁平,背面隆起,体表有小刺,常成双生活在肺中(图 5-13)。虫体长 7.5~16.0 mm,宽 4~8 mm;口吸盘位于体前端,与腹吸盘大小相似;腹吸盘位于虫体中央稍前处;咽呈球状;食道短;盲肠 2 根,呈波浪状弯曲,盲端伸达虫体后部;排泄囊长而细,位于虫体中线上,由食道处直达虫体后端;睾丸分叶,左右并列于虫体后 1/3 处;无雄茎和雄茎囊;生殖孔开口于腹吸盘的左后方;子宫盘曲于腹吸盘后右侧;卵黄腺发达,位于虫体两侧,起始于咽部终止于虫体后端,分枝很多。虫卵呈卵圆形,不太对称,棕黄色,卵盖清楚,大小为(75~118) μm×(42~67) μm。

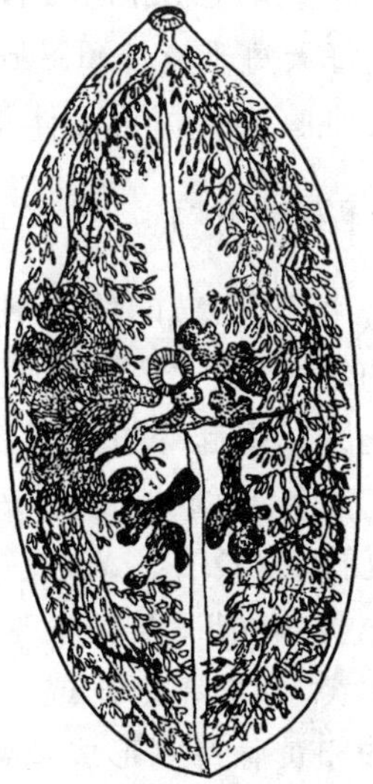

图 5-13 卫氏并殖吸虫背面

**生活史** 虫卵随宿主的痰液被咽入消化道,通过粪便排出。在春夏季节,虫卵在水中约经 16 d 发育为毛蚴。毛蚴孵化后在水中游动,遇到适宜的中间宿主——川卷螺即侵入其体内发育,经胞蚴、母雷蚴、子雷蚴,最后繁殖成尾蚴。尾蚴棕黄色,尾短。每个毛蚴在螺体内可繁殖为 2 000~3 000 个尾蚴。尾蚴离开螺体流入水中,最后钻入石蟹、湖蟹或喇蛄体内变为囊蚴。犬、猫吃了含有囊蚴的生的或未煮熟的蟹或喇蛄,囊蚴便在小肠中破囊而出,钻入肠壁,进入腹腔,穿破隔膜,移行到肺内小支气管附近,然后发育为成虫。成虫周围有结缔组织包囊,虫体包于囊内;包囊以小管道与气管相通,虫卵由管道排出。

卫氏并殖吸虫以终宿主的血液和组织等为食,虫体寿命可达 6~20 年之久。

**症状** 病犬精神不振,慢性细支气管炎,出现阵发性咳嗽,呼吸困难,常伴发气胸。虫体在脑组织中形成囊时可出现严重病状。

**诊断** 根据临床症状并进行粪中虫卵检验，也有施用X射线透视及皮内反应试验。

**治疗**

①丙硫咪唑。每千克体重15～25 mg，每天口服1次，连用6～12 d。

②硫双二氯酚(Bithionol)。每千克体重100 mg，口服，每天1次，连用7 d。

③苯硫咪唑。每天每千克体重50～100 mg，分2次口服，连用14 d。

④硝氯酚(Niclofolan，Bayer 9015)。每天每千克体重1 mg，口服，连用3 d，或每天每千克体重8 mg，间隔1天给1次。

⑤吡喹酮。每千克体重3～10 mg，1次口服。

## 十四、绦虫病

寄生于犬、猫的绦虫种类很多。这些绦虫成虫对犬、猫的健康危害很大。它们的幼虫期，大多以其他家畜(或人)为中间宿主，严重危害家畜和人体健康。

**病原** 引起绦虫病的绦虫种类很多，以下仅介绍几种主要绦虫：

①犬复孔绦虫(*Dipylidium caninum*)。犬复孔绦虫属双壳科(Dilepididae)复孔属(*Dipylidium*)，寄生于犬、猫的小肠内，偶见于人。虫体长10～50 cm，宽3 mm；体节外观呈黄瓜籽状，故又称“瓜实绦虫”；头节上有4个吸盘及一顶突，顶突有3排或4排玫瑰花刺状小钩；成熟节片含2套雌雄生殖器官；卵巢和卵黄腺每侧形成葡萄球状；子宫呈网状，分离为许多单个的储卵囊，每个储卵囊内含2～40个虫卵。卵呈圆形，透明，直径35～50 μm，2层卵壳均薄，内含六钩蚴(图5-14)。

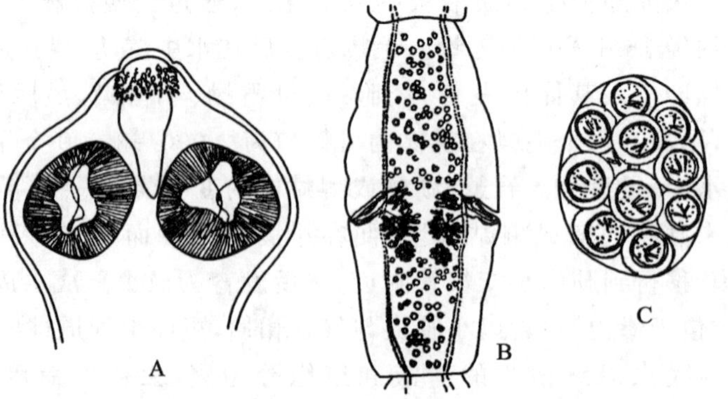


图5-14 犬复孔绦虫

A. 头节 B. 成熟节片 C. 虫卵

孕卵节片自犬、猫肛门逸出或随粪便排出体外，破裂后，虫卵散出，被蚤类幼虫食入。六钩蚴在其肠内孵出，移行至血腔内发育，待蚤幼虫经蛹蜕化为成虫时发育为似囊尾蚴。一个蚤多达56个似囊尾蚴。含似囊尾蚴的蚤被犬、猫咬食而感染犬复孔绦虫。犬复孔绦虫经3周后发育为成虫。

②泡状带绦虫(*Taenia hydatigena*)。泡状带绦虫又称边缘绦虫(*T. marginata*)，属于带科(Taeniidae)带属(*Taenia*)。该虫寄生于犬、猫的小肠。虫体长75～500 cm；头节呈梨形或肾形；顶突有26～44个小钩排成2列；未成熟节片宽而短；成熟节片呈正方形，内有一套生殖器官；孕卵节片的长度大于宽度；孕卵节片内子宫每侧有5～10个粗大分支，每支又有小分支；睾丸600～700个，分布在纵排泄管之间、整个节片的中部，但在卵黄腺的后方，卵巢与卵黄腺之间；卵巢前不大的地方以及输精管和阴道之间缺乏睾丸；输精管没有储精囊，它开始于距子宫主干不远处，形成弯弯曲曲的线绳一样通向节片侧缘；卵巢分成2叶，位于节片的后半部；卵黄腺呈条状，横列于卵巢之后；卵巢与卵黄腺之间为圆形的梅氏腺；阴道位于雄茎囊后方，生殖孔不规则地在一侧开口。虫卵近似椭圆形，大小为(38～39) mm×(0.03～0.035) mm。

泡状带绦虫以猪、牛、羊、鹿等为中间宿主。其幼虫为细颈囊尾蚴，常寄生于猪、牛、羊的大网膜、肠系膜、肝脏、横膈膜等处，严重感染时可进入胸腔寄生于肺。

③豆状带绦虫(*Taenia pisiformis*)。豆状带绦虫属带科带属。虫体节片边缘呈锯齿状，故又称锯齿带绦虫(*T. serrata*)。该虫寄生于犬的小肠，偶见于猫。虫体长60～200 cm，由400～500个节片组成；顶突发达，其上长有34～48个钩，排成2列；成熟节片内部构造与泡状带绦虫基本相似；生殖孔不规则地在一侧开口；孕卵节片长大于宽；子宫有8～14对分枝。虫卵圆形，直径为32～37 mm。

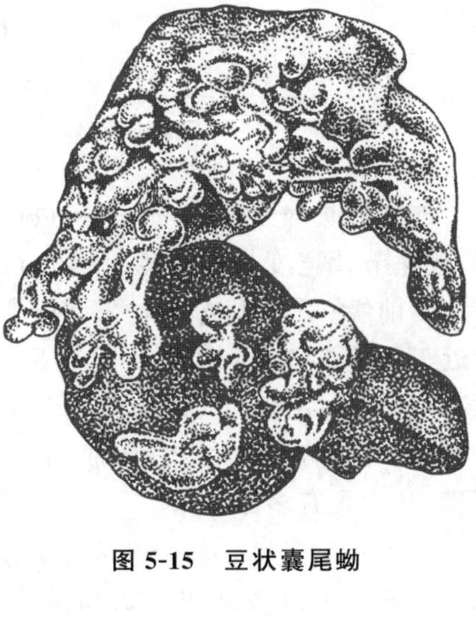

图5-15 豆状囊尾蚴

豆状带绦虫以家兔、野兔等啮齿动物为中间宿主。其幼虫为豆状囊尾蚴(图5-15)，寄生于兔的肝脏、网膜、肠系膜等处，其数目常为数个，数十个，甚至达到200个之多，呈葡萄状。

④多头绦虫。多头绦虫属带科多头属(*Multiceps*)。寄生于犬科动物的小肠中的多头绦虫有多头绦虫、连续多头绦虫和斯氏多头绦虫 3 种。

多头绦虫(*Multiceps multiceps*)虫体长 40～80 cm，由 200～250 节片组成；顶突不发达，有钩 22～32 个，排成 2 列；成熟节片几乎呈正方形，孕卵节片常呈长方形；子宫有 18～26 对侧支。成熟节片(图 5-16)有一套生殖器官，睾丸有 200 个，其在节片中的分布情况与泡状带绦虫的基本相似；卵巢呈蝴蝶形，位于节片的后半部，卵巢 2 叶大小几乎相等；卵黄腺呈不正的三角形，横列于节片后缘；生殖孔不规则地交替开口于节片侧缘。虫卵为圆形，直径 20～37 μm。其幼虫为脑多头蚴，寄生于绵羊、山羊、黄牛、牦牛、骆驼等的脑内，有时也能在延脑或骨髓中发现，人也偶然感染。

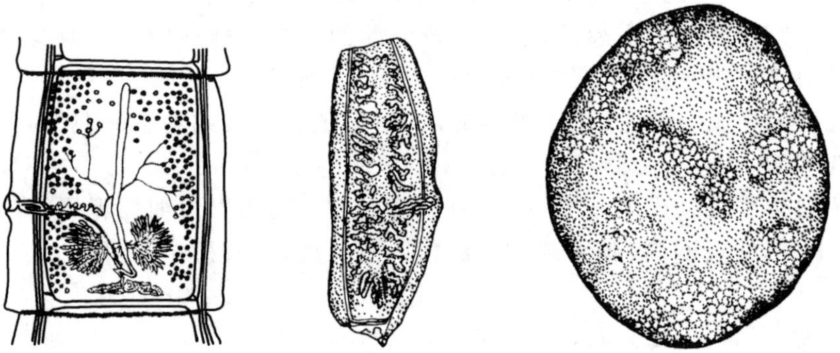

A　　B　　C

**图 5-16　多头绦虫**

A. 成熟节片　B. 孕卵节片　C. 脑多头蚴

连续多头绦虫(*M. serialis*)虫体长 20～75 cm；顶突有 26～32 个钩，排成 2 列；成熟节片宽度超过长度；孕卵节片呈长方形，其后缘呈漏斗形，掩盖着下个节片的前缘；子宫侧枝 20～25 对；睾丸在节片中的分布与前种相似；卵巢的 2 叶近于圆形，大小不相等；卵黄腺呈长卵圆形，横列在卵巢的后方。虫卵大小为 (31～34) μm×(29～30) μm。幼虫为连续多头蚴(图 5-17)，常寄生于野兔、家兔、松鼠等啮齿动物的皮下、肌肉间、腹腔脏器、心肌、肺等处，形成小儿拳大的包囊，其中含有多数头节。

斯氏多头绦虫(*M. skrjabini*)虫体长 20 cm；顶突上有 2 列小钩，共 32 个；成熟节片内生殖器官的形状和排列方式与多头绦虫相似；孕卵节片中子宫有 20～30 个侧枝。虫卵近圆形，直径为 32～36 μm。幼虫为斯氏多头蚴，寄生于羊的肌肉、皮下、胸腔与食道等处，偶见于心脏与骨骼肌。

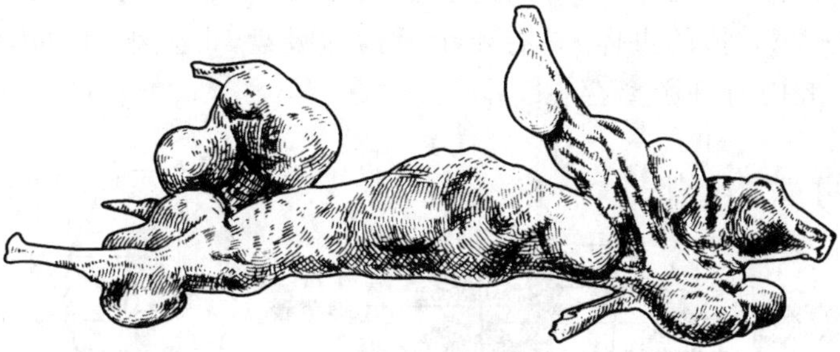

图 5-17　连续多头蚴

⑤细粒棘球绦虫（*Echinococcus granulosus*）。细粒棘球绦虫属棘球属（*Echinococcus*）。虫体由 1 个头节和 3 个或 4 个节片组成，长度不超过 7 mm；头节不大，顶突上有 28～50 个钩；成熟节片有一套生殖器官，睾丸 35～53 个，略呈圆形；卵巢由 2 个紧密的团块组成，并有狭带相连；生殖孔位于节片侧缘的中部或后半部；孕节长度超过虫体全长的 1/2；子宫呈囊状，长度与节片几乎相等，子宫侧面没有侧枝，只有一些突起。虫卵大小为（32～36）μm×（25～30）μm，外层是一层具有辐射状线的较厚的胚膜，其中有六钩蚴（图 5-18）。

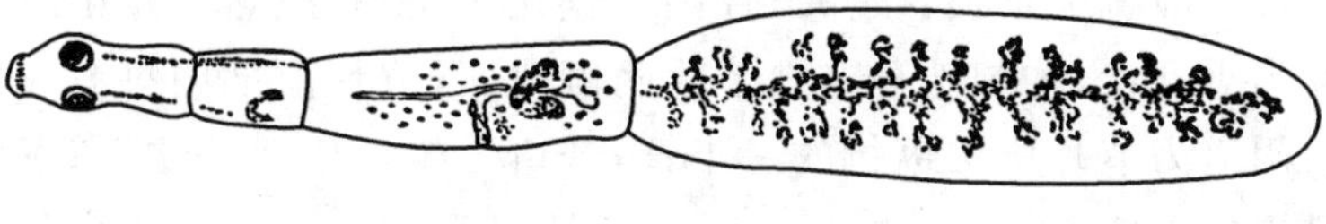

图 5-18　细粒棘球绦虫

细粒棘球绦虫的幼虫为棘球蚴，寄生于多种动物和人的肝、肺及其他器官中，引起危害严重的棘球蚴病（包虫病）。

⑥中线绦虫（*Mesocestoides lineatus*）。中线绦虫属中绦科（Mesocestoididae）中绦属（*Mesocestoides*），寄生于犬、猫的小肠中。虫体长 75～100 cm；头节上有 4 个很发达的吸盘；无顶突；成熟节片中只有一套生殖器官；卵巢呈马蹄形，位于子宫后方；子宫为纵长囊状，位于节片中央部（故眼观此虫的节片中央部似有一条纵线贯穿，所以称为中线绦虫）；孕卵节片呈桶形，长 4～6 mm，其内有子宫和一个呈卵圆形的副子宫（Paruterine organ）或称卵袋（egg-sac），内含成熟的卵。卵为长圆形，大小为（40～60）μm×（35～43）μm，2 层膜内含六钩蚴（图 5-19）。

中线绦虫以地螨为中间宿主，在其体内发育为似囊尾蚴。第2中间宿主为各种啮齿动物、禽类、爬虫类和两栖类，在其体内组织或体腔内发育为四盘蚴。四盘蚴为1～2 cm长的虫体，具有4个无钩的吸盘，寄生于组织内时被组织包围固着，在体腔内时则游离存在。

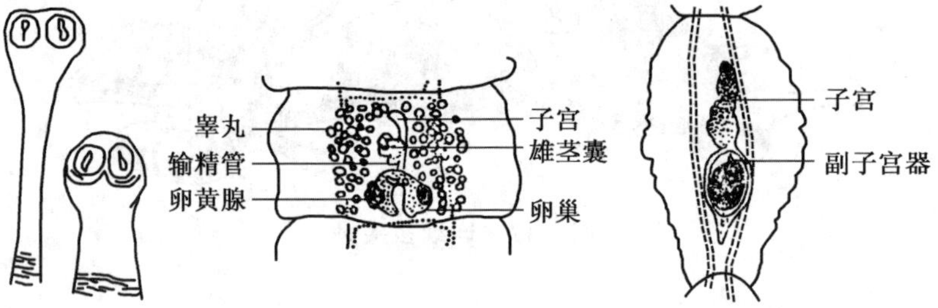


图5-19　中线绦虫

A. 头节　B. 成熟节片　C. 孕卵节片

⑦曼氏迭宫绦虫(*Spirometra mansoni*)。曼氏迭宫绦虫属假叶目(Pseudophyllidea)裂头科(Diphyllobothriidae)迭宫属(*Spirometra*)，主要寄生于猫和犬的小肠中。虫体长约100 cm；头节呈指形；背腹面各具有1个纵行的吸槽；颈节细长，节片一般宽大于长；孕卵节片则长宽几乎相等；成熟节片中有一套生殖器官；睾丸为小泡状，均匀地分布在节片两侧背面，节片前部中央有一圆形的雄性生殖孔；阴道为节片中央纵行的一小管，开口于雄性生殖孔之后；子宫位于节片中部，呈螺旋盘曲，子宫末端有开口，位于阴道孔之后。此种绦虫的成熟节片与孕卵节片形态无明显的区别(图5-20)。

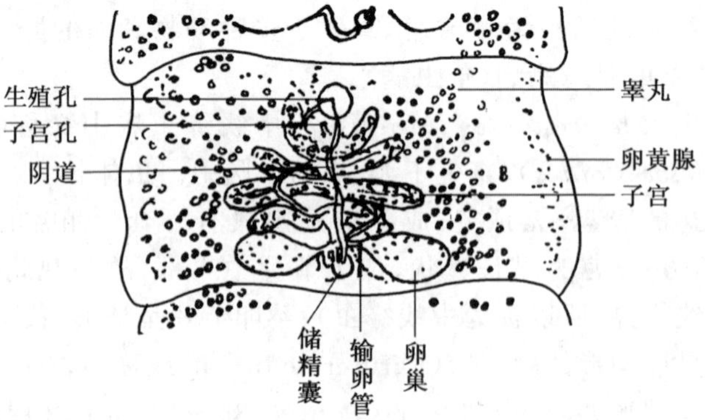


图5-20　曼氏迭宫绦虫

虫卵近椭圆形，两端稍尖，浅灰褐色，一端有卵盖，卵壳薄，内含许多卵黄细胞和一个胚细胞，大小为(52～68) μm×(32～43) μm。

本虫的生活史包括 3 个宿主。第 1 中间宿主为淡水虫类，在其体内发育为原尾蚴；第 2 中间宿主为蛙类和蛇类（鱼类、鸟类甚至人可作为转运宿主），在其体内发育为裂头蚴；犬猫为终末宿主。裂头蚴在其小肠内发育为成虫。国内报道，猪的腹腔网膜、肠系膜、脂肪及肌肉中也发现本虫的裂头蚴，进行猫的感染试验获得成功。

⑧阔节裂头绦虫(*Diphyllobothrium latum*)。阔节裂头绦虫属裂头科裂头属(*Diphyllobothrium*)，寄生于犬猫的小肠中。其形态构造与曼氏迭宫绦虫大致相同，但虫体较大。虫体长约 10 m，由数千个节片组成；成熟节片宽大于长，孕卵节片长大于宽；子宫盘曲呈玫瑰花状；孕卵节片与成熟节片构造基本相同。虫卵近卵圆形，浅灰褐色，窄端有卵盖，卵壳稍厚，内含许多卵黄细胞和 1 个胚细胞，大小为(55～76) μm×(41～56) μm(图 5-21)。

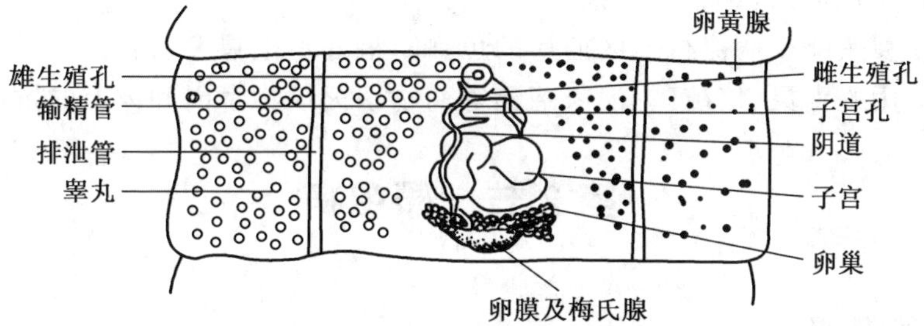


**图 5-21　阔节裂头绦虫成熟节片**

阔节裂头绦虫完成发育史需经 2 个中间宿主。第 1 中间宿主为剑水蚤，第 2 中间宿主为鱼。

**致病作用**　当大量虫体寄生时，虫体以其小钩和吸盘损伤宿主的肠黏膜，常引起炎症。虫体吸取营养，给宿主生长发育造成障碍。虫体分泌的毒素引起宿主中毒。虫体聚集成团，可堵塞小肠腔，导致腹疼、肠扭转甚至肠破裂。

**症状**　轻度感染时常不出现症状。严重感染时，出现呕吐、慢性肠卡他、贪食、异嗜。病犬渐进性消瘦、营养不良、精神不振，有的呈现剧烈兴奋（假狂犬病）；病犬扑人；有的发生痉挛或四肢麻痹。本病常呈慢性经过。

**诊断**　依据临床症状，结合粪检验虫卵结果加以判定。如发现病犬肛门口常夹着尚未落入地面的孕卵节片以及粪便中夹杂短的绦虫节片，均可帮助确诊。

**治疗**

①氢溴酸槟榔素(Arecoline hydrobromide)。犬 1～2 mg/kg,1 次内服。

②硫双二氯酚。犬和猫 200 mg/kg,1 次内服,对带绦虫病有效。

③盐酸丁萘脒(Bunamidine hydrochloride)。犬、猫 25～50 mg/kg,1 次内服。驱除细粒棘球绦虫时 50 mg/kg,1 次内服,间隔 48 h 再服 1 次。

④灭绦灵。犬、猫 100～150 mg/kg,1 次内服。但此药对细粒棘球绦虫病无效。

⑤吡喹酮。犬 5 mg/kg,猫 2 mg/kg,1 次内服。

⑥丙硫咪唑。犬 10～20 mg/kg,每天口服 1 次,连用 3～4 d。

**预防**

①为了保证军犬、警犬的健康,一年应进行 4 次预防性驱虫(每季度 1 次);在军犬、警犬繁殖场,其驱虫工作应在犬交配前 3～4 周内进行。

②不以肉类联合加工厂的废弃物(其中往往有各种绦虫蚴)尤其是未经无害处理的非正常肉食品喂犬、猫。

③在裂头绦虫病流行地区捕捞的鱼、虾,最好不生喂犬、猫。

④应用蝇毒灵、倍硫磷、溴氢菊酯等药物杀灭动物舍内和体上的蚤和虱。

## 第 2 节 原虫病

### 一、等孢球虫病

犬、猫等孢球虫病(isosporiasis)由艾美耳科(Eimeriidae)等孢属(*Isospora*)的犬等孢球虫(*I. canis*)、二联等孢球虫(*I. bigemina*)、芮氏等孢球虫(*I. rivolta*)和猫等孢球虫(*I. felis*)寄生于犬、猫小肠和大肠黏膜上皮细胞内而引起的。

**病原**

①犬等孢球虫。卵囊呈宽卵圆形,有 2 层薄而尖滑的壁,无色,无微孔,大小为(34～40 )μm×(28～34) μm,孢子发育完成的时间为 4 d,是犬粪便中发现的最大的卵囊。

②二联等孢球虫。卵囊呈宽椭圆形或亚球形,卵壁 2 层,光滑而薄,无色,无微孔,大小为(10～14) μm×(10～12) μm,孢子发育完成时间为 1 d 或更长些时间。

③芮氏等孢球虫。卵囊呈宽椭圆形,卵壁 2 层,光滑,无色,有微孔,大小为(21～28) μm×(18～23) μm,孢子发育完成的时间为 4 d,是猫的第 2 大卵囊。

④猫等孢球虫。卵囊呈宽卵圆形，卵壁2层，光滑，淡粉红色，无微孔，大小为(38～51) μm×(27～29) μm，孢子发育完成的时间为72 h，是猫球虫卵囊中最大的。

**生活史** 上述几种球虫生活史基本相似。现以犬等孢球虫为例加以说明。随粪排出的犬等孢球虫的卵囊在外界适宜环境条件下约经1 d或更长一些时间即可完成孢子发育(孢子化)。此时卵囊内含2个孢子囊，每个孢子囊内有4个子孢子。孢子化卵囊具有感染性，犬吞食后即被感染。子孢子在小肠中逸出后，钻入小肠后1/3处肠黏膜上皮细胞内进行裂殖发育，形成裂殖体(含8～12个裂殖子)。裂殖体破裂释放出裂殖子。裂殖子再侵入新的肠上皮细胞内，重复上述发育。经过3代裂殖发育后，最后裂殖子进入配子发育阶段，即一部分裂殖子发育为大配子，另一部分裂殖子发育为小配子。大小配子接合后，生成合子，合子最后形成2层壁变为卵囊，随粪排出体外。其潜在期(prepatent-period)为9～11 d。

**症状** 严重感染时，幼犬和幼猫于感染后3～6 d开始水泻或排出泥状粪便或带黏液的血便。病者轻度发热，精神沉郁，食欲不振，消化不良，消瘦，贫血。感染后3周以上，临床症状消失，大多数可自然康复。

**病理变化** 整个小肠可发生出血性肠炎，但多见于回肠段，特别是回肠下段最为严重，肠黏膜肥厚，黏膜上皮剥蚀。

**诊断** 结合下痢症状并在粪便中发现卵囊，可以做出诊断。

在犬、猫粪便中，还常可检查到肉孢子虫属(*Sarcocystis* spp.)、贝斯诺孢子虫属(*Besnoitia* spp.)、莱文球虫属(*Levine* spp.)和龚地弓形虫的卵囊，要注意加以区别。

**治疗** 用磺胺甲嘧唑，每天1次，每次每千克体重27.5 mg，用药2～4 d或到症状消失为止。

**预防** 搞好犬、猫窝和食槽的清洁卫生，并结合药物预防。可用1～2大汤匙9.7%的氨丙啉溶液混于4.5 L水中，在母犬下仔前10 d内饮用。

## 二、弓形虫病

犬、猫弓形虫病(toxoplasmosis)是由弓形虫科(Toxoplasmatidae)弓形虫属(*Toxplasma*)的龚地弓形虫(*T. gondii*)引起的一种原虫病。多数为隐性感染，但也有出现症状甚至死亡的。

**病原** 龚地弓形虫在不同发育阶段的形态各异，滋养体和包囊出现在中间宿主体内；裂殖体、配子体和卵囊只出现在终宿主——猫体内。

滋养体(又称速殖子)主要见于急性病例。滋养体的典型形态呈橘瓣状或新月状,一端较尖,另一端钝圆;长4～7 μm,宽2～4 μm;中央有一细胞核,稍偏钝端;胞浆内有时可看到1个或几个空泡和或大或小的颗粒,经姬氏液或瑞氏液染色后,胞浆呈蓝色,核为紫红色。

包囊(或叫组织囊)见于慢性病例的脑、眼、骨骼肌与心肌等处,是虫体在宿主体内的休眠阶段,通常呈亚球形或与宿主细胞的形状相适应。最大的囊直径可达100 μm。囊膜较厚而富有弹性。囊内含有数个到数千个滋养体(慢殖子)。慢殖子的形态与速殖子相似,仅是前者的细胞核的位置稍偏后。

卵囊见于猫粪内,呈圆形或椭圆形;卵壁2层,无色,无微孔;大小为(8～11) μm×(1～14) μm,平均为10 μm×12 μm。

**生活史** 弓形虫的整个发育过程需要2个宿主;在终宿主体内进行肠内期(又称球虫相)发育;在中间宿主体内进行肠外期(又称弓形虫相)发育。

猫吞食了已孢子化的弓形虫卵囊或包囊和假囊后,子孢子或慢殖子和速殖子侵入小肠绒毛的上皮细胞内进行类似球虫发育的裂殖生殖和配子生殖,最后产生卵囊,随粪便排出体外。在外界适宜条件下,经2～4 d,孢子发育完成,形成感染性卵囊(内含2个孢子囊,每个孢子囊内有4个子孢子)。弓形虫也可在猫体内发育,即被猫吞食的子孢子、慢殖子或速殖子有一些可以进入淋巴、血液循环,被带到全身各脏器和组织中,侵入有核细胞,以内出芽增殖进行无性繁殖,最后生成包囊(内含许多滋养体,亦称假包囊),包囊破裂释放出滋养体。每个滋养体又能侵入新的细胞内重新进行内出芽增殖。弓形虫不仅可在细胞浆内繁殖,有时也能侵入细胞核内繁殖。经一段时间的繁殖之后,由于宿主产生免疫力,或者其他因素,使其繁殖变慢,一部分滋养体被消灭,一部分滋养体在宿主的脑和骨骼肌等处形成包囊,内含慢殖子,保存下来。

犬吞食了弓形虫感染性卵囊或包囊后,子孢子或慢殖子在其体内发育,最后形成包囊,存留在犬的一些脏器和组织中。

**症状** 犬和猫患弓形虫病的症状,大多数与中枢神经系统、视觉、呼吸、胃肠系统有关。

据观察,犬的症状类似犬瘟热,包括发热、厌食、精神委顿、呼吸困难、咳嗽、贫血、下痢、妊娠早产或流产、运动共济失调等。

猫的症状包括发热、黄疸、呼吸急促、咳嗽、贫血、运动失调、后肢麻痹、肠梗阻等。也有出现脑炎症状和早产或流产的病例。

**诊断** 对可疑病畜或尸体的组织或体液做涂片、压片或切片,观察有无弓形虫。

亦可用血清学诊断，如间接荧光抗体试验、间接血细胞凝集试验、补体结合反应试验、酶联免疫吸附试验等。

还可采用动物接种法。小白鼠、天竺鼠和家兔等实验动物都对弓形虫有高度敏感性，可用做动物接种。

进行尸检常可对弓形虫病做出确切诊断。在急性病例中，脏器和组织的病变出现坏死、出血和水肿为主要特征。慢性病例中，脏器组织细胞出现炎性反应的病变。

**治疗** 可用磺胺嘧啶和乙胺嘧啶治疗。磺胺嘧啶的剂量为 10 mg/kg，乙胺嘧啶的剂量为 0.5～1 mg/kg，每天分 4～6 次投服，连用 14 d。这两种药单独使用时疗效低，同时使用可获得很高疗效。

磺胺嘧啶和乙胺嘧啶有抑制叶酸盐的代谢作用，故使用时应同时投服甲酰四氢叶酸，剂量每天为 1 mg/kg，以防药物引起副作用——贫血。

磺胺氨苯砜(SDDS)剂量为每天每千克体重 5 mg，连用 5～7 d。

### 三、新孢子虫病

新孢子虫病是由犬新孢子虫(*Neospora caninum*)寄生于多种动物引起的。本病广泛分布于世界各地。犬新孢子虫是 1984 年在挪威的犬体内首先被发现，1988 年由 Dubey 定名为新属、新种，因为其与龚地弓形虫(*Toxoplasma gondii*)有着相似的形态特点，此前可能一直被认为是弓形虫。新孢子虫的主要危害是引起孕畜流产或死胎以及新生儿运动神经障碍，对牛的危害尤为严重。犬既是其终末宿主又是中间宿主。当犬作为中间宿主时，引起神经系统肌肉细胞损伤。

**病原体** 犬新孢子虫(*Neospora caninum*, Dubey, 1988)隶属于顶复门(Apicomplexa)孢子虫纲(Sporozoa)球虫亚纲(Coccidia)真球虫目(Eucoccida)肉孢子虫科(Sarcocystidae)新孢子虫属(*Neospora*)。速殖子、组织包囊和卵囊是目前已知的新孢子虫生活史中 3 个重要阶段的虫体形态。

卵囊见于犬科动物的粪便。卵囊近圆形，直径 10～11 μm，新鲜卵囊未孢子化，在合适的温度和湿度下发育为孢子化卵囊。孢子化卵囊内含 2 个孢子囊，每个孢子囊内含有 4 个子孢子。

速殖子(滋养体)和组织包囊存在于中间宿主内。速殖子呈新月形，大小为(4.8～5.3) μm×(1.8～2.3) μm。速殖子具有顶复门原虫的基本特征，具有顶复合器、锥体、微管以及微线体、棒状体和致密颗粒等分泌器官。速殖子主要存在于急性病例的胎盘、流产胎儿的脑组织和脊髓组织中，也可寄生于胎儿的肝脏、肾脏等部位。

包囊也叫组织包囊，主要存在于中枢神经系统中，最初在犬脑组织中发现。包囊呈圆形或椭圆形，直径大小不一。成熟包囊壁厚约 4 μm。包囊内含大量缓殖子。缓殖子大小 7 μm×2 μm。缓殖子在形态上与速殖子较为相似，核位于近末端，而速殖子的则较靠中间。

**生活史** 新孢子虫宿主范围广泛，迄今为止，其生活史尚未完全阐明。已知犬和狐狸是终末宿主，牛、羊、猪、马、猫、鸡以及多种野生动物都是中间宿主，犬自身也可作为中间宿主。犬作为终末宿主时，在其肠上皮细胞进行球虫形发育，卵囊随粪便排出，但其在肠道内的发育过程和寄生部位尚不可知。卵囊在合适的温度、湿度以及有氧条件下完成孢子化过程，发育为孢子化卵囊，亦即感染性卵囊。当中间宿主(包括犬)吞食了外界的孢子化卵囊时遭受感染。子孢子在消化道内释出，随血流到达全身的多种有核细胞内寄生、分裂繁殖，形成虫体集落。当虫体数量达到临界值时宿主细胞破裂，释放出的速殖子随即侵入新细胞。在免疫应答正常的宿主体内，宿主能够清除部分虫体；未被清除的速殖子转变为增殖较为缓慢的缓殖子，最终在细胞内形成组织包囊。组织包囊可以在感染宿主体内长期存在而不表现出任何典型的临床症状。速殖子可通过胎盘传给胎儿，主要侵入胎盘、胎儿的脑组织和脊髓组织。

犬食入了含有新孢子虫组织包囊的动物组织，动物组织和包囊囊壁被胃蛋白酶消化，缓殖子游离出来，进入犬的小肠，在小肠的上皮细胞内进行球虫型的发育，最终以卵囊形式随粪便排出体外。排到体外的卵囊在外界进行孢子发育，发育为具有感染性的孢子化卵囊，完成整个生活史(图 5-22)。

新孢子虫病的传播方式有水平传播和垂直传播 2 种。已经证实，在同种中间宿主群内，主要由母体传播给胎儿，亦即垂直传播。这是同种动物群体内的主要传播方式。水平传播发生在中间宿主与终末宿主犬之间，即中间宿主食入了中间宿主体内的包囊或速殖子以及终末宿主犬排出的卵囊。同种中间宿主群内可能也存在水平传播，具体方式尚不清楚，但水平传播被认为是造成新一轮感染的主要原因。

**症状** 当犬作为终末宿主时，新孢子虫在其肠道上皮细胞内发育，无明显临床症状。而当犬为中间宿主出现时，可引起各年龄段犬的严重神经肌肉损伤。先天感染的幼犬，可见严重后肢瘫痪和脊柱过伸；其他症状还包括肌肉萎缩、疼痛、眼球震颤、精神抑郁、头倾斜、厌食、吞咽困难、四肢无力、运动共济失调、瞳孔反射迟钝、感觉反应降低等；还可发生心力衰竭。一般有脑炎、肌炎、肝炎和持续性肺炎等症状。在老年犬中，偶尔有皮肤新孢子虫病发生。临床上可

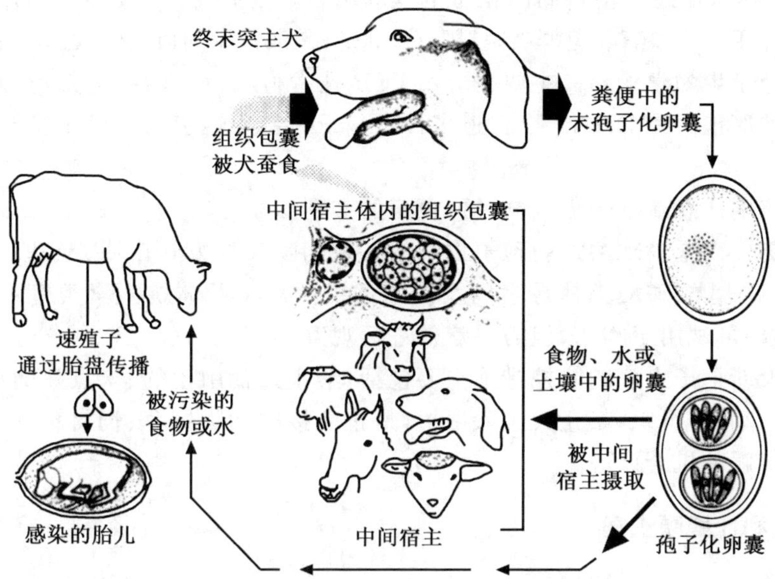


图 5-22 新孢子虫生活史(根据 Dubey 修改,2007)

出现感染母犬妊娠后发生死胎或产出衰弱的胎儿。

**病理变化** 犬既是新孢子虫的中间宿主又是终末宿主。目前尚未见报道犬作为终末宿主时临床危害和引起的病理变化。当犬作为中间宿主时,新孢子虫可引起多个器官组织的病变,主要集中在中枢神经系统和骨骼肌中,同时伴有非化脓性坏死性脑炎以及心肌炎和心肌变性等病理变化。

**诊断** 犬发生新孢子虫病的临床症状不典型,临床上很难做出诊断。我国兽医临床工作中对犬的新孢子虫病认识尚显不足,因此,无犬发生新孢子虫病的临床诊断病例报道,应引起临床兽医的高度重视。

①病原学诊断。病原分离和鉴定是最为有力的感染证据。但新孢子虫的分离较为困难,成功率很低,直接从病料涂片检查检出率更低。但从流产动物体内分离相对容易,一般情况下新孢子虫包囊较多集中在胎儿神经组织内。应用免疫力低下的小鼠连续传代几次后对虫体进行进一步的鉴定。

对分离获得的虫体或病理组织切片均可用免疫组织化学染色确认虫体。在HE 染色的切片上,能够观察到速殖子或包囊,但不能与粪地弓形虫、哈氏哈芒球虫、枯氏肉孢子虫的速殖子或包囊相区分。用特异性抗体染色能够确认新孢子虫的存在。免疫组织化学染色在脑和心脏中检测到虫体的几率远高于其他器官。

②血清学诊断。血清学检测是较为方便、快捷的方法,尤其适用于群体动物

的筛查。国外已经有多种商品化试剂盒应用。间接免疫荧光试验（IFAT）、直接凝集试验（DAT）和酶联免疫吸附试验（ELISA）是最常用的血清学检测方法。

③分子生物学诊断。主要是应用 PCR 技术检测流产胎牛或其他中间宿主组织内的新孢子虫 DNA。已报道多种新孢子虫特异性引物可用于特异性基因的扩增。

要特别注意新孢子虫病与弓形虫病的鉴别诊断。

**预防** 尚未发现治疗新孢子虫病的特效药物。复方新诺明、羟基乙磺胺戊烷脒、四环素类、磷酸克林霉素以及抗鸡球虫的离子载体抗生素类等可能有一定的疗效，可试用于临床，但需对疗效进行观察。

对犬新孢子虫病的防控措施主要包括：禁止犬食用生的、未煮熟的动物（尤其是流产动物）组织，禁止犬进入牛栏，禁止犬接触动物饲草、饲料和饮水，减少犬与牛接触的机会。

## 四、利什曼原虫病

利什曼原虫病（leishmaniasis）又称黑热病（kala-azar）。虫体寄生于网状内皮细胞内，由吸血昆虫——白蛉传播。本病是流行于人、犬以及多种野生动物的重要人兽共患寄生虫病。引起的病症可分为内脏型和皮肤型。本病广泛分布于世界各地，目前尚未得到很好的控制。1950 年以前，本病在我国的鲁、苏、皖、豫、冀、晋、陕、甘等地广泛流行，死亡率高达 40%，成为我国人群中五大寄生虫病之一。新中国成立后，由于大力开展防治工作，到 20 世纪 50 年代末本病已经得到基本消灭。现在个别地方又有发生。

**病原** 黑热病是由锥体科（Trypanosomatidae）利什曼属（*Leishmania*）的热带利什曼原虫（*Leishmania tropica*）、杜氏利什曼原虫（*L. donovani*）、巴西利什曼原虫（*L. braziliensis*）等多种寄生原虫引起的。虫体（图 5-23）椭圆形，长 2～4 μm，宽 1.5～2 μm，寄生于肝、脾、淋巴结的网状内皮细胞内，在血液的白细胞中少见。在姬姆萨染色的涂片上，虫体呈深蓝色，核呈深红色。

**生活史** 利什曼原虫的传播者是白蛉。白蛉在吸食动物血液时，该虫随血液进入其体内并在其肠内繁殖，形成前鞭毛型虫体，7～8 d 后返回口腔，当白蛉再次吸血时将虫体注入宿主体内。虫体侵入动物体内，进入巨噬细胞内以纵分裂法进行繁殖。

**流行特点** 利什曼原虫最初感染野生动物尤其是啮齿类，人只是在偶然情况下遭受感染。犬是利什曼原虫的天然宿主，是人感染热带利什曼原虫和杜氏利什曼原虫的来源。

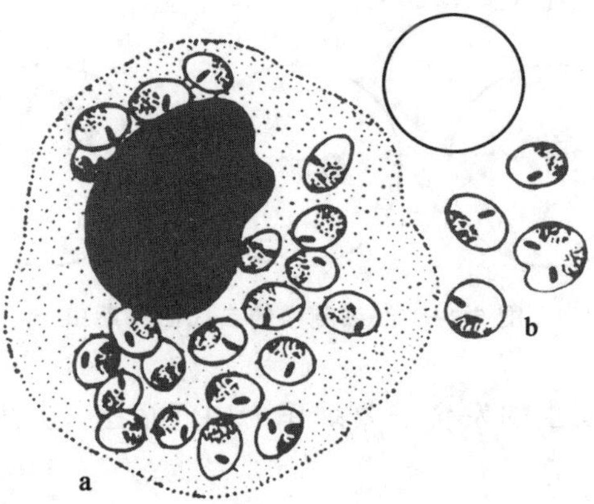


**图 5-23　利什曼原虫(Hoare)**

a. 巨噬细胞中的虫体　b. 细胞外的虫体

**症状**　犬常在感染利什曼原虫数月后才出现临床症状。其症状表现也很不一致。皮肤型利什曼原虫病的病变常局限在唇和眼睑部的浅层溃疡,一般能够自愈。内脏型利什曼原虫病更为常见,开始由于眼圈周围脱毛形成特殊的"眼镜",然后体毛大量脱落,并形成湿疹。利什曼原虫大量存在于皮肤中。其他症状如中度体温升高、贫血、恶病质和淋巴组织增生也是常见的。死后剖检可见脾和淋巴结肿胀。

**诊断**　根据临床症状和病原检查进行确诊,在病变处皮肤的涂片或刮片中或通过淋巴结、骨髓穿刺,可检出无鞭毛型的利什曼原虫。

**治疗**　可用锑制剂治疗,如葡萄糖酸锑钠或锑泼芬。但由于本病为人兽共患,一旦发现新病犬应及时上报疫情。

## 五、犬巴贝斯虫病

犬巴贝斯虫病(canine babesiosis)广泛发生于各种家畜,是经蜱传播的在家畜体内引起严重的贫血和血红蛋白尿症的一种的寄生原虫病。

**病原**　寄生于犬的虫种是犬巴贝斯虫(*Babesia canis*)、韦氏巴贝斯虫(*B. vitalli*)和吉氏巴贝斯虫(*B. gibsoni*)。它们单个或成对寄生于家畜红细胞内。吉氏巴贝斯虫为流行于我国的主要虫种,但其他国家则认为犬巴贝斯虫是主要病原。两者的传播媒介分别为血红扇头蜱(*Rhipicephalus sanguineus*)和长角血蜱。犬巴贝斯虫和吉氏巴贝斯虫呈梨形、圆形、椭圆形或雪茄形,均为小型巴贝斯虫。其中梨形虫体的长度不超过 2.5 μm,一般在 1～2.5 μm;罗氏染色其细胞浆呈蓝色,核呈红色(图 5-24)。

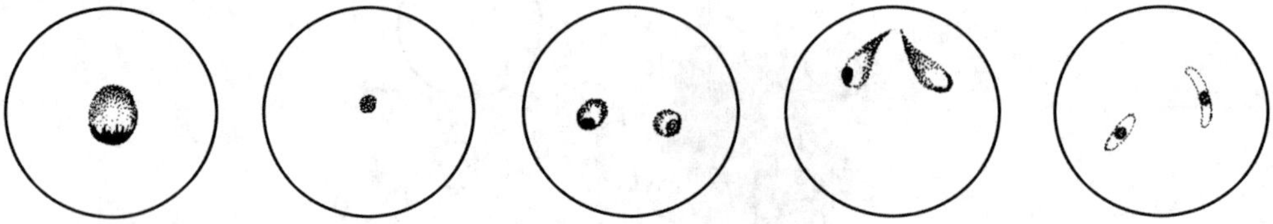

图 5-24　红细胞内的吉氏巴贝斯虫

**生活史**　巴贝斯虫的发育需要蜱作为中间宿主。其发育过程包括以下三部分:

①裂殖生殖。巴贝斯虫的子孢子随蜱的唾液进入动物体内的红细胞内,以二分裂法进行无性繁殖,形成新的裂殖子。当红细胞崩解释放出裂殖子侵入新的红细胞后,进行新的分裂繁殖。反复分裂,最终形成配子体。

②配子生殖。当蜱叮咬动物时,配子体被吸入,并在其体内发育为合子,最终转变为动合子。

③孢子生殖。动合子反复分裂形成更多的动合子,并进入蜱的唾液细胞转变为多态的孢子体。孢子体反复进行孢子生殖,最终形成具感染性的子孢子。

**流行特点**　本病的流行取决于病原体、传播媒介和易感动物(犬)3 个方面的因素。

①与一般寄生虫病相反,对幼犬危害较轻。

②在流行区,幼犬由初乳中获得被动免疫,因此,感染后只表现出轻微的症状;此后不断受到感染,机体处于带虫免疫状态,不出现临床症状;偶尔由于种种原因引起机体的应激诱发本病。

③在非流行区,群体免疫水平较低,幼犬得不到初乳的保护;如果突然从流行区引入新犬,可能出现暴发性流行。

**症状**　当犬由非疫区进入疫区时常出现最急性型的病例,多在 1～2 d 内死亡,无明显临床症状。

一般呈慢性经过,病初精神沉郁,喜卧怠动,活动时身躯摇晃,常出现发热、贫血、黄疸和血红蛋白尿等症状。其他的症状还有消瘦、腹水、支气管炎、出血性紫斑和肌肉疼痛。

**诊断**

①首先了解疫情。本病在当地的流行情况,有无传播本病的蜱,病犬是否刚由非疫区到疫区等流行病学资料。

②临床症状。在发病季节，病犬出现高热、贫血、黄疸和血红蛋白尿等临床症状。

③血液检查。在血液涂片中发现红细胞内的虫体即可确诊。

**治疗** 本病可用以下特效药治疗：

①硫酸喹啉脲。剂量为 0.5 mg/kg，皮下或肌肉注射，有时隔日重复注射 1 次。对早期急性病例疗效显著。如出现副作用，则将剂量减至 0.3 mg/kg，多次低剂量给药。

②三氮脒。剂量为 11 mg/kg，1%溶液皮下注射或肌肉注射，间隔 5 d 再用 1 次。

③咪唑苯脲。剂量为 5 mg/kg，10%溶液皮下注射或肌肉注射，间隔 24 h 再用 1 次。

在应用特效药治疗的同时，应针对机体的相应症状，对症治疗。

**预防**

①首先应该灭蜱。根据蜱的活动规律，进行有计划的灭蜱工作，消灭犬体、犬舍以及运动场上的蜱。

②在非流行季节引进或调运犬，在犬调入和调出前对其做药物处理。

③当从非流行区向流行区调运犬时，应用特效药进行药物预防。

## 第3节 蜘蛛昆虫病

### 一、疥螨病

犬猫疥螨病(sarcoptidosis)是由疥螨科(Sarcoptidae)疥螨属(*Sarcoptes*)的犬疥螨(*S. scabiei canis*)和背肛螨属(*Notoedres*)的猫背肛螨(*N. cati*)寄生于犬猫皮肤内而引起的。

**病原**

①犬疥螨。犬疥螨(图 5-25A、图 5-25B)呈圆形，微黄白色，背面稍隆起，腹面扁平。雌螨大小为(0.33～0.45) μm×(0.25～0.35) mm，雄螨大小为(0.2～0.23) μm×(0.14～0.19) mm。虫体可分前后两部。前部称为背胸部，有第 1 对足和第 2 对足；后部称背腹部，有第 3 对足和第 4 对足；两部之间无明显界限。虫体背面有细横纹、锥突、鳞片和刚毛。假头后方有一对粗短的垂直刚毛。背胸上有一块长方形的胸甲。肛门位于背腹部后端的边缘上。虫体腹面有 4 对粗短的足，前后两对足之间的距离远，每对足上均有角质化的支条；第 1 对足

上的后支条在虫体中央并成一条长杆，第3对、第4对足上的后支条，在雄虫是互相连接的；前2对足大，超出虫体边缘，每个足的末端有2个爪和1个只有短柄的吸盘；后2对足较小，除有爪外，在雌虫足的末端只有刚毛，雄虫第3对足的末端为刚毛，第4对足的末端却有吸盘。虫卵呈椭圆形，平均大小为150 μm×100 μm。

②猫背肛螨。虫体（图5-25C、图5-25D）比疥螨小，雄虫体长为0.122～0.147 mm，雌虫体长为0.170～0.247 mm。虫体呈圆形，其背面的锥突、鳞片和刚毛等均比疥螨的要细小，数目亦较少；肛门位于背面。猫背肛螨寄生于猫的面部、鼻、耳以及颈部等处。

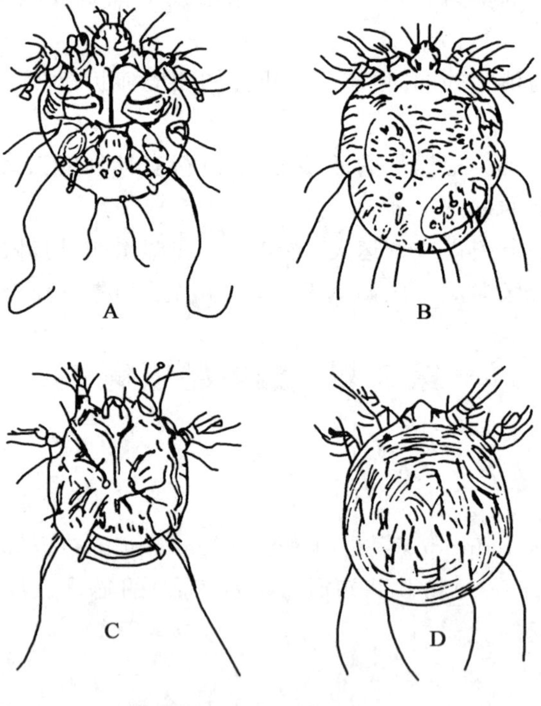

**图5-25 疥螨和背肛螨**

A. 疥螨雄虫腹面　B. 疥螨雌虫背面　C. 背肛螨雄虫腹面　D. 背肛螨雌虫背面

**生活史**　属不完全变态。发育过程包括卵、幼虫、若虫和成虫4个阶段。雌雄疥螨在皮肤表面交配后，雌螨钻进宿主表皮挖凿隧道，在隧道内产卵；卵经3～8 d孵化为幼虫；幼虫移至皮肤表面生活，在毛间的皮肤上开凿小穴，在里面蜕化变为若虫；若虫也钻入皮肤挖凿浅的隧道，并在穴道中蜕皮变为成虫。疥螨的整个发育过程为8～22 d,平均15 d。猫背肛螨的生活史与疥螨相似。

**症状** 幼犬严重,多先起于头部、口、鼻、眼及耳部和胸部,后遍及全身。病变部皮肤发红而有疹状小结,表面有黄色痂皮。病犬剧痒,因摩擦而出现严重脱毛。

猫背肛螨严重感染时,常使皮肤增厚、龟裂,出现黄棕色痂皮,常引起死亡。

**诊断** 根据临床症状结合皮肤刮取物检查螨,以便确诊。

检查螨可用消过毒的钝手术刀在病变皮肤和健康皮肤交界处稍偏病变皮肤一侧刮取病料,必须刮到稍见血液。刮得的病料置于玻片上,滴加50%的甘油水溶液,加盖玻片后,置显微镜下观察,可查见活螨。

亦可将待检的病料置于试管中,加入10%氢氧化钾溶液,浸泡过夜(如亟待检查可在酒精灯上煮沸数分钟),使皮屑溶解,尔后待其自然沉淀(或以2 000 r/min的速度离心沉淀5 min),弃去上清液,吸取沉渣检查;或向沉渣中加入饱和硫酸镁溶液,待虫体上浮,再取表面液体镜检。

**治疗** 用温肥皂水刷洗患部,除去污垢和痂皮,再施用药物治疗。

①伊维菌素。0.2 mg/kg,1次皮下注射。间隔10 d左右,再注射1次。

②10%硫黄软膏。涂于患部,每天1次,连用几次或多次。

③5%溴氰菊酯。配成0.005%～0.008%溶液,局部涂擦,间隔7～10 d,再用1次。

④20%速灭菊酯。配成0.008%～0.002%溶液,局部涂擦。间隔7～10 d,再用药1次。

## 二、犬蠕形螨病

犬蠕形螨病(canine demodicidosis)是由蠕形螨科(Demodicidae)蠕形螨属(*Demodex*)的犬蠕形螨(*D. canis*)寄生于犬的毛囊和淋巴腺内引起的。蠕形螨也叫脂螨或毛囊螨。犬蠕形螨偶尔也能引起猫发病。

图5-26 犬蠕形螨腹面

**病原** 犬蠕形螨(图5-26)是一种小形的寄生螨。虫体细长,呈蠕虫状,体长为0.25～0.3 mm,宽约0.04 mm;外形上可以区分为前、中、后3个部分。口器位于前部,呈膜状突出,其中有1对由3节组成的须肢、1对刺状的螯肢和1个口下板;中部有4对很短的足,各足由5节组成;后部细长,表面密布横纹。雄虫的生殖孔开口于背面、足体部的中央,即在第1对与第 2 对足之间后方的相对背面。雌虫的生殖孔则在腹面第 4 对足之间。

**生活史** 犬蠕形螨全部发育过程都在犬体上进行。发育史包括卵、幼虫、稚虫、成虫 4 个阶段。稚虫有 3 期。犬蠕形螨除寄生于毛囊内外，还能生活在犬的组织和淋巴结内，并部分在那里繁殖(转变为内寄生虫)。犬蠕形螨多半在发病皮肤毛囊的上部寄生，尔后转入毛囊底部，很少寄生于皮脂腺内。

**流行病学** 本病的发生多因健康犬和病犬(或被病犬污染的物体)相接触。正常的幼犬身上常有蠕形螨存在，但不发病。当虫体遇有发炎的皮肤或机体处于应激状态并有丰富的营养物质时，即大量繁殖并引起发病。本病多发生于 5～6 月龄的幼犬。有的学者认为，只有当犬的身体瘦弱、缺乏营养或某种维生素时，发病的可能性较大。

犬蠕形螨寄生于面部与耳部最为常见，严重时可蔓延到全身。

**症状** 初期见毛囊周围有红润的小突起。由于细菌感染，而产生小脓肿，以致脱毛，皮脂溢出，并有银白色具有黏性的皮屑脱落。严重者可引起死亡。

**诊断** 切破皮肤上的结节或脓疮，取其内容物做涂片镜检，以发现病原体而确诊。

**治疗**

①苯甲酸苄酯(Benzyl benzoate)33 mL，软肥皂 16 g，95%酒精 51 mL，混匀；每天涂擦 1 次，连用 3 d。

②5%碘酊，外用，每天 6～8 次。

③白降汞 5 g，硫黄 10 g，苯酚 10 g，氧化锌 20 g，淀粉 15 g，凡士林加至 100 g，混匀；局部涂擦，每天 2 次，连用 3 d。

④大剂量伊维菌素有一定效果，1 mg/kg，皮下注射，间隔 10 d 左右再注射 1 次。

对重症病犬除局部用药外，还应全身应用抗菌药物，防止细菌继发感染。为杀死淋巴内的虫体可静脉注射 1%台盼蓝溶液，剂量为 0.5～1.0 mL/kg，注射 2 次或 3 次，各间隔 6 d。

## 三、耳痒螨病

犬、猫的耳痒螨病(otodectosis)都是由犬耳痒螨(*Otodectes cynotis*)引起的。此螨世界分布，犬、猫感染较为普遍，而且还可感染雪貂和红狐。此病临床多见。

**病原** 犬耳痒螨的外形类似于痒螨和足螨，椭圆形，足体凸出。雄螨全部足和雌螨第 1 对、第 2 对足的末端均有吸盘；雌螨第 4 对足不发达，不能伸出体缘。雄螨的尾突不发达(图 5-27)。

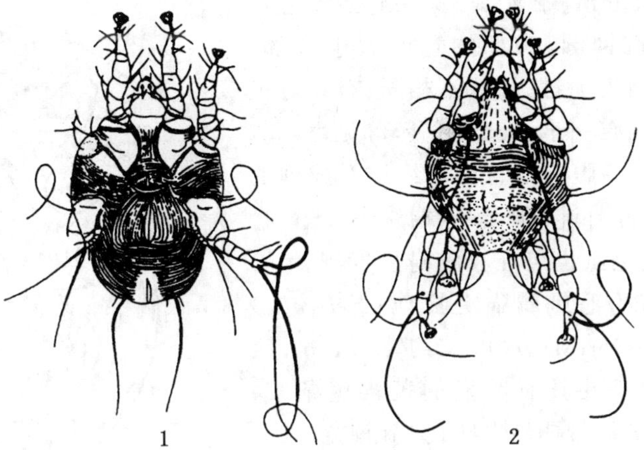


**图 5-27　耳痒螨**

1. 雌螨　2. 雄螨

**生活史**　发育经过卵、幼螨、若螨和成螨 4 个阶段，仅寄生于动物的皮肤表面，采食脱落的上皮细胞。整个生活史约需 3 周。通过直接接触进行传播。犬、猫之间也可相互传播。

**症状及病变**　大多数的猫都感染有耳痒螨，但多不表现临床症状。耳痒螨病具有高度传染性，主要症状有：剧烈瘙痒，犬、猫常以前爪挠耳，造成耳部淋巴外渗或出血，常见耳血肿和淋巴液积聚于耳部皮肤下；病犬或病猫甩头；耳部发炎或出现过敏反应；外耳道内有厚的棕黑色痂皮样渗出物堵塞。

**诊断**　根据病史以及同群动物有无发病、临床症状；耳内皮屑和渗出物检查，查出螨或螨卵即可确诊。

**治疗**

①在麻醉状态下清除耳道内渗出物。

②耳内滴注杀螨药，最好为专门的杀螨耳剂，同时配以抗生素滴耳液辅助治疗。

③全身用杀螨剂，对杀死耳部的螨是必要的。

④伊维菌素治疗。

**预防**　隔离患病犬、猫，并对同群的所有动物进行预防性杀螨。

## 四、虱病

### (一)毛虱病

**病原**　寄生于犬的毛虱属于毛虱属(*Trichodectes*)的犬毛虱(*T. canis*)。

雄虱长约 1.74 mm，雌虱 1.92 mm，淡黄色具褐色斑纹；头端钝圆，头部的宽度大于胸部；咀嚼式口器；触角 1 对；两性不相同；有 3 对粗短的足，足末端有一爪；腹部明显，可见由 8 节或 9 节组成，每一腹节的背面后缘均有成列的鬃毛；雄虱尾端圆钝，雌虱尾端常是分叉状(图 5-28)。犬毛虱也可在小猫身上发现。

图 5-28　毛虱

寄生于猫的毛虱属猫毛虱属(*Felicola*)的猫毛虱(*F. subrostrats*)，长约 1.2 mm，淡黄色，腹部白色，并具有明显的黄褐色条纹；头呈五角形，较犬毛虱要尖些；胸节较宽。

**生活史**　毛虱一生均在宿主身上度过。雌虱产卵于宿主毛上；卵经 7～10 d，孵化为稚虱；稚虱经 3 次蜕化后变为成虱；成熟的雌虱可存活 30 d 左右。离开宿主的毛虱，在外界只能生存 2～3 d。

毛虱主要靠宿主间的直接接触传播。

**致病作用**　毛虱以毛和表皮鳞屑为食，使动物发生瘙痒和不安，因啃咬而损伤皮肤，可能引起继发性的湿疹、丘疹、水疱、脓疱等细菌性的感染。危害严重时，引起脱毛，食欲不振，睡眠不安。毛虱除机械性的损害皮毛外，尚能像跳蚤一样作为大复孔绦虫的中间宿主。

图 5-29　吸血虱

**治疗**

①伊维霉素。0.2 mg/kg，皮下注射。

②西维因(Sevin)。0.5%，涂擦患部。

③林丹(Lindane)。0.1%，涂擦患部。

**(二)吸血虱病**

**病原**　寄生于犬的吸血虱属颚虱属(*Linognaltus*)的犬颚虱(*L. setosus*)。雄虱长 1.5 mm，雌虱长 2 mm；体呈淡黄色；头部较胸部窄，呈圆锥状；触角短，通常由 5 节组成；眼退化；口器为刺吸式；胸部有 3 对粗短的足，其末端有一强大的爪；腹部有 11 节，第 1 节、第 2 节多消失。雄虱末端圆形，雌虱末端分叉(图 5-29)。

**生活史**　吸血虱终生不离开宿主，生活史包括卵、稚虱和成虱 3 个阶段。雌虱产卵于宿主毛上；卵经 9～20 d 孵化为稚虱；稚虱经 3 次蜕化后发育为成虱。从卵发育为成虱需 30～40 d。

**致病作用**　吸血虱在吸血时，能分泌有毒素的唾液刺激宿主的神经末梢，发生痒感，引起犬不安。严重感染、吸血虱过于密集时，可引起化脓性皮炎，有脱皮和脱毛现象。由于虱的骚扰，影响犬的采食和休息，患犬消瘦，幼犬发育不良，降低对其他疾病的抵抗力。

**治疗**　参阅毛虱病的治疗。

## 五、蚤病

犬猫的常见蚤有犬栉首蚤（*Ctenocephalides canis*）和猫栉首蚤（*C. felis*）。这 2 种蚤常引起犬、猫的皮炎，也是犬绦虫的传播者。猫栉首蚤主要寄生于犬、猫，有时也见于其他多种温血动物；犬栉首蚤只限于犬及野生犬科动物。两者均为世界分布。有时可寄生于人体。

**病原**　猫栉首蚤和犬栉首蚤的大小变化范围很大。雌蚤长，有时可超过 2.5 mm，而雄蚤则不足 1.0 mm；两性之间的大小可相差一倍。蚤（图 5-30）的颜色为深褐色。其卵为白色，小，呈球形。

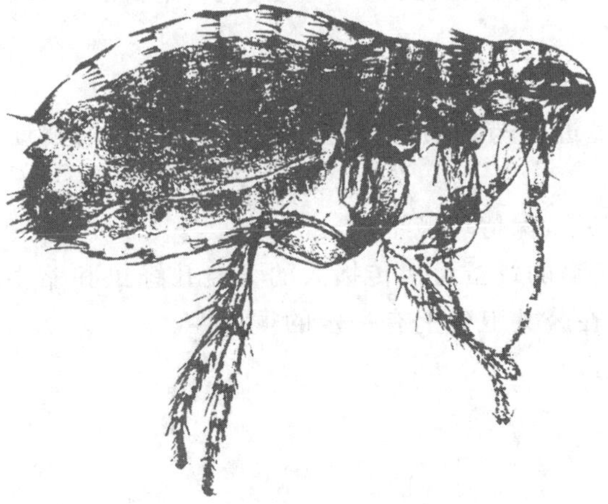

**图 5-30　蚤**

**生活史**　成蚤在宿主被毛上产卵。卵很快从被毛上掉下，在适宜的条件下经 2～4 天孵化。有 3 种幼虫，1 龄幼虫和 2 龄幼虫以植物性物质和动物性物质（包括成蚤的排泄物）为食；3 龄幼虫不吃食，做茧。茧为卵圆形，肉眼不太容易发现，一般都附着在犬、猫垫料上，经几天后化蛹。3 个幼虫期大约需 2 周。在适宜的温度和湿度下，从卵发育到成虫需 18～21 d，但在自然条件下所需时间可能要长，其长短取决于温度、湿度和适宜宿主的存在。成蚤在低温、高湿条件下，不吃食也能存活一年或更长时间，但在高温、低湿条件下，几天后死亡。犬、猫通过直接接触或进入有成蚤的地方而发生感染。

**症状及病变** 刺激皮肤，引起瘙痒；犬、猫蹭痒引起皮肤发炎、贫血，引发过敏性皮炎。一般可见脱毛，被毛上有跳蚤的黑色排泄物，皮肤破溃，下背部和脊柱部位有粟粒大小的结痂。

**诊断** 根据临床症状，体表发现跳蚤和跳蚤的黑色排泄物及体内感染犬复孔绦虫，粪便中检出绦虫节片，即可做出诊断。

**治疗** 许多杀虫剂都可杀死犬、猫的跳蚤，但杀虫剂都有一定的毒性。猫对杀虫剂比犬敏感，用时更应小心。

①有机磷酸盐。这类化合物中，有些是非常有效的杀虫剂，毒性较大。但已发现对此药产生耐药性蚤群。

②氨基甲酸酯。比有机磷类杀虫剂毒性略小。

③除虫菊酯类。毒性较小，但接触毒性表现得快而强烈，可用于幼犬和幼猫。

④伊维菌素和阿维菌素类药物。毒性较小，是目前较好的杀跳蚤药。

**预防**

①对同群犬、猫进行驱虫。

②对周围环境进行药物喷雾或应用商品杀虫剂，清扫地毯和犬、猫床铺或垫料。

③注意环境卫生，保持环境干燥。

**公共卫生** 犬猫的跳蚤可以传播人的犬复孔绦虫和缩小膜壳绦虫，而且还可以咬人。因此，在公共卫生上有一定的重要性。

（刘 群）

# 第6章 消化系统疾病

在犬猫的各种疾病中，消化系统疾病的发病率是最高的。不仅如此，很多传染病、寄生虫病、中毒性疾病和其他系统的疾病，也都或多或少地具有消化系统的临床症状表现。因此，掌握消化系统疾病的诊断、鉴别诊断、治疗和预防，在犬猫疾病的防治上具有重要的意义。

## 第1节 口 炎

口炎(stomatitis)是口腔黏膜的炎症。口炎一般呈局限性，有时波及舌、齿龈、颊黏膜等处，称为弥漫性炎症。根据发病原因，有原发性和继发性之分。按其炎症性质可分为溃疡性、坏死性、霉菌性和水疱性口炎等。在犬猫临床上，以溃疡性口炎最为常见。

**病因**

①物理性因素。由尖锐的牙齿、异物(钉、铁丝、骨头等)、牙垢或牙石等直接刺伤黏膜引起。

②化学性因素。由于接触有剧烈刺激性、腐蚀性或强酸、强碱、强氧化剂等化学药物，致使黏膜损伤。

③微生物因素。当犬猫处于营养不良条件下，其抵抗力降低，即使口腔黏膜腐生细菌如梭形杆菌和螺旋体也可致使黏膜发炎。此外，白色念珠菌也能引起一种特殊类型的真菌溃疡性口炎。

④继发于其他疾病。如咽炎、舌炎、犬瘟热、钩端螺旋体病、猫传染性鼻气管炎等，或某些全身性疾病，如营养代谢紊乱、维生素B族缺乏、贫血、慢性肾炎和尿毒症等。

**症状** 由于炎性的种类和程度不同，其临床表现也有较大差异。一般见有齿龈、舌和颊黏膜潮红、充血和大量流涎。犬通常有食欲，但采食后不敢咀嚼即行吞咽。在猫多见食欲减退或消失。患病动物搔抓口腔。有的在吃食时，突然尖声嚎叫，痛苦不安。有的由于剧烈疼痛引起抽搐。有的见到食物，想吃但不敢吃。口腔感觉过敏，抗拒检查，呼出的气体常有难闻臭味，饮欲增加；下颌淋巴结肿胀。有的伴发轻度体温升高。

溃疡性口炎常并发或继发于全身性疾病，如继发猫病毒性鼻气管炎时在舌、硬腭、齿龈、颊等处黏膜迅速形成广泛性、浅在性溃疡病灶（彩图 6-1）。初期多分泌透明状唾液，随病势发展，分泌黏稠而呈褐色或带血色唾液，并有难闻臭味，口鼻周围和前肢附有上述分泌物。

坏死性口炎，除黏膜有大量坏死组织外，其溃疡面覆盖有污秽的灰黄色油状伪膜。

真菌性口炎，在口黏膜上呈白色或灰色并略高于周围组织的斑点，病灶的周围潮红，表面覆有白色坚韧的被膜；常发生于长期或大剂量使用广谱抗生素病史的犬猫。

水疱性口炎，多伴有全身性疾病，如犬瘟热、营养不良等；口黏膜出现小水疱，逐渐发展成灰黄色浅在性溃疡，其病灶界限清楚。猫患本病时，在其口角也出现明显病变。

**诊断** 根据口黏膜炎性症状，多数不难诊断。对真菌性口炎和细菌感染性口炎的诊断，可通过病料分离培养来确诊。

**治疗**

①首先确定并排除病因。必要时在全身麻醉后进行检查，如除去异物、修整或拔除病齿。继发性口炎应积极治疗原发病。细菌感染性口炎，应选择有效的抗生素进行治疗，如口服或肌肉注射青霉素、氨苄青霉素、头孢菌素、喹诺酮类药物等，也可同时应用抗生素与抗真菌制剂，如用四环素和两性霉素 B 治疗，四环素 20 mg/kg，每天 3 次或 4 次口服；两性霉素 B 0.5～1 mg/kg，静脉注射，隔天 1 次。

②对症治疗。局部病灶可用 0.1%高锰酸钾溶液或 2%～3%硼酸水溶液，冲洗口腔，每天 1 次或 2 次。口腔分泌物过多时，也可选用 1%明矾水溶液冲洗。对口腔溃疡面涂擦 5%碘甘油或 1%甲紫药水。久治不愈的溃疡，可涂擦 5%～10%硝酸银溶液，促进愈合。严重患病动物不能进食时，应进行静脉输注葡萄糖、复方氨基酸等制剂维持疗法。为了增强黏膜抵抗力，可应用维生素 A 制剂。

③加强护理。宜供给新鲜饮水，饲喂富有营养的牛奶、鱼汤、肉汤等流质或柔软食物，减少对口黏膜患部的刺激。

## 第2节　牙周病

牙周病(periodontal disease)是牙周膜及其周围组织一种急性或慢性炎症。当病情严重时可见齿槽骨被吸收，牙齿松动和齿龈萎缩等。病变除局限于单个牙齿外，通常为泛发性的。

**病因**　本病多由于齿垢或牙石的机械刺激、细菌继发感染引起。长期摄食柔软或较稀的食物是形成牙垢和牙石的主要原因。某些短头品种狗，由于齿态、齿位不正及个别对合齿脱落等引起食物滞留和闭合不良，成为发生牙周病的因素。此外，下颌功能不全，咀嚼运动乏力，也可导致牙周病的发生。

饲养不当、饲料中钙不足或钙与磷比例不当以及某些全身性疾病(如糖尿病、甲状旁腺功能亢进、慢性肾炎等)也可引起牙周病。

**发病机理**　由于牙垢和牙石的黏附沉积并不断向下扩展至齿龈，刺激齿龈充血、肿胀、出血等，逐渐使齿龈边缘远离齿颈，导致食物滞留于牙垢与齿龈边缘之间，产生发酵和腐败，齿颈周围组织进一步感染发炎，形成有臭味脓汁，使牙齿松动，也可使齿槽突起，牙周膜和周围齿龈部分组织或全部脱落。

**症状**　通常出现口臭、流涎，有食欲但只能吃软食或流质食物，不敢咀嚼食物，偶尔碰及牙齿产生剧烈疼痛。患病动物特别是猫，常突然停止采食，严重的发生抽搐和痉挛，有的转圈或摔倒，抗拒检查。一般臼齿发病较多，发病初期用镊子轻轻触及患病牙齿常有明显疼痛；当牙齿松动时，疼痛减轻。如感染化脓，轻轻挤压可排出脓汁。

**诊断**　根据病史和临床症状，不难诊断。

**治疗**

①除去病因。为了减轻动物疼痛，应在全身麻醉下进行，将牙垢和牙石包括齿龈线以下的牙垢彻底消除。对严重松动牙齿或病齿要拔除。除去牙垢后，牙齿虽有松动，经治疗多可恢复。对肥大的齿龈可用电烧烙除去。

②应用消毒药冲洗口腔。同口炎的治疗。

③控制感染。选用广谱抗生素如阿莫西林、甲硝唑或四环素口服；也可选用氨苄青霉素、头孢菌素、喹诺酮类肌肉注射，每天2次。应用法国维克制药厂生产的复合抗生素保得胜(potecil)或牧特灵(mulibio)效果较好。

④支持疗法。进食过少时应实行静脉输注葡萄糖、复合氨基酸、三磷酸腺苷二钠(ATP)、辅酶A(CoA)，并投予维生素A和维生素B等制剂。最好给予叽咪宝动物营养片(上海同仁药业有限公司生产)或法国维克制药厂生产的动

物营养膏(nutri-plus gel)。

⑤给予软食和流质食物。为防止食物滞留,犬猫采食后冲洗口腔。

⑥预防。定期检查并及时消除牙垢和牙石。此外,经常给予犬骨头或橡胶玩具啃咬,以便锻炼牙齿,清除污垢。最好定期为犬、猫刷牙。

## 第3节 食道阻塞

食道阻塞(oesophageal obstruction)是指食团或异物停留于食道致使食道闭塞。最易发生的部位是胸部食道入口与心基底部之间或心基底部与隔的食道裂孔之间。本病特征性症状是突发高度吞咽困难。犬比猫多发。

**病因** 混于饲料中的铁丝、针、鱼钩等异物,粗大的骨头或软骨块、肉块、鱼刺等饲料团块,由于玩耍而误咽手套、木球、玩具等物品,这些均可造成食道阻塞。此外,由于饥饿采食过急,在采食中受到惊恐而突然扬头吞咽,或呕吐过程中从胃内反逆食物进入食道后突然滞留等,这些也是本病发生的常见原因。

**症状** 当食道完全阻塞时,患病动物呈现高度不安,头颈伸直,流涎,拒食,并出现哽噎或呕吐,吐出大量泡沫状黏液或带有血性分泌物。间有采食或饮水后伴发逆呕,动物表现极度痛苦。食道呈不完全阻塞时,仅能使吃进的液体食物通过入胃,而固体食物停滞食道内或逆呕出来。

临床表现与阻塞部位、程度、异物性质以及发生时间长短等不同而有很大差异。若阻塞已发生较长时间,动物可表现无食欲、精神不振、消瘦等症状,同初发时的症状有很大差别。严重的阻塞不能及时排除时,可导致局部重剧性炎症,甚至坏死,预后不良。

**诊断** 食道阻塞与食道炎症状有相同之处,仅凭临床表现有时难以区分。食道炎原发病较少,其病因多为异物(特别是尖锐、细小异物)、机械、药物等刺激或由于食道阻塞所引起。确诊主要应用食道造影、X射线照片或食道内窥镜直接观察食道壁,判断其性质和损害程度。严重食道炎可引起食道局部坏死、穿孔、周围组织化脓。发生在颈部食道可使局部脓肿,发生在胸部食道又能引起广泛性胸膜炎和脓胸。

单纯食道阻塞,根据病史和临床症状(多为进食时突发吞咽困难、流涎等),可以初步诊断。确诊可应用X射线照片(彩图6-2,彩图6-3)、胃导管探诊,有条件的应用食道内窥镜,可直接观察阻塞部位。

除此之外,如由体积较大异物阻塞于颈部食道时,用手触诊即可以确诊。

**治疗** 除去阻塞物体,进行对症治疗为其原则。

在异物阻塞于食道起始部或末端时易于治疗。如咽部或上部食道堵塞时，患病动物麻醉后，用钳子钳住异物小心取出。如发生在食道下部或末端阻塞，且非尖锐异物时，可试用胃导管将其推入胃内，无效时应用外科手术。切开食道还是切开胃，主要取决于阻塞物体的大小和位置。

异物排除后，还要控制继发感染。选择有效抗生素如青霉素、头孢菌素、普康素、保得胜或喹诺酮类连续注射数天，并结合静脉注射葡萄糖、复方生理盐水等。在绝食 5～6 d 期间，应给予营养液灌肠，其后给予流质食物，逐渐恢复正常饮食。

## 第4节 胃 炎

胃炎(gastritis)是指胃黏膜的急性或慢性炎症。有的也可波及肠黏膜而发生胃肠炎。胃炎是犬猫常发生的一种疾病，慢性胃炎多见于老龄动物或急性胃炎未能及时治疗发展而来。

**病因** 主要原因是采食腐败变质或不易消化食物和异物(如破布、骨骼、毛发、鱼刺、纸张、塑料、玩具等)以及投服有刺激性药物(如阿司匹林、消炎痛等)引起。胃炎也可并发于犬瘟热、犬传染性肝炎、钩端螺旋体病、急性胰腺炎、肾炎、慢性肾衰竭、肝病、脓毒症、肠道寄生虫病和应激反应等。

饲喂鸡蛋、牛奶、鱼肉等可引起个别犬猫变态性胃炎。

**症状** 临床上以精神沉郁、呕吐和腹痛为主要症状。患病动物有渴感，但饮水后易发呕吐。由腐蚀剂引起的胃炎，在呕吐物中可含有血液和黏膜碎片。拒食或偶有异嗜现象。腹痛，抗拒触诊前腹部，喜欢蹲坐或趴卧于凉地上。

严重胃炎常伴有肠炎。急性胃炎出现持续性呕吐、表情痛苦、体重减轻、急剧消瘦、机体脱水、电解质紊乱和碱中毒等症状。

**诊断** 根据病史和临床症状可获得初步诊断。单纯性胃炎，特别是急性胃炎，一般经对症治疗多可奏效，也可作为治疗性诊断。有条件的兽医院可应用 X 射线照片以便发现异物，或投予造影剂，对其疾病的范围、性质等观察诊断，还可与食道疾患等相区别。内窥镜检查胃黏膜的变化情况，可确诊。

胃炎可导致呕吐，但呕吐不一定都是胃炎。临床上注意鉴别猫的胃炎呕吐与吐毛球呕吐。

**治疗** 除去刺激性因素，保护胃黏膜，抑制呕吐和防止机体脱水等。

急性胃炎，首先绝食 24 h 以上，为了防止一次大量饮水后引起呕吐，可给予少量饮水或让其舐食冰块，以缓解口腔干燥。病情好转后，先给予少量多次流质食物，如牛奶、鱼汤、肉汤等，逐渐恢复常规饮食。

对持续性、顽固性呕吐动物，应投予镇静、止吐并具有抗胆碱的药物。例如，氯丙嗪、阿托品等可减少胃逆蠕动和痉挛，还有止吐作用；也可以口服胃复安、爱茂尔等止吐药物。此外，注意防止机体脱水和碱中毒，应给予等渗糖盐水，每天每千克体重 40～60 mL，分 2 次静脉注射或腹腔内注入；给予口服补液盐溶液（任其自由饮用），或给予灌肠（以补充体液，每天每千克体重 50～80 mL，分 2 次或 3 次直肠内灌入）。

犬猫患胃炎特别是急性胃炎，应尽可能不经口投药，以避免对胃黏膜刺激，诱发反射性呕吐。

当胃炎较重或继发肠炎时，可给予抗生素，如卡那霉素、庆大霉素、阿莫西林、普康素等。必要时肌肉注射地塞米松，剂量每只犬 2～10 mg，每只猫 0.1～5 mg，以增强机体抗炎、抗毒素等作用。

治疗胃炎也可用胃黏膜保护剂，如白陶土、次硝酸铋、氢氧化铝和思密达等，以减轻胃内容物对其黏膜的刺激。

对严重胃出血或溃疡病例，应用维生素 $K_1$ 和止血敏等止血药物，同时给予止酸药物甲脂脒胺，剂量为 4 mg/kg，每天 2 次或 3 次肌肉注射，以减少胃酸分泌。

## 第 5 节　胃扩张-扭转综合征

胃扭转是胃幽门部从右转向左侧并被挤压于肝脏、食道的末端和胃底之间而导致胃内容物不能后送的疾病。胃扭转之后很快发生胃扩张。因此，本病称为胃扩张-扭转综合征（gastric dilation-volvuluscomplex）。本病多发于大型犬及胸部狭长品种的犬，雄犬比雌犬发病率高。猫较少发生本病。急性胃扩张-扭转综合征为一种急腹症，疾病发展迅速，预后应慎重。

**病因**　胃下垂、胃内食糜胀满、脾肿大、钙磷比例失衡以及可使胃韧带伸长、扭转的因素如饱食后打滚、跳跃、迅速上下楼梯时的旋转等，都可使犬发生胃扭转。

**症状**　患犬突然表现腹痛，躺卧于地下，口吐白沫。由于胃扭转时，胃贲门和幽门都闭塞，而发生急性胃扩张。腹部叩诊呈鼓音或金属音。腹部触诊，可摸到球状囊袋，急剧冲击胃下部，可听到拍水音。病犬呼吸困难，脉搏频数。病犬多于 24～48 h 内死亡。

**诊断**　主要根据临床症状、X 射线照片（彩图 6-4、彩图 6-5）或胃插管检查来确诊。

注意本病要与单纯性胃扩张、肠扭转及脾扭转相鉴别，通常以插胃管来区分。单纯性胃扩张，胃管插到胃内，腹部胀满可以减轻；胃扭转时，胃管插不到胃内，因而不能减轻腹部胀满；肠扭转及脾扭转时，胃管插到胃内，但腹部胀满仍不能减轻，且即使胃内储留的气体消失，患犬仍逐渐衰弱。

**治疗**　对胃管插不到胃或插入胃管仍不能缓解症状的犬，应尽早进行开腹手术，整复和使胃排空。

手术时可行局部浸润麻醉或全身麻醉，切开腹壁（由剑状软骨到脐的后方），由口腔插入粗的胃管，将扭转部整复到正常位置。胃整复困难时，预先用连接吸引装置的穿刺针穿刺，排出胃内气体之后再整复。如果胃内容物洗不出来或胃内有大的肿物，应行胃切开术。此时用温灭菌生理盐水湿润的纱布包住胃，在大网膜附着中间的腹侧面切开，用钳子或支持缝线拉开胃的切开创，除去全部内容物，切除异物和坏死部分；清洗处理后，行双重郎贝尔氏缝合。胃切开后 5～7 d，为保持水和电解质平衡，将林格氏液按 20～50 mL/kg、氨苄青霉素按 25～50 mg/kg 混合静脉滴注。根据粪便形状或 X 射线检查等确认胃不蠕动时，皮下注射甲基硫酸新斯的明 0.5～1 mg，每天 3 次。

对休克病犬要给予强心剂、呼吸兴奋剂，同时大量补给电解质。复合维生素 B、三磷酸腺苷二钠皮下注射。配合全身疗法有助于胃肠功能的恢复。

洗胃或胃切开 24 h 后，可饲喂少量牛奶、肉汁等易于消化的食物，或给予营养膏，饲喂量要逐渐增加，同时可给予健胃、助消化药物。

## 第 6 节　胃内异物

犬猫胃内长期滞留骨骼、石块、鱼钩、毛球、破布、袜子、线团和玩具等异物（gastric foreign bodies），既不能被胃液消化又不易通过呕吐或肠道排出体外，容易使胃黏膜遭受损伤，影响胃的功能，严重时还能引起胃穿孔，继发腹膜炎。

**病因**　幼年或成年犬猫可吞食各种异物，如骨骼、橡皮球、石头、破布、线团、针、鱼钩等。特别是猫有梳理被毛的习惯，将脱落的被毛吞食，在胃内积聚形成毛球。毛球因某种原因不能及时排除时，滞留在胃内形成异物（长毛猫比短毛猫多发）。此外，犬患有某种疾病时，如狂犬病、胰腺疾病、寄生虫病、维生素缺乏症或矿物质不足等，常伴有异嗜现象，甚至个别犬生来就有吞食石块的恶习。

**症状** 胃内存有异物的动物，根据异物的不同，在临床症状上有较大差异。有的胃内虽有异物，但不表现临床症状，因而长期不易被发现。此种患病动物在采食固体食物时，有间断性呕吐史，呈进行性消瘦。

胃内存有大而硬的异物时，能使动物呈现胃炎症状（详见胃炎部分）。尖锐或具有刺激性异物伤及胃黏膜时，可引起出血或胃穿孔。但此种情况较为少见。

猫胃内毛球往往引起呕吐或干呕，食欲差或废食。有的猫特征性表现为肚子饥饿觅食时鸣叫，饲喂食物时出现贪食，但只吃几口就走开了，动物逐渐消瘦。这种现象表示胃内可能存有异物。

**诊断** 胃内异物常可根据病史和临床体检，做出初步诊断。小型犬和猫腹壁较柔软，胃内有较大异物时，用手触诊可觉察到异物。应用 X 射线照片可以帮助诊断，必要时投服造影剂，查明异物的大小和性质。

**治疗** 犬、猫可分别应用阿扑吗啡或隆朋（剂量为 1 mg/kg）进行催吐。催吐只适用于胃内存有少量光滑异物。当胃内异物粗大、锐利时，催吐可损伤食道，所以不宜用诱吐药物。

小而尖锐异物，如钉、针、别针等存在胃内时，可投服浸泡牛奶的脱脂小棉球（装于胶囊内）或小的肉块等，常可使异物通过肠道排出体外。此外，投予大剂量甲基纤维素或琼脂化合物也有效。猫胃内小异物、毛球等，投服石蜡油（剂量为每只 5～10 mL）1 次或 2 次，也常能顺利排除。

上述方法不见奏效或大异物无法排出时，应进行外科手术，切开胃壁取出。术后注意护理和对症治疗。

## 第 7 节　肠　　炎

肠炎（enteritis）指肠黏膜急性或慢性炎症。它既可作为仅侵害小肠黏膜的一种独立性疾病，但更为常见的是广泛涉及胃或结肠炎性疾病，即所谓的肠炎是胃炎、小肠炎和结肠炎的统称。

**病因** 与胃炎多有相似之处。外界和动物体内的沙门氏菌、大肠杆菌、变形杆菌、弧菌及病毒等在动物体抵抗力降低时都可成为肠炎病原菌。肠炎也常作为某些传染病的症状，如犬瘟热、犬细小病毒病、猫泛白细胞减少症、钩端螺旋体病等。肠道寄生的绦虫、蛔虫、弓形虫和球虫等，在肠炎发生上也起一定作用。

腐败变质、污染食物或刺激性化学物质（毒物、药物）、某些重金属中毒以及某些食物性变态反应，都能引起肠炎。

过食或长期滥用抗生素也可引起肠炎。

**症状** 肠炎最为突出的症状是腹泻。十二指肠前部和胃发炎，或小肠患有严重的局限性病灶时，均可引起呕吐。患结肠炎时，可出现里急后重，粪便稀软、水样或胶冻状，并带有难闻的臭味。小肠出血性肠炎，粪便呈黑绿色或黑红色；大肠出血性肠炎，粪便表面附有鲜血丝或血块。

病原微生物所致肠炎，体温升高，精神沉郁，食欲减退或废绝。重剧肠炎动物机体脱水，迅速消瘦，电解质丢失和酸中毒。急性病例有拱腰、不安等腹痛症状，触诊腹壁紧张、敏感。有些患病动物，由于腹痛，胸膜紧贴冷的地面，举高后躯，呈祈祷姿势。病初肠蠕动音增强，其后出现反射性肠音降低；发生肠臌气。

慢性肠炎，病变和症状都较急性轻微。由于反复腹泻，动物脱水、消瘦、营养不良，或者腹泻与便秘交替出现。其他症状不太明显。

**病理变化** 轻者肠黏膜轻度充血和水肿，严重的为广泛性肠坏死，肝、肾实质脏器变性等。

**诊断** 根据病史和症状易于诊断，但查清病因需要进行实验室检验。如检验粪便中寄生虫卵或培养分离病原菌。有条件的进行肠道钡剂造影、X 射线照片，或者使用内窥镜进行检查，这对确定病变类型和范围具有诊断参考意义。此外，血液检验和尿液分析，也有助于认识疾病的严重程度和判断预后，并对制定正确治疗方案有指导作用。

**治疗**

①控制饮食。在控制饮食的同时，应让患病动物少量多次饮水，最好让其自由饮用口服补液盐。病情好转时需给予无刺激性易消化食物，如牛奶、肉汤、鱼汤、淀粉糊或含脂肪少的鱼肉、鸡肉等，逐渐恢复常规饮食。

②控制和预防病原菌继发感染。选用有效抗菌药物，如庆大霉素、阿莫西林、普康素、喹诺酮类或磺胺类药物等。

③补充水分、电解质和防止酸中毒。选用复方生理盐水、葡萄糖、碳酸氢钠注射液等。

④对症治疗。腹泻伴有呕吐时，给予止吐药，如氯丙嗪、胃复安等。心脏衰弱时应用毒毛旋花子甙 $K_1$、西地兰等强心药。久泻不止时可用收敛剂，如鞣酸蛋白、白陶土、思密达等。对贫血、衰弱病犬，有条件的可给予输血，以增强机体抵抗力。

⑤驱虫。病因为寄生虫，应选用有效驱虫药。

# 第8节　肠臌气

肠臌气是由于采食大量易发酵的食物，肠内产气过盛，而排气不畅，使肠管过度膨胀的一种腹痛性疾病。临床上以腹围膨大和持续剧烈的腹痛为特征。

**病因**　病因不详。在临床上，本病常与气胀性胃扩张合并发生(彩图6-6)。

**发病机理**　在正常的消化过程中，食糜在肠内通过消化所产生的气体很少，而且不断地排出体外，使产气量和排气量保持着动态的平衡。当犬采食易发酵的食物后，由于改变了胃肠正常的消化功能，肠内食糜急剧发酵分解，迅速产生大量气体。此时，犬若能以加强肠蠕动和分泌等调节功能，使肠内食糜和气体后送加快，可能不致发病；如果调节适应功能失常，或肠内一时产气过盛，以致肠内气体积聚过多，可导致肠臌气(图6-1)。

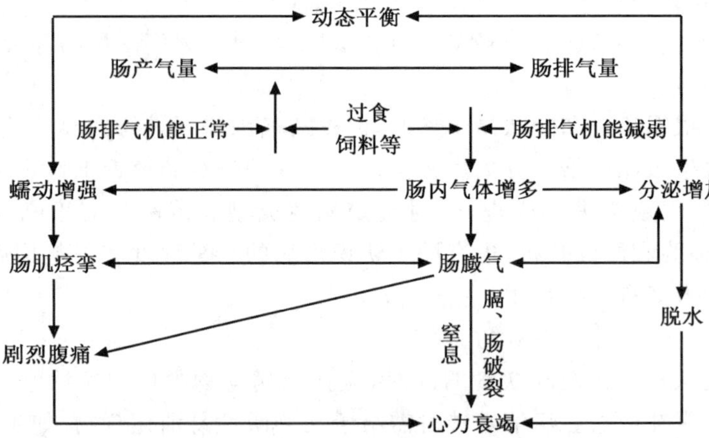


图6-1　肠臌气发病机理示意图

由于肠内气体增多，刺激肠壁，使肠肌痉挛，引起腹痛，以后肠管过度膨胀，引发持续性腹痛。

**症状**　患犬一般呈间歇性腹痛，有时也会出现持续性腹痛。视诊可见腹围增大，触诊肠壁紧张，叩诊可出现一定范围的鼓音。随着疼痛的加剧，会出现呼吸次数增多及呼吸困难。听诊肠音减少，乃至消失。X射线检查，肠管内充满大量的气体(彩图6-7)。

**诊断**　根据病史，结合腹部膨大、腹痛、呼吸困难等临床症状和X射线检查，容易确诊。

**治疗**　一般治疗原则为排气减压、镇痛解痉和清肠制酵，同时需要加强护理。臌气不严重时，可针刺后海穴，有一定的效果。若严重臌气，可进行肠穿刺放气。腹痛剧烈时，可注射镇痛解痉药。制酵一般应用明胶二甲硅油（消胀片），一次 25～50 mg，每日 2～3 次，直至症状消失为止。此外，灌肠治疗也有助于缓解症状。

## 第 9 节　肠套叠

肠套叠(intestinal invagination)是指一段肠管及其附着的肠系膜套入到邻近一段肠腔内的肠变位。犬的肠套叠较多见，尤其幼犬发病率较高。多见于小肠下部套入结肠。因盲肠和结肠的肠系膜短，有时也发生盲肠套入结肠；十二指肠套入胃内。

**病因**　主要由于过度活动和肠道的痉挛性蠕动所致。常见于犬细小病毒感染、犬瘟热、感冒、肠炎以及寄生虫等的刺激；摄入大量食物或冷水时，肠内气体增加，刺激局部肠道而产生剧烈蠕动，引起近端肠道套入远端肠道；幼犬断乳后采食新的食物引起吸收不良等，反复剧烈呕吐、肠肿瘤和肠道局部增厚变形，也能引起肠套叠。

**症状**　急性型表现为高位性肠阻塞症状，几天内即可死亡。慢性型可持续数周不等。肠套叠病犬主要表现为食欲不振、饮欲亢进、顽固性呕吐、黏液性血便、里急后重、腹痛、脱水等。腹部触诊有紧张感，右下腹部可触摸到坚实而有弹性似香肠样的套叠肠段，粗细为肠管的 2 倍左右。套入长度不等(彩图 6-8)。笔者曾遇到套入肠段长达 27 cm 的，个别犬套入部可突出肛门外，似直肠脱出。

**诊断**　根据顽固性呕吐、无大便及腹部触诊有香肠样物，可疑似本病。X 射线检查，可见 2 倍肠管粗细的圆筒状软组织阴影；肠阻塞严重时，套叠部的肠壁间有气体阴影或出现双层结构。

注意与直肠脱鉴别。当肠道突出肛门外时，用钝性探子插入直肠和突出肠道之间进行探诊，肠套叠时，探子插入很深。

**治疗**　肠套叠初期，试用温肥皂水灌肠整复或腹壁触诊整复。有时用止痛药和麻醉药，也可使初期套叠甩手自然复位。

症状明显的犬，应尽快剖腹手术整复。若套叠时间过长，肠壁发生粘连或坏死，应切除病变肠段。整复方法：一只手捏住套叠部肠管的最外层，另一只手靠近肠管嵌入端轻轻拉出；当套入过紧难以拉出时，可在套叠部最外层肠管浆膜的近端沿纵轴 2～3 个裂缝拉出，便于复位。整复后，检查嵌入的肠段，对拉出 5 min 后仍呈暗色或没有动脉搏动的肠段，应切除，实施断端吻合术。难以整复的肠套叠可直接切除。

对脱水的犬，要充分补液；有休克症状时可用氢化可的松 6～10 mg 静脉注射。术后护理参照肠梗阻。

## 第 10 节　蛋白丢失性肠病

大量的血浆和蛋白质进入胃肠道称为蛋白丢失性肠病（protein-losing enteropathy）。本病是由于胃肠道黏膜受到破坏引起的。对爱尔兰软毛㹴，蛋白丢失性肠病被认为有遗传倾向，包括肠道淋巴管扩张、免疫增生性肠病以及蛋白丢失性肠病和肾病。肾病与食物的副作用有关，可引起蛋白质从肾脏丢失（可参见家族性肾病）。

遗传方式为常染色体隐性遗传。

易患品种为爱尔兰软毛㹴。

**临床症状**　患犬增重停止或体重减轻，大量蛋白的丢失可引起血液中的液体浸入肢体、腹部和胸部，造成患犬的腿部和/或腹部肿胀，并且出现呼吸困难。另外，由于蛋白质、体液和脂肪进入肠道，也可见患犬出现慢性持续性或间断性腹泻。如果从肾脏丢失蛋白，可引起患犬尿量和饮水增多。

**诊断**　通过上述临床症状可以初步判定本病。如果需进一步确诊，则需肠道活组织检查和实验室化验。

**治疗**　本病目前无法治愈，但可以通过加强管理控制病情发展。

治疗的目的是减少蛋白向肠道内丢失，恢复犬正常蛋白水平。可改变患犬的日粮和使用药物减轻肠道炎症。蛋白丢失性肠病患犬最理想的食物应为低脂肪、高质量和高含量的蛋白质日粮，目前已有专门用于本病的处方犬粮。另外，由于患犬吸收脂肪能力减弱，影响脂溶性维生素的吸收，应适当提供脂溶性维生素。

皮质类固醇药物可以减轻炎症，可能减少蛋白丢失以及减缓腹泻。

建议：患犬不可用作种犬。由于本病为常染色体隐性遗传，患犬的父母代和同窝仔犬都不应用作种犬。

## 第 11 节　小肠梗阻

小肠梗阻（intestinal obstruction）为犬猫的一种急腹症。发病部位主要为小肠，常于小肠肠腔发生机械性阻塞或小肠正常生理位置发生不可逆变化，如套叠、嵌闭和扭转等。小肠梗阻不仅使肠腔机械性不通，而且伴随局部血液循环严重障碍，致使动物剧烈腹痛、呕吐或休克等变化。本病发生急剧，病程发展迅速，预后慎重，如治疗不及时，死亡率高。

**病因** 小肠梗阻多由骨骼、果核、橡皮、弹性玩具、破布、线团、毛球、大量寄生圆虫或绦虫等突然阻塞肠腔所致。也可由于肠管手术后结缔组织增生、粘连或肠腔内新生物、肿瘤、肉芽肿等致使肠腔狭窄引起。

犬猫为肉食动物，由于生理解剖学特点，发生肠扭转较为少见，但发生肠套叠却是常见的，而且多继发于青年动物急性肠炎或寄生虫病等。这是由于肠蠕动功能失调引起的，多发部位是空肠、回肠近端和回盲结合处。

**症状** 小肠梗阻部位愈接近于胃，其临床症状愈急剧，病程发展愈迅速。最为显著的症状是剧烈腹痛、持续性呕吐、迅速消瘦、精神沉郁、废食等。

腹痛初期，表现腹部僵硬，抗拒触诊腹部。对于小型犬或猫多能触诊到阻塞物。梗阻发生于前部肠管时，呕吐可成为一种早期症状。初期呕吐物中含有不消化食物和黏液，随后在呕吐物中含有胆汁和肠内容物，持续呕吐导致机体脱水、电解质紊乱和伴发碱中毒，晚期发生尿毒症，最终虚脱、休克而死亡。

慢性小肠梗阻主要表现患病动物逐渐消瘦，体重下降，粪便稀薄呈墨色或带有血丝，并有腹泻久治不愈病史。

**诊断** 根据病史和临床症状，可初步诊断为小肠梗阻。

腹部触诊，常能在梗阻肠段的前方触及到充满气体和液体扩张肠管。腹壁紧张而影响检查时，可施行麻醉或注射氯丙嗪使其镇静、松弛以利诊断。肠套叠时，在中腹部可触及到"香肠"状物体。必要时开腹探查，以便及时治疗。

有条件的地方应用X射线照片进行辅助诊断(彩图6-9、彩图6-10)，最好投予造影剂，增加对比度。在直立侧位腹部X射线照片上，不论胃肠空虚还是肠道液体水平面上积有气体病例，都可在梗阻部位前方见到扩张肠袢。肠套叠可在照片上见到光密度增加的香肠状物体，还可见到由于薄层气体，使套叠肠管形成分层的图像。

**治疗** 当小肠梗阻确定后，应立即进行外科手术治疗，并相应补充体液和电解质，调整酸碱平衡；选用广谱抗生素控制感染等对症治疗措施。术后绝食5～6 d，然后投予流质食物，直至恢复常规饮食。

## 第12节 便 秘

便秘(constipation)是犬猫的一种常见病。由于某种因素致使肠蠕动功能障碍，肠内容物不能及时后送滞留于大肠肠腔内，其水分进一步被吸收，内容物变得干固而形成肠便秘。犬猫对便秘都有较强耐受性，有的动物肠便秘虽已发生数天，但临床上并未有明显症状。便秘时间愈久，在治疗上也愈加困难；严重的可自体中毒或继发其他疾病而使病情恶化。多数动物肠便秘为一过性，也有个别动物肠便秘反复发作，其原因尚不清楚，治疗效果也不理想。

**病因**

①食物和环境因素。食入骨头、毛发和异物与粪便混合纠缠在一起，难以顺利地通过肠腔。一次食入大量的骨头、肉、肝等，使之消化不充分，易形成便秘。此外，由于环境突然改变、缺乏运动等，破坏动物正常排粪习惯，都可引起便秘。

②直肠或肛门部位受到机械性压迫或阻挡，如会阴疝、直肠息肉或肿瘤、肛门囊肿、直肠狭窄、骨折后盆骨变形、缺钙、骨盆发育不良、腹腔或盆腔新生物、前列腺增大、膀胱积尿等。

③其他病因。诸如老年性肠蠕动功能减弱、腰荐神经损伤致使肛门括约肌丧失排便反射以及髋关节脱位或四肢骨折时改变了排便姿势，也可招致肠便秘。另外，某些慢性疾病如机体脱水、衰弱或应用抗胆碱药物、抗组织胺药、硫酸钡、阿片等都有可能发生便秘。老年猫直肠便秘较多见。

**症状** 便秘动物常试图排便，但排不出来。初期在精神、食欲方面多无变化，久之出现食欲不振，直至食欲废绝。患病动物常因腹痛而鸣叫、不安，有的出现呕吐。直肠便秘时，进行肛门指检，常可触及到干硬粪便，或触诊腹部发现在直肠内有长串粪块。有的动物可见腹围膨大，肠胀气。

结肠便秘时，由于不完全阻塞，可能发生积粪性腹泻，即褐色水样粪汤绕过干固粪团而排出。小型犬猫通过腹部触诊，常能触摸到粪结块。

**诊断** 根据病史和临床体征，结合肛门内指检和腹部触诊，易于做出诊断。有条件的地方通过 X 射线照片，清晰可见肠管扩张状态，其中含有致密粪块或骨头等异物阴影（彩图 6-11）。

**治疗** 对单纯性便秘，可采用温水、2％小苏打水或温肥皂水反复灌肠，并配合腹外适度地按压肠内便秘粪块，一般都能奏效。灌肠时用液量应视犬猫体型大小、肠腔紧张度不同而增减，通常液体量一次为 20～80 mL，切忌灌注量过多，防止肠腔过度扩张使肠壁受伤。灌注后不要让其立即流出，可对肛门稍加按压。必要时相隔 1～2 h 后再次灌肠。

直肠后段或肛门便秘阻塞时，为保证动物安全，防止肠黏膜损伤，可在动物全身麻醉后用镊子破碎干固粪块取出。

严重结肠便秘，用上述方法不能奏效时，可行外科手术取出肠腔结粪。术后注意护理。肠便秘治疗应注意对症治疗，采取补充体液、强心等措施。

**护理和预防** 肠便秘解除后，为防止复发，可投予石蜡油或蓖麻油5～60 mL，必要时再投予果导片，促使肠内容物排出。平常饲喂注意定时定量，做到犬猫有适当运动，特别是老龄动物；注意每天的排便情况，只见吃不见排便时，要留心便秘征兆。可投服植物油10～30 mL或肛门内注入甘油或开塞露5～10 mL，促其排粪。

## 第13节 直肠脱

直肠脱(rectal prolapse)为直肠的后端黏膜或黏膜肌层通过肛门向外翻转脱出，在肛门处以“香肠”样柱状物突出为特征。脱出的直肠黏膜充血、水肿。各种年龄犬猫均可发病，但预后良好。

**病因** 由于其他疾病如肠炎、急剧腹泻、直肠炎性里急后重继发或由于便秘、直肠内新生物、异物、直肠损伤等招致直肠脱；也可见于拖延的难产和前列腺炎。动物体营养不良，如肠道中寄生大量虫体、饲料中纤维素过多、蛋白质和维生素缺乏等，也能引起直肠脱。

本病也多发生于先天性肛门括约肌松弛或无力的幼年动物。

**症状** 轻型单纯性直肠脱，见于动物在排粪或努责时直肠黏膜刚翻转突出于肛门外。真正直肠脱为黏膜外翻呈“香肠”样柱状物突出于肛门外，不能自行缩回直肠内。刚脱出的黏膜呈粉红色且有光泽，久之变为暗红色(彩图6-12)或近于紫黑色。脱出黏膜充血、水肿，进而黏膜溃疡、坏死。直肠脱出动物，伴有轻微疼痛，有的还不时努责。有时排出少量稀便，精神不振，食欲渐少。

**诊断** 直肠脱易于做出诊断。但应对突出肛门外柱状物进行仔细分辨，判断是直肠脱还是肠套叠性脱出。二者在外形特征上相似，但脱出柱状物与肛门括约肌之间距离有所不同。发生真正直肠脱时，其黏膜后移盖在肌层之上，在肛门处形成环状突出物，即脱出物和括约肌之间无间隙。这一点在鉴别上极为重要。肠套叠性脱出，柱状突出物与肛门括约肌之间有使探针或手指通过的距离。此外，肠套叠动物表现出剧烈疼痛，触诊腹部能够摸到香肠状肠管，全身症状也显著。

**治疗** 动物直肠脱应在尾椎麻醉或全身麻醉下，将脱出直肠送入肛门内进行整复。对刚脱出的直肠黏膜用0.1%新洁尔灭或0.1%高锰酸钾溶液洗干净后送回。脱出时间已久，黏膜水肿并坏死，应除去部分水肿和坏死黏膜后送回。

为了防止再次脱出，在肛门周围可做烟包缝合，治愈后再将线拆除。顽固性直肠脱，在外科手术切开腹壁后，对直肠实行腹腔内固定术。

术后应注意护理。最初 1～2 d 给予流质食物，每天口服 5～10 mL 石蜡油滑润肠腔。此外，在直肠内涂擦红霉素软膏等。

全身治疗，应注意治疗直肠脱的原发性疾病。进行维持疗法，使动物逐渐康复。

## 第 14 节　肛门囊病

在肛门两侧稍下方相当于时钟 4 点钟和 8 点钟的位置各有一个囊，叫肛门囊，呈球形。中型犬的肛门囊直径为 1 cm 左右。肛门囊以 2～4 mm 长的管道开口于肛门黏膜与皮肤交界部。把犬尾部上举时，开口部突出于肛门，易于看到。肛门囊壁内衬腺体，分泌灰色或褐色含有小颗粒的恶臭皮脂样分泌物；分泌物聚于囊内，然后经管道排入肛门。肛门囊病（anal sac disease）包括以下 3 种：

①肛门囊排泄管道堵塞，分泌物积留囊内，使肛门囊肿大发硬。此种多见。

②肛门囊分泌物积留，发生感染，引起肛门囊炎。

③肛门囊炎发展成脓肿，甚至破溃形成瘘管。小型犬易发本病，猫也有患本病的。

**病因**　长期饲喂高脂肪性食物，使粪便松软或变稀。肛门囊壁腺体分泌物分泌过多，肛门括约肌功能不良，肛门囊管道阻塞或脂溢性体质时，都能造成囊内分泌物滞留，引起炎症反应，细菌繁殖，囊内化脓，形成脓肿。

**症状**　肛门囊肿胀，局部发痒，动物具有擦肛行为，并试图啃咬肛门部位。当肛门囊感染时，分泌物变的稀薄发黄，混有脓汁，气味难闻。

如果肛门囊排泄管口长期阻塞，腺体膨胀，突出其周围皮肤，用手指触压有弹性。动物走路时，两后肢向外摆动不自然；大便时烦躁不安；大便以后病犬肛门部位着地，两前肢拖动整个躯体前行。抗拒对肛门周围触压。

肛门囊化脓时，可自行破溃愈合，亦可反复发作使肛门囊肿与外界相通，形成瘘管。此外，由于肛门囊肿，排粪时发生疼痛，往往成为继发便秘的原因。

**治疗**　单纯肛门囊排泄管口阻塞时，可将戴有手套的食指涂上石蜡油或肥皂水伸入肛门内，拇指在肛门外对准肿胀囊体轻轻挤压，使其内容物排空。

对化脓囊体，应先排空囊内脓汁，再用生理盐水或 0.1%高锰酸钾溶液冲洗，然后向肛门囊内注入抗菌药物或施行肛门周围封闭。

已形成瘘管的肛门囊肿或难以治愈病例，可行外科摘除术。但应注意不要损伤肛门括约肌和肛提肌。

## 第15节　肝脏疾病

肝脏急性或慢性疾病（hepatic disease）多继发于一些全身性疾病。临床上常伴有消化功能紊乱、黄疸等症状。

由于肝脏在其生命活动中具有极其重要的功能，因此，所有全身性疾病或多或少都损害或干扰肝功能。肝脏具有较强代偿能力，临床上一旦出现肝病征兆时，肝脏损害就已达到相当程度，如果治疗不及时或转为慢性，多预后不良。

应当指出，猫肝脏同犬和其他哺乳动物相比，其解毒功能较差。猫肝脏中缺乏葡萄糖醛酸转移酶，对某些化学物质或药物（如阿司匹林、扑热息痛、酚类药物等），在肝脏转化速度异常缓慢，易发生蓄积中毒。因此，猫中毒性肝炎在临床上比犬多见。

犬猫肝脏疾病在临床多见的有急性实质性肝炎、肝硬化和脂肪肝等。

**病因**

①某些传染病（犬传染性肝炎、猫传染性腹膜炎等）、胃肠炎、尿毒症等过程中，由于毒素刺激肝脏，使肝细胞产生变性或坏死，引起实质性肝炎。

②化脓性细菌感染。如大肠杆菌、葡萄球菌等进入肝脏后，可发生化脓性肝炎。

③寄生虫病。如华支睾吸虫病，虫体寄生于肝脏的胆管内，引起增生性炎症，同时虫体释放毒素损伤肝细胞，不仅引起阻塞性黄疸，而且导致肝硬化。

④心力衰竭。由于肝门静脉循环障碍，致使肝脏发生急性或慢性淤血使肝窦状隙扩张压迫肝细胞，引起肝功能异常。

⑤中毒。某些化学物质如四氯化碳、氯仿、鞣酸、黄曲霉毒素、铜、砷、汞、硒等直接损害肝细胞，引起实质性肝炎或肝坏死。此外，动物误食或向身上喷洒杀虫剂、杀鼠剂或腐败变质食物，也能引起肝脏损害。猫对防腐剂比犬敏感，某些食品中含有的防腐剂，即使含量对人安全，猫较长期食用这种食品时，也可产生蓄积中毒损害肝脏。

⑥药物过敏。反复投于氯丙嗪、睾酮、氟烷等可引起急性肝炎。此外，食物中蛋氨酸或胆碱缺乏，可造成肝坏死。

**症状**　病因不同致使肝脏损害程度各异，肝功能障碍的临床表现也有所差别。

肝病初期，消化系统功能紊乱，出现食欲减退、呕吐等症状。粪便起初干燥，继之稀软，颜色淡，严重时呈灰白色。精神沉郁，全身无力，行动迟缓。有的先兴奋不安，随后昏睡或昏迷。可视黏膜不同程度黄染(彩图 6-13)；华支睾吸虫所致胆管阻塞，在猫可视黏膜及皮肤呈现极度黄染。动物体温略有升高，皮肤瘙痒，有轻微腹痛，拱腰或排粪疼痛而呻吟。

急性肝炎在肝区触诊或叩诊，有疼痛反应。肝脏淤血或增生性肿大时，可突出于右侧肋弓边缘，质度变硬，叩诊浊音区也相应扩大。

患急性肝炎时尿液颜色变暗或变黄，尿中可检出胆红素和蛋白质。血液生化指标也有显著变化，血清胆红素增多，范登白试验直接或间接反应均呈阳性，血清天门冬氨酸氨基转移酶(AST)及丙氨酸氨基转移酶(ALT)在肝脏受损害时活性升高。

慢性肝炎，伴发消化不良；肝硬化时，可出现腹水；其他症状多不太明显，一般对症治疗效果差，预后不良。

**诊断** 根据病史和临床症状如黄疸、消化系统功能紊乱、粪色淡、肝肿大或肝区叩诊敏感以及对症治疗效果不明显等，并参考肝功能和尿液检验结果，可诊断为肝脏疾病。

注意与下列疾病相鉴别：

①犬传染性肝炎。犬传染性肝炎呈流行性且多侵害幼犬，常伴有发热(达41℃)，血清学特异性抗体检验为阳性。

②猫传染性腹膜炎。猫传染性腹膜炎呈流行性，在1～2岁猫多发，有持续性发热(39.5～41℃)症状，呼吸困难，腹部膨大而且大量腹水(腹水比重高)。

③华支睾吸虫病。此病消化系统功能紊乱，黄疸显著，有饲喂淡水生鱼史，病因治疗(杀灭华支睾吸虫)有明显疗效。

④钩端螺旋体病。此病多发生于夏秋季(7月份至9月份)，在血液和尿液中可检出病原体，血清学诊断为阳性。

⑤消化不良。此病无黄疸，不发热，肝功能检验无变化，对症治疗有效。

**治疗** 除去病因，积极治疗原发病，以保肝利胆和增强肝脏解毒功能等维持疗法为原则。

①保肝利胆。静脉注射或腹腔注射葡萄糖和维生素C，肌肉注射维生素$B_1$、维生素$B_2$、维生素$B_6$、维生素C、维生素K或复合维生素B溶液，每天1次或2次。促进胆汁排除，应用硫酸镁、人工盐或硫酸钠。为增加肝脏解毒功能，可适当服用谷氨酸，犬每次0.5～2 g。还可用肝泰乐，犬每只每次0.1～0.2 g，每天2次或3次内服。也可以应用中药茵陈汤加减。

②控制感染。急性感染并伴有发热，可选对肝无害或损害较轻的抗生素，如厌氧菌感染选用青霉素、氨苄青霉素等；好氧菌感染选用庆大霉素等。

③对症治疗。投予健胃助消化药物。有出血倾向时肌肉注射维生素 K 溶液等。对衰弱动物可给予同化激素如苯丙酸诺龙，能促进氨基酸、糖合成蛋白质。

④食饵疗法。给予富含糖类、维生素、优质蛋白质性食物，对拒绝饮食的动物，可强行灌服含脂肪少、易消化的流质食物。

## 第 16 节　胰腺炎

胰腺是犬猫的第 2 大消化腺。胰腺的功能分为外分泌功能和内分泌功能。胰腺组织产生胰液，为外分泌功能；胰腺内胰岛细胞可产生胰岛素、胰高血糖素，属内分泌功能。胰腺炎是一组不同原因导致的胰腺组织受损、胰腺功能受不同程度影响的疾病。

胰腺炎(pancreatitis)可分为急性胰腺炎和慢性胰腺炎。实际上，患有胰腺炎的犬猫较多，有临床症状的较少见，多在死后剖检时才能发现病变。犬发病率比猫高，目前对病因尚不完全清楚。

**病因**　自然病例多为水肿型胰腺炎，实验发病的为急性出血性型胰腺炎。病因可能与以下因素有关：

①肥胖。急性胰腺炎多发生于胖犬，实验发病的胖犬病情比瘦犬严重。食物中脂肪过多易发“营养缺乏症”，同时高脂肪饲料还可以改变胰腺细胞内酶的含量。因此，高脂肪饲料和营养状况成为诱发急性胰腺炎的重要因素。

②高脂血症。在急性胰腺炎患犬中，多伴有高脂血症。反之，急性胰腺炎又可诱发高脂血症，并能改变血浆蛋白酶。富含脂肪食物可产生明显食饵性脂血症(乳糜微粒血症)，继而发生胰腺炎。尤其在血液中清除乳糜微粒机制受到破坏时，如甲状腺功能降低或糖尿病时，更易发生胰腺炎。脂血症可导致胰腺炎，其发生机理目前尚不很清楚。有的研究者认为，位于胰腺毛细血管床的酯酶能水解循环血液中的脂肪，释放出脂肪酸，结果造成胰腺内局部酸中毒和血管收缩；由于局部缺血和炎症，促进释放更多的酯酶进入血液循环，从而造成胰腺炎。

③胆管疾病。由于胆管和胰腺间质的淋巴管相互沟通，胆管疾病可通过淋巴管扩散到胰腺而发病。

④传染性疾病。犬猫发生某些传染病时，胰腺炎成为必发疾病之一。例

如，猫弓形虫病和猫传染性腹膜炎，可损害肝脏诱发胰腺炎。因此，猫肝脏疾病或胰腺炎，有可能是弓形虫病或猫传染性腹膜炎的一个征兆。

⑤十二指肠液逆流。某种原因使十二指肠液或胆汁逆流进入胰腺导管和胰腺间质时，可能是引起急性胰腺炎的原因之一。胆汁中含有溶血卵磷脂和未结合的胆盐，对胰腺有毒性。

**症状** 临床表现特征为消化不良性综合征。

母犬发病多于公犬，幼犬和中年犬比老龄犬多发，不爱活动肥胖犬发病最多。牧羊犬和竞技犬几乎不发病。

①胰腺内分泌不足的表现：10%～20%胰腺炎病犬有显著糖尿病的症状，如多饮、多食、多尿、体重减轻等；约50%犬猫发生隐性糖尿病，葡萄糖耐量试验结果异常。

②胰腺外分泌不足的表现：胰腺炎患者可出现食欲减退、腹胀、不耐油腻食物等，大便次数频繁、量多，色淡，有恶臭。此系蛋白酶、脂肪酶分泌减少或缺乏所致。长期腹泻致病犬消瘦、营养不良及维生素A、维生素D、维生素E、维生素K缺乏等症状。

③腹痛。胰腺炎的腹痛症状最为常见，占90%左右，多呈间歇性发作，少数呈持续性，饭后或饮水后可诱发。发作时可伴有发热或黄疸。间歇期可无症状，或仅有消化不良表现。少数犬猫以隐袭慢性炎症方式进行，临床上可不发生腹痛。少数犬猫因胰头显著纤维化或假性囊肿压迫胆总管，可出现持续或缓慢加深的梗阻性黄疸症状。

急性胰腺炎有严重的呕吐和明显腹痛，厌食，无精神，间有腹泻，粪中带血；有的出现昏迷或休克(胰岛素突然大量释放引起低糖血，或钙与血中的脂肪酸结合，导致低钙血所致)。

慢性胰腺炎的特征是反复发作，持续性呕吐和腹痛。常见症状是不断地排出大量橙黄色或黏土色带酸臭味粪便，粪中含有不消化食物。由于吸收不良或并发糖尿病，使动物表现贪食。慢性胰腺炎只偶见于家猫。

**诊断** 基于对急性胰腺炎尚无确定诊断的特定体征或特定实验室检验指标，所以，对本病做出确切诊断较为困难，只能通过试验性治疗来进行诊断。急性胰腺炎血液实验室检验可见白细胞总数增多，中性粒细胞比例增大，血清淀粉酶和脂肪酶活性升高，血液中尿素氮增多。尿中含有蛋白及管型。

严重胰腺炎可波及周围器官，形成腹水。腹水中含有淀粉酶。检验腹水中的淀粉酶，对胰腺炎具有诊断意义。动物废食出现高脂血症时，也可作为诊断参考依据。

诊断时应注意与急性肾衰竭或小肠梗阻相区别。动物有急性腹痛，可排除肾衰竭。应用 X 射线照片，胰腺炎左右腹上部密度增加，这可与肠梗阻区别开来。

慢性胰腺炎或胰腺发育不全，由于缺乏胰蛋白酶使粪便中含有脂肪和不消化肌肉纤维。因此，胰蛋白酶活性检验，可以区别肠道内缺乏胰蛋白酶所致消化不良与肠道本身吸收功能障碍所致吸收不良。方法如下：

试验一——X 射线照片消化试验。选一张 X 射线底片。取 1 g 粪便加入 9 mL 1%碳酸氢钠溶液中，使其总量达到 10 mL，在刻度试管中搅拌均匀。取一滴上述混合液滴于 X 射线底片上(放于未曝光的软片上或曝光片的暗黑部分上)，经 37℃ 1 h 或在室温下经 2 h 培育(注意防止液滴干燥，影响试验结果)，然后在细小水流下缓缓冲洗，观察 X 射线底片：如果在液滴下面出现一个清亮区，表示胰蛋白酶存在，为正常；如果粪便中缺乏胰蛋白酶，则仅出现一个水印子，无其他变化，为异常。

X 射线照片消化试验，方法简单，但可出现 25%的假阴性；因此，试验为阴性时，应再进行试验二检验。

试验二——明胶试管试验。在刻度试管内加入 9 mL 水，然后加入粪便，使其总量达到 10 mL，搅拌均匀。取另一试管加 7.5%明胶溶液(37℃水中加热至明胶液化)2 mL，再加入粪便稀释液和 5%碳酸氢钠各 1 mL，充分摇匀，置 37℃ 1 h 或在室温下 2.5 h 培育，随后置于冰箱中，20 min 后观察结果。混合物液化不呈胶冻样，表示粪便中有胰蛋白酶存在，否则反之。

此外，应用显微镜检验粪便中是否含有不消化的肌肉纤维、淀粉和脂肪。方法如下：在卢戈儿氏液中加少许新鲜粪便混合为乳浊液，取一滴置载玻片上，待稍干燥后在高倍镜下观察。不消化的肌肉纤维被染为褐色，是正常的肌肉纤维，说明缺乏胰蛋白酶。有大量的淀粉颗粒被染为蓝色时，说明无胰淀粉酶存在。有橘黄脂肪滴时，说明缺乏脂肪酶，同正常动物对比，可增加可靠性。

**治疗** 急性胰腺炎，首先禁食以防止食物刺激胰腺分泌；为抑制其分泌也可给予阿托品。禁食时需静脉注射葡萄糖、复合氨基酸或脂肪乳，维持营养和调理酸碱平衡等对症治疗。必要时给予镇痛新、地塞米松。控制感染，选用青霉素、卡那霉素、氨苄青霉素、头孢菌素、喹诺酮类药物或普康素、保得胜、牧特灵等。

慢性胰腺炎的胰腺病变难以恢复，主要靠药物维持其功能。常用食物疗法和补充缺乏的胰酶来减轻临床症状。食物疗法：少食多餐，每天至少喂 3 次，给予低脂肪、易消化的食物。变换消化酶疗法：胰酶制剂或胰粉制剂混于食物中连日饲喂，根据食物种类、日量及外分泌功能的障碍程度决定饲喂量，同时，可给予维生素 K、维生素 A、维生素 D、维生素 $B_{12}$、叶酸及钙剂。

并发糖尿病时多预后不良。

## 第17节 腹膜炎

腹膜炎(peritonitis)是由细菌感染或化学物质刺激所引起的腹膜的炎症。根据临床表现分为急性腹膜炎和慢性腹膜炎;根据腹膜内有无感染病灶,分为原发性腹膜炎和继发性腹膜炎;根据病因分为细菌性腹膜炎和非细菌性腹膜炎;根据炎症的范围或程度又分为局限性腹膜炎和弥漫性腹膜炎。犬多为继发性腹膜炎。

**病因** 急性腹膜炎主要继发于下列疾病:

①消化道穿孔。如消化道有异物、肠套叠、肠破裂及肠梗阻等时,消化道内容物漏入腹腔,使腹膜受到刺激和感染。

②膀胱穿孔。主要发生于插入导尿管失误或尿道堵塞使膀胱破裂,尿液刺激腹膜。

③生殖器穿孔。常见于子宫蓄脓症及子宫捻转等。

④腹壁穿透创、腹部挫伤、腹部外科手术感染、脏器与腹膜粘连以及肿瘤破裂或腹膜内注入刺激性药物等。

慢性腹膜炎多发生于腹腔脏器炎症的扩散,或急性腹膜炎的持续和发展逐步转为慢性弥漫性腹膜炎。

**症状**

①急性腹膜炎主要表现剧烈的持续性腹痛,体温升高。犬呈弓背姿势,精神沉郁,食欲不振,反射性呕吐,呈胸式呼吸。触诊腹壁紧张卷缩。压痛明显处有温热感。腹腔积液时,下腹部向两侧对称性膨大,叩诊呈水平浊音,浊音区上方呈鼓音。

②慢性腹膜炎常发生肠管粘连,阻碍肠蠕动,表现消化不良和腹痛。

③X 射线检查以腹部呈毛玻璃样、腹腔内阴影消失为特征。腹水中可见中性粒细胞和巨噬细胞(但初期不易发现)等。

**治疗** 早期应用抗生素控制感染。常用抗生素主要有青霉素、氨苄青霉素、头孢菌素、罗红霉素、普康素、喹诺酮类。

对于休克病犬,要改善循环,纠正脱水。根据动物的体重,林格氏液 100～1 500 mL、地塞米松 1～10 mg、头孢菌素 100～2 000 mg,静脉滴注,每天 1 次或 2 次。

腹腔内渗出液过多时，要及时穿刺放液，同时注入 0.2%的普鲁卡因青霉素 10 mL。葡萄糖酸钙溶液 20～40 mL 静脉注射，可制止渗出。

对腹腔内脏器穿孔、粘连及破裂的，行剖腹修复术。腹腔装置清洗导管，术后每天清洗。无并发感染可于第 7 天拆除清洗导管。

## 第 18 节 腹 水

腹水(ascites)是指腹腔内液体非生理性潴留的状态。潴留液分为炎性渗出液和非炎性漏出液。腹水不是一种疾病，只是一个症状。

**病因**

①渗出液的潴留。腹膜炎及癌性腹膜炎时，腹膜通透性异常增强而再吸收功能降低，淋巴管阻塞，造成腹水。

②漏出液的潴留。

其一，低蛋白血症。因膜性肾小球肾炎及肾病选择性低蛋白血症引起血清胶体渗透压降低，使组织间液增多而产生腹水。长期食用低蛋白饮食，亦可以引起低蛋白性腹水。

其二，肝实质障碍。因肝内血流障碍而引起门脉压增高，肝静脉流出障碍，肝淋巴液增加和漏出，肝脏合成蛋白的功能减弱，非活性醛固酮增加使水、钠潴留，而发生腹水。

其三，肾脏功能不全。因肾功能减弱，钠排泄障碍，水潴留及毛细血管压升高造成组织间液增多，表现水肿和腹水。

**症状** 腹围膨隆。腹水未充满时腹部呈梨形下垂；腹水充满时腹壁紧张呈桶状。腹部触诊有波动感，随体位变换表现不同的水平面。背侧脊柱和肋骨显露，渐进性消瘦，食欲减退和呕吐，不耐运动。因腹腔内压增高，横膈膜及腹肌运动受阻而压迫胸腔致使循环障碍，呼吸加速甚至呼吸困难，脉搏异常增加。

**诊断** 根据特征性的临床症状，结合腹腔穿刺及 X 射线检查可以确切诊断。

穿刺部位：18 号注射针，于脐和耻骨前缘之间腹部正中线偏左或偏右刺入，可抽出腹水。注意鉴别漏出液和渗出液。同时要与肥胖症、卵巢肿瘤、子宫蓄脓症、膀胱麻痹及渗出性腹膜炎相区别。

**治疗** 在治疗原发病的基础上，结合对症疗法。速尿 2～5 mg/kg，口服，或抗醛固酮制剂 4 mg/kg，分 2 次口服，合用效果更佳。为防止低钾血症，可静脉注射 10%氯化钾。腹水严重潴留造成剧烈呕吐、呼吸困难的犬，穿刺排液量每千克体重不能超过 40 mL,而且要缓慢进行。若是漏出液则可静脉或皮下再注射给该犬。葡萄糖醛酸制剂每千克体重 40 mg,分 3 次口服。肾上腺皮质激素类药物也有明显效果。给予高蛋白、低钠的食物,限制饮水等,均可缓解症状。

(夏兆飞　贺建忠　韩　博)

# 第7章 呼吸系统疾病

呼吸系统主要是由鼻腔、喉、气管、支气管、肺和胸膜所构成，与外界直接相通。呼吸系统虽已具备完整的特异性和非特异性的免疫和防御功能，但空气中的各种微生物、变应原、化学毒物、粉尘、烟尘、真菌孢子、花粉、有害气体等不间断地与呼吸系统相接触，再加上管理不善、气候变化等因素导致机体抵抗力下降，使近年来呼吸系统疾病对犬猫的危害日趋严重。这就需要广大兽医工作者共同努力，做好呼吸系统疾病的防治工作。

## 第1节 鼻　　炎

鼻炎(rhinitis)是指鼻黏膜的炎症。临床上以鼻黏膜充血、肿胀、流出浆液性的黏液性的脓性的鼻液、呼吸困难、打喷嚏为主要特征。按病程可分为急性和慢性鼻炎。

**病因**

①物理性因素。寒冷的刺激、粗暴的鼻腔检查、经鼻腔投药造成鼻黏膜的损伤以及吸入粉尘、烟尘、植物纤维、昆虫、花粉、真菌孢子等直接刺激鼻黏膜所致。

②化学性因素。挥发性化工原料(如 $SO_2$、HCl、氯气)的泄漏、饲养场(舍)内的有害气体(如 $NH_3$、$H_2S$)、战争中的化学毒气等直接刺激鼻黏膜所致。

③生物性因素。由某些病毒(如犬瘟热病毒、犬副流感病毒、猫细小病毒、猫鼻气管炎病毒、腺病毒)、细菌(猫大肠杆菌、$\beta$-溶血性链球菌、犬猫的支气管败血波氏杆菌、出血性败血性巴氏杆菌)、寄生虫(如犬鼻螨、犬肺棘螨)等感染所致。

④其他因素。邻近器官的炎症(如咽喉炎、副鼻窦炎、喷射性呕吐所致的鼻腔污染、口腔的炎症)的蔓延、犬猫鼻部外伤或先天性软腭缺损导致的炎症、某些过敏性疾病等引起的鼻炎。

**症状**

①急性鼻炎。病初鼻黏膜潮红、干燥、肿胀。因黏膜发痒，患病犬猫常用前爪搔鼻部，摇头后退，频打喷嚏，轻度咳嗽。一侧或两侧鼻孔流出鼻液，初为浆液性，然后为黏液性，甚至脓性，有时混有血液。鼻孔周围的皮肤可能发生表皮脱落。当鼻孔被排泄物、结痂物阻塞时，出现呼吸促迫，张口呼吸。可听到吸气性杂音和鼻塞音。伴有结膜炎时，可见到畏光、流泪。如下颌淋巴结明显肿胀时则吞咽困难。常伴发扁桃体炎和咽喉炎。个别患病犬猫会出现呕吐，食欲减退。

②慢性鼻炎。病程较长，病情时轻时重，长期流脓性鼻液；鼻侧常见到色素沟，严重者，鼻腔黏膜溃烂。伴有副鼻窦炎时，常引起骨质坏死和组织崩解，鼻液内可能混有血丝，并散发出腐败气味。呼吸困难，尤其是运动后常出现前肢叉开甚至呈犬坐姿势，呼吸用力；严重时，张口呼吸，出现阵发性喘气，鼻鼾明显。

**诊断**　单纯性鼻炎根据上述病因和临床症状可做出诊断，但应注意与各种生物性因素引起的鼻炎相区别。

**治疗**　宜以去除病因、抗菌消炎、局部用药等为治疗原则。

①去除病因。找出病因，脱离发病环境，将患病犬猫安置在温暖、通风良好的场所。

②抗菌消炎。对炎症较为严重的犬猫，肌肉注射氨苄青霉素 0.5～1.0 g/次，每天 3 次，连用 3 d；用前应做皮试；庆大小诺霉素 4 万～8 万 IU、利多卡因 20～40 mg、地塞米松 2～4 mg，分多次滴入鼻腔内，连用 3 d。对于慢性鼻炎、变态反应性鼻炎，可口服或肌肉注射地塞米松，按每千克体重 0.125～1 mg 用药，每天 1 次，连用 3～5 d。

③局部用药。对有大量稀薄鼻液的病例先用 0.1%高锰酸钾溶液（或 1%明矾溶液、2%～3%硼酸溶液、0.1%鞣酸溶液）200 mL 冲洗鼻腔，再用复方碘甘油 50 mL 喷涂，每天 1～2 次，连用 3～5 d。对于鼻塞严重的，可用去甲肾上腺素滴鼻液（内含 0.2%去甲肾上腺素、3%洁霉素、0.05%倍他米松）滴鼻，每天数次，使用 1～2 周后间断 1～2 周，避免长期连续用药。对有黏稠鼻液的病例，选用温热生理盐水或 1%碳酸氢钠溶液冲洗鼻腔，每天 1～2 次。当鼻腔黏膜严重充血时，可用血管收缩药 1%麻黄碱滴鼻。

④中西结合治疗。可用庆大小诺霉素和 654-2 液滴鼻，或用康复新液滴鼻；口服辛夷散（辛夷、酒知母、酒黄柏、广木香、沙参、郁金、明矾）。

**预防**　平时加强卫生防疫工作。加强饲养管理，给予营养丰富且容易消化的日粮以增加动物的抗病能力。加强犬猫的耐寒训练。对于邻近组织的炎症应及时治疗。

## 第 2 节　喉　　炎

喉炎(laryngitis)是指喉黏膜及黏膜下层组织的炎症。临床上以喉部肿胀、敏感、疼痛、剧烈咳嗽为主要特征。根据病因可分为原发性喉炎和继发性喉炎，根据病程分为急性喉炎和慢性喉炎，根据其炎性的性质可分为卡他性和纤维蛋白性喉炎。

**病因**

①物理性因素。寒冷的刺激、异物的损伤(如骨头、鱼刺、针、别针及外界的刺伤)、温热的刺激、过度的鸣叫等所引起。

②化学性因素。参考鼻炎。

③生物性因素。由某些病毒(如犬瘟热病毒、犬副流感、犬Ⅱ型腺病毒、猫鼻气管炎病毒)感染所致。

④其他因素。如邻近器官炎症(如鼻炎、咽炎、扁桃体炎、气管炎、肺炎)的蔓延所致。

**症状**

①急性喉炎。主要表现为咳嗽。患病犬猫叫声嘶哑或完全叫不出来，表情极为痛苦。病初可听到粗厉、短而有力的痛性干咳，后期转为柔和的湿咳。触诊喉部高度敏感，有疼痛挣扎表现，出现阵咳，且咳后常发生呕吐。呼气时可闻到恶臭的气味。喉部听诊可听到喉头狭窄音。轻症时，无明显的全身症状；重症时，体温升高 1～1.5℃，精神沉郁，脉搏加快，可视黏膜发绀，偶尔发现有少量的鼻液，咽喉附近淋巴结肿胀，头部不愿转动。当喉部出现水肿时，患病犬猫呈现吸气性呼吸困难，张口呼吸，严重时，可窒息死亡。

②慢性喉炎。一般无明显的症状，仅表现为早晨频频咳嗽，喉部触诊多有压痛反应。喉黏膜增厚，肿胀呈颗粒状或结节状，结缔组织增生，喉腔狭窄。

**辅助检查**——喉镜检查：检查前用硫酸阿托品按每千克体重 0.02～0.05 mg 皮下注射，盐酸杜冷丁按每千克体重 4.4 mg 肌肉注射，然后用硫喷妥钠间歇性静脉滴注使犬进入浅麻醉(呼吸困难时仅采用阿托品针剂和吸入麻醉)。检查声带两侧的表面、左右梨状窦、侧室声带、舌下、喉头等部位，重点观察其形状、颜色、运动情况。注意与咽喉肿瘤相区别。

**诊断**　根据咳嗽、喉部敏感等临床症状结合喉镜检查结果即可做出诊断。

同时应注意与鼻炎、咽炎和支气管炎的鉴别诊断。鼻炎：鼻液增多，吸气更加困难，但一般不咳嗽。咽炎：主要表现为吞咽障碍，咳嗽不剧烈。支气管炎：喉部不敏感，无单纯性吸气困难症状，咳嗽不如喉炎剧烈。

**治疗** 宜以去除病因、抗菌消炎、对症处理等为治疗原则。

①去除病因。找出病因，去除异物，将患病犬猫安置在温暖、清洁的环境中，同时饲喂营养均衡的流质或柔软食物。

②抗菌消炎。肌肉注射青霉素，每次 80 万 IU，每天 2 次；呛咳严重导致呼吸障碍时，可用 1%普鲁卡因 2 mL、青霉素 20 万 IU 混合后进行喉部封闭注射，每天 2 次，左右两侧交替进行。也可肌肉注射丁胺卡那霉素和地塞米松，每天 2 次，连用 3～5 d，或内服头孢拉定胶囊。局部用硫酸镁溶液冷敷，或用喷雾疗法。

③对症治疗。

其一，镇咳、祛痰、止痛。干咳时，用磷酸可待因：犬，1.1～2.2 mg/kg，皮下注射，每天 3 次或 4 次，日注射总量 10～65 mg；猫，0.25～4.0 mg/kg，口服，每天 1 次或 2 次，或 0.1～1.0 mg/kg，静脉注射。急支糖浆，每次 20 mL，口服，每天 3 次。嚼服复方甘草片，每次 1～2 片，每天 3 次。湿咳不宜用止咳药。痰多时，可口服氯化铵，每次 0.2～1 g，每天 1 次。疼痛剧烈时，要谨慎地使用镇静剂（如吗啡）。

其二，物理疗法。发病初期可用冰袋冷敷喉部，以收缩血管，减轻喉头水肿。以后可用热敷，以促进炎症消退。

其三，如果喉部阻塞严重而引起呼吸困难时，应立即施行气管切开术。

④中西结合治疗。西药注射液均可穴位注射，常用的穴位有喉俞、大椎等穴。喉腔内喷雾冰硼散或金嗓子喉宝，或用六神丸 3～6 丸，口服，每天 2 次。喉部还可用如意金黄散外敷。也可用中药即青黛 1.5 g、硼酸 1.5 g、雄黄 0.2 g、冰片 0.5 g、甘草 3 g，混合研成末，然后加入白糖 15 g、鸡蛋清 10 mL 和水 150 mL，调匀后口服，每天 1 剂，连服 3 d。

## 第 3 节 扁桃体炎

扁桃体是咽的淋巴器官。犬的扁桃体表面平滑并形成小窝（隐窝）。扁桃体炎（tonsillitis）是指扁桃体的急性或慢性炎症。此病多见于犬，猫很少见。

**病因**

①物理性因素。异物刺激（如植物纤维或其他异物停留在扁桃体的隐窝内

引起的局部的单侧性炎症或扁桃体的周围脓肿）、过热的饲料刺激等所致。

②生物性因素。由某些细菌（溶血性链球菌或葡萄球菌）、病毒（如犬传染性肝炎病毒）感染所致。

③其他因素。由邻近器官炎症（如口炎、咽炎、鼻炎）的蔓延所致。某些具有软腭延长和肥大缺陷的短头颅的狗（如英国斗牛犬、波士顿㹴犬等）易发本病。

**症状**

①急性扁桃体炎。病初体温升高，精神不振，厌食，流涎，吞咽困难。常有短、弱的咳嗽，继之呕出或排出少量黏液。打开口腔可见扁桃体表面潮红、肿胀，有黏液性渗出物包绕在扁桃体周围。严重时，扁桃体可发生水肿，呈鲜红色并有小的坏死灶或化脓灶，扁桃体由隐窝向外突出。

②慢性扁桃体炎。其是由急性炎症反复发作所致。扁桃体表面失去光泽，呈“泥样（muddy）”；隐窝上皮组织增生，呈轻度肿胀。

**诊断**　根据临床症状可做出初步诊断。但应注意，扁桃体炎可以是全身或局部感染的一个症状，应在全身检查后，做出综合判断。

**治疗**

①及时对因治疗。

②抗菌消炎。肌肉注射青霉素 80 万 IU，每天 2 次。也可选用头孢、先锋类抗生素等肌肉注射。

③局部处理。扁桃体局部涂抹 2%碘甘油。

④支持疗法。对采食困难的病犬，适量静脉滴注 5%葡萄糖生理盐水溶液，每天 1～2 次；肌肉注射复合维生素 B 2 mL，每天 1～2 次；肌肉注射维生素 C 2 mL，每天 1～2 次。尽可能避免口腔投药，减少刺激。

⑤手术治疗。对反复发作扁桃体炎的病犬，在炎症缓和期可施扁桃体摘除术。

## 第 4 节　气管支气管炎

气管支气管炎（tracheobronchitis）是气管、支气管黏膜表层或深层的炎症。临床上以咳嗽，胸部听诊有啰音为主要特征。临床上，单纯性支气管炎比较少见，通常是先发生气管炎后继发支气管炎，支气管炎又常常波及细支气管，故而支气管炎大多数与气管炎合并发生。按病程有急性和慢性气管支气管炎之分。

**病因**

①物理因素。受潮湿和寒冷空气的刺激、异物的刺激（如灌药时药物误入气管、呕吐时食物进入气管内），吸入烟尘、真菌孢子、尘埃等的刺激以及过度勒紧脖（项）圈、食道内异物及肿瘤等的压迫所致。

②化学性因素。参见鼻炎。

③生物性因素。由某些病毒（如犬瘟热病毒、犬副流感病毒、猫鼻气管炎病毒）、细菌（如嗜血杆菌、链球菌、葡萄球菌、肺炎球菌）的感染所致。

④其他因素。如上呼吸道或肺部炎症的蔓延、心脏的异常扩张、某些过敏性疾病（如花粉、有机粉尘等变应原所致的过敏）所致。

**发病机理**　健康犬猫可借助于呼吸道黏膜腺体的分泌、上皮细胞的纤毛运动、淋巴滤泡的阻留和白细胞的吞噬作用等防御功能，将进入呼吸道内的尘埃、异物或细菌清除出去。若动物处于应激状态、营养不良或年老机体抵抗力下降时，在致病因素的作用下，呼吸道黏膜及其完整性遭到破坏而导致炎症的发生。气管支气管发炎后，由于黏膜充血肿胀、上皮脱落、分泌增多、炎性细胞浸润、炎性产物刺激神经末梢而引起咳嗽。机体为了达到稀释和消除毒素、保护黏膜的目的，炎症部位血液循环加强，代谢旺盛，白细胞吞噬能力亦增强，分泌物大量增加。同时，支气管黏膜肿胀，炎性产物积聚其中，不仅使呼吸道通气障碍，而且伴发支气管啰音。由于炎性分泌物内富含蛋白质，既有利于细菌的大量繁殖并产生毒素，也有可能感染腐败菌，发生腐败性支气管炎，使病情加重。如炎症沿支气管分枝继续蔓延，则可引起支气管肺炎。炎性产物和毒素被吸收可出现全身症状。

**症状**

①急性气管支气管炎。主要表现为咳嗽。病初为带痛的干咳，后转为湿咳。严重时为痉挛性咳嗽，在早晨尤为严重。有时有鼻液，先为浆液性，逐渐变为黏液性或脓性。肺部听诊可听到气管、支气管干性或湿性啰音。发病初期，体温可轻度升高，若炎症蔓延到细支气管时，体温持续升高，脉搏频速，有明显的呼吸困难。肺部听诊可听到细支气管啰音。叩诊无明显变化。伴有食欲减退、精神委顿。重症者，可出现呼吸急促、可视黏膜发绀、腹式呼吸。

②慢性气管支气管炎。全身体况一般表现正常，且许多患病犬猫出现肥胖。临床上咳嗽的变化较大，可听到粗厉的突然发作的痉挛性咳嗽。在运动、采食、夜间和早、晚时咳嗽尤为剧烈，甚至引起气管痉挛。当支气管扩张时，咳嗽后有大量腐臭液外流，严重者出现吸气性呼吸困难，直至死亡。

**实验室检验**

①血液学检验。重症犬猫可见白细胞总数升高，伴有中性粒细胞增多及核左移。病情缓解期可见单核细胞、淋巴细胞升高。若嗜酸性粒细胞增多，多见于寄生虫性或过敏性气管、支气管炎。血液检查时见血液二氧化碳分压升高。

②气管、支气管清洗液检查。气管、支气管清洗液采样检查方法：硫酸阿托品 5 mg 肌肉注射，846 麻醉合剂 0.5～1.2 mL 肌肉注射，犬猫进入麻醉后，插入气管插管。取 14～16 号注射针头通过插管插到气管或支气管。根据犬猫的大小，注入 1～5 mL 灭菌生理盐水，然后吸出。重复数次，回收 0.5 mL 清洗液，用于细菌/真菌培养或直接涂片镜检。

**辅助检查**

①X 射线照片检查。急性支气管炎可见沿气管支有斑状阴影；慢性支气管炎可见肺纹理增强，支气管周围有圆形 X 射线不能透过的部分。

②支气管镜检查。可见支气管内有呈线状或充满管腔的黏液，黏膜粗糙增厚。

**诊断**　本病主要根据临床症状结合实验室检验结果即可做出诊断。

**治疗**

①去除病因。首先将患病犬猫从干燥、多烟、多尘或被污染的场所移走。每天在地面洒水以提高空气湿度，减少黏膜黏液分泌。

②平喘、止咳、化痰。肌肉注射氨茶碱，每次 0.05～0.1 g，每天 2 次。同时嚼服复方甘草片，每次 1～2 片，每天 3 次；或口服化痰片（羧甲基半胱氨酸片），每次 0.1～0.2 g，每天 3 次；或口服强力枇杷止咳露或川贝枇杷止咳露，每次 2～4 mL，每天 3～5 次。也可应用磷酸可待因或氯化铵（剂量参见喉炎）等。

③抗菌消炎。肌肉注射青霉素、链霉素，每次各 80 万 IU，每天 2 次；或肌肉注射头孢唑啉钠，每次 0.5 g，每天 2 次；或肌肉注射拜有利，每千克体重 0.1 mL，每天 1 次。

④抗过敏。对于变态反应引起的支气管炎，可肌肉注射地塞米松，每次 5～10 mg，每天 1 次，用以抑制变态反应。还可选用扑尔敏、苯海拉明等药物。

⑤补液、强心。可用 5%葡萄糖溶液或 5%右旋糖酐生理盐水、10%安钠咖或 15%安钠咖注射液，适量静脉注射。

## 第 5 节　肺　炎

肺炎（pneumonia）是肺实质的炎症。临床上以发热、呼吸障碍、叩诊出现散在或广泛性的浊音区，听诊有啰音或捻发音，低氧血症和某些特殊X射线表现为主要特征。老龄及幼龄犬猫冬春季易发。

**病因**

①物理性因素。受凉、贼风侵袭、舍内潮湿、劳役过度等因素可诱发本病。异物（如药物）、呕吐物或其他刺激性气体或液体的吸入所致。

②生物性因素。由某些病毒（如犬瘟热病毒、犬呼肠孤病毒、猫传染性鼻气管炎病毒、犬猫的疱疹病毒）、细菌（如金黄色葡萄球菌、溶血性链球菌、肺炎球菌、克雷白氏杆菌、埃希氏大肠杆菌、绿脓杆菌、棒状杆菌、梭形杆菌、军团菌、牛型结核分枝杆菌、放线菌、诺卡氏菌）、真菌（如白色念珠菌、烟曲霉菌、组织胞浆菌、球孢子菌）、寄生虫[如弓形虫、嗜气毛细线虫（*Copillaria aerophilia*）、猫圆线虫、并殖吸虫、蛔虫及钩虫的幼虫]、支原体和立克次氏体等的感染所致。

③其他因素。一些化脓性疾病（如子宫炎、乳房炎、子宫蓄脓等）的病原可经血液途径进入肺而致病；某些过敏原（外界侵入、感染性或自身免疫性的）发生的变态反应或异常的免疫反应等引起。

**发病机理**　多数病例由某些特异性微生物经血源性或淋巴源性感染而致病。细菌感染至肺泡，使肺泡成为细菌繁殖的场所；此时毛细血管壁并未受到严重损害，渗出物主要呈浆液性和黏液性，且含有少量脱落的上皮细胞，极少含有纤维蛋白，故不易凝固。同时肺泡内积聚脱落上皮和渗出物，使细菌与上皮组织隔绝，使得细菌不容易被溶解破坏，也不能使机体产生抗体。由于肺小叶群的肺泡的炎症反应先后不一，肺部散在地出现浊音区，X射线检查可见灶性阴影。

**症状**　病初，体温通常升高到40℃左右，但有些病例因机体衰弱，可能一时或很久不表现发热。脉搏增数至140～190次/min。厌食，嗜眠。流鼻液，先为浆液性，后为黏液性或脓性，有时可见到铁锈色鼻液。咳嗽，常为短速的浅咳。可视黏膜潮红或轻度发绀。呼吸增数，节律改变，以腹式呼吸为主，并表现出所谓的“唇型呼吸”特征。听诊：病初局部肺泡呼吸音增强，有湿啰音及捻发音。随病程发展，肺泡呼吸音减弱直至消失，但肺泡呼吸音消失区周围的肺泡呼吸音增强。肺泡呼吸音消失区叩诊出现浊音区，有时因病变部位较深，重叩才能发现。

**实验室检验**　血液常规检验：白细胞总数升高，中性粒细胞的比例升高，并伴有核左移现象，多见于细菌性肺炎；嗜酸性粒细胞增加，多见于变态反应性肺炎、犬丝虫病；白细胞总数减少，伴有核右移，多提示预后不良。

**辅助检查**

①X 射线照片检查。这是诊断肺部疾病有效的方法。通常取侧位和背腹或腹背的 2 个方向拍摄。一些肺炎片的特征如下：

其一，侧面像主要以前叶腹侧阴影度增加以及其他部位不规则的阴影度增加，多见于支气管肺炎（彩图 7-1 至彩图 7-6）、嗜酸性细胞性肺炎、弓形虫病等。

其二，单个或多个肺叶均一的阴影度增加，多见于大叶性肺炎（彩图 7-7、彩图 7-8）、肺叶捻转、异物性肉芽肿、肿瘤等。

其三，弥漫性、大叶性间质阴影度增加，多由间质性肺炎、败血症、毒血症、肠道内寄生虫幼虫的移行等引起。

其四，支气管及血管的结构弥漫性阴影度增加，多由肺循环增强、慢性支气管炎等引起。

其五，后叶边缘部阴影度均匀性增加，多由血栓栓塞性肺炎、细菌性心内膜炎、脂肪栓塞、心功能不全、血液凝固障碍等引起。

其六，以后叶及其边缘部界限明显或不明显为主的单发或多发结节性不定型阴影，多由肉芽肿性肺炎、结核、肺吸虫等引起。

其七，单叶或多叶均一的阴影度增加，多由肺不张、动脉或支气管完全阻塞、外伤等引起。

②肺组织活检。穿刺部局部麻醉，穿刺针刺入皮肤接近胸膜，使犬猫鼻孔和口闭合，暂时停止呼吸；穿刺针快速插入患部，取样进行组织学及病原的检查。

**诊断**　根据临床症状，结合实验室检验结果即可做出诊断。

**治疗**　宜采取抗菌消炎、止咳化痰、制止渗出、促进渗出物的吸收和排除及相应的对症治疗等措施。

①抗菌消炎。肌肉注射青霉素、链霉素，每次各 80 万～160 万 IU，每天 2 次；或肌肉注射头孢拉啶，每次 0.5～1.0 g，每天 2 次。同时配合口服复方新诺明，每次 1 片，每天 3 次；并口服甲氧苄氨嘧啶（TMP，磺胺药物增效剂），每次 1 片，每天 3 次。也可选用甲硝唑注射液 10～100 mL 或盐酸四环素按每千克体重 5～11 mg，每天 1 次，静脉注射。还可选用庆大霉素、庆大小诺霉素、丁胺卡那霉素等。如为久居空调房间导致的军团菌性肺炎，可以口服红霉素片，每次 0.25～0.5 g，每天 4 次；重症者可静脉滴注红霉素，每次 1～2 g，每天 2 次；一般用药 2～3 d 后体温可恢复正常，但仍应继续用药 2 周。也可肌肉注射拜有利，每千克体重 0.1 mL，每天 1 次；或肌肉注射麻佛霉素，每千克体重 0.1 mL，每天 1 次。

②止咳化痰。参考"气管支气管炎"的疗法。对于刺激性咳嗽剧烈的犬猫，

可以肌肉注射可待因，每次 5～10 mg，每天 2 次或 3 次。也可选用必嗽平或乙酰半胱氨酸等。

③制止渗出。可用 10%葡萄糖酸钙溶液或 5%氯化钙溶液缓慢静脉滴注，每次 10～20 mL，每天 1 次。

④促进渗出液的吸收和排出。可用利尿剂如速尿等，也可用 10%安钠咖溶液、10%水杨酸钠注射液和 40%乌洛托品溶液按 1：10：6 比例混合后适量静脉注射。

⑤真菌性肺炎。可选用两性霉素 B 静脉注射，犬的用量为每千克体重 1.8 mg，7 d 为一疗程，中断 7 d 再治一疗程。

⑥支持疗法。适量静脉滴注 5%葡萄糖氯化钠溶液，每天 1 次或 2 次；适量静脉滴注复方氨基酸，每天 1 次；口服小施尔康，每天 1 粒，以补充机体必需的营养物质。

⑦对症治疗。高热者，可用小儿退热栓 1 粒从肛门塞入，必要时可重复使用；肌肉注射复方氨基比林，每次 1～2 mL，每天不超过 3 次。出现气急、发绀等现象的缺氧犬猫，可使用人用便携式输氧袋，以鼻导管给氧。

此外，患病犬猫一旦出现呼吸衰竭、肾功能衰竭等致命性并发症时，可施行安乐死。

## 第 6 节　异物性肺炎

异物性肺炎(foreign body pneumonia)，又称吸入性肺炎(aspiration pneumonia)，是由于吸入异物到肺内引起支气管和肺的炎症。

**病因**　灌药方法不当、吞咽障碍是异物性肺炎最常见的原因。当咽炎、咽麻痹、食管阻塞和伴有意识障碍的脑病时，由于吞咽困难，容易发生吸入或误咽现象，从而引起本病。

**症状**　当异物进入肺内，最初是引起支气管和肺小叶的卡他性炎症，表现为呼吸急速而困难，明显的腹式呼吸，体温升高 40℃以上，精神沉郁，食欲下降或废绝，畏寒，有时战栗，心跳加速，并出现湿性咳嗽，随后病情加剧，最终发展为肺坏疽；后期呼出带有腐败恶臭味的气体，鼻孔流出有腥臭的污秽鼻液。肺部检查，触诊胸部疼痛明显，听诊有明显啰音，叩诊呈浊音，后期可能出现肺空洞而发出灶性鼓音。若空洞周围被致密组织所包围，其中充满空气，叩诊呈金属音；若空洞与支气管相通则听诊呈破壶音。

**实验室检验**　鼻液检查：检查鼻液可看到肺组织碎片、红细胞、白细胞、脂肪滴及大量微生物等。如鼻液加入到10%氢氧化钾溶液中煮沸，离心获得的沉淀物在显微镜下检查，可见到由肺组织分解出来的弹力纤维。

**辅助检查**　X射线检查：可见到透明的肺空洞及坏死灶的阴影。例如，犬口服钡餐时，将钡餐误吸入肺，X射线检查，使肺内充满雪花样的钡餐（彩图7-5、彩图7-6）。

**诊断**　根据病史和临床症状可做出初步诊断。确诊需做鼻液检查和X-射线检查。

本病应与腐败性支气管炎相区别。腐败性支气管炎缺乏高热，并且在鼻液中无弹力纤维。

**治疗**　宜以缓解呼吸困难、排出异物、制止肺组织腐败分解及对症治疗为原则。

①缓解呼吸困难。及时进行氧气吸入。

②排除异物。让患病犬猫横卧，后腿抬高，有利于咳出异物。皮下注射2%盐酸毛果芸香碱0.2～1 mL，增加气管分泌，促使异物排出。

③防止继发感染。如属需氧菌感染，可用头孢霉素Ⅰ（10～15 mg/kg），每天3次静脉注射；如因厌氧菌感染，在应用青霉素、链霉素的同时，口服克霉唑片或静脉滴注甲硝唑注射液。

④中西结合治疗。抗生素可注入天门、大椎、身柱、喉俞、天突、肺俞等穴；静脉注射双黄连注射液；口服百合蜂蜜汤或千金苇茎汤。

## 第7节　肺水肿

肺水肿（pulmomary edema）是由于肺毛细血管内血液量异常增加，血液的液体成分渗漏到肺泡、支气管及肺间质内过量积聚所引起的一种非炎性疾病。临床上以呼吸极度困难、流泡沫样鼻液为特征。本病犬和猫均可发生。

**病因**

①心源性肺水肿。多见于充血性左心衰竭、过量的静脉输液和肺毛细血管压增高。

②非心源性肺水肿。多见于低蛋白血症，如肝病时蛋白合成能力下降、肾小球肾炎的蛋白丢失、消化不良综合征等。

③其他因素。某些引起肺泡-毛细血管渗透性增加的疾病，如出血性休克、癫痫发作、内毒素血症、微血栓、烟气吸入、败血症等。肺间质负压增加、肿瘤浸润引起的淋巴循环受阻以及高海拔、麻醉、惊厥和药物等可诱发本病。

**症状** 严重的肺水肿一般呈突然发作，进行性高度混合性呼吸困难，呼吸次数明显增多，眼球突出，静脉怒张，结膜发绀，两侧鼻孔流出大量泡沫状的鼻液。呼吸时呈端坐姿势，头颈伸展，鼻翼扇动，甚至张口呼吸。咳嗽多痰，淡血色。稍微运动，症状加剧。肺部叩诊呈浊音；肺部听诊时，可闻广泛性湿性啰音、水泡音或捻发音。

**辅助检查** X射线检查：胸部X射线检查，心脏肥大，异常心轮廓影，肺视野的阴影呈散在性增强，呼吸道轮廓清晰，支气管周围增厚。如为补液量过大所致，肺泡阴影呈弥漫性的增加，大部分血管几乎难以发现；如因左心功能不全者并发的肺水肿，肺门呈放射状（彩图7-9）。

**诊断** 根据病史、突发性呼吸困难，伴有泡沫样鼻液流出等典型症状，可以做出初步诊断。结合肺部听诊和X射线检查结果，则可确诊。但本病应与中暑、急性心力衰竭、肺出血、弥漫性支气管炎相鉴别。中暑除呼吸困难外，伴有神经症状及体温升高；急性心力衰竭时，常伴有肺水肿，但其前期症状是心力衰竭。

**治疗** 治疗宜保持安静，促进血液循环；制止渗出，消除水肿；迅速输氧，缓解呼吸困难。

①保持安静，促进血液循环。对于因肺毛细血管压增高、充血性左心衰竭的病犬，首先使其安静，可肌肉注射苯巴比妥（每千克体重5～10 mg）、戊巴比妥钠（每千克体重2～4 mg）或硫酸吗啡（每千克体重0.5～1 mg）。为增强心肌收缩力，可用洋地黄疗法，如静脉注射地高辛，首次量为每千克体重0.044 mg，维持量为每千克体重0.005 5～0.011 mg，间隔12 h给药1次。在用药后24～36 h计算其饱和量。也可应用洋地黄苷。

②制止渗出，消除水肿。可用10%葡萄糖酸钙5～10 mL，加入到10%葡萄糖液内，缓慢静脉注射；同时静脉滴注地塞米松5 mg，每日1次。低蛋白血症引起的可输血80～100 mL。当支气管分泌过多时，可应用硫酸阿托品或654-2注射液，有明显降低肺水肿的功效。为促进液体的排除，可应用利尿剂，如口服速尿，每千克体重2～4 mg，每天3～4次。

③迅速输氧，缓解呼吸困难。当血中缺氧时，要立即供氧，应用细胶管经鼻道输氧，或用氧气面罩，以5～6 L/min的速度快速输入，以改善换气功能。有支气管痉挛症状者，应用支气管扩张剂是最为有效的方法，如静脉注射氨茶碱（每千克体重6～10 mg）。因急性左心功能不全以外的原因所致的肺水肿，可用肾上腺素、异丙基肾上腺素等强力支气管扩张药。如果导管经鼻给氧不能提高摄氧，则需要气管插管，用呼吸机给氧。

此外，患病动物贫血时，给予红细胞，不仅能增加血液黏稠度和减轻心脏负担，而且可以改善向组织供氧作用。渗透压降低时，输入血浆或右旋糖酐溶液有明显的利尿作用，但不宜应用等渗溶液，因其能加剧肺水肿的发展。

④中西结合治疗。配合西药按痰饮阻肺施治，用二陈汤加葶苈子、丹参等药，水煎服。此外，硫酸阿托品或654-2注射液可注入身柱、天突、肺俞穴。必要时犬可按每千克体重6～10 mL静脉放血。

## 第8节　肺气肿

肺气肿(pulmonary emphysema)是肺泡和间质性气肿的统称。肺泡内空气增多，称为肺泡性肺气肿(alveolar emphysema)；肺泡破裂，气体进入间质的疏松结缔组织中，使间质膨胀，称为间质性肺气肿(pulmonary interstitial emphysema)。临床上以呼吸困难、明显缺氧为主要特征。本病犬和猫均可发生。

**病因**

①原发性肺气肿。主要是因为剧烈运动、急速奔驰、长期挣扎时，由于强烈的呼吸所致。特别是老年犬，肺泡壁弹性降低，容易发生肺气肿。

②继发性肺气肿。常因慢性支气管炎、弥漫性支气管炎时持续咳嗽，或当支气管狭窄和阻塞时，由于支气管气体通过障碍而发生。

③间质性肺气肿。由于剧烈的咳嗽，或异物误入肺内，肺泡内的气压急剧增加，致使肺泡壁破裂而引起。

**症状**　呼吸困难，气喘，张口呼吸，可视黏膜发绀，精神沉郁，易于疲劳。体温一般正常。听诊肺泡音减弱，可听到破锣音及捻发音。叩诊呈过清音，可知肺组织内空气含量过多而致体积膨胀，故叩诊界后移。

**辅助检查**　X射线检查：肺区透明，膈肌后移(彩图7-10、彩图7-11)，支气管影像模糊。继发性肺气肿往往还伴有原发病的症状。

**诊断**　根据病史、症状，肺部听诊、叩诊的变化，以及X射线检查结果可以确诊。但应与肺水肿、喉水肿和皮下气肿进行鉴别诊断：肺水肿，鼻孔带有泡沫的淡黄色鼻液；喉水肿，为吸气性呼吸困难，吸气时发出喉狭窄音(笛音)；皮下气肿，颈及肩部皮下气肿，有时是由于食道和气管破裂所致，但无呼吸困难和肺泡呼吸音的改变。

**治疗**　继发性肺气肿应积极治疗原发病，改善肺的通气和换气功能，控制心力衰竭。

①改善肺的通气和换气功能。首先让患病动物绝对休息,安放在清洁、无灰尘、通气良好的舍内,给予营养丰富的食物。每天多次给予低浓度吸氧。为改善通风和换气功能,可口服或雾化吸入支气管扩张药,如茶碱类(氨茶碱,每千克体重10～15 mg)、拟肾上腺素药、胆碱能M受体阻滞剂、肾上腺素能$\alpha$-受体阻滞剂等。肾上腺皮质激素制剂应慎用。为增强呼吸功能,可用呼吸调节剂,如福米诺苯盐酸盐50～80 mg,口服,每天3次,可提高患病动物的血氧分压和降低二氧化碳分压。忌用安眠药、镇定药等。

②对症治疗。出现肺水肿时,口服双氢克尿塞,每千克体重2～4 mg,每天2次。同时补钾,将10%氯化钾2～5 mL用5%～10%葡萄糖液稀释成0.1%～0.3%溶液,静脉滴注。

③手术疗法。对较大的局限性肺气肿可施手术切除,使受挤压的正常肺组织充气,增强肺的弹性回位。

④中西结合治疗。配合西药,按肺气虚诊治,方剂可用补肺散(党参、黄芪、紫菀、五味子、熟地、桑白皮)水煎服。

## 第9节　胸膜炎

胸膜炎(pleuritis)是伴有渗出液和纤维蛋白沉淀的胸膜炎症。按病程可分为急性和慢性胸膜炎;按渗出液性质可分为浆液性、纤维蛋白性、浆液纤维蛋白性、出血性、化脓性和化脓腐败性胸膜炎;按疾病范围可分为局限性和弥漫性胸膜炎。犬的胸腔由于纵隔不完整,左右两侧互相联系,因此,其胸膜炎多为两侧性。临床上以腹式呼吸、听诊时有胸膜摩擦音及叩诊胸部呈现水平浊音等为主要特征。

**病因**

①物理性因素。多发生于胸壁挫伤、穿透性创伤等所致的感染。

②生物性因素。由于某些病毒(如猫鼻气管炎病毒、猫传染性腹膜炎病毒)、细菌(如结核杆菌、巴氏杆菌、钩端螺旋体等)及蠕虫寄生等感染所致。

③其他因素。如胸部器官的疾患的蔓延(如肺、纵隔、心包、淋巴结的炎症,肋骨、胸骨骨折感染,骨坏疽,骨坏死,脓毒败血症,胸腔肿瘤等)及尿毒症、血液毒素中毒、胸部食管穿孔、支气管肺炎等疾病引起。

**发病机理**　病原微生物经血液或淋巴途径到达胸膜,大量繁殖,即可引起胸膜炎。炎症初期,由于充血、血管扩张及内皮组织疏松,有大量含纤维蛋白和细胞成分的渗出物,其液体成分逐渐被胸膜的健康部位所吸收,纤维蛋白则沉积于胸膜上而成为纤维蛋白性胸膜炎，导致胸膜与邻近器官粘连，同时，出现肉芽增生使这部分胸膜变得粗糙，呼吸时出现胸膜摩擦音。纤维性结缔组织增生严重时，使胸膜壁层与脏层或与膈肌发生粘连。若大量浆液性渗出物不能被吸收而积聚于胸膜腔内，胸部叩诊则出现水平浊音区，超声波检查出现液体平段。当胸腔积聚大量渗出物而压迫肺，则引起呼吸困难。当压迫心脏和前、后腔静脉使心脏功能发生障碍时，可出现外周循环淤血及全身水肿和心力衰竭等症状。炎症过程中，细菌毒素和炎性产物被吸收，可导致体温升高等全身性反应，严重的可发展成毒血症。炎性产物刺激胸膜的神经末梢，诱发反射性咳嗽和疼痛。患病犬猫为缓解疼痛，以浅表呼吸来减少胸壁活动。

**症状**

①急性胸膜炎。病初精神沉郁，食欲不振，体温一般升高 1～2℃；化脓性胸膜炎，体温升高 2℃以上。呼吸快而浅表，以腹式呼吸为主。肺部听诊因胸膜的粗糙，可听到与呼吸运动一致的胸膜摩擦音；24 h 后出现浆液性渗出物，随着胸膜壁层和脏层被渗出物隔开，胸膜摩擦音消失，但可听到拍水音或明显的支气管音；当渗出物变为纤维蛋白，使壁层与脏层粘连在一起被成纤维细胞机化后，拍水音消失。在恢复期，渗出物被吸收，胸膜摩擦音有时会重新出现。叩诊胸壁，有明显疼痛感，并出现轻而弱的咳嗽，有些病例拒绝听诊和触诊。大量渗出物渗出时，呼吸更加困难，呈张口呼吸，在胸前、胸下或腹下发生水肿。虽然胸壁触痛降低，但仍保持有咳痛。

②慢性胸膜炎。全身症状不明显，仅表现为呼吸促迫，尤其在运动以后。体温出现反复性微热。如胸膜已发生广泛性粘连或高度增厚，听诊时肺泡呼吸音微弱，并于胸后上部出现浊音。

**实验室检验**

①血液常规检验。白细胞总数增加，中性粒细胞比例升高，核左移，淋巴细胞相对减少。

②胸膜腔穿刺。有大量黄色易凝固的黏稠液体流出；内含大量红细胞(呈红色)，多见于出血性胸膜炎；内含大量脓细胞时，多见于化脓性胸膜炎。同时，可对穿刺液进行涂片检查和病原的分离检查。

**辅助检查**

①X 射线照片检查。侧面像可见胸腔的腹侧部阴影度均匀增加，肺边缘 X 射线扇形(叶状)透过；站立位侧面像和背腹像最初心阴影不明显；X 射线不能透过叶间裂沟。肺边缘离开胸壁，背腹像及腹背像可见背和胸壁之间高密度的带状胸膜腔；背腹像带有钝圆形肋骨横膈膜角；背腹像、腹背像及侧面像在心横

膈角可见部分或全部潴留液体；腹侧纵隔窦潴留液体厚度明显增加，肺和横膈膜之间潴留液体出现所谓“假性横膈膜轮廓”(彩图 7-12、彩图 7-13)。

②超声波检查。可发现液体平段。

**诊断** 根据临床体征并结合实验室检验结果即可做出诊断。

**治疗** 治疗宜采用抗菌消炎、减轻疼痛、制止渗出、促进渗出物的吸收或排除、对症治疗等措施。对于可能出现传染的患病犬猫，应隔离治疗。

①抗菌消炎。选择氨苄青霉素(每千克体重 25 mg)、头孢唑啉(每千克体重 15～25 mg)、头孢呋肟钠(每次 0.25～0.75 g)或林可霉素(每千克体重 10～22 mg)，并配合应用庆大霉素(每千克体重 2～5 mg)或丁胺卡那霉素(每千克体重 5～10 mg)，肌肉或静脉注射，每天 2 次。若为结核性胸膜炎，应长期口服异烟肼，每次 9.00 mg，每天 1 次；同时肌肉注射链霉素，每次 50 万～100 万 IU，每天 2 次；当胸液基本吸收后可以减量，但不能过早停药，以免复发。

②减轻疼痛。给予杜冷丁(每千克体重 11 mg)，每 8～12 h 肌肉注射 1 次；或安痛定/复方氨基比林，犬 1～4 mL/次，猫 1～2 mL/次，肌肉注射。

③制止渗出。可用 10%葡萄糖酸钙 20～40 mL 或 5%的氯化钙溶液缓缓静脉注射，每天 1 次；同时配合地塞米松(5～10 mg/次)、维生素 C 0.1～0.5 g/次，静脉注射，每天 1 次。

④促进渗出物吸收和排除。可口服利尿剂，如速尿(每千克体重 2～4 mg)，每天 2 次；也可胸腔穿刺排液，并用 0.01%～0.02%呋喃西林、0.1%雷佛奴尔或 0.05%洗必泰等消毒液冲洗胸腔，然后再注入氨苄青霉素，或对渗出液做药敏试验后再注入相应的抗生素，或选用林格氏液加抗生素和胰凝乳蛋白酶 5 000 IU/100 mL，以每千克体重 10 mL 的量每天冲洗胸腔 2 次，通常注入清洗液后约 30～60 min 再排出。

⑤对症疗法。补液强心(如安钠咖，犬 0.1～0.3 g/次，或去乙酰基毛花苷，犬和猫 0.3～0.6 g/次，用葡萄糖溶液或生理盐水稀释 10～20 倍缓慢静脉注射)和输氧。为减少纤维蛋白的沉积，减轻毒性症状，肌肉注射肾上腺皮质激素类药物，如地塞米松，每次 5～10 mg，每天 1 次，待症状缓解后逐渐减量停药。

⑥物理疗法。如光疗、热疗、芥子泥膏涂擦疗法。

⑦中西结合治疗。抗生素可注入身柱、天突、肺俞等穴；鱼腥草、金银花、连翘、蒲公英、黄连、黄芩、栀子、板蓝根、石膏等水煎服。

**预防** 加强饲养管理，供给平衡日粮，增强机体的抵抗力。防止胸部外伤，及时治疗原发病。

# 第 10 节 胸腔积液

胸腔积液(pleural effusion)是炎性或非炎性的浆液性液体在胸腔的潴留。临床上以呼吸困难为主要特征。

**病因**

①胸膜毛细血管内静水压增高。如充血性心力衰竭、缩窄性心包炎、血容量增加、上腔静脉或奇静脉受阻,产生胸腔漏出液。

②胸膜毛细血管壁通透性增加。如胸膜炎症(结核病、肺炎)、结缔组织病(系统性红斑狼疮、类风湿性关节炎)、胸膜肿瘤(癌肿转移、间皮瘤)、肺梗塞、膈下炎症(膈下脓肿、急性胰腺炎、阿米巴肝脓肿)等,产生胸腔渗出液。

③胸膜毛细血管内胶体渗透压降低。如低蛋白血症、肝硬化、肾病综合征、急性肾小球肾炎、黏液性水肿等,产生胸腔漏出液。

④壁层胸膜淋巴引流障碍。如癌性淋巴管阻塞、发育性淋巴管引流异常等,产生胸腔渗出液。

⑤损伤等所致胸腔出血。主动脉瘤破裂、食管破裂、胸导管破裂等,产生血胸、脓胸、乳糜胸。

**症状** 病初呼吸急促和呼吸困难,运动或兴奋后尤甚。听诊肺泡音减弱。胸壁叩诊两侧呈水平浊音,而且随体位变化而异,胸部背侧可叩到鼓音,腹侧消失。严重呼吸困难时,病犬仰头伸颈,两侧肘关节外展,呈犬坐姿势。

**实验室检验** 胸腔穿刺液检查:请参考"胸膜炎"的内容。不同类型胸膜积液的特征见表 7-1。

**表 7-1 不同类型胸膜积液的特征**

| 项目指标 | 胸膜积液的类型 | | | | | |
|---|---|---|---|---|---|---|
| | 漏出液 | 缓和性漏出液 | 渗出液 | 脓性渗液 | 乳糜性渗液 | 血性渗液 |
| 颜色 | 无色至淡黄色 | 黄色或粉红色 | 黄色至红褐色 | 琥珀色至红色或白色 | 乳白色 | 红色 |
| 混浊度 | 清澈 | 清澈至混浊 | 清澈至不透明、絮状 | 混浊或不透明 | 不透明 | 不透明 |
| 蛋白质含量/(g/dL) | <1.5 | 2.5～4 | 3.0～7.0 | >3.5 | 不定 | >3.0 |

续表 7-1

| 项目指标 | 胸膜积液的类型 | | | | | |
|---|---|---|---|---|---|---|
| | 漏出液 | 缓和性漏出液 | 渗出液 | 脓性渗液 | 乳糜性渗液 | 血性渗液 |
| 纤维素* | 无 | 无 | 有 | 有 | 不定 | 有 |
| 细菌** | 无 | 无 | 有 | 有 | 无 | 无 |
| 生化指标 | | | LDH>200 U/L | 葡萄糖<10 mg/dL，pH<6.9 | 渗液中甘油三酯的浓度较血清中高 | |
| 有核细胞总数/(个/μL) | <1 000 | 1 000～7 000（LSA：1 000～100 000） | | >7 000 | <10 000 | 与周边血液循环中相同 |
| 细胞学特征 | 大部分为间质细胞 | 大部分为间质细胞及巨噬细胞，少数为非变性的多型核白细胞（PMN）。某些病例会出现肿瘤细胞（LSA、癌） | 大部分为间质细胞及巨噬细胞，少数为非变性的多型核白细胞（PMN）。某些病例会出现肿瘤细胞（LSA、癌） | 变性的嗜中性粒细胞 | 各种不同比例的小淋巴细胞、多型核白细胞（PMN）及巨噬细胞 | 大部分为红细胞；嗜红细胞增多症 |

注：LSA，淋巴肉瘤；PMN，多型性白细胞或中性粒细胞。*，纤维素的有无主要是观察渗出物内是否出现凝块、斑点、线状物而定；**，细菌的测定主要依靠细胞学检查或细菌培养。

**辅助检查** 胸部 X 射线摄片检查：X 射线侧面像可见胸部腹侧均匀的污浊度增加，心阴影不明显，肺叶间裂沟明显增宽（彩图 7-14）。背腹像及腹背像可见肺叶界限由胸壁隔离，胸膜腔呈带状，心脏和横膈膜形成的角度部分或全部消失。背腹像肋骨和横膈膜形成的角度变大。立位侧面像可见潴留的液体与胸腔内空间形成的水平线。

**诊断** 根据临床检查，胸腔穿刺及胸部 X 射线检查结果，在排除心肥大、肿瘤及横膈膜疝等疾病的基础上即可确诊。

**治疗** 及时对因治疗，也可根据临床症状予以对症治疗，如强心利尿、促进吸收、胸腔穿刺排液（彩图 7-15）等（参考胸膜炎的治疗，输氧疗法参考肺炎的治疗）。

（孙卫东　王小龙）

# 第 8 章　心血管系统、血液及造血系统疾病

心血管系统是由心脏、血管和调节血液循环的神经体液等构成。其功能是为全身组织器官运输血液，通过血液将氧、营养物质和激素等供给组织，并将组织代谢废物运走，以保证机体进行正常的新陈代谢。其疾病包括先天性和后天性心血管病。血液中含有红细胞、白细胞和血小板 3 种有形细胞成分。造血系统包括骨髓、脾、淋巴结以及分散在全身各处的淋巴和单核巨噬细胞组织。造血系统疾病包括原发于造血系统的疾病和主要累及造血系统的疾病。

## 第 1 节　先天性心血管病

先天性心血管病(congenital cardiovascular diseases)是先天性畸形中最常见的一种，是由于胎儿的心脏和血管在母体内发育有缺陷或部分停顿所引起的。胎儿出生后即可发现有心血管病变。部分患病犬猫可自然或经治疗存活到成年。在犬多见小型贵宾犬(Miniature poodle)、德国牧羊犬、柯利犬、波美兰尼亚犬及某些品种的观赏犬等品种。

引起胎儿心血管发育畸形的原因可能是多方面的，目前认为是在遗传缺陷(染色体异常、单基因突变等)的基础上受到环境因素的影响而形成。胎儿发育环境的变化(特别是母犬猫妊娠早期的子宫内病毒感染、羊膜病变、早期先兆流产、受放射线或细胞毒性药物的影响等)、早产、老龄和患糖尿病的母犬猫、缺氧环境等都是与发病有关的环境因素。

犬猫常见的先天性心血管疾病有动脉导管未闭、主动脉口狭窄、法乐氏四联症、肺动脉口狭窄、心房及心室间隔缺损、二尖瓣与三尖瓣开闭不全等。本处主要介绍动脉导管未闭、法乐氏四联症和二尖瓣开闭不全。

### 一、动脉导管未闭

动脉导管未闭(patent ductus arteriosus，PDA)又称动脉导管开放，是胎儿

出生后动脉导管继续保留的病理状态，是犬猫常见的一种先天性心血管畸形。本病是心脏外科发展史上第一种使用外科手术完全治愈的先天性心脏病。动脉导管未闭在犬较为常见，其发病率占先天性心脏疾病的25%～36%。

动脉导管为胎儿期血液循环所必需，是连接肺动脉和主动脉的一条动脉管。由于胎儿期的肺没有呼吸功能，呈肺不张状态，因此，右心室的血液排入肺动脉后，绝大多数经动脉导管流入主动脉，供给后躯的需要。出生后，由于肺循环的建立，右心室排入肺动脉的血液进入肺，而流经动脉导管的血液愈来愈少，因此，动脉导管通常在出生后数天至2周内逐渐闭锁。若超过此段时间仍未闭锁或闭锁不全，则称为动脉导管未闭。

**病因** 尚不十分清楚。Patterson等用长毛狮子犬做交配试验时证实，本病与多基因遗传有关。有人认为，动脉导管的闭锁机制受前列腺素合成酶抑制剂、血流动力学、血液中氧分压及神经内分泌因子的调节，故影响上述因素变化也可促进本病的发生。

**血液动力学变化** 由于体循环动脉阻力比肺动脉大5～10倍，所以，动脉导管的血液分流通常由主动脉流向肺动脉，使肺动脉血流量增加。已氧合的血液由主动脉流入肺部，再经左心房回到左心室及主动脉。分流量愈大，则左心室输出量愈大。同时，血液的分流使肺动脉压力升高，此压力达到或超过体循环动脉压力时，则出现“双向分流”或“逆向分流”，即血液由肺动脉流向主动脉。

**症状** 取决于动脉导管的短路血量和肺动脉压的高低。出生后的仔犬当肺动脉压低于主动脉压且短路血量少时，可不表现临床症状；随着年龄增加，逐渐出现左心功能不全。当肺动脉压升高时，仔犬吮乳能力差，发育迟缓，出现腹水和四肢水肿。当血液由肺动脉流向主动脉时，后躯及黏膜发绀。成年犬当短路血量少时，无明显的症状；短路血量多时，则表现不同程度的呼吸困难。例如，安静时的呼吸困难，夜间发作性呼吸困难，有时还可并发呼吸器官反复感染。

心脏听诊，心尖搏动明显，心区大部收缩期均可听到粗厉的连续性杂音，左侧心基区更明显。由于杂音呈持续性渐强渐弱，被称为“机械性杂音”。这种杂音偶尔在胸腔入口处最响。由于血液分流导致左心室负荷过重，收缩期延长，使得原应略迟于主动脉瓣关闭的肺动脉瓣先于主动脉瓣关闭，常使第2心音亢进及分裂。偶闻喷射性杂音，但大多被连续性杂音掩盖。

**辅助检查**

①心电图检查。

其一，Q波的波幅在Ⅱ、Ⅲ、$aV_F$导联上加深。

其二，R 波的波幅在Ⅱ、Ⅲ、$aV_F$ 导联上升高，在Ⅱ导联上 R 波的波幅大于 3.0 mV。

其三，QRS 综合波的时间间距增加。

其四，平均心电轴通常为+90°。

其五，由于肺动脉压升高导致右心肥大时，S 波的波幅在Ⅱ、Ⅲ、$aV_F$ 导联上异常加深。

其六，在心脏衰竭时，还可出现心房颤动和心律不齐。

②超声波心动检查。左心室内径增大，主动脉降部与肺总动脉或左肺动脉间有沟通。

③胸部 X 射线照片检查。肺血流增多，肺门血管影搏动增强，肺动脉段凸起，主动脉影不缩小或增大，左心室增大。

**诊断** 根据临床症状可做出初步诊断，心电图检查（伴有肺动脉高压时，呈两心室肥大波形。不伴有肺动脉高压时，呈左心室肥大波形）和胸部 X 射线检查（呈左心房和左心室扩张，心脏造影可见造影剂由动脉导管进入肺动脉）有助于诊断。测定红细胞比积（PCV）、胸部 X 射线摄影和心电图检查，可确定疾病的严重程度。应注意本病与主动脉口狭窄的区别诊断。

**治疗** 2 岁以下犬猫发生动脉导管未闭，在肺动脉高压出现前，建议手术治疗。方法是经左侧第 4 肋间做胸膜腔切开术，找到动脉导管（犬猫的导管短而宽）后，实施贯穿固定缝合和（或）绕管结扎，不必切断和切除。术中要保护迷走神经与喉返神经。患病犬猫手术后可长期存活。合并左心室衰竭的犬猫，可适当选用洋地黄或地高辛和呋噻米等药物先行支持疗法，使心功能有所恢复后再行手术。也可通过心导管将海绵状塑料塞或某种凝胶剂送入、阻塞未闭的动脉导管。在肺动脉压高出现后，则往往预后不良，发生手术并发症时，常导致死亡。

## 二、法乐氏四联症

法乐氏四联症（tetralogy of fallot）又称先天性发绀四联症，是包括肺动脉瓣口狭窄、心室间隔缺损、主动脉右位骑跨于缺损的心室间隔上和右心室肥大 4 种病理改变的先天性心血管畸形，其中最主要的是前 2 种。本病的发病率占犬猫先天性心脏疾病的 3%～10%。

**病因** 尚不明确。在用 Keeshond 等品种犬做交配试验时证实本病与多基因遗传有关。

**血流动力学变化** 法乐氏四联症的起因是肺动脉狭窄及室间隔缺损。室间隔缺损通常较大，两心室压力几乎相等而使血液产生分流，其方向可为右心室向左心室或反之。室间隔缺损较小时，肺动脉狭窄程度决定左、右心室的血压和分流方向。肺动脉愈狭窄，由右向左分流愈多；若肺动脉轻度狭窄，肺动脉压不超过主动脉压，分流自左向右。

**症状** 患病幼龄犬猫生长迟缓，极易疲劳，轻微运动即出现呼吸困难，甚至晕厥。有无发绀与血液分流量有关，由右向左心室分流的氧合血流越大，发绀越严重，一般出现在出生后 3～6 个月。如肺动脉狭窄较轻则临床无发绀。有时发生阵发性气喘。心脏听诊有粗厉的缩期杂音，但位置和强度不定。在肺动脉瓣口处有特征性的驱出性心杂音。心杂音强度与漏斗部狭窄程度成反比。听不到心杂音的患畜，病情更为严重。

**实验室检验** 血液学检验：红细胞总数增多。外周血液的血气分析表明，血液氧分压降低。

**辅助检查**

①心电图检查。心电图和心向量图示右心室肥厚与劳损（右胸导联 R 波高，T 波倒置，水平面与右侧面 QRS 环主要在前，顺钟向运行，T 环方向与 QRS 环相反），右心房肥厚（P 波高尖，P 环长），电轴右偏，额面 QRS 环最大向量偏右。

②超声波心动检查。超声波心动图示主动脉根部扩大，其位置前移并骑跨在有回声缺失的心室间隔上，但主动脉后壁与二尖瓣保持连续，造影时可见右心室至主动脉分流。

③右心室造影检查。右心室造影显示流出道狭窄，主动脉与肺动脉同时显影，可见肺动脉或其瓣膜狭窄。

④胸部 X 射线检查。肺血流量减少，肺动脉段凹陷，右心室、右心房增大，心尖翘起，心影呈靴状，上纵隔影可增宽，主动脉可右位，降主动脉可沿脊柱右侧下降。

**诊断** 根据临床症状及实验室检验结果即可做出诊断。

**治疗和预后** 无症状的肺动脉狭窄预后良好。中度和重度患犬，在心功能不全出现前应采用扩张右心室流出通道的方法尽早做手术修复。若几种畸形合并发生，手术复杂，且需进行体外循环，通常预后不良。

### 三、二尖瓣开闭不全

二尖瓣开闭不全（mitral valve insufficiency, MVI）是瓣膜增厚、腱索伸长等瓣膜发生改变，使心缩期的左心室血流逆流入左心房的现象。临床上主要表现左心功能不全。本病犬最常见，约占犬心脏病的 75%～80%。本病与年龄因素有关，1 岁以下犬达 5%，而 16 岁以上犬约占 75%。

**病因与病理**　有病毒感染、细菌性心内膜炎继发和遗传学说；目前多数认为与遗传基因有关。本病所有品种犬均可发生，但最多见于小型至中型犬，如奇瓦瓦犬、贵宾犬、腊肠犬、长毛狮子犬、史劳策犬、西班牙长耳犬、杜伯曼犬等犬种；雄犬比雌犬多发。本病主要为左心功能不全，与以下因素有关：

①降低左右心室驱出血量而引起虚脱、耐力下降或晕厥。

②增加左心室和肺静脉压导致呼吸困难、咳嗽或端坐呼吸。

③左支气管压缩引起咳嗽。

④右心衰竭导致腹水或胸腔积液。

⑤急性肺水肿或室性纤颤引起突然死亡。

**症状**　初期表现为运动时气喘，以后发展为安静时呼吸困难以及夜间发作性呼吸困难。夜间发作性呼吸困难主要发生于深夜 11 点钟到凌晨 2 点钟，早晨和傍晚发作的少。听诊可听到全缩期杂音。心杂音的最强点位于胸骨左缘第 4 至第 6 肋间的心尖部或稍靠背侧（肋软骨结合部），并向腋窝、背侧或尾部扩散。胸部触诊有震颤。本病根据病变程度和心脏的代偿能力可分为 4 期，各期的症状见表 8-1。

**表 8-1　二尖瓣开闭不全的各期症状与治疗**

| 病期 | 临床症状 | 听诊（全收缩期杂音） | 胸部 X 射线摄影 | 心电图 | 治疗 |
|---|---|---|---|---|---|
| Ⅰ | 无 | 1/6～3/6 和咔嗒音 | 正常 | 正常 | 限制运动；可用洋地黄治疗 |
| Ⅱ | 运动时气喘，活动能力差 | 2/6～4/6 | 气管偏移，左心房扩大（轻度） | 左心室肥大，（疑似）正常窦性节律 | 选用洋地黄治疗 |
| Ⅲ | 安静时呼吸困难，夜间发作性呼吸困难，心脏喘息 | 3/6～5/6 | 气管偏移显著，左心房扩大，肺静脉淤血 | 左心室肥大波形，ST 稍降低 | 选用洋地黄、速尿治疗 |
| Ⅳ | 呼吸困难，心脏喘息，发绀，难于治疗 | 3/6～6/6 | 气管偏移，左心房重影，左心室扩大，肺水肿 | 左心室肥大波形，ST 降低，心律不齐 | 选用洋地黄、速尿、潘生丁治疗 |

**辅助检查**

①心电图检查。心功能不全的犬可出现室上性心动过速或心房纤颤;P 波波幅增宽,呈双峰性;QRS 波群中的 R 波增高;ST 波随病情发展而下降。

②X 射线检查。X 射线胸部摄影显示重症犬左心房左心室扩张、肺静脉瘀血和肺水肿。

**诊断** 根据临床检查可做出初步诊断,心电图检查和 X 射线检查有助于确诊。

**治疗** 治疗宜加强心肌收缩力,使心搏出量增加,消除水肿,减轻心脏前负荷;扩张血管,减轻心脏后负荷。本病根据病变程度和心脏的代偿能力可分为 4 期,各期的治疗方法见表 8-1。另外,可试用中医单方福寿草(又名冰凉花、顶冰花)水煎服。

**预防** 康复动物不宜作种用。

## 第 2 节 后天性心血管疾病

### 一、心肌炎

心肌炎(myocarditis)是伴发心肌兴奋性增强和心肌收缩功能减弱的心肌炎症。按病程可分为急性和慢性心肌炎;按炎症的性质可分为化脓性和非化脓性心肌炎。临床上以急性非化脓性心肌炎常见,是犬猫的常见心脏病。

**病因** 心肌炎的发生大多并发于其他疾病,单独发生较少。常见病因如下:

①生物性因素。由病毒(如流感病毒、犬瘟热病毒、犬细小病毒、犬传染性肝炎病毒)、细菌(如链球菌、沙门氏杆菌、结核分枝杆菌、钩端螺旋体、痢疾杆菌)、寄生虫(如犬恶心丝虫、犬梨形虫、弓形虫)和真菌等感染的心肌炎。

②中毒性因素。一氧化碳及铊等重金属中毒可并发心肌炎及变性型损伤,而砷化物、锑化物、荆芥油、麝香草酚、$\beta$-萘酚、氯仿、四氯乙烯、己基间苯二酚、氯奎和磷制剂等中毒则可直接损害心肌,导致心肌炎或心肌变性。

③其他因素。血清钾异常、某些血清制剂、疫苗、猫缺乏牛磺酸、抗生素(如青霉素)或磺胺类药引起的变态反应等引发心肌炎。

**发病机理** 首先,心肌的炎性变化表现为心脏传导系统异常和兴奋性增高。炎症病灶相当于异位起搏点,在正常的窦房结冲动到达前兴奋并向下传导,可引起心肌局部的早期收缩,亦称为心室性期前收缩;而自窦房结传来的兴奋则可能由于心肌处于不应期而不能引起心室收缩，从而出现脉搏缺失或节律不齐。若传导途径发生障碍，如室间束传导阻滞，兴奋自窦房结达左、右心室时发生“时间差”，使左右心室收缩不一致，临床可听到心音分裂或重复等。

其次，心肌的炎性变化使心肌收缩功能亦发生障碍。由于大部分心肌纤维变性而不能参与收缩，加之冠状血管痉挛，供血不足，未坏死细胞亦因营养不良而发生浑浊肿胀，颗粒变性等，使心肌收缩力迅速减弱。心输出量随之减少，动脉血压下降，血流缓慢，末梢循环发生障碍，出现静脉淤血、水肿和呼吸困难等症状。此时检查脉搏可出现不感脉和小脉。若变性的心肌纤维兴奋性异常增高，则出现短期心肌收缩力增强，脉搏为大脉。通常这2种情况交替出现。

虽然心脏具有强大的代偿能力，但这种代偿能力是有限的。在代偿能力降低以致丧失后会发展为心力衰竭。心力衰竭可引起组织器官缺氧，出现门脉循环障碍，表现为内脏器官及全身淤血。

**症状**　心肌炎无特异性的临床症状或体征。急性心肌炎以心肌兴奋的症状开始，脉搏快速而充实，心搏动亢进，心音高朗。运动后心跳次数和力量仍维持一段时间，尔后降低。冠状循环障碍和心肌变性时，脉搏增强，第2心音减弱，伴发收缩期杂音，常出现期前收缩和心律不齐。重症心肌炎的犬猫，食欲废绝，精神沉郁或兴奋，甚至神志不清，最终因心力衰竭而突然死亡。慢性心肌炎呈周期性心脏衰竭，体表浮肿。患病犬猫剧烈运动后，出现呼吸困难，黏膜发绀，脉搏加快，节律不齐。

**病理学变化**　化脓性心肌炎剖检时在心脏上可见粟粒大小的散在化脓灶。急性非化脓性心肌炎，心肌纤维浑浊肿胀，心肌灰白、淡红、褐或灰红色，无自然光泽。有些还有灰黄色的色斑，质脆。慢性心肌炎可见结缔组织增生形成的白色蜡样斑点。显微镜镜检可见心肌细胞的退行性病变，横纹消失，呈颗粒或脂肪变性，可伴有坏死。间质水肿和白细胞浸润，常见浸润细胞有中性粒细胞、嗜酸性粒细胞、淋巴细胞和成纤维细胞。

**实验室检验**　血清学检验：血清中AST、CK、LDH活性升高。

**辅助检查**

①心电图检查。急性心肌炎初期，R波增大，T波增高，P-Q和S-T间期缩短。有时可见房室及束支传导阻滞。急性心肌炎严重期，R波降低、变钝，T波增高，P-Q和S-T间期延长。急性心肌炎致死期，R波、S波更小，T波更高。

②X射线照片检查。偶尔可见心脏阴影扩大。

**诊断**　根据病史、临床症状及实验室检验结果，即可做出诊断。临床上通过检查心肌兴奋性增高，可作为诊断急性心肌炎的一个指标。方法是先测定犬猫在安静状态下的脉搏次数，然后令犬猫运动 5 min，停止运动 2～3 min 后，再测定脉搏数。健康犬的脉搏数可恢复如初，而心肌炎患者由于心肌的兴奋性异常增高，脉搏数在很长时间内仍维持在较高水平。

心肌炎的诊断还要注意与心内膜炎、心肌营养不良等病区别。心内膜炎多出现各种心内性杂音，而心肌炎的杂音较少。与急性心肌营养不良的区别较困难，临床上主要依据心功能试验。急性心肌营养不良者，运动停止后心率立即下降，经 1～2 min 就可恢复运动前状态；而心肌炎引起的心肌纤维变性，即心肌硬化，患病犬猫运动后心跳和呼吸复原与健康犬猫所需时间相同。

**治疗** 以去除病因、减少心脏负担、改善心肌营养、抗感染和对症治疗为治疗原则。

①对因治疗。对于因犬瘟热病毒、犬细小病毒、犬流感病毒、传染性肝炎病毒等引起的心肌炎，首先要进行抗病毒治疗。肌肉注射犬五联血清，每次 5～10 mL，每天 1 次或 2 次，3 d 为一疗程。肌肉注射或静脉注射犬五联病毒免疫球蛋白注射液，每次 2～4 mL，根据需要重复使用。对于由革兰氏阳性菌引起的心肌炎，可肌肉注射青霉素，每次 80 万 IU，每天 2 次；或头孢拉啶等头孢类抗生素，每次肌肉注射 0.5 g，每天 2 次；如有真菌感染病史，疑为真菌性心肌炎时，静脉滴注两性霉素 B(先用注射用水溶解其粉剂，再加入到 5% 葡萄糖注射液中，忌用生理盐水稀释)，每次按每千克体重 0.125～0.5 mg，隔天 1 次或 1 周 2 次。对于寄生虫感染引起的心肌炎给予驱虫药。对于由中毒引起的心肌炎应及时断绝毒物来源，并给予特异性的解毒药。

②对症疗法。

其一，促使心肌代谢。静脉滴注 ATP 15～20 mg、辅酶 A 35～50 IU、细胞色素 C 15～30 mg。

其二，抗心衰。可皮下注射适量的 20% 樟脑油注射液或 20% 苯甲酸钠咖啡因液，每天 4 次，以改善血液循环。应用 0.1% 肾上腺皮质激素 0.3～0.5 mL，1 次皮下注射，对慢性病例有效。

其三，抗心律失常。口服硫酸奎尼丁，第 1 天 50～100 mg，第 2 天、第 3 天按每千克体重 7～13 mg，每天 4～5 次。如发生心动过缓，可皮下注射阿托品，每次 0.25～0.5 mg，每天 2～3 次。

其四，利尿消肿。对水肿明显且尿量较少的患病犬猫，可内服利尿素 0.1～0.2 g 或按每千克体重 0.25 mg 肌肉注射 10% 汞撒利溶液。也可内服速尿，剂量为每千克体重 1～3 mg，或按每千克体重 0.5～1.0 mg，肌肉注射，每天 1 次，必要时 6 h 1 次。此外，应保持患病犬猫有安静、良好的环境，避免过度运动，饲喂营养丰富的食物，少食多餐。

其五，中西结合治疗。西药皮下注射剂可注入大椎、身柱、心俞、肺俞、三焦俞、肾俞等穴；同时配合生脉饮或八珍汤予以调养。

其六，加强护理。应使患畜安静，避免过度兴奋和运动。多次少量喂给易消化而富含营养和维生素的食物，并限制过多饮水。

注意：患心肌炎时禁止用洋地黄类强心药，因洋地黄可延缓传导性并增强心肌兴奋性，使心脏舒张期延长，导致过早心力衰竭而死亡。

## 二、心包炎

心包炎(pericarditis)是心外膜壁层和脏层发生的炎症。临床上以心区疼痛、心包摩擦音、心浊音区扩大为主要特征。按病程可分为急性和慢性心包炎；按炎性渗出物特征又可分为浆液性、纤维蛋白性、浆液-纤维蛋白性、出血性、化脓性、化脓-腐败性等多种类型。临床上以急性纤维蛋白性心包炎常见。因此，本处仅介绍急性纤维蛋白性心包炎。

**病因**

①生物性因素。由病毒(猫传染性腹膜炎病毒、传染性单核细胞增多症病毒、流感病毒)、细菌(犬猫结核杆菌、脑膜炎双球菌)和某些真菌感染所致。

②其他因素。系统性红斑狼疮、肿瘤和胸部外伤等引发。

**发病机理**　纤维蛋白性心包炎常可见心包出血，纤维蛋白渗出，并在心包表面形成不光滑的假膜，使心包粗糙，且随着渗出增加而增厚，心搏动时发生心包摩擦音。若继续渗出，析出的纤维蛋白可随心脏搏动，致使心脏表面形成一层“绒毛”，故称为“绒毛心”。

心包腔积聚大量渗出液时，将心脏与心包隔开，心包摩擦音消失，而代之以心包拍水音。心包渗出液常为浆液纤维蛋白样液体。病程后期，渗出液被吸收，心包粘连，甚至钙化。在吸收过程中，又可出现短时心包摩擦音。

**症状**　心区敏感是常见症状。患病犬猫躲避心区检查，强行检查则出现呻吟或狂叫、呼吸急促等疼痛反应。患病犬猫精神沉郁，食欲不振或废绝，不愿运动，眼睑半闭，眼结膜潮红或发绀。多数病例体温升高。听诊可闻心包摩擦音及拍水音。病初心搏亢进，随着炎症发展，渗出增多而变得微弱，最典型的变化是心脏收缩和舒张期均可听到极浅表、历时很短的心包摩擦音。心区触诊可感觉到震颤。

**实验室检验**

①血液学检验。病初白细胞总数增多，中性粒细胞增多，并伴有核左移

现象。

②心包穿刺液检查。对穿刺液进行细菌培养，寻找肿瘤细胞等。

**辅助检查**

①X 射线检查。可揭示心包积液的存在。

②心电图检查。S-T 段抬高，弓背向下；1 天至数天后 S-T 段回到基线，出现 T 波平坦以至倒置。心包渗液时，可有 QRS 波群低电压。

**诊断** 根据临床症状结合实验室检验结果，即可建立诊断。但应注意与胸膜炎、心内膜炎的区别诊断。胸膜炎：摩擦音比心包炎广泛，并与呼吸运动一致，如强行暂停犬猫呼吸，摩擦音与心搏一致，不受呼吸影响，并仅限于心区。心内膜炎：以心内器质性杂音为特征，心包炎无此特征。

**治疗**

①病因治疗。患结核性心包炎时，在抗结核治疗的同时，口服强的松 5～1.0 mg，每天 2 次，连用 4～5 周。风湿性心包炎则抗风湿治疗。化脓性心包炎，可行心包穿刺引流、冲洗，并根据致病菌药物敏感试验结果注入抗生素以控制感染，具体请参照心肌炎的治疗。

②对症治疗。疼痛时，可内服去痛片、可待因等。积液多、水肿明显的患畜，可用双氢克尿塞、速尿等口服或注射，并应及时补钾。同时进行心包穿刺放液。

③中西结合治疗。参照心肌炎治疗。

④加强护理。使患畜避免兴奋与运动，在安静环境下饲养管理。

## 三、弥散性血管内凝血

弥散性血管内凝血（Disseminated intravascular coagulation，DIC）是许多疾病发展过程中的一种复杂的病理过程，是一组严重的出血性综合征。临床上表现为出血、栓塞、微循环障碍及溶血等。

**病因**

①生物性因素。由细菌（尤其是能产生内毒素的细菌）、病毒（猫白血病病毒、猫传染性腹膜炎病毒）、寄生虫（血丝虫）等的感染所致。

②其他因素。血管瘤及能产生凝血致活酶的肿瘤、肝硬化、黄曲霉毒素中毒、热射病、大范围创伤、产科并发症、组织缺血、低血溶性休克、血管内溶血、急性胰腺炎及淀粉样变性等引发。

**症状** 初期是形成毛细血管栓塞、消耗大量血小板和凝血因子而导致出血。可见淤血点、淤血斑，随之可见消化道、呼吸道及尿道黏膜出血。此时病情已相当严重。尸检可见肾脏皮质、髓质及肾小球毛细血管均有微血栓，并累及心、肺及肝脏等器官。

**实验室检验**　血液学检验：常见的有凝血不全、血小板总数减少、纤维蛋白溶解加快和降解产物增加、凝血酶原时间（P′T）和部分凝血激酶时间（PTT）延长以及纤维蛋白减少。

**诊断**　根据临床症状，结合实验室检查结果即可做出诊断。

**治疗**　以去除病因、恢复血容量、调整电解质和酸碱平衡及对症治疗为治疗原则。

①消除病因与诱因。这是中止血管内凝血进展的重要措施。积极有效地控制感染，切除肿瘤或坏死组织。

②恢复血容量。根据病原种类、机体酸碱失衡情况、脱水程度等，选择适宜的输液剂型。输液量和输液速度可根据犬猫体况及红细胞压积值来调整。通常最初 1 h 的输液速度为每千克体重 13～14 mL，之后若排尿正常，可改为每小时每千克体重 10 mL。

③补充肝素，中止血管内凝血的发展。肝素的使用原则是早期、足量和足够时间。开始以每千克体重 10 IU 间隔 8～16 h 重复静脉注射数次，以后根据病情及凝血时间来调整用量。

④补充凝血因子。本病消耗大量凝血因子。当凝血因子过低时，应用肝素可加重出血。因此，临床上可在肝素治疗的同时，将肝素加入新鲜血液或血浆内使用。肝素具有活化抗凝血酶物质的作用。这种血浆以每千克体重 10 mL 的剂量每隔 3 h 静脉注射 1 次。

⑤使用抗血小板凝聚药物。可选用如阿司匹林（25 mg/kg）、潘生丁、消炎痛、保泰松等。小分子右旋糖酐也有抗凝作用。

⑥糖皮质激素。对内毒素性休克和肾上腺皮质功能减退所致的本病有效，但长期连续使用有抑制免疫功能和促凝作用。

## 四、心力衰竭

心力衰竭（cardiac insufficiency, or heart failure）不是一个独立的疾病，它是多种疾病过程中发生的一种综合征。临床上表现为心肌收缩力减弱，心脏排血量减少，静脉回流受阻，动脉系统供血不足，全身血液循环障碍等一系列症状和体征。临床上心力衰竭可分为左心衰竭和右心衰竭。但任何一侧心力衰竭都可影响对侧。

**病因**

①心脏负荷加重。舒张期负荷加重，常见于心脏瓣膜开闭不全及先天性动脉导管未闭等。缩期负荷加重，见于主动脉、肺动脉瓣狭窄或体、肺循环动脉高压。

②心肌血液供应不足。如心脏冠状动脉痉挛、栓塞和冠状动脉硬化时，心肌血液供应不足和心肌缺氧，引起心肌收缩力减弱。

③心肌功能障碍。如扩张性心肌病，猫的牛磺酸缺乏和心肌炎。

④心肌发生病变。如由病毒(犬瘟热、犬细小病毒)、寄生虫(犬恶心丝虫、弓形虫)、细菌等引起的心肌炎；由硒、铜等微量元素和维生素 $B_1$ 缺乏引起的心肌变性；由有毒物质(如铅等)中毒引起的心肌病等。另外，心肌突然遭受剧烈刺激(如触电，快速或过量静脉注射钙剂等)或心肌收缩受抑制(如麻醉引起的反射性心搏骤停或心动徐缓)等引起。

⑤心包疾病。如心包积液或积血、心脏受压使心脏舒张受限，引起冠状循环供血不足，导致心力衰竭。

⑥过快或过量的输液或突然剧烈运动。治疗时，过快或过量的输液以及不常剧烈运动的犬、猫突然运动量过大(如长途奔跑)等引起。

此外，严重的心律失常、手术、分娩、严重感染、电解质平衡紊乱等都可直接或间接地影响心脏功能，促进心力衰竭的发生。

**症状**

①急性心力衰竭。犬、猫表现突然倒地痉挛，神志不清，高度呼吸困难，精神极度沉郁，脉搏细数而微弱，可视黏膜发绀，体表静脉怒张；并发肺水肿，胸部听诊可见广泛性湿啰音，两侧鼻孔流出泡沫样鼻液，体温降低。

②慢性心力衰竭。病程发展缓慢，常可持续数月或数年。患畜精神沉郁、不愿运动，稍加运动即出现呼吸困难，可视黏膜发绀，体表静脉怒张。四肢末梢常发生对称性水肿，触诊呈捏粉样，无热无痛。脉搏细数，心脏听诊时心音减弱，往往出现心内杂音和心律不齐。心脏叩诊时浊音区扩大。

③左心衰竭。犬猫主要呈现肺循环淤血由于肺毛细血管内压急剧升高，可迅速发生肺水肿，表现为呼吸加快和呼吸困难，听诊有各种性质的啰音，并发咳嗽等。

④右心衰竭。犬猫主要呈现体循环淤血和心性水肿(全身性水肿)。由于肾脏血液量不足，肾小球的滤过减低，使尿的生成减少。同时由于有效循环血液量不足，引起钠和水在组织内潴留，进一步加重了心脏性水肿，引起脑、胃肠、肝、肾等实质脏器的淤血，并表现出各实质脏器功能障碍的一系列症状。

⑤充血性心力衰竭。通常是由左心或右心衰竭发展而来。其特征性症状是肺充血、水肿或胸水。临床表现为呼吸困难、咳嗽、轻微运动或兴奋即疲劳、腹围增大、精神沉郁、食欲废绝、体重减轻、黏膜淤血或苍白、毛细血管充盈缓慢及偶尔黏膜发绀等。胸水或腹水呈淡黄色、橘黄色或粉红色，轻度浑浊。蛋白含量中等(20～30 g/L)，比重 1.018～1.020。

**诊断**　根据病史、临床症状即可做出诊断。

**治疗**　以去除病因、减轻心脏负荷、增强心脏功能、改善缺氧状况、限制钠的摄入等为治疗原则。急性心力衰竭应采取急救措施。

①急性心力衰竭。患病犬猫可因缺氧和心源性休克而死亡，故应争分夺秒，采取积极措施，进行抢救。应采取胸部按压心脏、输氧、心脏内注射肾上腺素或 10%氯化钙或葡萄糖酸钙，把舌头拉出口腔外以利于呼吸，必要时进行气管插管。

②减轻心脏负荷。镇静，皮下或肌肉注射安定注射液 1～2 mL，杜冷丁 25～50 mg 或吗啡 3～5 mg。后者有扩张静脉和降低血压作用，从而减轻心脏的前负荷和后负荷。但在患畜休克及严重肺疾时禁用。泻血，静脉穿刺或切开放血 250～500 mL，可减轻前负荷。利尿，静脉注射速尿 10～20 mg(或双氢克尿 0.05～0.1 g，肌肉注射，每日 1～2 次)，或利尿酸钠 10～20 mg，可减轻前负荷。应用血管扩张剂，选用苄胺唑啉 5～10 mg 或硝普钠 5～10 mg，加入到 10%葡萄糖溶液 200 mL 中，静脉注射；或选用糖皮质激素氢化可的松 5～20 mg，加在 10%葡萄糖溶液 50～100 mL 中，静脉注射，能改善心肌代谢，并能减轻肺毛细血管的通透性，从而减轻心脏后负荷。

③增强心肌收缩力，改善心脏功能。用毛花强心丙注射液 0.3～0.6 mg(或西地兰 0.2～0.4 mg)，加入到 10～20 倍 5%葡萄糖溶液中，缓慢静脉注射，必要时 4～6 h 后再用 1 次。也可用洋地黄毒苷，按每千克体重 0.033～0.11 mg，2 次/d，口服；或以每千克体重 0.006～0.012 mg(全效量)静脉注射，然后以全效量的 1/10 维持。应用洋地黄类药物必须注意，感染、发热引起的心动过速而无心力衰竭的患病犬猫不宜使用，可采用抗生素控制感染，部分或全部房室传导阻滞则为禁忌症。

④改善缺氧状况。用鼻导管给氧，氧流量 4～6 L/min，最好用鼻罩加压给氧。

⑤对症疗法。用三磷酸腺苷、辅酶 A、细胞色素 C、维生素 $B_6$ 和葡萄糖等能量合剂进行辅助治疗。注意纠正酸碱平衡失调和电解质紊乱，尤其是低钾血症。

⑥中西结合治疗。本病发病的基本病机是心气虚、后期兼脾肾阳虚为本、淤血内阻、水湿内停为标致。基础方是六君子汤加黄芪，如有阴虚低热现象则加生脉饮；如有淤血内阻，出现口色发绀、舌体肿大时则加当归、川芎、桃仁、红花等；若呼吸困难，出现体腔积液时则应加茯苓、葶苈子、半夏、苏子等；若出现躯体四肢发冷阴虚症状时则加干姜、附子等药。所有西药皮下注射剂可注入身柱、心俞、三焦、肾俞、脾俞等穴。

⑦加强护理。饲喂易消化日粮，少量多次，避免过饱，适当地限制钠盐摄入。

**预防** 加强饲养管理，按时接种疫苗和驱虫，严防对犬猫危害较大的传染病、寄生虫病等的发生。

## 五、心律失常

心律失常(cardiac arrhythmias)是指心脏冲动的频率、节律、起源部位、传导速度与搏动次数的异常。临床上表现为脉搏异常和不规则心音。按其发生原理，区分为冲动形成异常和冲动传导异常两大类。

冲动形成异常包括窦房结心律失常(窦性心动过速、窦性心动过缓、窦性心律不齐、窦性停搏)和异位心律(房性、房室交界性、室性逸搏，房性、房室交界性逸搏心律，房性和房室交界性、室性过早搏动，房性和房室交界性、室性阵发性心动过速，心房扑动、心房颤动、心室扑动、心室颤动)。

冲动传导异常包括生理性干扰与房室分离、病理性(包括窦房传导阻滞、房内传导阻滞、房室传导阻滞以及室内左束支、右束支、左束支分支传导阻滞)、房室间传导途径异常[如预激综合征(WPW)]。

冲动起源异常合并传导失常包括并行心律、反复心律、异位心律伴有传导阻滞。

犬的正常心率为70～130次/min，猫为110～140次/min。当节律紊乱时，则高可至360次/min，低可至50次/min。有研究表明，犬猫的心律失常主要表现为心房纤颤(27%)、窦性心动过速(17%)、期前收缩(11%)、心脏传导阻滞(12%)等。其中室性阵发性心动过速(图8-1)、心房颤动(图8-2)、重度心脏传导阻滞(图8-3)和预激综合征等是临床常见的急症。

**病因** 各种原因引起的先天性或后天性的心脏疾病、电解质紊乱等均可引起动物心律失常，可见于原发性心脏病(如先天性形态异常、白肌病、心肌炎、心肌营养不良等)、其他内科疾病(如腹泻、肺炎、肠阻塞等)、中毒病、传染病(如细小病毒性心肌炎等)等疾病的过程中。另外，使用麻醉药、洋地黄类药物、奎尼丁、锑剂等有毒副作用的药物以及新陈代谢紊乱、电解质代谢紊乱、自主神经紊乱、高原低氧环境、应激、兴奋、低血清钾、高血钙、高热、体温低或进行手术的过程中，均可发生心律失常。

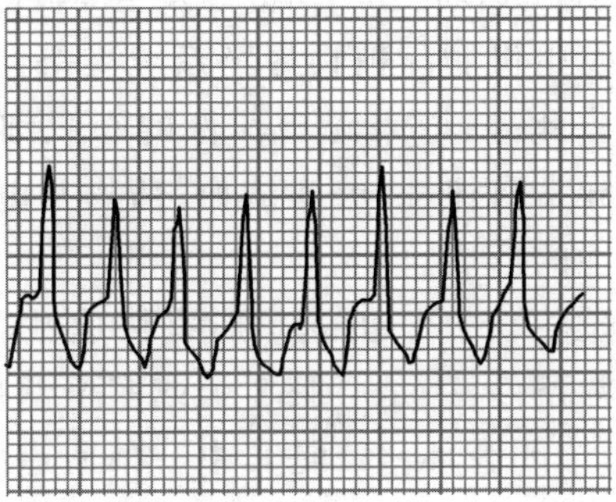

图 8-1　室性阵发性心动过速

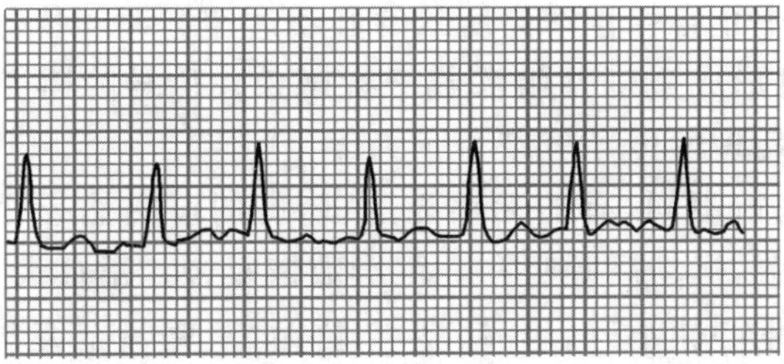

图 8-2　心房颤动

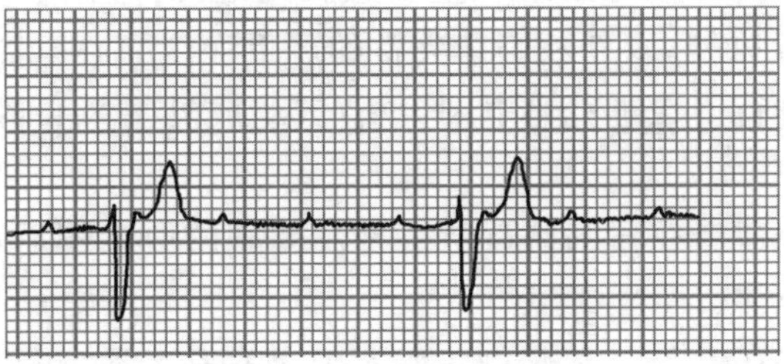

图 8-3　房室传导阻滞

**心律失常的发生机理**　正常心脏的自动节律性使其能以一定频率不停地、有节律地搏动。心脏的自律性受神经和体液的调节，使心跳的频率与整体的活动相适应。心脏特殊传导组织的自律性以窦房结最高，发生兴奋最早。这种兴奋向外扩散传导，依次引起心房、房室结、房室束及左右束支、浦肯野纤维和心室肌的兴奋。由窦房结引起整个心脏的搏动，称为“正常起搏点”，所产生的节律称为“窦性节律”。当心脏的冲动形成或冲动传导发生障碍时，则可引起心律失常。

①冲动形成异常的发生机制。植物神经系统兴奋性改变或其内在病变，可使心脏的自律性受影响。此外，原来无自律性的心肌细胞如心房、心室肌细胞亦可在病理状态下出现异常自律性，心肌缺血、药物及电解质紊乱、儿茶酚胺增多等均可导致异常自律性的形成。

②冲动传导异常的发生机制。折返是所有快速性心律失常中最常见的发生机制。产生折返的基本条件：一是心脏 2 个或多个部位的传导性与不应性各不相同，相互连接形成一个闭合环。二是其中一条通道发生单向传导阻滞。三是另一条通道传导缓慢，使原先发生阻滞的通道有足够时间恢复兴奋性。四是原先阻滞的通道再次激动，从而完成一次折返激动。冲动在环内反复循环，产生持续性快速性心律失常。程序刺激或快速起搏能诱发或中止折返性心律失常，但不能诱发或中止自律性增高所致的心动过速。冲动传导至某处心肌如适逢生理性不应期可形成生理性阻滞或干扰现象。传导障碍并非由于生理性不应期所致者，称为病理性传导阻滞。

**症状** 根据病情不同，有的无明显危害，有的可突然死亡。轻症犬猫心音和脉搏异常，易疲劳，运动后呼吸和心跳次数恢复慢。重症犬猫表现为无力、安静时呼吸促迫、严重心律不齐、呆滞、痉挛、昏睡、衰竭甚至突然死亡。听诊和触诊时可发现心音和脉搏不规则。死后剖检，一般无明显的肉眼可见变化。

**诊断** 通过病史调查，听诊辨别频率、节律、心音，触诊脉搏不规则等，可做出初步诊断。心电图检查对诊断有重要意义，必要时应用霍尔特监护仪（Holter）进行 24 h 连续监控，以判断心律失常的严重程度。心电图检查应在安静状态和运动负荷后进行。在进行心电图分析（其组成见图 8-4）时应特别注意以下几个方面：

①明确主要心律。在仔细阅读所有常规导联的心电图后，确定其心律是窦性心律还是异位心律。

②确定是否存在 P 波。这是因为确定 P 波存在与否，可以大大缩小心律失常的鉴别诊断范围。假如找到 P 波，则应注意 P 波的形态、波向、频率及其与 QRS 综合波之间的关系；如找不到 P 波，则应判断 P 波是隐匿在 QRS 综合波、S -T 段或 T 波中，还是确实没有 P 波。

③房室分离时应确定 QRS 综合波的起源。

④如果存在早搏，应确定其性质。

⑤在充分理解心电图上各波的起源和传导过程之后，可以用梯形图来表示心律失常，将冲动的起源及传导过程形象化地描述出来。

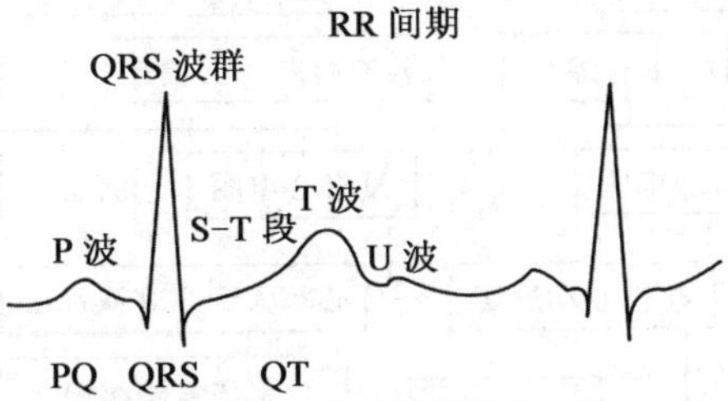


图 8-4　正常心电图的组成

**治疗**　根据诊断结果，在治疗原发病的同时，加强饲养管理并结合药物进行治疗。其心律失常的紧急处置步骤如图 8-5 所示，其药物治疗见表 8-2。

表 8-2　心律失常的处理方法

| 心律失常的类型 | 处理方法 |
|---|---|
| 窦性心动过速 | 治疗原发病，伴发心功能不全时可用洋地黄、心得安 |
| 室上性心动过速 | 洋地黄、心得安、普鲁卡因酰胺 |
| 室性心动过速 | 普鲁卡因酰胺、利多卡因、硫酸奎尼丁、潘生丁 |
| 窦性心动过缓 | 除去病因，加强管理，硫酸阿托品、异丙基肾上腺素 |
| 室上性过早搏动 | 心得安、潘生丁 |
| 室性过早搏动 | 利多卡因、普鲁卡因酰胺、硫酸奎尼丁 |
| 心房纤颤 | 异羟基洋地黄毒苷 、硫酸奎尼丁，除颤器除颤 |
| 心室纤颤 | 电击除颤，左心室内注入肾上腺素或去甲肾上腺素、氯化钙、维生素 B、维生素 E |
| 逸搏或逸搏心律 | 利多卡因、心得安 |
| 窦房传导阻滞 | 肾上腺素、硫酸阿托品、麻黄素 |
| 房室传导阻滞 | 改善管理，去除病因，硫酸阿托品、异丙基肾上腺素 |
| 心房传导阻滞 | 治疗原发病 |
| 心室传导阻滞 | 治疗原发病 |
| WPW 综合征 | 普鲁卡因酰胺、硫酸奎尼丁、阿托品、亚硝酸异戊酯 |

各药物的参考剂量：利多卡因，25 mg/kg，静脉注射；硫酸奎尼丁，6～10 mg/kg，口服；普鲁卡因酰胺，12.5 mg/kg，口服或 11～22 mg/kg，肌肉注射；心得安，0.5～2 mg/kg，口服；潘生丁，2.5 mg/kg，分 2 次口服；异羟基洋地黄毒苷，0.018 mg/kg，分 2 次口服；硫酸阿托品，0.5～2.0 mg，皮下或静脉注射；异丙基肾上腺素，15～30 mg，口服；肾上腺素，0.5～1.0 mL，左心室内注射；去甲肾上腺素，25～50 μg，左心室内注射；10%氯化钙，1～2 mL，左心室内注射。

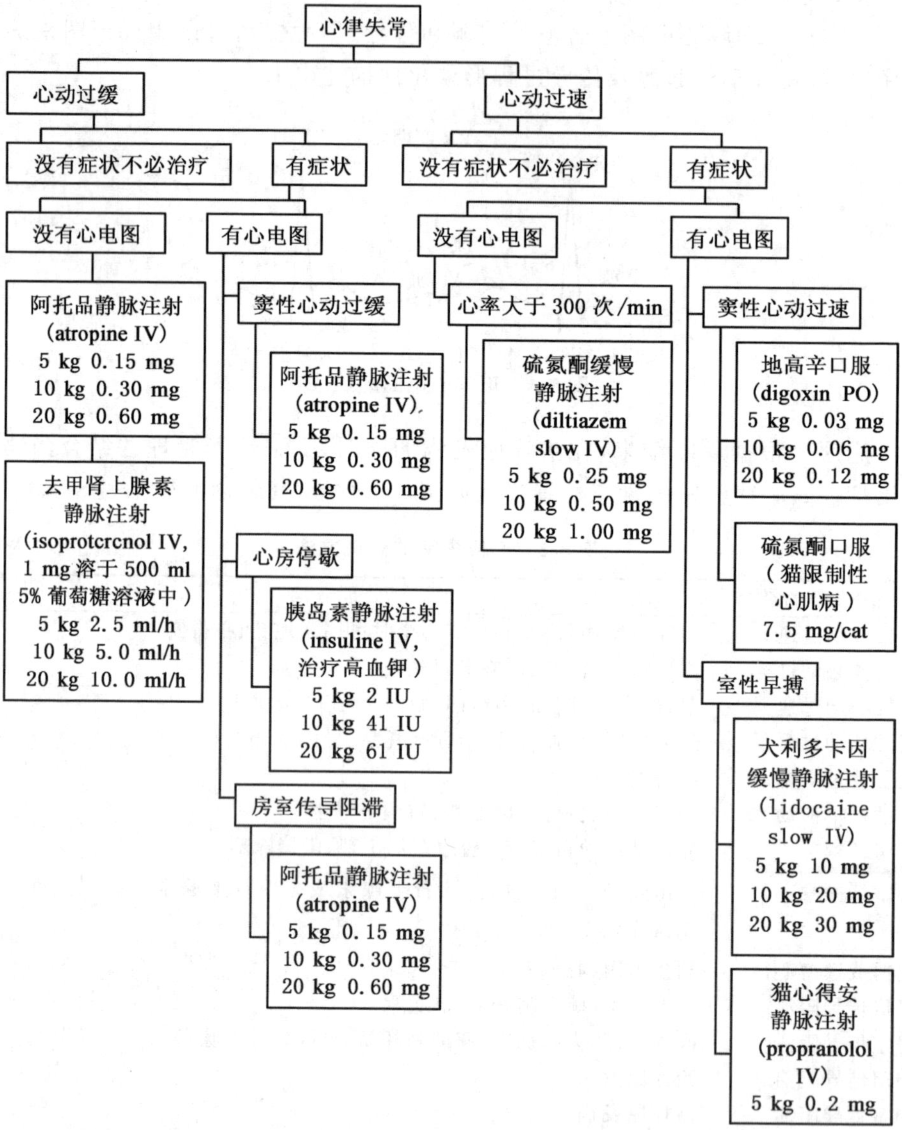


**图 8-5　犬猫心律失常紧急处置步骤**

本病可中西结合治疗。本病的病变部位主要在心，以虚为主，虚实相兼，常用丹参、赤芍、红花、党参、黄芪、末香等药水煎服；西药皮下注射剂可注入身柱、心俞、三焦俞、百会等穴。

## 第 3 节　肺源性心脏病

肺源性心脏病(cardio-pulmonary disease)简称为肺心病，是由于肺组织、胸廓或肺动脉系统病变所引起的肺动脉压力增高、右心负荷增加进而发生右心肥厚并最后发展为右心衰竭的心脏病。根据起病缓急和病程长短的不同，可分为急性和慢性两类。

**病因**

①急性肺心病。往往是由犬血丝虫引起的急性腔静脉综合征所致。

②慢性肺心病。常见于肺和支气管疾病，如慢性丝虫感染、肺气肿、慢性支气管炎、间质性肺炎、支气管扩张等；或见于胸廓运动障碍性疾病，如胸部的肌肉或骨骼异常、脊椎后侧弯曲症及漏斗胸等；或肺血管疾病，如肺肿瘤等。

**症状**

患病犬猫早期咳嗽、呼吸困难、腹式呼吸，呈头颈前伸，前肢开张姿势。在肺动脉瓣口处听诊第 2 心音亢进。代偿不全期，则出现浮肿、腹水、胸水及肝肿大。

**辅助检查**

①X 射线检查。右心室扩张，肺轮廓明显，肺野透过性增强；肺动脉圆锥显著凸出(彩图 8-1)。

②心电图检查。可见Ⅱ、Ⅲ及 $aV_F$ 导联，P 波尖锐、振幅在 0.4 mV 以上，呈肺性 P 波。平均心电轴右偏，出现 Ta 波，PQ 波下降。

**诊断**　根据临床症状和辅助检查结果可以确诊。

**治疗**　宜先治疗肺疾病。

①投予支气管扩张药物。镇咳，抗感染，并用皮质激素类药物。对陷于代偿不全的犬，可采用洋地黄疗法。

②加强护理。注意使犬保持安静，禁止患畜过度运动或训练。

③中西结合治疗。配合使用自家血注入心俞、肺俞、肾俞等穴；也可用羊肠线穴位埋植。此外，可试用肺心散(太子参、黄芪、补骨脂、丹参、赤芍、制附子、玉竹、虎杖、淫羊藿、红花，研成细末)，口服。

## 第 4 节　贫　　血

贫血(anaemia)是指单位容积血液中红细胞数、红细胞压积(比容)及血红蛋白含量低于正常值的临床综合征。临床上以黏膜苍白、心率和呼吸加快等为主要特征。按病因可分为溶血性贫血、出血性贫血、营养不良性贫血、再生障碍性贫血和自身免疫溶血性贫血(见第15章第2节)。

## 一、溶血性贫血

溶血性贫血(haemolytic anaemia)是指由各种原因引起的红细胞大量溶解导致的贫血。

**病因**

①生物性因素。由锥虫、巴贝斯虫、钩端螺旋体、魏氏梭菌、溶血性链球菌和猫巴尔通氏体等感染所致。

②中毒性因素。铅、铜、石炭酸、萘、酚、噻嗪类、梯恩梯(TNT)炸药、犬喂食大量洋葱和大葱以及蛇毒等引起的中毒。

③物理性因素。发热是增加溶血的主要物理因素。大面积烧伤后的红细胞破坏可引起溶血性贫血。

④其他因素。如比格犬和巴塞特犬(Basset)由于红细胞丙酮酸激酶缺乏。而发生遗传性溶血性贫血。新生仔犬猫的溶血性贫血、不相容血型的输血反应等引起。

**症状** 主要症状是黏膜苍白、黄疸、肝脾肿大、胆红素尿或血红蛋白尿。随病因不同症状各异,通常表现为昏睡、无力、食欲不振甚至废绝、体重减轻。犬体温升高而猫无明显变化。粪便颜色枯黄,偶有腹泻。犬大多出现黄疸,而猫较少(仅为18%);严重时心率加快,呼吸困难,极不耐运动。病猫晚期因疼痛而惨叫,体温降低。

**实验室检验**

①血液学检验时,可见红细胞形态和大小正常,但数量和红细胞压积值减小,网织红细胞增多。若为巴贝斯虫、锥虫感染时,在血涂片中可发现病原体。血中游离胆红素升高。黄疸指数升高。另外,还应对相应的毒物及红细胞中的丙酮酸激酶进行分析。

②尿液检验。呈现尿胆红素增多。伴肾损伤时,出现血红蛋白尿。

**诊断** 根据临床症状及实验室检验结果即可做出诊断。

**治疗** 确定病因后施行对因治疗。若为血液原虫感染,给予杀虫药。如为巴贝斯虫,可用贝尼尔,12 mg/kg,分2次肌肉注射。若为中毒性疾病,应排除毒物并给予解毒处理。溶血严重者还可输血,亦可进行肾上腺皮质激素疗法,肌肉注射强的松或地塞米松。对于寄生虫造成溶血性贫血可试用中药处方:常山、柴胡、青蒿、草果、陈皮、何首乌、熟地、当归、白芍、川芎、黄芪、甘草。

## 二、出血性贫血

出血性贫血(haemorrhagic anaemia)是由红细胞或血红蛋白丧失过多引起的。

**病因**

①急性出血。外伤、内脏器官(如肝、脾)破裂、外科手术引起的血管损伤或断裂、特发性血小板减少性血斑病、脾脏功能亢进等引起。

②慢性出血。鼻炎、肝炎、胃肠炎、肾炎、膀胱炎、尿道炎、子宫内膜炎及出血性素质(如血友病)等反复长期出血引起;胃肠道溃疡与糜烂、体腔及组织有出血性肿瘤(如犬的血管肉瘤)、因赘生物或因感染所致的血管糜烂或血凝不全所造成的慢性出血(有时可造成急性出血)。某些寄生虫病尤其是钩虫能造成肠道出血或改变血凝而出血。吸血昆虫、蜱、虱、蚤有时也可造成出血性贫血。

**症状**　急性出血表现虚弱、不安、脉搏及呼吸加快、血压下降、步态不稳、四肢末端厥冷、肌肉震颤、后期嗜睡;若失血达血容量的 30%时,多数发生休克。慢性出血时,犬猫表现为虚弱、无力、呼吸困难。

**实验室检验**　血液学检验:慢性出血时可见红细胞总数减少,淡染红细胞、网织红细胞比例上升,血沉加快,红细胞压积下降,血红蛋白降低,血液比重下降。

**诊断**　根据临床症状结合实验室检验结果等即可做出诊断。

**治疗**　宜制止出血,恢复血容量。对于急性出血应立即急救。用绷带或手术结扎止血;肌肉注射安络血,每次 2 mL,每天 2 次或 3 次。也可选用维生素 $K_3$ 注射液或静脉滴注 10%氯化钙溶液。在出血局部喷洒肾上腺素针剂以收缩血管。对于因胃肠疾病或寄生虫、结石等引起的胃肠出血、尿血等,要积极对因治疗。扩充血容量:静脉滴注 10%葡萄糖液(或右旋糖酐),每次 250 mL,每天 2～3 次。有条件者可以输血。对于出血性休克的犬猫可静脉注射 7.2%高渗 NaCl 溶液(4 mL/kg),能有效地改善患病犬猫的平均动脉压。

## 三、营养不良性贫血

营养不良性贫血(dietetic anaemia)是由机体营养物质摄入不足或消化吸收不良,影响红细胞和血红蛋白的生成而引起的。

**病因**　微量元素铁、铜或钴缺乏,尤其是缺铁。维生素如叶酸、烟酸、维生素 $B_1$、维生素 $B_2$、维生素 $B_6$ 和维生素 $B_{12}$ 等摄入不足或代谢障碍。由于蛋白质摄入不足或长期丧失,如出血、蛋白尿等。

**症状**　与慢性出血性贫血象似,但发展速度更慢。一般症状为虚弱无力,黏膜苍白、运动耐力差和呼吸困难等。

**实验室检验** 血液学检验：

①维生素B族缺乏。烟酸缺乏，则血液中出现巨红细胞；维生素$B_2$、维生素$B_6$缺乏时，可出现轻度巨红细胞以及血红蛋白过少；泛酸缺乏时，红细胞减少；生物素缺乏时，血红蛋白值低于14 g/100 mL(犬)。

②微量元素缺乏。铁缺乏时，血红蛋白降低，血象出现小红细胞性变化，伴有红细胞压积降低。血涂片可见大量中心淡染的小红细胞。铜缺乏时，表现为正常红细胞生成减少，因铜与红细胞生成过程有关。

③严重贫血时，红细胞大小和形态均发生明显变化，出现嗜碱性点彩，轻度多染性，偶尔可见有核红细胞或Howell-Jolly氏体，红细胞、白细胞计数一般正常。

**诊断** 根据临床症状及实验室检验结果即可做出诊断。

**治疗** 确定病因后对因治疗。若为铁缺乏，可肌肉注射25%葡聚糖铁溶液，每次0.2～1.0 mg，每天1次。若为钴缺乏，可肌肉注射葡聚糖钴注射液，每次2 mL，每2天1次，重症贫血可重复注射1～2次。若为维生素缺乏，可肌肉注射复合维生素B，每次2 mL，每天1次；维生素$B_{12}$，每次0.1 mg，每天1次；叶酸注射液，每次5～10 mg，每天1次。中药可使用八珍汤随症加减使用。

**预防** 加强营养及管理，给予全价饲料，充分休息和适当运动，以提高机体抵抗力。

## 四、再生障碍性贫血

再生障碍性贫血(aplastic anaemia)是由于某种原因使机体的造血功能发生障碍引起的。

**病因**

①中毒性因素。铅、砷制剂中毒等引发。

②物理化学因素。过量X射线照射以及苯、三氯乙烯摄入过多等所致。

③生物性因素。猫泛白细胞减少症、白血病等引起。

④其他因素。睾丸塞尔托利氏细胞瘤、慢性间质性肾炎等所致。

**症状** 临床症状发展缓慢，除贫血的一般症状外，主要表现为血象变化。若为猫泛白细胞减少症还可见淋巴结肿大。如为中毒性再生障碍性贫血，除可视黏膜苍白外，还可见出血斑。

**诊断**

①血液学检验：可见红细胞数和血红蛋白含量降低，外周血液中网织红细

胞消失。

②骨髓穿刺检验：无细胞再生象。

**治疗** 本病一般不易治愈。可试用下列疗法：去除病因，清除毒物等。使用刺激红细胞生成的雄性激素，肌肉注射丙酸睾酮，每次 20～50 mg，每 2～3 天 1 次；亦可隔天一次口服氟羟甲睾酮氯化钴（Fluosymesterone cobalt chloride）0.5～2.0 mg/kg。此外，还可口服羟甲烯龙、司坦唑醇等。若为睾丸塞尔托利氏细胞瘤所致，应手术摘除肿瘤。输血疗法，输血前应做供血犬猫和受血犬猫的配合血型试验。猫输血量简易推算方法见表 8-3。

**表 8-3 猫输血量简易推算表**

| 体重/kg | 血全量/mL | 全血红细胞/mL | 50%全血红细胞/mL | 病猫 PCV/% 10 | 输血量/mL 15 |
|---|---|---|---|---|---|
| 1 | 80 | 28 | 14 | 17 | 6 |
| 2 | 160 | 56 | 28 | 34 | 12 |
| 3 | 240 | 84 | 42 | 51 | 18 |
| 4 | 320 | 112 | 56 | 68 | 24 |
| 5 | 400 | 140 | 70 | 85 | 30 |

## 第 5 节 真性红细胞增多症

真性红细胞增多症（polycytherniavera）是一种克隆性以红细胞增多为主的一种慢性骨髓增生性疾病。临床上以血总容量绝对增多、血液黏滞度增高、皮肤发紫、触诊肝脾肿大等为主要特征。

**病因** 目前尚不清楚。

**症状** 皮肤和可视黏膜高度充血，静脉怒张，红紫，尤以唇、舌、耳、颈部和四肢末端为甚。可出现癫痫样发作，运动失调，闭眼嗜眠，触诊时脾肿大。严重时可出现瘫痪。

**实验室检验**

①血液学检验。血液色深而稠，黏滞度为正常的 5～8 倍。同位素测定血总容量增多（主要是红细胞容量增加），而血浆容量正常。红细胞明显增多，红细胞压积值达 60%～80%（正常值约为 45%），红细胞寿命正常。网织红细胞计数大多正常，偶尔可有少数幼稚型红细胞。白细胞数变化不显著。血浆铁降低。血液凝固正常，血小板对肾上腺素和胶原的聚集反应异常。血清 γ -球蛋

白可增多，$\alpha_2$-球蛋白降低。有的病例可出现高组胺血症和高组胺尿症。

②骨髓检验。各系造血细胞显著增生，脂肪组织减少，巨核细胞增生明显，粒细胞系统与有核红细胞比例（M∶E）常下降，铁染色显示储存铁减少。

**诊断** 依据实验室检验结果结合临床症状即可做出诊断。注意本病与相对性和继发性红细胞增多症鉴别诊断。相对性红细胞增多症是因血浆容量减少、血液浓缩而红细胞量并不增多，发生于严重脱水、大面积烧伤、慢性肾上腺皮质功能减退等。继发性红细胞增多症出现于慢性缺氧状态，如肺气肿和肺部疾患、发绀性先天性心脏病、肺源性心脏病、慢性风湿性心瓣膜病以及氧亲和力增高的异常血红蛋白病等。另外，也见于皮质醇增多症等。精神紧张或用肾上腺素后脾收缩所致的，称为应激性红细胞增多症。

**治疗** 现有的治疗目的是尽快恢复血容量使红细胞容量接近正常，抑制骨髓造血功能，从而缓解病情，减少并发症。

①静脉放血。每隔 48 h 放血 1 次（每千克体重 10～20 mL），数次后使红细胞压积值维持在 40%～50%的范围内。

②骨髓抑制性药物。环磷酰胺（每千克体重 2 mg）静脉注射，连用数天，有效率达 80%～85%。也可选用苯丁酸氮芥（马法仑）、白消安、三尖杉酸碱、α-干扰素、放射性核素（$^{32}P$）等治疗。

## 第 6 节　血小板减少症

血小板减少症（thrombopenia）是由血小板减少而引起的疾病。临床上以皮肤和黏膜上出现广泛的弥散性出血斑、淤血斑点等为主要特征。

**病因及发病机理** 与某些自身免疫病（如自身免疫性溶血性贫血、全身性红斑狼疮等）有关。在这些疾病中，犬对包括血小板在内的某些自身组织产生抗体。这些血小板抗体除可以引起血小板寿命缩短、血小板更新加快、骨髓原核细胞出现代偿性增生外，由于血小板与原核细胞有共同抗原，故血小板抗体还可抑制原核细胞，使其成熟发生障碍，继而使血小板生成减少。某些细胞毒的化学药品（如氮芥、二甲磺酸丁酯，6-巯基嘌呤和环磷酰胺等）可破坏生成血小板的巨核细胞。某些疾病（如白血病、再生障碍性贫血等）。由于骨髓中肿瘤细胞的浸润或正常骨髓成分的丧失得不到及时补充使血小板减少。另外，在由肉芽肿、肿瘤和梗死引起的脾肿大及不明原因的广泛性脾肿大也可出现血小板减少。由一些常染色体的显性遗传性疾病，如冯维勒布兰德氏病（Von Willebrand's Disease）引起。

**症状** 在可见的皮肤和黏膜表面出现淤血斑，腹部、股内侧、四肢等皮下出血。有时伴有鼻、齿龈、前眼底房和眼底的出血以及便血和尿血。当受到外伤时，会出现持续性出血。临床常规触诊后会发生广泛性挫伤。此外，由于出血部位不同，表现出受损伤脏器特有的症状。伴有血小板减少的严重贫血病例，可能会出现皮肤黏膜苍白、虚弱、脉速和水肿。

**实验室检验** 外周血小板计数明显减少，血小板形态大多正常，但可见大型血小板及颗粒减少、染色过深的改变，表示血小板更新加速，血小板聚集功能可轻度异常，血小板生存时间缩短。束臂试验阳性，出血时间延长，血块回缩不良，凝血酶原消耗不良。

骨髓巨核细胞数大多增加（尤以慢性型为甚），也可正常，但形成血小板的巨核细胞减少。急性型幼稚型巨核细胞比例增多，胞体大小不一，以小型为多见。慢性型颗粒型巨核细胞增多，胞体大小基本正常。

血小板相关的免疫球蛋白（PA IgG）增高，缓解期可降至正常值。白细胞数正常或稍增高，嗜酸性粒细胞可增多。

**诊断** 根据多次验检血小板减少，脾不增大或轻度增大，骨髓巨核细胞增多或正常，伴有成熟障碍，诊断不难建立。由于血小板减少可以是多种疾病的共同表现，故诊断时应结合临床表现、实验室检验、骨髓象变化及抗血小板抗体的测定等加以鉴别诊断。

**治疗** 目前尚无有效方法。

**预防** 禁用具有降低血小板功能的药物，如阿司匹林、保泰松等。对疑有遗传性血小板减少症的犬猫，在选种时，应加强监测，杜绝患病后代的产生。

## 第7节 血友病

血友病（hemophilia）是一种隐性伴性遗传性血液凝固障碍性疾病。临床上以易于发生（内）出血为主要特征。犬的发病率高，可见于各种纯种或杂种犬；猫少见。

**病因** 血友病分为A型和B型，分别为第Ⅷ凝血因子和第Ⅸ凝血因子先天缺乏。此2种因子都是形成血液凝血酶原激活物所必需，如果其中某一因子缺乏，就会使凝血酶原激活物的形成发生障碍，使血液凝固时间延长，形成出血性素质。本病具有特殊的隐性伴性遗传规律，为X-连锁基因型。患此病的雄犬猫与正常母犬猫交配所生的雌性仔犬猫全部是杂合子（xx'）的隐性遗传犬猫，而雄性仔犬猫正常。隐性遗传犬猫再与正常犬猫交配所生仔犬猫中，雄性仔犬猫有 1/2 患病(xy)、雌性仔犬猫有 1/2 为隐性遗传犬猫。

**症状** 患病犬猫有轻度、中度和重度出血倾向，常见部位为黏膜。轻微的撞击即可引起皮下血肿；幼犬换牙时也可导致牙龈出血。手术时，如公犬去势，母畜摘除卵巢甚至断爪等可使出血量超常。严重病例体腔、关节腔积血，肌肉内出血，注射部位也可形成血肿。

**实验室检验** 血液学检验：血凝块收缩、血小板计数、出血时间和凝血酶原时间均正常，但部分凝血酶原时间明显延长，如病犬可达 22.3～39.6 min，有的甚至可达 14 h 以上。另外，也可对血友病 A 和血友病 B 因子进行测定。

**诊断** 根据临床症状、家族史调查及实验室检验结果，即可做出诊断。

**治疗** 本病主要是以补充所缺乏的凝血因子和对出血症状进行治疗为主，无可靠的根治办法。由于凝血因子Ⅷ和Ⅸ在血液中的半衰期短，第Ⅷ因子为 10～18 h，第Ⅸ因子为 12～24 h，故需不断补充。对轻症犬猫(鼻出血和小血肿等)输给健康犬猫新鲜全血(犬为每千克体重 10～15 mL，猫为每千克体重 10～20 mL)或静脉注射新鲜血浆(每千克体重 5～10 mL)，每天 2～3 次，持续 1～5 天。严重出血的犬猫可应用人用第Ⅷ凝血因子和第Ⅸ凝血因子浓缩剂，按每千克体重 5～15 IU，静脉注射。有人认为，用猪或牛的抗血友病球蛋白也有效。其他药物如糖皮质激素、抗纤维蛋白溶解药物(如止血环酸)，均有一定止血作用。

**预防** 因血友病有遗传，故选种时，最好进行凝血因子检验，以杜绝患病后代的产生。

(孙卫东　王小龙)

# 第9章 泌尿系统疾病

泌尿系统由肾脏、输尿管、膀胱、尿道及有关的血管神经组成。其主要功能是通过泌尿，排除体内的代谢终末产物和进入体内的有害物质；参与水盐代谢、酸碱代谢的调节，以维持机体内环境的相对恒定。在正常状态下，泌尿器官，特别是肾脏具有强大的代偿功能。但在病原微生物、营养代谢紊乱、某些毒物的中毒、机体的变态反应、机械性刺激以及寒冷潮湿等因素的作用下，超过了泌尿器官自身的代偿能力而发生疾病。由于泌尿器官在解剖上是密切联系的，泌尿器官的疾病多半是相互联系、互相继发、互相转化、互相因果的，故对泌尿系统的疾病应及时诊断，及时治疗。

## 第1节 犬尿石症

犬尿石症(canine urolithiasis)是指尿路中的无机盐类(或有机类)结晶的凝结物刺激尿路黏膜而引起出血、炎症和阻塞的一种泌尿器官疾病。本病多见于老龄犬，且有明显的家族倾向；常见于柯基犬(Corgi)、腊肠犬(Dachshund)、凯恩狸犬、小型贵宾犬(Miniature Poodle)、小型施劳策犬(Schmauzer)、达尔马提亚犬(Dalmatian)及另一些㹴犬等。发病率为0.4%～2%。

犬尿石症的种类很多，按其成分可分为以下几种类型：

①磷酸盐结石(约占犬尿结石的60%)。该类结石中以磷酸铵镁型结石为主。

②尿酸铵结石(占尿结石的2%～8%)。该类结石多见于达尔马提亚犬。

③胱氨酸结石(在美国占尿结石的2.4%～3.3%，在欧洲约占尿结石的39%)。该类结石多见于青年雄犬，如英国斗牛犬(English bulldog)。

④草酸钙结石(占尿结石的6%～10%)。

⑤硅酸盐结石(占尿结石的2%～8%)。

⑥黄嘌呤结石、碳酸盐结石。在犬很少见。

犬尿石症按其尿石的所在位置可分为肾结石、输尿管结石、膀胱结石及尿道结石。

**病因及发病机理** 在正常的尿液中，含有大量呈溶解状态的盐类晶体及一定量的胶体物质，且晶体盐类与胶体物质之间保持着相对的平衡。一旦这种平衡被破坏，即晶体超过正常的过饱和浓度，或胶体物质由于不断丧失其分子间的稳定性结构，且核心物质又不断产生，加上尿液的pH、离子强度的变化，则尿中的盐类晶体不断析出，进而凝结为尿石。促进尿石症形成的因素：

①尿路的细菌（如葡萄球菌、变形杆菌等）感染，直接损伤尿路上皮，使其脱落，促使结石核心的形成。

②维生素A缺乏或雌激素过剩，可使上皮细胞脱落，进而促进尿石的形成。

③长期饮水不足，引起尿液浓缩，致使盐类浓度过高而促进尿石的形成。

④由于尿液中尿素酶的活性升高及柠檬酸浓度降低引起尿液pH值的变化而促进尿结石的形成。

⑤由于饲料营养的不均衡，如饲喂高蛋白、高镁离子的日粮时，易促进磷酸铵镁结石的形成。

⑥由于某些代谢的遗传缺陷，如英国斗牛犬、约克夏㹴犬等的尿酸遗传代谢缺陷易形成尿酸铵结石，或机体代谢紊乱利于胱氨酸结石的形成。

⑦其他疾病如甲状旁腺功能亢进、维生素D过多、周期性尿液潴留、磺胺药物及某些重金属（如铅）的中毒等引起。

**症状** 由于发生结石的部位及侵害的程度不同而出现不同的临床症状。

①肾结石。结石一般在肾盂部分（彩图9-1）。结石小时，常无明显症状；结石大时，往往并发肾炎、肾盂肾炎、膀胱炎等。精神沉郁，步态强拘，食欲减退或废绝。触摸肾区发现肾肿大并有疼痛感。常做排尿姿势，并可能出现轻度血尿、细菌尿、脓尿等。严重感染时，体温升高。

②输尿管结石。不常见。多数是由于肾结石下移阻塞输尿管（彩图9-2）。发病时，剧烈疼痛不安，后转为精神沉郁、发热；触诊腹部有疼痛感；行走时拱背，有痛苦表情。完全阻塞时，无尿进入膀胱。输尿管不全阻塞时，常见血尿、脓尿和蛋白尿。若两侧输尿管部分和完全阻塞，将导致不同程度的肾盂积水。

③膀胱结石。常发。当结石小时，不表现出临床症状；当结石大而多时，刺激膀胱黏膜，出现膀胱炎症状（彩图9-3、彩图9-4），频频排尿，努责，排尿困难，有血尿。当膀胱不太充满时，可摸及到内有移动感的结石块。

④尿道结石。一般为膀胱炎、膀胱结石的一种并发症。主要发生于公犬。结石常嵌留在阴茎尿道开口处的后方，有时发生于坐骨弓S状弯曲处。多数病例突然尿闭，频做排尿姿势，强烈努责，呻吟，起卧不安。若不完全阻塞，则尿液

细小或仅有少量血尿滴出；若完全阻塞，则完全尿闭。在后腹部触摸膀胱，充满并有剧烈疼痛感。随病程发展，可发生膀胱破裂，此时，转为安静。腹腔穿刺，有大量黄色尿液流出。但往往因腹膜炎、尿毒症而死亡。

**实验室检验**　尿液常规检验：进行尿液常规，尤其是尿沉渣中的有形成分的检查（表 9-1）。

表 9-1　尿沉渣中的有形成分

| 项目 | | 内容 |
| --- | --- | --- |
| 有机成分 | 细胞 | 红细胞、白细胞、上皮细胞等 |
| | 管型 | 透明管型、红细胞管型、白细胞管型、上皮细胞管型、混合管型、颗粒管型、蜡样管型、脂肪管型、宽幅管型、细菌管型、胆红素结晶管型、血液管型等 |
| | 其他 | 类管型、假管型、脂肪滴、黏液丝、细菌、真菌、寄生虫、精子、外界混入物等 |
| 无机成分 | 结晶 | 盐类结晶：磷酸盐类结晶、非晶形尿酸盐结晶、尿酸结晶、尿酸钠结晶、草酸钙结晶、马尿酸结晶等 |
| | | 病理结晶：胱氨酸结晶、胆固醇结晶、亮氨酸结晶、酪氨酸结晶等 |
| | | 药物结晶：磺胺药物结晶、放射造影剂类结晶、解热镇痛剂类结晶等 |

**辅助检查**

①尿道、膀胱探诊。用金属探针或导尿管插入犬猫的尿道/膀胱内，探针接触结石时，可听到“咯咯”声；或导尿管插入困难等均有利于诊断。

②X 射线照片检查。对大于 3 mm 的肾结石、输尿管结石，应用 X 射线照片检查。若注入造影剂则更易确诊。膀胱结石可进行膀胱充气造影，或采用 2.5%～5%泛影酸钠阳性造影剂进行造影诊断。

③超声波检查。有利于泌尿道结石尤其是 X 射线阴性结石的诊断。

④治疗性试验。可肌肉注射普鲁卡因青霉素每千克体重 2 万 IU，连用 3 d；或磺胺甲噻二唑每千克体重 50 mg，分 2 次口服，连服 3 d。对结石引起的血尿无效，膀胱炎的血尿可以消退，且一般状况可以改善。

⑤结石成分分析。运用物理（X 射线衍射、能谱分析）、化学的方法对尿结石的成分进行分析，有利于本病的诊治和预防。

**诊断**　根据临床上出现的频尿、排尿困难、血尿等临床症状可做出初步诊断。导尿管的探诊、X 射线照片检查、超声波检查等有利于本病的确诊。

**治疗**　应根据诊断结果采取相应的治疗措施。

①手术疗法。对于肾结石，一般是切除患肾。但两侧肾均患病，或对侧无肾，或功能严重障碍时，则不宜进行手术。目前可采用激光碎石技术将其击碎，

随尿排出。对于较大的膀胱结石，应马上切开膀胱取出结石。结石少而小时，可考虑用超声波碎石。术后给予透明质酸酶 10 RFU(赖氏单位)，肌肉注射，连用 1 周后，每周 1 次，连用 4 周。对于尿道结石，先给予镇静剂，然后让助手在耻骨上压迫骨盆尿道，以乳导管针插入尿道口，用手封住尿道口导针的周围，注入灭菌生理盐水，以扩张尿道，使尿道口开张，迅速将乳导管抽出，使尿道内的结石随同生理盐水一同涌出。另外，也可用膀胱插管缓缓地插入膀胱，缓解膀胱的紧张度，并保留数天，待全身状态有所改善后取出插管，切开尿道，取出结石。

②非手术疗法。适用于尿道或膀胱结石，且结石小或中等大小。

其一，水压冲洗疗法。适用于尿道结石。犬猫镇静或麻醉后，先行膀胱穿刺排尿。助手一手指伸入直肠压迫骨盆部尿道或从体外挤压膀胱；术者经尿道口插入导尿管，用手捏紧其导管周围组织，向尿道内注入生理盐水，以扩张尿道；然后术者手松开，迅速拔出导尿管，解除尿道压力，尿石常随液体射出体外。需要重复几次。如无效，可用粗的导尿管经尿道口插至结石端，用力注入生理盐水或液体润滑剂，将结石冲回至膀胱，再做膀胱切开术或其他疗法。

其二，膀胱挤压排空法。适用于尿道或膀胱结石，常在麻醉情况下进行。如膀胱不膨胀，需经尿道插管，注入适量生理盐水，使膀胱膨胀。注射时，触摸膀胱，防止膀胱过度膨胀。将犬抱起，使其呈垂直姿势，然后轻轻挤压膀胱，使尿液和结石从尿道排出；可重复几次，直至尿道膀胱无结石为止(通过 X 射线或膀胱造影检查)。

其三，碎石技术。条件许可，可用体外震波碎石器、超声波碎石器和激光碎石器等技术将结石击碎后排出。

③药物治疗。一般在泌尿道不完全阻塞或经手术/非手术处理后使用，目的是促进结石溶解和终止其形成。

其一，利尿。可用利尿素、醋酸钾、汞撒利、氨茶碱等药物治疗。该疗法对磷酸铵镁型结石尤为有用。

其二，尿道消毒。用乌洛托品等。

其三，防止和控制细菌感染。用大剂量抗生素，如氨苄青霉素、复方磺胺甲恶唑、氯霉素或呋喃类药物(如呋喃坦啶)等。

其四，如出血不止，可肌肉注射安络血。

其五，大量饮水，以增加尿量，降低尿液内盐类浓度，减少沉淀机会，起“冲洗”作用。

其六，可试用中草药治疗。每天用干南瓜蔓 100 g(鲜藤 200 g)浸入开水瓶中,浸泡出汁后多次饮服(灌服),第 2 天重新按上述方法浸泡、饮服,连饮 6～7 d,然后连续 2 d 喂食小米稀粥即可。在饮服期间,如发现有浑浊的尿液排出,表明结石逐渐被溶化,治疗有效。如有必要,可重复进行。

④应用处方商品日粮防治。

**预防**　由于尿石症易复发,复发率为 10%～30%,因此,应根据尿石的主要组成成分,做好相应的预防工作。

①食盐疗法。根据犬的大小,在食物中添加 0.5～10 g 食盐增加犬的饮水量和排尿量。

②食物及药物疗法。对于磷酸铵镁结石的患犬,应限制日粮中的蛋白质和镁离子的含量,适当使用酸化剂(如 $NH_4Cl$)使尿液酸化,也可使用尿酶抑制剂(acetohydroxamic acid,按每千克体重 5 mg,每天分 2 次口服)。对于尿酸铵结石的患犬,适当使用碱化剂(如 $NaHCO_3$ 或枸橼酸钾)碱化尿液,用别嘌呤醇,按每千克体重 10～20 mg,每天分 2 次口服。对于胱氨酸结石,适当使用碱化剂碱化尿液,同时用 *D* -青霉胺,按每千克体重 10～30 mg,每天分 2 次口服;也可用 N-(2-mercapto-propionyl)-glycine(MPG)口服。对于草酸钙结石,应降低日粮中的钙、奶及奶制品和食盐,适当使用碱化剂碱化尿液,同时氯噻嗪按每千克体重 15～20 mg,每天分 2 次口服。对于硅酸盐结石,应改变饲料的配方,使其营养均衡。另外,透明质酸钾复合制剂,每天口服 0.5～1 片,对本病有预防和治疗作用。还应根据结石的化学组成,饲喂专用预防结石形成的日粮。

## 第 2 节　猫泌尿系统综合征

猫泌尿系统综合征(feline urologic syndrome)现已广泛用于表述猫后部泌尿道的紊乱(feline lower urinary tract disorders)。它不是一种单独的疾病,而是由多种原因引起的猫后部泌尿道疾病的症候群。本病多见于 1～10 岁的猫,尤其是 2～6 岁的猫。发病率为 0.5%～6%,以长毛猫发病率最高。尿道阻塞以雄性猫较常见,膀胱炎和尿道炎则以雌性猫多发,肾盂结石较少见。90%以上结石是磷酸铵镁,0.5%～3%为尿酸盐和草酸盐,3%～5%为胶状物。本病临床上以排尿困难、努责、频尿、痛性尿淋漓、血尿、部分或全部的尿道阻塞等为主要特征。

**病因**　由饲喂含过量镁的干食物是形成猫泌尿系统综合征的主要原因。由病毒(如细小病毒、疱疹病毒、杯状病毒、多瘤病毒、腺病毒等,这些报道目前仅见于一些试验研究和临床研究)、细菌(如金黄色葡萄球菌、棒状杆菌、埃希氏大肠杆菌)、支原体、真菌(念珠菌、烟曲霉)、寄生虫(如毛细线虫)等感染猫的后部泌尿道所致;由尿石、炎性产物、脱落的泌尿道上皮、血凝块等造成的尿道阻塞以及各种原因引起的尿道损伤所致;由一些发育不良性疾病(如脐尿管异常,包茎,尿道狭窄)引起;由膀胱和尿道的一些肿瘤(如纤维瘤、血管瘤、平滑肌瘤、鳞状上皮细胞瘤、腺癌、血管肉瘤、前列腺癌、横纹肌肉瘤等)引起;由神经性因素(如泌尿道收缩肌的协调异常、尿道痉挛、膀胱麻痹等)引起;由医源性的因素(如导尿管的探诊、经导尿管的逆向冲洗、阉割、手术后留置在膀胱中的插管、尿道造口术等)引起;由一些免疫介导性或自发性的泌尿道疾病引起。另外,长期采食干饲料,饮水不足,过度肥胖等因素会增加该本的易感性。

**症状**　主要有尿血、尿频、排尿困难、尿淋漓或无尿。尿闭后腹围迅速膨大。病猫屡屡做出排尿姿势,做下蹬状,初期常被误诊为便秘。有时尿中混有细菌、脓细胞等。病猫精神沉郁、昏迷,如伴有肾衰竭时则很快死亡;伴有尿石症时请参考犬尿石症一节。

**实验室检验**　尿素氮和肌酐升高,碳酸氢盐减少。尿 pH 呈碱性,尿中含有蛋白和潜血,尿沉渣有磷酸铵镁结晶。

**诊断**　根据临床症状可做出初步诊断。结合导尿管的探诊、X 射线照片检查、超声波检查和剖腹探查等有利于本病的确诊。

**治疗**　应根据诊断结果采取相应的治疗措施。一般采取缓解症状、控制感染、利尿、酸化尿液(蛋氨酸每天 0.5~0.8 g、氯化铵每天 0.8~1.0 g 或酸性磷酸钠每天 40 mg,拌食饲喂)等措施。具体治疗可参考犬尿石症一节。

**预防**　增加病猫的饮水量,合理安排猫的日粮配方,饲喂猫预防尿结石处方食品。

## 第 3 节　肾小球肾炎

肾小球肾炎(glomerulonephritis)是指一种由感染后变态反应而引起的肾脏弥漫性肾小球损伤性疾病。临床上以肾区疼痛、尿量减少、血尿等为主要特征。本病多见于中龄犬猫,且雌性犬猫发病率高于雄性犬猫。本病按病程可分为急性和慢性肾小球肾炎。

**病因**　其病因大多数与机体的免疫机制有关。由外源性抗原形成的免疫复合物,见于由细菌(伊溶血链球菌、肺炎双球菌、葡萄球菌、埃希氏大肠杆菌、钩端螺旋体)、病毒(犬瘟热病毒、犬传染性肝炎病毒、猫传染性腹膜炎病毒、猫白血病病毒)、寄生虫(犬恶丝虫、弓形虫)等感染所致;形成自身免疫性复合物,并沉着于肾小球引起（如犬的全身红斑狼疮）；形成抗肾小球基底膜的抗体，见于犬猫的自身免疫病或由某些细菌、病毒等感染引起。此外，还见于一些非免疫性因素：

①中毒性因素。内源性毒素，如重剧胃肠炎、肝炎、肺炎、腹膜炎、大面积烧伤等病程中产生的内毒素；外源性毒物，如霉变食物、有毒植物、药物（青霉胺）以及砷、铅等有毒化学物质。

②机械性因素。因撞击、踢打等外力造成的肾脏损伤。

**发病机理**　按肾小球肾炎病理反应主要分为以下几种类型。

①膜性肾小球肾炎。在急性病例中最常见。以肾小球基底膜急性炎性肿胀、弥漫性毛细管壁增厚为主要标志。显微镜下可见肾小球毛细血管内皮发生程度不同的阻塞，肾小球囊内毛细血管间隙中间质细胞肿胀，伴有中性粒细胞浸润及纤维蛋白质等形成的沉积物；从外部压迫毛细血管，使肾小球毛细血管血流障碍，引起缺血而降低肾滤过率。同时，由于炎性反应使肾小球基底膜通透性增强，大量分子量较小的白蛋白漏入尿中，从而出现蛋白尿。

②增生性肾小球肾炎。主要表现为肾小球膜细胞增生，有时可见肾小球囊上皮细胞增生。基底膜正常，但在电子显微镜下可见到基底膜上典型的抗原-抗体复合物。肾小管细胞因缺血发生肿胀、增厚，管腔中可见红细胞、白细胞及管型。若肾小球囊上皮细胞持续增生，可形成新月状小体。此类病例有轻度蛋白尿，有时可见血尿或脓尿。

③渗出性肾小球肾炎。渗出性肾小球肾炎即慢性肾炎，可由急性肾炎转化而成。病理变化主要为肾小球毛细血管有大量纤维蛋白沉着，进入肾小球动脉中层及肾小球毛细血管可发生缺血性坏死，上皮细胞显著增生，继而纤维化，可导致肾功能衰竭。

④局限性栓塞性肾小球肾炎。为多种原因引起的坏死组织栓塞肾小球毛细血管，引起肾小球的部分炎性变化。此病难以与增生性肾小球肾炎区别。

**症状**

①急性亚急性肾小球肾炎。病初精神委顿，食欲不振，发热，可视黏膜苍白，口臭，间或呕吐和腹泻。重症时步态强拘，弓腰，有时有乏力、痉挛、昏睡等神经症状。触诊肾区或腰背部，疼痛反应明显。有的排尿困难，尿量减少。

②慢性肾小球肾炎。食欲不振，有的间歇性呕吐，消化不良，消瘦，被毛无光泽，皮肤失去弹性，体温正常或降低，脉搏增强，可视黏膜苍白。多饮多尿，后期尿少。有的有腹水。口腔检查时，常见口腔和齿龈黏膜溃疡。肾单位有广泛性损伤，且已进行性纤维化或萎缩性炎症时，可触知肾变硬，表面凹凸不平。病

程长的偶有下颌骨肿胀及软化。发展为尿毒症时,意识丧失、痉挛、昏睡。

**实验室检验** 这对本病的诊断有重要的意义。

①尿常规检验。每天尿量急性期减少至每千克体重 10～20 mL,比重上升。慢性肾小球肾炎时出现代偿性多尿,尿量为正常时的 2 倍左右,比重降低。尿中蛋白质急性期或慢性肾小球肾炎急性发作时剧增(1～10 g/L)。晚期,由于肾小球多数毁损,尿中蛋白质反而减少。尿沉渣中尚可见透明管型少数白细胞和肾上皮细胞。

②血液生化检验。正常犬血清总蛋白为53～78 g/L,猫为58～78 g/L。患病犬猫在持续性蛋白尿时,由于白蛋白的大量丢失,出现低蛋白血症。血清中 $\gamma$ -球蛋白降低,$\alpha_2$-球蛋白升高。多尿期时表现为低钠血症。少尿的犬猫可见高钙血症和代谢性酸中毒。当肾小球滤过减少时,血清胆固醇增多,猫超过 4.66 mmol/L;血清肌酐和尿素氮升高。

③血液常规检验。红细胞总数减少,白细胞总数正常或稍高。慢性肾小球肾炎时还可见到中性粒细胞、单核细胞稍高和淋巴细胞减少等变化。

④肾功能检查。肾小球肾炎早期,肾功能受影响较小,膜性肾小球肾炎可因基底膜通透性增大,出现内生肌酐清除率偏高现象。晚期,各种肾功能如酚红排泄、内生肌酐廓清、尿素廓清等均显示出不同程度减退。肾脏调节转入代偿、代偿丧失以致衰竭。

⑤X 射线和超声波检查。膜性肾小球肾炎时可见肾脏肿大,但需反复检查方能确诊。

**诊断** 根据临床症状,结合实验室检验结果即可做出诊断。应注意本病与肾淀粉样变性、肾病综合征的鉴别诊断。肾淀粉样变性虽也是进行性疾病,但病情较稳定,治愈率和存活率高,必要时可通过肾脏活体取样分析进行区别诊断。肾病综合征主要表现为渐进性水肿,后期出现腹水。低蛋白血症导致的低血压,常使患病犬猫发生昏厥,全身营养不良性贫血;体温偏低,不愿活动;血浆蛋白总量减少,但非蛋白氮及尿素氮仅在后期增多。

**治疗** 急性肾小球肾炎多数病例可自愈。宜以去除病因、抑制免疫反应、控制炎症、降低肾小球的通透性及对症治疗为治疗原则。

①加强饲养管理。避免剧烈运动,注意保暖。给予高能量、低蛋白、易消化且营养丰富的食物。急性肾小球肾炎少尿期,要限制其食盐摄入量。慢性肾小球炎多尿期,易造成低钠血症,可参照血清电解质浓度适当补给食盐。出现水肿的犬猫应限制其饮水和食盐的摄入量。

②抑制免疫反应。可使用肾上腺皮质激素,如犬可肌肉注射醋酸可的松

(每千克体重 0.5 mg),猫口服去炎松(Triamcinolone,每千克体重 0.05 mg),每天 1 次。但这类药物也能抑制有利的免疫反应,故使用时需监测尿蛋白和血液的肌酐、尿素氮及蛋白质水平。

③对症治疗。

其一,疑有感染时,可抗菌消炎。肌肉注射青霉素 G 钾,每次 40 万~80 万 IU,每天 2 次。也可选用氨苄青霉素(20 mg/kg)、普鲁卡因青霉素(2 万~3 万 IU/kg)等肌肉注射。但要注意,不能投予大量对肾脏毒性较大的卡那霉素或庆大霉素。

其二,有水肿或少尿者,可给予除汞制剂以外的利尿剂。例如,选用呋喃苯胺酸(5 mg/kg)或双氢克尿塞(2~4 mg/kg)口服,每天 2 次。必要时可静脉注射利尿合剂(普鲁卡因 0.1~0.2 g,10%~25%葡萄糖 200 mL)或脱水剂(甘露醇、山梨醇等)。注意,用以上药物时应注意补充钾,每次可用氯化钾 0.3~0.1 g,每天 1 次,静脉缓慢滴注。

其三,心力衰竭时,可给予强心剂。肌肉注射洋地黄毒苷(地吉妥辛注射液),每千克体重 0.006~0.012 mg;当心率减慢接近正常、尿量增加时,可按上述剂量的 1/10 给予维持量。注意,本品不宜与钙制剂同时应用,否则会增强毒性。

其四,对蛋白丢失过多的犬猫,可给予同化激素。可肌肉注射苯丙酸诺龙,犬 20~50 mg/只,猫 10~20 mg/只,10~14 d 用药 1 次。也可选用丙酸睾酮(20~50 mg/只)肌肉注射,每 2~3 d 1 次。

其五,对于出血性肾小球肾炎,应注意止血。可肌肉注射安络血注射液,每次 1~2 mL,每天 1 次或 2 次。

其六,对于慢性肾小球肾炎引起的尿毒症,可以口服透析液以缓解尿毒症的症状。透析液的配制:氯化钠 12.02 g,氯化钾 0.894 g,氯化钙 0.441 g,甘露醇 98.4 g,碳酸氢钠 5.04 g,用温开水 3 000 mL 稀释后即制成口服透析液。大型犬空腹,每小时灌饮 1 000 mL,3 h 内饮完 3 000 mL,每周 2 次或 3 次;体重超过 50 kg 的犬剂量加倍。有条件者在口服透析液前及口服后每周检测 1 次血常规、肌酐、尿素氮、电解质、二氧化碳结合力、心电图等,以做比较并控制疗程。

其七,加强护理。保持患病犬猫的住处温暖、干燥、通风及充足的阳光,使患病犬猫充分休息并注意饮食调剂。

④中西医结合治疗。抗生素注入肾俞、三焦穴。内服中药以五皮饮和五味消毒饮加减为基础方;初期蛋白尿严重时,酌增黄芪、薏苡仁、玉米须等;血尿严重者,可增加白茅根、小蓟、茜草等;伴有心力衰竭,可增加丹参、地龙、官桂、黄

芪等；伴有肌肉痉挛，可增加天麻、僵蚕、地龙等。

## 第 4 节　肾功能衰竭

肾功能衰竭(renal failure)是指肾组织发生的急性肾功能不全或肾衰竭或肾单位绝对数减少所致的临床综合征。本病可分为急性肾功能衰竭和慢性肾功能衰竭。

### 一、急性肾功能衰竭

急性肾功能衰竭(acute renal failure)又称急性肾功能不全，是指由多种原因造成的急性肾实质性损害而导致的肾功能抑制。临床上以发病急骤、少尿或无尿、代谢紊乱和尿毒症等为主要特征。

**病因**　由于外伤或手术造成的大出血、急性左心衰竭以及严重的呕吐、腹泻失去大量水分等因素引起的肾脏严重缺血。由于某些化学毒物(如氯仿、磺胺类药物等)和生物毒素(如蛇毒、生鱼胆)等因素引起的肾中毒。

**发病机理**　按其病理发生的位置可分为以下几种类型：

①肾前性急性肾衰。由于血液入肾前发生流通障碍而造成急性缺血而引起肾衰。例如，心力衰竭时心输出量减少；大失血脱水或败血症所致的有效循环血量不足，血容量减少；药物、麻醉或脊髓损伤等诱发的低血压；某些过敏性休克时，人肾小球动脉端的血压低于 8 kPa，肾小球滤过作用濒临停止，尿量极少并含少量蛋白质，继而发生肾衰。

②肾性急性肾衰。由肾脏本身急性病变引起，多见于急性间质性肾炎和急性肾小管坏死以及肾病变所致的急性局部缺血，偶见于严重的腹部创伤性双侧肾脏破裂。由于大部分肾小管基底膜损伤、溶解以致坏死，所产生的管型与细胞碎片阻塞肾小管，尿液被重新吸收而使血氮增多，引起肾衰。

③肾后性急性肾衰。因尿液排出肾受阻所致。多见于双侧输尿管或尿道阻塞。由于尿液排出受阻，而肾仍正常泌尿，使尿液积聚，导致肾小管、肾小球内压力过高，不仅使肾小球滤过受阻，尿中积聚代谢产物，也可造成肾小管破裂或坏死，因而发生急性肾衰。若一侧输尿管阻塞，尚可见肾盂积水。

**症状**　急性肾功能衰竭的临床表现可分 3 期。

第 1 期为少(无)尿期。多数病例此期可持续 15 d 左右。患病犬猫在原发病症状的基础上，排尿明显减少或无尿。由于水、盐及代谢产物排泄障碍，而出现水肿、心力衰竭、高钾血症、低钠血症、代谢性酸中毒、氮血症，且易发生感染等。

第2期为多尿期。若能度过少尿期，则尿量开始增加。但水及氮质代谢产物潴留依然显著，由于钾排出过快而发生低钾血症，有些犬猫出现心力衰竭、后肢瘫痪等症状。患病犬猫多死于该期，故亦称危险期。耐过者，水肿开始消退，症状逐渐好转。

第3期为恢复期。经过多尿期后，尿量逐渐恢复正常。但由于患病犬猫体力消耗严重，表现肌肉无力、萎缩等。恢复期的长短，取决于肾实质病变的程度。重症者，肾小球滤过功能长期不能恢复，可转变为慢性肾衰。

**实验室检验**

①尿液检验。少尿期的尿量少，尿比重初期高于1.025，尿钠浓度高，尿中可见红细胞、白细胞、各种管型及蛋白质。多尿期的尿比重降低，尿中可见白细胞。

②血液检验。白细胞总数及中性粒细胞比例增高。血中肌酐、尿素氮、磷酸盐、钾含量升高，血清钠、氯及 $CO_2$ 结合力降低。

**辅助检查**

①肾造影。急性肾衰时，造影剂排泄缓慢。根据肾显影情况可判断肾衰程度。肾显影慢，逐渐加深，表明肾小球滤过率低；显影快而不易消退，表明造影剂在间质及肾小管内积聚；显影极淡，表明肾小球滤过几乎停止。

②超声波检查。可确定肾后性梗阻。

③液体补充试验。给少尿的犬补液200～500 mL后，静脉注射速尿5～10 mg，若仍无尿或尿比重低，可认为急性肾功能衰竭。

**诊断**　根据发病史、临床症状结合实验室检验结果可做出诊断。

**治疗**　宜以积极抢救、防止休克和脱水、及时补液、纠正酸中毒和减缓氮血症为治疗原则。

①少尿期治疗。治疗原发病并纠正高血清钾和钠、水潴留。

其一，原发病的治疗。创伤、烧伤和严重感染时，应用对肾脏毒性较小的抗生素，例如，可肌肉注射氨苄青霉素，每次0.5 g，每天2次。中毒病应切断毒源，适度补液，及早选择适宜的解毒药，以缓解机体的中毒反应。尿路阻塞时应尽快排尿，可考虑手术排除方法，排出滞留尿液后再适当补液。

其二，尽快利尿。口服呋喃苯胺酸，每千克体重4～6 mg，8～12 h 1次。

其三，脱水的治疗。据红细胞压积容量和临床症状(表9-2)确定脱水程度，失水百分数×体重(kg)＝需补液量(kg)。若高钾血症严重，可静脉滴注0.9%等渗盐水或乳酸林格氏液，每千克体重10～20 mL；若伴有酸中毒，可静脉注射碳酸氢钠，每次10～15 mL，每天1～2次；对有肾小管坏死的危险病例，纠正脱水后可用渗透性利尿剂，如20%甘露醇或20%葡萄糖溶液静脉注射，每千克体重1～2 mL，以4 mL/min的速度输入，以减轻氮血症。除补液外，尚可用10%葡萄糖溶液30 mL加1 IU胰岛素，按每千克体重1 mL静脉注射或按每千克体重0.5 mL口服10%葡萄硼酸钙溶液以纠正高血清钾。

表9-2　脱水程度与临床症状

| 脱水程度/% | 典型临床症状 |
|---|---|
| 5 | 皮肤有轻度弹性降低 |
| 7 | 眼窝轻度下陷，提起皮肤放松仍有皱褶 |
| 10 | 眼窝轻度下陷，提起皮肤放松仍有皱褶，口腔黏膜干燥 |
| 12～15 | 眼窝轻度下陷，提起皮肤放松仍有皱褶，休克 |

其四，对症疗法。为防止休克，可肌肉注射地塞米松，每千克体重0.4～0.8 mg，每天1～2次；大出血时应给予输血。解除痉挛，可肌肉注射氯丙嗪，每次25～50 mg，每天2次。当重金属中毒时，应尽早投予二巯丙醇，每千克体重4.4～6.6 mg，肌肉注射，间隔4～6 h 1次。当尿路阻塞时，应设法排除阻塞的原因。

其五，饮食疗法。给予高糖、低蛋白、富含维生素且易消化的食物。

②多尿期治疗。多尿期开始时，常为尿毒症高峰，仍需按少尿期治疗，随尿量渐多，水肿消退，转入多尿期治疗，主要适当补钾，可按血清钾浓度让患病犬猫按每千克体重50～100 mg口服钾盐，并据尿量的1/3补液，使多尿期延长。血浆非蛋白氮下降后，增加食饵中蛋白质。也可肌肉注射丙酸睾酮，每次20～50 mg，每2～3 d用药1次。

③恢复期治疗。血尿素氮为20 mg/dL，可作为恢复期开始的指标。此期应注意补充营养，给予高蛋白、高碳水化合物和维生素丰富的食物，加强护理并适当锻炼，使之早日康复。

④中西医结合治疗。抗生素注入脾俞、肾俞、三焦穴。内服中药分期服用。少尿期常用白虎汤和增液承气汤再加山楂、黄芩、银花、连翘、白茅根等水煎服；多尿期常用知柏地黄汤和生脉饮加减。恢复期常用参苓白术散加附子、肉桂水煎服。据报道，应用黄芪、川芎对庆大霉素所致急性肾衰竭有防治作用；应用附子、大黄、牡蛎、一见喜浓煎液直肠投服后，可降低尿素氮，改善氮质血症；应用大黄水煎剂内服可改善肾衰竭患者的氨基酸代谢。

# [附] 血液滤过治疗犬的急性肾衰竭

## 一、犬血液滤过的国内外应用现状和前景

国内,犬血液滤过的研究主要是为人类临床服务的。但在国外,对于伴侣动物的血液净化治疗在理论和技术上都积累了丰富的经验,进行了大量的研究实践,能够以人医的理论和实践为基础将其运用于兽医临床,并在临床上得到广泛使用。

由于我国小动物临床起步晚,而且以前是以经济动物医疗为主,故在犬血液净化治疗这一块的研究还是一片空白。随着人们对伴侣动物越来越重视以及生活水平的不断提高,小动物医学也在不断发展,相信在不久的将来,通过借鉴国外经验和自己的研究实践,血液滤过会成为治疗肾脏疾病甚至肝衰竭、中毒等疾病的常用治疗方法。

## 二、血液滤过原理

血液滤过采用对流原理,即通过透析膜两侧的压力梯度,使血中的物质随水的跨膜移动而移动。对流较扩散而言溶质跨膜移动较快。血液滤过时通过动脉、静脉压力差或者血泵的作用,将患者血液引入到具有良好的通透性并与肾小球滤过膜面积相当的半透膜滤器中。此时,血浆内水分和其他成分被滤出,类似于肾小球滤过的过程,从而达到清除体内过多水分和溶质的目的。当使用动脉、静脉压力差作为滤过动力时,流经滤器的血流量较少,不能滤出足够的液量。故需使用血泵在动脉端加压,同时在半透膜的对侧用负压泵形成一定的跨膜压。血液滤过率的大小取决于滤过膜的面积、跨膜压、筛选系数和血流量。滤过器没有提供类似于肾单位的重吸收功能。为了补偿被滤出的液体和电解质,保持机体内环境的平衡,需要在滤过前或滤过后补回相应的水分、电解质和葡萄糖等以代替肾单位的重吸收功能。

## 三、血液滤过与血液透析的区别

血液透析主要是通过扩散和超滤清除体内毒物。其依赖半透膜两侧的溶质浓度差产生的浓度梯度,使溶质发生净移动,从而达到清除目的(图9-1)。同时由于半透膜两侧的压力差,驱动液体的移动,清除多余水分。血滤与血透主要区别在于:血透依赖半透膜两侧的溶质浓度差所产生的扩散作用来清除溶

质，其清除效能相对于血液滤过较差。正常人肾小球对不同分子量的物质如肌酐和菊粉的清除率几乎都一样。血液滤过模仿正常肾小球清除溶质原理，以对流的方式滤过血液中的水分和溶质，对于中分子物质的清除率高于血液透析。血液滤过在维持血流动力学稳定方面比血液透析好。

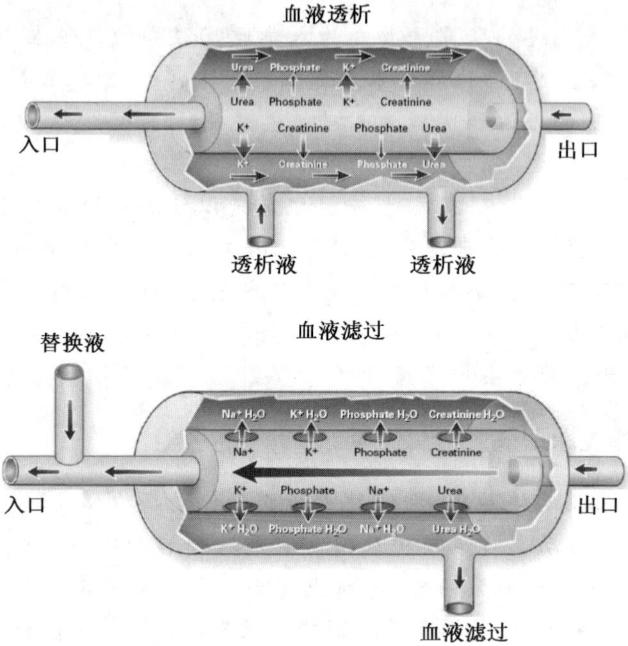


**图 9-1　血液透析和血液滤过模式比较图**

图 9-1 中，穿过膜的上下箭头表示的是溶质通过膜的主要移出方向；水平方向的箭头表示的是溶质移动的方向；其他箭头表示的是液体流动的方向。

## 四、血液滤过的临床效果

犬血液滤过治疗过程中，血清肌酐、尿素氮、磷和钾离子浓度随时间延长呈下降趋势，并能够在滤液中检测出上述物质，且滤液中浓度值与血清中浓度值呈正相关。血液滤过治疗过程中，置换液能够较好地维持血清中钠、氯、钙和葡萄糖的浓度，并能纠正酸碱失衡。血液滤过治疗过程中，犬的基本生命体征指标保持稳定状态。上述结果显示：血液滤过可减少急性肾衰竭犬体内尿毒症毒素的蓄积，并能维持犬体液、电解质、酸碱平衡和稳定相关生命体征；同时，相关生化指标检测显示滤液可代替血液用于评估血液滤过的治疗效果。

## 五、血液滤过适应症和禁忌症

血液滤过适应症包括慢性肾衰、急性肾衰、高血容量所致心力衰竭、低血压、严重水和钠潴留、顽固性高血压、尿毒症性心包炎、周围神经病变、肝衰竭、高磷血症、高脂血症等。

相对禁忌证包括严重血容量不足、血压过低、重症心脏疾病及严重出血。

## 六、血液滤过并发症

在 Kevin W 的文章中，详细地列出了连续性血液滤过中可能出现的并发症(表 9-3)。

表 9-3　与连续性血液滤过相关的并发症

| 并发症 | 诱因 |
| --- | --- |
| 血管通路不畅 | 出血、血栓形成、动静脉瘘、血肿、胸腔积血、气胸、心包积液、空气栓塞、感染、心率和心律异常 |
| 体外循环障碍 | 空气栓塞、滤器寿命缩短、相关药物减少、体温下降、免疫激活、过敏反应、生物不相容性 |
| 血液学并发症 | 凝血引起的某些异常(如低血钙、代谢性碱中毒、高血钠、柠檬酸中毒)、血小板减少、出血、血细胞溶解、肝素诱发血小板减少 |
| 血流动力学不稳定 | 酸碱失衡、代谢性酸中毒、代谢性碱中毒、柠檬酸盐诱发的碱血症或酸血症 |
| 电解质紊乱 | 低磷酸血症、低镁血症、低钙血症、低钾血症、低钠血症、高钠血症 |
| 酸碱失衡 | 代谢性酸中毒、代谢性碱中毒、柠檬酸介导的酸血症或碱血症 |
| 营养丢失 | 氨基酸和蛋白质丢失、血糖下降、维生素缺乏、微量元素缺乏等 |
| 容量控制失误 | 药物的移除发生改变，肾功能的恢复推迟 |

由于血液滤过时置换液输入量大，污染机会多，有可能发生败血症，所以，在置换液配置时要求严格无菌。血液滤过中，滤膜可截留分子量大于 20 000 u 的物质。血液中某些激素的分子量居于 500～30 000 u 之间，可经滤膜从血液中移除。研究显示，经血液滤过后的滤液中检测不到睾酮、皮质酮、生长激素和促甲状腺素。滤液中发现的激素有胃泌素、胰岛素、抑胃泌素、生长激素刺激素 B 和甲状旁腺素。不过这些激素的移除量对其在血浆中的浓度影响不大。

研究显示，在血液滤过过程中，血浆中的氨基成分、谷氨酰胺以及其他氨基酸会经滤过进入滤液当中，并且滤液中氨基酸浓度和血液中浓度是成比例的。高效连续性血液滤过中丢失的氨基酸成分比常规血液滤过丢失的氨基酸量要多，丢失速度快。故一般会缩短治疗时间以减少丢失，或者在治疗中补充一定量的氨基酸以维持血液中氨基酸水平。血液滤过能够很好地维持患者的血流动力学稳定性，故常用于低血压的患者。不过，如果脱水速度过快，而置换液不能及时补充的状态下会出现低血压。

## 二、慢性肾功能衰竭

慢性肾功能衰竭(chronic renal failure)是由于功能性肾组织长期或严重丧失，承担肾功能的肾单位绝对数减少，不能维持机体环境的相对平衡所致。临床上以出现各种代谢紊乱为主要特征。

**病因** 慢性肾功能衰竭多由急性肾功能衰竭转化而来。

**发病机理** 各种疾病引起的肾小球滤过率下降，约有75%肾单位进行性破坏是慢性肾衰产生的原因。由于肾脏排泄和调节功能失常，蛋白质分解产物积聚血中导致氮血症，若无其他症状，称肾功能不全期；随着血浆非蛋白氮积聚，高达100 mg/dL，并出现酸碱平衡紊乱，即为尿毒症期；继而发生全身性疾病。

**症状及临床病理** 本病根据临床发展过程，可分4期(表9-4)。

**表9-4 慢性肾功能不全分期及有关指标**

| 项目 | | 病期 | | | |
|---|---|---|---|---|---|
| | | Ⅰ期（储备能减少期） | Ⅱ期（代偿期） | Ⅲ期（氮质血症期） | Ⅳ期（尿毒症期） |
| 肾小球滤过率/% | | ＞50 | 50～30 | 30～5 | ＜5 |
| 尿量 | | 正常 | 多尿 | 少尿 | 无尿 |
| 电解质 | Na | 正常 | 有时降低 | 多降低 | 降低 |
| | K | 正常 | 正常 | 有时降低 | 升高 |
| | Ca | 正常 | 正常 | 降低 | 降低 |
| | $PO_4$ | 正常 | 正常 | 升高 | 升高 |
| 酸-碱平衡 | | 正常 | 正常 | 酸中毒 | 酸中毒 |
| 其他 | | 血中肌酐及尿素氮轻度升高 | 轻度脱水、贫血、心力衰竭等 | 中度至重度贫血、血中尿素氮可高达130 mg/dL以上 | 呈现尿毒症多种临床症状，尤其是神经症状，尿素氮可高达200～250 mg/dL |

**诊断** 对患病犬猫，应密切注意肾功能变化，监测每天饮水量、排尿量，监

测尿液与血浆中尿素氮与肌酐比，低于 30∶1 时应引起警惕。

**治疗** 慢性肾衰的肾脏损害是不可逆的，故治疗原则为控制病程发展，恢复代偿，延长生命。

①加强护理。减少日粮中的蛋白质，必要时给予高生物价蛋白质如鸡蛋、瘦肉等，每天每千克体重喂 0.5～1.5 g。勿喂奶类及肉骨头等。日粮含总能量：幼犬及猫每千克体重为 $4.6\times10^5$ J，成年犬猫每千克体重为 $2.9\times10^5$ J；为促进消化和采食，还可加调味品。

②纠正水与电解质平衡紊乱。按脱水程度(见急性肾衰)予以补液，多给饮水；失钠多者可用 3%高渗盐水静脉滴注。有水肿及血压高者限制饮水和摄盐量。尿少时限制钾的摄入，而尿多者适当补钾。对慢性尿毒症并伴缺钙和肾性骨病者，给予维生素 $D_3$ 和大剂量钙，如碳酸钙，每天每千克体重 100 mg，分 2 次或 3 次口服。

③纠正酸中毒。除补液可用乳酸林格氏液(每天每千克体重 40～50 mL，静脉注射)外，尚可每天 4 次口服碳酸氢钠，每次每千克体重 50 mg；并可用氢氧化铝凝胶止呕，每天 3 次，每千克体重 0.6 g。

④对症治疗。有感染者给予抗生素；出现抽搐、昏迷等神经症状者，可直接向腹腔内注射苯巴比妥溶液(常规量减半)，但禁用镁盐；为促进患病犬猫恢复代偿，可用腹膜透析疗法。

**预防** 防止骨病的发展对慢性肾衰竭的治疗有积极的作用。建议用以下措施：对日粮磷和钠进行限制；日粮中应补充 $\omega$-3 多聚不饱和脂肪酸(有专门宠物食品店出售)；使用血管紧张素-转换酶制剂，如依那普利(犬，每千克体重 0.5 mg，口服，每天 1～2 次)或阿姆罗(猫，0.5～1 mg，口服，每天 1 次)以治疗高血压；使用 $\beta$ -拮抗剂如氨酰心安(每千克体重 2 mg，口服，每天 1～2 次)或心得安(犬，5～8 mg/次，口服，每天 1～2 次；猫，2.5～10 mg/次，口服，每天 1～2 次)，以治疗心力衰竭和高血压。

## 第 5 节 膀胱炎

膀胱炎(cystitis)是膀胱黏膜及黏膜下层的炎症，常见于母犬猫和老龄犬猫。本病临床上以频频排尿、尿痛、膀胱部位有触痛为主要特征。

**病因** 膀胱正常时由于排尿的清洗作用，黏膜局部免疫和尿的抗菌作用等对细菌感染有自然防御功能。能破坏这些防御功能而造成感染的因素包括：由尿道结石、肿瘤、膀胱脱等引起的物理性排尿障碍；由脊椎骨折、椎间盘突出及脊髓炎所致的神经损伤或膀胱憩室等引起的尿潴留；由插入导尿管、膀胱内结石、肿瘤及排泄刺激性药物（环氨基磷酸）等引起膀胱黏膜的损伤；由于长期饮水不足、肾功能障碍性少尿或糖尿病等引起的尿量、排尿次数及成分的变化；由尿毒症、肾上腺皮质功能亢进以及使用肾上腺皮质激素或其他免疫抑制剂等引起的免疫功能降低；由细菌（如变形杆菌、化脓杆菌、大肠杆菌等）、寄生虫（如跗线螨）等感染引起。

**症状** 急性膀胱炎的主要症状有尿少而频、血尿、浑浊恶臭尿、排尿困难、尿失禁。触诊膀胱，有疼痛的收缩反应。慢性经过的患病犬猫能触知肥厚的膀胱黏膜，也可能触知膀胱内的肿瘤和结石。患病犬猫的定点排泄习惯被破坏。当膀胱炎导致输尿管炎、肾盂肾炎时，根据肾脏的损害程度而表现出体温升高、精神沉郁、食欲不振等不同程度的全身症状。单纯的膀胱炎出现全身症状的少。慢性膀胱炎无排尿困难，但病程较长，且其他症状较轻。

**实验室检验**

①尿液的常规检验。尿液的检验在诊断上最为重要。收集尿液的方法有穿刺法、导尿法及自然排尿等。尿中若混有多量白细胞，特别是有中性粒细胞时尿浑浊（脓尿），呈红褐色（血尿），同时伴有腐败臭味。尿沉渣中出现白细胞、红细胞、膀胱上皮细胞及细菌的，可怀疑为泌尿系统感染；尿蛋白是血细胞成分和膀胱黏膜渗出液产生的。导尿或自然排尿的中段的尿沉渣，在高倍镜下 1 个视野有 20 个以上细菌的可判为细菌尿；20 个以下的可看做细菌污染。膀胱穿刺得到的尿若能查到细菌，则揭示有感染。

②血液学检验。一般无白细胞增加和中性粒细胞核左移现象。有时会出现血红蛋白降低及低蛋白血症。

**辅助检查** X 射线和超声波检查：能诊断尿结石、肿瘤、尿道异常、膀胱憩室等并发症。慢性膀胱炎可见膀胱壁肥厚（彩图 9-4、彩图 9-5）。

**诊断** 急性膀胱炎可根据疼痛性尿频、排尿姿势变化等临床特征以及尿液检查有大量的膀胱上皮细胞和磷酸铵镁结晶，进行综合判断。在临床上，膀胱炎与肾盂肾炎、尿道炎有相似之处，需要通过实验室检查尤其是尿沉渣检查才能加以区分。肾盂肾炎表现为肾区疼痛，肾脏肿大，尿液中有大量肾盂上皮细胞。尿道炎，镜检尿液无膀胱上皮细胞。

**治疗** 宜去除病因、抗菌消炎、净化尿液、促进尿液排泄等。

①饮食疗法。给患病犬猫多饮清水，或在其饮食中添加适量的食盐，造成生理性利尿，有利于膀胱得到净化和冲洗。同时给予无刺激性、易消化、营养丰富的食物。

②抗菌消炎。最好能抽取尿液做细菌培养和药敏试验，选择最有效的抗菌药物。一般肌肉注射氨苄青霉素，每次0.5 g，每天2次；肌肉注射庆大霉素，每次8万IU，每天2次；口服呋喃妥英，每次每千克体重4.4 mg，每天3次；肌肉注射氯霉素，每次25万IU，每天2次；口服磺胺二甲异噁唑，每天0.5 g(初次量1 g)，每天3次，服药期间多饮水，并适量补充碳酸氢钠。

③净化尿液。口服氯化铵，每千克体重15～20 mg，每天2次，能使尿液酸化；或用40%的乌洛托品溶液静脉滴注，起到净化作用并增强抗菌药物的效果。

④膀胱冲洗。用0.9%生理盐水或2%硼酸溶液经膀胱插管进行冲洗，冲洗后向膀胱内注入氨苄青霉素、庆大霉素或氯霉素。

⑤止血。肌肉注射安络血(每千克体重0.1～0.3 mg)或止血敏(每千克体重5～15 mg)，每天2次；口服云南白药胶囊，每次1粒，每天3次。

⑥中西医结合治疗。抗生素注入三焦、肾俞穴；止血药注入脾俞、悬枢穴。内服药，通常用白茅根、竹叶、玉米须、瞿麦水煎服；淋尿可用八正散；尿石可用排石冲剂。

## 第6节　尿道炎

尿道炎(urethritis)是尿道黏膜及其下层的炎症，是犬猫的常见多发病。临床上以尿频、尿痛、经常性血尿等为主要特征。

**病因**　犬猫尿道炎多由泌尿道及邻近器官感染所致，如膀胱炎、阴道炎或子宫内膜炎等。其他原因有外伤，如雄性犬猫相互咬伤或骨盆骨折；结石阻塞或膀胱交界处破裂；交配时过度舔舐或其他异物(如草刺等)刺入尿道等。

**症状**　常见症状有尿频、排尿困难、疼痛和经常性尿血。局部尿道损伤为明显的一过性，或仅在每次排尿开始时滴出血液，也可见于不排尿时。故母犬猫应与发情期阴道血性分泌物相区别。尿液多于开始排出阶段浑浊，混有黏液或脓液，严重时有尿道黏膜。导尿时患病犬猫极度痛苦、惨叫或呻吟。患病犬猫频频舔舐外阴部，视诊可见尿道口潮红、水肿或流出脓性分泌物。

**诊断**　根据临床症状和尿道逆行造影可确诊。应做尿液细菌培养以确定病原。单纯性尿道炎尿中无管型和膀胱以上的上皮细胞。

**治疗**　宜去除病因，抗菌消炎。

①抗菌消炎。肌肉注射庆大霉素，每次8万IU，每天2次；口服头孢羟氨苄，每次50～100 mg，每天2次；口服妇炎康片，每次4～6片，每天3次；口服头孢噻唑每千克体重20 mg，每天3次；口服阿莫西林每千克体重20 mg，每天2

次;口服甲氧苄胺嘧啶-磺胺嘧啶每千克体重15～30 mg,每天2次。

②清洗尿道。用0.1%高锰酸钾溶液清洗尿道及外阴,然后向尿道内注入氯霉素针剂1～2 mL。

③止血。肌肉注射安络血,每次2 mL,每天1次或2次。

④其他。若为交配过度可给予雌激素或去势;若为创伤所致可修复伤口;为减少尿道负荷,可暂用膀胱插管导尿,炎症消退后除去插管。

⑤中西医结合治疗。抗生素或磺胺药可注入三焦、肾俞、二眼、会阴、后海等穴;口服中药,可用五味消毒饮和八正汤调喂之。

## 第7节　红尿症

红尿症(red urine syndrome)是对尿液变成红色、红棕色甚至黑棕色的泛称,并非特指某一种尿。它可能是血尿,也可能是血红蛋白尿、肌红蛋白尿、卟啉尿或药物性红尿。其鉴别诊断要点见表9-5。

表9-5　红尿鉴别诊断要点

| 检验项目 | 血尿 | 血红蛋白尿 | 肌红蛋白尿 | 卟啉尿 | 药物红尿 |
|---|---|---|---|---|---|
| 尿色 | 碱性尿鲜红色;酸性尿暗红色 | 暗红色、棕色或酱油色 | 暗红色或棕色 | 琥珀色或葡萄酒色 | 透明红色 |
| 透明度 | 混浊,震荡云雾状 | 澄清透明 | 澄清透明 | 澄清透明 | 澄清透明 |
| 血浆色 | 正常 | 红色 | 正常 | 正常 | 正常 |
| 潜血 | + | + | + | － | － |
| 静置 | 红色沉淀 | － | － | － | － |
| 镜检 | 大量红细胞 | 偶有红细胞 | － | － | － |
| 9 nm微孔超滤 | 不能通过 | 不能通过 | 能通过 | 能通过 | 能通过 |
| 硫酸铵盐析 | － | － | + | － | － |
| 荧光照射 | － | － | － | + | － |
| 伴发症状 | 结膜苍白 | 黄疸 | 运动障碍 | 光敏性皮炎 | 用药史 |

健康犬的尿呈淡黄色,若放置过久,亦可发生变化;因此,应以观察刚排出的尿液的颜色为准。

## 一、血尿

血尿(haematuria)是指尿液中含有大量的红细胞。尿液放置后红细胞会发生沉淀。

**病因**

①肾性血尿。见于肾结石、急性肾功能衰竭、出血性疾病(丙酮苄羟香豆素中毒)、血小板减少症、热射病、急性肾盂肾炎、肾小球肾病(肾淀粉样变性、免疫复合物疾病)、肿瘤(血管瘤、转移细胞癌)、钩端螺旋体感染等。动脉血栓引起的肾梗塞(心肌炎、亚急性细菌性心内膜炎)、良性肾出血、寄生虫(肾虫、血丝虫)感染、肾囊泡、放射线照射所致。

②膀胱性血尿。见于细菌性膀胱炎、膀胱外伤、膀胱结石、膀胱肿瘤、毛细线虫感染、药物性膀胱炎(环磷酰胺)。

③尿道性血尿。见于尿道结石、尿道炎、尿道外伤及肿瘤。

④尿路外出血。见于雄犬前列腺炎、前列腺肿瘤、前列腺囊泡、阴茎外伤、转移性性器官肿瘤。雌犬发情前期、胎盘部恢复不良、转移性性器官肿瘤、平滑肌瘤引起。

⑤血液凝固不良。见于血友病、系统性红斑狼疮。

**鉴别诊断**

①尿石症。尿频、血尿、尿闭、努责、腹围增大。

②膀胱炎。尿频、尿浑浊、脓尿、碱性尿、血尿。

③丙酮苄羟香豆素中毒。黏膜下出血、血便、血尿、呼吸困难。

④前列腺炎。发热、食欲不振、便秘、努责、血尿、脓尿、排尿困难。见于5岁以上的犬猫。

⑤念珠菌病。皮肤糜烂和肉芽增生、口炎、腹泻、角膜炎、血尿。

⑥尿道损伤。血尿、少尿、排尿困难、尿道周围肿胀、尿道狭窄、尿毒症。

⑦先天性血液凝固不良。出血性素质、皮肤和黏膜出血斑、血尿、血便、血肿。

⑧原发性甲状旁腺功能亢进症。食欲减退、呕吐、易骨折、多饮多尿、血尿、结石症、痉挛。

⑨肾膨结线虫病。血尿、脓尿、尿频、体重减轻、腹痛、便秘、呕吐。

⑩TNT中毒。食欲不振、四肢无力、步态踉跄、黏膜苍白或发绀、红尿。

**治疗** 请参考本章的相关内容。

## 二、血红蛋白尿

血红蛋白尿(haemoglobinuria)是指尿液中含有大量的血红蛋白,尿液放置后不发生沉淀。

**病因** 急性血丝虫病、洋葱或大葱中毒、自身免疫性溶血、输血反应、新生儿溶血、巴贝斯虫病、巴尔通氏体病、葡萄糖-6-磷酸脱氢酶缺乏、烧伤等均可引起血红蛋白尿。

**鉴别诊断**

①洋葱或大葱中毒。血红蛋白尿、黄疸、呕吐、腹泻、海恩茨小体、呈红细胞再生血象。

②自身免疫性溶血性贫血。贫血、黄疸、呼吸急促、脾肿大、血红蛋白尿、皮肤糜烂。

③输血反应。呼吸急促、流涎、兴奋、呕吐、眼球震颤、血红蛋白尿、黄疸、虚脱。

④系统性红斑狼疮。发热、多发性关节炎、血小板减少、黏膜出血斑、血红蛋白尿、淋巴结肿大、可检出 LE 细胞。

⑤新生儿黄疸症。贫血、血红蛋白尿、黄疸、同窝犬患病、突然死亡。

⑥巴贝斯虫病。发热、贫血、黄疸、脾肿大、红细胞压积值减少。

⑦血巴尔通氏体病。贫血、黄疸、血红蛋白尿、脾肿大、红细胞中有点状物寄生、呈红细胞再生血象。

⑧葡萄糖-6-磷酸脱氢酶缺乏症。血红蛋白尿、贫血、海恩茨小体、黄疸、遗传病。

**治疗** 请参考溶血性贫血的有关内容。

(孙卫东 王小龙 韩 博)

# 第 10 章　生殖系统疾病

生殖系统疾病也是临床上犬猫的常见病和多发病。了解其病因和临床症状，对于做出正确的诊断和有效的防治十分重要。同时，因为繁殖功能和机体的全身状况以及环境条件等对生殖系统疾病亦有密切的关系，所以，要注意对犬猫的合理饲养。

## 第 1 节　龟头包皮炎

龟头包皮炎(blanophosthitis)是指龟头及包皮的炎症，为公犬的一种常见病。本病与公犬包皮腔解剖结构有关，因公犬的包皮腔为细菌生长提供了极好的环境。几乎所有公犬均患有轻度龟头包皮炎，但一般无临床症状。公猫本病少见。

**病因**　多因下腹壁和包皮污染，包皮内滞留尿液、包皮外伤、肿瘤、先天性或后天性包皮口狭窄或包茎引起等。包皮附近组织炎症蔓延也可引起本病。

**症状**　包皮囊内最初呈现皮肤受刺激的症状，包皮被毛下皮肤潮红，犬不断舔咬。以后发生包皮炎性肿胀、疼痛、龟头体积增大和排尿困难。有时出现小的溃疡和糜烂，从包皮口流出多量黏液脓性分泌物。严重者还会出现全身症状，包括昏睡、发热和食欲不振等。

检查时可发现包皮腔穹窿处有肿大的淋巴样结节。有时发生包皮与龟头粘连。

**诊断**　根据临床症状做出诊断。

**治疗**　首先用碱性温水或肥皂水清洗包皮内的污物。用纱布刮除包皮内淋巴结节。包皮与龟头粘连时应将其粘连组织切除。包皮每日涂布抗生素油膏，连用 3～5 d。肿胀明显时，局部可用温热疗法和其他理疗。如有全身症状也可全身应用广谱抗生素，连用 3～5 d。

本病治愈后常会复发，预后慎重。

## 第 2 节　前列腺炎

前列腺炎(prostatitis)是指公犬猫前列腺的炎症,常呈化脓性炎症,形成前列腺脓肿,多发生于老龄犬。

**病因**　多数前列腺炎由尿道上行感染所致。其病原菌为大肠杆菌、变形杆菌、链球菌及葡萄球菌等。前列腺增生、服用过量雌激素和患支持细胞肿瘤为本病的诱因。也有的是由血源性感染引起的。

**症状**　有急性和慢性前列腺炎 2 种。急性前列腺炎其主要症状是里急后重、便秘、尿潴留及尿失禁。此外,动物精神沉郁,厌食,体温升高。因疼痛,动物行走缓慢,出现异常步态和姿势。站立时,两后肢伸至腹下,尾根拱起,有时后肢浮肿。化脓性前列腺炎出现脓血尿。当脓肿破溃时,脓汁流入腹腔,1～2 d 后动物很快发生休克或死亡。如治疗不及时可转为慢性前列腺炎。在慢性期有时可急性发作,出现急性前列腺炎症状或长期尿道口滴有血色或脓样分泌物。

**诊断**　急性前列腺炎,尿液检验有炎性细胞和细菌。血液白细胞增多,中性粒细胞比率升高。腹部触诊和直肠检查疼痛明显,按摩前列腺感到增温和有波动。精液和渗出物检验有炎性细胞、异常前列腺细胞和细菌。膀胱造影可见到膀胱增大、壁增厚和弛缓,有前列腺肿大压迫的凹痕。慢性前列腺炎时,白细胞计数正常或增高,精液或前列腺分泌物有炎性渗出物。直肠检查前列腺对称性或不对称性肿大,触压有些疼痛,质地软,有波动或比正常硬。多数病例其腺体粘连到周围组织。

**治疗**　开始用对细菌敏感的抗生素治疗,连用 1～2 周。如已形成脓肿,可施行手术引流,或去势,配合抗生素治疗往往有效。对大的脓肿可行袋形缝合术治疗。对于严重的前列腺炎,其他疗法无效者需采用前列腺切除术。

## 第 3 节　阴道炎

阴道炎(vaginitis)是指阴道黏膜的炎症。阴道炎可分原发性和继发性 2 种。前者多发于某些性成熟前的大型犬猫,如德国牧羊犬、拳师犬等;后者见于成年犬猫。诱因为发情过长、交配不洁、分娩时感染以及继发于子宫、膀胱、尿道及尿道前庭感染。

**症状及诊断**　性成熟前犬猫阴道持续流出大量脓性分泌物者多为原发性

阴道炎；而继发性阴道炎犬猫除可见阴道流出异味分泌物外，患病犬猫常舔舐外阴，并有尿频与少尿症状。阴道黏膜充血肿胀，有黏稠分泌物，全身症状不明显。分泌物检验，可见大量脓细胞及上皮细胞，并有 $\beta$-溶血性链球菌和类大肠杆菌。发情间期犬猫表现正常，随后可见脓性分泌物。根据上述症状结合实验室检验即可做出诊断。

**治疗**　原发性阴道炎可不治疗，或用 0.1% 三氧化铁等收敛剂口服，犬 0.06～0.3 g/d，猫 0.03～0.2 g/d，连服 2 周，耐过第一发情期可自愈。对继发性阴道炎可进行阴道冲洗，洗前麻醉，洗后注入抗生素，或于交配前 2～4 d 给猫口服氨苄青霉素或三甲氧苄氨嘧啶，至交配后 4 d 止。由邻近器官波及的阴道炎着重治疗原发病。

## 第 4 节　阴道脱出

阴道脱出(prolapse of the vagina)是指阴道壁部分或全部脱出于阴门之外。本病多发生于拳师犬和波士顿㹴等短头品种犬。

**病因**　本病病因复杂。遗传性阴道周壁组织无力可能是一种致病因素。便秘、公犬交配时公犬强行分离、育种动物间个体差异太大以及难产均可引起本病的发生。另外，雌激素分泌过多(如动情期)及病理性雌激素过多(卵巢囊肿)也可发生阴道脱出。

**症状**　阴道部分脱出者，阴道周壁包括尿道乳头外翻，脱出于阴门；全阴道脱出者，子宫颈也外翻，呈"轮胎"形。外翻时间长时，阴道黏膜发绀、水肿、干燥和损伤。

**治疗**　轻度阴道脱出，无须治疗，因为短期可自行消失。阴道严重脱出者，经全身麻醉，局部用 2% 明矾溶液或 3% 硼酸溶液清洗后进行整复。黏膜严重水肿、难以整复者，除用手压迫组织外，可敷用高渗溶液(50% 葡萄糖液)，有助于减少肿胀；用手指或涂上润滑剂的塑料注射器活塞帮助整复。为方便整复，可做外阴切开术。阴道整复原位后，应插入导尿管(防止阴道水肿，尿反流到阴道内)，阴门暂时缝合固定，至肿胀消除后拆除。如果阴门径路难以整复，可施行剖腹牵引子宫整复，并将子宫壁或子宫阔韧带缝合后腹壁上，以防再脱。

如脱出的阴道因长期暴露在外，阴道严重出血、感染或坏死，必须采用阴道截除术。先切开外阴，以暴露阴道和便于插入导尿管，然后环形切除 1～2 cm 厚的外层黏膜，接着切除内层未内翻的黏膜。为减少出血，应采取部分阴道切除方法，待止血和缝合之后，再做另一部分的切除，直至全部切除为止。

妊娠犬患阴道脱出会引起分娩困难，需要手术将其脱出的阴道切除，有助于新生幼犬的产出。这类病犬不宜再繁殖，因本病有遗传性，故荐用卵巢子宫切除术以根治本病。

## 第5节　子宫内膜炎

子宫内膜炎(endometritis)是指由于分娩时或产后子宫内膜发生细菌感染而引起的炎症。本病按病程可分为急性子宫内膜炎和慢性子宫内膜炎过程。

**病因**　对急性子宫内膜炎，由分娩或难产时消毒不严的助产、产道损伤、子宫破裂、胎盘及死胎滞留引起感染为主要病因；产后子宫复旧不良及长毛品种会阴不洁、过度交配或人工授精消毒不严所致；阴道炎上行感染亦可诱发本病。对慢性子宫内膜炎，除由急性转化外，尚可见于休情期子宫内膜的囊状增生。

**症状**　急性子宫内膜炎的最初症状出现于分娩后 12 h～4 d，拒绝哺乳或伴发乳房炎，乳汁含有大量细菌。同时，患病犬猫体温高达 39.5℃以上，精神委顿，食欲不振或废绝，呕吐，腹泻，甚至脱水。阴道流出大量灰暗或暗红色黏稠分泌物，伴有恶臭；细菌培养可见大肠杆菌等。腹部触诊可触知子宫松弛；继发腹膜炎时因疼痛而拒绝触诊。血液学检验，中性粒细胞轻度增多。

慢性子宫内膜炎的临床特征为阴道长期流出脓性黏液；未产母犬猫发情不规则或受孕后 2～3 周内流产或死胎；经产犬猫产仔数减少或发情征兆不明显，子宫体增大。

**诊断**　依据病史、临床症状并结合血液学检验。发情期可自子宫颈采取黏液或收集子宫内容物进行细菌培养确定诊断。对疑有死胎残留者可用 X 射线检查。

**治疗与预防**　使用抗生素进行全身治疗。子宫颈可开张者，冲洗子宫后注入抗生素，同时用催产素等使子宫收缩加速内容物排出。根据临床症状纠正水及电解质平衡紊乱，必要时静脉注射营养液。对经治疗没有明显好转者，尽早切除子宫。存活幼仔进行人工喂养。慢性子宫内膜炎病例进行长期抗生素治疗，无效者摘除子宫及卵巢。

对异常繁殖史犬猫，产后 2～3 d 严密注视以防感染。治愈后 6 个月内禁止交配。

## 第6节　子宫蓄脓

子宫蓄脓(accumulation of pus in uterus)指子宫腔内积有脓液。按子宫颈开放与否可分为闭锁与开放 2 种类型。本病多见于犬，猫也时有发生。

**病因**　子宫蓄脓继发于化脓性子宫内膜炎及急性子宫内膜炎、慢性子宫内膜炎；化脓性乳房炎及其他部位化脓灶转移亦为诱因之一。子宫因感染而敏感，子宫颈持续闭锁或子宫肌肉松弛为发病原因。

**症状**　发病常在发情后期。患病犬猫体温急剧上升，慢性积脓时体温无变化，食欲不振，呕吐脱水。闭锁型病例，腹围增大，子宫角胀满，触诊可扪及子宫。开放型病例，阴道流出大量灰黄或红褐色脓液，有强烈腥臭或无臭味。中性粒细胞增多，核左移。不及时治疗可继发子宫溃疡或穿孔、贫血、肾小球肾炎及毒血症等而表现相应症状。

**诊断**　除依据病史、临床症状特别是腹部触诊外，结合 X 射线检查（彩图 10-1）、血液学检验或超声波判断子宫内是否积脓。注意与妊娠、膀胱炎、腹膜炎及猫传染性腹膜炎等相区别。继发肾衰时的多尿与烦渴应注意与糖尿病相区别。

**治疗**　应用广谱抗生素进行全身治疗，对开放型病例可行子宫冲洗再给予宫缩药以促进脓液排出。闭锁型病例严禁使用宫缩药以免子宫破裂。宫缩药可用催产素肌肉注射或静脉注射，每 30 min 重复 1 次，犬为 5～10 IU，猫为 0.5～3 IU。根治最好行子宫切除术。

## 第 7 节　卵巢囊肿

卵巢囊肿（cystic ovaries）是指卵巢组织内未破裂的卵泡或黄体因其自身成分发生变性和萎缩而形成的球形空腔。猫发病率高于犬。

**病因及发病机理**　卵巢囊肿多因促性腺激素分泌紊乱而引起，其中最重要的为黄体生成素和促卵泡成熟激素。犬一般在发情开始的 24～48 h 排卵，而猫在交配后排卵。交配刺激母猫阴道受体，使丘脑下部释放促性腺素释放素，可刺激垂体释放黄体酮而使卵泡破裂排卵。黄体生成素不足，促卵泡成熟激素过多时，易发生卵巢囊肿。

**症状及诊断**　患病犬猫表现为持久发情，即所谓慕雄狂状态，精神急躁，行为反常，甚至攻击主人。腹部触诊可触摸到肿大的囊肿。若一侧发病，另一侧卵泡可正常发育，但多不排卵，或排卵亦不孕。若成熟卵泡破裂，症状可消失。手术时可见卵泡囊壁很薄，充满水样液体。若黄体囊肿时，性周期完全停止。由于患病犬猫的精神狂躁，易误诊“闹窝”。可根据病史和临床症状诊断，确诊须行腹腔探查。

**治疗** 根治须行手术摘除囊肿卵巢。亦可选用黄体生成素、绒毛膜促性腺素等促使排卵，但需注意卵巢功能状态，避免不良影响。

## 第8节 假孕

假孕(pseudopregnancy)是指配种后未孕或未经配种的母犬猫出现腹部膨大、乳房发育等妊娠症候。犬发病多于猫。

**病因** 可能由于排卵后黄体持续分泌孕激素和少量雌激素使子宫内膜和乳房发育所致。

**症状及诊断** 除腹部膨大、乳房发育等症状外，尚可见母性行为即构巢及为其他猫幼仔哺乳等行为，早期还有呕吐、腹泻，后期有多食及阵痛等症状。诊断主要依据异常行为及临床症状。

**治疗** 可给予睾酮制剂调节内分泌平衡，对精神异常兴奋的犬猫可给予缓慢镇静剂。

## 第9节 流产

流产(abortion)是指各种原因所致的妊娠中断，包括胚胎被母体吸收及产出死胎与产未足月胎儿等。

**病因** 流产分感染性与非感染性两大类。前者见于大肠杆菌、葡萄球菌、胎儿弧菌及流产布氏杆菌等感染，亦可见于弓形虫、犬猫血巴尔通氏体感染及某些病毒如猫泛白细胞减少病毒、白血病病毒等感染。后者多见于孕激素不足。若黄体形成不足，妊娠 2～5 周流产；黄体消退过早，6～7 周流产；7 周以上流产多由胎盘功能不足所致。胎盘结构或胎儿本身异常、母体营养不良或年龄过大(犬超过 6 岁、猫超过 4 岁)、妊娠毒血症、外伤及某些不明原因亦可造成流产。

**症状** 流产是在无任何先兆的情况下而产出不足月胎儿。若为妊娠毒血症引起，母犬猫有贫血症状；习惯性流产可见阴道血样分泌物持续 5～6 d。流产母猫常因口渴吃掉胎儿。除注意观察外，亦可经 X 射线检查，母猫胃内见有胎儿骨骼。

**诊断** 主要依据临床症状；流产的病原需经血液学及寄生虫卵检验才能确定。

**治疗** 流产一般无保胎治疗价值，但需积极预防；不与弓形虫阳性公犬猫交配。

## 第10节　难　产

难产(dystocia)是指产程延长,胎儿娩出困难。

**病因**　难产的原因有母体与胎儿两方面。母体最常见的为硬产道即骨盆异常,如发育不全、骨折愈合等。软产道异常可见单角子宫、阴道狭窄或畸形等。母体营养不良及贫血使宫缩无力及过度肥胖或老龄子宫无力。分娩时子宫破裂或母体过于年幼均易难产。胎儿畸形如脑水肿、双头或双臂等,胎儿过大或胎位不正亦是造成难产的重要因素。

**症状及诊断**　难产病犬猫可由于产程过长痛苦鸣叫,精神不振,频频举尾排尿,分娩第一期后要经 4 h 才娩出第 1 个胎儿,间隙 4～6 h 娩出第 2 个,母犬猫极为痛苦。难产的诊断主要根据分娩时间判定。

**治疗**　对难产犬猫,宫颈开张后给予催产素或 10%葡萄糖酸钙缓慢静脉注射,犬 10～30 mL,猫 5～10 mL 以增强子宫收缩力,但宫颈未开者严禁用宫缩药。产道狭窄或胎位不正,羊水流失者,施行剖宫产术取出胎儿。对狂躁不安者给予少量镇静剂。胎死腹中者可用截胎术取出,但需预防子宫内膜炎。

## 第11节　产后搐搦症

产后搐搦症(puerperal tetany)是指多胎犬猫孕期低钙血症和产后发生全身痉挛,又称泌乳期惊厥或子痫。本病主要由于孕期缺钙及泌乳期大量钙随乳汁排出而又未及时补充所致。此病以产后 2～4 周期间发生的最多,且多见于泌乳量高的母犬和小型、兴奋型的犬。

**症状及诊断**　典型症状为全身肌肉强直、抽搐、共济失调等全身症状(彩图 10-2、彩图 10-3)。患病犬猫口吐白沫、瞳孔散大、严重者昏迷;还有呕吐、呼吸急促、心动加快及体温升高等症状。若未及时治疗,会反复发作以至死亡。根据临床症状结合血钙水平测定即可确诊。

**治疗**　确诊后立即缓慢静脉注射 10%葡萄糖酸钙溶液,犬 10～30 mL,猫 5～15 mL。心律不齐者也可改服钙制剂。伴低血糖者,可静脉注射 50%葡萄糖溶液,并口服维生素 D,每千克体重 30 IU,连服 10 d。神经症状严重者,可给予镇静剂。幼仔隔离人工喂养。

# 第12节 乳房炎

犬猫乳房炎(mastitis)为一个或多个乳头的炎症过程,可分为急性、慢性及囊泡性乳房炎。除急性乳房炎外,均发生于产后较长时间。

**病因** 急性乳房炎多由幼犬猫抓伤或咬伤后葡萄球菌、大肠杆菌及念珠菌等感染所致。慢性乳房炎则由于乳导管闭锁、乳汁滞留刺激乳腺的结果。囊泡性乳房炎相似于慢性乳房炎,但乳腺增生可形成囊泡样肿物。

**症状** 急性乳房炎可出现发热、精神沉郁、食欲不振等全身症状。发炎部位温热、疼痛;乳房硬肿,压迫时有少量血样或水样分泌物流出(彩图10-4);乳汁呈絮状,若为化脓菌感染,可挤出脓液并混有血丝。血液学检验,白细胞总数增多。

慢性乳房炎全身症状不明显,1个或多个乳房变硬,强压亦可挤出水样分泌物。

囊泡性乳房炎多发生于老龄犬猫,触诊变硬的乳房可摸及增生囊泡。

**诊断** 根据病史、临床症状与乳汁检验,必要时进行病原培养和分离。

**治疗** 发现乳房炎应立即隔离幼仔,按时清洗乳房并挤出乳汁,以缓解急性炎症的疼痛;外涂鱼石脂或樟脑醑制剂;可行局部普鲁卡因青霉素注射,以消除炎症。对有感染者,应用抗生素进行全身治疗。

# 第13节 乳不足及无乳

乳不足及无乳(hypogalactia and agalactia)是指母犬猫乳量减少甚至全无而使仔犬猫不能获乳。

**病因** 母犬猫的饲养管理不良及营养低下(尤其怀孕期);产后期严重疾病,如子宫疾病、胃肠道疾病;乳房外伤、乳房炎;母犬猫过早繁育,乳房发育不全或母犬猫年龄太大,乳腺萎缩;母犬猫哺乳期受惊,饲料突然变更,气候突然变化;调节乳腺活动的激素分泌紊乱。

**症状** 母犬猫乳房肿胀(有乳房炎时),或松软、缩小。仔犬猫寻乳频繁,母犬猫屡屡躲让,不愿授乳。

**防治** 一般实行综合性防治措施。改善饲养管理,注意补充营养;消除致病因素;积极治疗乳房炎及其他疾病;施以药物催乳。

# 第 14 节　不孕症和不育症

不孕症(inpregnancy)是指母犬猫因生殖系统解剖结构或功能异常引起的暂时或永久不能繁殖的病理状态。例如,犬出生后 12～24 月龄、猫出生后 5～12 月龄未孕;曾正常发情,但已有 10～24 个月无发情;异常发情——征兆不显或持续发情而又屡配不孕。不育症(infertility)是指公犬猫不育,包括不能授精或精子不能使卵子受精。

**病因及发病机理**　不孕症的常见病因如下:

①生殖系统解剖异常。常见的有已达交配年龄而生殖器官不全或发育不良,称为幼稚病。其原因为丘脑下部和脑垂体功能不全,或由于甲状腺等内分泌功能紊乱。而先天两性畸形常因性染色体结构异常所致。

②营养不良。常见的营养不良为食饵长期单调、质劣或缺乏必要的氨基酸、矿物质和维生素等。其中以矿物质缺乏所致的不孕为最多。缺磷可阻碍卵泡生长与成熟;缺钙、磷可影响酶活性及激素形成;缺硒使维生素 E 合成受阻;缺钴、锌可导致性周期紊乱或早产、流产、畸胎和死胎;缺碘则直接影响甲状腺功能,使生长发育停滞或繁殖力下降。

影响繁殖的维生素有维生素 A、维生素 D、维生素 E 及 B 族维生素。其中,维生素 A 缺乏可影响生殖激素的合成,使子宫内膜上皮细胞及卵泡上皮变性,造成不发情或不排卵等;维生素 E 缺乏可使妊娠中断,造成死胎或隐性流产等;维生素 B 缺乏使性激素合成受阻,母犬猫长期不发情。

③营养过剩及衰老。长期饲养于室内、过度肥胖的犬猫因卵巢脂肪沉积,卵泡上皮脂肪变性而不孕或无明显发情征兆;同时,衰老或老龄犬猫因生殖功能衰退而不孕。

④其他。环境变迁可造成气候性不孕,尤其是气候差异较大时;罹患某些疾病如布氏杆菌、弓形虫、钩端螺旋体、上呼吸道病毒感染以及卵巢、子宫疾病等造成病性不孕;种犬猫场人工授精技术掌握不当,精液处理错误及发情判断失误,均可导致不孕。

不育症的常见病因有睾丸发育不全、生殖系统疾病、营养不良及衰老。睾丸发育不全除先天性隐睾外,还可见于辐射致伤。生殖系统疾病主要有睾丸炎、精囊炎、包皮过长及尿道炎。长期食饵单一或缺乏氨基酸、维生素及矿物质等影响精子生成;人工采精者使用过度或老龄可造成衰老性不育。

**症状及诊断**　不孕症的典型症状为不能受胎。先天性生殖系统异常者,检查可见外生殖器、阴门及阴道细小而无法交配、子宫角极小或无分支、卵巢未发育、有些一侧为卵巢而另一侧为睾丸样组织。营养不良性不孕者表现为性周期紊乱，有些无特异症状，应结合病史及饲料分析诊断。其他类型不孕多为经产犬猫，往往伴有流产、死胎等，需综合分析判断。

不育症的基本症状为性欲下降或阳痿，精液品质低劣，过度采精者无精子排出，并伴有原发病症状。

诊断主要依据临床症状；对由感染引起不育者，需进行血清学及精液细菌学检验。

**治疗** 对于患不孕症的犬猫，属发育不全或幼稚型的，不宜做种用，亦可用激素刺激生殖器官发育或与公犬猫混养。犬可肌肉注射孕马促性腺素(PMSG)25～200 IU，猫可每 8 h 肌肉注射环戊雌二醇 0.25～0.5 mg。营养不良性不孕者可确定缺乏物质后予以补充，可恢复生殖功能。若生殖器官已发生器质性变化者则不能恢复。引入种犬猫时需在适当季节，最好安排在休情期以利其适应新环境，克服气候性不孕。病性不孕者，先治疗原发病。

对于患不育症的公犬猫，确诊后主要治疗原发病和除去病因。对先天发育不全者可考虑淘汰，必要时应用睾酮、孕马血清及性腺原激素治疗；睾酮 20～50 mg，每 2～3 天肌肉注射 1 次，以促进性腺发育。

（沈向真　侯加法）

# 第 11 章　神经系统疾病

神经系统疾病是犬猫的一类重要的常发疾病。随着犬猫饲养数量的增多和纯种化倾向的发展，神经系统疾病在临床上开始增多，尤其是与先天性因素有关的神经系统疾病如脑积水、癫痫、枕骨大孔异常等慢性中枢神经异常在临床上比较多见。后天性神经系统疾病中因交通事故或管理不当导致的脑脊髓炎、脑脊髓挫伤、外周神经损伤及日射病（热射病）等占相当比例。此外，由于感染性疾病继发的神经系统疾病也不容忽视。

## 第 1 节　脑积水

脑积水（hydrocephalus）又称水脑症，是指脑室和蛛网膜下腔积聚大量的脑脊髓液（CSF），压迫脑实质，导致意识、知觉和运动功能障碍的慢性神经系统疾病。脑脊髓液潴留在脑室内的称为内水脑症，潴留在蛛网膜下腔的称为外水脑症。外水脑症在动物少见。脑积水的发生主要是由于脉络丛 CSF 分泌过剩、脑脊髓膜对 CSF 的吸收减少、CSF 流出路闭塞等引起。脑室与蛛网膜下腔之间的流通途径通畅而由于脑脊髓液吸收减少引起的脑积水称为流通性脑积水。脑室与蛛网膜下腔之间的流通途径阻塞引起的脑积水称为非流通（阻塞）型脑积水。

**病因**　病因可分为先天性和后天性两大类。先天性脑积水在小型犬（奇瓦瓦、约克夏㹴、曼彻斯特㹴、观赏贵宾犬）、短头种（波士顿㹴、北京犬、斗牛犬等）多发。比格犬可能有发生脑积水的遗传性因素。先天性脑积水的病因主要是中脑导水管畸形，犬特别是小型犬的枕骨大孔发育不良或寰枢椎亚脱臼也是发病的原因。先天性流通性脑积水据认为是蛛网膜颗粒数异常所致。胎儿期脑组织遭受病毒侵害或靠近中脑管的组织发生感染，也是引起先天性脑积水的病因之一。从因维生素 $B_{12}$ 或维生素 A 缺乏、佝偻病等发生脑积水的情况来看，营养摄取异常可能有一定的影响。后天性脑积水可以由肿瘤直接或间接阻塞流通道、中脑导水管上皮细胞炎症、髓膜炎导致的外侧口闭锁及蛛网膜吸收减少等原因引起。脑炎和导水管阻塞常常引起青年犬的脑积水，在猫可能与传染性腹膜炎有关。头盖外伤特别是小型犬被大型犬咬伤、蛛网膜下的出血或血肿、动脉瘤、寄生虫等也是后天性脑积水的常见病因。此外，脑组织发育不良、萎缩、崩解等产生的空腔内髓液的潴留也引起脑积水，称为无腔脑积水。

**症状** 脑积水症状的发生及表现与颅内压升高的程度及脑组织受压迫的部位、程度、时期有关。临床可见以下症状：

①意识障碍，表现嗜睡、沉郁、呆立、痴呆、癫痫发作、行动变化、食欲减退。

②运动障碍，表现强直性不全麻痹、斜视、眼球震荡、肌肉僵直、间歇性阵挛(clonus)。

③知觉障碍，表现固有感受器运动失调、视力障碍、姿势反应迟钝。

④头盖形态异常，可见颅顶肿大、背侧壁变薄、囟门开裂等。

后天性的脑积水不表现典型的症状。症状缓慢发展，一遇到从椅子上掉下来等一点诱因为契机而发生急剧恶化。Redding 对易发脑积水的小型犬的持续调查结果表明，在发病的最初期，能观察到神经质、攻击性强，即看起来像脾气坏的犬。此外还可能表现类似颈部椎间盘病或寰枢椎亚脱臼时颈项僵硬、头部下垂的症状。运动麻痹从后驱开始，进一步发展表现迟钝、智能下降、癫痫发作等。有时眼底检查可见乳头乳肿。单侧性疾患时表现转圈运动、跌倒等。

**诊断** 头颅变大的先天性脑积水，容易诊断。其他的因为表现前述症状多可怀疑是脑积水。头颅 X 射线检查，先天性脑积水可见颅顶扩大，背侧壁变薄，有裂缝，大脑呈均匀的毛玻璃样阴影，头盖骨皮质菲薄。后天性脑积水 X 射线检查看不出异常。脑电图、CT、超声波检查对诊断本病具有一定意义。实验室检验可见脑脊髓液蛋白轻度升高。

**治疗** 治疗原则是抑制脑脊髓液的过剩分泌，促进吸收，改善流通和排出过剩液。药物治疗可用皮质激素配合利尿剂。口服地塞米松 0.25 mg/5 kg，每天 2 次；症状稳定 1 周后，用量减半；症状消失 3 周后，分阶段停止给药。该疗法对 8 周龄以下的犬效果不好，对 3 月龄以上的犬随年龄增大疗效提高。但可能后遗轻度的运动障碍，必要时可以使用针灸疗法予以改善。怀疑感染时应给予抗生素，给予维生素 A、维生素 B 复合剂和改善营养也是通常所必需的。此外，可以进行脑室穿刺减压。手术治疗方法通常有导管脑室—心房或脑室—腹腔连接排液通路。

## 第 2 节　肝性脑病

肝性脑病(hepatic encephalopathy)是起因于某种肝疾患的代谢异常引起的各种复杂多样的中枢神经症状的疾病。正常肝脏对肠内细菌产生的各种毒性成分如氨、短链脂肪酸、吲哚、巯基、甲基吲哚(粪臭素)以及对生物由来的各种胺进行分解解毒。当种种原因导致肝脏功能障碍时,这些毒素直接作用于中枢,再加上肝功能障碍引起复杂的代谢异常而发生本病。人们对本病很早就有认识,但是近几年才开始在临床上受到重视。详细的发病率虽然不清楚,但可以推测实际发生的很多。表现各种神经症状的犬自不用说,特别是发育不良的幼犬,或发生膀胱炎、膀胱结石或呈现腹水的低蛋白血症、多饮多尿、X 射线照片小肝症、肾脏肿大等症状时可能与本病有关。

**病因**　犬发生本病的原因通常有以下几种情况:

①先天性门静脉异常。其中包括:静脉导管未闭合;门静脉的肝脏后方大静脉异常连接;伴随侧枝门静脉-后腔静脉短路的门静脉闭锁;门静脉-奇静脉异常连接;门静脉-后腔静脉-奇静脉异常连接。

②肝脏病末期(肝硬化)。实质性功能不全;后天性门静脉-后腔静脉短路。

③肝脏实质的广泛破坏。脂肪肝;肝细胞毒物;肝炎;广泛的肝肿瘤。

④先天性尿素循环酶缺乏。

**症状**　本病症状可以分为神经症状和一般症状两大类。通常先表现发育不良等一些一般症状,有时出现神经症状。神经症状周期性发生,多在大量食入肉、肝脏等高蛋白后,出现症状。常见的神经症状主要有:沉郁、运动失调、步样踉跄、癫痫样发作、盲目徘徊、圆圈运动、异常鸣叫、沿墙壁行走、爬墙等异常行为;性格发生变化;震颤、失明、昏睡及昏迷等。其他一般症状表现发育不良、多饮多尿、食欲不振及体重减轻、呕吐、腹泻、腹围膨大(腹水)、口臭、呼吸浅表、发热、流涎、对麻醉剂及镇静剂等药物耐受性降低、尿频及血尿(肾脏、膀胱结石)、采食后腹胀。先天性的门静脉异常所致的肝性脑病,不一定完全具备上述症状。

**诊断**　肝性脑病的诊断主要是以神经症状和血液学检验来确诊。X 射线造影对短路性本病的定位具有重要意义。血液涂片中的红细胞在正常值的下限或更低。血氨升高,BUN 值正常或降低。ALT 值正常或有时增高,碱性磷酸酶多正常，有时升高。X射线检查，肝脏小、轮廓不明或消失；胃特别是幽门部向前方变位；有时有腹水；因脂肪缺乏，腹部脏器对比度下降；有时肾脏肿大或有结石。造影检查有助于进一步诊断。

**治疗** 对于短路性肝性脑病可以进行外科手术结扎。一般治疗如下：

①避免诱因诱发此病。

②防止氨和其他氮代谢产物从消化道吸收入血：

其一，限制日粮中的蛋白质和脂肪的摄入量，自制或用处方食品（u/d，k/d），以减少氨的生成和肝脏负担。

其二，抑制消化道细菌，如用新霉素，每千克体重 20 mg，每 6 h 口服 1 次。

其三，消化道清理，可用硫酸镁溶液灌服或灌肠。

其四，改变消化道环境，可使用乳果糖，每天 3 次或 4 次，每次 1～3 g，以每天排出 2 次或 3 次软便为度。

③输液，矫正呼吸性碱中毒。血氨升高时，可在 5%葡萄糖溶液中加入谷氨酸钠、盐酸精氨酸或 $\gamma$ -氨基丁酸治疗。

## 第 3 节　热射病和日射病

热射病(heat stroke)是在高温潮湿环境条件下动物体产热和散热平衡失调导致机体积热过多而引起的严重的中枢神经功能紊乱的现象。日射病（sun stroke)是动物在高温季节头部受阳光直射引起的脑膜充血和脑实质的急性病变导致中枢神经系统功能严重障碍的现象。二者均属物理性因子致病，发病机理相同，并且均有神经症状，故放在一起讨论。在犬多发生，猫对热抵抗力强，较少发生。

**病因** 多发生在被关在通风换气不良的高温环境中，如阳光直射的密闭汽车内、水泥地面的铁皮小屋、通风不良的饲养场所等；药物及热性疾病之外，手术中长时间的气管插管也是因素之一；心血管系统、泌尿系统疾病或过度肥胖阻碍散热。容易发生上呼吸道疾病的短头品种犬及经常不安、非常神经质的犬容易发生。

**症状** 通常没有前驱症状，突然出现特征性的高热，体温急剧升高到 41～42℃，呼吸浅表急促；严重者并发肺充血和肺水肿，出现呼吸困难；心跳加快，末梢静脉怒张，黏膜开始鲜红随后发紫；皮肤发热、干燥、瞳孔散大，随病情改善而缩小；如不治疗则站立困难、出现痉挛和肌肉抽搐。

**诊断** 根据发病史、热喘、高体温、脑神经症状比较容易诊断。血液检验

PCV 显著升高，蛋白尿、管型、血液 BUN 上升反映肾功能障碍。出现 DIC 时，纤维蛋白原减少，凝血时间、凝血酶原时间延长。纤维蛋白原降解产物 1,6-二磷酸果糖(FDP)增加。

**防治**　迅速消除病因；降温，采取冷水冲洗、灌肠或冰袋冷敷，灌服 0.2%冷盐水等措施降温；输液，给予复方生理盐水，每小时每千克体重 10 mL；抗凝血，抗休克，镇静；症状严重时静脉注射肝素，每千克体重 1 mg；地塞米松，每千克体重 1 mg；或氯丙嗪，每千克体重 1～2 mg。严重的日射病或热射病犬猫，如果抢救不及时或不当，常导致死亡。预防参考病因。

## 第 4 节　癫　　痫

癫痫(epilepsy)是脑神经功能的突发性一过性障碍。表现为骤然发生，突然停止，以短时间的阵发性连续性意识障碍(晕厥)和反复出现间歇性强直性痉挛为主要特征的症候群。癫痫分为原发性和继发性 2 种。犬的发病率比猫高。

**病因**　脑电活动的阵发性障碍是出现症状的原因。原发性癫痫又称真性或自发性癫痫。犬的原发性癫痫一般认为是由于中枢神经系统代谢性功能异常导致的家族性疾病，并具有遗传性。

继发性症候型癫痫又称后天性或器质性癫痫，常由于缺氧或代谢失调如一氧化碳中毒使脑供氧不足、低血糖症、肝功能降低、电解质失调(血钙、血镁含量过少和血清钾含量过高)、维生素缺乏、循环障碍(脑缺血、心肺功能不全、肾病、高蛋白血症、高脂血症和红细胞增多症)引起；也可由于脑内器质性病变导致，如脑创伤、肿瘤、炎症、犬瘟热、寄生虫、血管性脑病；外周神经损伤或极度刺激引起。过敏反应也能引起癫痫发作，称为反射性癫痫。

**症状**　癫痫的主要症状是意识丧失和强直性痉挛。癫痫分为既有意识丧失又有痉挛发生的定型大发作以及不伴发痉挛仅发生短时间晕厥的非定型小发作 2 种类型。

犬的原发性癫痫由 4 个阶段组成，即先兆期、前驱症状期、发作期和发作后期。在先兆期，动物表现不安、焦虑、表情茫然或其他不一定引起主人注意的行为改变。前驱症状期，动物变得安静和知觉丧失。发作期，所有肌群紧张性突然增高，或稍后动物倒地，随之所有肌群伴发有节奏的或阵发性痉挛。阵发性痉挛发作时，大小便失禁、流涎、瞳孔散大，持续几秒到几分钟。发作后期，动物知觉恢复，但有些神经功能还不能完全恢复，如视觉障碍、共济失调、意识模糊、抑制、疲劳等，此期可持续数秒到数天。

继发性癫痫的发作可能是原发病的症状之一。局部神经障碍(一侧瞳孔对光无反应,轻度偏瘫)表明颅内疾病。颅外疾病可导致癫痫发作,一般不引起局部神经障碍。癫痫发作是大脑功能障碍的外部表现,而大脑功能障碍常表现为对侧眼睛的视觉缺如,对侧面部的表情改变或感觉迟钝,或向患侧做圆圈运动。如果引起癫痫发作的大脑功能障碍扩散到整个中枢神经系统时,还可表现大脑之外的中枢神经系统其他部分失调的临床症状。

癫痫发作的时间间隔有长有短,有的一天发作数次,有的间隔数天、数月甚至 1 年以上。在发作间隔期,其表现与健康动物几乎完全一样。

**诊断** 根据晕厥症状和间歇性痉挛的临床表现进行诊断,但要注意与脑肿瘤、脑外伤、脑积水、脑炎等疾病相区别。脑肿瘤可通过脑电图、X 射线、CT 和核磁共振检查建立诊断。脑损伤有颅骨损伤的病史,还可做 X 射线和超声波检查。脑积水通过脑电图和 X 射线检查较易确诊。脑炎通过脑脊髓液检查进行鉴别。

**治疗** 癫痫发作时,应设法使动物安静,避免外界刺激,最好蒙上眼睛抱在怀里,以防意外事故发生。

原发性癫痫由于病因不清,主要应用抑制其痉挛发作的药物进行对症治疗。扑癫酮,犬每天每千克体重 20~40 mg,分 2 次或 3 次皮下注射;猫每天每千克体重 0.125 mg,分 2 次应用。苯妥英钠,犬每千克体重 2~6 mg,每天 2 次或 3 次,口服;猫每千克体重 0.5~1 mg,每天 2 次,口服。还可应用安定,犬 2.5~10 mg/只,每天 2 次或 3 次,肌肉注射或口服(发作时按 10 mg/只,静脉注射,1 次无效可重复);猫 2~5 mg/只,肌肉注射或口服。戊巴比妥钠口服,犬每千克体重 2~6 mg,每天 2 次或 3 次;猫每千克体重 2~3 mg,每天 2 次。复方中药白金丸和神康宁对犬原发性癫痫有一定的治疗效果;对继发性癫痫,在对症治疗的同时,还要积极治疗原发病。

## 第 5 节 脑 炎

脑炎(encephalitis)通常是指由于受传染性或中毒性因素的侵害,引起的脑膜与脑实质的炎症。根据脑炎病灶的性质可以分为化脓性和非化脓性两类。

**病因** 非化脓性脑炎通常多起因于传染病,如犬瘟热在发病过程中或恢复后发生最多;也有由细菌毒素或某些化学物质如铅等中毒引起。化脓性脑炎多由创伤细菌感染或临近部位的化脓灶的炎症波及引起。脓毒败血症及血栓引起的病例也有,但不多见。偶尔可因寄生的幼虫迷路误入脑内引起。

**症状**　症状与病灶的部位和大小与动物性格有密切的关系。通常颅内压的变化和血液循环障碍导致脑症状的出现，进而出现呼吸系统、循环系统、消化系统及运动系统等各种各样的变化。在犬最常见的是作为犬瘟热的症状之一出现，也有由细菌、真菌、寄生虫及外伤等引起。神经症状从兴奋期开始向沉郁期发展。随病情发展，由于发生意识障碍，不认识主人，抚摸身体时鸣叫，或咬人，行为异常明显。此外，瞳孔缩小，结膜充血，步样不稳，有时呈现癫痫样发作及圆圈运动，视力逐渐减退，进而失明，进入昏睡状态。

化脓性脑炎伴随高热特征，单纯性脑炎通常见不到热象和食欲不定。犬瘟热脑炎在运动障碍的同时，伴随膝反射亢进、斜视等；波及呼吸中枢时，也会发生呼吸困难；病情朝好转方向发展，全身的痉挛会消失，但多留有头侧抽搐；病愈后也可能有后躯麻痹后遗症。

**诊断**　除根据一般脑症状和灶性症状诊断外，还可进行血液和脑脊髓液检验。血液检验主要是中性粒细胞增多，核左移。脑脊髓液检验有重要意义，穿刺时由于颅内压升高，容易流出混浊的脑脊髓液，其中蛋白质和细胞数增多；若是化脓性脑炎，脑脊髓液中除中性粒细胞增多外，还有病原微生物。

**治疗**　不论哪种原因引起的脑炎，一般死亡率高，偶尔恢复也容易有后遗症。对犬瘟热性脑炎，没有直接有效的药物。细菌性或继发感染症可使用能在髓液中有较高浓度的氯霉素（每千克体重 10～30 mg，肌肉注射）；也可用容易通过血脑屏障药物，如氨卞青霉素（每千克体重 5～10 mg，静脉注射或皮下注射）和庆大霉素（每千克体重 2～4 mg，肌肉注射）；必要时可使用镇静剂，如苯巴比妥（每千克体重 2～5 mg，每天 3 次，口服）或氯丙嗪（每千克体重 1 mg，肌肉注射）。减轻脑水肿和消炎可以用泼尼松（每千克体重 1 mg，肌肉注射）。治疗本病时保持安静十分重要。

## 第 6 节　脑震荡和脑损伤

脑震荡（concussion）是由于颅骨受到钝性冲撞打击之后而发生的以昏迷、反射功能减退和消失等脑神经功能全面损害为特征的脑病。如果脑组织发生了肉眼或显微镜可见的病变，即为脑损伤（trauma of brain）或称脑挫伤。犬猫均可发生，而且近来随着事故的增多值得引起注意。

**病因**　脑震荡常发生在被交通工具冲撞或运输途中摔下，也可由于从高处掉下或打击导致；有时也可能由火器或爆炸物的冲击引起。上述原因在导致脑震荡的同时，也有可能造成脑损伤。

**症状** 因脑震荡的程度和脑损伤的部位和病变的不同，临床症状及特征也不一样。

轻度的脑震荡表现站立不稳，踉跄倒地，失去知觉，片刻之后又恢复如常，或者短期乃至长期呈现某些脑症状。重度的脑震荡，倒地瞬间死亡或者于短时间内死亡。一般不太严重的病例，倒地后昏迷，知觉和反射减弱或消失；瞳孔散大，呼吸缓慢，有时喘鸣；心跳加快，心律不齐；有时大小便失禁或出现呕吐。但几分钟或数小时后苏醒，反射和兴奋性恢复，即有抽搐和收缩性不断增强，眼球震颤，抬头挣扎，然后站立。

发生脑损伤的病例，除昏迷、呼吸、脉搏及知觉和反射功能变化外，由于脑组织受到不同程度的损伤，脑循环发生障碍，脑组织水肿，甚至出血，从而呈现某些特定的症状，如在意识恢复之后发生痉挛、抽搐、麻痹、瘫痪或偏瘫，有时出现癫痫发作。

当大脑皮层颞、顶叶运动区、前庭核、迷路核小脑受到损害时，向受伤同侧做转圈运动，如一侧颈肌麻痹，头颈向对侧弯曲。当小脑、小脑脚、前庭、迷路受损害时，则运动失调，或身体向后仰滚转；有时头不自主地摇摆。当脑干受损伤时，体温、呼吸、循环等生命中枢受到影响，并且意识异常，运动障碍，角弓反张，四肢痉挛，眼球震颤，或斜视瞳孔散大、视觉障碍、反射消失。

当大脑皮层核脑膜受损伤时，发生周期性兴奋发作，呈现癫痫症状。当脑膜出血形成血肿时压迫脑组织，导致意识障碍、偏瘫、知觉消失、瞳孔散大、一则或两侧失明、听觉障碍。此外，颅骨损伤局部肿胀、热痛；颅底骨折，咽部和耳部血管受损伤，两侧耳和鼻孔出血，甚至倒地后立即昏迷，全身痉挛，迅速死亡。由于火器造成的开放性脑损伤，脑组织受到严重伤害，短时间内引起死亡。

**诊断** 本病的临床诊断，可以根据病史调查、发病原因及发病情况结合临床症状进行。对脑损伤的诊断，除特征的灶性脑症状外，必要时通过X射线确诊。若脑膜出血形成血肿，则出血侧的瞳孔散大，视觉障碍；蛛网膜出血，脑症状明显，脑脊髓液中含有血液。这些可以与脑炎、脑出血、脑血管栓塞等鉴别。

**治疗** 要注意护理，让动物保持安静，抬高头部，以保护大脑皮层，防止脑出血；降低颅内压，激活脑组织功能，实施必要的支持疗法为原则。首先确保呼吸道通畅，使动物头部伸展，舌拉向前方，必要时作气管插管进行人工辅助呼吸。

对于休克的动物应及时抢救，应用皮质类固醇药物，如氢化可的松琥珀酸钠、强的松龙、地塞米松等，同时静脉注射林格氏液。降低颅内压和防止脑水肿，可以使用氨茶碱、安钠咖及速尿等利尿剂。对于陷入昏迷的动物，要防止褥疮，注意维持其营养，并及时强心输液。对发生了脑损伤的病例，初期可以使用冷敷和注射止血剂，如安络血、维生素 K 等。

## 第 7 节　脊髓炎和脊髓膜炎

脊髓炎(myelitis)是指脊髓实质的炎症；脊髓膜炎(meningomyelitis)是指脊髓硬膜、蛛网膜和软膜的炎症。有时两者同时发生，有的以脊髓实质炎症变化为主，蔓延至脊髓膜；也有的以脊髓膜炎为主，蔓延至脊髓实质。本病多发生于犬，而猫发病率较低。本病无精神障碍，以功能障碍和运动障碍为主要特征。症状与损伤的程度和部位差别很大，病情发展会引起瘫痪。

**病因**　脊髓炎和脊髓膜炎多是由于传染病、细菌毒素中毒或过敏反应及外伤引起，见于犬瘟热、狂犬病、伪狂犬病、破伤风、弓形虫病、全身性真菌感染等，感冒、败血症、脓毒症也能引起继发性炎症。此外，佝偻病、骨软症、椎间盘病等诱发脊髓周围炎时也能引起。

**症状**　原发性急性脊髓炎多突然发病，体温升高。患病动物多从数日前开始有不愿活动、容易疲劳、四肢疼痛等前驱症状。随着病情的发展，出现脊髓功能障碍。由于脊髓是躯干及四肢运动和感觉神经传导径路，同时腰部脊髓还有支配膀胱、直肠和生殖器官的中枢。因此，脊髓功能障碍可出现如下临床症状：

①运动障碍。主要表现兴奋和麻痹 2 种症状。初期脊背强硬、肌肉痉挛、抽搐、步态强拘、容易跌倒。进一步发展，后躯发生不全麻痹或完全麻痹，病犬拖着后躯行走。当腰髓发病仅引起后肢和尾麻痹；如果颈椎发病，则四肢完全麻痹。

②感觉障碍。主要表现为感觉过敏、减弱或消失。感觉过敏时，触及脊背可引起大声吠叫。感觉减弱或消失时，动物对热、电、机械刺激等的感觉完全丧失。

③中枢障碍。中枢障碍是指支配膀胱、直肠和生殖器官的低级中枢功能发生障碍。患病动物初期发生尿闭、便秘、阴茎勃起等，后期发生粪尿失禁、阳痿等。

④反射障碍。病灶部脊髓所支配的皮肤、肌肉和腱反射功能亢进、减弱或消失。颈髓炎时多表现为反射亢进。腰髓炎时引起发射功能减退或亢进。

脊髓炎可分为横贯性脊髓炎(transverse myelitis)、蔓延性脊髓炎(diffuse myelitis)和播散性脊髓炎(disseminated myelitis)3 种类型。横贯性脊髓炎是指脊髓的整个横断面炎症，由于传导途径被阻断，发生感觉和运动功能障碍，逐渐由不完全麻痹转为完全麻痹。蔓延性脊髓炎是指炎症沿脊髓长轴向前或向后方蔓延，运动或感觉麻痹由躯体的后方向前方波及或由前方向后方波及。播散性脊髓炎是指脊髓的不同部分分布有很多大小不等的炎症性病灶，在临床上表现各种各样的运动和感觉麻痹症状，并发于狂犬病的脊髓炎患犬多属于这一类型。

**诊断** 脊髓炎和脊髓膜炎的诊断，可根据脊髓功能障碍的临床表现确定病性，但应注意与脊髓先天性畸形、肿瘤、创伤和受压迫相区别。脊髓炎或脊髓膜炎动物脑脊髓液中蛋白含量和细胞数量增多；脊髓创伤动物脑脊髓液中含有大量红细胞；先天性畸形和肿瘤等脊髓疾病通过 X 射线、CT 和核磁共振等容易确诊。

**治疗** 应使动物尽量保持安静，减少刺激并避免做屈曲、伸展、扭转等对脊髓有刺激作用的运动，同时要防止褥疮。对细菌性感染可使用氯霉素（每千克体重 10～30 mg，肌肉注射；每千克体重 50～100 mg，口服）。消炎使用泼尼松（每千克体重 0.5～1.0 mg，肌肉注射）。当炎症被控制之后，尽快给予复合维生素 B、ATP 制剂等。对有麻痹症状的，应进行按摩、电针疗法，有助于防止肌肉退化，帮助恢复功能。对于继发性的，应积极治疗原发病。

## 第 8 节　脊髓挫伤和脊髓震荡

因打击、压迫和骨折等使脊髓组织受到明显损害的称为脊髓挫伤（spinal cord contvsion），损害不明显的称为震荡（concvssion）。由于脊髓受到损害，传导径路被阻断，临床上以感觉障碍、截瘫以及病理性反射为特征。

**病因** 本病的发生多是由于被车（汽车、自行车等）冲撞、受到外力打击或由于从高处落下等引起椎骨盆破裂、骨折或脊椎脱位等造成脊髓的创伤性损害。患有佝偻病和骨软症的动物，由于骨骼韧带张力降低，尤其容易发生脊髓损伤。

**症状** 患病动物主要表现疼痛不安、呻吟等。脊髓受损部位不同临床表现也不一样。

第 1 至第 5 颈髓节病变，表现四肢拖地和痉挛性麻痹、反射亢进、四肢痛觉迟钝、交叉性肌反射、呼吸困难、膀胱麻痹；第 5 颈髓节至第 2 胸髓节病变，表现四肢拖地、后肢反射亢进、前肢反射减退、四肢痛觉迟钝。其中，第 1 至第 3 胸髓节病变，表现霍纳氏综合征（Horner’s syndrome：由于颈交感神经麻痹，有瞳孔缩小、眼裂小、眼球凹陷特征）、四肢麻痹；第 3 胸髓节至第 3 腰髓节病变，表现后肢拖地、膝反射亢进、对称性麻痹、后肢痛觉迟钝、前肢伸展后肢弛缓；第 4 腰髓节至第 3 荐髓节病变，表现后肢拖地、膝反射减弱、膀胱和肛门括约肌弛缓、后肢痛觉迟钝、弛缓性不全麻痹。

**诊断** 根据病史调查，结合脊髓疼痛、肿胀、变性、麻痹和感觉消失等临床症状与神经功能检查结果等可以做出初步诊断。脊髓损伤在腰荐部时，脊髓液中可发现混有血液。X 射线诊断有时也是必须的。

**治疗** 首先应该限制动物活动，减少对脊髓的刺激，必要时将动物整个用绷带固定在木板上或用夹板予以固定。对疼痛不安的动物可给予镇静剂和止痛药。对发生休克的动物按休克治疗方法及时抢救。

防止脊髓水肿，可以静脉注射 20% 甘露醇，每千克体重 2 mg；还可静脉注射皮质类固醇，如地塞米松，每千克体重 2～4 mg。

对脊髓损伤性排粪排尿障碍病例，可以实施膀胱内插入导尿管及温水灌肠，以排出积尿及粪便。同时要注意经常变动动物的躺卧姿势，防止发生褥疮。创伤部位的脊髓因血肿或骨碎片压迫时，应实施手术减压。

在恢复期，有必要根据情况进行康复训练。

## 第 9 节 前庭综合征

前庭是内耳迷路的一部分，外接半规管内连耳蜗管，其中球囊和椭圆囊内的球囊斑和椭圆囊斑分布有前庭神经，是机体的位置（平衡）感受器，具有引起各种姿势反射和保持机体平衡的功能。前庭综合征（vestibular syndrom）是由于先天或后天性原因导致包括位于延髓的前庭神经核的中枢性损害以及第 8 脑神经的前庭神经部分或位于侧头骨椎体部的膜迷路内的前庭感受器在内的末梢性损害引起的身体平衡失调及以颈项歪斜为主要表现的疾病。本病是兽医临床常见的神经综合征之一，在犬猫均可发生，原因多种多样。

**病因** 引起前庭综合征的病因很多，概括起来有先天性和后天性两类。根据发病部位又可分为中枢性和末梢性两类。先天性前庭疾患可由猫泛白细胞减少病病毒经胎盘感染，或由于胎儿期在子宫内的体位异常、颈部肌肉挛缩引起，还有一些不明性病因引起。

在后天性疾病中，临床多见的末梢性诱因有末梢迷路炎（中耳炎/内耳炎）、特发性前庭神经疾患、前庭毒性药物（氨基糖苷类抗生素、临对滴滴滴、有机磷酸盐等）中毒、鼓膜外伤、鼓膜肿瘤等。中枢性诱因有脑脊髓膜炎、犬瘟热脑炎、弓形虫病、隐球菌病、外伤、肿瘤、维生素 $B_1$ 缺乏、血液循环障碍等。先天性的前庭综合征可能有一定的遗传性因素，多在出生后到 3 月龄之间发病。据报道，纯种犬猫如德国牧羊犬、多伯曼犬、比格犬、泰国猫、缅甸猫均有发生。容易引起中耳、内耳炎的垂耳品种犬如科卡犬等很容易成为前庭感染的原因。慢性外耳炎也有可能继发本病。

**症状** 不同原因引起的前庭疾患由于损害不同的部位，临床表现也有所不同。其中末梢性前庭神经损害较中枢性多见。因病因及病变的轻重和范围症状有所不同，急性、亚急性、慢性均有。末梢性和中枢性前庭损害的共同症状是平衡失调、颈部歪斜(彩图 11-1)、斜颈、转圈、跌倒、眼球振颤(眼球的规律性来回摆动)。不同点是末梢性前庭综合征不表现眼球的垂直振颤，但有出现霍纳氏综合征的可能。中枢性前庭综合征可能还表现精神沉郁、单侧性不完全麻痹及小脑障碍等。末梢性前庭感染引起的病例，如果是单侧性表现前述基本症状，如果是双侧性可见躯干运动失调；也有发生颜面神经麻痹的可能性，表现眼睑反射、颜面反射减弱或消失、颜面下垂与左右不对称、干性角膜炎等。肿瘤引起的多在 5 岁以上或老龄动物多发，预后常常不良。

先天性末梢性前庭综合征可能有一定的遗传性，多在出生后到 3 月龄之间发病。2～4 周龄出现症状，开始仅表现斜颈，逐渐出现运动失调和跌倒；多不容易找到乳头，体格较同窝正常者小，伴随成长有很多病例的临床症状消失，预后良好。

特发性末梢性前庭疾患是本病的主要类型之一，犬比猫多发；表现单纯的前庭症状(急性平衡失调、显著的头部倾斜、判断障碍、运动失调)，没有其他神经症状。猫发病没有年龄限制，犬多在 10 岁以上发生。此外，猫多在晚夏、早秋出现症状，初期症状出现突然，然后显著衰弱，容易误诊为痉挛发作和脑中风。在这种情况下应该确认，本病的症状是单纯的末梢性前庭症状，和脑血管的异常没有任何关系。此外，要和单纯的中耳炎、内耳炎进行鉴别。有必要查明是否由于炎症、息肉(猫)、肿瘤等原因引起。

**防治** 治疗方法因病因而异。维生素 $B_1$ 缺乏症，口服或皮下注射维生素 $B_1$ 10～100 mg/头，并进行其他对症疗法。伴随感染的疾病，在治疗原发病的同时，使用抗生素(至少 3～6 周)和皮质类固醇制剂。外伤性时可以给予少量的镇静剂，以短时间抑制炎症为目的，也可使用少量的皮质类固醇制剂。内耳炎时，皮质类固醇可能引发脓性溃疡，故禁止使用。由抗生素副作用引起，停止给药。弓形虫引起的可使用磺胺制剂。隐球菌感染引发的可以使用两性霉素 B、酮康唑等抗真菌药。先天性和特发性没有适当的治疗方法，第一选择应该是支持疗法。

本病的预后因病因和病情的轻重而不同。先天性或预发性预后良好的较多。感染性、肿瘤、维生素 $B_1$ 缺乏(猫)及外伤性的病例因情况而异。抗生素中毒的病例不一定预后不良,但多有耳聋的后遗症。病例取慢性进行性经过,并且显著衰弱的,预后不良。

## 第 10 节 周围神经损伤

周围神经损伤(diseases of peripheral nerves)多数是由于动物遭受外界暴力的打击、挤压、冲撞或跌落于硬地等引起。神经干周围或神经本身的肿瘤也可引起周围神经损伤。动物受到寒冷、潮湿的刺激也可致病,还可继发于其他疾病。神经干周围注射有刺激性的药物,也可造成损伤。

损伤分为开放性和非开放性 2 种。前者常伴随着软组织和硬组织的创伤,可引起神经的部分断裂或完全断裂。后者常伴随着软组织和硬组织的挫伤而发生神经干的震荡、挫伤、压迫、牵张和断裂。

由于周围神经遭受损伤的程度不同,其临床表现也不一样。神经干的震荡,肉眼看不到神经的明显病变,仅呈现神经一时性麻痹,症状很快消失。神经干的挫伤,受伤神经干仍保持解剖学上的连续性、神经纤维的完整性,但神经内可发生小溢血和水肿或神经纤维变性,临床上表现反射功能减弱,该神经干所支配的肌肉功能减退或消失或出现神经过敏。神经干受压,表现为神经组织的退行性变性,该神经干所支配的组织发生麻痹。神经牵张时,神经的完整性保持正常,但其所支配的组织发生部分麻痹。神经干断裂时,神经功能完全丧失,其所支配的组织完全麻痹,肌肉逐渐萎缩,如感染神经断裂,则知觉丧失。

临床上常见的周围神经损伤有面神经麻痹、三叉神经麻痹、四肢神经损伤。

### 一、面神经麻痹

**病因** 面神经麻痹(paralysis of facial nerve)分为中枢性和末梢性 2 种。前者多由脑病引起,如脑炎、脑创伤性损伤、肿瘤、脑血肿等;也见于传染病,如犬瘟热、结核等。后者是因为浅表性面神经分支受到压迫或面神经附近的炎症蔓延所致,如面神经附近肿瘤以及面神经、咽、中耳或外耳的炎症。

腊肠猎犬的自发性单侧或双侧面神经麻痹,可能是因为甲状腺功能不全引起的一种外周神经病。受凉、腮腺部肿瘤、颞骨岩部溃疡等,也可成为面神经麻痹的病因。

**症状** 除中枢性病因引起两侧面神经完全麻痹外，其余的由于神经损伤的部位和程度不同，神经传导的功能障碍情况和麻痹分布范围也不一样。单侧性面神经麻痹，可见一侧耳不能自主运动，原来竖直的耳朵下垂、歪斜或呈水平状，上眼睑下垂，触诊眼睑反射消失；面部不对称，口眼歪斜，鼻孔狭窄，下唇下垂；采食及饮水困难，咀嚼不灵。两侧性面神经麻痹，除两侧出现上述症状外，往往鼻孔塌陷，通气不畅，呼吸困难。面神经麻痹的主要并发症为干性角膜炎。当支配面部肌肉的神经功能完全丧失时，可较快使受害侧的唇肌和耳肌发生纤维样变性和挛缩。

**治疗** 对患侧面肌和耳肌进行按摩和电针疗法，局部穴位注射维生素 $B_1$ 和 $B_2$ 注射液，也可在面神经径路上注射硝酸士的宁注射液。因脓肿和肿瘤压迫引起的面神经麻痹，可行手术排脓或摘除肿瘤。由于炎症引起的，可用抗生素进行治疗。如泪腺功能丧失，可用手术方法将一侧唾液腺管游离后，在皮下潜行至眼结膜囊内。

## 二、三叉神经麻痹

**病因** 双侧三叉神经功能障碍，常发生于上颌关节脱位。一侧性三叉神经损伤常因耳根部或颅骨卵圆孔处的损伤及三叉神经肿瘤引起。犬瘟热、桥脑部炎症、脑创伤性损伤、颅内神经根周围肿瘤、维生素 $B_1$ 缺乏，可继发三叉神经麻痹(paralysis of trigeminal nerve)。当犬咬住一件沉重巨大的物体或咀嚼一块硬骨头时，由于三叉神经的运动支被挤压于强烈收缩的咬肌与颞骨的关节突之间，可导致三叉神经的挫伤或压迫。

**症状** 当三叉神经的分支完全麻痹时，病犬采食和咀嚼困难，神经分布区域内的感觉完全消失。由于眼神经的麻痹，额部直至耳根及眼睑和角膜的感觉完全丧失。当上颌神经和下颌神经麻痹时，颜面、鼻梁、颊部、嘴唇、口舌黏膜均失去感觉，舌于咀嚼时发生咬伤。下颌神经麻痹还可引起咀嚼肌麻痹。两侧枝完全麻痹时，口腔张开，下颌下垂，舌伸出口外，口吐泡沫，不能饮水。

**治疗** 当咬肌麻痹时，给予按摩、电疗或针灸，在三叉神经通路上注射维生素 $B_1$ 和维生素 $B_2$ 注射液，尤其在急性炎症、水肿时还可注射皮质类固醇注射液。注意维持动物的营养，可以输注葡萄糖溶液。对不能采食和咀嚼的动物，应进行人工饲喂，将糊状或易消化的肉团塞到舌根处，促其吞咽，或进行食道切开术，向胃内插入导管，注入流质食物，以维护营养。如治疗及时，对于三叉神经震荡、挫伤、受压所致的麻痹，可于 1～2 周内治愈；但神经干断裂时，则麻痹难以消失。

### 三、四肢神经损伤

**病因与症状**

①桡神经损伤。桡神经分布于肘、腕和指的伸侧。桡神经的感觉神经分布到前臂的前外侧和前肢指部的背面。肘关节处的桡神经损伤，动物在运步时腕关节和指关节屈曲，不能伸展；患肢负重时以指关节的背面触地，用针刺皮肤其感觉丧失。肩关节处的桡神经损伤，患肢的肘关节不能伸展，患肢不能负重。

②臂神经丛损伤。动物的臂神经丛发生损伤时，表现以桡神经麻痹为主的临床症状。当肌皮神经也同时发生损伤时，患肢不能屈曲肘关节。当腋神经发生损伤时，肘关节下垂。当正中神经和尺神经损伤时，患肢的腕关节和指关节不能屈曲，而且前臂部、掌的前部和前爪的外侧面感觉消失。当臂神经丛挫伤或撕裂时，可导致第 8 颈神经和第 1 胸神经（桡神经、正中神经和尺神经）或第 6、第 7 颈神经（肌皮神经、肩胛上神经和腕神经）的神经根损伤。第 7 颈神经和第 1 胸神经区域的损伤，动物可出现霍氏症状，即表现瞳孔缩小，第 3 眼睑向外突出，眼裂缩小，眼球向眼睑内陷落。

③坐骨神经损伤。坐骨神经分布在后肢大腿后面的肌肉内，并起屈曲膝关节和伸展髋关节的作用。坐骨神经损伤的同时，胫神经、腓神经和股神经也可发生损伤。胫神经分布到后肢的跗关节和屈趾的关节、肌肉；腓神经分布到胫部前面，起屈曲跗关节和伸展跗关节的作用；股神经（第 3、第 4、第 5 腰神经）起屈曲髋关节和支配股四头肌收缩的作用，并伸展膝关节，后肢落地负重时支持体重。坐骨神经损伤常由骨盆骨折、股骨骨折或肌肉内注射刺激性药物而发生。坐骨神经损伤后发生麻痹，除股四头肌外，其他关节都失去屈曲的能力，患肢变长，不能支持体重。站立时，患肢几乎用系部着地，跟腱弛缓，运步困难。时间稍长，坐骨神经支配的肌肉萎缩。

**治疗** 首先要消除病因，解除对神经的压迫，摘除神经干附近的肿瘤和异物。防止感染，可用抗生素治疗。兴奋神经的传导功能，病初可在麻痹的神经干径路皮下交替注射硝酸士的宁和樟脑水溶液，或注射维生素 $B_1$ 注射液。针灸、电针刺激、红外线灯照射也有一定效果。为防止肌肉萎缩、提高肌肉张力和促进血液循环，可进行按摩，也可在神经干附近的皮肤上涂搽四三一合剂或 10％的樟脑酒精溶液。

## 第 11 节 重症肌无力

重症肌无力（myathenia gravis，MG）是以继发于突触后膜乙酰胆碱受体减少的神经肌肉传导衰竭为特征的疾病。临床症状主要表现为：全身肌肉无力，运动时全身肌肉无力症状加剧；某些临床病例，其症状可能只局限于食管、喉和面部肌肉无力。

**病因** 重症肌无力时，由于过多胸腺素抑制乙酰胆碱合成，致每一个末梢小泡内储存的一个量子的乙酰胆碱，远较正常量子的体积为小，它只是正常量子的1/5静息时，每秒钟也释放1～2个量子的乙酰胆碱于间隙中，神经冲动到达末梢时也释放100～200个量子的乙酰胆碱于间隙中，但因量子过小，终板电位总和不能达到阈值电位，故兴奋在神经肌肉接头处的传递发生障碍，表现为肌动作电位振幅进行性降低，终致不能产生肌收缩。

**症状** 不愿运动或站立，往往行走2～3步之后就呈犬坐姿势，有时几秒钟之后会突然卧倒（彩图11-2）；后肢肌肉松弛；嗜睡，四肢无力；本体反射可能存在，扣腰反射增强。

**诊断** 根据临床症状，结合病史进行初步诊断，确诊需进行滕喜龙实验。临床上若无滕喜龙，可用新斯的明代替。

**治疗** 治疗犬重症肌无力，在临床上可选用溴比斯的明。溴比斯的明（Pyridostigmine Bromide）属抗胆碱酯酶药，是一种人工合成的季铵化合物。溴比斯的明与乙酰胆碱竞争性结合乙酰胆碱酯酶，从而抑制乙酰胆碱水解。因为溴比斯的明-乙酰胆碱酯酶复合物比乙酰胆碱-乙酰胆碱酯酶复合物的水解慢得多，所以就导致乙酰胆碱在胆碱能突触上蓄积，产生胆碱能作用。溴比斯的明用于治疗犬的重症肌无力（极少用于猫）。一般认为本药对于后天性重症肌无力比先天性的更有效。

确诊为重症肌无力后，采用口服溴比斯的明的方法进行治疗（彩图11-3）。在治疗过程中密切关注患犬状况，以防止因用药过量引起的胆碱能危险现象。同时，在治疗期间，根据动物恢复状况适当调整用药剂量或间隔时间，从而获得最好的疗效。在治疗期间，需要宠物主人的充分配合，根据医嘱，加强患犬的护理，以促进患犬的康复。

（陈　武　高得仪　韩　博）

# 第12章　内分泌系统疾病

内分泌系统分泌的激素，量小作用大。激素对犬猫的生存如生殖、生长发育、维持体内环境和适应外界环境变化等方面的调节上都具有特别重要的作用。内分泌系统疾病对犬猫全身影响较大，临床症状也千变万化，防治较难，时间也长。因此，有必要掌握内分泌系统疾病的知识，做到早诊断，早防治。

## 第1节　尿崩症

尿崩症(diabetes insipidus，DI)是由于下丘脑-神经垂体功能低下，抗利尿激素(加压素)分泌和释放不足，或者肾脏对ADH反应缺陷而引起的一种临床综合征，主要表现为多尿、烦渴、多饮、低比重尿和低渗透压尿。病变在下丘脑-神经垂体称为中枢性尿崩症(CDI)；病变在肾脏者称为肾性尿崩症(NDI)。公母犬猫都能发生，以老龄动物多见，偶尔见于幼龄犬猫。

**病因**　尿崩症分为2种。第1种是下丘脑-神经垂体原性尿崩症。它是由于下丘脑-神经垂体部分分泌的加压素减少引起的。这种尿崩症多由于下丘脑-神经垂体的肿瘤、背侧囊肿和肉芽肿以及头颅外伤性出血和神经胶质增生等压抑和破坏了神经垂体部漏斗及下丘脑视上核和室旁核并终止了加压素的合成和分泌而导致血液中加压素浓度降低引起。犬患下丘脑-神经垂体原性尿崩症时，在下丘脑-神经垂体部组织切片上，可看到轴突中的加压素分泌颗粒减少。有的下丘脑-神经垂体原性尿崩症，可能是遗传性加压素合成缺陷引起。

第2种是肾原性尿崩症。这种尿崩症血液中加压素浓度正常或升高，但是由于肾病和纤维变性等原因，肾远曲小管和集合小管质膜中缺乏腺苷酸环化酶，加压素对肾小管的作用降低，远曲小管和集合管对肾小球滤过液的重吸收减少，因此，排尿量增多。

**症状**　患病犬猫的临床突出表现是多尿和烦渴。下丘脑-神经垂体原性尿崩症与肾原性尿崩症，其尿液比重都降低(1.001～1.006)，尿液渗透压低于正常血浆渗透压(300 mmol/kg)，控制一段时间饮水，尿液渗透压仍然低于血浆渗透压。由于多尿,动物机体脱水,逐渐消瘦。下丘脑-神经垂体原性尿崩症犬猫应用外源性加压素后,其尿液比重升高,尿渗透压变得大于血浆渗透压;但是外源性加压素对肾原性尿崩症无效,这也是区别 2 种尿崩症的常用方法。

**诊断** 根据慢性多饮多尿、持续低比重尿(1.001～1.005),首先应与尿失禁和尿频相区别。尿失禁和尿频可由后部尿道感染或炎症、尿结石、神经性疾病等引起。这些在一般检查中已经排除,但仍不能确诊为尿崩症。在临床上还应与肾上腺皮质功能亢进和肝功能障碍的精神性多尿等病相鉴别。鉴别方法有禁水试验和注射抗利尿激素 2 种。

禁水试验是使病犬的膀胱排空后,测定体重,停止给水和饲料。每隔 1 h 称量犬体重并测定排泄的尿和膀胱内潴留尿的比重(渗透压),当体重减少 3%～5%时停止试验。若尿不浓缩、体重急剧下降,则为阳性。

抗利尿激素试验是用抗利尿激素(ADH)区分中枢性尿崩症和肾性尿崩症。当使用外源性 ADH 后,中枢性尿崩症患犬浓缩尿液,对外源 ADH 做出应答,然而,肾性尿崩症患犬不能对外源 ADH 做出应答反应。

**治疗** 关键在于明确其发病原因。下丘脑-神经垂体原性尿崩症的治疗,可用长效鞣酸加压素油剂 4～20 mg,深部肌肉注射,可维持 2～10 d;也可用尿崩停 10～30 mg,吹入鼻孔,每天 2～3 次。肾原性尿崩症用双氢克尿噻嗪利尿剂,每天每千克体重 2～4 mg,分 2 次内服。对犬猫尿崩症较重的通常无治疗意义。

## 第 2 节　甲状腺功能减退

甲状腺功能减退(hypothyroidism)是由于甲状腺激素缺乏导致犬猫全身一切活动呈现进行性减慢为特征。本病临床上分为 3 种:原发性、继发性和第 3 性甲状腺功能减退。犬比猫多发。德国牧羊犬、爱尔兰塞特犬、Retriever、拳师犬和阿富汗犬等多发。

**病因** 原发性甲状腺功能减退多由慢性淋巴细胞性甲状腺炎、肿瘤和非炎性甲状腺萎缩引起,约占甲状腺功能减退的 90%。慢性淋巴细胞性甲状腺炎可能是自身免疫引起,多发生在 7 个月龄到 4 岁的犬。患犬的甲状腺泡表现进行性破坏,波及 3/4 腺泡破坏后,临床上才会出现甲状腺功能减退症状。在甲状腺组织病理切片上,可看到甲状腺被淋巴细胞、浆细胞、中性粒细胞及类腺泡细胞浸润。非炎性甲状腺萎缩的原因至今还不清楚,临床上出现甲状腺功能减退时,甲状腺萎缩几乎消失。另外,还见于碘缺乏、甲状腺切除、抗甲状腺药物应用等。

继发性甲状腺功能减退是由于损伤了垂体而导致其分泌促甲状腺激素不足引起。继发性甲状腺功能减退分先天性和后天性2种。前者与垂体性侏儒症有关,后者是垂体肿瘤压迫或取代垂体所致,常伴有1种或多种垂体激素分泌减少。

第3性甲状腺功能减退是由下丘脑分泌的促甲状腺激素释放激素不足引起,可分为先天性与后天性,或为这2种结合型,但至今还不知其引起促甲状腺激素释放激素缺乏的原因。

**症状** 原发性甲状腺功能减退通常发生在4～10岁的大中型犬,2岁以下犬发病较少。病初易于疲劳,睡觉时间延长,喜欢温暖地方,脑反应迟钝,体重增加,呕吐或腹泻。皮毛干燥,被毛呈对称性大量脱落,再生延迟,皮肤色素增多,出现皮脂溢和瘙痒。因黏液性头面部皮肤增厚有皱褶,眼睑下垂,外貌丑陋。母犬发情减少或不发情,公犬睾丸萎缩无精子。血清学检验胆固醇、肌酸激酶(CK)、甘油三酯和脂蛋白浓度升高,动物出现中等正染性红细胞性贫血。

先天性继发性甲状腺功能减退的症状类似垂体性侏儒症。后天性继发性甲状腺功能减退多由肿瘤引起,临床上以沉郁、嗜睡、厌食、运动失调和癫痫发作等神经症状为主。

先天性第3性甲状腺功能减退临床上类似于先天性继发性甲状腺功能减退,患犬痴呆、行为迟钝、生长发育缓慢,头颅增大变宽,腿短,产下几周后生长速度明显变慢。后天性第3性甲状腺功能减退的患犬精神差,嗜睡,但机智和反应基本正常。

**诊断** 甲状腺功能减退无任何特异性症状,因此,不能单凭症状做出病性诊断。测定血浆中甲状腺素($T_4$)和三碘甲腺原氨酸($T_3$)浓度,在排除多种非甲状腺素因素影响的前提下(低蛋白血、常用药物、肾上腺功能亢进等都可引起$T_4$减少,但甲状腺功能正常),有一定诊断价值。另外,可应用促甲状腺激素对血浆中甲状腺素浓度的影响以及甲状腺活组织切片来诊断。测定血液中抗甲状腺球蛋白抗体对甲状腺炎的早期诊断有一定的参考作用。

原发性和继发性甲状腺功能减退的鉴别,可用促甲状腺激素刺激甲状腺的反应。甲状腺对促甲状腺激素有反应的是继发性甲状腺功能减退。继发性和第3性甲状腺功能减退的鉴别,应用促甲状腺激素释放激素刺激垂体的反应。垂体对其有反应的是第3性甲状腺功能减退。甲状腺活细胞切片,对3种甲状腺功能减退的鉴别也有意义。

**治疗** 应用*L*-甲状腺素治疗,每天每千克体重20 μg,加入食物中饲喂,每天 1 次；甲状腺干粉，每天 5～20 mg，分 3 次饲喂，以后每 2 周增加 10～20 mg，最多不能超过 80 mg，维持量为 30～60 mg。甲状腺素或甲状腺干粉用的剂量过大，可发生类似甲状腺功能亢进症状，呈现多尿、烦渴、不安及喘气。大剂量长期应用还出现消瘦和心搏增快等症状。

## 第 3 节　甲状腺功能亢进

### 一、犬甲状腺功能亢进

犬甲状腺功能亢进（hyperthyroidism）多发生在 4～18 岁，拳师犬、毕格犬和金色 Retriever 易发。

**病因**　犬甲状腺功能亢进系甲状腺肿瘤引起。甲状腺肿瘤位于颈部腹侧咽至胸口处。犬甲状腺原发性肿瘤的 1/3 是腺瘤，2/3 是腺癌。甲状腺原发性腺瘤的 15％和腺癌的 60％呈现临床症状，其他的只有在尸体剖解时才能发现。甲状腺腺瘤通常直径小于 2 cm，很薄，呈透明囊样。个别的较大，具有厚的纤维囊，囊内充满黄褐色液体。甲状腺腺癌常转移到肺和咽背淋巴结，拳师犬最易患甲状腺腺瘤。

**症状**　甲状腺功能亢进初期，出现多尿、烦渴、食欲增强，随后体重减轻、消瘦。心搏和脉性亢盛，心电图电压升高。喜欢冷的地方，烦躁不安，喘气和容易疲劳。从咽到胸口沿气管两侧进行颈下触诊，可摸到肿大的甲状腺肿瘤（正常摸不到）。实验室检验：血浆中甲状腺素和三碘甲腺原氨酸浓度升高。

当肿瘤肿大或发现后 1～2 个月内生长迅速，可以基本上诊断为甲状腺腺癌。

**治疗**　早期尚未转移的甲状腺癌，采用外科摘除术，已发现转移或难以完全摘除的甲状腺腺癌，不要手术摘除，可进行放射碘疗法。严重甲状腺功能亢进的患犬，在手术摘除甲状腺腺瘤前，最好先用碘或抗甲状腺药物治疗一段时间，如用丙硫氧嘧啶每千克体重 1 mg，每天 2 次或 3 次。

甲状腺腺瘤通常个体小，生长慢，如果影响了甲状腺功能时，也行摘除术。2 个甲状腺都被摘除，犬需终生饲喂甲状腺粉。

### 二、猫甲状腺功能亢进

在剖解猫尸体中发现，90％的老龄猫甲状腺发生腺瘤或腺瘤性增殖。甲状腺腺瘤通常是两侧性的，而分散性腺瘤和腺癌则是单侧性的，并且很少转移。

6～20 岁猫发生，猫比犬多发。

**症状**　猫甲状腺功能亢进发生缓慢，9 岁以下的患猫很少出现临床症状。9 岁以上的患猫突出症状是消瘦和食欲旺盛。排粪次数增多和量大，粪便发软，多尿和烦渴，烦躁不安，喜欢走动，经常嘶叫，讨厌日常的被毛梳理。心脏增大，心搏增快，心律不齐有杂音，心电图电压升高。

甲状腺瘤性增殖发生在一侧或两侧甲状腺，呈中等程度肿大，而甲状腺腺瘤和腺癌通常呈块状明显肿大。在咽至胸口的颈腹侧，用手指仔细触诊，常可摸到肿大的甲状腺。实验室检验：血浆中 $T_4$ 和 $T_3$ 浓度升高，谷氨酸氨基转移酶(ALT)、天门冬氨酸氨基转移酶(AST)和碱性磷酸酶活性也升高。

**治疗**　采用外科手术摘除肿大的甲状腺。如甲状腺严重功能亢进，并有一系列心脏并发症，为了减少危险性，手术前可用丙硫氧嘧啶治疗，每只猫每天 50 mg，分 3 次口服，或用甲巯基咪唑 5 mg，每天分 2 次或 3 次口服，一般治疗 1～2 周，能使血浆中 $T_4$ 和 $T_3$ 浓度降低，心脏功能好转，然后再行手术摘除 1 个或 2 个。应用碘化钠 1～2 mg，水溶后口服，也能降低甲状腺的分泌或把放射碘注入甲状腺内，1 次注射治愈率可达 97%。

## 第 4 节　甲状旁腺功能亢进

**病因**　甲状旁腺功能亢进(hyperparathyroidism)临床上分为原发性、假性和继发性 3 种。

原发性甲状旁腺功能亢进是由甲状旁腺主细胞腺瘤致使甲状旁腺激素分泌过多的结果。甲状旁腺瘤通常是单个的。邻近甲状腺，有的在纵隔前部的心脏基部。在纵隔前部心脏基部的甲状旁腺肿瘤为胚胎发育期间异位甲状旁腺基移位到胸腔发育而成。

假性甲状旁腺功能亢进是非甲状旁腺组织恶性肿瘤，它过量分泌类甲状旁腺激素多肽或其他骨吸收物质所致，如直肠周围的泌离腺(apocrine glands)腺癌。此种腺癌主要发生在老龄母犬，并且易转移到髂淋巴结和腰下淋巴结。淋巴肉瘤和恶性淋巴瘤也能引起犬猫高钙血症。

继发性甲状旁腺功能亢进多发生在老龄犬猫的慢性肾功能不全(如间质性肾炎、肾小球肾炎、肾硬化、肾淀粉样变性)和青年犬的先天性肾异常(如肾皮质发育不完全、多囊肾和两侧性肾盂积水)。肾功能不全降低了肾 1,25-羟维生素 $D_3$ 的生成，从而减少了肠道对钙的吸收，产生低血钙，导致甲状旁腺过量分泌和增生。另外，还有营养性继发性甲状旁腺功能亢进，主要是食物中钙少或钙正常而磷过多引起。食物中钙少使动物血钙水平降低，低血钙可反射性引起甲状旁腺分泌增强，久而久之导致甲状旁腺增生。高血磷虽然不能直接引起甲状旁腺分泌增强，但能使血钙降低，间接地引起甲状旁腺分泌增强和增生。

**症状** 原发性和假性甲状旁腺功能亢进，由于甲状旁腺激素或类甲状旁腺激素多肽等分泌过多，促进肠道对钙吸收和肾脏排钙减少，长时间分泌过量促使骨骼破坏，钙被吸收进入血液，产生特征性高钙血症。高钙血动物表现沉郁、厌食、呕吐、便秘、心动徐缓、多尿和烦渴以及全身肌肉软弱。骨骼由于脱钙变软、变脆，犬猫出现跛行，长骨容易骨折。脸部骨骼肥厚，鼻腔变窄，上下颌骨粗糙增厚，口腔关闭困难，牙齿松动。当脊椎骨产生压迫性骨折，挤压脊髓和神经时，引起运动和感觉功能障碍。引起假性甲状旁腺功能亢进的泌离腺癌位于肛门腹侧，紧连肛门呈硬块状，而患此种腺癌动物，甲状旁腺常萎缩变小。

肾性继发性甲状旁腺功能亢进是由慢性肾功能不全引起的。其症状除原发性甲状旁腺功能亢进症状外，还有肾功能不全和尿毒症一系列症状。由于肾性继发性甲状旁腺功能亢进多发生在老龄犬猫，因此，脸面骨肥厚变化不如原发性的明显。应用X射线照相，可发现骨骼脱钙，骨小梁稀疏。脱钙骨骼由含有类骨质针、无数毛细血管和未成熟的结缔纤维组织组成。

营养性甲状旁腺功能亢进主要发生在以肉食和肝脏为主的年轻犬猫，尤以泰国猫和缅甸猫多发，因为肉食中钙少磷多，钙和磷比例为1∶20至1∶50(正常钙与磷比例为1.2∶1.0)。患病犬猫表现安静，不愿活动，喜欢侧卧，后肢跛行，步法蹒跚，易发折叠式骨折。

**诊断** 原发性和假性甲状旁腺功能亢进，可根据临床症状和实验室检验建立诊断。实验室检验，血钙升高，血磷降低，碱性磷酸酶活性升高；尿中羟脯氨酸钙和磷浓度升高，由于尿钙浓度升高。可产生肾钙质沉着和尿结石。原发性甲状旁腺功能亢进时，用放射性免疫试验测定血液中甲状旁腺激素，发现其浓度升高。

继发性甲状旁腺功能亢进，实验室检验血钙和血磷浓度降低，碱性磷酸酶活性升高，尿中钙和磷浓度降低。肾性继发性甲状旁腺功能亢进，肾功能异常。营养性继发性甲状旁腺功能亢进，肾功能正常。

**治疗** 原发性和假性甲状旁腺功能亢进的治疗，首先是确定肿瘤所在部位，然后手术摘除肿瘤。如果4个甲状旁腺都肿大，摘除时应保留1个或半个。由于甲状旁腺激素的半衰期仅为20 min，手术后血液中甲状旁腺激素浓度将迅速降低，12～24 h内血钙浓度也降低，甚至会出现低血钙搐搦，因此，手术12 h

后应静脉输注 10%葡萄糖酸钙注射液 10～40 mL，以后补给高钙食物和维生素 $D_3$，每天每千克体重 100 IU。

肾性继发性甲状旁腺功能亢进是由慢性肾功能不全引起的，首先治疗肾脏疾病。如肾脏疾病难以治愈，为了缓解甲状旁腺功能亢进和骨骼脱钙，可补给动物钙质和维生素 $D_3$。

营养性继发性甲状旁腺功能亢进主要是食物中矿物质平衡失调或钙缺乏引起。治疗方法是调整食物中钙与磷比例。在严重病势情况下，首先，在食物中添加乳酸钙或碳酸钙，使食物中钙与磷比例为 2∶1。另外，可肌肉注射维生素 $D_3$。通常治疗 8～9 周，动物基本痊愈；然后再将食物中钙与磷比例调为 1.2∶1.0。治疗期间要注意护理，以防发生骨折、褥疮和便秘。

## [附]　营养性继发性甲状旁腺功能亢进

营养性继发性甲状旁腺功能亢进症(nutritional secondary hyperparathyroidism)是一种继发于营养不良而使甲状旁腺素升高引起的以骨组织进行性脱钙为主要病理变化的营养代谢性骨病。本病最常见于以纯肉食或纯谷物作为日粮进行饲喂的年轻动物，临床上以 3～4 月龄多见，以动物肝脏作为主食的幼猫发病率高。

**病因**　主要是由于长期以动物肝脏、肉类为主要食物，摄入的磷过多而钙过少，从而诱发本病。也有由于吸收和利用饮食中钙的能力下降而导致的成骨不全，主要见于德国牧羊犬。也见于肾功能不全和维生素 D 缺乏。

**发病机理**　甲状旁腺分泌的甲状旁腺素(PTH)具有调节钙、磷代谢和维持血钙浓度的作用。甲状旁腺素通过激活破骨细胞，动员骨组织来升高血钙浓度，正常时血清钙浓度约 9～12 mg/100 mL。另外，PTH 通过抑制肾脏对磷的重吸收而使血磷降低。甲状旁腺素对血钙浓度的调节是一种负反馈机制。

营养性继发性甲状旁腺功能亢进症即是由于饲料中或食物中钙的绝对或相对含量不足、血钙浓度降低，刺激甲状旁腺大量分泌甲状旁腺素(PTH)，从而增加了破骨细胞活性，导致骨组织大量脱钙以保证维持正常的血钙浓度。骨组织进行性脱钙的结果即为骨质软化、结构支持能力降低，骨骼变形，甚至骨折。

**临床症状**　可能包括跛行、骨骼变形，尤其易发生长骨和椎骨的继发病理性骨折。幼猫则常见腰椎凹陷、后躯瘫痪和腹围增大的症状，其他症状还可能包括异食癖、消化功能紊乱。

**诊断**　根据饮食情况、临床症状和 X 射线检查可以确诊。X 射线检查中需重点检查的部位包括：颅骨、下颌骨、面骨、齿槽、椎骨、骨盆骨、肋骨胸端、尺骨的肘头和跟骨的跟端，因为这些部位多为非负重骨和松质骨，发病后出现X射线征象相对较早。X射线征象包括全身各骨骼密度呈不同程度的降低，严重者骨密度近似于周围软组织的密度。四肢长骨骨皮质变薄，骨髓腔变宽，严重者骨皮质如线状。松质骨骨小梁稀疏、粗糙、结构紊乱，或松质骨内散在点状、囊状低密度区。跟端、肘头、下颌骨等处骨边缘呈蚕食样毛糙不整。幼猫可能见脊柱呈“S”状弯曲，长骨或脊柱还可能发生病理性骨折。实验室检查结果可能包括血清磷、碱性磷酸酶和甲状旁腺素水平的升高，血清钙可能正常或减少。

**治疗** 矫正饮食习惯，在日粮中添加钙制剂，如乳酸钙或碳酸钙，但不要注射任何钙或维生素D制剂。适度限制运动，防止出现病理性骨折。如发生骨折，内部植入固定材料可能非常困难，可考虑进行适当的外部支持。通常在治疗8～9周后动物疾病基本痊愈。治疗期间注意护理，防止出现骨折、褥疮和便秘。

## 第5节 甲状旁腺功能减退

甲状旁腺功能减退(hypoparathyroidism)是指甲状旁腺病理性分泌甲状旁腺激素减少，或分泌的甲状旁腺激素不能够正常作用其靶细胞。犬很早就有甲状旁腺功能减退的报道，小品种犬如㹴犬和Schnauzers等多发。

**病因及发病机理** 甲状旁腺激素分泌减少的原因如下：

①在甲状腺手术过程中，无意损伤或切除了甲状旁腺。甲状旁腺及其血管受到损伤后如不能再生时可引起甲状旁腺功能减退，多见于猫。

②成年犬突发性甲状旁腺功能减退，常是由于弥散性淋巴细胞性甲状旁腺炎引起。在炎症早期，腺体被淋巴细胞和浆细胞浸润，残留的主细胞再生增殖。以后甲状旁腺逐渐被淋巴细胞、纤维细胞和新生毛细血管完全取代，腺体内仅偶见主细胞。淋巴细胞性甲状旁腺炎可由自身免疫引起，给犬反复注射甲状旁腺组织乳状液，能实验性地发生甲状旁腺实质破坏及淋巴细胞浸润。

③其他原因，如犬颈前部原发性或转移性新生瘤侵害和破坏了甲状旁腺，又如长期血钙升高致使甲状旁腺发生营养性萎缩。

④犬偶见于先天性两侧的甲状旁腺发育不全性甲状旁腺功能减退。

⑤有的突发性甲状旁腺功能减退，其腺体组织学检查无异常，主细胞缺乏一种特殊酶，这种酶能将甲状旁腺激素前体转化成具有生物活性的甲状旁

腺激素。

**症状**　临床主要表现是增强了神经肌肉兴奋性。由于甲状旁腺激素缺乏，血钙浓度呈进行性降低，可达 1～1.5 mmol/L。患犬虚弱、不安、神经质和共济失调，个别肌群出现间歇性颤抖，进而发展成全身搐搦或痉挛。同时，由于肾小管重吸收增强，故血磷浓度升高。

**治疗**　在急性搐搦的情况下，应静脉注射 10%葡萄糖酸钙溶液(犬 10～30 mL，猫 5～15 mL)或 5%氯化钙溶液(犬 5～18 mL，猫 3～7 mL)进行治疗。如动物长期性甲状旁腺激素缺乏，可通过饲喂高钙低磷性食物来维持。另外，还可在食物中添加维生素 $D_3$。

用维生素 $D_3$ 治疗，根据患犬的大小，每天可给大剂量维生素 $D_3$ 25 000～50 000 IU。治疗期间，为了防止高血钙和软组织钙化，可通过血钙检验来调节维生素 $D_3$ 的剂量。每 5 d 检验 1 次血钙水平，变换一次维生素 $D_3$ 剂量。一旦血钙水平恢复正常，即可确定维生素 $D_3$ 的维持剂量。有的患犬通过向食物中添加钙制剂，如每天给犬猫 1～4 g 碳酸钙，就能长期稳定血钙水平。

## 第 6 节　糖尿病

糖尿病(diabetes mellitus)是由胰岛 β 细胞分泌功能降低引起的一种综合征。本病临床上以烦渴、多尿、多食、体重减轻和血糖升高为特征。犬的发病率可高达 1%。

**病因**　在犬猫糖尿病的诸多因素中，主要有胰岛细胞损坏、遗传、食物性肥胖、激素异常和应激等。

胰岛 β 细胞损伤是糖尿病发生的主要原因。最常见的损伤原因是胰腺炎，其他还有外伤、手术损伤和肿瘤等。这使胰岛素分泌减少。

由遗传因素引起的犬猫糖尿病，在临床上并不多见。近年来对犬糖尿病流行病学研究发现，除有些品种犬如德国牧羊犬、北京犬、Cocker spaniel、柯利犬和拳师犬等家族性糖尿病少见外，Cairn terriers 和 Miniature pinschers 都具有家庭性糖尿病。因此，可以说遗传因素对某些品种犬糖尿病的发生有一定关系。

长期营养过量，使动物过度肥胖，从而导致可逆性胰岛素分泌减少。某些药物与糖尿病的发生有着密切的联系，如糖皮质激素和孕激素类等。应用类固醇能使肝脏糖异生作用加强，拮抗胰岛素，减少组织对葡萄糖利用，提高了血糖水平。但在大多数情况下，停止用药后，糖尿症即恢复正常。应用孕激素也能引起可逆性糖尿症，猫尤其敏感。另外，应用促肾上腺皮质激素、胰高血糖素、雌激素、肾上腺素等，也都能诱发犬糖尿症。非类固醇药物（氯丙嗪、二苯基乙内酰脲、苯妥黄钠等）亦可引起高糖血症。内源性肾上腺皮质激素分泌过多与犬糖尿病发生有较大关系，但在猫就很少发生。母犬发情时释放的雌激素和孕激素能降低胰岛素作用，因此，母犬发情期间可出现糖尿症。

应激是另一种引起糖尿病的主要原因，包括创伤、感染、妊娠及各种急性病等。应激可使与胰岛素呈拮抗作用的激素如皮质醇、胰高血糖素、生长激素和肾上腺素分泌功能增强，胰岛素分泌减少，从而血糖升高。

**发病机理** 在诸多原因引起的胰岛素相对或绝对减少情况下，从食物或从糖原异生作用获得的葡萄糖，不能正常地利用或转化，使血糖浓度升高，产生高糖血症。血糖过高，超过葡萄糖的肾阈值（犬为 9.8～12 mmol/L）时，便产生糖尿。糖尿除引起高渗性多尿和烦渴外，由于血糖、能量代谢紊乱，导致饥饿而多食；当胰岛素缺乏时，动物体内蛋白质和脂肪的合成减少，分解加强，使体重减轻。糖尿病动物有三多一轻临床症状，即多尿、多饮、多食和体重减轻。

糖尿病进一步发展，由于胰岛素减少，增加脂肪分解，血浆游离脂肪酸浓度升高。在正常情况下，脂肪酸进入肝脏，主要合成脂肪，少量进行 $\beta$ 氧化。当糖尿病时，大量脂肪酸进行 $\beta$ 氧化生成乙酰辅酶 A。乙酰辅酶 A 难以进入三羧酸循环，也难以合成脂肪酸，于是大量乙酰辅酶 A 缩合成酮体，结果发生酮血病和酮尿病。酮体能降低血液缓冲作用，引起血液中氢离子增多，碳酸氢盐减少，从而导致高糖血性酮酸中毒。患糖尿病时高渗性多尿，不仅丧失大量水分、钠、钾和氯离子，而且也使血液浓稠，发生肾前性尿毒症。

**症状** 犬糖尿病主要发生在 4～14 岁，7～9 岁最多见，母犬比公犬多发，多发品种有 Dachshunds 和 Poodles。猫多发生在 5 岁以上的短毛猫，性别差异不大。糖尿病的典型症状是多尿、多饮、多食和有时体重减轻。潜在性糖尿病多由于药物治疗、胰腺炎、充血性心功能不全、发育或其他潜伏因素引起，并能逐渐变成重剧性糖尿病。糖尿病患犬，通常肝肿大；由于高血糖，可导致白内障，使犬看不见东西。患犬猫外伤难以愈合，膀胱易继发性感染。

**实验室检验** 血糖升高达 8.4 mmol/L 以上（正常 3.9～6.2 mmol/L），尿糖呈强阳性。血浆中甘油三酯、胆固醇、脂蛋白、游离脂肪酸和乳糜微粒增多，呈现脂血症。由于肝脂肪浸润，血清丙氨酸氨基转移酶和碱性磷酸酶活性增加，磺溴酞钠（BSP）滞留时间延长，血液尿素氮浓度升高。糖尿病常伴发感染，血检白细胞总数增多。

长期严重糖尿病可发展为酮酸中毒。此时动物厌食、沉郁、呕吐、腹泻、饮水减少或拒饮以及呼出气体具有烂苹果味（丙酮味）。尿中酮体检验阳性，血液酸碱平衡失调，碳酸氢盐浓度降低。

**诊断**　根据病史、临床症状和实验室检验基本上可以做出诊断。如犬猫处于高血糖无尿糖的潜在性糖尿病，或疑似遗传性糖尿病以及胰岛细胞瘤引起低糖血时，可进行葡萄糖耐量试验进行诊断。但是，葡萄糖耐量试验不是测定胰岛 $\beta$ 细胞分泌功能的特异性试验，且常受到饮食、药物、惧怕、非胰性疾病等影响，值得注意。

葡萄糖耐量试验是按每千克体重 1.75 g 葡萄糖配成 25%溶液口服。试验前饥饿 24 h。口服前及口服后 30 min、60 min、90 min、120 min、180 min 分别采血，测定其血糖水平。正常犬在口服葡萄糖溶液 60～90 min 后，血糖恢复到正常范围，糖尿病患犬需要时间较长（图 12-1）。

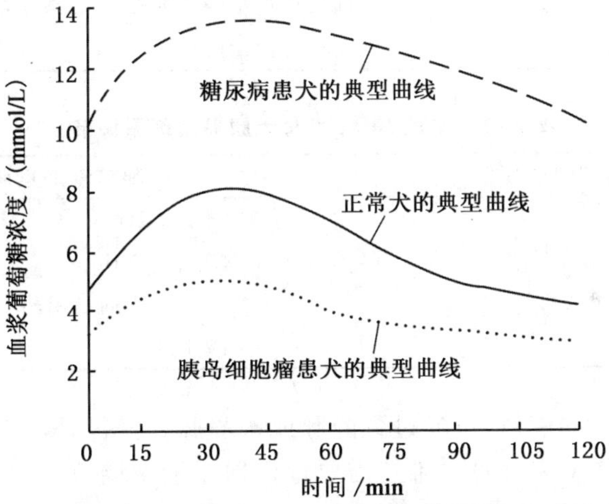


**图 12-1　口服葡萄糖耐量试验**

**治疗**　犬猫糖尿病是胰岛受损伤，胰岛素分泌减少引起的，治疗主要应用胰岛素。常用的胰岛素有低精蛋白锌（NPH）胰岛素和精蛋白锌胰岛素（PZI）等。低精蛋白锌胰岛素皮下注射后 1～3 h 发挥作用，4～8 h 血中浓度达高峰，作用时间为 12～24 h。精蛋白锌胰岛素皮下注射后 3～4 h 发挥作用，14～20 h 达高峰，作用时间为 24～36 h。犬最初胰岛素剂量为每千克体重 0.5～1.0 IU，猫对外源性胰岛素敏感，最初剂量为每千克体重 0.25 IU。为了充分发挥药效，又避免出现急性低血糖，每天早晨应检验尿液中酮体和葡萄糖，然后再治疗和饲喂（表 12-1）。如何根据尿液中糖来调整胰岛素剂量，可参考体重 10 kg 犬的调整方法(表12-2)。体重小的犬和猫，胰岛素剂量适当减少；体重大的犬适当增加胰岛素剂量。有时即使增加了胰岛素剂量，早晨尿液中仍含有糖，当增加到每千克体重2 IU时，用药后3～7 h可能出现低血糖现象，动物表现虚弱和疲倦，此时应立即口服葡萄糖浆。如动物发生搐搦，可将糖浆涂在手指上，摸在动物口颊部黏膜上，或静脉注射50%葡萄糖溶液5～10 mL。其他原因引起的胰岛素相对减少性糖尿病，可口服甲糖宁，每次0.2～1.0 g，每天3次；或用优福糖，每千克体重0.2 mg，每天1次口服。

**表12-1 对犬猫糖尿病最初治疗计划**

| 时间 | 措施 |
|---|---|
| 上午8:00 | 采集尿液，测定尿液中的葡萄糖和酮体 |
| 上午8:15 | 皮下注射胰岛素 |
| 上午8:30 | 饲喂日食量的1/8至1/4，或不喂食物 |
| 下午4:00～5:00 | 饲喂日食量的3/4 |

**表12-2 体重10 kg犬每天胰岛素剂量调节**

| 尿液中糖含量 | 胰岛素剂量调节 |
|---|---|
| 尿糖2% | 增加1 IU |
| 尿糖1%或0.5% | 增加0.5 IU |
| 尿糖0.1%～0.25% | 按上一天剂量用药 |
| 尿糖阴性 | 减1 IU |

为了补充丢失的液体，可通过颈静脉或头静脉补液。补液剂量应根据体液丢失量和维持需要量来计算。维持需要量根据尿量来调节，尿量少时维持需要量要加大，尿量大时维持需要量要减少。补充液体最好是等渗溶液，如生理盐水、任格氏液和5%葡萄糖生理盐水。

糖尿病动物出现酮酸中毒时(经测定血浆碳酸氢根低于12 mmol/L)，为了缓解酸中毒，宜用碳酸氢钠治疗。碳酸氢钠剂量计算方法为：

$$碳酸氢钠(mmol)=体重(kg)\times 0.4\times 碳酸氢盐缺少量(L)$$

式中：0.4是碳酸氢盐在体内分布的部分，实为体重的40%；碳酸氢盐缺少量是其正常值24 mmol/L减去患病动物实际测定值。

治疗开始，先用计算量的1/4，加入其他液体在1～6 h内输注。治疗后6 h，再检测碳酸氢根，然后按上述计算方法计算应输注的碳酸氢钠溶液量(5%碳酸氢钠溶液每毫升含有0.6 mmol碳酸氢钠)。糖尿病酮酸中毒时，血清钾浓度可能降低、正常或升高。血清钾正常或升高是由于酸中毒和高血糖使细胞内钾离子移到细胞外及细胞外氢离子进到细胞内的结果;此时实际上动物缺钾。应用碱性药物纠正酸中毒以及胰岛素治疗高糖血症后,血清中钾离子又移到细胞内,血清钾浓度降低。动物在血清钾浓度正常或低于 4 mmol/L 又不是无尿或少尿时,就应在静脉注射液中添加钾;最初可在 250 mL 液体中添加 10 mmol 钾(1 g 氯化钾含有 14 mmol 钾),以后补钾量的增减,主要根据血清钾高低和心电图变化。现在认为,心电图是一种监测血清钾浓度高低的主要手段,尤其在补钾治疗中为了防止高钾血症,每 2～4 h 测绘一次心电图。如血清钾浓度低于 2 mmol/L 时,心电图的 Q -T 间期延长,S -T 段阻抑,P 波降低或向下,T 波阻抑;如果血清钾高于 6.5 mmol/L 时,Q -T 间期缩短,T 波峰降低,P -R 间期和 QRS 综合波延长。

糖尿病对母犬、母猫的发情和妊娠,将产生不良影响,因此,在病情处于稳定阶段时,宜将卵巢和子宫全部切除。

**护理** 糖尿病动物一旦确诊后,应饲喂单糖或双糖比例小的耐消化食物,如含高纤维性食物,最好饲喂糖尿病处方食品。为了保持理想的体重,小型犬每天每千克体重饲喂大约 300 kJ 热量食物,大型犬饲喂 200 kJ 热量食物。患病动物治疗期间,运动宜减少,如果患犬活动量大,胰岛素剂量要适当减少。

## 第 7 节 肾上腺皮质功能亢进

肾上腺皮质功能亢进(hyperadrenocorticism)又称为库兴氏综合征(Cushing's syndrome),是由于糖皮质激素长期过多引起的临床症候群。Harvey Cushing 1932 年首先报道了人的这种病。犬库兴氏综合征是兽医临床上比较多见的一种内分泌功能紊乱,多发生于 7～9 岁犬。

**病因** 在正常情况下,肾上腺皮质只有在促肾上腺皮质激素(ACTH)作用下才分泌皮质醇;当皮质醇超过生理水平时,ACTH 分泌就停止。库兴氏综合征多是由于皮质醇或 ACTH 分泌失控引起:肾上腺不受 ACTH 作用能自行分泌皮质醇,或皮质醇对 ACTH 分泌不能发挥正常的抑制作用。库兴氏综合征原因有 4 种。第 1 种,肾上腺皮质肿瘤能在无 ACTH 释放的情况下,自动分泌皮质醇,如皮质腺瘤和癌。肾上腺皮质肿瘤可占自发性库兴氏综合征的 7%～15%。第 2 种,垂体性库兴氏综合征,即垂体肿瘤性功能异常,大量分泌 ACTH,使两侧肾上腺皮质增生,皮质醇分泌过多。这种垂体肿瘤生长缓慢,个体极小,尸体解剖时垂体外观正常,内含嗜碱性粒细胞腺瘤或厌色腺瘤,或这 2

种腺瘤同时存在，占库兴氏综合征80%以上。第3种，由于大量使用糖皮质激素或ACTH医治动物疾病引起。第4种，某些非垂体新生瘤分泌ACTH，促使肾上腺皮质大量分泌皮质醇，称为异位ACTH综合征，主要见于人。

**症状** 犬库兴氏综合征所有的症状，都与血液中糖皮质激素浓度升高有关。由于糖皮质激素浓度升高发展过程缓慢，因此，通常需要1～6年时间，才能发现动物患了库兴氏综合征。

病犬最初表现烦渴、多尿和贪食，喝水量为正常犬的2～10倍，食量增大，爱偷食和偏嗜垃圾。腹部增大下垂呈壶腹状，躯干肥胖，肌肉松软，不爱跑跳和爬高活动，嗜眠，活动耐力降低。个别患犬发生肌肉强直，呼吸短而快；严重病例出现呼吸困难。

库兴氏综合征与甲状腺、卵巢、睾丸和生长激素等内分泌功能紊乱一样，也出现内分泌性脱毛，脱毛特点呈对称性。脱毛部位有颈部、躯干、会阴和腹部，病情严重动物，全身被毛大部分脱光，只剩下头和四肢上部被毛。患库兴氏综合征病猫，也呈全身对称性脱毛。皮肤萎缩变薄，容易形成皱褶。毛囊内充满角蛋白和碎片，颜色变黑，成为黑头粉刺。异常的毛皮和毛囊，抵抗力降低，极易损伤感染，发生局限性或弥漫性脓皮病。于颞部、背中线、颈部、腹下和腹股沟部，真皮和皮下常有钙质沉着，称为异位钙质沉着。

库兴氏综合征由于垂体促性腺激素释放减少，患病母犬发情周期延长或不发情，公犬睾丸萎缩。当肾上腺皮质增生或肿瘤时，产生过量雄激素，使母犬阴蒂增大。

**实验室检验** 中性粒细胞和单核细胞增多，淋巴细胞和嗜酸性粒细胞减少。血糖和血钠浓度升高，血尿素氮和血清钾浓度降低，血浆皮质醇浓度通常升高。丙氨酸氨基转移酶和碱性磷酸酶活性升高，BSp滞留时间延长，血浆胆固醇浓度升高，并出现脂血症。患犬尿液稀薄，比重低于1.007，但停止给水后，仍有浓缩尿能力。犬库兴氏综合征常伴发尿道感染，因此，进行尿中微生物培养和药敏试验，需用膀胱穿刺采集的尿液。

腹部X射线照片，可见肝脏肿大，腰椎骨质疏松，有时真皮和皮下有钙质沉着。胸部X射线照片，可见气管环和支气管壁上有异位钙沉着，胸椎也有骨质疏松。

**诊断** 根据病史和症状可做出初步诊断，进一步诊断需进行CT扫描、ACTH激发试验或内源性ACTH测定。

①ACTH激发试验。首先饥饿动物，并在上午8～10点钟采血测定皮质醇浓度，然后肌肉注射促肾上腺皮质激素凝胶，每千克体重2 IU；注射后2 h再采

血，测定皮质醇浓度。如注射 ACTH 后皮质醇浓度高于注射前值，即确诊为垂体库兴氏综合征；如低于注射前值，可诊断为功能性肾上腺皮质肿瘤性库兴氏综合征。

②内源性 ACTH 测定。垂体性库兴氏综合征 ACTH 浓度升高，肾上腺皮质肿瘤性库兴氏综合征 ACTH 浓度降低。还可进一步做地塞米松抑制试验确诊。

诸多疾病，如糖尿病、尿崩症、肾功能衰竭、肝脏疾病、甲状腺功能减退、睾丸足细胞瘤和高钙血症等，都与库兴氏综合征有相似之处，临床上应注意类症鉴别诊断。

**治疗**　库兴氏综合征治疗的主要目的是使血液中皮质醇降到正常水平。如由肿瘤引起，应予切除；肿瘤切除后注意防止激素缺乏。由垂体或肾上腺皮质肿瘤引起的库兴氏综合征，可行垂体或肾上腺切除术；动物切除垂体后无 ACTH 分泌，切除肾上腺后无糖皮质激素分泌，它们终生需要糖皮质激素治疗。

药物治疗可用氯苯二氯乙烷，主要用于治疗垂体性或肾上腺皮质增生性库兴氏综合征；治疗开始每千克体重 25 mg，口服每天 2 次，直到动物每天每千克体重需水量降到 60 mL 以下后改为每 7～14 d 给药 1 次，以防复发。此药对胃有刺激作用，用药 3～4 d 后如出现食欲减少、呕吐等反应，可将药物分成少量多次服用或停止几天给药。也可用酮康唑，开始 7 d，每千克体重 5 mg，每天 2 次；然后每千克体重 10 mg，每天 2 次，连用 7～14 d，酮康唑能阻断肾上腺皮质合成和分泌皮质醇。也可试用放射治疗肿瘤。

## 第 8 节　肾上腺皮质功能不全

肾上腺皮质功能不全（hypoadrenocorticism），又称为阿狄森氏病（Addison's disease），多发生在青、老年母犬，猫少见。

**病因**　病因分为原发性和继发性 2 种。

原发性阿狄森氏病多见于特发性肾上腺皮质萎缩。这种萎缩首先可能是自体免疫的结果。其次是由于组织胞浆菌病、芽生菌病、结核病、出血性梗塞、肾上腺癌和肾上腺皮质淀粉样变性等引起的肾上腺皮质损伤。再次是治疗肾上腺皮质功能亢进药物如氯苯二氯乙烷损害了肾上腺皮质，减少了盐皮质和糖皮质激素的合成。

继发性阿狄森氏病通常是由于垂体或下丘脑受到损伤破坏、ACTH 分泌减少的结果，或长期应用皮质类固醇，抑制了垂体-肾上腺体系或垂体功能减弱等。

**症状** 病犬精神沉郁，体质衰弱，肌肉松软，脉性细弱，心搏徐缓，不爱吃食，嗜睡，呈现进行性消瘦，腹痛，有时呕吐或腹泻，机体脱水，齿龈毛细血管再充盈时间延长(正常值为 1.0～1.5 s)。

实验室检验白细胞总数及淋巴细胞增多。血液尿素氮浓度升高，呈现肾前性氮血症，血氯和血钠浓度降低，血清钾浓度升高，出现高钾血症。阿狄森氏病患犬血钠与血清钾之比低于 27：1(正常为 27～40：1)。血浆碳酸氢盐浓度降低，呈现中等程度酸中毒。X 射线照片心脏缩小。

患犬常因高钾血症，心电图发生异常。当血清钾超过 5.5 mmol/L 时，T 波高竖，Q-T 间期缩短；血清钾超过 7.0 mmol/L 时，P 波振幅缩小，持续时间延长，P-R 间期延长；血清钾超过 8.5 mmol/L 时，P 波缺失，QRS 综合波短而宽。

**诊断** 根据临床症状和实验室检验以及 ACTH 激发试验(见库兴氏综合征诊断部分)和内源性 ACTH 测定可做出诊断。ACTH 激发试验先在正常犬进行试验，得出标准数据后，再在病犬进行试验。试验前病犬血浆皮质醇浓度正常或稍低于正常，ACTH 激发后的血浆皮质醇浓度不管是原发性或继发性阿狄森氏病都低于正常。内源性 ACTH 测定，继发性阿狄森氏病血浆 ACTH 浓度降低。

**治疗** 急性阿狄森氏病的治疗原则是纠正动物脱水、电解质不平衡和酸中毒，提供糖皮质激素。在急性脱水休克情况下，首先静脉输注生理盐水，第 1 小时每千克体重 20～80 mL，并将每千克体重 2～10 mg 的琥珀酸钠脱氢皮质醇添加入上述溶液混合输注；如出现低血糖时，可加输 5%葡萄糖生理盐水；为了纠正酸中毒需添加输注碳酸氢钠溶液(输入量参照糖尿病计算方法)。以后可根据实验室检验结果，输注液体、电解质和纠正酸中毒，但要每隔 2～6 h，按每千克体重 2～4 mg 输注 1 次地塞米松，或肌肉注射新戊酸盐去氧皮质酮，每千克体重 2.2 mg，每 25 d 注射 1 次。

当动物处于稳定状况时，改用口服醋酸氟氢可的松片(每片含 0.1 mg)维持治疗，体重 20 kg 的犬，每天服用 2～4 片，不宜间断，但可按犬体重大小适当增减。也可应用皮下植入醋酸脱氢皮质酮丸(125 mg)，每丸可维持 10 个月；10 个月后取出旧丸另植新丸。在进行上述治疗的同时，还要多补饲食盐，每隔 3 个月应进行一次体检和实验室检验。

(王 志 韩 博)

# 第13章 营养与代谢性疾病

随着医疗保健水平的提高，在犬猫恶性传染性疾病的发生逐渐减少的同时，因食物中某种营养物质缺乏、过剩、比例不当或者因为机体的吸收和利用障碍引起的营养与代谢性疾病的危害日益明显。碳水化合物、脂肪、蛋白质、矿物质、维生素等是犬猫的基本营养物质，也是营养代谢性疾病中主要的相关因素，其影响涉及内科、外科、产科疾病等领域。在这些相关因素中，营养物质的缺乏在某些情况下仍然是引起该类疾病发生的主要原因。但随着生活水平的提高和宠物食品的普及，碳水化合物、脂肪和蛋白质等基本营养物质的缺乏，在一般情况下已经不是主要致病因素，相反营养物质的过剩或比例不当引起的危害，开始成为临床上的重要问题。因此，在本章中将选择性讨论肥胖症、高脂血症、犬低血糖症、维生素过剩或不足、矿物质代谢性疾病等。

## 第1节 肥胖症

肥胖症(obesity)是指体内脂肪组织增加、过剩的状态，是由于机体的总能量摄取超过消耗，剩余部分以脂肪的形式蓄积，脂肪组织的量增加。犬猫多数肥胖都是由于过食引起的。这是生活条件好的犬猫最常见的营养性疾病。其发病率远远高于各种营养缺乏症。一般认为，体重超过正常值的15%就是肥胖。在发达国家和地区，有24%～44%的犬超重，而体重不足的瘦犬仅占2%～3%。猫的肥胖病过去统计占6%～12%，现在可能更高。

**病因** 引起犬猫肥胖症的原因主要是能量的摄取超过消耗。在成年动物，摄取的能量每超过消耗量29.3～37.7 kJ(7～9 kcal)，体重就会增加1 g。因此，犬猫摄食量仅比必需量增加1%，到中年就会超重25%。引起犬猫肥胖症的因素如下：

①营养过剩。因食品的嗜口性改善和自由采食法普及，结果造成采食量过多，再加上运动不足，是营养过剩的主要原因。

②与年龄、性别和品种有关。随着年龄的增大，越容易发生肥胖；雌性比雄性多发；比格犬、科卡犬、德国牧羊犬、约克夏㹴、达克斯猎犬、拉布拉多和短毛猫等，都是容易发生肥胖的品种。

③内分泌功能紊乱。如绝育手术、垂体肿瘤、肾上腺功能亢进、胰岛素分泌过剩、下丘脑功能减退、甲状腺功能减退等都有可能导致肥胖。

④其他疾病。如患有呼吸道疾病、肾病和心脏病的犬猫也容易肥胖。

⑤遗传因素。如肥胖症的犬猫，其后代也易发生肥胖。

**症状** 患肥胖症的犬猫体态丰满，皮下脂肪丰富，用手不易触摸到肋骨，尾根两侧及腰部脂肪隆起，腹部下垂或增宽；食欲亢进或减少，不耐热，不爱活动，行动缓慢，动作不灵活，走路摇摆，易疲劳，易喘；容易发生关节炎、椎间盘病、膝关节前十字韧带断裂等骨关节病；患心脏病、高血压、脂肪肝、糖尿病、胰腺炎、脂溢性皮炎、便秘、肚胀、溃疡、繁殖障碍的可能性加大，麻醉和手术危险性增加；对传染病的抵抗力下降；寿命缩短。由内分泌和其他疾病引起的肥胖症，除上述肥胖的一般症状外，还有各种原发病的症状表现。如甲状腺功能减退和肾上腺皮质功能亢进引起的肥胖症有特征性的脱毛、掉皮屑和皮肤色素沉积等变化。患肥胖症的犬猫血液胆固醇和血脂升高。

**防治** 肥胖症的防治应以预防为重点。在治疗方面可以采取以下措施：

①减食疗法。制定限制食物供给的计划，并得到所有相关人员的充分理解和全力配合。一是减少给食量和次数，可以每天饲喂平时量的60%～70%，分3次或4次定时定量饲喂。二是饲喂高纤维、低能量全价减肥处方食品，以每周减少体重的1%～2%为好。一旦体重达到标准体重，确定并供给必要的维持食量。

②运动疗法。每天进行有规律的中等强度的运动20～30 min。

③治疗引起肥胖的原发病。

④药物减肥。可以使用缩胆囊素等食欲抑制剂、催吐剂、淀粉酶阻断剂等消化吸收抑制剂，使用甲状腺素、生长激素等提高代谢率。

⑤预防。防止发育期的动物肥胖是预防成年动物肥胖的最有效方法。重视防止减重成功后再复发肥胖。

## 第2节 高脂血症

高脂血症(hyperlipidemia)是指血液中脂类浓度过高。犬猫血液中的脂类主要有四类：游离脂肪酸、磷脂、胆固醇和甘油三酯。血液中的脂类和蛋白质结合形成脂蛋白。由于密度不同,脂蛋白也分为四类:乳糜微粒(CM,富含外源性甘油三酯)、极低密度脂蛋白(VLDL,富含内源性甘油三酯)、低密度脂蛋白(LDL,富含胆固醇和甘油三酯)和高密度脂蛋白(HDL,富含胆固醇及其酯)。血液中的脂类特别是胆固醇或甘油三酯及脂蛋白的浓度升高,就是高脂血症。

**病因** 高脂血症的病因分为原发性和继发性 2 种。原发性高脂血症见于自发性高脂蛋白血症(多见于小型 Schnauzers)、自发性高乳糜微粒血症(见于犬和猫)、自发性脂蛋白酯酶缺乏症(见于猫)和自发性高胆固醇血症。继发性高脂血症多由内分泌和代谢性疾病引起,常见于糖尿病、甲状腺功能降低、肾上腺皮质功能亢进、胰腺炎、胆汁阻塞、肝功能降低、肾病综合征等。另外,糖皮质激素和醋酸甲地孕酮(见于猫)也能诱导高脂血症。犬猫采食后可产生一过性高脂血症。

**症状** 继发性高脂血症的临床症状主要是原发病的表现。实验室检验,犬猫饥饿 12 h,血浆或血清出现肉眼变化,如血清乳白色,即为血脂异常。血清甘油三酯大于 2.2 mmol/L,一般就会出现肉眼变化。脂血症是血液中甘油三酯浓度升高,同时 CM 和/或 VLDL 及胆固醇也增多。饥饿状态下成年犬血清胆固醇和甘油三酯分别超过 7.8 mmol/L 和 1.65 mmol/L,成年猫分别超过 5.2 mmol/L 和 1.1 mmol/L,即可诊断为高脂血症。高脂血症血清在冰箱放置过夜,如果是乳糜颗粒,在血清顶部形成一层奶油样层;如果是 VLDL,血清仍呈乳白色。单纯胆固醇血症,血清无肉眼异常变化,但仍是脂血症。高甘油三酯血症时,除甘油三酯浓度升高外,血清胆红素、总蛋白、白蛋白、钙、磷和血糖浓度出现假性升高,血清钠、钾、淀粉酶浓度出现假性降低,同时还可能发生溶血,影响多项生化指标检验值发生改变。

自发性高脂蛋白血症,多发生在中老年小型 Schnauzers 犬,其他纯种和杂种犬也有发生。病因不清,可能与家族遗传有关。临床表现腹部疼痛、腹泻和骚动不安;血清呈乳白色,血脂变化特点为高甘油三酯血症,轻度高胆固醇血症,血清 CM、VLDL 和 LDL 浓度也升高。

自发性高乳糜微粒血症发生于猫和犬,病因不明,可能是脂蛋白酶活性低,不能分解甘油三酯和从血清中清除乳糜微粒,猫可能还与常染色体隐性有关。猫患此症多数无临床症状,如果出现症状为外周神经病,表现为皮肤黄瘤、脂血性视网膜炎和眼色素层炎。腹部触诊可摸到内脏器官上有脂肪瘤。血清呈乳白色,血脂变化特点为高甘油三酯血症,血清 VLDL 轻度增多,胆固醇正常或微增多。犬患此病除无临床症状外,其他和猫基本相同。

自发性高胆固醇血症,多发生在多伯曼和罗得维尔犬。病因不清。临床上除角膜脂肪营养不良外，无其他症状。血脂变化特点为高胆固醇血，血清 LDL 浓度也升高。

**治疗** 继发性高胆固醇血症首先治疗原发病。同时适当配合饲喂低脂肪高纤维性食物。原发性自发性高脂血症主要饲喂低脂肪和高纤维性食物或减肥处方食品。高 CM 血症应限制形成 CM 的长链脂肪酸，可以给予碳原子数在 6～10 的饱和脂肪酸组成的中链脂肪酸，使其不形成 CM，并且代谢良好。高 VLDL 血症要限制饲喂糖。高 LDL 血症需要限制胆固醇的摄取。

经 1～2 个月食物疗法不见效或血清甘油三酯仍高于 5.5 mmol/L、胆固醇高于 20.8 mmol/L 时，可试用降血脂药物。常用降血脂药有烟酸，犬猫 0.2～0.6 mg/kg，口服，每日 3 次；降胆灵，口服 0.5～4 g/次，每天 3 次或 4 次。中药血脂康对治疗混合性高脂血症较好。犬口服或静脉注射巯酰甘氨酸每天 100～200 mg，连用 2 周。降血脂药物副作用较多，应用时应注意。

## 第 3 节　母犬和幼犬低血糖症

低血糖症（hypoglycemia）在母犬是产仔前后应激和多胎胎儿对营养的过大需求或产后大量哺乳发生的血糖降低性代谢病；幼犬低血糖症是指生后至 3 月龄血糖含量过低。母犬低血糖症的主要临床特征是出现类似于产后缺钙的神经症状。幼犬低血糖症的主要表现是虚弱和不愿运动。

**病因** 母犬发生低血糖症的主要原因是妊娠后期和哺乳期严重营养不良再加上怀仔多、产前产后营养需要和泌乳过多所致。幼犬低血糖症是饥饿或因母犬产仔多、奶少或质量差及仔犬受凉体温低于 34.4℃时体内消化吸收功能停止或败血症等所致。

**症状** 母犬发生低血糖症表现肌肉痉挛，步态强拘，反射功能亢进，全身呈间歇性或强直性抽搐。体温升高达 41～42℃，呼吸和心搏加速。尿酮体检验阳性，严重者尿有铜臭味。这是低血糖时机体动员大量的体内脂肪代谢使酮体生成增加的结果。产仔过程发生低血糖时容易见到阵缩无力。

幼犬低血糖症初期精神不振，虚弱，不愿活动，步态不稳，嘶叫，心跳缓慢，呼吸窘迫；后期出现搐搦，很快陷入昏迷状态而死亡。

实验室检验，母犬或幼犬低血糖症时，血糖为 1.68～2.24 mmol/L 或更低，母犬血液酮体 30 mg/dL 以上。

**治疗和预防** 母犬每千克体重用 20%的葡萄糖溶液 1.5 mL，静脉注射；也可每千克体重口服葡萄糖 250 mg；同时，也可配合应用醋酸泼尼松，每千克体重 0.2 mg，皮下注射或口服。以后每 3～4 h 静脉注射或口服葡萄糖，至临床症状消失为止。如果怀疑是产后缺钙搐搦症，也可在静脉注射葡萄糖的同时，加入 10%葡萄糖酸钙 10～30 mL。在预防上，平时要加强饲养管理，分娩前后注意营养供给，可以适量多饲喂些碳水化合物性食物，或产前 20 d 和哺乳期饲喂幼犬商品粮。

幼犬低血糖症，首先要注意保持体温正常，然后静脉注射 10%葡萄糖，每千克体重 10 mL，同时让其多吃母乳或替代性奶制品。

## 第 4 节　维生素营养与代谢性疾病

维生素是犬猫机体所必需的一类有机化合物，但不是化学性质和结构相近似的一类化合物。将其归为一类化合物是基于其生理功能和营养意义有类似之处。它们都是以本体形式或可被利用的前体形式，存在于天然食物中。维生素与其他营养物的不同之处，在于它们既不能供给机体热能，也不能构成动物体组织原料。动物对维生素的需要量很少，犬猫仅占其食物量的 1/20 万～1/20000 万，但其生理功能却很大，缺乏或不足就会引起犬猫发病，甚至死亡。某些维生素在犬猫体内可以合成，而多数维生素不能合成或合成量很少，必须由食物供给。

维生素缺乏的原因有原发性和继发性 2 种。因由食物中缺乏而体内又不能合成的某种维生素缺乏，属于原发性的。由于维生素的吸收和储备过程发生障碍或在机体内的氧化加速以及生理或病理性对维生素需要量增大而引起维生素缺乏，属于继发性的。动物机体维生素缺乏或不足是一种渐进过程，长期轻度维生素缺乏，并不一定出现临床症状，但可使患病动物呈现活动能力下降，对疾病的抵抗力降低等。因此，犬猫食物中供给合理的维生素量，不仅可预防缺乏症的发生，而且也能不断增进健康水平。

### 一、维生素 A 缺乏症

维生素 A 也称为视黄醇。此外，还有 2 种同分异构体视黄醛和视黄酸，它们都是不饱和的一元醇类。这 3 种同分异构体连同胡萝卜素对热、酸及碱稳定，一般烹调和加工也不致破坏，但易被氧化，尤其是在高温条件下氧化更甚，紫外线照射也可促进这种氧化破坏。

维生素 A 的生理功能与正常视觉有密切关系。眼的光感受器是视网膜上的杆状细胞和锥状细胞。在这 2 种细胞中都含有对光敏感的色素。这些色素的形成及其生理功能都与维生素A的存在有关。维生素的第2个生理功能就是与上皮细胞的正常形成有关。因此，维生素A不足时可影响黏膜上皮细胞的正常结构和生长。维生素A可促进动物生长以及骨骼、牙齿发育，提高免疫功能。另外，维生素A还与动物生殖功能有密切的关系。

**病因** 植物中不含有维生素A，只含有其前体——类胡萝卜素。其中最主要的是$\beta$-胡萝卜素，1分子$\beta$-胡萝卜素在动物机体内可形成2分子维生素A。但与其他哺乳动物不同的是，猫本身不能将植物中的$\beta$-胡萝卜素在机体中转化成维生素A，只能从动物性食物中获得维生素A。含维生素A多的食物有动物肝脏、鱼肝油、蛋黄和鲜牛乳等。长期饲喂猫缺乏维生素A的食物，可发生维生素A缺乏症。犬大肠黏膜上的某些酶能将$\beta$-胡萝卜素转化成维生素A。因此，犬维生素A缺乏症较少发生。但如果长期饲喂营养不全的单一饲料，或长期患慢性胃肠炎，影响维生素A吸收的犬，容易得本病。

妊娠和泌乳期的犬猫对维生素A的需要量增大。此时，如果不加大食物中维生素A的含量，不但使犬猫易患维生素A缺乏症，而且还影响胎儿和幼龄犬猫的生长发育和抗病能力。食物中脂肪能促进消化道对维生素A的消化吸收，而食物中蛋白质又有助于维生素A在血浆中的运输，当食物中脂肪和蛋白质缺乏时，也可导致维生素A缺乏症的发生。

**症状** 成年犬猫维生素A缺乏症，表现为厌食、消瘦和被毛稀疏，进一步发展出现毛囊角化，皮屑增多，夜盲和眼干燥症，角膜变厚，混浊，结膜发炎，畏光，流泪，有红色分泌物(内含卟啉)。由于鳞状上皮细胞变化，角膜表面干燥，出现血管，继发细菌感染后，角膜发生溃疡，形成穿孔。检眼镜检查：视神经乳头肿胀，视网膜上血管管径变小。

公犬猫维生素A缺乏症，睾丸萎缩，精液中精子少或无。母犬猫维生素A缺乏症，重症不发情，轻者虽然发情、妊娠，但易发流产或死胎，即使产下虚弱活仔，也易患呼吸道疾病，成活率也低。犬猫产后还常见胎衣停滞。

产后不死的幼龄犬猫，常常由于骨骼畸形，颅骨和椎骨变厚；枕骨大孔变窄，压迫小脑和脊髓。临床上呈现共济失调，震颤和痉挛(后肢和尾较明显)，最后瘫痪。同窝幼仔都发病，只是轻重不同。断奶后犬猫的维生素A缺乏症，通常多死于继发性呼吸道疾病。

**防治** 参考成年和正在生长发育的幼龄犬猫维生素A需要量，增加妊娠和泌乳期的犬猫供给量，促进对维生素A的消化吸收。食物中添加适量的脂肪。猫1次肌肉注射维生素A 210 000 IU，可维持4～6个月维生素A的需要；如饲喂含有维生素A的动物肝脏，每周饲喂1次或2次，就可满足对维生素A的需

要量。犬猫维生素 A 缺乏症的治疗，维生素 A 每天每千克体重 400 IU，连续口服 10 d 为一疗程。

### [附]　维生素 A 中毒

犬猫过量维生素 A 或过量饲喂动物肝脏，都可引起维生素 A 中毒。我国犬猫因吃肝脏引起维生素 A 中毒的相当多见。中毒犬猫常发生骨质疏松，颈椎和前肢关节周围生成外生性骨疣，结果使颈部发硬，前肢肘部及腕部骨骼融合，出现走动困难、疼痛和跛行，还常引起便秘。当脊椎骨融合时，在猫由于弯曲困难，不能用舌梳理自己。维生素 A 中毒还引起齿龈炎和牙齿脱落。一旦发现维生素 A 过量，调整其含量后，轻型中毒犬猫可恢复正常。

**二、维生素 D 缺乏症**

维生素 D 是固醇类衍生物，种类很多，其中与动物营养有密切关系的，主要是维生素 $D_2$（麦角骨化醇）及维生素 $D_3$（胆骨化醇）。

维生素 $D_2$ 是由酵母菌或麦角中的麦角固醇经紫外线照射后的产物；维生素 $D_3$ 是由动物皮肤和脂肪中的 7-脱氢胆固醇经紫外线照射后的产物。不管是维生素 $D_2$ 还是维生素 $D_3$，吸收后都被运往肝和肾，经羟化为具有活化型后才能发挥其生理功能。由于动物机体中能产生维生素 $D_3$，一般成年犬猫只要保证有足够的紫外线照射，在通常饲喂食物条件下是不会发生维生素 D 缺乏症的。研究证明：成年猫，甚至正在生长发育的幼龄猫，即使不能从食物中获得维生素 D，又得不到适宜紫外线照射，只要在食物中钙磷浓度及其比例得当，或通过动员哺乳时期在机体中储存的维生素 $D_3$ 来供应其需要，在一定期限内也不会发生维生素 D 缺乏症。维生素 $D_3$ 对骨骼形成极为重要，它不仅能促进钙和磷在肠道中的吸收，还可作用于骨骼组织，使钙磷最终成为骨质的基本结构。如正在生长发育时期的幼犬，维生素 D 缺乏时可发生佝偻病。幼猫不像幼犬那样易患缺乏维生素 D 性佝偻病。猫患佝偻病，主要原因是食物中钙含量或钙与磷比例不当，或较长期不晒太阳所致，而与食物中维生素 D 缺乏关系不大。

### [附]　维生素 D 中毒

犬和猫尤其是猫过饲富含维生素 D 的食物如鱼肝油和肝脏可引起血钙水平升高；当血钙浓度超过 4 mmol/L 时，容易在大动脉、胃、肺和肾发生钙化。

内脏器官钙化初期，其功能正常，严重时才出现异常。犬猫维生素D中毒表现体质软弱，活动乏力，骨骼脱钙，易发骨折，牙齿和颅骨发生畸形。当动物肾脏严重损伤时，导致肾功能降低，发生尿毒症而死亡。

### 三、维生素E缺乏症(黄脂病)

现在已知4种生育酚和4种生育三烯酚具有维生素E的生物活性，其中以α-生育酚的生理活性最高，故通常以α-生育酚作为维生素*E*的代表。α-生育酚是黄色油状液体，属于脂溶剂，对热和酸稳定，对碱不稳定，可缓慢地被氧化破坏。因此，在酸败的油脂中往往遭到破坏。α-生育酚广泛地分布于所有绿色植物组织中，尤其是棉籽油、花生油和芝麻油中含量最多。在肉、奶油、奶、蛋及鱼肝油中也都含有此种维生素。

维生素E是一种抗氧化剂，保护食物和动物机体中脂肪，保护并维持骨骼肌、心肌、平滑肌以及外周血管系统结构完整性和生理功能。另外，还与提高免疫功能、生殖和神经有关。维生素E的生理功能与微量元素硒有密切关系，它的需要量与动物食物中不饱和脂肪酸含量呈正相关。食物中不饱和脂肪酸含量增多，如饲喂含不饱和脂肪酸多的金枪鱼，维生素E的需要量也多。酸败的脂肪可破坏维生素E，故犬猫应避免食用这类变质性食物。

**症状** 犬缺乏维生素E时可引起骨骼肌萎缩，睾丸生殖上皮细胞变性，母犬难以妊娠。猫缺乏维生素E时，尤其当食物中含有大量不饱和脂肪酸时，将引起体内脂肪变性，质度变硬。故称为脂肪织炎(steatitis)或黄脂病(yellow fat disease)。

患黄脂病的猫，多见于母猫，平均年龄2.5岁，一般表现食欲不振，无精神，发热，嗜睡。严重时因皮下脂肪发炎，手抓甚至抚摸皮肤时有明显的疼痛反应；触诊可感知皮下结节状的脂肪或纤维素性沉积物，尤其在腹股沟区多见；在X射线照片中，皮下组织可见斑点状；通常发生中性粒细胞明显增多的核左移；有时发生低蛋白性腹水。

**防治** 注意营养平衡，避免猫过量食用含不饱和脂肪酸过多的鱼类。每天持续口服维生素E，每千克体重30 mg，至临床症状消失。初期作为支持疗法也可给予皮质激素。

## [附] 维生素E过剩

犬猫饲喂高水平维生素E食物，通常不如饲喂高水平维生素A或维生素D

食物的有害程度大，但长期饲喂高水平维生素 E 食物，对甲状腺活力和血液凝集也将产生不良影响。

## 四、维生素 K 缺乏症

维生素 K 是萘醌的衍生物。天然存在的维生素 $K_1$ 和维生素 $K_2$ 是脂溶性的维生素，维生素 $K_3$ 和维生素 $K_4$ 是人工合成品，易溶于水。通常是以维生素 $K_3$ 为主。维生素 $K_3$ 为结晶体，性质稳定。维生素 K 可促进肝脏合成凝血酶原。当其缺乏，即血液中凝血酶原含量降低时，可发生出血，血液不易凝固。绿色食物中含有维生素 K。健康犬猫像其他哺乳动物一样，在其小肠中微生物群合成的维生素 K 量，可满足机体的需要，因此很少发生缺乏症。

犬猫维生素 K 缺乏症见于应用抗凝血药物香豆素。此药与维生素 K 具有拮抗作用。磺胺类药物也具有抗凝作用，因此使用磺胺类药物，可大大增加维生素 K 的需要量。抗生素会抑制动物肠道中微生物群合成维生素 K 的能力，使其需要量也增加。另外，犬猫患球虫病和其他寄生虫病时，也会增加维生素 K 的需要量。缺乏时可用维生素 $K_1$ 肌肉注射，犬 5～20 mg，猫 1～5 mg，12 h 1 次。

饲喂壮龄动物过多维生素 K 食物时，可引起贫血和其他血液异常，但无特殊中毒表现。

## 五、维生素 $B_1$ 缺乏症

维生素 $B_1$ 是一种含硫化合物，又称为硫胺素，常以盐酸盐的形式存在，呈白色结晶，溶于水，微溶于乙醇，不易被氧化，比较耐热，特别是在酸性溶媒中极其稳定，但在碱性溶媒中对热极不稳定。富含硫胺素的食物有粮谷、豆类、酵母菌、心、肝、肾、脑和蛋类等。

硫胺素进入机体后，被磷酸化为焦磷酸硫胺素。这是行使生理功能的活化型。它主要以辅酶参与两类酶系统中，即羧化酶和转羟乙醛酶。前者有酶系统中催化 $\alpha$-酮酸的氧化脱羧反应，从而使来自糖酵解和氨基酸代谢的 $\alpha$-酮酸进入三羧酸循环。后者在酶系统中起着转运二碳单位的作用。以上都是糖类代谢过程。若机体硫胺素缺乏，不仅影响整个糖类代谢过程，还影响氨基酸和脂肪酸合成代谢。此外，硫胺素对神经细胞膜传送高频脉冲起着重要作用。

**病因**　犬猫饲喂生鱼和软体动物，可发生维生素 $B_1$ 缺乏症，这与某些鱼类和软体动物的内脏中含有硫胺素酶，分解破坏硫胺素有关。另外，妊娠后期、泌乳期间和生病高热时，由于维生素 $B_1$ 需要量增多，也易发本病。

**症状**　犬猫维生素 $B_1$ 缺乏症，临床上出现食欲不振、呕吐、脱水、体重减轻；严重时伴有多发性神经炎、心脏功能障碍以及由于脑白质及脊髓出血而发生惊厥、共济失调、麻痹和虚脱；最后心力衰竭死亡。

**治疗** 早期，宜口服维生素 $B_1$ 制剂，犬 10～100 mg/d，猫 5～30 mg/d，疗效明显。严重病例，由于大脑受损，疗效较差。

## 六、维生素 $B_2$ 缺乏症

维生素 $B_2$ 又称为核黄素，呈橙黄色结晶化合物，在水溶液中出现黄绿色荧光；对热稳定，但在碱性溶液中较易破坏。游离的核黄素对光特别是对紫外线敏感，但食物中的核黄素多以结合形式存在，对光比较稳定。动物性食物一般含核黄素较多；其中肝、肾和心为最多，许多绿色蔬菜和豆类中也有一定含量。

核黄素是动物机体中许多酶系统的重要辅基组成成分。由核黄素形成的活性辅基通常为黄素腺嘌呤二核苷酸，有时为黄素单核苷酸。它们与各种酶蛋白结合，形成各种黄素蛋白，并且作为递氢体系参与机体中复杂的生理氧化还原反应。若动物机体中核黄素不足时，可引起物质和能量代谢紊乱。

**病因** 犬猫小肠内微生物群能合成部分动物机体需要的维生素 $B_2$，饲喂高碳水化合物低脂肪性食物，更有利于其合成维生素 $B_2$，食物中含量不足或吸收障碍可导致缺乏症的发生。

**症状** 动物维生素 $B_2$ 缺乏时，表现厌食、消瘦、脱毛、结膜炎、角膜混浊甚至发生白内障、后腿肌肉萎缩、睾丸发育不全等，重症病例也可死亡。

**防治** 口服维生素 $B_2$，犬 10～20 mg/d，猫 5～10 mg/d。

## 七、泛酸缺乏症

泛酸又称为遍多酸。它构成辅酶 A 的组成部分，在参与蛋白质、碳水化合物和脂肪的代谢过程中，尤其对脂肪的合成和分解代谢起着十分重要的作用。动物皮肤和黏膜生理功能、被毛色泽以及对疾病抵抗力等方面均与其有着密切的关系。泛酸正像它的名字那样，广泛地存在于自然界和多数动植物组织中。所以，犬猫一般不易发生泛酸缺乏症。犬猫缺乏时，临床上表现为生长发育迟缓、胃肠功能紊乱、胃炎、肠炎（甚至溃疡）；发生低血糖症、低氯血症、BUN 升高、昏睡甚至死亡。死后剖解可见脂肪肝。在犬还出现脱毛。犬猫缺乏泛酸时，口服量为每千克体重 0.055 mg。

## 八、尼克酸缺乏症

尼克酸又称为烟酸、维生素 PP 或维生素 $B_5$，在机体内以烟酰胺形式存在。

烟酰胺呈白色针状结晶，易溶于水，性质最为稳定，不易被酸、碱和热破坏。尼克酸及其烟酰胺广泛地存在于动植物组织中，其中含量较多的为酵母、谷物、豆类和肉类，特别是肝。

尼克酸在动物机体内较快地转化为烟酰胺，烟酰胺是构成辅酶Ⅰ及辅酶Ⅱ的组成成分，这两种酶是动物组织中极其重要的递氢体，为电子转移系统的起始传递者。辅酶Ⅱ在微粒体系统中，对生物氧化还原过程起着重要作用。

**病因**　长期饲喂缺乏烟酰胺的饲料，妊娠、高热、发育、感染等使机体对其需要量增加可导致缺乏症的发生。在犬和其他哺乳动物体内，能将色氨酸转化为尼克酸，猫却无这种能力。因此，在猫食中即使含有色氨酸，也可发生尼克酸缺乏症。

**症状**　犬猫尼克酸缺乏时，无食欲，常发生口腔黏膜炎和溃疡，往往从中流出大量黏稠带血的唾液，呼出气恶臭。犬尼克酸缺乏时可综合表现为黑舌病。有的病例发生糙皮病的皮肤病变，表现对称性皮肤炎，界限明了；在容易受到刺激的颈部、肘部及会阴部多发。严重的缺乏症，发生水样腹泻、红斑性皮肤炎及脂溢性皮肤炎，甚至会引起死亡。

**防治**　犬用烟酰胺50～100 mg口服，每天2次或3次，或10～15 mg，每天2次或3次皮下或肌肉注射；猫每天2～5 mg，口服或注射。多给动物性蛋白饲料，必要时使用抗生素控制感染。

患病动物应用大剂量尼克酸治疗，可引起中毒。中毒时表现血管扩张，瘙痒症，皮肤热感发红。但烟酰胺毒性较低，可大剂量用于治疗。

### 九、维生素$B_6$缺乏症

维生素$B_6$又称为吡哆醇。它是吡啶的衍生物。在生物组织中有吡哆醇、吡哆醛及吡哆胺3种，都具有维生素$B_6$活性。维生素$B_6$溶于水和酒精，对热稳定，但在碱性环境中对紫外线较敏感。维生素$B_6$分布很广，在蛋黄、肉、鱼、全谷及豆类等动、植物性食物中含量较多，肠道中微生物群也能合成一部分。

维生素$B_6$在组织中被氧化为吡哆醛，再经磷酸化形成5-磷酸吡哆醛，作为多种酶系统中的活性辅基，参与的生化反应有氢基酸脱羧作用、氨基酸转移作用、色氨酸与含硫氨基酸代谢、氨基酮戊酸形成和不饱和脂肪酸代谢等。此外，磷酸吡哆醛也是糖原分解过程中磷酸化酶的辅助因子。

**病因**　每天摄取的维生素$B_6$在成年犬每千克体重不足22 μg、幼犬不足44 μg的情况下，慢性腹泻造成吸收不良，妊娠时需要量增加，使用具有拮抗维生素$B_6$作用的药物如异烟酸、异烟肼(雷米封)等，都会发生维生素$B_6$缺乏症。

此外，由于维生素 $B_6$ 参与蛋白质代谢，因此，凡动物饲喂高蛋白质食物，其对维生素 $B_6$ 的需要量增多，因而也易发生维生素 $B_6$ 缺乏症。

**症状** 由于正铁血红素合成障碍，发生小红细胞低色素性贫血。临床上表现有神经症状、过敏反应、胃肠障碍、痉挛、口内炎、舌炎、口角炎等症状。眼睑、口唇周围、耳根和颜面等部位易发生瘙痒性红斑性皮炎及脂溢性皮炎。幼犬缺乏导致发育不良。成年犬缺乏时，食欲减退，体重减轻。猫由于草酸钙结晶在肾小管内沉积，可发生不可逆性肾损伤。

实验室检验血清铁显著升高和尿中检出黄尿烯酸，肝脏、脾脏和骨髓发生含铁血黄素沉淀。

**防治** 维生素 $B_6$ 注射液，10～30 mg，肌肉注射。然后用片剂每千克体重1～5 mg，每天 2 次或 3 次，连用 10 d。

## 十、生物素缺乏症

生物素的生理功能和辅酶一样，参与碳水化合物、嘌呤、色氨酸等物质的代谢过程，还能促进不饱和脂肪酸的合成。动物肠道微生物群能合成生物素，多种食物中都含有丰富的生物素，故用一般食物饲喂动物是不易发生生物素缺乏的。

**病因** 当应用大量抗生素、磺胺类药物或抗球虫药后抑制了肠道中微生物生成生物素，或增饲犬猫大量生鸡蛋蛋白时，由于其中含有抗生物素蛋白，能与食物或肠道中生物素牢固结合，使其丧失活性，这时动物才有可能发生生物素缺乏症。

**症状** 缺乏的早期阶段，出现鳞状性皮肤炎。在猫长期饲喂生鸡蛋，可出现食欲不振，眼睛和鼻子有干性分泌物和唾液增多。衰弱，腹泻，进行性痉挛，后躯麻痹，后期出现明显消瘦和血便。

**防治** 抗生物素蛋白对热较敏感，用煮熟鸡蛋饲喂犬猫，就可避免生物素缺乏症。治疗可用生物素，每天 7～30 mg，口服或肌肉注射。

## 十一、叶酸缺乏症

叶酸是由一个蝶啶核连接一个对-氨基苯甲酸，再与一个谷氨酸结合而成，呈黄色晶体，微溶于水，其钠盐易溶于水。在中性和碱性溶液中对热稳定，但在酸性溶液中对热不稳定，日光可使其失活，常温储存也能使其大量破坏。食物中叶酸大多数以多谷氨酸形式存在，最常见的是三分子谷氨酸叶酸和七分子谷氨酸叶酸。多谷氨酸叶酸是不能被小肠吸收的，它只能在小肠上皮中被结合酶水解为游离叶酸后才能被小肠吸收。叶酸在肝脏、肾脏、牛肉、绿叶蔬菜和小麦等动植物食物中含量最多。

游离叶酸在吸收过程中就被还原成四氢叶酸，这是叶酸的生理活化型，它可以携带各种一碳单位。通过这些一碳单位的转运，可以合成较多重要生物分子，特别是参与蛋白质和核酸的代谢。叶酸还可与维生素 C 和维生素 $B_{12}$ 共同促进红细胞、血红蛋白以及动物机体中抗体的生成。

**病因**　犬猫肠道中微生物群能合成足够的叶酸供其需要，因此，通常不易发生叶酸缺乏症。当犬猫大量出血、长期吸收不良或服用大量抗生素和磺胺类药物抑制了肠道中微生物群合成叶酸时才会发生叶酸缺乏症。

**症状**　动物叶酸缺乏时，临床上除出现厌食和体重减轻外，还发生大红细胞性贫血、白细胞总数减少、血凝时间延长、骨髓形成不全、舌炎等。

叶酸能通过胎盘传给胎儿，因此，妊娠后期犬猫只要不缺乏叶酸，所生幼龄犬猫也不会发生叶酸缺乏症。

**防治**　犬猫缺乏叶酸时，可口服叶酸盐，犬每天每只 5 mg，猫 2.5 mg。

## 十二、维生素 $B_{12}$ 缺乏症

维生素 $B_{12}$ 又称为抗恶性贫血维生素。药用的维生素 $B_{12}$ 含 CN 基钴胺——氰基钴胺，呈深红色结晶体，易溶于水、酒精和丙酮。在中性溶液中对热稳定，但在稀酸或稀碱溶液中易受热破坏。在动物组织中还含有 OH 钴胺——羟基钴胺和 $NO_2$ 钴胺——硝基钴胺。这 3 种维生素 $B_{12}$ 都不是原来的存在形式，维生素 $B_{12}$ 在组织中的天然形式为辅酶 $B_{12}$。维生素 $B_{12}$ 主要来源于肝脏，其他是奶、肉、蛋、鱼等动物性食物，植物性食物中不含有维生素 $B_{12}$。犬猫对维生素 $B_{12}$ 需要量都较少。

在有钴存在的条件下，其肠道中微生物群可合成维生素 $B_{12}$ 以满足所需。

维生素 $B_{12}$ 含有微量元素钴。它的生理功能与叶酸类似。维生素 $B_{12}$ 不仅参与蛋白质的合成和促进红细胞形成，而且也参与奇数碳原子脂肪酸的代谢过程。犬猫食物中含蛋白质多时，维生素 $B_{12}$ 可通过与内因子糖蛋白结合而被吸收，然后与血浆中的特异性蛋白结合后转化为钴胺，运送到所需要的组织中去。

维生素 $B_{12}$ 缺乏对机体内的所有细胞产生影响，尤其对细胞分裂快的组织影响最为严重，如影响骨髓的造血组织，使之产生巨成红细胞，从而引起恶性贫血。神经组织也可受到影响而引起神经纤维变性，出现食欲不振、异食癖和渐进性消瘦甚至恶病质。维生素 $B_{12}$ 常和其他 B 族维生素同时缺乏，防治时最好应用多种 B 族维生素。维生素 $B_{12}$ 用量，每天 10 μg。

### 十三、胆碱缺乏症

胆碱广泛地存在于动植物组织中。在动物性蛋白质、大豆粉、干酵母菌和某些油渣粉中,胆碱含量都十分丰富。胆碱是合成乙酰胆碱和磷脂的必需物质,磷脂是细胞膜的组成成分。胆碱也是卵磷脂的组成成分,并参与脂肪代谢、运输等过程(有防治脂肪肝作用)。胆碱和蛋氨酸一样,起甲基供体作用,并能刺激肝细胞生成抗体。

犬猫对胆碱需要量受食物中蛋氨酸含量的影响,动物食物中增加蛋氨酸供给,可减少对胆碱的需要。在猫食物中增加蛋氨酸,能完全替代对胆碱的需要。胆碱缺乏时可引起严重的肝和肾功能障碍,如脂肪代谢失常、肝内大量脂肪沉积、肝脂肪变性、低蛋白血症、胆碱酯酶升高、凝血酶原时间延长、血红蛋白和红细胞积压增加。犬每天摄取量超过 10 g,出现顽固腹泻的中毒症状。防治每千克干饲料中加胆碱 2 g 左右。

## 第 5 节　矿物质营养和代谢性疾病

犬猫机体中的各种元素,除碳、氢、氧和氮以碳水化合物、脂肪和蛋白质等有机物形式存在外,其他各种元素无论其存在形式如何、含量多少,统称为无机盐。其中,含量占机体总重量的 0.01%以上者(有人认为 0.05%以上)称为常量元素,如钙、磷、钾、钠、氯、镁和硫等;含量占体重总重量的 0.01%以下者(有人认为 0.05%以下)称为微量元素,如铁、铜、锰、锌、碘、硒和钴等。

无机盐是构成动物机体组织和维持正常生理功能所必需的重要元素,但它们不能提供热能。例如,钙、磷和镁是骨骼和牙齿的主要成分;无机盐是细胞内外液组成成分,并具有维持体液渗透压的作用;体内酸性和碱性无机离子的适当配合是维持机体酸碱平衡的重要机制;在体液中的各种无机离子,特别是钾、钠和钙离子,是维持神经肌肉兴奋性、细胞膜通透性及所有细胞正常功能的必要条件;无机离子是很多酶系统的活化剂、辅助因子或组成成分。

犬猫的矿物质代谢,由于无机盐在食物中分布较广,通常都能满足其机体的生理需要。但在特殊地理环境中或其他特殊条件下,也有可能发生矿物质代谢性疾病。

### 一、钙和磷代谢病(骨软病、佝偻病)

**钙和磷的生理功能**　动物机体中的钙和磷占总灰分的 70%以上,总钙量的

99％以上和总磷量的 80％～85％存在于骨骼和牙齿中，其余的钙和磷分布于细胞外液和细胞内。体液中的钙和磷含量虽然很少，但在维持动物机体生理功能中起着非常重要的作用，如心脏正常搏动以及肌肉、神经正常兴奋性传导和适宜感应性维持等。如果血液中钙离子浓度下降，可使犬猫神经和肌肉兴奋性增高，从而引起抽搐；相反，若血液中钙离子浓度过高，又可抑制神经和肌肉兴奋性。钙还参与血凝过程，还是各种生物膜的必需成分。磷是软组织结构的重要成分，如多种蛋白质以及细胞膜脂质均含有磷。此外，动物机体中的磷酸盐还有很多非结构性功能（如三磷酸腺苷储存能量）、参与很多酶系统的辅基的组成以及调节机体内酸碱平衡等。

**病因**　食物中钙磷不足或钙磷比例失调是导致佝偻病发生的重要原因之一。食物中理想的钙磷比例，犬为（1.2～1.4）∶1，猫为（0.9～1）∶1，并应占饲料总成分的 0.3％；尤其要注意磷含量过多，如大量饲喂动物肝脏，引起的钙磷失调。生肉、熟肉中都含钙较少，且钙磷比例为 1∶20，所以用去骨骼的鱼或肉喂犬猫时容易发生钙缺乏。生长发育期的幼龄犬猫、妊娠和哺乳犬猫对钙需要量大，如不注意钙的供给，也可发生钙缺乏。维生素 D 摄取不足或长期阳光照射不足，也影响钙的吸收。此外，小肠内 $H^+$ 浓度升高，由于酸性物质和钙生成不溶性的钙盐而导致钙不能吸收。饲料中金属离子（铁、镁、锶、锰、铝等）过剩，与磷酸根形成不溶性的磷酸盐复合物，影响钙磷的吸收。锶过剩还能影响肾对维生素 D 的活化。慢性消化障碍及寄生虫病、食物中蛋白不足或锰含量过高、慢性维生素 A 中毒、慢性肾功能不全等，也能直接或间接影响钙磷代谢，导致本病的发生。食物中钙磷不足或比例失调，或阳光照射不足及维生素 D 缺乏，引起的幼犬骨组织钙化不全、骨质疏松、变形的疾病称为佝偻病（rickets）；如果发生在成年犬，称为骨软病（osteomalacia）。

**症状**　本病在 1～3 月龄的幼犬容易发生。本病初期表现不明显，只呈现不爱活动，逐渐发展表现关节肿胀、前肢腕关节变性疼痛、四肢变性、呈 X 形（外弧）或 O 形（内弧）肢势（彩图 13-1、彩图 13-2）。病犬喜卧、异嗜。病犬站立时，四肢不断交换负重，行走跛行；头骨、鼻骨肿胀，硬腭突出，牙齿发育不良，容易发生龋齿和脱落；肋骨扁平，胸廓狭窄；肋骨和肋软骨结合部呈念珠状肿胀，两侧肋弓外翘；异嗜及胃肠卡他，排绿便；有时不能站立，体温、脉搏、呼吸一般无变化。犬缺乏时，还常伴有甲状腺功能亢进。产后母犬缺钙，常于产后 10～20 d 发生产后抽搐。

实验饲喂低磷性食物，能使青年犬发生磷缺乏，表现食欲减退，生长发育缓慢。成年犬出现骨质软化症状。犬食入过量的磷，还能引起钙缺乏症症状。

病犬血清检验，佝偻病表现低钙和低磷，碱性磷酸酶活性显著升高。骨软症表现低钙、高磷和碱性磷酸酶活性显著升高。

青年猫钙缺乏时，病初表面上看健康，随病势发展逐渐出现不爱活动、喜卧、讨厌人们捉它；最后表现跛行和轻瘫。严重缺钙的幼猫，腰荐部凹陷。X射线照片检查：骨骼显出结构疏松，骨髓腔扩大，骨骺的骨小梁稀疏和粗糙；肩胛骨弯曲外展，形成翼状肩胛；骨骺和脊柱易发生骨折。猫食物中钙和磷比例失调，还有可能引起泌尿系综合征（见镁代谢病）。

**防治**

①日光浴。尽量多晒太阳。

②给予维生素D制剂。可口服或肌肉注射维生素$D_3$，每次每千克体重1 500～3 000 IU。注意不要造成维生素D过剩。饲料中添加鱼肝油，每天用量为每千克体重400 IU。

③给予钙制剂。骨粉、鱼粉等，根据体重用0.5～5 g，拌料饲喂。口服碳酸钙，每千克体重1～2 g，每天1次；或内服乳酸钙，每次0.5～2 g。维生素$D_2$胶性钙注射液（骨化醇胶性钙注射液），每次0.25万～0.5万IU，肌肉或皮下注射；也可静脉注射10%氯化钙或10%葡萄糖酸钙液，犬10～30 mL，猫5～15 mL，注射时速度宜慢。根据粪便检验结果，如发现寄生虫或虫卵时要驱虫。腹泻时需要给予健胃助消化药，同时还应给予品质优良的蛋白饲料。为了防止钙和磷比例不当，犬猫每饲喂100 g鲜肉，添加碳酸钙0.5 g；每100 mL牛奶添加碳酸钙0.15 g。猫食物中添加5%～10%骨粉，可满足猫对钙的需要量。另外，还可让患病犬猫啃吃一些生骨头。这是一种较好的补钙和补磷方法，同时又能除去犬猫齿垢，清洁牙齿。

## 二、镁代谢病

动物机体中70%以上的镁是以磷酸盐形式参与骨骼和牙齿的组成，其余的约25%镁存在于软组织中，主要与蛋白质结合生成络合物。镁是细胞内的阳离子，对许多酶系统的生物活性极为重要。镁也是糖代谢及细胞呼吸酶系统不可缺少的辅助因子。此外，细胞外液中镁与钙、钾、钠协同，共同维持肌肉、神经兴奋。镁离子是维持心肌生理功能和结构所必需的成分，实验性镁缺乏可引起动物心肌坏死。

镁普遍存在于各种食物中，富含叶绿素的蔬菜是镁的主要来源，谷类、豆类和肉类中含量较多，但奶中镁含量很少。动物饲喂一般的食物不会发生镁缺乏症。但在慢性腹泻使镁过多排出，可发生镁缺乏症。镁缺乏时表现发育迟缓、肌肉无力、指(趾)间缝隙增大、腕关节和跗关节过度伸展、过敏症、痉挛、软组织钙盐沉积、长骨的骨端肥大,严重时发生惊厥。

应用含大量镁食物饲喂猫时,可发生猫泌尿系综合征(feline urological syndrome),特征为排尿困难、血尿、膀胱炎及尿道阻塞。其固体结晶为磷酸铵镁(鸟粪石)。

预防方法:

一是降低食物中镁含量,干食物中镁含量应低于 0.19%。

二是每 100 g 猫干食物中加 3.5 g 氯化钠,这样可增加猫的饮水量,使排尿量增多以降低尿中镁浓度;同时,由于尿中氯离子增多,抑制尿道中磷酸铵镁的形成,可杜绝或减少猫泌尿系综合征的发生。

犬尿道结石的发生,通常不是由于食物成分,而是由于尿道感染引起的。犬一次大量地摄入镁,会发生腹泻。

### 三、铁代谢病

动物机体中的铁主要存在于两大类物质中。第一类物质是血红蛋白、肌红蛋白以及一些酶系统(如细胞色素酶、过氧化氢酶和过氧化物酶等)。前二者的作用是运输氧气和二氧化碳;后者的作用是参与组织呼吸,推动生物氧化还原反应。第二类物质是以铁传递蛋白和铁储备形式存在于铁传递蛋白、铁蛋白及含铁血黄素中。铁蛋白是动物机体铁储备的主要形式,含铁血黄素是铁过量时的沉积物。以上各种形式的铁都与蛋白质结合在一起,而游离的铁离子极少。这是生物机体内铁的一个特点。机体中 60%～70%的铁存在于血红蛋白中,3%的铁存在于肌红蛋白中,其他存在于铁传递蛋白、铁储备及各种酶系统中。铁传递蛋白主要储存于肝、脾和骨髓。

多种因素可影响食物中铁的吸收。通常植物性食物中,由于其中含有较多的植酸盐、草酸盐等,将影响铁的吸收。动物性食物中,蛋白质具有促进铁的吸收作用,但牛奶、奶酪和蛋类则无此作用。二价铁化合物比高价铁化合物容易吸收。

长期用牛奶或奶制品饲喂犬猫,动物体内外寄生虫和慢性出血等都可引起铁缺乏症。用肉类饲喂犬猫则不易发生铁缺乏症。犬猫铁缺乏时表现无力和容易疲劳,发生小红细胞低色素性贫血、红细胞大小不同症、异形性红细胞增多症。

用过多铁尤其是毒性较大的二价铁饲喂犬猫,易发生铁中毒。犬中毒后表现厌食、体重减轻、低蛋白血症和胃肠炎。幼龄动物铁过剩,特别是在缺乏维生素 E 和硒的情况下会发生死亡。

## 四、铜代谢病

铜分布于动物所有组织中，其中浓度最高的是肝和脑，其次为肾、心和被毛，骨骼和肌肉中含量也较多。血浆中 90%铜与载体蛋白结合，称为铜蓝蛋白；其余的约 5%与白蛋白结合。铜的吸收要靠肠黏膜细胞中的载体蛋白，铜和锌之间的抗拮可能与竞争相同的载体蛋白有关。

铜的主要生理功能是以酶的形式出现。现已知有多种酶，既是含铜金属酶，又都是氧化酶，这些酶是铜蓝蛋白、细胞色素氧化酶、超氧化物歧化酶、赖氨酰氧化酶、尿酸酶、多巴-$\beta$-羟化酶等。血浆铜蓝蛋白是一种多功能氧化酶，可以催化很多生理代谢物的氧化，如肾上腺素、褪黑激素等。但其最主要的作用还是催化二价铁氧化成三价铁，从而有利于机体内储存铁的动用和食物铁的吸收。铜缺乏时将影响铁的吸收和运输，降低血红蛋白的合成。赖氨酰氧化酶主要存在于弹性组织和结缔组织中，主要功能是催化胶原脂肪链中赖氨酸的氨基氧化脱氨并形成醛赖氨酸。醛赖氨酸是结缔组织形成过程中，胶原发生交联不可缺少的化合物。如铜缺乏，则不能形成交联，影响胶原的正常结构，可增大骨骼的脆性。

饲喂犬猫食物中都含有铜，而铜含量最多的是肝、肾和甲壳类等；奶类中铜含量很少。铜的缺乏往往由于锌、铁或钼的过剩引起，表现与钙缺乏症同样的发育迟缓、骨病变、异嗜。铜缺乏时，尽管铁含量正常，仍能引起贫血；此外，犬还有发生被毛褪色和腹泻等，猫不发生。由于铜缺乏，常可使含铜酶活性减弱，从而导致骨骼胶原的坚固性和强度降低，发生犬猫骨骼疾患。

食物中铜浓度过高时，也能引起贫血，这是由于铜和铁在小肠吸收中竞争的结果。伯灵顿㹴犬具有一种特殊性缺陷，就是肝内铜储量过多，引起铜中毒。中毒症状为肝炎、肝硬化，并且还能遗传给下一代。对于此品种犬，绝对不能饲喂铜含量过高的食物。

## 五、锰代谢病

目前，有关犬猫对锰需要的研究还不多，只知道锰元素也是犬猫所必需的。锰主要来源于植物性食物，动物组织中锰含量极低。锰是动物机体中许多酶的激活剂，参与生化反应。锰对脂肪代谢和蛋白质生物合成都起着重要作用。犬猫缺乏锰时，由于不能激活一种或多种酶参与生化反应，从而引起了动物生长停滞、骨骼变形、关节肿大、生殖功能紊乱、抽搐、强直、不爱活动以及新生动物运动失调等。

锰虽是一种毒性极低的微量元素，猫一旦过量也能引起锰中毒。泰国猫锰中毒，表现生殖力降低和局部皮肤白化病。另外，食物中过多锰在消化道内还能与铁竞争吸收，使铁吸收减少，影响血红蛋白的生成。

## 六、锌代谢病

动物机体中的锌主要存在于骨骼、皮肤和被毛中，血液中的锌大部分在红细胞中，主要以碳酸酐酶和其他含锌金属酶类形式存在。血浆中的锌往往与蛋白结合；被毛中的锌含量一般视为反映食物中锌的供给水平。

锌是多种金属酶的组成成分或酶的激活剂，如碱性磷酸酶、碳酸酐酶、乳酸脱氢酶、谷氨酸脱氢酶等。近年来研究证明，锌主要参与动物机体 DNA、RNA 和蛋白质合成。锌能协助葡萄糖在细胞膜上转运，每一分子胰岛素含有 2 个锌原子，说明锌与胰岛素活性有关。

一般蛋白质食物中锌含量较多，海产品是锌的主要来源，奶类和蛋类次之，蔬菜及水果中锌含量较少。

锌的吸收与铁类似，它受肠道黏膜细胞中锌含量的影响。近年研究指出：过饲植物性蛋白质食物的猫，对锌的需要量增多，每 100 g 干食物中需添加锌 10 mg(正常为 3 mg)。食物中高钙能减少犬对锌的吸收，用高钙性食物饲喂幼犬，幼犬厌食，生长缓慢，个体小，趾垫增厚龟裂。脸、四肢和身上有痂片和鳞片损伤。

锌缺乏症的主要临床表现是食欲不振、体重减轻、发育迟缓、呕吐、全身被毛稀疏、皮屑性皮炎、被毛脱色、睾丸发育不全、创伤愈合能力下降、沉郁及末梢淋巴疾患。成年犬猫，尤其是青年 Huskies 和 Malamules 犬缺乏锌时，发生被毛粗糙，眼、口、耳、下颌、肢端、阴囊、包皮和阴门周围出现厚的痂片和鳞片，睾丸萎缩，身体局部色素沉着过多。

**治疗** 用硫酸锌，每天每千克体重 10 mg，2 周后才有疗效。

食物中锌含量过多，虽对动物毒性不大，但可影响动物对食物中铜和铁的吸收和利用。实验证明：每 100 g 干食物中，锌含量超过 30 mg 时，才会影响动物对食物中铁和铜的吸收。

## 七、碘代谢病

碘的生理功能是参与甲状腺激素合成，因此，甲状腺激素同于碘的生理功能。甲状腺分泌的甲状腺激素包括甲状腺素($T_4$)和三碘甲腺原氨酸($T_3$)2 种。

前者分泌量大于后者，而后者生理活性又为前者的3～4倍。动物机体中碘约20%存在于甲状腺中。食物和饮水中碘离子很容易被消化道吸收进入血浆，血浆中的碘主要是蛋白结合碘。被吸收的碘部分由甲状腺利用合成甲状腺激素，从而发挥其生理功能。碘含量最多的食物是海产品。

碘缺乏时，使甲状腺代偿性功能增强，结果腺体增生，即发生甲状腺肿。甲状腺肿是动物碘缺乏的主要症状。另外，对甲状腺肿起重要作用的还有如下因素：

①传染病。

②食物（如大豆）中含有致甲状腺肿物（goitrogens）。它具有抑制甲状腺激素的合成、释放等作用。

③酶系统中的遗传缺陷，也能影响甲状腺激素的生物合成。

长时间碘缺乏，甲状腺活力严重降低，可使正在生长发育的犬猫发生呆小病（cretinism），使成年犬猫出现黏液水肿（myxedema）。临床表现被毛短而稀疏，皮肤硬厚脱屑、精神迟钝、呆板、嗜睡、钙代谢异常以及成年母犬母猫不易妊娠或妊娠后胎儿被吸收。

甲状腺活力降低的猫，碘给予量过大（高于正常量50倍），可引起碘中毒，出现呼吸和脉搏增快、厌食、体温升高和消瘦。有的产生急性类碘缺乏症，这是由于大剂量的碘损伤甲状腺激素合成的结果。

## 八、硒代谢病

硒是维持动物机体正常生理功能的微量元素。根据近年来的研究，已知哺乳动物红细胞内谷胱甘肽过氧化物酶有硒参加。在硒缺乏的动物体内，红细胞中谷胱甘肽过氧化物酶活力降低。此酶作用是通过还原型谷胱甘肽保护红细胞，以防止过氧化物的堆积。硒的生理功能主要是以谷胱甘肽过氧化物酶形式发挥抗氧化作用，以保护细胞膜。维生素E也有强大的抗氧化作用，不过二者发挥作用的阶段不同。维生素E主要阻止不饱和脂肪酸被氧化成氢过氧化物；谷胱甘肽过氧化物酶则是将产生的氢过氧化物迅速分解成醇和水。这2个系统可以相互补充，共同保护细胞膜的完整性。

研究证明，硒与铅、镉和汞呈拮抗作用。硒缺乏的动物，对食物中铅、镉和汞的敏感性升高，易发中毒。实验和流行病学调查还表明，硒还具有一定的抗癌作用。硒的主要来源是肝、肾和海产品，谷物中的硒含量随其地区土壤硒含量而定。

犬发生硒缺乏症，骨骼肌和心变性，出现白肌病和心肌病。其他动物缺乏

时，发生生殖力紊乱和心性水肿。

硒的毒性较大，食入过多可引起中毒。硒的生理需要量和中毒量之间差异较小，因此，食物中添加硒时，应特别注意。其他动物的资料表明，硒过剩会发生神经质、食欲不振、呕吐、衰弱、运动失调、呼吸困难以及肺水肿后数小时到数日内死亡。

（陈　武　高得仪）

# 第 14 章　中毒性疾病

毒物种类很多，通常动物中毒多为急性，一时又难以确诊是什么毒物中毒，即使能够确诊，当前对多数毒物中毒也缺少特效解毒药。因此，本章重点介绍一下中毒性疾病的一般治疗措施，便于临床上抢救急性中毒犬猫。根据实践，又介绍了临床上相对比较多见的几种中毒性疾病。

## 第 1 节　中毒性疾病的一般治疗措施

一般中毒性疾病，多呈突然急性发作，而且目前对多数毒物尚无特效的解毒药物，因此，采取一般治疗措施，对于缓解中毒症状，维持生命，从而使中毒动物获得康复，具有极其重要的意义。

### 一、中毒的紧急处置

毒物由口食入所致中毒，且时间不久，应即刻进行催吐，使毒物从胃内排出体外，减少吸收。

一般可用 3%过氧化氢溶液口服，每次 5 mL，每隔 5 min 1 次。此外，也可用吐根糖浆，每次每千克体重 2～5 mL；或用软布条、鸡毛等物，迅速而轻微地刺激动物软腭或咽黏膜，引起反射性呕吐。

当动物误食强酸、强碱或煤油等毒物时，不宜进行催吐。

毒物或腐蚀性化学物质接触动物体表致使中毒时，应立即用大量清水洗刷受染部位，以排除或减少其有害物质对体表的继续作用。

动物发生中毒，出现兴奋不安、惊厥时，为使动物保持安静，可给予镇静剂，以防止意外伤害。

### 二、排除毒物

#### (一)排除动物消化道内毒物

1. 催吐

对由口食入毒物尚不超过 1～2 h，毒物未被吸收或吸收不多时，应用催吐，使毒物连同胃内容物吐出体外，防止吸收或后送入肠道进一步吸收。通常犬选用阿扑吗啡催吐，每千克体重 0.04～0.09 mg，皮下注射；猫选用隆朋（盐酸二甲苯胺噻嗪），每千克体重 1 mg，肌肉注射；也可用 1%硫酸铜溶液灌服，犬为 20～100 mL，猫为 5～20 mL；还可用 1%硫酸锌溶液，犬 20～40 mL/次。犬还可用 2%碘酊 2～5 mL，10 倍稀释后灌服。

当毒物食入已久，并进入十二指肠已被吸收时，再用催吐治疗无效。此外，误食强酸、强碱腐蚀性毒物时，不宜催吐，以防对食道和口腔黏膜损伤或使胃破裂。

2. 洗胃

由口食入毒物不久尚未吸收时，可采取洗胃措施。

洗胃前对动物要进行镇静或麻醉，然后做气管内插管和套囊封闭，以防止动物误咽。保定时应使动物头、胸部稍低些，但不能因腹腔内脏器官重力前移压迫膈肌影响呼吸。用开口器打开口腔，再用直径较粗的胃管插入胃内。宜用温水洗胃。洗胃用水量，以每次每千克体重灌注 5～10 mL，不宜太多，可反复灌之。在洗胃温水中加入活性炭或解毒药，可提高洗胃效果。

洗胃插入胃导管时，要防止损伤食道和胃黏膜。胃壁有损伤时，洗胃灌注水量应适当减少。

3. 吸附毒物

由口食入的毒物已超过 1～2 h，虽进入肠道但尚未完全吸收时，可口服活性炭吸附毒物，以减少肠道吸收；剂量为每千克体重 2～8 g，并以每克活性炭加水 3～5 mL，经胃导管灌注胃内。0.5 h 后再灌服缓泻剂硫酸钠，剂量为每千克体重 1 g，加水配成 5%～10%溶液。

4. 灌肠

灌肠可促进肠道内有毒物质排除。猫犬多以医用 16 号导尿管作为灌肠用导管。其尖端涂油插入肛门，边往前送边注入灌肠液体，可以深达 5～30 cm。液体选用温热（38～39℃）普通水或肥皂水，也可选用 0.1%高锰酸钾溶液等灌肠。一般灌肠液体剂量为每千克体重 20～40 mL，但不宜灌注过多，以防肠管受到损伤。注意防止灌肠使腹压急剧升高而影响呼吸。中毒动物有高热时，可用冷水灌肠，有降低体温作用。

为使灌注液体在肠道内停留一段时间，可用手指以适度力量按压肛门片刻再放开，让其自行排出。灌肠可反复进行。

5. 导泻

导泻可加速肠道内容物排出体外，以减少肠道对毒物的吸收。毒物经由胃后送肠道时，为了加速排出，一般多用盐类泻药，如硫酸钠或硫酸镁，剂量为每千克体重 1 g，配成 5%～10%溶液口服或灌服，或选用润滑性泻药，如石蜡油（不被机体所吸收），剂量为每千克体重 3～5 mL，口服；还可用植物油投服，但对脂溶性毒物，不宜使用（防止促进毒物吸收）。

### （二）清除皮肤和黏膜上的毒物

对皮肤和黏膜上的毒物，应及时用冷水洗涤（为了防止血管扩张，加速对毒物吸收，不宜用热水），洗涤愈早愈彻底愈好。

对于不宜用水洗涤的毒物，可酌情使用酒精或油类物质擦洗。但用上述物质擦洗时，易使毒物溶解于酒精或油质中，也能促进其吸收，所以，在使用该种措施时，应迅速擦洗，并且边擦洗边用干毛巾擦净。

对已知毒物，最好选用具有中和或对抗作用的药物来清洗体表或黏膜的有毒物质。如毒物为酸性物质，可选用弱碱性物质——碳酸氢钠溶液。反之碱性物质中毒时，可选用弱酸性物质——食醋进行洗涤。但注意选用洗涤药物时，不能使被清洗的毒物增加毒性。例如，敌百虫中毒时，严禁用弱碱性溶液清洗，因为敌百虫在碱性环境中，其毒性可变成比敌百虫大的敌敌畏。

### （三）加速毒物从体内排出

多数毒物通过肝脏代谢由肾脏排出，也有的毒物通过肺或粪便等途径排出。保护肝脏，可给予葡萄糖，增加肝糖原和葡萄糖醛酸等，以便增强肝脏的解毒功能。猫肝脏与犬不同，缺乏葡萄糖醛酸转移酶，因而某些化学物质不能及时与葡萄糖醛酸结合由肾排出，结果导致这些物质排泄缓慢，使其毒性增强。

投予利尿剂增加排尿量。尿量增多使溶解在尿液中的毒物加速随尿排出体外，但必须在动物机体肾功能正常情况下方可投予利尿剂，如甘露醇，剂量为每千克体重 2 g，静脉注射；或用速尿，剂量为每千克体重 4 mg，肌肉注射。此外，人为改变尿液 pH 值时，可促使某些毒物排出。当中毒动物发生少尿或无尿，甚至肾功能衰竭时，可进行腹膜透析，从而使体内代谢产物或某些毒物通过透析液排出体外。

## 三、解毒药物

### （一）常用解毒药物

1. 吸附剂

吸附剂使毒物被吸附于吸附剂表面或孔隙中，以减少或延缓毒物的吸收，达到解毒目的。吸附剂不溶于水，也不易被机体吸收，对机体无害。因此，除氰化物毒物外，任何经口食入消化道的毒物，都可使用吸附剂解毒。但吸附剂对毒物也仅仅是吸附作用，并不能改变毒物性质，故使用吸附剂的同时，必须配合泻剂、洗胃或结合催吐剂使用，效果将会更好。

常用吸附剂有：药用炭、木炭末等，一般配成 2%～5%混悬液灌服或洗胃，或与催吐剂或盐类泻剂混合应用，剂量为每千克体重 1～3 g，还可根据情况酌情加减。

2. 保护剂

保护剂为黏浆剂和具有黏滑性物质，在灌服后能被覆在胃、肠黏膜表面，使毒物不能与黏膜直接接触，从而保护黏膜免受毒物刺激，并减少或延缓毒物吸收，达到解毒目的。

常用黏浆剂和黏滑性保护剂，多数是营养物质或对机体基本上无害的物质。因此，保护剂可不受剂量限制，对经口进入消化道内的毒物，一般都可使用。但这类制剂也仅能起到物理性保护作用，并不能改变毒物性质，故在应用黏浆剂时，首先用催吐剂或泻剂，以免使过多的毒物沉积于胃、肠壁上不易清除，造成不良后果。使用黏浆剂，一般可多次使用，但不宜同时或同其他药物混合使用。常用保护剂有蛋白水、牛乳、米汤和面粉糊等。

3. 凝固剂

凝固剂可以使毒物凝固，形成不易溶解物质，以减少胃、肠对其吸收，达到解毒的目的。但凝固剂应用范围比较窄，只能应用于铅、铜、汞、石炭酸等易被凝固剂所凝固的毒物。常用凝固剂有蛋白水、花生油、菜油和猪油等。

应用油类凝固剂时，应注意的是除上述毒物外，有的毒物易溶于油中而被吸收，有加重中毒危险。因此，在应用凝固剂过后，再灌服盐类泻剂将更为安全。

4. 中和剂

用弱酸中和碱性毒物或以弱碱中和酸性毒物，从而达到解毒目的。毒物被中和后发生质的变化，使其失去毒性。所以，当中毒物质为已知酸性或碱性毒物时，使用中和剂是重要的解毒措施。

常用弱酸性解毒剂有食醋、酸奶、稀盐酸和稀醋酸等。应用稀醋酸需经 10～20 倍稀释，用稀盐酸(10%)需经 20～40 倍稀释。常用弱碱性解毒剂有氧化镁、石灰水上清液、小苏打水和肥皂水等。上述中和剂在用于灌肠或洗胃时，浓度可加大几倍，使之增强效果。

5. 氧化剂

氧化剂用以氧化毒物，使有毒物质变为无害物质。这是一种简单而有效的解毒方法，但在应用上也有一定的局限性，只能用在能被氧化的毒物，如生物碱、氰化物、无机磷、巴比妥类药物、砷化物等。有的毒物，如有机磷（1605、1059、3911、乐果等）应用氧化剂后，反而使其毒性增强。故对这些毒物应禁止使用氧化剂解毒。氧化剂可氧化破坏消化道内残存的有毒物质，故常用于洗胃或口服以及深部灌肠。

常用的氧化剂有高锰酸钾和过氧化氢溶液等。前者有刺激性和腐蚀性，应用时注意药液的浓度。后者易产生气体，除不宜用于腐蚀性毒物中毒外，一般3%过氧化氢溶液需经10倍以上稀释后，方可用于灌服或洗胃。

6. 沉淀剂

沉淀剂使毒物沉淀，以减少毒性或延缓吸收而达到解毒目的。常用沉淀剂有鞣酸、浓茶、稀碘酒和蛋白水等。沉淀剂主要用于砷、汞等重金属以及生物碱类中毒。

7. 拮抗剂

利用药物与药物间、药物与毒物间、毒物与毒物间的相互拮抗作用来达到解毒目的。

常见拮抗剂如下：

①阿托品、莨菪碱类对毛果芸香碱、槟榔及其制剂、新斯的明等有拮抗作用。阿托品还对有机磷、西维因、吗啡类药物和毒蕈等有一定的拮抗解毒作用。

②水合氯醛、巴比妥酸类药物对士的宁、美解眠等有拮抗解毒作用。

③氯丙嗪、奋乃静对盐酸苯海拉明等有拮抗解毒作用（对抗肌肉震颤等）。

④阿片、吗啡、杜冷丁和其他阿片类药物等对盐酸丙烯去甲吗啡、麻黄碱、戊四氮、尼克刹米、安钠咖、回苏灵、山梗茶碱等有拮抗解毒作用。

⑤巴比妥类药物、水合氯醛对麻黄碱、苯丙胺、戊四氮、尼克刹米、山梗茶碱、安钠咖、美解眠等，都互为拮抗，又互为解毒药。

### (二)特效解毒药

对中毒毒物具备特殊有效拮抗作用和解毒功能并使其变为对动物无毒的药物称为特效解毒药。目前这种具有直接作用的解毒剂为数不多。常用的特效解毒药有以下几种：

①美蓝。1%美蓝溶液，剂量为每千克体重0.5～1 mL，静脉注射，应用于氢氰酸中毒；剂量为每千克体重0.1～0.2 mL，静脉注射，解除亚硝酸盐、非那西丁、安替比林、硝基苯等中毒。

②解磷啶、氯磷啶、双复磷等。用于有机磷中毒，如配合阿托品使用，其效果将更为有效。

③依地酸钙钠、青霉胺、二巯基丙醇、硫代硫酸钠等。主要用于铅、汞、砷、锇等重金属和类金属中毒。

④葡萄糖醛酸内酯(肝泰乐)。它是石炭酸、来苏儿、木焦油等芳香族碳氢化合物中毒的特效解毒药,但主要用于犬而不宜应用于猫。

### 四、对症治疗

对症治疗又称支持疗法,在中毒病治疗中具有非常重要的意义。它为缓解中毒症状和抢救中毒动物生命赢得了时间。当前仍有许多毒物中毒后无特效解毒药,多通过对症治疗来增强机体的代谢、调节功能以及降低毒性作用,从而获得康复。

经常采用的措施,有中枢神经过度兴奋给予镇静药以及过度抑制给予兴奋药。此外,还根据动物临床表现,采用相应的药物给予调节,如强心、利尿、止痛、兴奋呼吸中枢和降温等措施。同时,中毒动物体液丢失的补充、调节酸碱平衡等,也是在中毒治疗中不可忽视的重要措施。

## 第 2 节 有机磷杀虫药中毒

有机磷杀虫药有上百种,主要用于植物和动物杀灭害虫。有机磷按毒性分为三类:一是剧毒类,如对硫磷(1605)、内吸磷(1059)、甲拌磷(3911)、硫特普等。二是强毒类,如敌敌畏、甲基 1059。三是低毒类,如敌百虫、乐果、马拉硫磷(4049)等。这些有机磷进入犬猫机体后,便能引起不同程度的中毒。

**病因和发病机理** 有机磷杀虫药能经犬猫消化道、呼吸道和皮肤进入体内,引起中毒。犬猫中毒可发生在以下几种情况:

①误食撒布含有机磷杀虫药的食物,误饮撒布有药物的饮水,或舔舐沾有药物的用具和被毛。

②误用配药用具做犬猫食盆或饮水盆。

③滥用或误用过量药物杀灭犬猫体内外寄生虫,或将犬猫留放在喷有药液的房间等。

有机磷杀虫药进入犬猫机体后,与体内胆碱酯酶结合,形成磷酰化酶,使胆碱酯酶失去水解乙酰胆碱作用,导致体内乙酰胆碱蓄积,引起一系列中毒症状。

**症状** 有机磷杀虫药中毒(organophosphatic insecticides poisoning)主要表现为副交感神经系统过度兴奋,包括以下 3 种类型:

①毒蕈碱样症状。唾液分泌增多、瞳孔缩小、呕吐、腹泻、尿频、腹痛,由于

支气管收缩和分泌物增多而引起呼吸困难。

②烟碱样症状。肌肉无力或自发性收缩。

③中枢神经系统症状。表现神经质、兴奋、运动失调、惊恐，逐渐发展成惊厥或癫痫等。

中毒症状多在毒物进入机体后几小时内出现。中毒轻重受毒物量多少和进入机体途径影响。急性严重中毒，表现呼吸困难，呼吸衰竭，最后死于呼吸麻痹。

**诊断** 根据接触有机磷杀虫药史、临床症状、胃内容物毒检验、血液与脑组织中胆碱酯酶活性降低即可诊断。

**防治**

①尽量避免犬猫接触有机磷杀虫药。

②口服中毒，未超过 2 h，用催吐疗法。犬用阿扑吗啡，每千克体重 70 μg；猫每只每次 1～2 mg，皮下注射。硫酸铜催吐，犬每次 0.1～0.5 g，猫每次 0.05～0.1 g，配成 1%溶液口服。犬还可用 2%碘酊 2～5 mL，加水稀释 10 倍后，口服催吐。也可口服石蜡油，减少毒物在肠道吸收，尽快排出体外，犬每次 10～30 mL，猫 5～10 mL。口服活性炭，吸附胃肠内毒物，然后随粪便排出，犬猫每千克体重 3～6 g。

③皮肤接触中毒可用清洁水冲洗。

④药物治疗。硫酸阿托品，犬猫每千克体重 0.2～1.5 mg，皮下或静脉注射，每 3～6 h 1 次，必要时应重复给药。特效解毒药解磷定或氯解磷定，犬猫每千克体重 20～50 mg，配成 10%溶液，肌肉或静脉注射，必要时需重复给药，或用双复磷，犬猫每千克体重 15～20 mg，肌肉或静脉注射。解磷定、氯解磷定或双复磷和阿托品联合用药，效果会更好。

⑤中毒严重休克时，进行人工呼吸、吸氧等措施。呕吐、腹泻严重者需静脉输液治疗。

## 第 3 节　氟乙酰胺中毒

有机氟化物主要有氟乙酰胺（敌芽胺）、氟乙酸钠和 *N*-甲基-*N*-萘基氟乙酸盐等剧毒农药。这些农药通常用于杀灭农林蚜螨和鼠害。由于有机氟对人、畜、禽有剧毒，国家 1992 年有明文规定，不许再生产和使用有机氟化物，特别不许使用氟乙酰胺作为灭鼠药使用。但目前自由市场上，仍有人销售氟乙酰胺杀灭鼠药。因此，氟乙酰胺仍有造成人类、犬猫和畜禽发生中毒（fluoroacetamide poisoning)的可能。

**病因和发病机理**　犬猫误食了有机氟化物，尤其是氟乙酰胺污染的食物、毒饵、饮水等，最常见的是吃食了用氟乙酰胺毒死的老鼠和其他动物，引发犬猫中毒。氟乙酰胺可经过消化道、呼吸道和皮肤进入机体，动物中犬猫对其最敏感。犬猫吃入达每千克体重 0.05～0.2 mg，便可致死亡。

氟乙酰胺在机体脱胺成氟乙酸，氟乙酸经活化与草酰乙酸结合，生成氟柠檬酸。氟柠檬酸与柠檬酸结构相似，是其拮抗物，阻断柠檬酸代谢，抑制乌头酸酶，中断三羧酸循环，导致体内柠檬酸蓄积和 ATP 生成不足。其毒性作用对脑和心脏危害最重，引起中毒犬猫神经症状和猫心搏加快，脉搏微弱。

**症状**　氟乙酰胺进入机体，30 min 后就中毒发病。毒物主要毒害犬猫中枢神经系统和猫心脏。急性中毒表现精神沉郁、呕吐和排粪尿，犬出现粪尿失禁。严重中毒主要表现为兴奋、狂暴、嚎叫、狂奔、跳跃和爬墙，不久倒地打滚、抽搐、角弓反张、呼吸加快，猫心搏快而弱；安静片刻后，又重复发作，发作 3 次或 4 次后，强直而死亡。整个病程只有十几分钟或不到 1 h 时间。

尸体剖解病变为脑膜充血、出血、心肌变性、心内膜有出血点、肝和肾脏肿大淤血、卡他性或出血性胃肠炎。

**实验室检验**　血液中柠檬酸含量增多，经口食入的毒物，其食物和胃内容物中含有氟乙酰胺毒物。

**诊断**　根据犬猫接触或采食氟乙酰胺病史，临床症状，实验室检验和尸体剖解等，做出中毒诊断。

**防治**

①脱离毒物现场，更换可疑食物或饮水。

②经皮肤中毒者，用清水冲洗。经口中毒者，首先催吐(见本章第 1 节)，也可用 1∶5 000 高锰酸钾溶液洗胃；然后口服鸡蛋清，保护胃黏膜；最后用硫酸钠，犬每只 10～25 g，猫 5～10 g，配成 5%～10%溶液，口服导泻。

③特效解毒药解毒。解氟灵(乙酰胺)，犬猫每天每千克体重 0.1～0.3 g，分 2～4 次肌肉注射，首次用日量 1/2，连用 5～7 d；用乙二醇乙酸酯(醋精)100 mL，加入 500 mL 水中，让犬猫自饮或灌服；用 95%酒精 10～20 mL，加水口服，每天 1 次；也可用 5%酒精和 5%醋酸溶液，犬猫每千克体重 2 mg，口服。

④对症治疗。镇静用氯丙嗪，犬猫每千克体重 1.1～6.6 mg。解除呼吸抑制用尼克刹米，犬 0.12～0.5 g/次，猫每千克体重 7.8～31.2 mg，皮下或肌肉注射，必要时 2 h 后重复 1 次。解除痉挛可静脉输注钙和葡萄糖溶液，控制脑水肿，可静脉输注甘露醇溶液等。

## 第 4 节　抗凝血杀鼠药中毒

抗凝血杀鼠药种类较多，一般用于杀灭老鼠的有华法令钠（杀鼠灵）、敌鼠钠盐、溴敌隆（溴敌鼠）、杀鼠隆、敌鼠、克灭鼠、杀鼠迷、双杀鼠灵（敌害鼠）、杀它仗、氯敌鼠（氯鼠酮）等。抗凝血杀鼠药中毒（anticoagulaxt rodenticide poisoning）后特点：动物全身各个部位自发性地大块出血，创伤，手术或针扎后出血不止。

**病因和发病机理**　抗凝血杀鼠药是当前允许使用的杀鼠药，各地应用较多，因此，造成犬猫中毒的机会也增多。犬猫中毒多发生于以下几种情况：

①犬猫采食了抗凝血杀鼠药杀死的老鼠，发生二次中毒。

②犬猫误食了抗凝血杀鼠药。

③用华法令钠等抗凝血药物防治血栓性疾病，用药量大或用药时间过长，或者在用华法令钠时同时应用能增强其毒性的保泰松、阿司匹林、广谱抗生素和氯丙嗪等。

抗凝血杀鼠药都含有华法令类抗凝血毒物香豆素，而香豆素和维生素 K 拮抗，影响维生素 K 依赖凝血因子Ⅱ（凝血酶原）、凝血因子Ⅶ、凝血因子Ⅸ和凝血因子Ⅹ在肝脏里的生成和羧化，未经羧化的维生素 K 依赖凝血因子无凝血活性，从而导致出血倾向。华法令钠在犬体内半衰期为 20～24 h。在华法令钠中毒期间，如果能得到维生素 K 的大量持续供给，使维生素 K 依赖凝血因子的生成和羧化仍能照常进行，从而起到解毒作用。

**症状**　急性中毒，无任何症状表现而死亡。死后尸体剖检，多见脑内、心包内、胸腹腔内有出血。

亚急性中毒，从吃入毒物到引起动物死亡，一般需经 2～4 d。中毒初期精神不振、厌食；稍后不愿活动、走路跛行、厌站喜卧、呼吸费力、眼结膜发白有出血点、心搏快而失调；继续发展，表现共济失调、贫血、血肿、黑粪便、眼前房出血、血尿、吐血和衄血等；最后痉挛、昏迷而死亡。死后尸检，全身器官组织呈现泛发性出血。

**实验室检验**　凝血因子Ⅱ、凝血因子Ⅶ、凝血因子Ⅸ、凝血因子Ⅹ减少，凝血时间延长。

**诊断**　根据接触抗凝血杀鼠药史，广泛性出血症状，可初步诊断。确诊需检验血液的凝血时间、凝血酶原时间及香豆素含量多少。

**治疗**

①维生素 K 是治疗抗凝血杀鼠药中毒的特效药物，尤其是维生素 $K_1$。最初可用维生素 $K_1$，加入葡萄糖或生理盐水中，缓慢静脉注射，也可肌肉或皮下注射，用量猫为 5～25 mg，犬可达每千克体重 5 mL，12 h 1 次，连用 2 次或 3 次；然后改为口服维生素 K，每天每千克体重 5 mL，连用 10～20 d。

②如果出血过多，应输血治疗，每千克体重 10～20 mL，开始输血时，速度稍快些，输 1/2 后，速度应减慢。另外，再配合一些支持疗法。

③已中毒的犬猫，不能行手术或放血；出在皮下或胸腹腔的血液，如果不危及生命，可让其慢慢吸收。

④病愈恢复期，应加强饲养管理，多饲喂些有营养的食物，最好是犬猫商品性食品。

## 第 5 节　铅中毒

铅中毒(lead poisoning)是世界范围的常见中毒病，多发生于幼年犬猫和儿童，犬比猫多发。美国波士顿一家动物医院统计，6 月龄以下的犬，4%有铅中毒。当前西方国家常以犬猫铅中毒来监测对儿童的危害，犬猫铅中毒比儿童容易发生。当家养犬猫血液含铅量超过 10 μg/dL 时，喜欢和犬猫相伴的儿童也有铅中毒的可能。联合国世界卫生组织规定，血液铅含量不超过 10 μg/dL 为正常；超过 10μg/dL 时，将对犬猫和儿童造成危害。近年北京儿童保健所抽样调查，北京市儿童 69.6%超过这个水平。据此看，北京地区犬猫血液含铅量会更高。

**病因**　在人类和动物周围环境中，铅和含铅物质普遍存在。汽油中的铅经燃烧散布于空气和土壤，城市远高于农村。正常每吨土壤含铅不超过 20 g。美国城市土壤每吨含铅量最高达 7 750 g。其他含铅物有油画颜料、膝布、铅玩具、油漆物、玻璃油泥、铅锤、焊锡、油毡、电池、滑润油、子弹以及铅厂灰烟及污物等。铅和含铅物经消化道、呼吸道和皮肤进入动物机体，引起中毒。犬猫铅中毒量为每千克体重 10～20 mg。

铅和含铅物经口进入胃肠道，在食物中缺钙、锌、铁和蛋白时或在酸性环境下，更利于铅的吸收。一般成年犬可吸收食入铅的 10%，而年幼犬可吸收高达 90%。所以，年幼犬猫易发生中毒。肠道吸收的铅由红细胞携带进入软组织，如肝脏、肾脏、中枢神经系统和骨髓，还能通过胎盘和进入乳中。铅自然从机体排出很慢，从尿中排泄量也很小，但和治疗药物形成螯合物后，排泄加快。

**症状** 犬猫铅中毒分急性和慢性 2 种，以慢性中毒多见。急性中毒表现厌食、流涎、贫血、腹痛、呕吐和腹泻，神经症状有神经过敏、歇斯底里狂叫、咬牙、乱跑、运动失调、发抖、痉挛及麻痹，进一步出现耳聋、眼瞎和痴呆。慢性铅中毒表现贫血、多动、好斗、易激怒、呼吸道和泌尿系统损伤等。

**实验室检验** 血铅水平超过 30 μg/dL，湿肝脏高达 5 mg/kg(正常 3.5 mg/kg)。血液红细胞数减少，出现贫血性有核红细胞、低色素性小红细胞和嗜碱性彩点红细胞等，尿中 $\gamma$ -酮基 -$\delta$-氨基戊酸(ALA)增多。

**诊断** 根据有接触铅或含铅物史、临床症状、血液和尿液检验，以及用依地酸钙钠(EDTA $CaNa_2$)治疗有效可诊断。

依地酸钙钠治疗 24 h 后尿中排铅增多。铅中毒时，治疗 24 h 后尿中排铅量可达治疗前的 6 倍。

鉴别诊断注意与犬瘟热、癫痫、脑炎、狂犬病和胃肠道疾病的区别。

**治疗** 治疗原则为从胃肠道清除铅，防止进一步吸收；从血液和体组织中尽快排出铅；设法治疗铅中毒的神经症状。

急性中毒常来不及治疗而死亡。如果发现较早时，可采用催吐、洗胃和导泻等措施，以促进毒物从机体清除。同时，应尽早应用依地酸钙钠，每天每千克体重 100 mg，分 4 等份，加入 5%葡萄糖或生理盐水，静脉滴注，或配成 20%溶液肌肉注射，连续治疗 2～5 d；为防止疼痛，每次可加入 1%盐酸普鲁卡因 1 mL。治疗后如果仍有神经症状或血铅水平仍高于 100 mg/dL，需进行第 2 个 2～5 d 治疗。经过治疗仍不能控制住神经症状，预后不良。

用依地酸钙钠治疗的同时，也可配合应用青霉胺，其效果会更好。青霉胺用量每天每千克体重 100 mg，分 4 次口服，连用 1～2 周。如果出现呕吐、不安和厌食时，可空腹时口服或服药前半小时，口服茶苯拉明，每千克体重 2～4 mg。

具有神经症状的犬猫，需用镇静药安定，犬每只每次 2.5～20 mg，猫 2.5～5 mg，或戊巴比妥钠，犬猫每千克体重 15～25 mg，口服，静脉注射用量为每千克体重 2～4 mg。支持疗法包括输液、补充电解质、调节酸碱平衡等。

## 第 6 节 蛇毒中毒

蛇毒中毒(snake venom poisoning)是犬猫被毒蛇咬伤引起。世界上现有 3 000 多种蛇类，其中毒蛇 650 多种。我国约有 160 种蛇，毒蛇 47 种，其中较常见并危害较大的毒蛇主要有眼镜蛇科的眼镜蛇、眼镜王蛇、银环蛇、金环蛇与海蛇科的海蛇以及蝰蛇科的蝰蛇、蝮蛇、五步蛇、竹叶青、龟壳花蛇等。毒蛇多分布在长江以南及东南沿海诸省，长江以北由于气候较冷，毒蛇相对较少，只有蝰蛇、蝮蛇、龟壳花蛇、菜花烙铁头等几种。

**病因**　犬猫为了狩猎、配种、觅食、玩耍或活动，常到野外、草地、森林等处，被毒蛇咬伤后引起中毒。毒蛇的生活有一定规律，在长江以南地区活动期为4～11 月份，7～9 月份最活跃。不同的毒蛇每天活动规律不同，以白天活动为主的有眼镜蛇和眼镜王蛇；白天晚上都有活动的有蝮蛇、五步蛇、竹叶青，它们在闷热天气活动更盛，五步蛇还喜欢在雷雨前后出来活动。最活跃的月份和爱活动的时间，也是犬猫最易被咬伤的月份和时间。

**发病机理**　毒蛇都有毒牙和毒腺。它们咬伤犬猫后，把毒汁注入犬猫体内，引发中毒。蛇毒进入动物体内后，有 2 种扩散方式。一种是随血液扩散，很快散布到全身，使犬猫很快中毒死亡。另一种是蛇毒随淋巴扩散，散布速度缓慢，有利于吸出蛇毒和急救。

蛇毒是一种复杂的蛋白质化合物，由多种氨基酸组成。蛇毒分为神经毒、血液毒及神经和血液混合毒 3 种。

①神经毒。金环蛇、银环蛇等含此毒。此毒主要干扰乙酰胆碱的合成、释放及作用，引起骨骼肌麻痹，甚至全身瘫痪；亦抑制呼吸中枢，使机体缺氧，引起呼吸衰竭。

②血液毒。血液毒含心脏毒和酶。蝮蛇、竹叶青、龟壳花蛇、蝰蛇、五步蛇等属此类毒蛇。血液毒直接损伤心脏，使其变性坏死，引起心力衰竭。蛇毒中含有多种酶。其中，卵磷脂酶能使红细胞溶解，使毛细血管扩张和增加渗透性，使血溶量不足和血压下降；蛋白分解酶能消化破坏血管壁，引起出血和组织损伤，使大片深部组织坏死；磷酸酯酶也能使乙酰胆碱合成障碍，使神经冲动传导受阻，末梢血管扩张，血压降低，呼吸困难、衰竭等。

③神经和血液混合毒。眼镜蛇和眼镜王蛇的蛇毒中含有，但以神经毒为主，通常中毒后先发生呼吸衰竭，随后发生心脏衰竭而死。

**症状**

神经毒毒蛇咬伤后，咬伤局部一般无明显反应，只有眼镜蛇咬伤后，局部组织坏死和溃烂，不易愈合；全身表现为流涎或呕吐、声音嘶哑、牙关紧闭、吞咽困难、呼吸急迫、四肢无力、共济失调、全身震颤或痉挛等，严重中毒者肢体瘫痪、惊厥后昏迷、心力衰竭、呼吸中枢麻痹而死亡。

血液毒毒蛇咬伤后，咬伤局部红肿、发硬、灼热、剧痛，并不断扩延；局部淋巴结肿大、压痛、皮下出血、有时有水疱或血液组织溃烂坏死；全身表现烦躁不安、呕吐及腹泻、黏膜和皮肤呈现广泛性出血、排尿减少或无尿甚至血尿或蛋白尿、溶血性黄疸和贫血、呼吸急迫、心率失常、有的犬猫休克,严重者几小时内死亡。

神经和血液混合毒毒蛇咬伤后,临床症状为2种蛇毒的综合,常死于呼吸肌麻痹的窒息,或心力衰竭性休克。

**实验室检验** 血清肌酸激酶活性增加,中毒越严重,其活性增大得越大。

**诊断** 根据病史、咬伤局部、全身症状和肌酸激酶活性增加进行综合诊断。

**防治** 首先防止蛇毒扩散,进而排毒和解毒,并配合对症治疗。

①掌握毒蛇活动规律,不让犬猫进入有毒蛇活动的地区。

②防止蛇毒扩散,让被咬伤犬猫安静,咬伤四肢时,立即在伤口上2~3 cm处缠束一止血带,防止带蛇毒的血液和淋巴回流,必要时20 min松带1~2 min。

③冲洗伤口和扩创,可用清水、肥皂水、过氧化氢液或0.1%高锰酸钾溶液冲洗伤口,洗去蛇毒和污物。冲洗伤口后,用小刀或三棱针挑破伤口或扩创,也可将伤口周围组织切除,然后挤压排毒,再用过氧化氢液或0.1%高锰酸钾液冲洗伤口。在扩创的同时,也可用0.5%普鲁卡因液将伤口局部封闭。

④解毒,早期可注射多价抗蛇毒血清,同时内服和外用南通蛇药片(季德生蛇药片)、上海蛇药或群用蛇药片等。

⑤对症疗法可应用大剂量糖皮质激素,如强的松、地塞米松等,以增强抗蛇毒和抗休克作用,同时,要应用咖啡因或樟脑等强心药物。必要时再通过静脉输注复方氯化钠、葡萄糖或葡萄糖酸钙等液体。

## 第7节 洋葱和大葱中毒

洋葱和大葱都属百合科葱属。犬猫采食后易引起中毒,主要表现为排红色或红棕色尿液,犬发病较多,猫少见。动物洋葱中毒世界各地均有报道,我国1998年首次报道了犬大葱中毒。

**病因和发病机理** 犬猫采食了含有洋葱或大葱的食物后,如包子、饺子、铁板牛肉、大葱爆羊肉等,便可引起中毒。研究证明,洋葱和大葱中含有具有辛香味挥发油——*N*-丙基二硫化物(*N*-propyl disulphide)或硫化丙烯。此类物质不易被蒸煮、烘干等加热破坏,越老的洋葱或大葱其含量越多。洋葱或大葱中含的*N*-丙基二硫化物或硫化丙烯,能降低红细胞内葡萄糖-6-磷酸脱氢酶(G6PD)的活性。G6PD能保护红细胞内血红蛋白免受氧化变性破坏,如果G6PD活性减弱,氧化剂能使血红蛋白变性凝固,从而使红细胞快速溶解和海恩茨(Heinz)小体形成。老龄红细胞含 G6PD 少,中毒后比幼龄红细胞更易氧化变性溶解,体弱动物红细胞也易溶解。红细胞溶解后,从尿中排出血红蛋白,使尿液变红,严重溶血时,尿液呈红棕色。

**症状**　犬猫采食洋葱或大葱中毒 1～2 d 后,最特征性表现为排红色或红棕色尿液。中毒轻者,症状不明显,有时精神欠佳、食欲差、排淡红色尿液。中毒较严重犬,表现精神沉郁、食欲不好或废绝、走路蹒跚、不愿活动、喜欢卧着、眼结膜或口腔黏膜发黄、心搏增快、喘气、虚弱、排深红色或红棕色尿液、体温正常或降低。严重中毒可导致死亡。

**实验室检验**

①血液检验。血液随中毒程度加重逐渐变的稀薄,红细胞数、血细胞比容和血红蛋白减少,白细胞数增多。红细胞内或边缘上有海恩茨小体。

②生化检验。血清总蛋白、总胆红素、直接及间接胆红素、尿素氮和天门冬氨酸氨基转移酶活性均呈不同程度增加。

③尿液检验。尿液颜色呈红色或红棕色、比重增加、尿潜血、蛋白和尿血红蛋白检验阳性。尿沉渣中红细胞少见或没有。

**诊断**　有采食洋葱或大葱食物史;尿液红色或红棕色,内含大量血红蛋白;红细胞内或边缘上有海恩茨小体。

引起血红蛋白尿有多种原因,应注意鉴别诊断。

**防治**　立即停止饲喂洋葱或大葱性食物;应用抗氧化剂维生素 E,支持疗法进行输液,补充营养;给以适量利尿剂,促进体内血红蛋白排出;溶血引起贫血严重的犬猫,可进行静脉输血治疗,每千克体重 10～20 mg。

## 第 8 节　变质食物中毒

变质食物中毒(poisoning of food and garbage toxins)指犬猫采食变质食物后引起的中毒。

**病因**　在温暖季节,所有食物尤其是肉类、奶及其制品、蛋和鱼等富含营养和水分食品极易腐败变质。在夏季即使放在冰箱里的食物,时间长了也会变质,变质食物不再适合人类食用,用来饲喂犬猫,便会引起中毒。变质食物引起中毒的毒素,包括肠毒素、内毒素和真菌毒素等。

食物中的链球菌、葡萄球菌、沙门氏菌和其他杆菌等,在温暖条件下,能大量繁殖产生肠毒素。犬猫采食后,肠毒素刺激和腐蚀胃肠上皮,引起损伤和坏死,导致胃肠分泌增多,甚至出血。中毒犬猫呕吐,肠蠕动增强,发生腹泻。发病后10～72 h,肠管蠕动变弱甚至停滞,出现肚胀。在节假日会餐,主人或客人大量饲喂或犬猫自己采食了大量肉鱼类食物,肠道内微生物也能大量繁殖,产生肠毒素,引起犬猫"自身中毒综合征"。由肉毒梭菌毒素和真菌毒素引起的犬猫中毒,在临床上罕见。

在变质食物中,繁殖的革兰氏阴性细菌死后溶解,释放出大量脂多糖性内毒素;内毒素性质稳定耐热。内毒素进入胃肠道,能引起胃肠炎,吸收后毒害心血管系统,产生弥散性血管内凝血,使血容量减少,引起休克发生。内毒素通常和肠毒素一起,引起犬猫中毒。

**症状** 犬猫采食变质食物后,一般0.1～3 h就发生呕吐,采食量少,呕吐完变质食物后便康复。严重中毒者,出现腹泻、便中带血、腹壁紧张、触压疼痛;随后肠蠕动变弱、肠内充气、肚腹胀大。这更有利于革兰氏阴性菌生长繁殖,释放内毒素,使病情进一步恶化,甚至发生内毒素性休克。

内毒素中毒,体温常在采食后2～24 h升高至39℃以上,同时发生呕吐、腹泻、排水样便;腹部胀大,腹壁紧张,触压疼痛;毛细血管再充盈时间延长,心搏增快,脉搏变细弱,精神朦胧,最后休克。

**实验室检验** 白细胞和中性粒细胞减少,多形核细胞增多,血糖升高。

尸体剖解可见胃肠炎,肝、肾和心浊肿等。

**诊断** 根据中毒历史和临床症状,可做出初步诊断,确诊必须对食物进行实验室检验。

**防治** 变质食物中毒尚无特效药物治疗,一般治疗如下:

①发病初期,呕吐有利于排出食入的变质食物;等呕吐完后,才可应用止吐药物。止吐药可选用盐酸苯海拉明,犬猫肌肉注射,每千克体重0.5～2 mg;口服,每千克体重2～5 mg,每天2次或3次。也可用茶苯拉明,每千克体重1～1.5 mg,肌肉或皮下注射。应用止吐药物的同时,还应使用吸附剂或洗胃。例如,药用炭,每千克体重10～20 mg,洗胃或每天3次口服;白陶土,每千克体重10～15 mg,每天3次口服。

②腹泻初期,不要止泻,等肠内容物基本上排完了,才用止泻药物。例如,硫酸阿托品,犬每次0.3～1 mg,猫每千克体重0.05 mg,皮下或肌肉注射;氢溴酸东莨菪碱,犬每次0.1～0.3 mg,皮下注射。由于呕吐和腹泻引起的脱水和酸碱平衡失调,需静脉输液,补充水分和电解质,调节酸碱平衡失调。在少尿或无尿时,输液中加入甘露醇,每千克体重1～3 g。

③为了防止肠道内细菌继续生长繁殖,产生毒素,应口服广谱抗生素,如庆大霉素、氯霉素或四环素等。

④防止犬猫休克，可应用皮质类固醇，如静脉或肌肉注射地塞米松磷酸钠注射液，犬每次 0.25～1 mg，猫 0.125～0.5 mg，根据病情间隔 1～4 h，可重复应用，或应用强的松及强的松龙。

⑤不用腐败变质食物饲喂犬猫。在节假日会餐时，不要让犬猫采食过量鱼肉食物。

## 第 9 节　氨基糖苷类抗生素中毒

氨基糖苷类抗生素包括双氢链霉素、庆大霉素、卡那霉素、丁胺卡那霉素(amikacin)、新霉素(neomycin)和妥布霉素(tobramycin)等。这类抗生素广泛用于治疗小动物疾病，但滥用或过量使用可导致神经-肌肉障碍、肾中毒、耳中毒、心功能紊乱及其吸收障碍等。

**症状**　氨基糖苷类抗生素中毒(aminoglycosides poisoning)表现为排尿次数增加，但每次尿量减少；尿液中带有尿蛋白或管型，继而尿中带血；可逆性耳前庭中毒，永久性耳蜗中毒；肌无力，步态蹒跚；呼吸困难；心律不齐，心率加快。

**治疗**

①首先停止氨基糖苷类抗生素的使用，然后输液。生理盐水，用量 40～50 mL/kg，静脉注射；碳酸氢钠，50 mg/kg，静脉注射，使尿液呈碱性。链霉素中毒，停止给药，很快自愈。

②若动物感染性疾病病情严重或威胁生命时，则不应顾及中毒，而应用抗生素常用量进行治疗。

③新霉素中毒，应改变口服给药途径为肌肉注射。

④若出现神经-肌肉障碍(肌无力)时，可用溴化新斯的明，0.02mg/kg，4 次/d，肌肉注射；或葡萄糖酸钙，50～150 mg/kg，缓慢地静脉注射。

⑤让患病动物自行饮用口服补液盐水。

**预防**　禁止滥用抗生素。

## 第 10 节　阿托品类药物中毒

**病因**　阿托品类药物是胆碱受体阻断药。常用制剂有硫酸阿托品溶液、颠茄片、颠茄浸膏、莨菪片等。治疗时用量过大，注射达 1.0～2.0 g 时，多数死亡。有些对阿托品过敏的犬，虽用量小，也可发生严重反应。

**症状**　早期表现口腔干燥、结膜潮红、瞳孔散大、对光反射及角膜反射消失、视力障碍；随后肠音消失、肠管臌气，不见排粪，排尿减少，体温升高，脉搏急速。病犬狂暴不安，阵发性痉挛，反射迟钝，四肢麻痹；呼吸浅表而缓慢，最后因呼吸麻痹死亡。

**诊断** 根据病史及临床症状，可做出初步诊断。实验室检查可做猫眼散瞳试验。取病犬尿滴，滴入猫眼内，若滴尿液中含 0.002 mg 阿托品时，猫眼瞳孔散大，为阳性反应。

**治疗**

①洗胃。由于误服或过量服用阿托品类药物中毒，用 0.05%高锰酸钾溶液或 2%～4%鞣酸洗胃；而后用硫酸钠导泻，同时配合一定量的氧化镁、木炭末等吸附剂。

②选用拮抗剂。严重中毒时，用 3%毛果芸香碱溶液 0.1～0.5 mL，皮下注射，每 6 h 1 次，直至瞳孔缩小，口腔湿润为止。

③对视力有障碍者，可用 0.2%～0.5%水杨酸毒扁豆碱点眼。

④对症治疗。

其一，狂暴、惊厥、兴奋不安病犬可用镇静剂，如氯丙嗪、苯巴比妥等。中毒后期中枢已处抑制状态时禁用镇静剂，而用兴奋剂，如苯甲酸那咖啡因、硫酸苯丙胺等。

其二，促进毒物排出，用 5%葡萄糖盐水或 10%葡萄糖溶液等静脉注射。

其三，呼吸严重抑制时，及时输氧。

其四，体温过高时，可用解热剂。

其五，尿滞留时应导尿，以防尿中生物碱在膀胱内重新吸收。

**预防** 除有机磷中毒可用大剂量外，其他疾病应用阿托品类药物要严格掌握剂量，防止中毒。

**（韩 博 高得仪 陈 武）**

# 第 15 章　免疫性疾病

当前免疫学的发展日新月异，免疫学的新成果和实验技术新方法层出不穷。人们对免疫性疾病的认识更加深入，新的免疫性疾病也不断地被发现。犬猫免疫性疾病较多，本章只选了几个较常见较有代表性的疾病，以供兽医专业学生和兽医临床工作者对犬猫免疫性疾病有所认识，以便今后在临床上诊断和防治此类疾病。

## 第 1 节　皮肤和黏膜免疫介导疾病

### 一、食物过敏

食物过敏(food allergy)是某些特异性食物抗原刺激机体引起的免疫反应。其一般表现急性或慢性皮肤疾病和胃肠道疾病，或二者之一。发病无季节性，各种年龄和品种的犬猫都可发病，一岁以内的犬较多发。此病皮肤型的约占犬猫皮肤病的 1%。

**病因**　犬猫的大多数食物都可引起犬猫食物过敏。这些食物包括饼干、生牛皮、牛奶、牛肉、马肉、鸡肉、猪肉、蛋、鱼、大豆、小麦、玉米和马铃薯等。

**症状**　皮肤型食物过敏，通常食后 4～24 h 出现全身瘙痒或全身皮肤出现红斑丘疹和鳞片、被毛脱落、表皮脱落或溃疡、荨麻疹和血管性水肿、脓疱和耳炎样症状。猫主要症状为粟疹、湿疹和小结痂，或类似嗜酸性肉芽肿综合征的溃疡和皮脂溢。溃疡是猫较常见的皮肤症状。

胃肠道型症状主要是食后 1～2 h 水泻和呕吐、肠道轻度炎症；严重的出血性结肠炎、排血便。胃肠道型和皮肤型有时同时发病，但多为单一型。发病皮肤组织切片可见表层血管周围肥大细胞浸润，并混有不同数量的嗜酸性粒细胞和散在浆细胞，有时还有血管周围水肿。

**诊断**　根据病史和临床症状做出诊断。

另外，可停止饲喂可疑食物来诊断。停食前先进行体检，应用盐类泻药轻泻，然后将动物放在笼子里停食 72 h，停食期间只给水喝。如果在 72 h 内症状好转，即可改喂新鲜的其他食物；如果干酪等，每天 1 次，共喂 5 d；动物若不复发，就可确诊为食物过敏。

血液检验：白细胞中的嗜酸性粒细胞占 10%以上。

诊断应注意与吸入抗原性皮炎的鉴别诊断以及食物不应性的区别。食物不应性不涉及免疫系统。例如，成年犬猫由于缺少二糖酶，多喝牛奶腹泻，采食霉败食物引起肠炎。

**治疗**　急性食物过敏可口服或注射糖皮质激素和抗组织胺药物治疗。抗组织胺药物有盐酸苯海拉明，犬 2.2 mg/kg，每日 3 次，口服；猫 0.5 mg/kg，每日 2 次，口服。氯苯那敏（扑尔敏），犬 0.2～0.8 mg/kg，每日 2 次或 3 次，口服；猫 2～4 mg/头，每日 2 次，口服。吡咯醇胺，犬 0.05～0.1 mg/kg，每日 2 次，口服；猫 0.34～0.68 mg/头，每日 2 次，口服。此药止敏作用强，见效快，持续时间长，止痒作用好，中枢抑制作用弱。另外，要停喂有害食物，改喂低过敏性食物，如羔羊肉、仔鸡（对猫）、干酪和稻米等，最好饲喂预防食物过敏处方食品。

## 二、吸入抗原性过敏

吸入抗原性过敏（allergy to inhaled antigens）又称为特应性或吸入过敏性皮炎。它是一种常见的与遗传以及反应素（主要是 IgE）有关的自发过敏反应的慢性进行性皮肤病。所有品种和杂种犬都可发病，Dalmatian 和㹴犬如 Cairn 㹴、西高地㹴、苏格兰㹴和硬毛狐狸㹴等最易发病，母犬比公犬多发。

**病因**　犬吸入抗原性过敏最常见的有害抗原是花粉、霉菌及舍内尘埃等。这些有害抗原通过吸进、食入或穿透皮肤进入动物体内。其中多数通过呼吸道吸进体内，因此，称为吸入抗原性过敏。任何年龄的犬都可发病，而 1～3 岁犬多发。此病在犬虽然具有季节性，但慢性吸入抗原性过敏全年都可发病，其病程或多年或一生发病。

**症状**　患病动物瘙痒，继而皮肤出现鳞片，摩擦脸部，舔足，表皮脱落和耳炎，偶见荨麻疹和皮肤湿润；有的患犬反而出现皮肤干燥。慢性患犬，眼周围、腋下和腹股沟区皮肤上形成苔藓样红斑，有的色素沉着过多。病犬偶见有结膜炎、鼻炎和打喷嚏。吸入抗原性过敏常与脓皮病、甲状腺功能减退和继发性皮脂溢并发。

**诊断**　根据病史和症状可做出初步诊断，最终诊断宜进行皮内试验或放射过敏原吸附试验。诊断注意和食物过敏及皮脂溢性皮炎的鉴别。

**治疗**　应用抗组织胺药物和类固醇治疗（参见寻常天疱疮），但长期使用类固醇,可产生副作用。平时在管理上要尽量地避免与有害抗原接触。

## 三、药物和疫苗性过敏

犬猫药物和疫苗性过敏(allergy to drugs and vaccines)的发生,都有曾与该药或疫苗接触史。这种接触也可能是不明显的。药物过敏包括变态反应的Ⅰ型、Ⅱ型、Ⅲ型和Ⅳ型变化。

**病因**　青霉素是引起犬猫药物过敏的首药;其他是磺胺类药物、灰黄霉素、5-胞嘧啶和磺胺二甲基异噁唑等口服引起的犬湿疹、奎尼丁引起的表层剥脱、苯妥因引起的大疱疮、氯霉素引起的紫癜、四环素引起的荨麻疹、硫苯达唑(thiobendazole)引起的类寻常天疱疮、氨苄比西林引起的固定药物疹等;猫口服磺胺二甲基异噁唑引起的湿疹、口服海塔西林(hetacillin)引起的多灶性脱毛、皮下注射猫白血病病毒抗血清引起的中毒性表皮坏死、注射疫苗或血清引起的脸面、眼睑和上下唇肿胀等。

**症状**　由于药物和疫苗性过敏的病因较多,其临床表现不尽相同,特异性症状通常也不明显。其共同皮肤病症包括丘疹、脓疱和大疱、出血、糜烂、溃疡、鳞片和结痂等。

**诊断**　通过病史调查,参考临床症状,通常可做出诊断。还可采用停药或药物激发来诊断。药物激发诊断必须审慎从事。

**治疗**　过敏较轻者,停用致敏性药物后,过敏常于 1～2 d 内消失。过敏较重者,药物治疗可用肾上腺素或强的松。强的松开始治疗剂量为每千克体重 2～4 mg,每天 2 次;等好转后,可逐渐减剂量为每千克体重 0.5～1 mg,隔天 1 次,数天后可停药。盐酸肾上腺素注射液皮下或肌肉注射,犬 0.1～0.5 mg/次,猫 0.1～0.2 mg/次;急救休克时用生理盐水 10 倍稀释,静脉或心内注射。严重的全身中毒性表皮坏死病例,常预后不良。

## 四、寻常天疱疮

寻常天疱疮(pemphigus vulgaris)是一种具有自身抗体的进行性泡状及腐蚀性的免疫介导黏膜-皮肤疾病。它是一种真正的自身免疫性疾病,中年犬猫易患此病。

**症状**　病变常发生在口、鼻、膣腔黏膜以及眼睑、唇、包皮、阴户和肛门等黏膜与皮肤连接处。黏膜上皮脆弱,其上的泡状病变只能暂时存在,难以看到,但可观察到分散的红斑和溃疡。口腔、齿龈发生炎症,气味难闻。皮肤损伤较少见。患犬常表现尼科耳斯基氏征(Nikolsky's sign:滑压皮肤外层易形成皱褶)。

爪角质部分可由于严重的爪沟炎而脱落。

**诊断** 根据临床症状和用抗生物素蛋白-生物素复合物技术(ABC免疫组织化学检验法)确立;鉴别诊断注意与特发溃疡性口炎、感染溃疡性口炎和化学刺激性口炎的区别。

**治疗** 应用强的松或强的松龙口服治疗,开始每天剂量为每千克体重2～4 mg。在治疗的前5 d如无大的反应,每天每千克体重可增加剂量4～8 mg。当症状好转后,改用维持剂量,每天每千克体重0.5～1 mg,一般维持1～2个月。有的患犬单用类固醇治疗效果不大,或具有较大的副作用,可改用免疫抑制药物,如环磷酰胺口服,每天每次每千克体重2 mg,每周给药4 d,通常治疗1～4周。治疗期间每周进行1次血液和尿液检验,当血小板减少和出现血尿时,应停止用药。免疫抑制药物硫唑嘌呤副作用较小,开始每天每千克体重2 mg,口服1次,维持剂量每千克体重0.5～1 mg,隔天1次,可连用数月。药物治疗寻常天疱疮,在症状好转后,应逐渐减少用药剂量,维持1～2个月后停药;突然停药可能招致疾病急性恶化。治疗期间,为了防止病原微生物感染,可配合应用抗生素。

未进行治疗的寻常天疱疮动物,常发生细菌性感染,动物表现嗜睡、食欲不振、贫血和恶病质,最后死于败血症。

## 第2节 器官系统免疫性疾病

### 一、系统性红斑狼疮

系统性红斑狼疮(systemic lupus erythematosus,SLE)是一种自身免疫多系统非化脓炎症性疾病,主要涉及犬猫口腔、皮肤、关节、肾脏、心肌、肌肉、淋巴结、肝和脾等。Lewis等1965年首先报道了SLE病,犬发病多为4～6岁,母犬发病大约占75%,也有人认为无性别差异。猫发病较少。

**病因和发病机理** SLE的多种自身抗体形成的确切病因仍未明了。人类SLE是在遗传和环境因素影响下,由病毒引起的。病毒慢性感染期间释放出的细胞成分以及由病毒感染或转化形成的细胞抗原,刺激机体产生自身抗体。这些细胞抗原包括核抗原(如DNA、RNA、组蛋白和核蛋白)、细胞浆抗原(如线粒体、核糖体和溶酶体)、细胞表面抗原(如红细胞、白细胞和血小板)等。遗传因素也影响易感动物SLE的发生。这可以从近亲繁殖的某些小鼠和犬的品系对SLE发生情况得到证实。新西兰黑小鼠和新西兰白小鼠发生的一种具有溶血性贫血、肾病变和免疫学异常，与人类的 SLE 相似。它们的 $F_1$ 杂交代中，发病更多，而且在母鼠中表现突出。

SLE 的炎性损伤多种多样，如溶解于血液中免疫复合物和其后的补体结合反应物。沉积在血管中和组织基膜上引起的炎症，称为免疫Ⅰ型损伤；特异性自身抗体对抗造血细胞，称为免疫Ⅱ型（细胞毒性）损伤；使 T 细胞致敏等损伤，称为细胞介导（Ⅳ型）免疫损伤。

SLE 发病器官的病理变化，有血管炎、全身结缔组织破坏以及毛细动脉类纤维蛋白沉积、硬化和急性坏死过程；邻近毛细动脉管周围有淋巴细胞和中性粒细胞浸润。SLE 肾损伤的特征为肾小球基底膜增厚（膜性肾小球肾炎）。严重病例，出现肾小球膜增生性肾小球肾炎、内皮肿胀，并有多形核细胞浸润。

**症状**　犬 SLE 临床上呈加剧发作和缓解周期性变换。SLE 症状是非微生物性发热和不适。典型症状是由多发性关节炎引起的肢僵硬和跛行，有时关节肿胀，四肢肌肉呈进行性萎缩。皮肤呈对称性脱毛、丘疹、大疱、红斑性损伤，黏膜发黄溃疡。严重的皮肤损伤常发生蜂窝织炎和疖子等。Griffin 等 1979 年认为，皮肤红斑狼疮缺乏多系统病变，其病变常限于鼻梁和眼周围（丘疹、脱毛、磷屑及失色素）；因此，可认为是轻型 SLE。另外，还表现溶血性贫血、肾小球肾病、水肿和腹水、淋巴腺肿大和巨脾症。犬患 SLE 虽然发生脑膜炎、脊髓病、心肌炎和肺炎等，但与人相比其神经、心肺和浆膜发病机会相当少见。

SLE 血液学变化：包括贫血、血小板减少（血小板减少性紫癜）、白细胞总数减少、血清白蛋白减少、球蛋白增多、胆红素增多和库姆斯氏试验阳性。

尿液检验：肾小球肾炎，尿蛋白阳性。

猫 SLE 临床表现与犬类似，包括发热、淋巴腺病、皮肤损伤、肾小球肾炎、多发性神经炎、溶血性贫血、白细胞总数减少、血小板减少和多发性关节炎。

**诊断**　SLE 诊断，除参考临床症状外，还需进行实验室检验。红斑狼疮（LE）细胞检验和抗核抗体（ANA）试验，具有诊断价值。

LE 细胞检验：LE 细胞是个体变大的中性粒细胞或巨噬细胞，其胞浆中吞噬有变性并受抗脱氧核蛋白抗体调整过的同种白细胞核物质小体，LE 细胞核常环绕在圆形或椭圆形小体周围。检验时，先采 5～10 mL 血液或肝素抗凝血，放入 37℃水浴锅或温箱中 2 h，然后将血凝块加压通过细网使之破碎，将这样制成的细胞悬浮液再用离心机离心；取沉淀红细胞层上白细胞层涂片和染色，置显微镜下检查 LE 细胞；当看到 4 个以上 LE 细胞时，即可初诊为 SLE。应用皮质类固醇治疗的 SLE，有时看不到 LE 细胞；在非 SLE 炎性疾病，也偶尔发现 LE 细胞。因此，诊断中要注意。如果在多发性关节炎的关节滑液中发现 LE 细胞，更可进一步证实 SLE。检验 LE 细胞时，注意和双核细胞(tart cell)的区别。双核细胞吞噬其他细胞核后，被吞噬的细胞核，仍保留原核结构特征；LE 细胞内小体是均质的，无任何核结构。

抗核抗体试验诊断 SLE 比 LE 细胞检验先进，诊断准确性高，它不受类固醇治疗的影响。诊断犬猫 SLE 最常用的 ANA 试验是直接免疫荧光试验。

**治疗** 在无细菌性感染情况下，尽量避免抗生素和磺胺类药物。开始首选皮质类固醇治疗，以减少炎症发生和抑制免疫损伤进一步发展。若皮质类固醇治疗效果不明显，可改用免疫抑制药，如环磷酰胺和硫唑嘌呤等，并结合适量皮质类固醇。这样对重剧病例可有较好的治疗效果(见寻常天疱疮治疗)。

犬猫 SLE 通过合理治疗和周密管理，可获得较满意结果。但是，主要脏器受到严重损伤时(如肾脏)，常预后不良。在用类固醇治疗中，如有病原菌感染、并发肾盂肾炎、败血病或脓毒性关节炎，将难以治愈。

## 二、自身免疫溶血性贫血

自身免疫溶血性贫血(autoimmune hemolytic anemia，AIHA)是一组与形成患病犬猫自身红细胞抗体有关的再生性贫血病，其共同特征是溶血。临床上分为原发性和继发性 2 种，或分为急性和慢性 2 种。急性的见于中年中型犬，Cocker spaniels 犬易发；慢性多见于猫。

**病因和发病机理** AIHA 是造血系统中的红细胞被具有特异性抗体破坏造成的。这些抗体分别是自身成分抗原的真正抗体(见系统性红斑狼疮)、外来抗原的交叉反应抗体及药物或微生物诱变的细胞膜抗原抗体。原发性 AIHA 由真正抗体引起，也称为真正 AIHA；继发性 AIHA 是由其他抗体引起的。

继发性 AIHA 常继发于某些疾病、药物、感染、寄生虫或新生瘤。能引起犬 AIHA 和免疫介导血小板减少的药物有青霉素、头孢菌素、磺胺类药物、硫代二苯胺和苯妥英等。猫 AIHA 比犬多见，主要是继发于猫白血病病毒感染、血液巴尔通氏体病以及骨髓和淋巴细胞增生性疾病。犬猫自身免疫抗体主要是 IgG、IgM 和补体($C_3$)。这些抗体和位于红细胞膜上相应抗原结合，引起红细胞破坏。这种对红细胞的破坏作用，一种是需补体作用下血管内直接溶血；另一种较为常见的是网状内皮系统中的巨噬细胞对抗体被覆红细胞的吞噬消除，称为血管外溶血。

犬的 AIHA 与人一样，根据其生理生化变化和临床症状的轻重分为以下 5 个类型：

①类型Ⅰ。类型Ⅰ也称为在盐水中作用自身凝集素，包括 IgG 和 IgM 抗

体，可产生血管中血液凝集反应。检验方法是采肝素抗凝血液，加等量的生理盐水，其混合液能在试管内或滴加载玻片上立即发生凝集反应，即可诊断为 AIHA。

②类型Ⅱ。类型Ⅱ也称为血管中溶血，它是抗体结合足够量补体而引起血管内大量溶血。这些抗体通常为 IgM，有时是 IgG。

③类型Ⅲ。类型Ⅲ也称为不完全抗体型。它是犬最常见的 AIHA。实为患犬红细胞被覆上不足量具有效价或亲和力免疫球蛋白，从而引起直接血液凝血反应或溶解。在红细胞破坏初期，网状内皮系统吞噬细胞先对抗体被覆红细胞进行吞噬。此型血中抗体只有用直接库姆斯氏试验才能测出。

④类型Ⅳ。类型Ⅳ也称为冷血细胞凝集素，抗体通常是 IgM，多数在低于体温条件下才发生凝集反应。冷血细胞凝集素检验方法：将血液滴在载玻片上，冷到 4℃时便出现凝集现象；等将血液加热到体温时，凝集又消失。利用冷凝集素能诊断出 AIHA。

⑤类型Ⅴ。类型Ⅴ也称为冷作用非凝集 AIHA。此型中抗体不能直接引起凝集反应，但能增强网状内皮系统对红细胞的破坏，尤其寒冷气候时严重。此型 AIHA 可在 4℃应用直接库姆斯氏试验进行诊断。

**症状**　AIHA 临床表现与进行性贫血的病程有关，通常可视黏膜淡染，嗜睡，虚弱，厌食，呼吸急促，心搏过速。急性病例，血管内大量溶血，常出现发热、呕吐、黄值和血红蛋白尿，有的病例脾和肝肿大及淋巴腺病。偶见患病动物身体远端部位皮肤损伤，包括耳、尾、唇、鼻和四肢等。这是由于红细胞凝集反应和小血管堵塞，造成局部坏死的结果。此时称为冷凝集素病。患冷凝集素病动物，有的有明显贫血，也有的不出现贫血。气候寒冷可加重冷凝集素病的损伤，但是，在比较温暖的气候里，也能发生此病，出现一时性血红蛋白尿。

**实验室检验**　可见贫血及白细胞总数增多超过 $25\times10^{9}$/L，主要是中性粒细胞增多，核左移，类似败血病。球形红细胞大量出现，有时可见有核红细胞。骨髓检验：典型表现为红细胞前体增多，粒细胞系统和有核红细胞之比（M∶E）正常或变小，呈现骨髓再生反应。

猫 AIHA 血象变化常与继发的疾病有关。继发于血液巴尔通氏体病、猫白血病病毒感染、淋巴肉瘤和骨髓增生性疾病时，白细胞总数正常或轻度到中等增多。但猫白血病病毒感染，库姆斯氏试验阳性溶血性贫血时，白细胞总数减少。

血管内溶血性 AIHA，通常出现血红蛋白血、血红蛋白尿和高胆红素血。不管是血管内或血管外溶血，都可见胆红素尿。肝的特异性或非特异性酶活性升高。血清结合珠蛋白由于溶血而减少(在非溶血性贫血时则不减少)。当结合珠蛋白减少而库姆斯氏试验阴性时,则为其他原因引起的溶血性贫血。

**诊断** 诊断主要根据临床症状和直接库姆斯氏试验检验。直接库姆斯氏试验是用特异性抗球蛋白测定附在红细胞膜上的抗体或补体。做法是采肝素或 EDTA 抗凝血液,分离红细胞并用生理盐水冲洗,然后制成含 2%红细胞生理盐水悬浮液。悬浮液和稀释 2 倍的抗血清分别在 2 个载玻片上混合,一个载玻片置 37℃处,另一片置 4℃处,经 1 h 后,在显微镜下观察其凝集反应。置 4℃处的载玻片是冷库姆斯氏试验。直接库姆斯氏试验在诊断 AIHA 上虽然有极大的参考价值,但有时也会出现假阴性或假阳性反应。

鉴别诊断中,应注意与非免疫性原因引起的再生性贫血区别。

**治疗** 原则是防治急性贫血,阻止网状内皮系统对红细胞的吞噬作用,积极治疗引起 AIHA 的原发病和减少淋巴组织抗红细胞抗体的产生。应用强的松或强的松龙,初量为每千克体重 1～2 mg,每 12 h 1 次,混入 5%葡萄糖生理盐水中静脉注射或口服,以制止吞噬红细胞作用和产生抗体;用药治疗需数周或数月时间,以防复发。患病动物禁忌输血,以免因输血而加重溶血、增强产生抗体和制止骨髓对贫血的正常反应。如必要输血时,宜输前进行交叉配血试验。猫输血宜加四环素,防止血液巴尔通氏体感染。此外,支持疗法是排除应激因素和供给氧气。如用类固醇治疗不见好转,可改用有效的免疫抑制药物环磷酰胺或硫唑嘌呤治疗(见寻常天疱疮治疗),或类固醇和免疫抑制 2 种药物结合治疗。

类固醇和免疫抑制药物治疗无效或病势有加重趋势时,可考虑手术切除脾脏,以便除掉网状内皮系统的主要部分和产生抗体的淋巴细胞来源。

犬患 AIHA 属类型Ⅰ、类型Ⅱ时,预后不良,死亡率最高。由其他疾病引起的 AIHA,其疾病的经过常决定最后的预后。

## 三、免疫介导血小板减少症

免疫介导血小板减少症(immune-mediated thrombocyto penia,IMT)是抗血小板自身抗体引起的血小板减少性免疫血液紊乱性疾病。这些自身抗体分别是血小板膜抗原抗体、交叉反应抗体以及药物(磺胺、抗生素等)和微生物诱导变更血小板膜抗原抗体。此病常与系统性红斑狼疮并发。猫的一些 IMT 病例,还与猫白血病病毒感染有联系。本病多见于中年母犬,猫少见。

**症状** 本病分为急性、慢性和周期性发病 3 种。临床症状特点是黏膜出现淤点和淤斑,有的在皮肤上也出现。这种淤点和淤斑多数为局限性的,也有播散性的。有时患病犬猫外伤后出血不止。严重时可见视网膜出血、鼻出血、血尿、血便以及发情周期延长和出血过多、脾脏巨大。在急性 IMT 时，常伴有神经功能障碍和心脏节律不齐。临床上呈现出血症状患病犬猫，血小板数通常低于 $50\times10^9$/L，但血小板数减少与出血程度不呈正相关关系。

实验室检验血小板数减少，但个体异常增大。骨髓检验巨核细胞增多，粒细胞系统和有核红细胞比值(M∶E)正常或减少。出血时间延长。

**诊断**　除参考临床症状外，确诊必须进行实验室检验血小板第 3 因子试验，以测定抗血小板抗体存在。方法是用正常犬血浆分别与正常犬球蛋白(对照)和患病犬球蛋白混合，患病犬球蛋白因含有抗血小板抗体，其凝集时间比对照的正常犬至少缩短 10 s。原因是抗血小板抗体破坏了血小板膜，引起血小板释放出血小板第 3 因子。用皮质类固醇治疗 2～3 d 的病犬，血小板第 3 因子试验将变成阴性。

由于 IMT 常与其他自身免疫性疾病同时发生，因此，在诊断中应注意与自身免疫溶血性贫血和系统性红斑狼疮的鉴别。另外，还有与埃里克体病的鉴别。

**治疗**　首先应排除病原微生物感染及药物性原因。应用皮质类固醇治疗。强的松或强的松龙，开始剂量为每千克体重 1～2 mg，每 12 h 1 次，以后剂量逐渐减少，在 4～12 周后减少为每千克体重 0.5～1 mg，隔天 1 次。治疗期间，每 2 周检查 1 次血小板数，以便对治疗效果进行监测。对用皮质类固醇治疗无效的病例，可改用免疫抑制药物环磷酚胺或硫唑嘌呤治疗。近年有用盐酸长春新碱静脉输注，每次 0.5 $mg/m^2$；注射 1 周后查检血小板数，如果血小板数仍较少，可再静脉注射 1 次。雄性类固醇达唑口服，每千克体重 1 mg，每天 2 次。也可进行切除脾或摘除卵巢治疗。在急性严重贫血病犬，可考虑输血治疗。

患 IMT 犬猫经过及时合理治疗，一般预后良好。

## 四、免疫缺陷综合征

免疫缺陷综合征(immunodeficiency syndrome)分为原发性(先天性)和继发性(获得性)2 种。犬猫原发性特异性免疫系统缺陷较少见，Basset 猎犬患有一种联合免疫缺陷，患病小犬淋巴细胞减少、低球蛋白血症、精神迟钝、不易长胖，常于 16 周龄左右死于细菌感染。爱尔兰塞特犬患有一种非特异性免疫缺陷，称为犬粒细胞病综合征，表现发热、淋巴腺炎和反复发生细菌感染、白细胞总数增多、中性粒细胞功能缺陷。毕格犬、德国牧羊犬、沙皮犬等患有一种 IgA 缺陷，临床上易患湿疹、呼吸道感染和过敏反应。

犬猫获得性免疫缺陷比较多见，临床上犬瘟热病毒和犬细小病毒可引起胸腺萎缩、极度淋巴样细胞耗尽、淋巴细胞减少和T细胞功能降低。猫白血病病毒、猫泛白细胞减少病毒和猫免疫缺陷病毒感染都能降低猫的免疫力。由犬蠕形螨和多种真菌感染引起的慢性化脓性肉芽肿，也能使T细胞功能降低。患蠕形螨病动物，T细胞功能降低的程度与其感染的长期性和播散性似乎呈正相关关系，当消除感染康复后，淋巴细胞功能可恢复正常。药物如抗癌药、磺胺、氯霉素和雌激素等都能引起粒细胞减少和免疫功能降低。锌缺乏使T细胞减少，增加了皮肤的感染性。

**症状**　严重的原发性免疫缺陷，通常由于细菌性肺炎、胃肠道感染和败血病，导致新生幼畜早死。即使新生幼畜幸存，也常因反复或慢性感染，使其发育成长缓慢。获得性免疫缺陷可发生于任何年龄动物。在临床上如遇到下列情况时，可考虑存在免疫缺陷：

①每胎新生幼犬猫都具有近似相同百分数的早期死亡率。

②)慢性或反复感染，应用药物治疗效果差，或停止治疗后又复发。

③不常致病性病原菌可引起动物感染发病。

④应用弱毒疫苗免疫注射，如犬瘟热疫苗和猫上呼吸道病毒疫苗等，能引起动物感染发病。

⑤对伤口或脓肿进行合理治疗，难以痊愈。

⑥实验室检验体液和细胞免疫项目，呈不同程度或不同项目的减弱。

**诊断**　犬猫免疫缺陷综合征单凭临床症状难以诊断。临床兽医可参考实验室检验所得以下有关数据进行综合性诊断：

①长时间淋巴细胞明显减少（$<1\times10^9$/L）。淋巴腺活组织中淋巴样细胞也减少。

②低球蛋白血症（<25 g/L）。血清蛋白电泳，$\beta$或$\gamma$球蛋白减少。

③应用药物难以治愈的年轻患病动物，血象长期表现中性多叶核粒细胞增多。

④在感染情况下，中性粒细胞减少（粒细胞减少性疾病）。

诊断免疫缺陷综合征，还有多种特异性免疫诊断试验，其中以体液免疫（B细胞）、细胞介导免疫（T细胞）和特异性免疫功能试验比较理想。

体液免疫功能试验，可利用免疫电泳和辐射免疫扩散准确地测定血清中免疫球蛋白含量，利用玫瑰花结形成或直接免疫荧光技术测定B细胞数量，正常犬B细胞占外周血液中淋巴细胞的10%～20%，患病犬B细胞减少；

另外，还可用淋巴细胞刺激试验，如用商陆有丝分裂原刺激B细胞和T细胞，以测定体液免疫功能。

细胞介导免疫功能试验，也可用玫瑰花结和直接免疫荧光技术测定外周血液中 T 细胞。猫 T 细胞占外周血液中淋巴细胞的 11%～26%，就能与豚鼠红细胞自发形成玫瑰花结。应用直接免疫荧光技术，可测知犬 T 细胞占外周血液中淋巴细胞的 60%～75%。

非特异性免疫功能试验包括中性粒细胞功能测定、补体结合试验和各种趋化性测定。氮蓝四唑试验（NBT）可测定犬中性粒细胞的髓过氧化物酶缺乏。非特异性免疫功能试验在一定情况下有助于对犬慢性脓皮病、系统性红斑狼疮和类风湿性关节炎等确定病性。

**治疗**　原发性免疫缺陷综合征通常无任何有效治疗药物。让仔犬猫吃足初乳，有一定的预防作用。继发性免疫缺陷综合征，在查清其原发病后，可对原发病进行治疗。

（高得仪　韩　博）

# 第 16 章　眼和耳疾病

视神经、听神经是第 2 对和第 8 对脑神经。在解剖学上它们分别与眼、耳紧密相连。眼睛、耳部的严重感染可沿神经通路蔓延至脑，而脑部疾患也能直接影响到眼睛及耳部。眼部有非常丰富的血管和淋巴组织。犬猫的眼病不仅见于眼本身疾患，而且也常见于许多全身性疾病，包括传染病、寄生虫病、脑部占位病变、药物及食物过敏或中毒、营养缺乏以及心、肝、肾等器官系统疾患等。这些也称为症候性眼病。故掌握眼病的诊疗技术有着特殊的临床意义。

## 第 1 节　眼部疾病

### 一、眼睑内翻

眼睑内翻（entropion）是指部分或全部睑缘向内翻转，导致睫毛对眼球持续刺激的一种反常状态。犬较多发生。

**病因**　引起眼睑内翻的原因很多，一般可分为以下三类：

①先天性眼睑内翻。见于小眼球或睑板异常，多见于某些品种的犬，如沙皮犬、松狮犬、英国斗牛犬、圣伯纳犬和运动型犬等。

②痉挛性眼睑内翻。常继发于某些疼痛性眼病，如角膜损伤、眼内异物等。

③瘢痕性眼睑内翻。见于结膜手术之后，也见于结膜外伤及结膜慢性炎症过程所引起的瘢痕性眼睑内翻。

**症状**　临床上以下眼睑内翻为多见。由于睫毛甚至眼睑皮肤对眼球的持续刺激，眼睑痉挛、流泪、结膜充血、角膜浅层有新生血管形成，严重时可发生角膜溃疡。

**治疗**　首先应确定引起眼睑内翻的原因，故诊断时应注意鉴别眼睑外翻、双行睫、角膜疾病或这些疾病的合并发生。轻叩眶下部位，观察眼睑的反应，为消除引起眼睑内翻的痉挛，可对患眼表面麻醉或行耳睑神经传导麻醉，观察眼睑能否恢复到正常位置。若确定为痉挛性眼睑内翻，应治疗引起内翻的原发性眼病，同时可在睑裂外 1/3 处做暂时缝合，以减轻睑缘内翻程度，消除睫毛的持续性刺激。

幼龄犬、猫的先天性眼睑内翻随年龄增长大多可获改善，另有极少数随身体发育病情加重。一般于 6 月龄内，通常采取药物疗法或者用上述暂时性睑缝合术来缓解症状。

对难以改善的眼睑内翻，可施行手术矫正。事先可用手指按压眼睑的基部使眼睑缘外翻至正常位置。这种方法可用以帮助确定切口宽度。矫正手术一般在距睑缘 2～3 mm 处切除一长椭圆形皮瓣，其长度与内翻眼睑相等，宽度以恰使内翻得到矫正，然后将切口两缘拉拢缝合。若矫正过度，则引起眼睑外翻，导致溢泪。术后应用抗生素眼药水滴眼，每天 3 次或 4 次；对确认角膜未发生损伤和溃疡的病例，配合应用皮质类固醇眼药水，效果更好。

### 二、眼睑外翻

眼睑外翻(ectropion)是指眼睑缘向外翻转，致使眼睑结膜、眼球结膜及角膜的异常暴露。多见于下眼睑。

**病因**　眼睑外翻的原因可分为先天性和后天获得性 2 种。

先天性眼睑外翻表现为发育异常、睑裂变大，多见于美国可卡犬、圣伯纳犬和一些猎犬品种。

后天性眼睑外翻见于老龄犬，因其眼轮匝肌的紧张性降低所致，也见于手术后、外伤、烧伤、化学伤以及慢性炎症等所引起的瘢痕。眼睑上瘢痕收缩或面神经麻痹均可引起眼睑外翻。

**治疗**　由于结膜暴露受到外界因素刺激和细菌感染，可引起慢性结膜炎，局部可合并使用氯霉素眼药水和皮质类固醇眼药水。如治疗效果不佳，出现眼睑痉挛或异常分泌物增多时，可进行手术矫正。

### 三、睫毛生长异常

睫毛生长异常(cilia growing abnormal)常见的有异位睫毛、倒睫毛及双行睫毛 3 种。

异位睫毛(ectopic cilia)是在距眼睑缘 2～6 mm 处的眼睑结膜表面长出一根或多根睫毛，最常见的位置是在上眼睑 12 点钟处。有些品种的牧羊犬、腊肠犬和北京犬等易发此类病，而且可能具有遗传性。

倒睫毛(trichiasis)是指从正常位置长出的睫毛可触及角膜和/或结膜。此类病多见于北京犬、英国斗牛犬等。

双行睫毛(distichiasis)是指睫毛自异常位置的毛囊长出，或这些毛囊仅靠于睑板腺开口的后面。此类病见于青年犬，多见于美国可卡犬、英国可卡犬、英国斗牛犬、贵妇犬以及圣伯纳犬等品种，且可能具有遗传性。

**症状及治疗** 上述3种生长异常的睫毛持续刺激结膜和角膜引起溢泪、结膜炎、角膜炎或角膜溃疡以及眼睑痉挛等。治疗方法是纠正倒睫毛，如因鼻皱褶引起被毛倒入眼内，可用眼膏涂在毛上予以纠正；如果由多余睫毛引起，可将毛囊切除或冷冻，也可用电烙铁烧烙除去。

### 四、睑炎

睑炎(blepharitis)指眼睑皮肤尤其是睑缘部的急性或慢性炎症。睑炎可单独发生，也可伴发结膜炎和睑腺炎。

**病因** 睑炎的发生原因很多，包括细菌性(主要是葡萄球菌和链球菌)、真菌性(主要是犬小孢子菌、石膏样小孢子菌和毛癣菌)、寄生虫性(犬主要是蠕形螨和疥螨感染，猫主要是疥螨感染)、过敏性(包括疫苗反应、昆虫叮咬、阳光暴晒以及接触各种过敏原)、免疫介导性、药物诱发性(如磺胺类)和外伤性(如机械性或化学性损伤)等。

**症状** 睑炎可能是局灶性或弥漫性的、单侧或双侧性的，可发生于上眼睑或下眼睑，或上、下眼睑同时发病。临床表现为疼痛(从眼睑痉挛可看出)、充血，由于水肿或炎性细胞浸润引起的肿胀、浆液性以至脓性分泌物、瘙痒和流泪，常并发结膜炎或角膜结膜炎。转为慢性后睑缘可出现糜烂或溃疡、睫毛脱落。随着病程延长，睑缘变厚，形成瘢痕和变形。

**诊断** 刮取睑缘鳞屑做寄生虫学检查。对细菌和真菌可进行培养和药敏试验。对于所有肿块性病变、不限于眼睑的皮肤病和治疗无效的慢性睑炎可进行或组织取样并行组织病理学检查。

**治疗** 应用生理盐水和棉拭子清除眼睑和睑缘的痂皮和鳞屑，涂擦金霉素或四环素眼膏，每天2次或3次。严重病例可肌肉注射抗生素。葡萄球菌毒素可能具有致皮肤坏死作用和致敏作用。对一些较顽固的慢性睑炎，除上述疗法外，可配合局部及全身应用皮质类固醇。真菌性睑炎可以应用洗必泰溶液，每天3次；也可应用伊曲康唑或酮康唑进行治疗。过敏性睑炎首先要除去过敏原，并局部应用皮质类固醇或抗组织胺制剂。对于免疫介导性睑炎，可按照1～2 mg/kg剂量口服泼尼松，每天1次，连用数周，并注意逐渐减少剂量，一般可控制症状，如过于顽固，可考虑口服硫唑嘌呤，2 mg/kg，每天1次。

## 五、麦粒肿和睑板腺囊肿

麦粒肿(hordeolum)是眼睑腺的一种局限性化脓性炎症,通常是由葡萄球菌感染所致。睑板腺囊肿(chalazion)是结膜表面睑板腺的一种硬结节状的肿胀,是一种生长缓慢的肉芽肿。

**症状** 麦粒肿也有称外麦粒肿。麦粒肿是在紧接眼睑的皮肤出现一小的发红、突起的小脓肿为特征。多发生于幼龄动物。麦粒肿比较疼,这从眼睑痉挛可以看出。麦粒肿也可能伴有分泌物增多及怕光。

睑板腺囊肿也称内麦粒肿。是在睑板腺中出现一种无痛的生长缓慢的肉芽肿。肿胀通常在眼睑的结膜一侧,但也可能向外扩展。睑板腺之所以形成肉芽肿是因睑板腺由于炎症或非炎症因素使腺体分泌物排出受阻,导致这种油性分泌物积聚和进入周围组织中引起一种异物反应,结果形成肉芽肿。有时可能数个肉芽肿呈一直线并且垂直于睑缘。

**治疗** 全身性抗生素治疗麦粒肿和睑板腺囊肿可取得良好效果。此外,也有初期行温敷和局部使用抗生素,如金霉素眼膏等;待其肿胀脓熟变软时,可局部麻醉,用棉签挤压腺体排出分泌物。

对慢性睑板腺囊肿,可借助手术放大镜在眼睑结膜表面做垂直于睑缘的切口,刮除分泌物及肉芽肿组织。术后 5～7 d 可局部使用抗生素和皮质类固醇。

## 六、结膜炎

结膜炎(conjunctivitis)在犬、猫眼病中最为常见,可能为原发性或继发于眼睛或全身其他部位疾病。本病致病因素复杂,临床上有多种分类方法,但各类结膜炎的共同特点是结膜充血、肿胀、眼分泌物增多。

**病因** 结膜内含有丰富的毛细血管和感觉神经末梢,还含有大量能产生免疫力的淋巴组织,对来自体内或外界刺激极其敏感。结膜炎不仅是结膜对外来刺激的一种反应,而且往往作为许多全身疾病(如犬瘟热、猫病毒性鼻气管炎)的局部表现。常见的刺激有以下几种:

①机械性刺激。眼睑位置改变,如眼睑内翻、睫毛异生等;眼睑或结膜外伤;结膜囊内异物,如灰尘、草屑、被毛和昆虫等。

②化学性刺激。石灰粉、熏烟、被毛清洗剂或驱虫剂等误入眼内。

③感染性刺激。常见于多种传染病的经过中。犬的病原主要是犬瘟热和腺病毒。猫的病原主要是疱疹病毒和衣原体。猫疱疹病毒-Ⅰ(FHV-Ⅰ)被认为是猫结膜炎(及角膜炎)最常见的病因。实际上,FHV-Ⅰ和猫衣原体(*C.*

*felis*)可能占猫结膜炎病原的绝大部分,在猫还见杯状病毒、呼肠孤病毒、黏液病毒和支原体感染。细菌感染多继发于结膜机械、化学或其他因素作用之后,如见于结膜损伤或病毒性结膜炎。从健康犬和结膜炎患犬的结膜囊内曾分离出多种细菌,如金黄色葡萄球菌和其他革兰氏阳性菌等。感染性结膜炎也经常继发于角膜炎、泪囊炎、副鼻窦炎等邻近组织的炎症。还可见于吸吮线虫、黄蝇和恶丝虫幼虫等感染。

④过敏性刺激。临床上有极少数的犬在注射疫苗或结膜囊滴用某种眼药水,可能引起过敏性结膜炎;有的犬在吸入由空气传播的过敏原如花粉、芽孢等也可引起过敏性结膜炎。

**症状** 根据临床特点,可分为以下几种类型:

①浆液性或浆液黏液性结膜炎。此病是最常见的一种类型,可由多种致病因素引起,并表现在各类结膜炎的早期。急性型:患眼畏光,结膜充血、肿胀,从内眼角流出大量浆液性或浆液黏液性分泌物。慢性型:结膜充血,肿胀轻微,分泌物较少;随着病程延长,结膜可能增厚。

②化脓性结膜炎。见于细菌原发或继发感染,除眼的一般症状表现剧烈外,以眼内流出多量黏液脓性或脓性分泌物为特征;上、下睑缘和睫毛常被黏稠脓性分泌物粘在一起。若炎症较重或持续时间较长,常波及角膜甚至引起角膜溃疡。

③滤泡性结膜炎。主要见于猫疱疹病毒-Ⅰ感染,也可见于其他因素引起的慢性结膜炎。当结膜长期受刺激时,易引起结膜上皮下的淋巴组织增生,结果在睑结膜和瞬膜表面出现多数小而圆、色泽苍白发亮的滤泡。猫疱疹病毒-Ⅰ和猫衣原体感染引起的急性结膜炎是以单侧性或双侧性眼的浆液性分泌物和球结膜水肿为特征。随着病程加长,眼分泌物逐渐转为浆液性或脓性。

④假膜性结膜炎。此病是猫支原体感染的典型特征。在结膜和瞬膜表面经常覆盖一层由炎性细胞、纤维蛋白和黏液构成的灰白色不透明薄膜,称为伪膜。伪膜易于分离。剥离伪膜后,结膜可能有轻微出血。眼的其他症状一般较轻微。

**诊断** 根据病史、临床特点和动物对治疗的反应,可对致病因素做出初步诊断。

机械性或化学性刺激引起的结膜炎通过询问病史和仔细的眼部检查,不难做出诊断。细菌、衣原体或支原体感染引起的结膜炎最初多发生于单侧眼,数天或约1周后另一眼也发病。衣原体或支原体感染时,使用四环素、利福平或喹诺酮类治疗有效。病毒性结膜炎多表现双眼同时发生,通常伴有上呼吸道感染。过敏性结膜炎在应用皮质类固醇药物治疗后，症状迅速得到改善。

如要进一步确定感染源，可在炎症早期取结膜表面刮削物做细胞学和微生物学检查。

值得注意的是，结膜炎常继发于多种传染病、更严重的眼病及全身性严重疾病尤其是肝、肾、消化道疾病，称为症候性结膜炎。故在诊断时对不能找出致病因素，而且在采取相应治疗效果不佳时，就应做进一步的眼部及全身性检查，以避免诊断及判断预后上的失误。

**治疗**　用 2%～4%硼酸溶液或生理盐水洗眼。洗眼时仔细检查结膜囊和瞬膜后面有无异物存在。当碱性物质如洗涤剂误入眼内，及时用大量生理盐水或自来水冲洗眼睛尤为重要。非病毒性感染而且角膜表面光滑无损伤时，可合并滴用氯霉素眼药水和皮质类固醇眼药水，每天 4～6 次，连用 7～10 d。对角膜有破损的禁用皮质类固醇药物，否则可加剧角膜的溃烂。疑为病毒感染时，可滴用疱疹净眼药水或吗啉胍眼药水，最初每 1～2 h 用药 1 次，症状改善后，每天 5 次或 6 次。对猫疱疹病毒-Ⅰ的治疗目前尚无兽用特效药，而用人医许多已有的抗病毒药剂进行试用研究，结果表明曲氟尿苷(trifluridine)、碘苷(idoxuridine)效果较好。有关专家指出，治疗 FHV-Ⅰ不必使用抗生素，即使已证实有继发细菌性感染，也不赞成局部使用抗生素，必要时可口服。

## 七、角膜炎

角膜炎(keratitis)主要以角膜组织的病变为特征。由于角膜与结膜和虹膜的组织学关系，因此，本病常伴有结膜炎和前色素层炎。

角膜通常分为 4 层，由前向后依次为上皮层、基质层、后弹力层和内皮层。角膜的炎症根据是否有溃疡和角膜受侵害的深浅分为浅在性角膜炎、间质性角膜炎及溃疡性角膜炎。

浅在性角膜炎最常发生，见于角膜直接受外来因素刺激(如结膜囊异物、角膜外伤包括机械性损伤或肥皂洗涤液所致的损伤)或继发于多种眼病(如眼睑缺损、内翻、睫毛异常、泪液缺乏、眼球脱出、结膜炎等)。在某些品种犬(如德国牧羊犬)还见到一种原因不明的原发性慢性浅表性角膜炎，又称为变性角膜翳。角膜上皮下出现新生血管(血管呈树枝状分布)和角膜表面混浊是浅表性角膜炎的突出特征。慢性浅表性角膜炎时，常可见角膜内有黑色素沉着。角膜黑色素沉着是由角膜缘及角膜缘周围组织的黑色素移行所致。这种细胞移行常伴发于活动性角膜炎的其他症状，如角膜血管新生、基质层的炎性细胞浸润等。炎性反应越剧烈，黑色素沉着就越严重。如果黑色素沉着于角膜的中央区，即位于瞳孔前的相应位置处，视力就会受到损害。治疗应首先除去病因。荧光素钠点眼可判定角膜有无破损或溃疡，用以决定能否使用皮质类固醇。角膜有破损或溃疡时，如使用皮质类固醇则可加剧角膜溃烂。临床上遇到不少肉眼看不到的角膜缺损，经荧光素钠点眼就出现明显的带荧光的绿色点状或线状损伤。在确认角膜无破损的情况下，用醋酸强的松龙混悬液 1 mL(最好是用甲基强的松龙 10 mg)进行球结膜下注射，隔天重复 1 次；同时，每天 2 次皮下注射硫酸卡那霉素，大型犬每次 2 mL(50 IU)。局部治疗可用氯霉素眼药水、金霉素眼膏配合使用，每天 4～6 次。当角膜发生广泛色素沉着以致影响视力时，可在炎症得到控制后施行浅表性角膜切除术，术后用瞬膜瓣保护，并应用金霉素眼膏。

间质性角膜炎是角膜基质深层的炎症，多因眼内感染引起，可见于前色素层炎、犬瘟热、犬传染性肝炎、全身性真菌感染以及败血症等疾病过程中。角膜混浊较深时，新生血管呈刷状且少分枝和较深在；内皮层破裂后，角膜水肿严重。本病的治疗应针对前色素层炎和全身性感染为重点。

溃疡性角膜炎即角膜溃疡，是犬最常见的眼病之一。浅表性角膜溃疡的病因同浅表性角膜炎，但因角膜的完整性受破坏，易并发细菌感染。猫角膜溃疡常见于疱疹病毒感染。深在性角膜溃疡是指溃疡深达角膜厚度的 1/2 以上。角膜溃疡时，患眼疾痛导致眼睑痉挛、结膜充血、角膜水肿且有新生血管形成。深入基质层的溃疡，多呈圆形或椭圆形。由于细菌感染，溃疡边缘因白细胞浸润呈灰白色混浊。当溃疡向深部发展时，容易发生后弹力层突出甚至引起角膜穿孔。荧光素钠点眼可判断是否有角膜溃疡存在，也能显示溃疡面积的大小、深浅和患部角膜浅层与深层分离的严重程度，并在指导临床用药及在深在性角膜溃疡清创术时起着重要作用。

小点状的角膜溃疡临床上很难看出，需用荧光素钠点眼才能发现。如果在点眼时只有小米至绿豆大小的荧光素着色，而几分钟至十几分钟后着色面积增至大豆或玉米大小，说明角膜表层溃疡面积较小，但深层受波及的面积较大。当深在性角膜溃疡导致后弹力层突出，这时若用荧光素钠点眼，就可看到中间突出的后弹力层不着色，而周围的角膜上皮及基质层已染成黄绿色。治疗溃疡性角膜炎通常禁用皮质类固醇，因为皮质类固醇能降低角膜上皮再生速度、降低动物的防卫功能，妨碍伤口愈合。没有并发细菌感染的浅表性角膜溃疡只要局部使用抗生素即可望治好。可用氯霉素眼药水点眼，每天 3 次或 4 次；或用卡那霉素注射液 0.5～1.0 mL 进行球结膜下注射，每天 1 次，可防细菌感染；配合使用 1%阿托品，每天 2 次或 3 次，以控制睫状肌痉挛，消除眼的疼痛，一般

3～5 d 可愈。如果 1 周仍不愈合，需要仔细检查找出不明的原因，或更换抗生素。由外眼疾病所分离出最常见的细菌有葡萄球菌、链球菌、假单胞菌、大肠杆菌等。临床上常用于预防和治疗眼部细菌感染的药物有氯霉素、氨比西林、庆大霉素、卡那霉素等，眼膏类有四环素眼膏和金霉素眼膏。对猫角膜溃疡可用疱疹净眼药水点眼，每天 4～6 次。对于比较顽固的角膜溃疡，除了药物治疗外，可对患部行清创术，即在局部麻醉后，将与下层分离的角膜上皮及所有松脱的组织洗除掉，溃疡面涂以 2%碘酊。清创术可每隔 1～2 周进行 1 次，使松脱上皮一次比一次减少直至溃疡愈合。角膜水肿严重时，可滴用 5%灭菌氯化钠溶液，以减少上皮的水肿和增进上皮与基质层的接合。对于深在性角膜溃疡，应使用广谱抗生素加强局部抗菌疗法，每 1～2 h 使用 1 次，最好滴用 5%～10%乙酰半胱氨酸溶液作为胶原酶抑制剂以抑制胶原溶解。对于患深在性角膜溃疡的犬当愤怒时或在进行一般检查时，从角膜溃疡处突然喷出小水柱，说明该角膜已经穿孔。为保护角膜，可应用瞬膜瓣遮盖术、眼睑缝合术、结膜瓣移植术和软接触镜片(即隐形眼镜)。软接触镜片也称软绷带接触镜片，可帮助再生上皮与基质层的接合和提供保护上皮的作用；每隔 7～10 d 取下，清洗、消毒再贴上，直至角膜上皮愈合为止。但因其价格昂贵，尚未推广应用。

## 八、角膜外伤

角膜浅表性创伤(corneal trauma)常常导致角膜上皮剥离，呈现一种浅在性磨损。这种磨损的处理同浅在性角膜溃疡。局部应用抗生素以防继发细菌感染，同时用阿托品点眼以减除睫状肌痉挛和预防由于虹膜睫状体炎引起的粘连。角膜深部创伤也按深在性角膜溃疡的方法治疗。

角膜创伤的治疗依据伤口的深度认定。角膜浅表性伤口就像浅在性角膜溃疡一样容易愈合。角膜伤口深度超过角膜厚度 1/2 以上而且创缘裂开的，可用 7-0 至 10-0 的缝合线缝合。角膜全层透创也必须行缝合术。角膜缝合术最好是使用眼科专门器械，愈合后也无须拆线。角膜透创在数小时之内脱出的虹膜用抗生素药液冲洗后即可复位。但多数病例，虹膜脱出几小时就将脱出的虹膜烧烙后剪除。在角膜缝合之前用眼内镊清除前房内的血凝块和纤维蛋白块。用 7-0 至 10-0 缝线缝合角膜约 2/3 厚度，不要穿透角膜全层。角膜创口用简单的结节缝合，针距为 1～1.5 mm。角膜缝合后，用灭菌生理盐水注入前房内并且注入一小气泡以防纤维蛋白移行和粘连。

角膜创伤的预后取决于受伤时的深度及严重程度。钝性物体所致的创伤预后比锐性物体引起的预后更差。

## 九、泪道阻塞

泪道由泪点、泪小管、泪囊和鼻泪管组成，各部位均可发生阻塞，临床上以溢泪为特征。

**病因** 少数病例是先天性泪点或泪小管缺失，但常见病例是由于炎性产物、脱落的睫毛、尘土、草籽和芒刺等异物落入泪道引起；外伤或炎症引起泪道黏膜肿胀以及鼻腔肿瘤均可导致本病。

**症状** 先天性泪点或泪小管缺失可发生于单眼或双眼。由于上泪点和上泪小管缺如不至于引起溢泪，故临床意义不大。泪道其他部位的阻塞均表现溢泪，内眼角下方皮肤因长期受泪液浸渍，已发生湿性皮炎。本病常并发慢性结膜炎。

下泪点及泪小管阻塞时，除流泪外，在下内眼角部位还出现轻度肿胀。当泪囊发炎时，在内眼角下眼睑处明显肿胀，触诊有痛感。用手指按压肿胀部从下泪点可排出黏脓性分泌物。鼻泪管阻塞常常伴有炎症。易发生阻塞的部位是在泪囊的直下方鼻泪管的骨内部分。行鼻泪管冲洗，液体能从下泪点流出。

**诊断** 荧光素试验和泪道冲洗是诊断本病的常用方法。将1%荧光素钠溶液滴于结膜囊，若5～7 min在鼻孔外见到黄绿色染料，证明泪道通畅；若染料延迟出现或不出现，说明泪道狭窄或阻塞，应进行泪道冲洗进一步确定狭窄或阻塞部位。将患眼行表面麻醉后，将4-6号钝圆针头插入上泪点及泪小管，连接装有生理盐水的注射器，缓慢推注，若液体经下泪点排出，证明上、下泪点及泪小管通畅；此时如用指压下泪点和泪小管，同时推动注射器，若液体从鼻孔排出或流入咽喉（动物有吞咽或逆呕表现），即证明鼻泪管通畅。

有条件时可进行鼻泪管造影，以观察泪道的通畅情况。

**治疗** 对引起溢泪的先天性下泪点缺如，可施行泪点重建手术。先按上述方法做泪道冲洗。冲洗开始时，在内眼角下睑缘内侧出现一局限性隆起，即为下泪点正常位置，然后在该处切除一小块圆形或卵圆形结膜。为防止人造泪点闭锁，术后滴用氯霉素眼药水和皮质类固醇眼药水，每天6～8次，连用10～14 d。

由炎性产物或异物引起的泪道阻塞，需用含有抗生素的生理盐水做泪道冲洗。鼻泪管阻塞冲洗时阻力很大，需强力推压；多次冲洗无效时，可施行泪道插管术，本法对于顽固的鼻泪管阻塞尤为适用。手术方法是先把一端烧钝的2-0尼龙线经上泪点穿出外鼻孔，接着把一根口径合适的聚乙烯管套在尼龙线上，如上法穿过泪道，然后将两端打结并分别固定在内眼角皮肤和鼻孔上方皮肤上，保留 2～4 周。术后每天滴用上述眼药水，用含有抗生素和皮质类固醇生理盐水冲洗泪道，一直到拔管数天后为止。

## 十、干性角膜结膜炎

犬干性角膜结膜炎(keratoconjunctivitis sicca，KCS)是由于泪液缺乏，角膜暴露于干燥环境，结膜和角膜上皮受损引起的炎症。

**病因**　KCS 的病因及发病机制是多方面的。长期使用磺胺类药物或用过非类固醇抗炎药、免疫介导、外伤、犬瘟热病毒等均可引发本病，瞬膜腺切除也可引发，但有的在术后 4～5 年才出现。慢性睑结膜炎所引起的结膜杯细胞受破坏及泪腺受侵害，也可发生本病。有些犬品种，如英国骑士狮子犬、英国斗牛犬等对本病有易感性。

**症状**　KCS 分为急性和慢性 2 种。急性 KCS 是以角膜突然没有眼泪和失去光泽、剧烈疼痛以及很快出现角膜溃疡为特征。此时，眼睑出现持续性痉挛、结膜严重充血发炎及伴有带韧性的黏脓性分泌物。干燥昏暗的角膜常常在中间或多处出现溃疡，有时溃疡可能很快发生穿孔；角膜深部血管新生，眼压降低。

慢性 KCS 表现从轻度的结膜炎到伴有角膜色素沉着的严重结膜炎。慢性 KCS 常常具有间歇性的慢性结膜炎及大量分泌物的病史。最初表现为结膜炎，用药物局部治疗时症状缓解，一旦停药又恢复原样。慢性 KCS 初期的突出症状是结膜充血和球结膜水肿。结膜分泌物由黏性到黏脓性。仔细观察角膜，角膜没有光泽但常常没有溃疡。病情发展时，结膜充血增厚，甚至出现点状的色素沉着，结膜分泌物量多和呈黏脓性而且带有韧性；角膜表面出现血管新生及不规则的色素沉着；严重的慢性 KCS 色素沉着可能遍及整个角膜，导致视力障碍或完全失明。

**诊断**　根据本病的特征性症状可以初步做出诊断。Schirmer 眼泪试验可以帮助对本病进行确诊。具体方法是将一长 35 mm、宽 5 mm 的 Schirmer 眼泪试纸条的一端折回 5 mm 并仔细插入下眼睑中间结膜囊内，让纸条挂在下眼睑外面，放置 1 min 后，测量眼泪将该纸条湿润的长度；正常犬和猫为 10～35 mm/min，多数 KCS 患犬为 0～5 mm/min，5～10 mm/min 为可疑。

**治疗**　KCS 应认为是一种严重的眼病。KCS 的治疗目的是刺激天然泪液产生。局部使用环孢霉素是治疗 KCS 的基础。治疗方法是局部使用 2%环孢霉素眼膏，每天 2 次，连用 2 周，效果良好。很多情况下，还需要以下的辅助疗法：局部滴用人工泪液如 0.5%～1.0%甲基纤维素，每天数次；配合应用

0.5%～1.0%硝酸毛果芸香碱溶液滴眼，每天3次，或按每千克体重1～2滴的剂量拌入食物中口服，以促进泪液分泌。用一定浓度和一定量毛果芸香碱溶液口服也是一种有效的方法，一般口服30～60 min后出现轻度流涎现象。这说明所用剂量适宜促使眼泪分泌的一个有用的指征。如果达不到流涎程度说明用量不足，但过量则可出现严重流涎、呕吐、下痢等副作用。急性KCS也必须局部使用抗生素以防继发细菌感染，一般可用广谱抗生素，如氯霉素、庆大霉素滴眼，每天4～6次。尽管角膜没有溃疡，也不推荐使用皮质类固醇治疗，因为急性KCS角膜常有溃疡的倾向，溃疡一旦出现有可能在24 h内角膜就会穿孔。对于急性KCS，为了保护角膜，可使用瞬膜瓣遮盖术。国外有使用特制的亲水性绷带——接触镜片(类似隐形眼镜)来保护角膜。这是治疗急性KCS的一种新方法。

慢性KCS的治疗包括用人工泪液滴眼、局部使用或口服毛果芸香碱溶液及局部应用抗生素及皮质类固醇以控制继发细菌感染。慢性KCS很少有角膜溃疡，故应用抗生素及皮质类固醇治疗的危险性很小，它们可减轻结膜炎症，减少结膜分泌物，也能减轻角膜新生血管形成及色素沉着。对经过上述治疗的慢性KCS患犬，Schirmer眼泪试验值能增加3～5 mm/min，说明治疗有效。当角膜发生广泛色素沉着以致影响视力时，可在炎症得到控制后施行浅表性角膜切除术，术后用瞬膜瓣保护并应用金霉素眼膏。对药物不能控制的顽固慢性KCS，可施行腮腺管移植术。

## 十一、瞬膜腺脱出

瞬膜腺脱出(nictitans gland prolapse)又称樱桃眼，是由于该腺体肥大等原因与瞬膜一起从眼内眦向外翻转的一种眼病。单眼或双眼均有发生。

**病因** 常因瞬膜腺外露肥大、腺体附着于眶骨膜的结缔组织发育不良或受异物刺激引起瞬膜腺发炎所致，可能与遗传有关。本病常见于美国可卡犬、英国斗牛犬、巴塞特猎犬和比格犬等眼球突出的品种；北京犬、狮子犬及大丹犬也可发生。发病年龄多在3～12月龄。

**症状** 最初在眼内眦出现像绿豆大小粉红色软组织块，并逐渐增大。患眼出现溢泪、黏性分泌物，也可引起结膜炎、角膜炎。由于长期暴露在外，腺体充血和可能有浆细胞和淋巴细胞浸润而肿胀。

**诊断** 根据临床症状、动物的品种及年龄，易确诊。但对老龄犬发生类似的肿胀，则应注意与肿瘤区别。

**治疗** 本病药物治疗无效，只能通过手术治疗。以往多采用全身麻醉或全身镇静配合患部表面麻醉后，用小弯止血钳在肿胀物基部钳紧，将其切除和烧烙止血，除去止血钳，局部涂以金霉素眼膏，每天 3 次，连用 3～5 d。

由于瞬膜腺可提供部分泪液，当其他泪腺功能缺损时，切除瞬膜腺会导致干性角膜结膜炎。一些易患樱桃眼的品种犬也容易患泪液缺乏的疾患。故很多人不主张将脱出的瞬膜腺全部切除，提出部分切除或将脱出的瞬膜腺分别缝合固定在眶骨膜缘的筋膜上。

## 十二、前色素层炎

前色素层炎(anterior uveitis)又称前葡萄膜炎，是眼虹膜睫状体的炎症，多见于全身性疾病的经过中，临床表现以虹膜睫状体和前房液的病理变化为特征。

**病因** 本病是很多全身性疾病的眼部症候，如犬瘟热、犬传染性肝炎、猫传染性腹膜炎、犬布氏杆菌病、弓形虫病、钩端螺旋体病、莱姆病、全身性真菌病、丝虫病以及过敏反应等。眼外伤、角膜透创、眼内手术都可引起前色素层炎。

**症状** 眼睛发红、畏光流泪；因疼痛剧烈眼睑明显痉挛；角膜呈轻度或严重混浊；边缘深层新生血管呈毛刷状；虹膜因充血肿胀而纹理不清；瞳孔缩小；眼房液呈不同程度混浊，严重病例可发生前房积血或前房积脓。

由于深部睫状体血管充血，眼睛发红，最严重处位于角膜缘的周围，也就是球结膜在紧靠黑眼珠处出现一红圈。这是前色素层炎的特征性症状。注意本病与结膜炎的弥漫性充血以及与急性青光眼时巩膜浅在的血管充血相区别。眼房液混浊是由于血液-房水屏障受到损害，使大分子量的蛋白质分子能进入房水。房水内的炎性细胞及蛋白絮片可黏附于角膜内皮细胞层形成角膜沉淀物。眼房液性质的变化使晶状体的渗透压、营养及代谢都发生改变而混浊。瞳孔收缩和虹膜炎症可引起虹膜与晶状体发生粘连(称后粘连)、虹膜与角膜粘连(称前粘连)。虹膜粘连时使房水排出的通路受阻而继发青光眼。患前色素层炎的患眼眼内压通常是降低的，因为睫状体炎可导致房水生成减少，使眼压降低。这一点可与青光眼相区别。

严重的色素层炎包括前色素层炎、后色素层炎和全眼色素层炎，可能由于眼内组织损伤的原因而有复发的倾向。

**治疗** 消炎、镇痛、防止虹膜后粘连合预防视力损害是治疗的重点。本病一经发现，要尽快应用 1%～4%硫酸阿托品溶液滴眼，每天 4～6 次；瞳孔扩大后可减少用药次数以维持比正常瞳孔略大一些即可。同时可用氯霉素眼药水或阿莫西林混悬液和皮质类固醇眼药水点眼，每天4～6次；并配合球结膜下注射甲基强的松龙8～10 mg，隔天重复1次。炎症剧烈时，可口服肠溶阿司匹林10 mg/kg，每天2次。对引起本病的原发病应采取相应的治疗措施。

## 十三、白内障

白内障(cataract)是指晶状体或晶状体囊混浊而引起视力障碍的一种眼病。本病是犬的常见眼病之一，猫则相对少发。

**病因** 本病一般可分为先天性和后天性两类。先天性白内障可在胎儿时期就存在或于出生后数月甚至一年内才出现，常为两侧性。由遗传性或非遗传因素所致。非遗传性因素是与母体孕期感染、营养不良、代谢紊乱以及应用某些药物有关。常见的遗传病有持久瞳孔膜、持久玻璃体动脉、视网膜发育不全、进行性视网膜萎缩及糖尿病等。在犬多发于德国牧羊犬、巴圣吉犬、佛兰德牧羊犬、比格犬、金毛拾猎犬等品种。猫仅发生持久瞳孔膜引起的先天性白内障。后天性白内障主要继发于晶状体及其囊损伤或眼内炎症，如角膜穿透创容易伴发晶状体前囊破裂、前色素层炎或脉络膜视网膜炎，通过影响晶状体代谢可诱发混浊形成。

**症状** 先天性白内障可在动物刚出生或出生后不久发现，单眼或双眼发生。混浊一般很小，呈浓厚灰白色，位于晶状体轴线上，通常不发展或发展极为缓慢，视力不受影响。青年动物发生的白内障，混浊多呈绒毛状，可位于晶状体赤道、前后囊下或晶状体核内，混浊发展缓慢，对视力无明显影响或影响不大，属于幼稚期白内障。随着时间延长，混浊范围逐渐增大，以致晶状体最终成为均匀一致的混浊，视力完全丧失，此时即为成熟期白内障。这个过程可能需要数月甚至数年时间。成熟期白内障进一步发展，即为过熟期白内障。过熟期白内障一般有2种类型。比较多见的一种是晶状体脱水、皱缩，可引起悬韧带断裂，造成晶状体不全脱位或全脱位；另一种表现为晶状体皮质液化，核皱缩，但完整，可下沉到晶状体底部。后一种类型的动物可恢复部分视力，但液化的皮质有时逸出到囊外，可引起晶状体过敏性色素层炎。

**诊断** 根据病史结合观察瞳孔深部是否变成乳白色，笔式手电筒照射是否反光以及用检眼镜能否观察到眼底不难确诊。

**治疗** 对先天性、幼稚期或皮质液化的过熟期白内障，可滴用1%硫酸阿托品溶液扩瞳，以强化局灶性混浊周围的视力；还可配合局部使用皮质类固醇，如1%地塞米松溶液点眼，每天2次或3次，或配合球结膜下注射甲基强的松龙8～10 mg，隔天再注射1次。

在无色素层炎及视网膜正常的情况下，手术疗法可改善视力。手术包括晶状体囊外摘除术、晶状体囊内摘除术和晶状体乳化手术等。

### 十四、青光眼

青光眼(glaucoma)是因眼房液排泄障碍、眼内压升高而引起的一种严重眼病，常导致视力急剧减退或丧失。

**病因**　根据病因一般将青光眼分为原发性和继发性两类。原发性青光眼是由于前房结构发育缺陷造成眼房液排泄受阻而引起的。这种类型在犬常具有遗传性。主要见于某些纯种犬，如比格犬、美国可卡犬、巴赛特猎犬及贵妇犬等；在猫则罕见，但波斯猫、泰国猫和短毛猫较易发生。继发性青光眼是由于其他眼内疾病引起的，如前色素层炎、晶状体向前脱位、眼内肿瘤以及其他伴有眼内压升高的病变。

**症状**　本病多发生于中年犬至老龄犬，可单侧或双侧发生，但呈急性发作的青光眼多为单侧性。原发性青光眼病初可表现流泪、角膜水肿、巩膜表层血管充血，注意巩膜血管极度怒张，而且向眼球背部深处延伸，应与结膜的弥漫性充血、潮红相区别。与犬相比，猫的病初表现不甚明显，难以引起注意，故缓慢升高的眼内压常造成猫视力的不可逆性损害。本病眼内压持续性升高后，眼球显著增大并突出，指按呈坚实感。由于疼痛常引起眼睑痉挛、瞬膜突出、精神沉郁、不爱活动和食欲缺乏等。瞳孔对光反应早期可能正常，随着病情发展瞳孔散大、固定，视力由不同程度减退到完全失明。

**诊断**　根据巩膜表层血管严重充血的特殊“红眼”症状、眼球突出、眼压升高、发硬等典型的临床症状可初步诊断，但临床上主要靠测量升高的眼内压来确诊。常用眼压计分压陷式和平展式，而后者更适用。犬正常眼压为 1 466.54～2666.44 Pa。用检眼镜行眼底检查可见视盘形成杯状凹陷，视盘周围血管伸进凹陷呈“屈膝”状；视网膜变性。

**治疗**　一旦做出诊断，应立即用药物治疗。为迅速降低眼内压、防止视力进一步损害，可先用视力达(Latanoprost-拉坦前列腺素，浓度为 0.005%)，局部应用 1～2 滴，1～2 h 后再测眼内压，如无效可用 20%甘露醇(每千克体重 1～2 g)静脉注射，同时用 1%～2%硝酸毛果芸香碱溶液点眼，最初 30 min 内每 10 min 1 滴，以后每 6 h 1 滴。在使用甘露醇后的 4～6 h 控制饮水。通常在使用甘露醇数小时后眼内压可能出现下降趋势。临床上也可口服 50%甘油，每千克体重 1～2 mL，以降低眼压。随后可应用减少眼房液产生和促进眼房液排泄的药物，如每千克体重口服二氯磺胺 2～3 mg 或乙酰唑胺 7 mg，每天 3 次，同时配合缩瞳药滴眼。用上述方法治疗的同时最好每天测定眼内压，根据病情的进展随时调整治疗方案。要指出的是，对于眼内炎症如前色素层炎继发的青光眼，应用高渗脱水剂可能无效。对伴有眼内炎症的青光眼，应配合抗生素——皮质类固醇治疗。

药物治疗无效，可应用手术疗法，如睫状体冷凝术、激光疗法及引流植入法等。

## 十五、视神经炎

视神经炎(optic neuritis)是一种十分严重的眼病，常导致双眼失明。犬较多发生。本病可分为眼球内视神经炎和眼球后视神经炎。

**病因** 发生视神经炎的病因很多，比较清楚的病因为损伤和感染，包括眼球脱出、球后脓肿或肿瘤等占位性病变、犬瘟热病毒或猫传染性腹膜炎病毒感染、弓形虫病以及全身性真菌病等，近年由于伊维菌素及其他毒性物质中毒所致的失明并不少见。

**症状** 双眼突然失明是本病的特征，临床表现为眼睛睁大、凝视、瞳孔散大、固定、对光无反射。用检眼镜行眼底检查时，眼球内视神经炎与球后视神经炎的表现不同。

球内视神经炎表现视盘(即视神经乳头，是视神经唯一可见部分)呈现红色肿胀、范围扩大及边缘模糊；血管充血使平常难以觉察出来的很多小血管变得很明显。由于视盘周围炎性肿胀、炎性细胞浸润可能使视网膜脱离，炎性物质也可见于视盘上方的玻璃体中。视神经乳头水肿的检眼镜下表现与视神经炎很相似，但视力不受损害，瞳孔对光有反应，视盘及主要血管周围不伴有炎性渗出物。视乳头水肿的治疗必须针对原发病，如不加控制可影响视力。

球后视神经炎也表现突然完全失明，但视盘可能不受侵害。

**诊断** 应进行细致全身性检查。对于检眼镜下视盘没有明显病变的，可怀疑为球后视神经炎，尤其应进行脑神经及外周神经功能状态的检查，包括体位姿势、脊髓反射、举尾力量等，有助于本病的诊断。有条件时可行脑脊液的病理学、微生物学和血清学检查，可能提供确定病因的依据。

**治疗** 治疗原则是迅速减轻或消除炎症，防止视神经变性和防止视力的不可逆性损害。全身性大剂量使用皮质类固醇，如口服强的松，每千克体重 1～3 mg，每天 2 次，至少连服 2 周；同时配合广谱抗生素。有些病例的视力及瞳孔对光反射可以恢复，甚至在给药 24～48 h 内就有效。本病有可能复发和完全丧失视力的危险，故必须用皮质类固醇及广谱抗生素维持治疗，剂量酌情减少。复发可能于前一次发作后几周、几月甚至几年后出现。

若经过3周的治疗，视力及瞳孔对光反应没有改善，则预后不良，类固醇也应逐渐减少剂量以致停止。

## 十六、眼球脱出

犬的眼球脱出（prolapse）常由外伤引起，最常见于打斗中被其他犬或猫抓出，多见于短头品种。例如，北京犬因其眼窝浅，易于脱出。临床上也见于保定不当，甚至在进行肌肉注射时也可发生眼球全脱出。

眼球脱出后，如果视神经完全断离，或眼内多条肌肉完全断裂，致眼球完全悬垂于眼外，即可肯定预后不良。一般在当时很难判定脱出的眼球整复及治疗后视力能否恢复，除非脱出时间短、角膜完整、瞳孔对光反射良好，视力可望完全恢复。

治疗时应尽可能早地将眼球复位，事先行全身麻醉，彻底清除异物、血凝块及坏死组织，用加有抗生素的生理盐水清洗后，滴以氨苄西林或阿莫西林混悬液等抗菌药的灭菌纱布块按压眼球，同时用组织钳或预先缝合好的缝线，提起上下眼睑使眼球复位。大多数情况下不需扩大睑裂即可直接还纳。若眼球严重水肿无法还纳时，可用钝头剪在外眼角作一延长创口，可将眼球复位。多条眼肌断裂病例，可考虑用可吸收缝线将巩膜和眼眶组织进行2～3针缝合，固定眼球，最后闭合眼睑创口。

为防止眼球再次脱出，可将上下眼睑做两组纽扣状缝合（这两组纽扣状缝合也可在还纳眼球之前预置好，在收紧这两组缝线的同时轻按眼球复位）。缝线不可穿透眼睑全层，以防损伤角膜。为了便于术后注入药物，眼内角应留一小空隙。局部应用氨苄西林或阿莫西林混悬液，每日4次，晚间可涂以金霉素眼膏，以防止损伤的角膜感染、控制外伤性色素层炎和润滑角膜及结膜。最初应避免局部使用皮质类固醇药物，因其能妨碍角膜的愈合及降低抗感染的防卫功能。如果角膜无明显破损且为治疗色素层炎，在3～5 d后可在原来治疗的基础上，考虑使用皮质类固醇。根据眼球损伤及感染程度，酌情配合全身抗菌治疗。

一般可于睑缝合后7～10 d拆线，最好于第7天拆除内侧的一组，几天后拆除另一组。拆线后所出现的轻度斜视，于1～2个月内可以得到不同程度的纠正。

对严重感染者、眼球已损坏的病犬，应行眼球摘除术（enucleation）。

## [附] 眼球摘除术

### 一、适应症

严重眼伤引起视神经端离、眼球塌陷、眼内肿瘤以及化脓性全眼球炎等。

### 二、麻醉与保定

动物全身麻醉配合眼球周围浸润麻醉。患眼在上，侧卧保定。

### 三、手术方法

眼睑剃毛，常规消毒。在上、下眼睑各缝一牵引线将眼睑皮肤分别向上、向下牵拉，用组织钳夹住巩膜将眼球固定。在角膜缘上方的球结膜上做一环形切口，沿巩膜外壁分离结膜下组织。分离上、下斜肌和 4 条直肌止端；分别将其剪断。将眼球向前方牵引，继续沿巩膜壁向后分离周围组织，用大弯止血钳伸向眼球后部夹住眼球退缩肌和视神经，用双套结结扎后剪断；充分止血后取出纱布，清创及注入或撒布抗生素；分别缝合球结膜及眼睑皮肤（眼睑缘皮肤应剪除少许），装置眼绷带。

全身使用抗生素 5 d，术后 7 d 拆线。

# 第 2 节　耳部疾病

### 一、耳壳血肿

耳壳血肿（hematoma of the ear shell）是耳壳皮下出血引起的肿胀。耳壳血肿在犬、猫常有发生，耳大下垂品种的犬尤其多发。血肿多位于耳壳内侧的凹面，偶尔也发生在耳壳外侧。

**病因**　多因外伤引起。耳壳瘙痒或外耳炎时，动物自身搔抓、频频摇头甩耳导致耳壳皮下出血是常见的原因。耳壳咬伤可直接引起血肿。在猫，还见有由蜱、虱叮咬引起的耳壳血肿。除此之外，自身免疫状况对本病的发生也有一定的影响。

**症状**　耳壳血肿形成迅速。血肿局限于耳壳的某部或波及整个耳壳。临床检查见血肿处耳壳变厚；白色或浅色毛皮的犬猫，肿胀呈深红色至紫褐色。

早期触诊肿胀处有温热和波动感，压迫引起疼痛。数天后肿胀区周围呈硬感，有捻发音；中央有波动，穿刺可排出血液。血肿发生于耳壳基部时，肿胀可使外耳道狭窄，甚至阻塞，听觉失灵。血肿易继发感染，感染后则形成脓肿。

**诊断**　根据耳壳迅速出现的肿胀及穿刺结果，不难做出诊断。但要注意血凝块，如发生机化，则不能抽出液体。

**治疗**　小的局限性血肿可自行吸收；或治疗可用较细的皮下注射针头穿刺抽出血液，拔出针头后使用加压耳绷带保持 7～10 d，以制止继续出血。穿刺时要严格无菌操作，以免血肿变为脓肿。

大的血肿一般不宜在血肿发生时立即行手术切开，需等出血停止，血肿腔内血液凝固后再手术。等待手术期间需局部防腐和防止动物搔抓耳壳。手术时动物全身麻醉，患部大面积除毛消毒。在耳壳内面、血肿之上做一个“S”形切口，切口越过血肿，深至耳壳软骨，但不切伤软骨。除净血肿腔内的血凝块和纤维素块。用 4 号丝线在切口两侧作数排穿过耳壳全层的纽扣缝合，消除血肿腔，缝合的针距不宽于 7～8 mm，线结打在耳壳外面。缝合的方向与耳廓的纵轴平行。术后耳壳不用包扎，2 周后拆线。“S”形切口可预防因瘢痕收缩影响美观。

治疗血肿的同时需治疗原发病，如外耳炎等，防止继发脓肿。术后动物摇头、甩耳、搔抓、不安时可适当给予镇静剂，以防血肿复发。

### 二、外耳炎

外耳炎(otitis externa)指外耳道上皮以及周围组织结构的急性或慢性炎症。本病为犬的常发病，尤其是长耳和垂耳犬；猫也时有发生。

**病因**　机械性损伤或细菌、真菌和寄生虫感染是外耳炎发生的主要原因。机械损伤主要包括外耳道创伤及异物如沙土、草籽、植物芒刺、脱落的毛发等掉入外耳道内引起的刺激以至损伤。感染可能是多种因素诱发的结果，如外耳道机械性损伤、外耳道中进水、耳垢积聚过多、炎热阴雨季节耳道内过潮过热(在长毛及垂耳品种的犬尤为突出)等为常见诱因。

细菌性外耳炎在犬尤为常见，主要致病菌为棒状杆菌属、中间葡萄球菌、表皮葡萄球菌、链球菌、假单胞菌、变形杆菌和大肠杆菌等。猫多见于出血败血性巴(氏)杆菌和中间型葡萄球菌。真菌感染最常见的为马拉色霉菌(正常耳道内可发现少量该菌)，其他的还有念珠菌、曲霉菌、毛癣菌和小孢子菌等。寄生虫感染主要是螨虫，且猫的外耳炎 50％为螨虫引起，犬为 5％～10％。除此之外，虱、蚤、硬蜱等也可诱发外耳炎。

其他原因如过敏性皮炎、皮脂溢、肿瘤等也可继发外耳炎。

**症状** 发生外耳炎的动物痛苦不安，食欲减退，频频摇头擦耳或抓耳蹭耳，致使耳壳抓伤、擦伤、出血或血肿。单耳发病者患耳低垂。早期检查患耳耳壳和耳道外口红肿、耳道红肿、敏感疼痛、耳道内积垢较多或耳道表面粘有分泌物。严重时耳道明显肿胀或破溃，耳道流淡黄色浆液性或脓性耳漏，黏附于耳根部被毛上；有时可闻及臭味；体温可能升高。病程长的转为慢性，耳壳因搔抓而红肿溃烂，耳分泌物稠厚，耳道上皮及皮下组织（包括皮脂腺、叮咛腺）增生，耳道管腔狭窄甚至完全堵塞，听觉减退。

**诊断**

①了解病史。了解病史对诊断很有必要。例如，单耳突然发病，动物拼命抓耳，常表明有异物如草籽等进入耳内；单耳疼痛，病程缓慢，有脓性耳漏可能由耳内肿瘤所致。

②局部检查。检查耳壳、耳道外口、分泌物类型、耳道管腔大小、耳道内膜及鼓膜的变化，并对分泌物进行细胞学检查。检查耳道之前先清洗耳道和耳壳，耳根部毛太长的应剪去。检查耳道需用检耳镜。外耳炎时，耳道常因渗出物和耳垢堵塞，使检耳镜无法观察耳道深部状况，故在检查耳道深部之前先要对耳道进行冲洗（方法见治疗部分）。耳道内渗出物或耳垢的性质可反映病原种类，如淡黄绿色稀薄的脓性分泌物。提示可能为变形杆菌或假单胞菌感染所致，棕黄色易碎耳垢可能是葡萄球菌或酵母菌感染所致，棕黄色鞋油样耳垢可能是康疹癣菌、葡萄球菌感染所致，棕黄色稠厚样耳垢可能是耳痒螨感染所致。但要准确鉴定病原微生物还需进行培养分离并进行药敏试验选择敏感药物。若为螨虫感染，用检耳镜、放大镜或低倍显微镜，可从耳垢中发现白色或肉色小点的螨虫在蠕动。除上述方法外还要对皮肤病史进行全面检查。

③X线检查。颅骨的X射线检查有助于确定是否并发中耳炎，还有助于判断是否为慢性外耳炎。有时X射线检查还可提示肿瘤的存在，如颞骨的骨溶化等。

**治疗**

①清洁耳道。确实保定动物，或予以镇静或全身麻醉。除去耳道及耳廓处的被毛、清洁耳壳及耳道外口。因耵聍物质会影响外用药到达感染部位，并且会使一些药物失活，必要时可应用溶耵聍剂软化耳蜡使之易于除去。可用专门器械进行冲洗，也可用10 mL注射器连接聚丙烯导管（或猫用导尿管代替），用生理盐水或防腐去污剂如0.1%新洁尔灭冲洗，冲洗液温度在37～38℃，水柱应该细而有力；进入耳道的液体可让其流出或吸出，反复冲洗，直至检耳镜能看

清鼓膜为止。冲不出来的大块耳垢或异物可用耳匙或用小镊子取出，冲洗干净后可用干脱脂棉将耳道拭干。但在用耳匙刮取、镊子夹出或棉签擦拭时一定要谨慎，以防加重耳道上皮的损伤，尤其是发炎或溃烂的上皮。

②局部用药。为了使抗生素等药物能充分发挥药效，一定要使抗生素能接触到耳道内患部。为此，事先应用上述方法彻底冲洗清洁耳道。急性化脓性外耳炎，可于洗净耳道后，滴入新霉素、庆大霉素等滴剂，每天 2～3 次，以控制细菌感染，直至炎症消退。慢性化脓性外耳炎，清洗耳道后在耳道内涂抹敏感抗生素和强的松龙软膏，每天 1 次或 2 d 1 次，连用 2 周。值得指出的是，慢性外耳炎有可能出现鼓膜破裂，这时如使用庆大霉素、新霉素等对耳内可能产生毒性，此时可考虑选用磺胺嘧啶银溶液(0.1%)。另外，根据分泌物及皮肤检查的结果可选用相应的抗真菌和抗寄生虫等药物进行相应的治疗，但同时注意，要配合使用抗生素。

③全身用药。急性化脓性外耳炎伴有体温升高、鼓膜发炎者，应及时全身应用抗生素，以防继发中耳炎和内耳炎。疼痛剧烈者，给予安定镇痛药。短期内口服皮质激素类药物有助于减轻组织炎症与水肿。

慢性外耳炎耳道过度狭窄或堵塞者，可行耳道部分切除手术进行矫正。如果动物的外耳炎未波及中耳，可选择的手术方案有耳道外侧壁切除术、垂直耳道切除术或全耳道切除术。如果并发中耳炎，可采用耳道外侧壁切除术结合腹侧鼓膜切开术或全耳道切除术结合外侧鼓膜切开术。

## 三、中耳炎和内耳炎

中耳炎(otitis media)是中耳发生的一种炎症，由外耳炎蔓延感染、经穿孔的鼓膜直接感染或经咽鼓管感染而形成。中耳炎可继发内耳炎。内耳炎(otitis interna)又称迷路炎(labyrinthitis)，指发生于内耳的一种炎性疾病。内耳炎可分为感染性和非感染性 2 种。患内耳炎的动物可引起耳聋或平衡失调。

**病因**　中耳炎的发生主要包括感染性和非感染性因素。感染性因素中细菌感染最为常见；最常见的细菌为中间型葡萄球菌，其他型葡萄球菌、假单胞菌、变形杆菌和链球菌也较常见；真菌如马拉色菌、念珠菌偶尔也可见到。猫的病毒性上呼吸道感染也可引发中耳炎的发生。非感染性中耳炎的发生多见于咽鼓管的机械性阻塞、咽或扁桃体的慢性炎症、鼓膜穿孔、鼻咽部和扁桃体的肿瘤或息肉等。

内耳炎的发生原因也分为感染性和非感染性因素。其感染性因素与中耳炎的感染性因素基本相同；非感染性因素主要有先天外周性前庭综合征(通常发生在年轻的纯种动物)、特发性前庭综合征、外伤、多发性神经性疾病、甲状腺功能减退、过度使用氨基糖苷类抗生素以及某些肿瘤等。

**症状** 中耳炎的一般症状与外耳炎很相似,摇头、耳痛甚或耳聋,有耳漏,检眼镜检查可见鼓膜穿孔。如因鼻咽部炎症经鼓膜管感染或由血源性感染引起的中耳炎,虽鼓膜未破裂,但鼓膜向外突出或变色。X射线检查对中耳炎的诊断很有价值,可见鼓室积液或鼓大泡骨增生(慢性炎症)。

中耳炎可能蔓延至内耳引起内耳炎,表现眼球震颤、运动失调。患病动物常保持患耳在下并向着患侧旋转甚至跌倒于患侧,不能站立。严重时炎症侵及面神经和副交感神经,引起面部麻痹、干性角膜炎和鼻黏膜干燥。炎症侵及脑膜后引起脑膜炎,或引起小脑脓肿而死亡。

**治疗** 对于感染性中耳炎或内耳炎,可根据脑脊液或炎性渗出物的细菌分离培养及药敏试验结果选用敏感抗生素进行治疗,同时配合中耳清洗。中耳清洗应在全身麻醉下进行。首先要对耳道内的颗粒状物或毛发进行清除,处理时动作一定要轻柔,以免损伤耳道和引起擦伤出血。然后用冲洗液进行冲洗,温度为37~38℃,最初用0.1%新洁尔灭溶液,待排出液体洁净后,再用灭菌生理盐水反复冲洗;冲洗液通过一根长10 cm、内径1 mm的中耳导管,借助检耳镜观察,导管经鼓膜破口注入中耳冲洗,洗净后吸干,然后滴入氨苄西林混悬液等抗生素药物。若2周后炎症仍然存在,可继续冲洗治疗。

## [附] 外耳道切除术

### 一、适应症

外耳道切除术主要用于治疗严重的外耳道炎、耳道的局部治疗(包括引流)。

### 二、术前准备

动物全身麻醉,侧卧保定。患耳朝上,耳廓、耳外侧、腹侧及面部大面积除毛、清洗和消毒。用消毒液对外耳道进行反复冲洗后,并用脱脂棉吸干外耳道内的液体。

外耳道切除术有3种,即外侧耳道切除术、全直外耳道切除术和全外耳道切除术。应根据具体情况选择适宜的手术方法。

### 三、外侧耳道切除术(lateral ear canal resection)

外侧耳道切除术在临床上最常使用,用于直外耳道先天性闭锁、耳毛过多、耳道狭窄、严重溃疡、外耳道增生或耳疣及炎性息肉等。手术的目的是打开外耳道,降低耳道内温湿度,同时也利于水分及分泌物排泄。

首先探明外耳道方向及其垂直范围。从耳屏处沿直外耳道做一"U"形皮肤切口,其长度超过直外耳道的 1/2。分离皮下组织、耳降肌及腮腺背侧顶端,显露直外耳道软骨。按皮肤"U"形由耳屏向下剪开其软骨至水平外耳道。剪除 1/2 软骨瓣,剩余部分向下向外翻转与"U"形皮肤切口的下缘进行结节缝合。最后将剩余直外耳道软骨两侧创缘分别与同侧皮肤创缘进行结节缝合。缝合要紧密,但打结不宜过紧。

## 四、全直外耳道切除术(total ablation of vertical external canal)和全外耳道切除术(total ablation of external canal)

直外耳道增生、肿瘤、严重外伤及直外耳道侧壁切除术不能根治时,可施行全直外耳道切除术;但如深部外耳道恶性肿瘤、严重增生性外耳炎及慢性深部外耳道炎施行外侧耳道切除或全直外耳道切除无效,可施全外耳道切除术。

平行于耳屏并从其近缘开始作一皮肤切口,并在此切口中间垂直向下切开皮肤至超过水平耳道 1 cm 处,并用止血钳插入外耳道探明其深度。随后向两侧翻转皮肤,分离皮下组织和腮腺,显露直外耳道软骨。如施行全直外耳道切除,仅向下分离暴露部分水平耳道的环状软骨。紧贴环状软骨向内分离,使其与周围组织完全脱离,最后在水平耳道上方切断直外耳道。

全外耳道切除术需要在分离出部分环状软骨后,继续向下向内分离,暴露全部水平外耳道环状软骨。分离时,应避开腮腺、血管及神经。于听道内颞骨岩部处截断环状软骨。用组织钳钳住外耳道远端,提起,钝性或锐性分离直外耳道内侧组织,使直外耳道和水平外耳道游离。继续延长"T"形臂的切口,即在耳轮和耳轮隆起上方,向前向后环形切开皮肤和软骨,适当分离后,将直外耳道或水平外耳道完整切除。

用生理盐水对术部进行彻底冲洗止血后,在外耳道远端安置橡皮引流管,并引出体外固定在皮肤上。常规闭合各层组织。对于竖耳犬,为增加耳廓的支持作用,可在闭合内层组织之后,皮肤先作一楔形切口,再进行缝合。

术后应注意保持引流畅通、局部包扎、止痛、装颈枷等,同时配合全身抗生素治疗,控制感染。术后 3～4 d 拔出引流管。术后 10～14 d 拆线。

(董海聚　吴炳樵)

# 第 17 章　皮肤疾病

犬、猫皮肤病在临床疾病中占有较大的比例。由于病因复杂，种类繁多，以及有些兽医对犬猫皮肤病认识不够深入，甚至张冠李戴，或者用药不当，故治愈率不太高。本章将介绍犬猫皮肤病的分类以及犬猫主要皮肤病诊治的知识。

## 第 1 节　犬猫皮肤病的分类和诊断

### 一、犬猫皮肤病的分类

临床上将犬猫皮肤病大致分为以下 16 种：

①寄生虫性皮肤病。由螨虫、虱子、跳蚤、钩虫和犬恶丝虫的幼虫等引起。

②细菌性皮肤病。多见于球菌等引起。

③真菌性皮肤病。由犬小孢子菌、须毛癣菌、石膏样小孢子菌、球孢子菌、隐球菌、组织胞浆菌和孢子丝菌等引起。

④病毒性皮肤病。见于伪狂犬病、猫白血病和犬瘟热的脚垫和鼻端硬化干裂等。

⑤与物理性因素有关的皮肤病。由冻伤、电伤、烧伤、烫伤、创伤、殴斗伤等引起。

⑥与化学性因素有关的皮肤病。由酸性或碱性物质引起的皮肤损伤。

⑦皮肤过敏与药疹。由昆虫叮咬、粉尘过敏、食物过敏、药物过敏等引起。

⑧自体免疫性皮肤病。由系统性红斑狼疮、寻常天疱疮、自身免疫溶血性贫血、免疫介导性血小板减少症等引起。

⑨激素性皮肤病。由甲状腺功能减退、肾上腺皮质功能亢进、性激素不足或亢进、生长素不足等引起。

⑩皮脂溢。见于皮脂溢性皮肤病。此类临床上又分油性皮脂溢和干性皮脂溢等。

⑪中毒性皮炎。由抗凝血杀鼠药中毒、铊中毒、碘中毒等引起。

⑫营养代谢性皮肤病。由维生素 A、维生素 $B_2$、生物素、锌、碘等缺乏引起。

⑬与遗传因素有关的皮肤病。见于皮肤过度松弛的犬品种，如沙皮犬、腊肠犬、巴赛特猎犬等。

⑭肿瘤(详见第 12 章)。

⑮猫嗜酸性肉芽肿。

⑯其他皮肤病。见于耳尖缺血性坏死、洗澡不合理性脱毛、皮肤角化过度等。

在犬猫皮肤病的发生发展过程中，皮肤上出现各种各样的变化。这些变化可分为原发性损害和继发性损害两大类。

原发性损害是各种致病因素造成皮肤的原发性缺损。原发性损害一般分为以下 9 种：

①斑点。斑点和斑是指皮肤局部色泽的变化，而皮肤表面没有隆起，也没有质区的变化。斑点的形态：皮肤表面平整，有颜色变化。这些颜色变化可能主要是由于黑色素的增加，也可能是色素的消退，如白斑或急性皮炎过程中因血管充血而出现的红斑。

②斑。斑点的直径超过 1 cm 称为斑。例比，如华法令中毒时可见到犬皮肤上的中毒性出血斑。

③丘疹。它是指突出于皮肤表面的局限性隆起。其大小在 7～8 mm 以下，针尖大至扁豆大；形状分为圆形、椭圆形和多角形，质地较硬。丘疹的顶部含浆液的，称为浆液性丘疹；不含浆液的，称为实质性丘疹。皮肤表面小的隆起是由于炎性细胞浸润或水肿形成的，呈红色或粉红色。丘疹常与过敏和瘙痒有关。

④结或结节。它是突出于皮肤表面的隆起，7～30 mm 大小。它是深入皮内或皮下有弹性坚硬的病变。

⑤肿瘤。更大的结，由含有正常皮肤结构的肿瘤组织构成。

⑥脓疱。脓疱是皮肤上小的隆起，它充满脓汁并构成小的脓肿。常见葡萄球菌感染、毛囊炎与犬痤疮(粉刺)等感染所致的损害。

⑦风疹。风疹界限很明显，隆起的损害常为顶部平整。这是因水肿造成的。隆起部位的被毛高于周围正常皮肤，这在短毛犬更容易看到。风疹与荨麻疹反应有关，皮肤过敏试验呈阳性反应。

⑧水疱。水疱突出于皮肤，内含清亮液体，直径小于 1 cm。疱囊容易破损，留下湿红色缺损，且成片状。

⑨大疱。大疱的直径大于 1 cm，由于易破损而难以被观察到。在犬大疱病

损伤处常因多形核白细胞浸润而出现脓疱。

继发性损害是犬皮肤受到原发性致病因素作用引起皮肤损害之后，继发其他损害。继发性损害主要有以下种类：

①鳞屑。鳞屑是表层脱落的角质片。成片的皮屑蓄积是由于表皮角化异常造成的。鳞屑生于许多慢性皮肤炎症过程中，特别是皮脂溢、慢性跳蚤过敏和泛发性蠕形螨感染的皮肤病过程中。

②痂。痂是由于干燥的渗出物形成的。它包括血液、脓汁、浆液等。它们黏附于皮肤表面，病患部常出现外伤。

③瘢痕。皮肤的损害超越表皮，造成真皮和皮下组织的缺损，由新生的上皮和结缔组织修补或替代，因为纤维组织成分多，有收缩性但缺乏弹性而变硬，称为瘢痕。瘢痕表面平滑，无正常表皮组织，缺乏毛囊、皮脂腺等附属器官组织。肥厚性瘢痕不萎缩，高于正常皮肤。

④糜烂。当水疱和脓疱破裂时，由于摩擦和啃咬、丘疹或结节的表皮破溃而形成的创面。其表面因浆液漏出而湿润。若破损未超过表皮则愈合后无瘢痕。

⑤溃疡。溃疡是指表皮变性、坏死、脱落而产生的缺损。病损已达真皮。它代表着严重的病理过程和愈合过程，总伴随着瘢痕的形成。

⑥表皮脱落。它是表皮层剥落而形成的。因为瘙痒，犬会自己抓、磨、咬。常见于虱子叮咬及特异性、反应性皮炎等。表皮脱落为细菌性感染打开了通路。经常见到的是犬泛发性耳螨性皮肤病造成的表皮脱落。

⑦苔藓化。因为瘙痒，动物抓、磨、啃咬皮肤，使皮肤增厚变硬，表现为正常皮肤斑纹变大。病患部位常为高色素化，呈蓝灰色。一般常见于跳蚤过敏的病患处。

⑧色素过度沉着。黑色素在表皮深层和真皮表层过量沉积造成色素沉着，它可能随着慢性炎症过程或肿瘤的形成而出现，而且常常伴随着与犬的一些激素性皮肤病有关的脱毛。在甲状腺功能减退过程中的脱毛与犬色素沉着有关，未脱掉的被毛干燥、无光泽或坏死。

⑨色素改变。色素变化中以黑色素的变化为主，其色素变化和脱毛可能与雌犬卵巢或子宫的变化有关。

⑩低色素化。色素消失多因色素细胞被破坏，使色素的产生停止。低色素常发生在慢性炎症过程中，尤其是盘形红斑狼疮。

⑪角化不全。棘细胞经过正常角化而转变为角质细胞。它含有细胞核并有棘突，堆积较厚者称为角化不全。

⑫角化过度。表皮角化层增厚常常是由于皮肤压力造成的，比如多骨隆起处胼胝组织的形成。更常见于犬瘟热病中的脚垫增厚、粗糙，鼻端表面因角化过度而干裂，以及慢性炎症反应。

⑬黑头粉刺。黑头粉刺是由于过多的角蛋白、皮脂和细胞碎屑堵塞毛囊而形成的。黑头粉刺常见于某些激素性皮肤病。例如，犬库兴氏综合征（肾上腺皮质功能亢进）中可见到黑头粉刺。

⑭表皮红疹。表皮红疹是由于剥落的角质化皮片形成的，可见到破损的囊疱、大疱或脓疮顶部消失后的局部组织。常见于犬葡萄球菌性毛囊炎和犬细菌性过敏性反应的过程中。

## 二、皮肤病诊断

犬猫皮肤病的一般症状是脱毛或掉毛。这种情况多因动物瘙痒，自己抓、咬、摩擦患部皮肤引起感染。在夏季，尤其是闷热的雨季，是犬患螨虫感染的高峰期。这与家庭有无地毯，犬是否常去草地活动有很大关系。兽医在诊断皮肤病时，一般采用问诊，做一般检查；在正规的动物医院，可以做实验室检验。对于养犬养猫者，应懂得如何防治皮肤病，备有常用药品，仔细观察爱犬和宠猫的皮肤情况，用药后的好坏，以便兽医问诊时能全面地回答问题，这十分有利于兽医的诊治工作。

### （一）问诊

1. 病程

病初期动物的表现：用过什么药，用药后症状逐步减轻还是继续加重；犬猫生活的环境有无地毯、垫子，是否常去草地戏要；有无接触过病犬病猫；用什么洗发液，如何使用洗发液以及洗澡的方式和次数；犬猫哪个部位皮肤有病损，是否瘙痒等。

2. 病史

是否患过螨虫感染、真菌感染；是否处于分娩后期；有无药物过敏史、接触性皮炎史和传染病史。

### （二）一般检查

1. 皮肤局部观察

被毛是否逆立，有无光泽，是否掉毛；掉毛是不是双侧性的；局部皮肤的弹性、伸展性、厚度；有无色素沉着等。

2. 病变

部位，大小，形状，集中或散在，单侧或对称，表面情况（隆起、扁平、凹陷、丘状等),平滑或粗糙,湿润或干燥,硬或软,弹性大或小,局部的颜色等。

### (三)实验室检验

正规的动物医院都应有完善的实验室检验项目,因为,在许多情况下仅凭兽医的双眼进行判断会出现误差。

1. 寄生虫检验

玻璃纸带检验,即用手贴透明胶带,逆毛采样,易发现寄生虫。皮肤材料检验和粪便检验也可发现寄生虫。

2. 真菌检验

镜检:剪毛要宽些,将皮肤挤皱后,用刀片刮到真皮,渗血后,将刮取物放到载玻片上,Wood's 灯(紫外灯)检查。

真菌培养(加美国 Moore 指示剂):在健康与病灶交界处取毛。目前国内有专用培养基用于临床应用。

3. 细菌检验

直接涂片或触片标本进行染色检验、细菌培养和药敏试验。

4. 皮肤过敏试验

局部剪毛剃毛消毒后,用装有皮肤过敏试剂的注射器,分点做不同的过敏源试验,局部出现黄色丘疹则为过敏。

5. 病理组织学检验

直接涂片或活体组织检验。

6. 变态反应检验

皮内反应和斑贴试验。

7. 免疫学检验

免疫荧光检验法。

8. 内分泌功能检验

检验甲状腺、肾上腺和性腺的功能。

## 第 2 节　犬脓皮病

脓皮病(canine pyoderma)是由化脓菌感染引起的皮肤化脓性疾病。本病根据病因分为原发性和继发性 2 种。临床上猫的脓皮病少见。根据病损的深浅,可以分为表层脓皮病、浅层脓皮病和深层脓皮病。脓皮病治疗效果与正确而及时的诊断和用药有关。临床统计显示,德国牧羊犬、腊肠犬、大丹犬、狮子犬、沙皮犬、大麦町犬等发病率高。螨虫病、跳蚤感染、昆虫叮咬性皮炎等引起瘙痒的疾病容易引起继发感染。

**症状与诊断**　幼犬脓皮病主要发生在前后肢内侧的无毛处，成年犬脓皮病的发病部位不确定。本病一般可见皮肤上出现脓疱疹、小脓疱和脓性分泌物。多数病例为继发性的，表现为脓疱疹、皮肤皲裂、毛囊炎和干性脓皮病等症状（彩图 17-1、彩图 17-2）。

实验室诊断是治疗的基础，可以做皮肤的直接涂片、细菌培养和活组织检查。引起此病的主要致病菌是中间型葡萄球菌，也包括金黄色葡萄球菌、表皮葡萄球菌、链球菌、化脓性棒状杆菌和寻常变形杆菌等细菌。根据药敏实验结果指导临床用药。

**治疗**　增强机体抵抗力。全身和局部应用抗生素，可以口服、局部涂擦或者注射。红霉素、林可霉素、克拉维酸-阿莫西林、TMP、头孢菌素、百多邦、洁悠神长效抗菌喷剂、甲硝唑、利福平和恩诺沙星等药物用于治疗，用药剂量应该依据药典的规定，可根据病情加大药物剂量。注意治疗原发病、用药时间与药物使用的顺序。

## 第 3 节　脱毛症

脱毛症(alopecia)是皮肤病的症状，其病因复杂。临床上常见以下病因：洗澡不合理、激素紊乱(内分泌失调)、瘙痒、理化因素的刺激、外伤和遗传。

①洗澡不合理。常见洗澡次数过多或者采用人用洗发香波。犬缺乏汗腺，仅在鼻头、脚垫等处有少量存在，一般正常情况下在夏季以每 5～7 d、冬季每 7～10 d 用香波洗 1 次为宜；过于频繁的洗澡不利于犬皮肤的保养。犬的皮肤表面呈中性，犬用香波也是中性的；人用洗发香波是偏碱性的。长期使用对于犬的皮肤不利。因此，洗澡次数过多或者长期使用人用洗发香波会不利于犬的皮肤角质层，引起皮肤对病原微生物感染的抵抗力下降。

②肾上腺皮质功能亢进、甲状腺功能减退、卵巢囊肿或者子宫内膜增厚等内分泌紊乱。这可以导致对称性脱毛、继发性瘙痒等皮肤病，应该综合临床症状、实验室诊断结果和病犬的具体生理阶段加以诊断。治疗请参照本书相应的章节内容。

③瘙痒。瘙痒是一种症状。可能因为过敏、昆虫叮咬、药物等刺激，引起病犬、病猫自我抓、蹭、磨、咬病患部位，出现更加严重的皮肤继发性损伤。在这种情况下，诊断和治疗原发病和继发病是同样重要的。

④理化因素刺激。我们不容忽视，因为犬猫往往是在主人不在现场的情况

下被电伤、烧伤、烫伤，或者接触酸碱性物质引起皮毛的损伤。在这种情况下，检查周围环境和犬猫被毛的状况是首要的注意事项。初步确定病因后，要及时赶往动物医院急救。

⑤外伤性脱毛。发生在犬猫打斗之后，常见抓伤和血迹，按照创伤的治疗方法处理。

⑥稀毛症。稀毛症是有遗传性的。这种犬猫出生时被毛就比正常的同类犬猫稀少。此病无法治疗。

## 第4节　犬猫嗜酸性肉芽肿综合征

嗜酸性肉芽肿综合征是一组侵害猫和犬的疾病，病因尚不完全清楚。猫嗜酸性肉芽肿综合征(canine and feline eosinophilic granuloma complex)包括3种病：嗜酸性溃疡、嗜酸性斑和线状肉芽肿。犬只有嗜酸性肉芽肿。

**症状**　猫嗜酸性肉芽肿综合征的3种病及其症状如下：

①嗜酸性溃疡。这是一种不痛、不痒、界限明显的红斑性溃疡，主要出现在上唇。组织学检验表明是溃疡性皮炎，主要有中性粒细胞、浆细胞和单核细胞浸润。

②嗜酸性斑。这是界限明显的红斑性凸起，瘙痒，多见于大腿中间部位。组织学检验表明是弥散性嗜酸性粒细胞性皮炎，细胞内和细胞间的水肿明显，表皮内水疱中含有嗜酸性粒细胞。

③线状肉芽肿。表现为界限清楚、线状结构的病理性凸起，呈黄色至粉红色不等，主要出现在后肢的尾侧面。组织学检验表明，在线状胶原纤维周围有肉芽肿性炎症反应；当病变出现在口腔时，病变组织及周围有嗜酸性粒细胞浸润。

犬嗜酸性肉芽肿与猫线状肉芽肿相似，病变组织出现胶原变性，周围有肉芽肿和嗜酸性粒细胞浸润。如果病变出现在口腔，则表现为溃疡或者增生性团块，偶见斑块或结节；出现在唇及身体的其他部位时呈丘疹的形式。从发病率上看，西伯利亚犬更易感。

**治疗**　对于猫，应该首先调查过敏性疾病；在病因不能确定时，按照每千克体重0.8 mg，每2周肌肉注射1次醋酸甲基氢化泼尼松，2次或3次为1个疗程；也可以口服氟羟强的松龙片1～3 d，每千克体重4 mg；对于复发的病例，每6 d注射1次醋酸甲基氢化泼尼松。病犬治疗可以口服强的松或者强的松龙，每千克体重0.5～2 mg，3周后逐渐减量；有些复发病犬需要每2 d口服1次低剂量的皮质类固醇。

## 第 5 节　猫种马尾病

猫种马尾病(feline stud tail)是发生于繁殖期公猫的内分泌性疾病,由于雄性激素分泌过盛,使尾背部出现粉刺样病变,并且可能继发细菌感染。个别已经去势的公猫和母猫也有发生。雷克斯猫的发病率高。

**症状**　繁殖期公猫的整个尾背部皮脂腺和顶浆腺分泌旺盛,在尾背部出现黑头粉刺,蜡样,无疼痛,可能发展成为毛囊炎、疖、痈,甚至于蜂窝织炎,皮肤溃烂并且向周围健康组织扩散。

**治疗**　尾部的毛后,平时可用抗皮脂溢香波洗患部,治疗时用 70%酒精涂擦黑头粉刺发生的部位,将黑头粉刺挤出,涂布抗生素软膏,尾部用绷带包扎或者不包扎;也可以接着使用黄体酮治疗,公猫每次肌肉注射 2～5 mg。如果出现皮下蜂窝织炎,先用 3%过氧化氢溶液清洗患部,再用生理盐水冲洗干净,然后局部涂布抗生素软膏,全身应用抗生素。考虑到此类型的公猫在几年之内均有复发性,手术摘除睾丸是彻底治疗的措施。

## 第 6 节　粉　　刺

粉刺(acne)是发生在青年犬和成年犬猫的一种慢性皮肤病。一般以黑头粉刺最常见,也可以见到丘疹、脓疱、结节、囊肿和瘢痕。内分泌失调及继发感染是主要病因,遗传基因也与本病有关。目前认为,粉刺的发生与性内分泌有明显的关系。雄激素和雌激素在公母犬体内有不同的比例,比例的改变可能促使粉刺的发生;雄激素可以促使表皮的角质形成并能增加皮脂腺的活动程度,雌激素的作用则相反。因此,公犬的睾丸和肾上腺皮质分泌的改变和母犬卵巢(孕酮)、胎盘与肾上腺功能的变化,影响粉刺的发生。主要的致病微生物是粉刺棒状杆菌和葡萄球菌等。

**症状与诊断**　皮脂、角化及角化不全的细胞所构成的黑头粉刺挤塞在扩大的毛囊内,毛囊周围有炎症变化;比较大的损害中,皮脂腺部分或者完全损毁,有时形成较大的囊肿。一般出现黑头粉刺和油性皮脂溢出为主,症状轻的出现丘疹、脓疱和黑头粉刺,严重时发生较大的脓肿。症状时轻时重,4 岁以上的犬发生率低。自愈或者治愈处皮肤常有大小不等的瘢痕或疙瘩性损害。粉刺发生于各种品种的成年公母猫,多在下颚和下唇发生。继发细菌感染后,可发生化脓和瘘管。

**治疗** 母犬可以口服雌激素，但是不应该常规应用或者滥用，更不能用于患病公犬的治疗；维生素A、维生素B的治疗效果不明显。局部消炎措施常采用挤出堵塞毛囊的黑头粉刺后使用硫黄制剂或者过氧化氢溶液清洗患部，也可以涂擦水杨酸软膏；白色洗剂（硫酸锌4.5 g，硫酸钾4.0 g和水100 mL）外用洗患部。如果黑头粉刺较多，可以用硼酸溶液热敷。对于持久发炎或者瘢痕疙瘩损害，可用去炎松混悬液局部注射。全身应用抗生素有助于痤疮的治疗。一般抗生素的选择根据药敏试验结果而定，林可霉素、四环素的临床效果较好。对于肾上腺皮质功能亢进病犬，应该同时治疗原发病。

## 第7节 指(趾)间囊肿

指（趾）间囊肿是指发生在犬（前肢）指或（后肢）趾间的一种慢性炎症损害。本病临床上并不表现囊肿，而是疖病，实际上是以肉芽肿为特征的多形性小结节，故又称指（趾）间脓皮病、指（趾）间肉芽肿等。

**病因** 病因复杂，涉及毛囊细菌感染、皮脂腺阻塞、接触性过敏、细菌性过敏原或者蠕形螨侵袭、异物（如被毛、草芒、种子、沙粒和金属丝等）刺激、免疫缺陷等。感染的微生物常包括金黄色葡萄球菌，也有$\beta$溶血链球菌、大肠杆菌、寻常变形杆菌等。

**临床症状** 患指（趾）间囊肿的早期，局部出现小的丘疹，发病后期则呈结节状。指（趾）间囊肿的结节有光泽，触摸痛，有波动感；患部破裂后流出含血样的液体。从临床上看，异物刺激的结节多是单个的，而细菌感染引起的指（趾）间囊肿多反复发作，或者见到多个结节。

**治疗** 对于异物性肉芽肿，每天用热水浸泡3～4次、每次15～20 min，一般经过1～2周的治疗可以康复。如果此方法浸泡效果不好，可以将异物性肉芽肿摘除。因细菌感染的囊肿，应全身使用敏感抗生素，且其剂量要大，治疗时间要长；也可将病变组织切除，敷以抗生素敷料，几天后，再用氯己定（洗必泰）等防腐药浸洗。对于慢性指（趾）间囊肿保守疗法无效时，应采用患指（趾）全切除术。患肢无菌准备、肢端扎止血带后，切开指（趾）间蹼背、腹面及其临近指（趾）的皮肤，然后将指（趾）间蹼全切除。切除的病变组织需作组织病理学检查。电烙和结扎止血，用细的可吸收缝合线结节缝合指（趾）间组织，以防形成死腔。将指（趾）间皮肤创缘对齐，用非吸收缝合线结节缝合。缝合后，两临近指（趾）缝合在一起，无指（趾）间蹼。术后患肢应包扎，防止舔咬和肿胀，其临近两指(趾)用腹带缠绕在一起,以减少负重时缝线的张力。术后 10 d 拆除缝合线。对于用铁丝等笼具饲养的犬,改变笼具十分必要。

**(林德贵)**

# 第 18 章　损伤、外科感染及休克

## 第 1 节　损　伤

损伤(injory)是各种不同外力作用于动物机体,使组织器官遭受解剖结构的破坏和生理功能的紊乱。损伤常有不同程度的局部或全身反应。

损伤常见的病因如下:

①机械性损伤。由各种机械的外力作用引起组织开放性或非开放性损伤。

②物理性损伤。由烧伤、烫伤、冻伤、电击及放射等所致。

③化学性损伤。由强酸、强碱、毒气等所致。

④生物学性损伤。由昆虫、毒蛇咬伤等所致。

损伤的分类可按损伤组织的性质分软组织损伤和硬组织损伤(软组织损伤在临床上常根据组织的完整性是否遭受破坏而分开放性损伤和非开放性损伤);按致伤物体的性状分刺伤、切伤、枪伤、咬伤、挫伤、擦伤、车碾压伤等;按损伤有无感染分无菌创、污染创、感染创。

### 一、创伤

创伤(trauma)是由锐性或钝性的外力作用于动物机体使组织或器官遭受破坏并与外界相通的机械性损伤。

创伤一般都由创缘、创口、创壁、创底、创腔、创围等部分组成。创缘常是皮肤或黏膜及其下疏松结缔组织;创缘之间的间隙是创口;受伤的肌肉或其间的疏松结缔组织构成创壁;创伤最深的部位是创底,可由各种组织构成;创壁之间的间隙为创腔;围绕创口周围的组织是创围。

**病因**　引起创伤的病因较多,常见的有:锐性物体(如钢丝、树杈)的刺入,锐利的刀片、玻璃片、铁片等的切割,车辆碾压或挤正,棍棒打击,斗殴互相咬伤,弹弓或枪弹,摔跌在硬地上。

**创伤的症状**　常因致伤因素不同,受伤的部位和组织损伤的程度不同,临床症状也各不相同。

创伤的一般临床症状。常有局部肿胀、疼痛(疼痛的程度取决于受伤的部位、组织损伤的性状和个体特性)、创口裂开、出血(出血量的多少取决于受伤的部位、组织受伤的程度、血管受伤的状况和血液的凝固性等)、感染化脓、功能障碍等。创伤严重者则出现体温、呼吸、脉搏的变化及食欲减退、精神沉郁等全身症状,更严重者则发生创伤性休克。

各种创伤的临床症状:

①刺伤。常由尖锐细长的物体(钢丝、树杈等)刺入组织内引起的创伤,其特征是创口小、创道深且狭而长。刺入时异物被带入深部组织极易引起感染化脓,有时形成化脓性窦道。如果刺伤物体穿透体腔内部器官常形成透创,易导致动物死亡,应特别注意。

②切伤。这是由锐利的刀片、铁片、玻璃片等物所致的损伤。其特征是创缘及创壁较平整,出血较多,创口裂开较大。切伤一般及时经外科处理和缝合,能较快愈合。

③枪伤。由枪弹引起的开放性损伤,常是弹弓、猎枪、鸟枪所致。以发射物的大小、形状、接触体表面积、速度和撞击部位不同,创伤弹道的入口与出口的大小和形状也各不相同。一般低速发射物引起的损伤只局限于弹道周围组织遭受破坏,而高速发射物由于其冲击波撞击组织,使弹道组织崩裂,组织损伤面积更大。其特点是损伤严重、受伤部位多、范围广、感染快。如果只有入口而无出口,则形成盲管创,常有异物存留于内。如果既有入口又有出口,常为贯通创。如枪弹穿透体腔,则为穿透创。应特别注意。

④咬伤。这是因动物斗殴时,由齿咬引起的组织创伤。咬伤常发生在头、颈、背及四肢部位。轻度咬伤只在皮肤表后留下齿痕,重者组织出现撕裂或缺损。如果齿孔小,出血少,皮下有挫灭组织,常因口腔细菌进入组织,发生感染,伤口愈合较慢。如果咬透胸、腹壁组织常发生气胸和伤及内脏器官。

⑤压伤。由汽车碾压、撞击或重物挤压所致的组织创伤,且多为开放性损伤。此类创伤的创形不整,常有大量的挫灭组织或组织缺失,并伴发开放性、粉碎性骨折。尤以汽车碾压的车祸伤,全身各个部位的骨骼如头颅、胸椎、腰椎、骨盆、股骨及四肢骨骼是多发部位,其中以骨盆骨折为高发部位。这类创伤极易引起创伤性休克,且死亡率极高。

⑥挫伤。由钝性外力的打击、动物摔跌在硬地上引起的皮下组织损伤。临床特征是表皮及皮下组织淤血、肿胀、疼痛和功能障碍。

⑦毒伤。由毒蛇、毒蜂刺螫引起的组织创伤。受伤部位出现点状损伤,伤

部肿胀,疼痛剧烈。如果毒素进入组织后,则很快引起体温、呼吸、脉搏变化等全身症状,如不及时抢救,可因呼吸中枢和心血管系统麻痹而迅速死亡。

**创伤的检查**　创伤检查的目的是要了解创伤的性质、程度、部位,以制定治疗措施和观测治疗情况。

①一般检查。询问病史,了解创伤发生的原因、时间、受伤部位、受伤时的情况、受伤后出现的症状等,然后观测体温、呼吸、脉搏、可视黏膜的颜色和病畜的精神状态等。

②创伤局部检查。详细观察受伤部位的状况、伤口的大小、形状、性质、出血情况、有无渗出物、伤口周围组织的温度、有无肿胀及被毛情况等。然后观察创壁、创道、创底等组织损伤情况。为探明创道、创底的深度,创围需剪毛、消毒;可用消毒的探针或用戴乳胶手套的手指,探明创内深部组织的情况。

③X 射线和实验室检验。严重创伤时,为探明创伤深部有无内脏器官或骨的损伤,必须借助 X 射线进行检查。检查血常规、红细胞压积、体液及尿常规有无变化,常借助于实验室的诊断。

**创伤的治疗**

①创伤治疗的原则。在治疗创伤时,要考虑局部与全身的关系。根据创伤的严重程度,首先要注意急救、抗休克。如大出血、胸壁或腹壁透创、车祸引起的开放性骨折等,均需急救并抗休克,快速进行局部创伤处理。其次要防止创伤感染。伤后应及时对创伤进行清创术,并配合用抗生素防止感染;然后彻底处理创伤,促进创伤愈合,并增强机体抵抗力。

②创伤治疗的方法

其一,清洁创围及创口。清洁创围时先用灭菌纱布块盖住整个创面,剪除创围被毛,用肥皂水清洗创口周围皮肤,洗净后用灭菌纱布擦干,用 0.1%新洁尔灭清洗,揭去覆盖的纱布块,用 3%过氧化氢溶液清洗创口,用灭菌纱布擦干创口皮肤,用 2%碘酊和 75%酒精涂擦创口及其周围皮肤。

其二,清创术。创口处铺盖灭菌创巾,清除创内的异物、凝血块,修整创缘的皮肤,切除挫灭或坏死的组织以及污染严重的皮下组织。如果处理创口深部组织,需扩大创口,充分暴露创道,使排液畅通。然后用 0.1%新洁尔灭和生理盐水冲洗创腔。

其三,创内用药。彻底清创后,创内撒布抗生素或灌注抗生素液,也可撒布磺胺粉,如 1∶9 的碘仿磺胺粉、1∶9 的碘仿硼酸粉。

其四,创口的缝合。创口的缝合根据受伤时间而定。一般在伤后 6～8 h,清创较彻底,创缘较整齐,应行密闭缝合;如果组织缺损面较大,难予直接缝合,可行创伤部分缝合；缝合时注意组织层的对合，避免残留无腔。如果受伤时间较长，超过 12～24 h 未及时处理的创伤，且有感染时，应注意为使创液通畅排泄，可安置引流物，创口做部分缝合。如果感染较重，则不能缝合，应尽快消除感染因素，保证脓汁彻底排出，可行开放疗法。

其五，创伤的包扎。创伤处理完后，为防止动物舔咬创口和缝合线，预防感染，一般都应进行创伤包扎。

③全身治疗。是否行全身治疗，应视创伤轻重而定。轻度创伤时，可不行全身治疗。当严重创伤时．必须进行全身治疗。例如，大出血后，血容量不足，需用血浆代用品或全血，也可用晶体溶液以补充血容量和维持代谢。如果有血浆丢失和脱水的情况，可用晶体溶液类，常用等渗葡萄糖溶液、乳酸林格氏液，然后用右旋糖酐和全血等。为防止感染，伤后及早应用抗生素。例如，局部炎症剧烈的病例，在应用广谱抗生素的同时，可配合用肾上腺皮质激素类药物，以减轻炎症反应，还可用阿司匹林或保泰松消炎止痛。为减轻剧烈疼痛对动物抗体的应激反应，可适当用镇痛药，如哌替啶。对严重化脓性炎症的病例，为减少炎性渗出和防止酸中毒，可静脉注射碳酸氢钠和氯化钙溶液。还应注意注射破伤风抗毒素或类毒素药。

## 二、烧伤

热力、电流和化学物质等作用于机体引起的组织损伤，称为烧伤(burns)。犬和猫常发生热力性烧伤和电烧伤。

**病因**　热的液体如开水、热油、热汤等洒在动物体上引起的烫伤；电流如动物因麻醉长时间卧在电褥子上引起的烧伤，猫和犬玩耍咬家用电器电线所造成的短路产生的火花使口腔遭受严重的烧伤；火焰如猫误跳入火炉或电炉引起的烧伤，或房屋失火引起的烧伤；化学物质如强酸、强碱液体洒在动物体上引起的烧伤。

**症状**　临床症状常用烧伤深度和面积不同而分为一度、二度和三度烧伤。

一度烧伤：仅皮肤表皮层遭受损伤，皮肤变红，出现红斑水疮，皮毛烧焦，创部疼痛，3～6 d 后脱皮，伤部不留疤痕而自行愈合。

二度烧伤：皮肤表层和真皮层的一部分遭受损伤，有些表皮的附件和毛囊仍残留，局部疼痛，被毛烧焦，留有短毛，皮下肿胀，血管通透性增加，大量液体渗出，伤处湿润。以后皮肤变干，痂皮脱落，创面出现棕黄色皮岛，愈合缓慢。

三度烧伤：皮肤全层遭受破坏，并伤及深层肌肉和骨组织。伤处皮肤硬固、干燥且呈皮革样，伤处无痛觉，焦痂呈黑色。

确定犬和猫烧伤的深度和面积非常困难,因为一度、二度和三度烧伤时,皮肤表层覆盖有干燥的皮革样质度的凝固层。一度和二度烧伤的皮肤表层隆起、卷曲,表面凝固层常裂开,裂开的下面可见表皮或真皮。三度烧伤时皮肤表层降起卷曲、不裂开或完全裂开至皮下组织。可通过触摸表面凝固层,确定二度或三度烧伤面积。小面积烧伤或二度烧伤面积低于体表10%~15%者,经过合理治疗.预后良好。严重烧伤面积达15%以上者,易引起严重的并发症,预后需慎重。二度烧伤超过50%或三度烧伤超过30%者,预后不良,甚至导致动物死亡。因此,可采取安乐死术。

烧伤深度具有3个同心圆区。这对处理烧伤是很重要的。同心圆的内圈是充血区。此区1周即可痊愈。同心圆的外圈是凝固区。从烧伤时开始,此层很明显被破坏。同心圆的内圈和外圈之间是中间区,为毛细血管淤滞区。受伤早期时,此区与外圈的凝固区相似,但24 h后中间区则难与凝固区相区别。

烧伤部位对疾病的发展和预后也很重要。例如,头部区域、四肢关节或生殖器的烧伤,处理则较困难。机体屈面深部烧伤,因为有过多的疤痕形成,最终将损伤正常的运动功能。

小面积烧伤时,动物全身无明显症状。但大面积的二三度烧伤时,除局部症状明显外,常伴有不同程度的全身变化。烧伤初期因疼痛刺激而引起疼痛性休克,表现反应迟钝、末梢变凉,以后因大量血浆蛋白的流失引起低血含量性休克;血液浓稠,血量减少,血压下降,脉快而弱,可视黏膜苍白,少尿。在大面积深度烧伤时,大量红细胞被破坏,出现血红蛋白尿。此时因坏死组织及其分解产物和毒素被吸收,可发生中毒性休克。在此同时,细胞免疫受到损伤,出现免疫抑制,机体抵抗力低,局部易感染、化脓;渗出物和坏死组织的分解产物被吸收后,出现败血症,救治不及时常导致动物死亡。

**治疗**

①急救。立刻停止热力对动物的侵袭,将动物移出火场。创部及时用冷疗,可用冷肥皂水浸泡,或用湿毛巾放在冰水中浸泡后放置烧伤处,以减轻疼痛和对深部组织的损伤。为减轻疼痛和不安,给予镇痛和镇静剂。常用的镇痛剂有吗啡或双氢吗啡酮。犬可给乙酸普马嗪安定镇静,猫可用氯胺酮加安定镇静。

然后立刻对动物行全身检查,确定烧伤的程度和面积。如果烧伤面积小,仅做局部处理;如果烧伤严重,局部和全身都应治疗。如果三度烧伤且面积超过30%以上,应考虑动物安乐死。

②防止休克。烧伤后使动物保护安静,及时补液。早期补液量可大一些,

速度也应快，以维持有效血容量。补液量可按生理指标（如红细胞压积、蛋白含量、电解质、中心静脉压和排尿量）监测来确定。常用的晶体液有乳酸林格氏液，其可避免高氯血症，纠正酸中毒。为纠正水、电解质和酸碱平衡失调，可补充电解质溶液（钠、钾、氯电解质）。严重烧伤时，由于血浆蛋白大量流失，应及时补充胶体溶液，如右旋糖酐、血浆或全血。为预防酸中毒，输液时应补充碳酸氢钠溶液。

③创面处理。争取尽快合理地处理创面，以减轻疼痛，防止感染，促进创伤愈合。

首先剪除创面及周围的被毛，用消毒液（0.1%新洁尔灭或0.1%洗必泰、聚烯吡酮碘）清洗创面，洗去污物，拭干。对一度烧伤的创面应保持干燥，创面可涂擦抗生素类油膏，如甲磺天脓、青霉素可的松软膏、地塞米松软膏。

对二度烧伤创面，剪除创面周围被毛，用消毒液清洗后，除去创面所有的污物、碎屑、组织碎片和坏死组织，然后用温生理盐水洗涤创面，拭干，用抗生素类油膏涂布覆盖创面。为保护创面，用敷料覆盖创面，外用绷带包扎。每天换药 1 次，换药时用温生理盐水洗涤创面，拭干后创面涂布抗生素油膏，仍用绷带包扎。

三度烧伤的创面常有焦痂，有的焦痂可自行脱落，有的焦痂持续时间较长，影响创面上皮生长和创伤愈合，且易感染。对这种创面可采用自然脱痂或手术切痂。每次处理创面时，可将焦痂边缘提起，涂上油类药物或蛋白溶解酶制剂，可使焦痂软化，尽快脱落。焦痂清除后，可用防腐液（0.1%新洁尔灭、0.1%洗必泰）清洗创面，干燥后，涂布抗生素油膏。如果烧伤面积过大，愈合时间较长，且常引起疤痕挛缩，影响机体功能活动，可早期切除焦痂。切除后裸露的肉芽创面及时行皮肤移植，促进创伤愈合，减少感染机会，预防败血症。

犬猫常采用自体皮（薄层、网孔状或线状）移植，且仅在健康肉芽床的创面准备好后进行。植皮创面用青霉素鱼肝油纱布覆盖，控制感染全身可注射抗生素，为增强机体抵抗力，应注意加强营养疗法，供给适量的能量与氨基酸。

## 三、冻伤

低温作用于机体引起的组织损伤，称为冻伤（frostbite）。

**病因** 本病多发生在寒冷季节。室温过低、犬猫在过冷的庭院中时间过长、镇静和麻醉时间过长而体温不能调节、代谢降低、猫误入冰箱、机体衰弱抗寒能力降低、饥饿和营养不良等都易引起冻伤。冻伤常发生在四肢和耳尖。

**症状** 严重冻伤时，冻伤处融化后，皮肤开始出现红肿，24 h 最明显。2 d

后红肿消退。第4天至第5天冻伤处皮肤开始皱缩,第7天至第10天皮肤出现干性坏疽,黑色皱缩的组织附着在失活的骨组织上。30～40 d,坏死组织与肉芽组织分离。如发生感染,成为湿性坏疽。

轻度冻伤的皮肤,第3天才出现与严重冻伤相同的症状,但是以后多数组织很快恢复正常而愈合。

**治疗** 消除寒冷作用,促进冻伤处的血液和淋巴循环,使冻伤组织快速复温。

使冻伤处快速复温,将冻伤处放在40～42℃温水中浸泡。使水恒温可随时加入热水。冻伤处融化后,组织温度很快恢复,组织变软,血液循环得到改善,皮肤出现潮红。然后将皮肤轻轻擦干,用绷带包裹继续保温。局部可涂擦樟脑酒精或碘甘油,促进血液循环和水肿吸收。

**预防感染** 全身早期注射抗生素,局部用抗生素油膏涂布,用绷带、棉花、纱布垫包扎保温。

如有干性坏疽,需保持干燥。已发生湿性坏疽,应加速坏死组织离断,当其自然分界清楚后,将坏死组织切除,以利肉芽组织生长和上皮形成。

为改善微循环,减少血管内凝集与阻塞,可静脉注射低分子右旋糖酐。

## 第2节 外科感染

外科感染(surgical infection)是有机体对病原微生物的侵入、生长、繁殖所造成损害的一种反应性病理过程。此过程极其复杂。它取决于侵入体内病原菌的种类、数量、致病力的强弱。机体局部和全身反应的状态不同而在临床上则出现不同的症状。

### 一、脓肿

组织和器官被细菌感染化脓而脓汁蓄积在新形成的腔洞中的局限性炎症,称为脓肿(abscess)。脓肿可发生在任何组织器官。犬猫多发生在头部、颈部、胸部和股内侧的皮下组织。

**病因** 常因各种损伤如刺伤、擦伤、抓伤、咬伤后细菌侵入机体感染所致。也有继发邻近组织炎症、脓毒血症或淋巴结炎。常见的致病菌有葡萄球菌、链球菌、大肠杆菌、化脓性棒状杆菌和绿脓杆菌等。此外,静脉注射某些刺激性药物如10%氯化钙、10%氯化钠漏于皮下引起皮下脓肿。根据脓肿的发展过程不同分为热性脓肿和冷性脓肿。热性脓肿发生快,呈急性化脓性炎症过程。冷性脓肿发生缓慢，呈慢性炎症过程。按脓肿发生部位不同又分为浅在性脓肿和深在性脓肿。

**症状** 浅在性脓肿常发生于皮下结缔统组织和筋膜下。小犬常发生颌下脓肿，猫常发生面部和颈部脓肿。脓肿初期，局部呈浸润性肿胀，稍高于皮肤表面，触诊局温增高，疼痛明显，脓肿中央质度坚实，全身无明显变化。以后脓肿局限、界限明显，组织坏死液化，中央有大量脓汁积聚；触诊脓肿中心柔软，波动明显，周围质度坚实。此时，出现全身症状，体温增高，精神沉郁。肿胀处脓汁溶解脓肿膜和皮肤，皮肤坏死变薄，脓肿突然自溃，排出脓汁，全身情况缓和。

深在性脓肿常发生于筋膜下及深层肌肉、肌间、内脏器官。因脓肿部位深，局部症状不明显，但全身症状明显，脓肿表层及其周围组织出现炎性水肿，触诊有疼痛，常出现器官功能障碍。

**诊断** 临床上脓肿尤以深在性脓肿难以确诊，可行穿刺，如为脓汁即可确诊。临床上应与血肿、淋巴外渗、疝、肿瘤进行鉴别诊断。

**治疗** 一般按脓肿发展过程治疗。脓肿初期以抗感染、止痛、促进炎症消散为主。全身行抗生素疗法，局部可用 0.5%普鲁卡因和青霉素做病灶周围封闭，涂刺激剂如樟脑软膏等。当炎性渗出停止后，可用温热疗法，或涂强的刺激剂如 5%的碘酊或鱼石脂软膏，促进炎性产物吸收或使脓肿成熟。当脓肿成熟、脓肿中央波动明显时，及时切开保证脓汁彻底顺利地排出，以防止毒素扩散吸收。脓肿切开后，可用 0.1%新洁尔灭或 3%过氧化氢溶液冲洗脓腔，然后用胶皮管或纱布条进行引流。

## 二、蜂窝织炎

在疏松结缔组织内发生的急性弥漫性化脓性炎症，称为蜂窝织炎（phlegmon）。其特征为皮下、筋膜下和肌间疏松结缔组织内的脓性渗出物浸润，迅速扩散，常伴有全身症状。犬猫的蜂窝织炎常发生在臀部、大腿、腋部、胸部和尾部。

**病因** 致病菌多为化脓菌，如金黄色葡萄球菌、溶血性链球菌和腐败菌，也有化脓菌和腐败菌混合感染的。犬猫多由于挫伤、刺伤尤其咬伤后引起原发性感染；也有由邻近组织化脓性感染直接扩散发生感染。静脉内注射刺激性药物如葡萄糖酸钙或 10%氯化钠漏于皮下引起蜂窝织炎。变质疫苗也可引起蜂窝织炎。

**症状** 蜂窝织炎发展快，呈急性炎症过程，局部和全身症状均明显。但因其发生部位和深浅不同，致病菌的种类和毒力不同，其临床症状也各异。

皮下蜂窝织炎时，局部出现弥漫性肿胀，肿胀呈水肿样，触诊局温增高，疼痛明显，有坚实感，并有体温升高、精神沉郁、食欲减退等全身症状。由于细菌作用，局部组织坏死溶解液化，肿胀处皮肤破溃，流出有腐败臭味的脓性分泌物。小的脓肿最后可被吸收。

深部蜂窝织炎常发生在筋膜及肌间组织内，局部肿胀、坚实、界限不清，触诊疼痛剧烈、功能障碍明显、体温升高、精神沉郁、食欲减退等全身症状明显。患者如果不及时治疗易发生全身化脓性感染，导致动物死亡。

过敏性蜂窝织炎是由于食物的改变（变质的肉等）或药物（青霉素）过敏引起的，多发生于臀部、股部、腋窝和胸部。局部出现水肿性肿胀，触诊疼痛剧烈，局温增高。经过良好者 48 h 后水肿被吸收，肿胀消散；有时 2～3 d，肿胀中心出现波动，触诊柔软，很快皮肤破溃，流出腐败性、黄色黏稠的脓汁。

**治疗** 肿胀初期 1～2 d，为了减少炎性渗出可用冷敷，可用醋酸铅明矾液、90%酒精或用 0.5%普鲁卡因做病灶周围封闭。3～4 d 后可用温敷。

为减轻组织内压、排出炎性渗出物，肿胀处可行多处切开。为保证渗出液顺利排出，切口应有足够的长度和深度，将坏死的筋膜、皮下组织一并切除，直达健康组织。创内止血后进行引流，必要时可做反对孔。

全身注射抗生素，配合静脉注射磺胺类药物，以控制感染。还可注射肾上腺皮质激素或抗组织胺类药物综合疗法。

### 三、全身化脓性感染

有机体从局部感染病灶吸收致病菌及其生活活动产物和组织分解产物引起的全身性病理过程。

**病因** 常因外伤后局部感染引起的化脓灶，如脓肿、蜂窝织炎、大面积烧伤、泌尿系统感染和手术感染。犬和猫常发生子宫感染引起的化脓。致病菌主要有金黄色葡萄球菌、溶血性链球菌、大肠杆菌、化脓性棒状杆菌等。

**症状** 全身化脓性感染（generalizeal purulent infection）时，发病急。发病开始时，动物出现寒战、体温升高、精神沉郁、食欲废绝、呕吐、脉搏弱而快（呈不感脉）、呼吸加快、眼结膜潮红或黄染、出血斑。随后肌肉颤抖，动物胸部躺卧地，两前肢前外展，有时有灿痛和腹泻等；白细胞总数和多形核白细胞增多，核左移；动物出现蛋白尿。局部出现浸润性肿胀，局温增高，疼痛剧烈，创内坏死组织增多，从创口流出稀薄的污秽色、带恶臭的脓汁。如病情进一步恶化，可导致动物死亡。

**诊断** 根据局部和全身症状可以确诊。临床上应与急性炎症过程时发生的中毒症状进行鉴别诊断。后者如对局部脓灶处理后，消除了感染中毒源，病畜体温即可明显下降，食欲恢复正常。但全身化脓性感染时，即使将病灶进行细致的外科处理后，也不能控制其病理过程的发展，病畜全身状态无明显变化，体温仍不能下降，白细胞相也继续左移。

**治疗** 尽早消除原发和继发感染的病灶，如及时切开脓肿，彻底消除坏死组织，使脓汁彻底畅通排出，可进行引流，以减少毒素的吸收。局部可行日光和光疗法，病灶周围封闭，使脓肿局限，可皮下注射 1% 肾上腺素。全身早期静脉注射大剂量抗生素，并可联合使用磺胺类药物治疗。每天全身和局部行对症疗法。

## 第 3 节 休 克

休克(shock)是机体受到各种致病因素的作用引起的有效循环血量锐减、微循环障碍、组织血液灌流量不足和细胞缺氧而出现的全身反应的综合征。临床上主要表现为急性有效循环衰竭和中枢神经系统功能活动降低。

**病因与分类** 临床上常见的休克病因较多，如严重的创伤、大出血、外科感染、中毒、大面积烧伤等。临床上常按病因分为以下几类。

①创伤性休克。犬猫常发此类休克，如骨折、胸壁透创、挫伤、火器伤、挤压伤及大面积烧伤的早期。由于损伤产生剧烈疼痛，强烈地刺激中枢神经系统，引起心血管中枢兴奋，反射引起末梢血管收缩后再扩张，血管容积增大，血管外周阻力下降，血液淤滞于循环中，使有效循环血量不足而产生休克。损伤时由于出血、丢失大量体液和坏死组织分解产物的毒素被吸收，更加重了休克的产生。

②失血性休克。创伤时大出血，挤压伤或物体撞击造成内脏(肝、脾、肾)破裂引起的大出血，手术不慎造成大血管出血，这些急性大出血使血容量急剧减少，有效循环血量减少，组织血液灌流量不足引起休克。犬猫的胃、肠阻塞，常引起呕吐或腹泻，丢失大量水分造成严重脱水，使血容量锐减，有效循环血量不足而发生休克。

③中毒性休克。严重感染，如败血症、脓毒败血症、化脓性腹膜炎、子宫积脓、大面积烧伤、外科感染创等。感染发炎后，由于坏死组织分解产物和细菌毒素被吸收所致。

④过敏性休克。常由于药物或注射异种血清引起的过敏反应。因致敏原使细胞释放大量组织胺等引起血管扩张，血液淤滞，毛细血管通透性增高，血浆

渗出，血容量减少，导致有效循环血量不足而引起休克。

**症状** 休克的临床表现与其病程和严重程度有关。休克的初期也称休克代偿期，动物主要表现兴奋不安、心搏过速而弱、呼吸加快、可视黏膜苍白、无意识排尿与排粪。此期时间较短。兴奋不安后，动物转为精神沉郁，也称休克抑制期。此期表现精神沉郁、心动过速、脉细而弱、可视黏膜苍白或发绀、四肢发凉、肌肉无力、毛细血管充盈时间延长、呼吸困难、口渴、呕吐、饮食欲废绝、反应迟钝（痛觉、视觉、听觉反应完全消失）、瞳孔扩大、血压下降、最后昏迷、易导致动物死亡。

**诊断** 根据临床症状诊断并不困难，但其病程急，要快速有效地进行治疗，还须配合一些生化指标进行诊断、治疗。

①测定血压。休克初期动物血压变化不明显。休克期血压下降。犬猫正常的血压为 12～18.67 kPa。如果平均动脉压低于 6.0～6.67 kPa 时，动物的意识消失；如果继续下降至 4.0～4.67 kPa 持续 2 h，动物则昏迷，最后死亡。也可触摸股动脉，估测动脉压。脉搏弱则平均动脉压在 6.67～9.93 kPa；如脉搏不明显，动脉压则低于 6.0～6.67 kPa；脉搏充实有力，血压则大于 10.67 kPa。

②测定心率或脉率。心率快，犬一般达 160 次/min 以上，猫一般达 150 次/min 以上。

③测定中心静脉压。中心静脉压是反映当时的血容量、心功能和血管张力情况的指标。除心源性休克外。犬和猫在休克期的心静脉压一般都低于 490 Pa。

④毛细血管再充盈时间。用手指轻压齿龈或舌边缘，观察松压后血液再充盈时间。犬和猫在休克状态时，毛细血管再充盈时间都超过 1 s 的正常值。

⑤测定尿量。尿量是反映肾脏毛细血管的灌流量，也是内脏血液灌流量的一个重要指标。正常犬猫每小时尿量为 0.5～1.0 mL/kg。如每小时尿量少于 0.5～1.0 mL/kg，表明肾脏血流量减少，即全身血容量不足。如果无尿或补液后仍无好转，表明肾脏血管收缩仍未解除，或血容量仍不足。

**治疗** 休克发展急剧，后果严重，如果处理不及时，会影响动物的生命，故应早发现早治疗。引起休克的原因较多，休克的类型也多，临床上应采取综合性治疗措施。

①抢救。使呼吸道通畅，保证动物有足够的通气量和输氧。如动物呼吸困难且无意识，需用气管内插管或经鼻腔内插管，采用间歇正压换气，通气量一般每小时不能低于 10～12 mL/kg，呼吸频率维持在 8～12 次/min。

②补充血容量。补充血容量是治疗休克最基本的措施。补充血容量的液体有生理盐水溶液、林格氏盐溶液、乳酸盐林格氏溶液、葡萄糖溶液、全血和血浆或血浆代用品(右旋糖酐)。补充液体的类型应按休克病因进行;补充液体的数量和速度应按中心静脉压或按化验室监测的数据进行。一般采用颈静脉输液。

如果是出血性休克,应及时止血,立即输全血或补充液体,输液量必须达出血量 2～3 倍的血容量;或按红细胞压积计算,如红细胞压积降到 25%以下时,可按 1∶4 的全血和 10%葡萄糖溶液 12～20 mL/kg 静脉注射。如果输林格氏等晶体溶液时,均可大量、迅速地输入静脉;犬可按每小时每千克体重 60～90 mL 输入,猫可按每小时每千克体重 70 mL 输入。当血浆蛋白低于 40 g/L 时,应输入血浆,或血浆代用品,如中、低分子的右旋糖酐。如果心功能不全,可静脉注射异丙肾上腺素或多巴胺(每分钟每千克体重 1～10 μg)。

如中毒性休克,因组织缺氧而产生酸中毒,应及时纠正酸中毒,一般测定血气值来确定中毒程度,常用碳酸氢钠液进行治疗。其用量的计算方法是:0.3×体重×碱的缺乏量＝应输入碳酸氢钠的量。此量在 2 h 内输完。

③肾上腺皮质激素疗法。休克早期大剂量静脉注射肾上腺皮质激素,常用的有甲基强的松龙 15～30 mg/kg 或地塞米松 5～15 mg/kg,也有的注射 4～8 mg/kg。还可注射强的松龙丁二酸钠,5～10 mg/kg。初次可用大剂量,每隔 4～6 h 注射 1 次,注意必须与抗生素合用。

④广谱抗生素疗法。抗生素对各种休克都是必要的,尤以对感染引起的中毒性休克更为重要,因其可控制感染。初次应用剂量要大,且静脉滴注,待病情稳定后可改用肌肉注射。除此,还可选用磺胺类药物。

(谢富强)

# 第19章　肌肉和骨骼系统疾病

## 第1节　骨骼疾病

### 一、骨折

骨的连续性和完整个性遭受破坏，称之为骨折(fracture)。骨折常伴发不同程度的软组织损伤，如神经、血管、肌肉的挫伤、断裂以及骨膜分离和皮肤破裂等。

**病因**

①直接外力作用或间接外力作用。前者见于车祸、枪击、打击、从高处摔下等，其中车祸为最常见的病因，在国外占75%～80%；后者见于奔跑、跳跃、急停急转、失足踏空或爪子突然嵌入洞穴或裂缝等通过折弯力、扭力、压缩力或切应力等引起骨折。

②内在因素作用。动物患骨营养不良、骨髓炎、骨软症、佝偻病、骨肿瘤等疾病时在较小外力作用下易发生骨折。

③应激作用。骨反复应激是骨折的诱因，如猫指爪疲劳性骨折就属于这种类型。

**骨折类型**　骨折有不同的分类方法。

①开放性骨折和闭合性骨折。这是根据骨折处皮肤、黏膜的完整与否划分。

②全骨折和不全骨折。这是根据骨折断端是否完全分离划分。全骨折根据骨折线的方向又分为横骨折、纵骨折、斜骨折、螺旋骨折等；如果骨断离成两段以上，称粉碎性骨折。不完全骨折又可分为青枝骨折(幼年动物)和骨裂。

③骨干骨折和骨骺骨折。这是根据骨折部位划分。骨骺骨折多指幼年动物骨折，成年动物多为干骺骨折。

④外伤性骨折和病理性骨折。这是按骨折病因划分。

**症状**

①功能障碍。功能障碍由疾病和机械支持力丧失或减弱引起，是骨折最突出的症状。例如，四肢骨折引起跛行，椎体骨折可引起外周神经麻痹，颅骨骨折可引起意识障碍，颌骨骨折引起咀嚼障碍。

②疼痛。自动或被动运动时，动物不安、痛叫，局部敏感及顽抗。直接触痛不易区别软组织痛和骨痛，间接触痛即握住骨长轴两端向中央压迫引起的疼痛表明是骨痛。

③局部肿胀。骨折时骨膜、骨髓及周围软组织的血管破裂出血，经创口流出或在局部发生淤血或血肿。由于软组织损伤、水肿，使局部肿胀更明显。但在四肢远端骨折，局部肿胀不甚明显。

④骨变形。完全骨折后骨断端发生成角、旋转、延长、重叠等移位，使患肢弯曲、扭转、伸长或缩短。

⑤骨摩擦音。活动骨折断端可听到断端间摩擦声响，但不全骨折或骨折端分离较远时无骨摩擦音。

⑥异常活动。四肢长骨全骨折后，骨干可在骨折点异常伸屈扭转。

其他症状包括骨折 1～2 d 后血肿分解引起体温升高、失血性贫血、休克、骨折远端外周神经麻痹、骨折点局部组织缺血性坏死等。

**诊断**　依据病史和上述症状一般不难做出初步诊断，但确诊需进行 X 射线检查。X 射线检查可见骨折处有骨折线(压缩、嵌入、凹陷性骨折除外)、骨骼变形和软组织肿胀等征象。X 射线检查不仅可确定骨折类型及程度，而且还能指导整复、监测愈合情况。

**急救**　骨折往往伴有重症危急。在深入检查骨折局部之前，首先检查有无严重威胁生命的全身反应。检查头、脊柱、胸部、腹部、内脏等有无严重损伤。若有，则应先予以急救，稳定病情，如支持呼吸、改善循环、制止出血、防止休克、控制感染、整复胸腹透创和内脏破裂等。对骨折局部，也应先止血消肿、保护创口、临时固定或保护患肢，然后再深入检查，以防局部软组织损伤加重或骨折加重。

**治疗**

①闭合性整复与外固定。骨骺、肘、膝关节以下的骨折经手术整复复位者，可施加一定的外固定材料进行固定。闭合性整复应尽早实施，一般不晚于骨折 24 h，以免血肿及水肿过大影响整复。整复前动物应全身麻醉或局部麻醉配合镇痛或镇静，确保肌肉松弛和减少疼痛。整复时，术者手持近侧骨折段，助手纵轴牵引远侧段，保持一定的对抗牵引力，使骨断端对合复位；有条件者，可在 X

射线透视监视下进行整复。整复完成后立即进行外固定，常采用夹板、罗伯特·琼斯绷带、石膏绷带、金属支架等。固定部位剪毛，衬垫棉花。固定范围一般应包括骨折部上、下 2 个关节。

②开放性整复与固定。这包括开放性骨折和某些复杂的闭合性骨折，如粉碎性骨折、嵌入骨折等。该方法能使骨断端达到解剖对位，促进愈合。根据骨折性质和不同骨折部位，常选用髓内针、骨螺钉、接骨板、金属丝等内固定材料进行内固定。为加强内固定，在内固定之后，配合外固定。新鲜开放性骨折或新鲜闭合性骨折做开放性处理时，应彻底清除创内凝血块、碎骨片。骨折断端缺损大，应进行自体骨移植(多取自肱骨或髂骨结节网质骨或网质皮质骨)，以填充缺陷，加速愈合。对陈旧开放性骨折，应按感染创处理，清除坏死组织和死骨片，安置外固定器以整复固定骨折，或用石膏绷带固定，保留创口开放，便于术后清洗。

**术后护理**

①全身应用抗生素预防或控制感染。

②适当应用消炎止痛药，加强营养，饮食中补充维生素 A、维生素 D、鱼肝油及钙剂等。

③限制动物活动，保持内、外固定材料牢固固定。

④医嘱主人适当对患肢进行功能恢复锻炼，防止肌肉萎缩、关节僵硬及骨质疏松等。

⑤外固定时，术后及时观察固定远端，如有肿胀、变凉，应解除绷带，重新包扎固定。

⑥定期进行 X 射线检查，掌握骨折愈合情况，适时拆除内、外固定材料。

## 二、骨髓炎

骨髓炎(osteomyelitis)是骨及骨髓的炎症。按其病因，骨髓炎可分为细菌性骨髓炎、真菌性骨髓炎和非感染性骨髓炎。临床上以细菌感染为多见。

**病因**

①外源性感染。多数骨髓炎病例经此途径感染。病原菌经创口或手术切口感染骨组织，见于直接伤及骨的咬创、深刺创、枪伤和开放性骨折、骨矫形手术后等。感染也可经骨周围软组织的化脓性炎症蔓延引起。

②血源性感染。主要发生于幼龄犬猫，系身体其他部位感染灶的病原菌通过血液循环转移到骨组织后引起的感染。常见原发性感染灶有脐带炎、肺炎、胃肠炎、关节炎等。

**发病机理**　外源性骨髓炎可发生在身体任何部位的骨组织。血源性骨髓炎则主要发生在长骨的干骺端且往往呈多发性。这是长骨的循环特点所决定的，即干骺端是长骨营养动脉的终端，病原菌栓子随循环进入骨组织后易沉积于终端血管床内使该处成为继发感染灶。骨组织感染主要表现骨质吸收坏死和增生 2 种病理反应。在急性炎症阶段，以炎性坏死和破骨细胞反应性骨吸收为主要病理变化，形成局限性脓肿、骨髓脓肿、骨膜下脓肿或骨膜外软组织蜂窝织炎、皮肤破溃、脓性窦道病理变化等。骨膜下脓肿使骨膜被掀起与骨膜下骨分离，骨膜下骨皮质因失去血液供应而坏死，形成所谓死骨片（sequestrum）。死骨片可能在血管再生重新接受供血后被骨细胞吸收，也可能长期残存成为骨内感染源。

在骨质破坏的同时或先后，发生骨质增生和修复反应。在慢性炎症阶段增生反应明显。病灶周围骨质硬化以阻止感染扩散，死骨片周围的骨硬化带称为“包壳（involucrum）”。骨脓肿腔可通过肉芽组织填充后再钙化修复，骨膜呈现不规则骨膜骨化。

**症状**　急性骨髓炎患部热痛肿胀，患肢跛行，常伴有体温升高、精神沉郁、食欲不振、中性粒细胞增多、核左移、血沉加快等全身反应。严重者可转为败血症。久不愈者患部某处肿胀变软有波动感，切开或自行破溃后形成脓窦。此时，全身反应一般减轻，疼痛和跛行减弱，但经常有脓汁流出。

创伤直接引起的骨髓炎创口久不愈合，骨延迟愈合或不愈合。血源性骨髓炎病的病灶位于干骺端，且常呈多肢发病或同一肢多处发病。

**诊断**　结合病史、症状、X 射线征象及病原分离鉴定诊断。X 射线检查在早期仅见患部软组织肿胀，大约 2 周后患部骨质出现蚕食样破坏区或斑片样局灶性空洞，骨膜不规则骨化。浸润性病变骨质破坏区及骨膜骨化的边缘模糊，界限不清。慢性病例骨破坏区周围骨质致密，骨皮质处可能有死骨片。

有脓窦的，探诊可感知骨表面粗糙甚至可探入骨髓腔，冲洗可能冲出骨碎屑。

注意与骨肿瘤鉴别，与其他类型的骨髓炎鉴别。

**治疗**

①全身应用足量抗生素。病初选用广谱抗生素，持续用药直至炎症消失后 1 周止。

②局部出现脓肿或持续数日用药无效者应扩创排脓，冲洗引流。疑有髓腔积脓者应手术钻通骨皮质排脓减压。探诊或 X 射线检查发现有死骨片或洞腔者手术取除死骨、匙刮窦壁。

③若系骨折内固定感染，不应该去内固定材料；固定不稳者应加强固定。

④对慢性骨髓炎坚持全身用药和局部处理。

⑤无法控制炎症或阻止炎症蔓延者在四肢可考虑从病灶近端截肢。

## 三、全骨炎

全骨炎(panosteitis)是一种自发性、自限性骨质硬化病。本病主要发生在幼龄、大型品种犬。病变集中在长骨的骨干和干骺端，以髓腔内骨质增生为特征，兼有骨膜下新骨形成。本病又称为内生骨疣或嗜酸性全骨炎。

**病因** 病因不明，可能与遗传因素有关。大型品种犬(尤其德国牧羊犬)、5～12月龄的公犬易感。可能的诱因包括一过性骨局部供血异常、变态反应、代谢异常、寄生虫迁徙和病毒感染后的自体免疫反应。

**发病机理** 犬全骨炎主要是指脂肪骨髓疾病，病程呈周期性经过。发作期先是骨髓脂肪细胞变性退化，继之基质细胞增生，膜内骨化。然后病变开始消退，髓腔内骨小梁逐渐消除，脂肪骨髓再生。病变仅发生在骨干和干骺端，且往往都始于长骨的营养孔附近。骨外膜增厚，伴有骨的吸收和新骨生成(外生骨疣)。

**症状** 急性发作，突然跛行，无创伤病史。跛行一般先发生在某一肢上，其中前肢较后肢多发。也可多肢同时发病。跛行数天内消退，但2～3周后转移到其他肢上。一般约3个月循环1次，18～20月龄后逐渐痊愈。一般无发热等全身反应，局部温度不高，肌肉不萎缩，但触诊有压痛。

**诊断** 本病X射线检查见骨质呈周期性增生变化。早期，营养孔附近的髓腔密度增高，小梁模糊。中期，骨髓腔内出现单个或多个斑片状致密骨影，多个阴影有融合趋势，骨皮质内侧粗糙，骨外膜下骨呈平滑均质型或层面变化。后期即数周后髓腔内致密骨影渐渐消退。X射线征象与跛行程度无相关性。

血液学检验与生化检验正常。

本病注意与肥大性骨营养不良病、骨软骨病、继发性甲状旁腺功能亢进及肥大性骨病鉴别。

**治疗** 无特异性治疗方法，可选用消炎镇痛剂，如肾上腺皮质激素(强的松)和阿司匹林进行对症治疗。一般能自愈。

## 四、肥大性骨营养不良

肥大性骨营养不良(hypertrophic osleodystrophy)是以骨生长最活跃的长骨干骺区坏死、骨沉积物缺乏、骨小梁急性炎症的一种疾病。本病常见于幼年(3～7月龄)、体型大、生长快的犬种。临床特征为长骨远端肿胀、温热和疼痛。

**病因**　病因不详。曾普遍认为与感染有关，但细菌培养未培养出病原菌。一种理论认为本病与维生素 C 缺乏有关，但犬肝脏和肠道可以合成维生素 C，患病犬血、尿维生素 C 减少可能是应激作用而使食物摄取减少。另一种理论认为营养过度，矿物质过剩可能是本病的病因。

**症状**　本病主要侵害大型犬或巨型犬，如爱尔兰赛特犬、德国牧羊犬、大丹犬等。主要临床症状为跛行、不愿站立，两肢可对称性发病。最常侵害部位是桡骨和尺骨远端。长骨远端骨骺肿大、增温、触诊疼痛，伴有不同程度的体温升高、沉郁、厌食及体重减轻。

**诊断**　除临床症状，X 射线检查很重要。X 射线显示，平行生长板穿过干骺端，生长板不规则增宽，其周围软组织肿胀；骨外膜新骨沉积，呈串珠样；严重病例可见病肢畸形，桡骨和尺骨不同步生长而引起肢前弓或外翻。

**治疗**　因病因不清楚，难制定正确的治疗措施。多采用对症治疗，如疼痛明显，应用解热镇痛药（如阿司匹林），限制活动，配合应用抗生素，控制感染。禁用维生素 D，以减少营养不良性钙化速度和骨再塑型速度。动物厌食，应强迫喂食。同时要调换饲料和纠正日粮的平衡。

### 五、肥大性骨关节病

肥大性骨关节病（hypertrophic osteoarthropathy）是继发引起骨膜增生的一种疾病，多与肺部疾病有关，故又称肥大性肺骨关节病（hypertrophic pulmonary osteoarthropathy）。本病多见于成年犬，但猫亦有报道。

**病因**　本病病因常与肺部原发性肿瘤或转移性肿瘤有关，也可继发于肺炎、肺脓肿、支气管扩张、犬恶丝虫病、细菌性心内膜炎及肺结核等。

**发病机理**　发病机理不详。可能因肺部病变时刺激胸膜，使迷走神经兴奋，导致流入肢体下端血量迅速增多。这些过多的血氧化不足，使局部发生被动性充血和组织氧化不全，使指（趾）部骨膜增殖，并逐步向上发展引起爪和长骨骨性增生。

**症状**　四肢突然或逐渐发生跛行，其远端有进行性肥大，持续数月。开始局部增温，用力触压疼痛，有动脉搏动感；以后疼痛不明显，但行走强直，呈高跷步态。有些病例长期伴有咳嗽、轻度呼吸困难症状。一般食欲、大小便正常。

**诊断**　根据临床症状和 X 射线检查可以确诊。X 射线检查可见沿长骨和指（趾）骨双侧性、广泛性新骨增生。最早发现骨的变化是在肢远端，特别是第 2 和第 5 掌骨/跖骨、跖骨远端，以后向近端延伸。结合皮质骨无实质性病变，可与骨瘤相区别。胸部 X 射线检查可见原发性或转移性肿瘤。

**治疗** 首先治疗原发性病因。切除肺部新生物、肉芽肿，可缓解病情；如因犬恶丝虫所致，应用驱虫药。施迷走神经切除术，阻碍胆碱酯能的传出冲动和神经传入冲动，对治疗本病有一定价值。对肺转移性肿瘤，如果难以根除，可施安乐死术。

### 六、多发性软骨源性外生骨疣

多发性软骨源性外生骨疣（multiple cartilagious exostosis）是指软骨和骨骼良性增殖的一种疾病。骨疣突出于皮质骨，形成多个结节状隆起。本病又称骨软骨瘤（osteochondroma），可发生于任何骨骼。犬猫均可发生，发病年龄一般小于18月龄。

**病因** 有人认为是一种常染色体显性为特征的遗传性疾病。犬可能是遗传病，但确切遗传方式不详。

**发病机理** 主要是软骨细胞异常分化。起源于软骨骺板的软骨细胞异常分化，向骨骺板外侧偏离，再向骨干方向生长。内软骨骨化呈一圆柱状骨疣突出于皮质骨。它有正常骨组织结构即骨膜、密质骨和松质骨。在松质骨外面被覆一层软骨帽，上有软骨膜。在骨疣与周围组织之间因摩擦而产生滑囊。因骨疣本身有其自身的骨骺板，故到动物生长年龄结束时，外生骨疣也停止生长。如果动物成熟后继续生长，提示可能发生恶变。

**症状** 常在椎骨、肋骨及四肢长骨端出现一个或多个圆形结节，质地硬实。外生骨疣压迫肌腱、神经和血管，则会出现疼痛、跛行；如果压迫脊髓，则表现共济失调与麻痹。

**诊断** X射线和活组织检查对诊断本病有意义。X射线特征为干骺端表面出现大小不等的致密骨性突起物，似花梗或无柄，表面光滑与皮质骨一致。一般比临床所见的要小，因为软骨帽和滑囊不显影。活组织显微观察具有正常密质骨、皮质骨结构，后者被覆玻璃样软骨组织。

**治疗** 临床无症候不用治疗。如果出现跛行、疼痛，应手术切除。切除包括软骨表面的软骨膜，以防再发。因本病可能是遗传性的，建议阉割。

## 第2节　关节疾病

### 一、关节脱位

关节脱位（luxation of Joints）是指关节因受机械外力、病理等作用引起骨间关节面失去正常对合。犬猫常发生髋关节、髌骨、肘关节和肩关节脱位。

**病因**　临床上多因强烈的外力作用，包括间接或直接作用(犬猫直接外力作用多见)；先天性因素在犬较常见，如髌骨脱位，多与遗传有关。

**症状**　关节脱位主要症状如下：

①关节变形。关节改变原来解剖学上的隆起与凹陷。

②异常固定。因关节错位，加之肌肉和韧带异常牵引，使关节在非正常位置固定，即使他动运动，表现出基本不动或活动限制。

③关节肿胀。严重外伤时，周围软组织受损，关节出血、炎症、疼痛及肿胀。

④肢势改变。在脱位关节下方发生肢势改变，如内收、外展、屈曲或伸展等。

⑤功能障碍。由于关节异常变位、疼痛，运动时患肢出现跛行。

**诊断**　根据临床症状可做出初步诊断，确诊需经 X 射线检查。X 射线检查可了解关节变位程度，有无骨折和关节畸形。

**治疗**　关节脱位治疗原则：整复、固定和功能锻炼。

①整复。对新发生的关节脱位应尽早整位，否则炎症发展影响复位。为减少肌肉、韧带的张力和疼痛，整复时应全身麻醉。

整复有闭合性整复和开放性整复 2 种。轻度关节脱位，可采用闭合性整复。但小动物常因肥胖、体重和活泼，闭合性整复常难以整复或易复发。闭合性整复和方法视不同关节脱位而异，但一般将动物侧卧位保定，采用牵拉、按压、内旋、外展、伸屈等方法，使关节复位。如复位正确，手触可感觉到一种音响。对于中度或严重的关节脱位，多采用开放性整复。开放性整复可在直视情况下，利用牵拉、旋转或杠杆作用，易于正确复位。

②固定。整复后，为防止再发，应立即进行固定。固定有外固定和内固定 2 种。外固定是在闭合性整复下进行，可根据关节部位的特点采用不同的外固定方法。常选择夹板绷带、可塑型绷带(包括石膏绷带)、托马斯支架、罗伯特·琼斯绷带和外固定器等。内固定是在开放性整复时进行。也可根据脱位性质，选择断裂的韧带、髓内针、钢针(Kirschner 针)缝合和固定等，同时配合外固定以加强内固定。

### (一)髋关节脱位

髋关节脱位(coxofemoral iuxation)为犬猫最常见的关节脱位，多因外伤所致(如被汽车撞击)，也常发生于髋关节发育异常或作为一种全髋关节置换术的并发症。髋关节脱位多数为髋关节前上方脱位，仅少数为后上或下方脱位。

**症状及诊断**　有外伤史。动物趾部向外旋转，肢体内收，患肢不能负重。

股骨头前上方脱位，大转子较健侧高，大转子与坐骨结节间距离增加，站立时患肢短于健肢。股骨头后上方脱位，患肢向后伸展时稍长于健肢，但向下伸展，患肢则变短，大转子与坐骨结节间距缩小。股骨头下方脱位，大转子难以触摸到，患肢明显变长。根据临床症状一般能做出初步诊断，但X射线检查可进一步查明股骨头脱位精确位置、髋臼骨折及股骨头颈骨折等，也有助于鉴别诊断髋关节发育异常和罗-卡-佩氏病。

**治疗**

①治疗性整复。脱位简单，仅4～5 d，无其他并发症（如无骨折）时，可采用闭合性整复。动物侧卧保定，患肢在上。术者拇指和食指按压大转子，先外旋、外展和伸直患肢，使股骨头整复到髓臼水平位置，再内旋、外展股骨，使股骨头滑入髋臼内。如复位成功，可听到复位声，患肢可做大范围的活动。术后用8字形吊带将肢屈曲悬吊，使髋关节免负体重，连用7～10 d，动物限制活动2周以上。

②开放性整复固定。闭合性复位不成功、长期脱位或脱位并发骨折者，应施开放性整复固定。一般选择背侧手术通路，此通路最易接近髋关节。在暴露髋关节后，彻底清洗关节内血凝块、组织碎片，再将股骨头整复至髋臼内。固定股骨头有多种方法，常用的方法如下：

其一，缝合关节囊和其周围软组织。

其二，骨螺钉固定，即骨螺钉钻入髋臼上缘，再用不锈钢丝将股骨颈固定在螺钉上。

其三，钢针固定。根据动物体重，选择不同粗细的髓内针或克氏钢针；用钢针将股骨头固定在髓臼中，其钢针通常在大转子下穿入股骨头至髋臼。

术后患肢系上8字形吊带10～14 d，动物限制活动3周；以后逐步增加活动量2～3周，术后14～21 d拔除髓内针。

### (二)髌骨脱位

髌骨（膝盖骨）脱位（pateliar luxation）常发生于犬，多见于体型最小的犬（如玩具犬和小型犬等），大型犬也有发生；猫偶见髌骨脱位临床上有髌内方脱位和髌外方脱位2种，但以髌内方脱位为多见，占75%～80%。

**病因** 髌内方脱位常称为先天性的，因多发生在幼年期，与创伤无关。虽然出生时无髌内方脱位，但发生后肢骨骼解剖上的畸形，即髓内翻和股骨颈前倾减小，故认为它是一种遗传性疾病。正因为这种骨骼结构上的改变而导致髌内方脱位一系列复杂的变化。髌内方脱位以一肢多见，有20%～25%病例发生两侧性的。最近发现，大型或巨型犬也发生髌内方脱位，并同时发生膝关节前十字韧带断裂。这可能因股四头肌稳定关节的力不足而使十字韧带应激增加所致。

髌外方脱位多与外伤、髋关节发育异常有关，多见于大型品种犬。髌外方脱位又称膝外翻，一般为两侧性，5～6 月龄多发。

**症状**　髌内方脱位常分为 4 级：

一级脱位：动物很少出现跛行，偶见跳跃行走。此时，髌骨越过滑车嵴。髌骨可人为地脱位，但释手可自行复位。

二级脱位：从偶尔跳行到连续负重，出现跛行。膝关节屈曲或伸展时，髌骨脱位或人为脱位，并可自行复位。

三级脱位：跛行程度不同，从偶尔跳行到不能负重，多数病例负重时出现轻度到中度跛行。出现中度或严重的弓形腿，胚骨扭转。触摸膑骨常呈脱位状态，能人为离位到滑车内，但释手能重新脱位。

四级脱位：常两肢跛行，免负体重，前肢平衡差。虽然有的动物能支撑体重，但膝关节不能伸展，后肢呈爬行姿势，趾部内旋。髌骨持久性脱位，不能复位。

髌外方脱位也有 4 级之分，常累及两肢，最明显的症状是两后肢呈膝外翻姿势。膑骨通常可复位，内侧韧带明显松弛。膝关节内侧支持组织常增厚，负重时，趾部外旋。

**诊断**　根据临床症状和触摸可以做出诊断。抽屉试验（见十字韧带断裂）可以在髌骨复位后检查十字韧带状况。X 射线检查可发现股骨和胫骨呈现不同程度的扭转。临床上应与十字韧带断裂、股神经麻痹、膝关节炎、骨软骨炎等相区别。

**治疗**　髌内方脱位有保守和手术疗法 2 种。对于偶发性髌内方脱位，临床症状轻或无临床症状，病犬大于 1 岁者适宜保守治疗。其治疗方法包括减轻体重（少给富含营养类食物），限制活动，必要时给予非固醇类抗炎药物，如阿司匹林或保泰松等。对于临床症状明显，并出现跛行，应尽早手术治疗。手术方法有多种，多根据髌内方脱位程度选择适宜的手术。手术目的是加强髌骨外侧支持带的作用，改变滑车结构，控制髌骨向内移位。对于轻度髌骨内方移位，可在外侧关节囊或腓骨与髌骨间用缝合线固定，限制髌骨内移；如果系滑车沟变浅，可施滑车成形术，确保髌骨在滑车内滑动；如果胫骨内旋，可施胫骨结节移位术，使髌骨韧带矫正到正常位置；也有施切断部分内收肌（如缝匠肌、股内直肌等），增加内松弛作用，以矫正髌骨的不稳定。股骨、胫骨严重变形者，需施部分股骨或胫骨切除术，以达到髌骨恢复正常位置。

髌外方脱位以手术治疗为主。手术的目的是加强髌骨内侧支持带作用,可按髌骨内方脱位手术方法做相应的改进。

**(三)肘关节脱位**

**病因** 肘关节脱位(elbow iuxation)有先天性和后天性 2 种,先天性占 17%～20%。本病最常见于小型品种犬,如京巴犬、英国牛犬、英格兰牧羊犬、约克夏㹴等。先天性肘关节脱位可能与遗传有关,因为:两侧性发病率高;一窝幼犬有多个动物发病;某些动物有多个软组织和骨骼异常。后天性肘关节脱位多因外伤所致。

**症状** 先天性肘关节脱位大多为 3～6 月龄,一侧或两侧前肢发病;肘关节屈曲,不能伸展,行走跛行;肘突外展,向前向上呈 45°～90°旋转。外伤性肘关节脱位,突然跛行,局部软组织损伤;常明显出现外方脱位,桡尺骨向外移位,前臂或前爪内旋或内收;关节屈曲,疼痛明显,不能伸屈关节。由于关节屈曲,动物站立时,指部不着地。

**诊断** 根据临床症状和触诊易诊断,X 射线检查可以看到无骨折和韧带断裂。

**治疗**

①先天性肘关节脱位。刚出生的幼年犬,可采用闭合性整复固定。整复后,用钢针从肘突进入肱骨远端或横穿过肱骨髁和肘突加以固定,并配合外固定可获得成功;年龄较大的幼年犬(12～16 周龄),可采用开放性整复固定。手术方法有外侧关节囊成形术、外侧韧带切开术、滑车和滑车切迹重建术等多种、但动物能支持体重或能行走时,并不适宜手术疗法。术后建议用人字形夹板绷带固定。

②外伤性肘关节脱位。有闭合性和开放性整复固定 2 种。闭合性整复时,肘关节屈曲 100°～110°,右手拇指向内压迫鹰嘴突,使其卡在肱骨外上髁内面(鹰嘴窝),然后左手拇指向内推压桡骨头使其滑过肱骨小头而复位。如果向内压迫桡骨头难以复位,可先稍伸展关节使鹰嘴突卡在鹰嘴窝内,并以此作为固定的支点,再向内旋转和内收前臂骨,可使桡骨头向内滑动复位。整复后,用人字形绷带固定 2 周,限制关节活动 6 周,以减少关节屈曲。开放性整复时,通常选择肘关节外侧手术通路,切开关节囊,显露关节;按闭合性整复方法整复。如此不能复位,可用一钝头器械(如钝头剪刀,不打开),插入桡骨头内侧与肱骨外髁间,在关节屈曲时,向前外方撬动肱骨外髁,使其复位。外侧韧带断裂,可将韧带缝合连接,或用螺钉分别将两断端固定在肱骨外髁和桡骨头。

### (四)肩关节脱位

犬肩关节脱位(shoulder luxation)较少见,多因外伤所致,但小型玩具犬则无任何外伤史而易发生内方脱位。多数为内方脱位(约 75%),剩余多数为外方脱位,前方或后方脱位偶见。

**症状与诊断** 肩关节内方脱位者,肩关节屈曲、内收,下肢则外展或外旋;外方脱位时,肩关节屈曲,下肢内旋。伸展肩关节两者均有疼痛表现。触摸肩峰和肱骨大结节是确定肱骨头是否在肩臼内的关键,常与对侧健肢做比较。内方脱位时,其大结节偏向内侧,外方脱位时,则偏于外侧。

根据临床症状和触诊一般可诊断,确定局部骨骼有无损伤(如骨折或损伤程度),可进行 X 射线检查。

**治疗**

①保守疗法。急性肩关节脱位可采用保守疗法,即闭合性整复、笼养限制活动,或整复后用前肢悬系法或人字形夹板绷带法,限制患肢活动 2~3 周。动物应在镇静或全身麻醉条件下,伸展病肢,将肱骨头整复至肩臼内,再用绷带或夹板外固定。

②手术疗法。经常发生肩关节脱位和关节面骨折者适宜手术疗法。

肩关节内方脱位时,可施肩关节前内侧手术径路,切断肱横韧带,移出臂二头肌腱,在肱骨小结节做一月牙形骨瓣和骨槽,将臂二头肌膜移至此槽内,覆盖骨瓣,用钢针将骨瓣和臂二头肌腱固定;切开内侧关节囊,将其做重叠缝合。通过臂二头肌腱移至小结节处和关节囊重叠缝合,使肱骨头恢复至正常肩臼内。

肩关节外方脱位时,可施肩关节前方手术径路。切断肱楼韧带,移出臂二头肌腱,凿开肱骨大结节,并在该处做一骨槽,容纳臂二头肌腱,再将大结节用钢针固定;切开外侧关节囊,并将其叠加缝合;通过臂二头肌腱移至大结节处和外侧关节囊重叠缝合,防止肱骨头外移。

术后前肢悬吊或用人字形夹板绷带固定 2 周,动物限制活动 4 周。

## 二、化脓性关节炎

化脓性关节炎(suppurant arthritis)是指关节滑膜化脓性炎症。由于病因、组织损伤的程度及病原毒力不同,关节的感染程度也不同。病情发展可累及关节囊纤维层及韧带、软骨和骨髓端,甚至引起全身脓毒血症。

**病因** 多数由细菌感染引起,如链球菌和葡萄球菌。细菌感染途径主要有如下 2 种:

①外源性关节感染。见于关节透创、关节手术和关节穿刺等。病原菌直接

感染关节或关节周围组织，使化脓性炎症蔓延。

②血源性感染。肺炎、心内膜炎、脐带炎、泌尿道感染等原发性病灶的病原菌经血液循环感染关节；多见于幼年犬猫，往往多关节同时发生。

**症状与诊断** 化脓性关节炎临床症状是发热、疼痛、红肿和跛行。严重者，动物表现厌食、衰弱和精神沉郁。最常见的症状为跛行和关节触摸有渗出液(肿胀和波动)。肩关节、肘关节、腕关节、膝关节及附关节肿胀易于触摸，但髋关节则难触及。有的动物体温和白细胞计数正常。

X射线检查对诊断本病很重要。早期X射线显示关节滑膜和关节囊增厚、关节腔增宽。随着病情加重，则出现关节损坏、关节周围组织稀疏、关节面不规则，有的则表现纤维性或骨性关节强硬。

关节穿刺见有滑液变性及白细胞数增多，可达 $40\times10^9\sim200\times10^9$ 个/L，且多数为中性粒细胞。也可做穿刺细菌培养，以确定细菌感染类型，但经过抗生素治疗者，细菌培养难检出结果。

**治疗** 根据细菌培养和药敏试验，可选用细菌敏感的抗生素，连用数周，直至感染消退。开始 48 h 可静脉给药，以迅速控制感染。适当活动关节，防止关节粘连，但 3～4 个月内不宜负重，以免关节软骨磨损破坏。

若关节内脓液积聚过多，可穿刺或切开安置引流管，便于排出脓性分泌物和冲洗。冲洗液用灭菌等渗溶液，每天 1 次。

病程久者，关节软骨和关节骨一般破坏较严重，炎症控制后易转为退行性关节病，功能难以恢复。

## 三、退行性关节病

退行性关节病(degenerative joint disease)的特征是关节软骨破坏、软骨下骨硬化及关节周围形成骨赘。本病从发生上属非化脓性关节疾病，故称为骨关节病；但也继发滑膜炎，故又称为骨关节炎，是人及动物的常见病。在犬多发生在髋关节、膝关节、肩关节、肘关节及胸椎间关节和颞颌关节。

**病因** 任何引起关节软骨破坏的因素都是本病的诱因，其中主要有如下 3 种类型：

①继发于先天性关节疾病。关节骨软骨病、髋关节发育异常、髌骨脱位及先天性骨关节构型不良等使关节不稳、关节面不平整、关节软骨受力不均而发生局限性磨损。

②继发于后天性关节疾病。关节扭伤、创伤等使关节软骨受到直接损伤及炎性侵蚀。

③无损伤病史。见于老龄动物，为衰老性关节软骨退化的一种表现。

**发病机理** 退行性关节病病因复杂，发病机理尚不清楚，但一般趋向于从生物化学和生物力学 2 个方面来解释。关节软骨受力不均使其表面基质中的糖蛋白减损，水分含量多，软骨弹性降低，易于形成裂纹；关节腔炎性渗出物中酶分解软骨基质使软骨易受应力的损伤；老龄动物的关节软骨已发生一系列生物的、化学的和机械的变化，软骨变脆，易受引力的损伤。当软骨发生病变时，平滑而富有弹性的软骨变为粗糙不平。软骨磨损而显露其下层骨骼，并在相互磨损和冲击下，使骨组织损伤，骨小梁遭到轻微破坏，骨边缘骨膜因受刺激而发生骨质增生，形成骨赘。随着生物力学化学的变化，软骨下骨随之发生再塑型，中央部分被磨损，外围部分有新骨沉积，使关节变形。关节囊、韧带产生纤维变性、增厚和紧张，限制关节活动。本病可一个或多个关节发病，但临床常见一个关节出现明显的疼痛和关节活动异常。

**症状** 病犬不愿行走、跳高、赛跑和狩猎。关节难支持体重，行走出现跛行，关节不灵活，卧地或坐后难站立。运动或他动运动、气候变冷，疼痛加重。触诊患病关节肿胀、温热或不热，关节活动范围小，活动时关节内可能有摩擦音。慢性病例患肢肌肉萎缩。

**诊断** 根据病史、临床症状、X 射线检查和关节穿刺进行诊断。X 射线检查，关节间隙变窄，关节面不平滑，关节周围矿物质沉积，关节缘有骨疣，软骨下骨硬化，软骨下溶解和形成囊腔（局灶性骨质破坏区）。滑液增多（比正常多 10～20 倍），黏稠度减小，变色，白细胞总数低于 $5\times10^9$ 个/L，其中淋巴细胞占 70%～80%，中性粒细胞占 5%，无纤维素或黏蛋白凝块，可能有沉渣。

退行性关节病常伴随原发病发生，有时难与原发病区别。例如，本病不易与骨软骨病区分。

**治疗** 首先除去病因，治疗原发病。疼痛较重时服用非甾醇类消炎止痛药，如保泰松、阿司匹林（保泰松前 48 h，每天每千克体重口服 400 mg，分 3 次服；以后酌减，日剂量不宜超过 800 mg。阿司匹林，口服，每次每千克体重 10～25 mg，每天 2 次或 3 次）。严重病例可用皮质类固醇。药物治疗能使动物减轻症状，但不能终止关节变性过程。每天慢走或游泳可使肌肉保持松弛，促进关节润滑和营养吸收，但过量运动，可加重疼痛。体重过重的动物，可采取减肥措施（如降低日粮营养比例）。患病动物应置于温暖、干燥的地方。急性疼痛者可用冷敷疗法。

因肩、跗关节骨软骨病与髌骨脱位以及肘关节、髋关节发育异常所致的退行性关节病，可实行手术治疗。严重的退行性关节病手术治疗有助于减慢病程的发展,但不能治愈本病。

## 四、骨软骨病

骨软骨病(osteochondrosis)是一种关节软骨和骺软骨的软骨内骨化障碍的一种疾病。本病主要发生在快速生长的大型犬和巨型犬(4～8月龄)。全身很多关节软骨和骺软骨都可发病。临床上以无外伤史、跛行、疼痛为特征。

常见的骨软骨病有如下几种:

①剥脱性骨软骨病。关节软骨异常增厚、龟裂,进而与软骨下骨分离,形成软骨瓣或游离软骨片。主要发生于肩关节(肱骨头后缘)、肘关节(肱骨内髁)、膝关节(股骨内外髁)和跗关节(距骨滑车)。

②肘突不闭合。肘突骨化中心与尺骨近端于骺端久不闭合(骺生长板软骨不骨化),使肘关节不稳定,易继发肘关节退行性关节病。

③尺骨冠状突分裂。尺骨冠状突分裂成数块而未与尺骨愈合,易诱发退行性关节病。

④骺生长骨板迟滞。长骨的次级骨化中心迟闭合,如尺骨远端骨化中心闭合迟延而桡骨远端骨化中心正常闭合,结果桡骨、尺骨生长不同步,导致桡骨、尺骨成角畸形或肘关节半脱位。

**病因** 不清楚。损伤可能是一种因素,引起软骨局限性损害。营养过度性高降钙素、激素失调及其他关节疾病所致的骨坏死也可引起本病。本病也可能与遗传有关。虽然有的无损伤史,但有家族史,因本病多发生于某些大型品种犬,如圣伯纳犬、德国牧羊犬、金毛拾猪犬、纽芬兰犬等品种。

**发病机理** 骨软骨病被认为是一种关节软骨增厚、不能与软骨下骨连接的病理发生过程。软骨如何增厚,原因不详。但在其增厚过程中,某些软骨细胞死亡,使某些部位承受力减弱。在切线力作用下,如动物在赛跑或跳跃时,肩胛骨撞击肱骨头,使得较弱的软骨水平性裂开,如继续发生撞击,则发生垂直性破裂,关节滑液就会侵蚀深层的关节软骨,使其发生退行性病变。反过来,后者可引起滑膜炎。如果局部不再受到应激作用(如行走或跑步应激),其损伤就有愈合的可能。当进一步受到应激时,软骨破裂就向其周围扩展、分离,形成不能愈合的软骨瓣,甚至脱落至关节腔,称"关节鼠"。"关节鼠"可黏附于滑膜上,加重滑膜的炎症,也可游离于关节腔影响关节的功能。

**症状** 主要症状为跛行。跛行逐渐加重,呈持久性跛行,常休息后关节不灵活或运动后跛行加重。多为一肢关节发病,也有几个关节同时发病。患肢关节伸屈可引起疼痛反应,其中肩关节疼痛更明显。慢性病例,关节可听到"咔嚓”声响，肌肉萎缩，如不及时治疗，持续跛行可继发退行性关节病。

**诊断**　根据体型、年龄、病史及临床症状做初步诊断，确诊需经 X 射线检查。发病早期(4～6 月龄)，由于分离的软骨还未钙化，X 射线检查可见一扁平的软骨下骨；随着骨髓进一步生长，其缺损部呈浅蝶形(此时 6～7 月龄)；随后软骨瓣开始钙化，但其仍停留在关节面缺损处(7～8 月龄或更大)；严重者，钙化的软骨瓣突出于肱骨头表面，甚至脱落至肋骨头后下方，即为“关节鼠”。

**治疗**　临床症状较轻，病程未超过 1 个月，X 射线检查未发现钙化软骨瓣，可采用保守疗法。动物强制休息 6 周，或患肢悬吊，限制活动。疼痛严重，可使用消炎镇痛药，但动物仍需强制休息，否则会加重病情。

X 射线检查发现软骨瓣或已脱落，应尽早采用手术治疗，将其去除，并清除已坏死的肱骨头软骨缺陷组织。

## 五、苏格兰折耳猫骨软骨发育不良

苏格兰折耳猫骨软骨发育不良(scottish fold osteochondrodysplasia)是一种具有遗传性的疾病，主要发生于苏格兰折耳猫的纯种猫，以骨骼变形为主要特征，导致四肢远端和尾部畸形，可能涉及尾椎骨、掌骨、跖骨、指骨。

**病因**　本病具有遗传性，呈常染色体显性遗传，发病年龄从 1 月龄到 6 月龄不等，一般从 2 月龄开始发病，且没有明显的性别差异。父母代均为折耳时则下一代折耳猫出现症状的年龄较小，表现的症状也更为严重，但几乎所有的苏格兰折耳猫都有不同程度的骨软骨发育不良。

**发病机理**　生长板骨骼形成缺失，骺板软骨内骨化紊乱，第 2 骨化中心活跃与跗关节跖骨的外生骨疣有关。

**临床症状**　发病初期猫不爱活动，间歇性两后肢交替跛行。也有病例最初不表现行动障碍，而以尾椎中上段弯曲和关节僵硬为特征。随着病情发展，可能出现尾巴变厚、变短，不能弯曲，四肢都可能出现跛行，爪变短，掌跖部呈现硬性肿胀；可能累及到腕、跗和指，偶见踩高跷样跛行，弹跳能力下降。表现为独特的以臀腰部受力的斜侧卧姿势或两后肢后展的坐姿。患侧关节的继发性病变可能引起严重的运动障碍。

**诊断**　根据品种、发病年龄、临床症状和 X 射线检查可以确诊。X 射线检查中可见到尾椎骨、掌骨、跖骨、指骨的异常，骨变短和畸形，尾椎终板变宽，椎骨缩小，以及对称性腕、跗关节强直。前后肢掌骨跖骨可能出现外生性骨疣，跗关节变性。

**治疗**　治疗的目的主要是改善临床症状，缓解疼痛。皮下注射戊聚糖多硫酸(pentosane polysulfate)的药物或者同时口服氨基聚糖(glycosaminoglycan)可以缓解跛行和不适。

可以给病猫长期应用维生素 $D_2$ 果糖酸钙注射液、地塞米松磷酸钠注射液以及盐酸曲马朵片剂,症状可能有一定改善;但一段时间后应进行 X 射线检查,结果多显示为病情继续发展。病情严重时,可去除损害软组织的外生骨疣,腕、跗关节固定术以减轻疼痛。也可采用姑息放射线治疗法来治疗。预防此病的最好方法就是限制折耳猫的繁殖。

### 六、膝关节十字韧带断裂

膝关节十字韧带断裂(rupture of the cruclate ligament in stile joint)是最常见的关节损伤之一,也是膝关节退行性关节病的主要原因。本病多由外伤引起;膝关节前十字韧带比后十字韧带多发。

**病因** 膝关节前十字韧带断裂常因在剧烈活动中膝关节过度伸展或胫骨过度旋转所致。慢性前十字韧带断裂无外伤史,多与膝关节畸形、周围组织发育不良有关。后十字韧带断裂多因高速性损伤如车祸引起,常伴有内侧副韧带、半月板损伤。

**症状** 急性前十字韧带断裂突然发生跛行,患肢不敢负重,关节严重不稳定。胫骨内旋,足尖向内,跗关节向外。触诊关节肿胀,但疼痛不明显,仅出现保护性紧张和焦虑反应。2～3 周后,患肢逐渐能负重,明显好转需数月之久。但当受到应激(如过量运动和天气变化)时,跛行会再发。经久转为退行性关节病。后十字韧带断裂,患肢突然跛行,关节不稳定比前十字韧带断裂更重。股胫关节不全脱位。关节腔积液、肿胀,触诊疼痛。

**诊断** 可用抽屉试验(drawer test)诊断本病。两手分别握住动物股骨远端和胫骨近端,关节屈曲,通过前移胫骨,关节活动范围增大,或关节伸展(140°),胫骨前移范围很小,可诊断为前十字韧带断裂;如果胫骨后移范围增大,可诊断为后十字韧带断裂,但多数情况下,后十字韧带断裂时可能同时伴有前十字韧带、侧副韧带、半月板等损伤,使关节不稳定更趋复杂。为判定后十字韧带和前十字韧带断裂,可做伸屈关节,观察其稳定性。后十字韧带断裂者,仅在屈曲 90°时关节明显不稳定,但前十字韧带断裂,关节做任何角度伸展均不稳定。

**治疗**

①保守疗法。对于小型品种犬或体重低于 15～20 kg 犬可施用保守疗法。患肢及关节可用夹板固定,动物封闭限制活动 4～8 周。如果有疼痛,可服用保

泰松或阿司匹林。大型犬保守疗法不理想。保守疗法 8 周后跛行仍未好转，应考虑手术治疗。

②手术疗法

对于前十字韧带断裂手术修复的方法很多。但根据许多兽医外科医师多年的实践，形成了以下几种大家公认的手术固定方法。

其一，原发性修复。这是针对前十字韧带断裂发生在韧带胫骨或股骨附着点撕脱而言。往往在韧带附着点发生胫骨或股骨的骨折，故只要用钢针将其固定就可达到修复韧带断裂的目的。

其二，关节囊外固定术。体重 15～20 kg 以下的犬施用此手术成功率高，也可用于大型品种犬。有几种手术方法，但手术基本方法是不打开关节囊，分别在内、外侧腓骨与胫骨结节之间用粗的缝合线固定，以防止胫骨前移。

其三，关节囊内固定术。其又称为关节囊内韧带重建术，适用于体重 15～20 kg 以上的大型品种犬，尤其适合兴奋、活泼、运动型犬。有“over-the-top”和“under-the-top”手术方法。前者用部分髌骨韧带（髌中韧带）从关节前方穿过股胫关节至后方，并固定在股骨远端外髁骨膜及纤维组织上。该部分髌骨韧带代替前十字韧带作用；后者取髌外侧韧带和部分股阔筋膜从关节前方经半月板间韧带下方穿过关节后方，以达到稳定关节之目的。

对于后十字韧带断裂手术修复有关节囊外和关节囊内手术固定 2 种类型，而每一类有数种手术方法。在膝关节韧带结构中，后十字韧带最为强大，对抗外力的强度相当于前十字韧带的 2 倍。从这点而言，更适宜选择关节囊内手术固定。这类方法对小型品种犬和猫疗效好，但对大型犬、活泼型犬手术并不令人满意。术后动物患肢不用夹板固定。关节囊外固定犬强行限制活动 3 周，关节囊内固定犬强行限制活动 6 周，以后逐渐增加活动量。

## 七、累-卡-佩氏病

累-卡-佩氏病（Iegg-Calve-Perther dsease）是以股骨头和股骨颈缺血性坏死为特征的一种综合征。本病又称幼年骨软骨炎、无血管性坏死和扁平髋等。3～13 月龄小型品种犬易发病，无性别差异，多为单侧性。

**病因** 病因不详。通常认为是继发于股骨上端周围软组织的病变，导致股骨头部分或全部供血中断，产生股骨头缺血性坏死。凡能导致髋关节腔压力升高的因素，诸如暂时性滑膜炎、感染性关节炎、外伤性关节腔积血以及影响滑液循环的伸展内旋等，均可造成血管受压而危及股骨头骨骺的供血。另外，环境、内分泌、代谢和遗传等因素均可发生本病。

**发病机理** 主要为股骨头骨化中心缺血性坏死。正常情况下,骨化中心的骨细胞依赖供血维持营养,血管穿过骺板才能达到骨化中心。骨骺缺血后,骨细胞和骨髓细胞即死亡,骨化中心停止生长,但关节骨骺的营养来自关节液,故仍存活,继续生长,并较一般为厚。新生血管从周围组织长入坏死的骨化中心,吸收死骨,沉积新骨,新骨软而可塑。由于连续的关节负重,使新骨再吸收,形成富含血管的纤维肉芽组织。此时,股骨头易发生畸形。本病为自限性疾病,到一定时间,骨吸收可自动停止,继续骨沉积,直至纤维肉芽组织全部被新骨替代。由于新骨软而可塑,在关节连续负重的情况下,畸形加重,最终导致退行性关节病。

**症状** 开始动物常表现不安现象,不断啃咬腹胁部和臀部,尤其动物后肢外展时,疼痛明显,以后可感觉或听到噼啪音。跛行逐步加重直至拖拽行走。活动范围变小,患肢变短。臀部肌肉和股四头肌萎缩。

**诊断** X射线检查是诊断股骨头缺血性坏死的主要手段和依据。X射线征象包括关节间隙增宽,股骨头和股骨颈局灶性骨密度降低,与髋臼缘接触的股骨头变平,随后不规则,干骺区股骨颈变短和增宽。有时股骨头和股骨颈可见骨刺、不全脱位和骨折等。

**治疗** 股骨头未畸形者,可施保守疗法。每日口服消炎止痛药如阿司匹林。患犬置入笼内限制活动。如股骨头、颈畸形或发生退行性关节病,应施股骨头、颈切除术。手术疗效好,恢复快,术后100%动物均可行走、无痛,但有轻度跛行。这是因为股骨头、颈切除后肢体变短之故。大腿和臀部肌肉仍有轻度萎缩。

### 八、髋关节发育异常

髋关节发育异常(hip dysplasia)是一种髋关节发育或生长异常的疾病。其特征为关节周围软组织不同程度的松弛、关节不稳(不全脱位)、股骨头和髋臼变形、退行性关节病。本病不是一种独立的疾病,而是多种病因(遗传和环境应激因素)所致的复合性疾病。本病多发生于大型和快速生长的幼年犬,如德国牧羊犬、纽芬兰犬、圣怕纳犬等;发病率高(如圣伯纳犬发病率为47.4%,德国牧羊犬达50%),危害大。成年体重轻于11～12 kg的犬很少发生此病。虽然有报道玩具犬和猫也叶发生髋关节发育异常,但其关节的不稳定并不明显地产生大型犬所见的骨骼变化。

**病因** 目前认为本病是多因子或基因遗传性疾病,表明动物体内存在许多基因缺陷,当受到环境因素影响时就改变了基因的表现型。是否存在原发性骨的缺陷还不清楚。不过，病犬髋关节周围肌肉和其他软组织不能协调地固定髋关节这一事实已确定无疑。故有人把本病称为“生物力学疾病”。本病主要表现肌肉和骨骼发育不一致，骨骼生长过快，肌肉不能与骨骼以相似速度发育成熟，致使主要依赖肌肉组织固定的关节（如髋关节）不能保持稳定。后者是髋关节发育异常的激发因子。试验表明，任何致力于髋关节不稳定因素如内收肌张力大、肌肉强度缺乏、骨盆软组织化学松弛作用、关节损伤和关节负荷体重过度等都可引起本病的发生。

**发病机理**　从动物个体、生长方式、遗传、肌肉组织等不同方面简述其发病机理。

①个体。髋关节发育异常发病率高的犬个体大，是原始犬的 2～3 倍；骨骼粗糙，直径大；爪大呈八字形；头过大而宽。

②体形。发病率高的犬除个体大，体形粗壮圆滚，肢爪亦肥大；皮下及筋膜间隙脂肪多，占四肢软组织重量的 5%～10%；肌肉不丰满，发育不全，脂肪浸润肌腱和韧带组织。巨型犬步态没有小型犬协调，行走较慢。

③生长方式　发病率高的品种生长成熟比发病率低的品种快，从出生就开始。这类犬在幼年吮乳或食补充饲料时就表现侵略性贪食行为。研究有病的 220 只德国牧羊犬，其中 63%（60 日龄时体重超过这类犬群的平均体重）1 岁龄都发生严重髋关节发育异常，而 37%低于平均体重的犬只是发育不良。

④遗传影响和遗传力。迄今已分析少数基因直接影响骨的结构，其形态受生物动力应激而发生变化。

人们已注意到犬有分类不明的遗传方式，这意味着许多基因受到侵害，而多基因遗传的性状最容易受环境因素的影响。许多研究已证实了这些发现。

犬髋关节发育异常的遗传和遗传力是集中围绕某一个体、体形、体质、运动、生长方式及性格而产生的。所谓遗传力是指某一特定性状总的变异，有多大比例归之于遗传因素，有多大比例归之于环境因素。有人做过 244 只德国牧羊犬（来自 54 个全亚科后代）髋关节发育异常的遗传力研究，2 岁时进行 X 射线摄影分析，按遗传力公式计算，估算出平均遗传力为 0.25。就是说，这个性状的变异约有 25%归因于遗传的变异，而其余 75%可归因于环境的变异。

⑤子宫内因素。从胚胎来看，各个关节来自于不同的骨间充质，只要各部分完全协调，关节发育就会正常。人的子宫内应激，尤其为胎儿腿处于内收和伸展位置时，能引起髋关节发育不良，故人有先天性髋关节脱位疾病。

犬在出生时，髋关节发育正常，而且出生前股骨短，引起股骨头脱位的力应激作用最小。犬很少见先天性髋关节畸形。

⑥子宫外影响。过早体重增加。在222只德国牧羊犬中，有100只患髋关节发育异常。1岁时此病流行直接与它们60日龄时的体重相关。较重的公母犬，成熟时发病率最高。一些资料认为，一些间接遗传因子影响髋关节发育异常的速度。哺乳时贪食现象也许是遗传，也可能是周围支持组织质和量需求的原因。当生长、获得体重及贪食超过支持组织强度时，就会发生不全脱位和髋关节发育异常。

幼犬哺乳时，为支撑身体，后肢处于被动的内收和伸展，髋关节首先发生脱位应激现象。吮乳时，抢吃乳汁越凶的幼犬，吸乳时间越长；身体越重，行走越困难，越易发生髋关节发育异常。

⑦骨盆肌群。骨盆肌群和髋关节发育异常有正相关。3个大型品种犬（格力猎犬、德国牧羊犬及Snly狐猩）中，格力猎犬没有此病，德国牧羊犬发病占1/2以上，几乎所有的Snly狐猩都患此病。这些现象进一步说明，髋关节发育异常存在身高、体重和肌肉支架三者间的关系。

⑧肌病。所有新生哺乳动物包括婴儿，从子宫内过渡到子宫外时，都经历着许多代谢变化。从解剖和生物动力学看，肌肉相对不成熟，缺乏功能应答能力。事实证明，髋关节发育异常病例，其髋臼和股骨发生范围很大的变化，这是关节松弛的结果。患进行性髋关节发育异常和有关骨关节炎的犬，骨盆肌群都发生萎缩，但没有肌坏死、炎症和广泛纤维样变性等肌病症状。有人认为，进行性髋关节发育异常时，耻骨肌呈痉挛状态，并有退化性病变。耻骨肌（属内收缩）痉挛，迫使股骨头脱位。切断此肌，本病会出现戏剧般的减轻。但还没有弄清耻骨肌与髋关节发育异常的病因关系。

**病变** 所有这类病犬在出生时，髋关节发育均正常，但出生后关节软组织就发生进行性病变，继而骨组织也发生病理变化。出生后第1个月，圆韧带纤维轻度损伤、水肿、变长，关节囊有松弛和其壁增厚现象，随之出现股骨头向外不全脱位（1～2 mm）。2月龄时，X射线检查，第1个征象是股骨头不全脱位和前背侧臼缘发育不良，其臼缘不再呈锐形，髋臼轮廓大于股骨头。此时，可触摸辨别不全脱位，关节囊松弛，圆韧带变长但不紧张。3月龄X射线检查变化大，股骨头不全脱位更显著，股骨头不再完全位于髋臼内；髋臼前背侧支异常骨化增多；关节囊轻度增厚和松弛，可允许股骨头滑向髋臼支。打开关节囊，背侧髋臼支在10点钟到14点钟处变圆；圆韧带从髋臼窝再度拉长、肿胀；股骨头向臼外脱出，股骨头圆韧带附着点与髋臼支接触，致使此处圆韧带损伤粗糙。

由于股骨头移位，使附着于大转子上的肌肉紧张，产生不平衡和额外的内拉作用，造成大转子向内弯曲。因股骨头与髋臼不能融洽地吻合，股骨头弓状接触面变小。这种狭小弓面使得股骨头和髋臼支压力明显加大。髋臼支和股骨头局部过多压力和过重负担使可塑性软骨紧张。一旦这种张力超过它的疲劳限度，髋臼支和股骨头软骨发生永久性变形、关节面凹凸不平和髋臼支变圆。

4～5月龄时，股骨头不全脱臼、关节不吻合、髋臼支发育迟缓以及各种组织形态的改变仍是显著特征。肉眼观察，髋臼支10～20点钟处圆形或筒状愈加明显。髋臼窝背侧关节面也变形，髋臼变浅。

6～9月龄时，髋臼背侧因负担过重，软骨纤维素生成，软骨软化。最后髋臼支发生微型骨折，关节面软骨呈象牙质变。暴露的软骨下骨头致密、硬实、光滑、发亮，股骨头相应接触部位也出现象牙质变。此时，关节囊极度增厚（5～7 mm），限制了关节的活动。因严重不全脱位，圆韧带更紧张，部分纤维断裂，肿胀更严重，有时连股骨头也难退回到髋臼正常位置。

9月龄以后，发育不良的髋关节因受异常压力、引力和张力应激作用，整个髋关节以加速度方式进行全面改造，逐步发展为退行性关节病。股骨头、颈和髋臼周围不同程度地出现外生骨疣，表面粗糙不平。象牙质变更加显著，髋臼内新骨纤维往往也被象牙质变形物取代。

由于异常和不平衡的应激作用，髂骨翼表面粗糙。坐骨骨膜长期受闭孔内肌的异常拉力刺激，骨膜损伤、粗糙。有些病例坐骨切迹处外生骨疣，耻骨和小转子都可发生异常隆起或变粗。

股骨头不全脱位后，为使腿保持在一条直线上，股骨干变成S形弯曲。

**症状**　多数犬首次发病在5～12月龄，很少迟于36月龄发病。病犬后肢步幅异常，往往一后肢或两后肢突然跛行。行走弓背或后躯左右摇摆，耐受锻炼能力差。起立困难，患肢不敢负重。行走或他动运动（Ortolani试验）听到或感觉到“喀嚓”声。疼痛明显，尤其他动运动时，动物呻吟或反抗。大腿肌肉萎缩，被毛粗乱。病情严重者食欲减退，精神不振。个别动物体温升高。

**诊断**　根据病史和临床症状可做出初步诊断。Ortolani试验是检验髋关节松弛的一种方法。检验时，动物侧卧位保定，患肢在上。检查者一手握住膝关节，其大拇指抵在股骨中部外侧，其他手指在内侧。另一手掌顶住髋关节，其食指抵在大转子上。提起股骨使其与诊疗台面平行。向上缓慢推压膝关节，使股骨头产生不全脱位（如关节松弛，股骨头滑上髋臼前外侧），然后，膝关节外展，股骨头就会滑回髋臼窝中，并产生一种撞击震动而被另一握髋关节的手所感觉。关节严重松弛时，甚至可以听到“喀嚓”声。

X射线检查是诊断髋关节发育异常的最可靠方法。X射线检查方法很多，目前最常用的方法是主观髋关节打分法。这种方法是由美国动物矫形外科基金会制定，不仅用于本病的诊断，也用于动物品种的选育。主观打分法分7个等级，即优秀、良好、合格、可疑、轻度、中度和严重等。前3种用于品种选育，后3种用于本病的诊断。

动物需镇静或全身麻醉，使肌肉处于松弛状态。动物行仰卧位保定，两后肢向后拉直、放平，并向内旋转，使两膝髌骨朝上。X射线球管对准股中部拍摄。如果保定及拍摄位置不正确，会得出错误的诊断。髋关节发育异常，X射线主要症状是髋臼变浅、股骨头小而扁平；次要症状为股骨头不全脱位和退行性关节病。一般来说，病程长，髋臼变浅和不全脱位程度越重，并渐而继发退行性关节病和全脱位。

在美国动物矫形外科基金会制定标准的X射线诊断基础上，美国宾夕法尼亚大学研究了一种髋关节发育异常分离指数法。这种方法克服了主观打分法的主观片面性，其敏感性、预测性均优于主观打分法，更能客观地反映髋关节发育及异常情况，对品种选育和疾病诊断有重要意义。

**治疗** 早期发育异常的犬只可强制休息，限制活动或关在笼内；两后肢屈曲，呈坐立姿势，减少髋关节压力和磨损，防止不全脱位进一步发展。如果疼痛明显，也可用阿司匹林、保泰松等镇痛消炎药减轻疼痛。肥胖动物，应控制食物，改变营养成分，减轻体重，以有助于关节的恢复。保守疗法无效，可考虑手术治疗。

髋关节发育异常手术治疗有几种有利因素。一个是矫正骨畸形，进而矫正关节的吻合性。这类手术有骨盆切开术、髋臼固定术、股骨逆旋切开术、股骨内翻切开术等。二是全部切除或置换髋关节。手术有股骨头颈切除术、髋关节全部置换术。三是解除疼痛术。这有耻骨肌切开和切除术2种。每个手术都有其特殊的适应症和禁忌症，并不是所有手术都能治愈髋关节发育异常。比较常用的手术有耻骨肌切开术、骨盆切开术和股骨头颈切除术。

## 九、椎间盘突出

椎间盘(intervertebral disc，IVD)突出是指椎间盘变性、纤维环破坏、髓核向背侧突出压迫脊髓而引起运动障碍为主要特征的脊椎疾病。本病多见于体型小、年龄大的软骨营养障碍类犬，如腊肠犬、比格犬、比京犬及长卷毛犬等；非软骨营养障碍类犬也可发生。本病为小动物临床常见病，常发生于胸腰和颈椎。其发病率前者占85%，后者占15%。本病临床上以疼痛、共济失调、麻木、运动障碍或感觉运动的麻痹为特征。

**病因** 一般认为椎间盘突出是在IVD退变的基础上发生的，但引起其退变的诱因仍不明确。下列因素可能与本病的发生有关：

①外伤因素。外伤可能是本病的重要因素。尽管外伤对引起 IVD 退变并不重要，但可促使 IVD 突出。

②内分泌因素。内分泌失调（如甲状腺功能减退）在 IVD 退变过程中起重要作用。100 例患本病犬 $T_3$ 和 $T_4$ 测定表明，甲状腺功能减退犬为 39%～59%，可疑犬为 10%～20%。

③自身免疫因素。认为自身免疫现象可作为 IVD 退变的启动因子，它可产生一系列变化，从而释放溶酶体酶，改变 IVD 的蛋白多糖复合体。

④遗传因素。对软骨营养障碍类品种犬（如腊肠犬），遗传因素可以加速 IVD 的退变过程。有人做了 536 例腊肠犬椎间盘突出的系谱分析，发现本病的遗传模式一致，即表明腊肠犬对本病有较高的遗传性。

⑤IVD 因素。可能受异常脊椎应激的影响、IDV 的营养（如缺钙）、溶酶体酶活性而引起 IVD 基质的变化。

**发病机理**　IVD 由多糖蛋白、糖蛋白、胶原蛋白及非胶原蛋白组成。幼年犬髓核中的多糖蛋白和糖蛋白含量较高，而纤维环胶原成分含量高。随着动物年老和 IVD 变性，其生物化学结构也发生明显变化。髓核多糖蛋白减少，胶原成分增加。髓核多糖蛋白与组织间液存在直接关系，组织间液丢失改变了髓核胶体状态，降低了缓冲震动和均匀驱散作用于 IVD 的能力。

各种品种犬（约有 84 种）都可发生 IVD 变性，不过软骨营养障碍类犬最易发生。这类犬在 2 月龄和 2 岁间，IVD 软骨开始转化（metaplasia）或退变；1 岁时 75%～100%的 IVD 经历退变过程。软骨退变快，往往伴随 IVD 矿化作用。非软骨营养障碍类犬 IVD 发生纤维样退变，但病变过程缓慢，多在 8～10 岁，很少有矿化作用。

起初，髓核外周变性并向中央发展，同时纤维环亦退变。由于背侧纤维环退变，其抵抗力更小，髓核随之突出。也有纤维环外侧和腹侧发生 IVD 突出，但临床意义不重要。

Hansen 将 IVD 背侧环突出划分为Ⅰ型和Ⅱ型。Ⅰ型为背侧环全破裂，大量髓核拥入椎管。Ⅱ型仅部分纤维环破裂，髓核挤入椎管。前者多见于软骨营养障碍类犬，炎症反应严重；后者常发于非软骨营养障碍类犬，发病慢。

正常情况下，脊髓能适应一定量的压迫和机械性移位。当脊髓某点受到多量 IVD 组织压迫时，就失去代偿能力。正是这一点产生了临床症状。后者的严重程度取决于压迫的力量、突出物大小及损伤部位。因胸腰段椎管与脊髓直径之比值较小，脊髓最易见到受压效应，临床上常以麻木和麻痹为主；而颈椎管直径较大，脊髓有较大的空隙代偿机械性移位，临床上仅出现疼痛症状。

IVD 突出最易引起急性脊髓压迫性病变。由于机械压迫使白质和灰质血循障碍，局部出血、水肿，进而发生缺氧、坏死，最后白质脱髓鞘。病情进一步恶化，出现上行性或下行性脊髓软化。前者导致呼吸麻痹而死亡，后者发生后躯感觉和运动麻痹。

慢性脊髓压迫多发生于Ⅱ型 IVD 突出病犬。脊髓受压轻微，多数受害部位是在白质，局部出现一定程度的缺氧，但不会发生急性压迫性病变过程。

**症状** 颈部 IVD 突出：开始病犬颈部、前肢过度敏感，颈部肌肉疼痛性痉挛，鼻尖抵地，腰背弓起，头颈不愿伸展、抬起，甚至嘴唇也难高过碗口；行走小心，耳竖起，触诊颈部可引起剧痛或肌肉极度紧张。重者，颈部、前肢麻木，共济失调或四肢截瘫。但多数病例即使 IVD 突出量多，也仅以疼痛为主。疼痛是颈 IVD 突出的示病症状。疼痛呈持续或间歇性发生。第 2 至第 3 椎间盘和第 3 至第 4 椎间盘发病率最高。

胸腰部 IVD 突出：病初动物严重疼痛、呻吟、不愿挪步或行动困难。急性Ⅰ型者，剧烈疼痛后突然发生两后肢运动障碍（麻木或麻痹）和感觉消失，但两前肢往往正常。病犬尿失禁，肛门反射迟钝。上运动原病变时，膀胱充满，张力大，难挤压；下运动原损伤时，膀胱松弛，容易挤压。后肢有无深痛是重要的预后症候。感觉麻痹超过 24 h 意味着预后不良。

犬胸腰 IVD 突出常发部位，胸为第 11 至第 12 椎间盘，腰为第 2 至第 3 椎间盘。

颈、胸腰段 IVD 突出 X 射线摄影征象，IVD 间隙狭窄，并有矿物质沉积团块，椎间孔狭小或灰暗，关节突异常间隙形成。如做脊髓造影术，可见脊索明显变细（被 IVD 突出物挤压），椎管内有大块矿物阴影。

**诊断** 本病确切诊断除病史、一般体验外，主要取决于神经学检查和 X 射线检查。

神经学检查包括姿势反应（本体意识反应、单侧肢驻立、行走）、腱反射（股二头肌、三头肌、胫骨前肌、腓肠肌及髌骨等）、膀胱功能试验、膜反射（panniculusreflex）和疼痛敏感试验等。后两者有助于发现胸腰段脊髓病变程度。

X 射线诊断一般是在动物全身麻醉的情况下进行 X 射线摄影。动物侧卧位拍照时，用泡沫橡胶或棉制垫子垫于颈、胸腰段，使脊柱与 X 射线平台保持平行，脊柱不弯曲和每侧椎孔不重迭，前后肢分别向前后拉紧。动物仰卧位时，躯干伸直，保持脊柱两侧位置对称（背两侧可垫上衬垫物）。

怀疑颈椎 IVD 疾病时，其 X 射线常拍摄部位有颈椎侧位、腹背侧位及胸腰侧位。怀疑胸腰段 IVD 突出者，常拍部位包括胸腰、腰后部侧位、胸腰腹背侧位及颈侧位。临床上 IVD 病变多发性并非少见，故颈 IVD 突出时应摄胸腰段，反之亦然。不应取全脊柱一次性拍照，此法难以获取精确诊断。

一般普通平片可以诊断出 IVD 突出，必要时施脊髓造影技术。常用反差溶剂是水溶性甲基类化合物（compound metrizamide）。一般施腰椎穿刺，将造影剂注入椎管内、为区别 IVD 突出与其他脊髓和脊椎病（如肿瘤），脊髓造影是一种既安全又有诊断价值的方法。不过，也有其副作用，故仅限用于准备施手术的动物。

**治疗**　治疗包括保守疗法和手术疗法。

①保守疗法。适应症为疼痛、肌肉痉挛、疼痛性麻木及共济失调者。其目的在于减轻脊髓及神经根炎症，促使背侧纤维环愈合。常用强制休息、限制活动、镇静消炎等方法。地塞米松是治疗本病综合征的首选药，开始用量为每千克体重 0.2～0.4 mg，每天 2 次，连用 2 d 或 3 d。据报道，严重或急性脊髓 IVD 压迫者，地塞米松剂量可加大至每千克体重 2 mg。静脉注射保泰松；每千克体重 0.2 g；口服，每日 2 次，3 d 后减量。也可用阿司匹林和肌肉松弛剂等。尿失禁者每天定时挤压膀胱排尿 2 次或 3 次。另外，还可采用针灸、电针、按摩、温敷和穴位药物注射等治疗。

②手术疗法。适应症为有疼痛，药物治疗 1～2 周无效、复发时症状加剧、非感觉麻痹性截瘫及感觉运动麻痹不超过 24 h 者。手术包括开窗术和减压术 2 种。开窗术（fenestration）是指通过两椎体间钻孔，刮取椎间盘组织。此法仅在临床症状较轻和椎管内突出物有限时才有治疗意义。本手术除治疗目的，常与减压术同时进行——做预防性开窗术。减压术（decompression）意指切除椎弓骨组织，取出椎管内椎间盘突出物，以减轻脊髓压迫。此法适用于肢体运动障碍，椎管内有多量椎间盘突出物者。根据病情及术者爱好，开窗术有脊椎背侧、偏侧和腹侧术式可选；减压术亦有偏侧椎板切除、背侧椎板切除和腹侧开槽术等。

## 第 3 节　肌肉、腱及黏液囊疾病

### 一、特发性多发性肌炎

特发性多发性肌炎（idiopathic polymyositis）是一种弥散性骨骼肌炎症。本病是犬最常见的肌肉疾病，多发生于大型成年犬；猫亦有发生，发病年龄在 6

月龄至14岁。

**病因** 病因不详,可能与自身免疫反应有关。根据两例猫肌纤维发现的包涵体,推测本病是病毒感染。亦有文献报道,猫肌肉、腱及黏液囊疾病与胸腺瘤有联系。

**症状** 最常见的症状是轻度到严重肌无力,活动时病情加重;行走跛行,步幅僵硬、高跷。猫因肌无力而不能跳高,喜坐或躺下。犬无力吠叫,偶有吞咽困难、流涎。食道扩张,反胃,易造成异物性肺炎。急性者发热、厌食、嗜睡、沉郁。有的慢性病例长期反胃而造成营养不良。

**诊断** 根据临床症状和实验室检验予以诊断。实验室诊断:血清肌酸激酶活性(CK)增高(2～100倍),天门冬氨酸转氨酶(AST)活性加强;肌电显示阳性峰波、纤维颤动电位和异常高频放电;肌肉活组织检查证实,肌纤维坏死、浆细胞和淋巴细胞浸润;胸部X射线检查,食道扩张或食道活动性减弱,也可确定有无肿瘤和吸入性肺炎。

一旦诊断是特发性多发性肌炎,应做血清学和免疫学的检测,因全身免疫性疾病(如系统红斑狼疮)和肿瘤(如胸腺瘤)也可能是本病的致病因子。测定内容包括全细胞计数、关节滑液分析、尿分析、血清抗核抗体(ANA)滴度和红斑狼疮细胞检验等。

**治疗** 如果有感染(如异物性肺炎),应首先用抗生素控制感染。然后应用皮质类固醇如强的松,每千克体重1～2 mg,肌肉注射或口服,每天2次,连用2周;以后,按此剂量每2 d 1次,连用2周。用药后24～72 h,疼痛明显减轻,疗效显著。如果强的松反应不良,可用其他免疫抑制剂,如环磷酰胺。

## 二、咀嚼肌炎

咀嚼肌炎(masticatory mvositis)是犬的急性和慢性局灶性肌炎。过去将本病分别称为嗜伊红肌炎和萎缩性肌炎,现在认为是一个病的2个不同期表现。本病各种品种犬均可发生,但更多见于德国牧羊犬和猎物类犬;无年龄和性别差异。

**病因** 确切病因仍未搞清楚,但根据肌肉组织自然炎性浸润、对免疫抑制剂(如皮质类固醇)有效反应及识别自我抗体等现象,认为本病可能是免疫介导性疾病。

**症状** 急性发作,两侧咀嚼肌尤其是咬肌、颞肌和翼肌等周期疼痛性肿胀;也可能不对称、慢性自发减轻和加剧。由于眼后肌组织肿胀,伴有眼球突出、发热、下颌和肩前淋巴结肿胀和扁桃体炎。犬吃食少、流涎,多数厌食和精食沉郁。触摸头部和下颌肌肉疼痛,不愿张开口腔,有时见下颌悬吊。

慢性病例比急性更多见，多发生于反复急性发作之后，但有的也无任何急性病史。其表现为颞肌和咬肌严重进行性萎缩，对称或不对称；肌肉常无疼痛。由于肌肉萎缩，头部骨骼显露。动物张口吃食困难，不能咀嚼，用力张口可能疼痛，但咽下不困难，体重减轻。

**诊断**　根据临床症状可做出初步诊断。血液常规检验可见轻度贫血、中性粒细胞增多，有时发现嗜酸性粒细胞增多。血清肌酸激酶（CK）、天门冬氨酸转氨酶（AST）和球蛋白浓度上升，尤其急性期。少数犬尿蛋白增加。咀嚼肌肌电图检查有帮助，为阳性波，可见纤维颤动电位。但少数病犬（尤其慢性病例）当多数肌组织被纤维性结缔组织替代时，其肌电则正常。活肌组织检查（取肌电阳性肌组织）显示嗜酸性粒细胞炎性浸润，也可看到浆细胞和淋巴细胞及肌纤维坏死。用福尔马林固定或冷冻活组织进行组织化学或免疫组织化学检验，对诊断本病有帮助。

诊断上应与三叉神经病、颞颌关节病、眼后脓肿、破伤风及外伤性肌萎缩相区别。

**治疗**　应用皮质类固醇，如强的松，每千克体重 1～2 mg，口服，每天 2 次，临床症状可快速减轻；2 周后其剂量逐减，持续 1 个月。个别犬皮质类固醇治疗疗效不明显时可改用其他免疫抑制剂，如硫唑嘌呤。

慢性不能张开口腔者，可在麻醉条件下，用开口器或其他器械装置打开口腔，以达到伸展纤维组织和肌肉。但现在此法已不荐用。

## 三、腱与腱鞘损伤

腱由胶原纤维束构成，致密，坚韧，有弹性，是肌肉的延续，具有传导来自肌肉的运动和固定有关关节的功能。腱通过关节和骨的突起处时有腱鞘包裹以缓解腱与突起处的摩擦。前肢腕以下、后肢附以下各腱都有发达的腱鞘。犬猫腱及腱鞘损伤（tendinous and tendovaginal injuries）主要有腱炎、腱鞘炎、腱断裂及腱鞘创伤等。

### （一）腱炎与腱鞘炎

腱炎与腱鞘炎（tendinitis and tendovaginitis）由于腱及腱鞘在解剖上的密切联系常同时或相继而发。动物长时间或急速奔跑或跳跃障碍时可因腱剧伸而发炎。指（趾）深屈肌腱、腕尺侧屈肌腱在副腕骨的止点及跟腱易于剧伸。剧伸后腱纤维断裂处出血、发炎，相邻的腱鞘膜发炎渗出。

**症状**　急性腱鞘炎动物突然跛行，腱呈索形肿胀，触诊温热、压痛，伴发腱鞘炎时腱鞘积液，压迫有波动。转为慢性或反复损伤后，患部结缔组织增生，腱增粗硬固、挛缩与腱鞘粘连，引起机械性腱活动障碍。

**治疗** 限制活动，消炎止痛，防止腱进一步损伤，防止或减轻局部粘连挛缩。急性期强迫静养，限制运动，冷敷或冷浴，外加压迫绷带以减轻渗出。患部注射肾上腺皮质激素或进行普鲁卡因封闭，服用消炎止痛药，坚持治疗6～8周。对慢性腱炎，局部应用刺激剂促进渗出物吸收和增生物消散，同时适当进行功能锻炼。腱挛缩严重时，可采取手术延长腱束。

### (二)腱断裂

腱断裂(rupture of tendon)是腱的连续性中断，断端分离。腱断裂多由锐性外力切割、钝性外力挫灭或动物撕咬引起，也可由腱剧伸引起，化脓性腱炎也可继发酸坏死性断裂。临床上指(趾)屈健、跟腱及肢远端部分伸腱断裂较常见。

**症状** 开放性腱断裂，患肢跛行，患部创口出血、肿胀，腱鞘破裂时流出腱鞘液，腱断端回缩。非开放性腱断裂，患肢跛行，患部早期触摸可感到有裂隙，经久则肿胀隆起。

**治疗** 对腱断裂的治疗可施手术吻合术，也可伸屈患肢使腱的断端相互靠拢后装置外固定，通过结缔组织增生完成愈合。对开放性创伤按一般创伤处理原则处理，感染后预后不良。

## 四、黏液囊炎

在肌、腱、韧带经过的骨突起部，常有黏液囊垫于其上以减轻肌、腱、韧带活动时与骨突起部之间的摩擦。犬猫较为重要的黏液囊有冈下肌腱下黏液囊、臂三头肌止点腱下黏液囊、指浅屈肌起点腱下黏液囊、臀浅肌臀深肌腱下黏液囊。还有黏液囊与关节腔相通(又称滑膜囊)，如臂二头肌腱下黏液囊与肩关节相通，股四头肌腱下黏液囊与股膝关节相通，趾长伸肌腱下黏液囊与股胫关节相通。

### (一)开放性黏液囊炎

开放性黏液囊炎是外力刺破或挫切撕裂黏液囊引起的黏液囊炎，往往伴发周围组织的损伤。症状可见局部肿痛，创口有黏液流出，可能有跛行，易继发感染。检查时仔细探查创口，一般在黏液囊位置上的创伤或深刺创可能伴有黏液囊破裂。检查时注意是否波及关节。治疗原则同关节透创。

### (二)闭合性黏液囊炎

闭合性黏液囊炎是黏液囊的非开放性炎症，多由黏液囊上经过肌腱的过度压迫引起。急性炎症时黏液囊滑膜渗出，囊内积液，可见患部隆起肿大，热痛，有波动感，穿刺有大量滑液流出，邻近肌腱活动受限制，可引起不同程度的跛行。转为慢性后局部症状减轻，但囊壁增厚可能钙化。犬猫臂二头肌腱下黏液囊炎最多见，患肢不敢提举迈步，跛行严重，肩端肿胀、压痛，经久则 X 射线检查可见到邻近腱钙化，臂二头肌沟骨质增生。治疗原则同关节扭伤。囊内可注射肾上腺皮质激素，但用药不要超过 2 次。药物治疗无效时可手术摘除黏液囊。

（谢富强　侯加法）

# 第20章　疝

疝，即赫尔尼亚(Hernia)，是指腹腔内脏器通过腹壁的天然孔道或病理性破裂孔脱至皮下或其他解剖腔的一种疾病。本病可发生于各种动物，小动物中以犬较多发生，猫比较少见。

疝分为先天性和后天性2种类型。先天性疝主要有脐疝、腹股沟疝、阴囊疝，多发生于初生或幼龄犬猫；后天性疝主要有外伤性腹壁疝、膈疝、会阴疝，多发生于成年或老年犬。根据疝内容物可否通过疝孔还纳入腹腔。分为可复性疝与不可复性疝。其中后者是由于腹腔脏器与疝囊发生粘连或被疝孔嵌闭所致。

疝在犬猫外科疾病中具有相当重要的意义。外疝因在体表一定部位形成局限性突起或肿胀，影响犬猫的观赏性，降低其经济价值；内疝即膈疝，当腹腔脏器对胸腔造成压迫时，便对犬猫的循环和呼吸产生不良影响，并引起消化紊乱，严重的危及动物生命。

## 第1节　脐疝

腹腔脏器经脐孔脱至脐部皮下所形成的局限性突起，称为脐疝(umbilical hernia)。疝内容物多为网膜、镰状韧带或小肠等。本病是幼龄犬猫的常发病，但更多见于幼犬。

**病因**　本病的发生主要与遗传有关，先天性脐部发育缺陷，动物出生后脐孔闭合不全，以至腹腔脏器脱出。这是犬猫以及其他动物发生脐疝的主要原因。此外，母犬猫分娩期间强力撕咬脐带可造成断脐过短，或分娩后过度舔仔犬、仔猫脐部，都易导致脐孔不能正常闭合而发生本病。也见于动物出生后脐带化脓感染影响脐孔正常闭合逐渐发生本病。

**症状**　脐部出现大小不等的局限性球形突起，触摸柔软，无热无痛(彩图20-1)。犬猫脐疝大多偏小，疝孔直径一般不超过2～3 cm；疝内容物多为镰状韧带，有时是网膜或小肠。较大的脐疝，也可有部分肝、脾脱入疝囊。脐疝多具可复性，将动物直立或仰卧保定后压挤疝囊，容易将疝内容物还纳入腹腔，此时即可触及扩大的脐孔。患有脐疝的动物一般无其他临床症状，精神、食欲、排便均正常，但某些公犬可能同时存在隐睾现象。部分脐疝的内容物如网膜、镰状韧带与疝孔缘发生粘连或嵌闭，则不能还纳入腹腔，此时触诊囊壁紧张且富有弹性，不易触及脐孔。

**诊断**　脐疝很容易诊断。当脐部出现局限性突起，压挤突起部明显缩小，并触摸到脐孔，即可确诊。若触诊疝囊温热、疼痛，且内容物不可复，应怀疑肠管可能发生绞窄或嵌闭；动物则表现不安、食欲废绝、体温升高、脉搏加快。但须与脐部脓肿进行鉴别。脐部脓肿也表现为局限性肿胀、触之热痛、坚实或有波动感，但一般不至于对精神、食欲、排便等造成影响，且脐部穿刺可排出脓液。

腹部侧位 X 射线照片有助于提示诊断，对于肠管进入疝囊的病例可显示出肠袢阴影，但对疝内容物是网膜、镰状韧带的小脐疝，则无诊断意义。

**治疗**　犬猫的小脐疝多无临床症状，一般不用治疗。母犬母猫的小脐疝可在施行卵巢摘除术时顺便整复。较大的脐疝因不能自愈且随病程延长疝内容物往往发生粘连，故须尽快施行手术。具体方法：动物全身麻醉后取仰卧位保定，腹底部和疝囊周围做常规无菌准备；在近于疝囊基部皮肤上做环形切口，打开疝囊，暴露疝内容物；疝内容物如果无粘连、未嵌闭，将其还纳入腹腔；如果已与疝囊或脐孔缘发生粘连，仔细剥离粘连，若为镰状韧带或网膜，也可将其切除；肠管发生嵌闭时，应判断肠管是否已坏死失活，对坏死的肠管必须切除后作肠管吻合术，此时往往需要适当扩大脐孔，才易将肠管还纳入腹腔；最后对脐孔进行修整，采用结节缝合、水平褥式或重叠褥式缝合法闭合脐孔，结节缝合皮肤切口。术后 7～10 d 内减少饮食，限制剧烈活动，以防腹压过大导致脐孔缝合线过早断开，复发本病。

## 第 2 节　腹股沟疝

腹腔脏器经腹股沟环脱出至腹股沟处形成局限性隆起，称为腹股沟疝（inguinal hernia）。疝内容物多为网膜或小肠，也可能是子宫、膀胱等脏器。本病母犬多发，公犬少见。如果疝内容物沿腹股沟管下降至阴囊鞘膜腔内，称之为腹股沟阴囊疝，以幼龄公犬多见。

**病因**　本病有先天性和后天性 2 种类型。先天性腹股沟疝的发生基本上与遗传有关，即因腹股沟环缺损或先天性扩大所致，如中国的北京犬和沙皮犬以及国外的巴圣吉犬和巴赛特猎犬等都有较高的发病率。后天性的腹股沟疝常发生于成年犬猫，多因妊娠、肥胖或剧烈运动等因素引起腹内压增高及腹股沟环扩大以致腹腔脏器落入腹股沟管而发生本病。

**症状** 在股内侧腹股沟处出现大小不等的局限性卵圆形隆肿，疝内容物若为网膜或一小段肠管，隆肿直径为 2～3 cm；疝内容物若为妊娠子宫或膀胱，隆肿直径可达 10～15 cm，触诊常有疼痛反应或波动感（彩图 20-2）。疝的早期多具可复性，触之柔软有弹性，无热无痛，如将动物倒立上下抖动或挤压隆肿部，疝内容物易还纳入腹腔，隆肿随之消失。当压挤隆肿或如前改变动物体位均不能使隆肿缩小时，多是由于疝内容物已与鞘膜发生粘连或被腹股沟内环嵌闭所致。嵌闭性腹股沟疝一般少见，但一旦发生肠管嵌闭，局部显著肿胀，皮肤紧张，疼痛剧烈，动物迅即出现食欲废绝、体温升高等全身反应。如果不及时修复，很快因嵌闭肠管发生坏死，动物转入中毒性休克而死亡。

**诊断** 可复性腹股沟疝临床容易诊断。将动物两后肢提举并压挤隆肿部，隆肿缩小或消失，恢复动物正常体位后隆肿再次出现，即可确诊。当疝内容物不可复时，应考虑与腹股沟处可能发生的其他肿胀如血肿、脓肿、肿瘤、淋巴结肿大等进行鉴别。通过仔细询问病史，细致触摸肿胀部，并结合动物全身表现，不难与上述肿胀进行区别，同时也可对疝内容物做出初步判断。必要时可行 X 射线常规检查或造影检查，对疝内容物的性质做出诊断。

**治疗** 本病一经确诊，宜尽早施行手术修复。术前最好先对皮肤切口进行定位，提举动物两后肢并压挤疝内容物观察其是否可复。如果疝内容物可完全还纳入腹腔，切口选在腹中线旁侧倒数第一对乳头附近腹股沟外环处，切口长度 2～3 cm；如果疝内容物不可复，切口则应自腹股沟外环向后延伸，切口长度为疝囊长度的 1/2～2/3，以便于在切开疝囊后对粘连部分进行剥离。手术步骤为：动物全身麻醉后取仰卧位保定，分开两后肢，腹股沟及其周围常规无菌准备，于腹股沟外环处（或向后延伸）切开皮肤与皮下组织，继续向下分离，充分暴露疝囊及腹股沟外环；在母犬猫或不留作种用的公犬猫，当疝内容物完全还纳入腹腔后，在靠近腹股沟外环处结扎疝囊颈部，并将结扎线以远端多余部分的疝囊（含公犬猫睾丸）切除，结节或螺旋缝合腹股沟外环；对欲留作种用的公犬猫，于还纳疝内容物后注意保护精索，采用结节或螺旋缝合法适当缩小腹股沟外环即可；疝内容物与疝囊发生粘连时，须切开疝囊仔细剥离，将疝内容物还纳入腹腔后螺旋缝合疝囊切口；疝内容物过大或发生嵌闭难以还纳时，须扩大腹股沟外环，方有助于将疝内容物还纳；最后常规闭合皮肤切口。

对于母犬猫的双侧性腹股沟疝，可经同一腹中线皮肤切口对左右两侧腹股沟疝进行修复，但皮肤切口一般较长。若欲同时施行卵巢、子宫摘除术，则沿腹

中线打开腹腔完成。

## 第3节 阴囊疝

腹腔脏器经腹股沟环脱出并下降至阴囊鞘膜腔内，称为腹股沟阴囊疝或阴囊疝(scrotal hernia)。疝内容物最常见小肠，也可见网膜或前列腺脂肪，幼龄公犬多发。

**病因** 阴囊疝的发生主要是腹股沟内环先天性扩大所致，一般认为与遗传有关。

**症状** 阴囊疝多为一侧性发生，两侧同时发生甚少。犬的阴囊疝多具可复性，临床可见患侧阴囊明显增大，皮肤紧张，触之柔软有弹性，无热无痛。提起动物两后肢并压挤增大的阴囊，疝内容物易还纳入腹腔，阴囊随即缩小，但患侧阴囊皮肤与健侧相比，显得松弛、下垂。病程较久时，因肠壁或肠系膜等与阴囊总鞘膜发生粘连，即呈不复性阴囊疝，但一般并无全身症状。嵌闭性阴囊疝发生较少，一旦发生，即表现与嵌闭性腹股沟疝相同的临床症状。

**诊断** 可复性阴囊疝依据阴囊一侧或两侧增大，触诊柔软、无热无痛，倒提动物并压挤阴囊疝内容物可还纳入腹腔，即可确诊。不可复性阴囊疝应注意与睾丸炎进行鉴别，急性睾丸炎也表现阴囊一侧或两侧增大，与阴囊疝外观相似，但触诊患侧阴囊为睾丸自身肿大，且热痛明显，阴囊内无其他实质性内容物，与阴囊疝不难区别。

**治疗** 一经确诊，宜尽早施行手术修复。动物保定、麻醉、术部及术式均与腹股沟疝修复手术相同。

## 第4节 外伤性腹壁疝

腹壁外伤造成腹肌、腹膜破裂引起腹腔内脏器脱至腹壁皮下，称为外伤性腹壁疝(traumatic ventral hernia)。疝内容物多为肠管和网膜，也可能是子宫或膀胱等脏器。本病犬比猫多发。

**病因** 车撞、摔跌等钝性外力引起腹壁肌层和腹膜破裂而表层皮肤仍保留完整是发生本病的主要原因。动物间相互撕咬，腹壁强力收缩，也可引起腹肌和腹膜破裂而保留皮肤的完整性，从而引发本病。此外，腹腔手术对腹壁肌层与腹膜的缝合如选择缝线过细或打结不牢，术后可能发生缝合线断开或线结松脱，结果在腹壁切口处或其下方发生本病。

**症状** 多在腹侧壁或腹底壁出现一个局限性柔软的扁平或半球形突起。因钝性外力引起的本病较多发生在腹肋部，于动物前方或后方观察，可感左右腹侧壁明显不对称，突起部皮肤上常有擦伤或挫伤痕迹。在疝发生早期，局部出现炎性肿胀，触之温热疼痛，用力压迫突起部，疝内容物可还纳入腹腔，同时可摸到皮下的破裂孔。随着炎性肿胀消退和病程延长，触诊突起部无热无痛，疝囊柔软有弹性，疝孔光滑，疝内容物大多可复，但常与疝孔周围腹膜、腹肌或皮下纤维组织发生粘连，很少有嵌闭现象。

**诊断** 根据动物病史、典型的局部表现和触诊摸到疝孔，即可确诊。当疝孔偏小且疝内容物与疝孔缘及皮下纤维组织发生粘连而不可复时，往往难以摸到疝孔，此时应注意与腹壁脓肿、血肿或淋巴外渗等进行鉴别。腹壁疝无论其内容物可复或不可复，触诊疝囊大多柔软有弹性；此外，听诊常能听到肠蠕动音。而脓肿早期触诊有坚实感，局部热痛反应强烈。触诊成熟的脓肿、血肿与淋巴外渗均呈含有液体的波动感，穿刺后分别排出脓液、血液或淋巴液，肿胀随之缩小或消失，并不存在疝孔，与腹壁疝性质完全不同。

**治疗** 外伤性腹壁疝在发生同时往往伴发其他组织器官的损伤，所以于手术修复前应先对动物作全身检查，采用适宜治疗方法控制并稳定病情，提高机体抗病力，改善全身状况。腹壁疝的修复手术与脐疝的修复手术基本相同，动物全身麻醉，疝囊朝上进行保定，术部按常规无菌准备。由于疝内容物常与疝孔缘及疝囊皮下纤维组织发生粘连，所以在疝囊皮肤上作梭形切口有利于分离粘连，还纳疝内容物。疝孔的闭合一般需采用减张缝合法，如水平褥式或垂直褥式缝合。陈旧性疝孔大多瘢痕化，肥厚而光滑，缝合后往往愈合困难，应削剪成新鲜创面再行缝合。当疝孔过大难以拉拢时，可自疝囊皮下分离出左右两块纤维组织瓣，分别拉紧重叠缝合在疝孔邻近组织上，以起到覆盖疝孔的作用。最后对疝囊皮肤作适当修整，采用减张缝合法闭合皮肤切口，装结系绷带。

术后适当控制动物食量，防止便秘和减少活动等，均有利于提高手术的成功率。

## 第 5 节　膈疝

腹腔内脏器官通过天然或外伤性横膈裂孔突入胸腔，称为膈疝（diaphragmatic hernia）。疝内容物以胃、小肠和肝脏多见。本病犬猫均有发生。

**病因** 本病可分为先天性和后天性 2 种类型。先天性膈疝的发病率很低，是由于膈的先天性发育不全或缺陷，腹膜腔与心包腔相通或膈的食道裂隙过大所致，大多数不具有遗传性。后天性膈疝最为多见，多是由于受机动车辆冲撞、胸腹壁受钝性物打击、从高处坠落或身体过度扭曲等因素致腹内压突然增大，引起横膈某处破裂所致。有资料报道，在 23 例被汽车或拖拉机撞伤的犬中，除大多发生四肢骨折或肋骨骨折外，其中有 8 例发生了膈疝。需要指出的是，膈疝的先天性和后天性分类有一定的局限性，两者界限并非十分清楚，因为膈的先天性发育不全或缺陷可成为后天性膈疝发生的因素，钝性外力引起腹内压增大只是诱因而已。

**症状**　膈疝无特征性临床症状，其具体表现与进入胸腔内的腹腔内容物的多少及其在膈裂孔处有无嵌闭有密切关系。进入胸腔的腹腔脏器少时对心肺压迫影响不大，在膈裂孔处不发生嵌闭，一般不表现明显症状。许多先天性膈疝与小的外伤性膈疝即是如此。当进入胸腔内的腹腔脏器较多时，便对心脏、肺产生压迫，引起呼吸困难、脉搏加快、黏膜发绀等表现，听诊心音低沉、心律不齐，肺听诊界明显缩小，且在胸部听到肠蠕动音。若进入胸腔的腹腔脏器在膈裂孔处发生嵌闭，即可引起明显的腹痛反应，动物头颈伸展，腹部卷缩，不愿卧地，行走谨慎或保持犬坐姿势，同时精神沉郁，食欲废绝。当嵌闭的脏器因血液循环障碍发生坏死后，动物即转入中毒性休克或死亡。

**诊断**　根据动物有外伤病史和呼吸困难表现，结合听诊心音低沉、肺界缩小和胸部出现肠音等，即可做出初步诊断。X 射线检查是诊断本病的必要手段。透视可看到典型的膈疝影像：心膈角消失，膈线中断，胸腔内有充气的胃或肠段，还可能有液平面等（彩图 20-3）。必要时对动物投服 20%～25%硫酸钡胶浆做胃小肠联合造影，在胸腔内发现含钡的胃肠影像，即可确诊（彩图 20-4）。但部分膈疝病例可能表现胸腔积液，不利于对胸腔实施 X 射线检查，须进行胸腔穿刺抽液后再行 X 射线透视或摄片观察。

**治疗**　本病一经确诊，宜尽早施行手术修复。术前应重视改善呼吸状态，稳定病情，提高动物对手术的耐受性；考虑并拟定术中动物出现气胸即缺氧状态的纠正方法以及适用于不同膈缺损的多种修补方法。具体方法：动物全身麻醉，气管内插管和正压呼吸，仰卧位保定后，于腹中线上自剑状软骨至耻骨前缘做常规无菌准备。自剑状软骨向后至脐部打开腹腔，探查膈裂孔的位置、大小、进入胸腔的脏器及其多少、有无嵌闭。轻轻牵拉脱出的内脏；如果有粘连，应谨慎剥离；如果有嵌闭，可适当扩大膈裂孔再行牵拉。之后用灭菌生理盐水浸湿的大块纱布或毛巾将腹腔内脏向后隔离，充分显露膈裂孔；为便于缝合，先用两把组织钳将创缘谨慎拉近并用巾钳固定，接着选用适当规格的不吸收缝线由远及近做简单连续缝合或水平褥式缝合以闭合膈裂孔。在缝合之前，应注意先将胸腹腔多量的积液抽吸干净，然后可利用提前放置的胸腔引流管或带长胶管的粗针头进行胸腔穿刺，并于肺充气阶段抽尽胸腔积气，恢复胸腔内负压。仔细检查和修补腹腔内脏可能发生的损伤，用生理盐水对腹腔进行冲洗；腹腔放入抗生素以预防感染。常规闭合腹壁切口。术后胸腔引流，一般维持 2～3 d，全身应用抗生素 5 d。此外，应当高度重视肺复张后可能出现的肺水肿，使用包括甲基泼尼松龙在内的相关药物控制症状；同时根据动物精神、食欲的恢复情况等，采取适宜的液体支持疗法。

## 第 6 节　会阴疝

腹腔或盆腔脏器经盆腔后直肠侧面结缔组织间隙突至会阴部皮下所形成的局限性突起，称为会阴疝（perineal hernia）。疝内容物多为直肠或直肠憩室，也见膀胱、前列腺或腹膜后脂肪。本病多发生于 7～9 岁龄的公犬，10 岁龄以上公犬虽也有发生，但发病率明显降低；母犬和猫很少发生本病。

**病因**　本病的发生与多种因素有关。其中盆腔后结缔组织无力和肛提肌的变性或萎缩是发生本病的常见因素，性激素失调、前列腺肿大及慢性便秘等因素及其相互影响对本病的发生起着重要的促进作用。研究表明，公犬的激素不平衡可引起前列腺增生、肿大，肿大的前列腺可引起便秘和持久性里急后重，长期的过度努责又可导致盆腔后结缔组织无力，从而促使本病发生。

**症状**　典型特征是在肛门侧方或下侧方出现局限性圆形或椭圆形突起。大多数病犬的疝内容物是偏移而膨胀的直肠。因肠腔内积聚浓缩的粪便，所以触摸突起部比较坚实，无热无痛。如疝内容物为膀胱，触摸多有波动感，按压时病犬有疼痛反应，同时排出尿液，疝囊随即缩小或消失（彩图 20-5）。少数病犬的疝内容物是前列腺或腹膜后脂肪组织，疝囊一般较小。患有本病的动物常表现顽固性便秘，或排粪排尿困难，但精神、食欲一般无明显异常。

**诊断**　根据本病患部相对固定，会阴部膨胀，病犬排粪或排尿困难，即可做出初步诊断。直肠指检是判断疝内容物是否直肠的简单手段。如果感觉直肠向外侧偏移且积有多量粪便，即可确诊。如果直肠位置没有改变，并且触诊疝囊有波动感，可对突起部进行穿刺，若为淡黄色透明液体时，即表明疝内容物是膀胱。X 射线或 B 超检查有助于观察直肠、膀胱或前列腺的位置有无改变。应注意与肛门囊炎、肛门囊瘤鉴别诊断。

**治疗**　本病有保守疗法和手术疗法 2 种。

保守疗法适用于前列腺增生肿大和直肠偏移积粪的病犬，可应用醋酸氯地孕酮，2.2 mg/kg，口服，每天1次，连用7 d，以减少前列腺增生；应用甲基纤维素或羧甲基纤维素钠，0.5～5 g/次，口服，具有保持粪便水分，刺激肠壁蠕动的轻泻作用。

手术疗法是根治本病的可靠方法，但有一定的难度，需要熟悉骨盆腔后部直肠附近较复杂的局部解剖，并具备熟练的手术操作技术。动物术前禁食、导尿和灌肠，全身麻醉后行胸卧位保定，垫高后肢，抬高骨盆，以保持前低后高姿势，肛门与会阴部常规无菌准备。皮肤切口选在疝囊一侧，自尾根外侧至坐骨结节做弧形切口，钝性分离皮下组织和疝囊，充分显露并辨认疝内容物。如果是直肠，先按压挤出其内的浓缩粪便；如果是膀胱，先用注射器抽出积尿，之后便容易将其推到正确的位置。确认疝内容物复位后，仔细辨认肛门外括约肌、直肠、肛提肌、尾骨肌、闭孔内肌、荐坐韧带、阴部内动静脉等组织结构及其相互关系。然后采用结节缝合法，先将肛外括约肌和肛提肌或尾骨肌自上而下缝合数针，当感觉缝合张力较大时即停止缝合，而将闭孔内肌从坐骨后缘分离起来向上翻起，然后将上翻的闭孔内肌分别与肛外括约肌和肛提肌或尾骨肌依次缝合数针，如此即可将盆膈裂孔严密闭合。最后用消毒防腐液冲洗术部，常规闭合皮下组织与皮肤切口。

术后应饲喂纤维、水分多的食物，或给予粪便软化剂，以促使排便通畅，减少努责。疝修复术后可立即对动物施行去势术，有利于防止本病复发。动物的两侧性会阴疝相对较少，通常宜先修复一侧，间隔4～6周后再修复另一侧，同时修复两侧往往造成肛外括约肌异常紧张。

（周庆国）

# 第21章　肿　　瘤

肿瘤(tumor)是机体在各种致病因素作用下,局部组织过度增生及异常分化形成的新生生物,常表现为肿块或者组织器官弥散性肿大。

肿瘤有以下特点:

①异常增生形成的新生细胞团块。

②肿瘤性生长和机体生长不协调。

③致病因子消除后肿瘤组织仍能继续生长。

④肿瘤组织分化成熟能力减弱。

## 第1节　肿瘤的概述

### 一、肿瘤的一般形态

#### (一)肿瘤的外形

肿瘤的形状多种多样,有乳头状、菜花状、绒毛状、蕈状、息肉状、结节状、分叶状、弥漫肥厚状、溃疡状和囊状等形状。肿瘤外形上的差异是与它的发生部位、组织来源、生长方式和肿瘤的良恶性有关。

#### (二)肿瘤的大小和数目

肿瘤体积大小不等,小的肿瘤只在显微镜下才能发现,大的肿瘤重量可达数千克至几十千克。

#### (三)肿瘤的颜色

肿瘤的颜色与肿瘤的组织来源有关。有时可以从肿瘤的色泽大致推测是哪种肿瘤。例如,血管瘤多呈红色或暗红色,脂肪瘤呈黄色或白色,黑色素瘤呈黑色,淋巴肉瘤呈灰白色。

#### (四)肿瘤的质地

肿瘤的质地与肿瘤的种类、实质和间质的比例以及有无变性和坏死有关。

## 二、肿瘤的组织结构

### (一)肿瘤的实质

肿瘤的实质就是肿瘤细胞,是肿瘤的主要成分。肿瘤的一般临床特点和特殊性都是由肿瘤的实质决定的。

### (二)肿瘤的间质

肿瘤的间质是肿瘤的支架,起着支持和营养肿瘤实质的作用。在某种情况下,肿瘤间质尚有限制肿瘤生长的作用。肿瘤的间质包括结缔组织、神经、血管和淋巴管。

## 三、肿瘤的异型性

肿瘤组织无论在组胞形态和组织结构上,都与其发源的正常组织有不同程度的差异这种差异称为异型性(atypia)。肿瘤异型性的大小反映了肿瘤组织的成熟程度(即分化程度)。异型性小者,说明它与有关的正常细胞、组织相似,肿瘤组织成熟程度高(分化程度高);异型性大者,表示肿瘤细胞、组织成熟程度低(分化程度低)。

有的恶性肿瘤主要由未分化细胞构成,称为间变性肿瘤。在现代病理学中,间变(anaplasia)指的是恶性肿瘤细胞缺乏分化,异型性显著。间变性的肿瘤细胞具有明显的多形性(pleomorphism),即肿瘤细胞彼此在大小和形状上有很大的变异,异型性大。

### (一)肿瘤细胞的异型性

良性肿瘤细胞的异型性小,一般都与其来源细胞相似。恶性肿瘤细胞常具有高度的异型性,表现为以下特点:

①肿瘤细胞的多形性。恶性肿瘤细胞一般比正常细胞大,各个肿瘤细胞的大小和形态又很不一致,有时出现肿瘤巨细胞。但少数分化很差的肿瘤,其瘤细胞较正常细胞小、圆形,大小也比较一致。

②肿瘤细胞核的多形性。肿瘤细胞核的体积增大(核肥大),使胞核与细胞浆的比例比正常增大[正常为1∶(4～6),恶性肿瘤细胞则接近1∶1];核大小、形状和染色不一,并可出现巨核、双核、多核或奇异形的核;核染色深(由于核内DNA增多),染色质呈粗颗粒状,分布不均匀,常堆积在核膜下,使核膜显得增厚;核仁肥大,数目增多(可达3～5个);核分裂象增多,特别是出现不对称性、多极性及顿挫性等病理性核分裂象时,这对于诊断恶性肿瘤具有重要的意义。

恶性肿瘤细胞的核异常改变多与染色体呈多倍体(polyploidy)或非整倍体(aneuploidy)有关。

③肿瘤细胞胞浆的改变。由于胞浆内核蛋白体增多而多呈嗜碱性。并可因为肿瘤细胞产生的异常分泌物或代谢产物(如激素、黏液、糖原、脂质、角蛋白和色素等)而具有不同特点。

上述肿瘤细胞的形态,特别是胞核的多形性常为恶性肿瘤的重要特征,在区别良性肿瘤和恶性肿瘤上有重要意义,而胞浆内的特异性产物常有助于判断肿瘤的来源。

#### (二)肿瘤组织结构的异型性

肿瘤组织结构的异型性是指肿瘤组织在空间排列方式上(包括极向、器官样结构及其与间质的关系等方面)与其来源组织的差异。良性肿瘤的肿瘤细胞的异型性不明显,一般都与其来源组织相似。

### 四、肿瘤的生长

#### (一)肿瘤的生长速度

种类不同的肿瘤其生长速度极不一致,主要取决于肿瘤细胞的分化成熟程度。一般来讲,成熟度高、分化好的良性肿瘤生长较缓慢,往往有几年或更长的病史。成熟度低、分化差的恶性肿瘤生长较快,短期内可形成明显的肿块,由于血液及营养供应相对不足,易发生坏死和出血。

#### (二)肿瘤的生长方式

肿瘤的生长方式一般有以下 3 种:

①膨胀性生长。这是多数良性肿瘤所表现的生长方式。

②浸润性生长。这是大多数恶性肿瘤的生长方式。

③外生性生长。这是发生在体表、体腔表面或管腔性器官(如消化道、泌尿生殖道)表面的肿瘤,常向表面生长,形成突起的乳头状、息肉状、蕈状或菜花状的肿物。

## 第 2 节　肿瘤的命名与分类

### 一、肿瘤的命名

#### (一)良性肿瘤的命名

良性肿瘤的命名一般是在发生肿瘤的组织名称后加一个“瘤(-oma)”字,如来源于纤维组织的良性肿瘤称为纤维瘤(fibroma),来源于脂肪组织的良性肿瘤称为脂肪瘤(lipoma)等。

### (二)恶性肿瘤的命名

恶性肿瘤根据以下几种不同情况命名:

①由上皮组织形成的恶性肿瘤称为“癌”(carcinoma)。如腺癌(adenocarcinoma)、鳞状细胞癌(squamous cell carcinoma)和食道癌(carcinoma of esophagus)等。

②来源于间叶组织(包括结缔组织、脂肪、肌肉、脉管、骨、软骨组织以及淋巴、造血组织等)的恶性肿瘤称为“肉瘤”(sarcoma)。如淋巴肉瘤(lymphosarcoma)、纤维肉瘤(fibrosarcoma)、脂肪肉瘤(liposarcoma)等。

③来源于神经组织和未成熟的胚胎组织的恶性肿瘤通常在发生肿瘤的器官或组织名称之前加“成”字,如成神经细胞瘤(neuroblastoma)、成肾细胞瘤(nephroblastoma)。

④有些恶性肿瘤成分复杂,组织来源尚有争议的,则在肿瘤的名称前加“恶性”二字,如恶性畸胎瘤、恶性黑色素瘤等。

⑤有些恶性肿瘤常冠以人名,如鸡的马立克氏病(Marek's disease)、何杰金氏病(Hodgkin's disease)和劳斯氏肉瘤(Rous sarcoma)等。

## 二、肿瘤的分类

肿瘤的分类通常以其来源于何种组织为依据,分为上皮组织肿瘤、间叶组织肿瘤、神经组织肿瘤和其他类型的肿瘤。每一类别又按其肿瘤细胞分化成熟程度及对机体影响的不同分为良性肿瘤与恶性肿瘤两大类(表 21-1)。

**表 21-1 肿瘤的分类**

| 组织来源 | | 良性肿瘤 | 恶性肿瘤 |
| --- | --- | --- | --- |
| 上皮组织 | 1. 被覆上皮 | 乳头状瘤 | 鳞状细胞癌<br>移行上皮癌 |
| | 2. 腺上皮 | 腺瘤 | 腺癌 |
| 间叶组织 | 1. 结缔组织 | | |
| | 纤维组织 | 纤维瘤 | 纤维肉瘤 |
| | 脂肪组织 | 脂肪瘤 | 脂肪肉瘤 |
| | 肥大细胞 | 肥大细胞瘤 | 恶性肥大细胞瘤 |
| | 滑膜组织 | 滑膜瘤 | 滑膜肉瘤 |

续表 21-1

| | 组织来源 | 良性肿瘤 | 恶性肿瘤 |
|---|---|---|---|
| | 骨组织 | 骨瘤 | 骨肉瘤 |
| | 软骨组织 | 软骨瘤 | 软骨肉瘤 |
| | 2. 血液淋巴细胞 | | |
| | 淋巴组织 | 淋巴瘤 | 淋巴肉瘤 |
| | 造血组织 | | 各种白血病 |
| | 血管 | 血管瘤 | 血管肉瘤 |
| | 淋巴管 | 淋巴管瘤 | 淋巴管肉瘤 |
| | 3. 肌组织 | | |
| | 平滑肌 | 平滑肌瘤 | 平滑肌肉瘤 |
| | 横纹肌 | 横纹肌瘤 | 横纹肌肉瘤 |
| 神经组织 | 1. 神经纤维 | 神经纤维瘤 | 神经纤维肉瘤 |
| | 2. 神经鞘细胞 | 神经鞘瘤 | 恶性神经鞘瘤 |
| | 3. 胶质鞘细胞 | 神经胶质瘤 | 恶性胶质母细胞瘤等 |
| | 4. 脑膜鞘细胞 | 脑膜瘤 | 脑膜肉瘤 |
| | 5. 交感神经节 | 节细胞神经瘤 | 神经母细胞瘤 |
| 其他组织 | 1. 三胚叶组织 | 畸胎瘤 | 恶性畸胎瘤 |
| | 2. 黑色素细胞 | 黑色素瘤 | 恶性黑色素瘤 |
| | 3. 多种成分 | 混合瘤 | 癌肉瘤 |

## 三、良性肿瘤与恶性肿瘤的区别

良性肿瘤和恶性肿瘤的区别，主要依其组织分化程度、生长方式、生长速度、有无转移和复发以及对机体的影响等方面综合判断(表 21-2)。

**表 21-2 良性肿瘤与恶性肿瘤的区别**

| 区别要点 | 良性肿瘤 | 恶性肿瘤 |
|---|---|---|
| 组织分化程度 | 分化好，异型性小，与原组织形态相似 | 分化不好，异型性大，与原组织形态差异大 |
| 核分裂象 | 较少或无病理核分裂象 | 多见，病理核分裂象 |
| 生长方式 | 膨胀性或外生性生长，常有包膜形成 | 浸润性或外生性生长，无包膜，与周围组织分界不清 |
| 生长速度 | 缓慢，很少坏死和出血 | 较快，常伴有坏死和出血 |
| 转移与复发 | 不转移，手术摘除后不易复发 | 常有转移，手术后可复发 |
| 对机体影响 | 小，对机体起局部压迫或阻塞作用 | 大，对组织破坏严重并形成转移瘤，甚至造成恶病质引起死亡 |

# 第 3 节　诊断与治疗

肿瘤的诊断与治疗难易不等，有的肿瘤比较容易，有的肿瘤却非常困难。医学界和兽医学界均在深入研究并相互借鉴。

## 一、诊断

肿瘤诊断方法比较多，但目前还没有一种方法能把各种肿瘤都诊断出来，因此，肿瘤的确诊必须多种方法结合。

### (一)活体组织学检查

活检是一种比较迅速、准确的方法。

### (二)X 射线透视检查

X 射线透视检查是诊断体内肿瘤常用的有效方法。X 射线透视检查可以确定肿瘤发生的部位，为判定肿瘤性质提供依据。对一些消化道肿瘤和脑部肿瘤配合造影透视等技术更有诊断意义。

### (三)免疫病理学检查

免疫病理学检查主要是检查与肿瘤有关的抗原和抗体。免疫学研究成果对此有很大促进。

### (四)组织化学检查

用组织化学方法可以鉴别一些组织结构和形态很相似的肿瘤。

## 二、治疗

肿瘤的治疗方法比较多，主要有以下 3 种：

①手术切除。手术切除适用于小的或范围明确的肿瘤。恶性肿瘤的手术切除范围宜大，宜早，于未扩散前切除效果更好。

②放疗与化疗。放疗和化疗常用于手术切除后或肿瘤扩散后难以手术切除的情况下。放射疗法可以破坏肿瘤细胞的染色体，破坏肿瘤细胞复制能力。

③免疫治疗。肿瘤的免疫疗法早已提出，近些年来更加受到重视。经过动物试验和临床探索已积累了一些经验，获得了一定进展。免疫疗法分类及其方法见表 21-3。

**表 21-3　肿瘤免疫疗法分类**

| 肿瘤免疫疗法种类 | 具体方法 |
|---|---|
| 非特异性免疫疗法 | 1. 细菌制剂及细菌毒素应用<br>2. 病毒疫苗接种<br>3. 干扰素及其诱导剂应用<br>4. 中医中药疗法 |
| 特异性免疫疗法 | 1. 主动免疫<br>2. 被动免疫 |

## 第 4 节　皮肤和乳腺肿瘤

皮肤及皮下组织肿瘤，由于容易被发现，多能做出早期的诊断。常见的皮肤良性瘤有基底细胞瘤、上皮乳头状瘤，纤维瘤、脂肪瘤、血管周细胞瘤等。很多情况下皮肤或皮下出现的肿块，其实不是肿瘤。在犬最常把肉芽肿误认为肿瘤，另外还有囊肿和脓肿等。犬的皮肤或皮下组织肿瘤中约 40% 为恶性肿瘤。一般动物很少发生皮肤转移现象，而犬和猫有时可见到由乳腺癌和其他癌形成的转移瘤。

乳腺肿瘤在母犬是出现频率最高的肿瘤，大约占所有肿瘤的 20% 以上。乳腺肿瘤在猫中也很常见，但是不如皮肤肿瘤的出现频率高。

犬乳腺最常见的肿瘤是良性的混合乳腺瘤，多发生于后部的乳腺。

对猫来讲，大多数乳腺肿瘤为癌。

### 一、皮肤乳头状瘤

**发生与外观**　犬和猫皮肤乳头状瘤(papillomas in skin)少见，主要发生于老龄动物。这些乳头状瘤的直径通常小于 0.5 cm，最常发生于眼睑、面部和四肢，也可以发生于身体的其他部位。病灶含有无数小角状突出物。

**组织学形态**　皮肤结缔组织增生，形成指状突出物，上面覆盖有数层分化良好的棘细胞，表层明显角化。表皮突伸长并分叉，但是无分散的癌巢侵入结缔组织。

**病因**　老龄犬病因学尚不清楚。青年犬乳头状瘤可能是由病毒引起的。

**治疗及预后**　犬和猫乳头状瘤一般不治疗，但当发生溃疡和出血时，可采取手术切除治疗。

## 二、皮肤鳞状细胞癌

**发生与外观**　皮肤鳞状细胞癌(squamous cell carclnomas in skin)起源于表皮棘细胞,穿过生发层并侵入下面的结缔组织。多出现于外鼻孔、眼睑、耳部、唇部、四肢、胁腹和背部皮肤。

猫皮肤鳞状细胞癌通常是一个很小的侵蚀性很强的病灶,有一个隆起而坚硬的边缘。其切面颜色苍白,质地坚硬。

犬皮肤鳞状细胞癌呈增生性变化,表现为溃疡,其界限不明显。

**组织学形态**　皮肤鳞状细胞癌有浓密的纤维性基质,其中常有大量的炎性细胞浸润,并且散在不规则聚集的恶性肿瘤细胞。

**病因**　皮肤鳞状细胞癌的病因学尚不清楚,但白猫易于在耳尖和其他暴露的部位发生肿瘤,说明可能是日光照射所致。被称为光过敏性皮炎的癌前病变在猫多见,它在真正的肿瘤发生之前可持续存在几年。

**治疗及预后**　治疗采用手术切除。

对猫,为避免局部复发,必须在尽可能大的范围内彻底切除,包括切除局部淋巴结。大多数猫分化良好的肿瘤通过彻底切除可治愈,但是分化不好的肿瘤可能出现局部复发和转移。这些病例在第1次手术后的存活时间一般不超过6个月。

犬皮肤鳞状细胞癌通常分化良好,小的肿瘤通过手术切除可治愈。分化不好的肿瘤与猫的相似,其治疗方法同猫。

对切除不完全的病例可选用放射辅助治疗。

## 三、皮肤基底细胞瘤

**发生与外观**　皮肤基底细胞瘤(basal cell tumors in skin)犬多发,一般出现于面部和四肢。该肿瘤也常见于猫,其病灶呈增生性,外观为椭圆形,界限清楚的团块,紧连于表皮,但在表皮以下的组织中可移动。它们生长缓慢,但能长得很大,穿透皮肤形成溃疡,并引起继发性感染。

由于基底细胞中含有黑色素,基底细胞瘤可能具有很深的颜色。肉眼检查时容易把它们同黑色素瘤相混淆。

**组织学形态**　镜下表现形态不相同,然而不同的形态并无预后意义。基底细胞瘤最常见的类型是肿瘤界限清楚,但无包膜,含有大量的纤维性基质。纤维性基质中含有大的砖形浓染的细胞。它们排列成特征性的花彩或链状,但是并不形成闭合的腺泡结构。

**治疗及预后**　由于只局限于皮肤,即使是较大的肿瘤,也容易手术切除,而且能够完全治愈。手术后，很少出现局部复发和转移。

### 四、皮脂腺瘤

**发生与外观** 皮脂腺瘤(sebaceous sland tumors)常见于老龄犬，多为坚硬、光滑、有蒂的小结节，常侵害眼睑，也可侵害其他部位的皮肤。这些病灶，其直径很少超过0.5 cm，被称为“疣”，数量可能会很多。有时，会出现较大的皮脂腺瘤，见于任何部位的皮肤。它们紧连于表皮，容易发生溃疡和感染，但在下层组织中可移动。

**组织学形态** 皮脂腺瘤的组织形态差别很大。它们可能由呈小叶状排列、散在、分化良好、充满脂肪的细胞构成，或由紧密排列成串的更小的浓染的细胞构成。它们中只有很少一部分显示出分泌脂质的分化，有时可见明显的鳞状化生。这些肿瘤无包膜。皮脂腺癌很少出现分泌脂质的分化，但含有较多的有丝分裂象。

**治疗及预后** 即使是恶性肿瘤，也可手术切除治愈。少数会出现局部复发，有时可转移至局部淋巴结或肺。

### 五、肝样腺(肛周)瘤

**发生与外观** 肝样腺瘤[hepatoid gland(perianal)tumors]起源于同皮脂细胞十分相似的分泌细胞，只见于犬。多发生于肛门周围，于尾根的背侧和腹侧以及包皮外侧的皮肤。该肿瘤常见于老龄公犬，母犬较少见。通常表现为皮下多个坚硬的小结节，有时也可见到单个大的肿瘤。它们最终形成溃疡，并且在一些病例的后期造成排便困难。这些肿瘤质地柔软，切面呈粉红色、小叶状。

**组织学形态** 多为良性肿瘤。其组织学形态为大而轮廓清楚的上皮细胞组成的团块。这些细胞中央有一圆形核，并有丰富的嗜酸性胞浆。鳞状化生通常是一个标志性特征，但是无预后意义。

肝样腺癌少见，其组织学特征是细胞分化差、细胞紧密排列、核大、胞浆缺乏。有丝分裂象多，血管侵害明显。

**病因** 有些病例可能与激素有关，但确切的病因学尚不清楚。

**治疗及预后** 由于肿瘤的大小和位置，很难进行手术切除，而且约35%的肛门周围腺瘤在手术切除后复发。在手术前可通过去势使一些大的肿瘤体积变小。应用已烯雌酚或已烷雌酚也可使肿瘤暂时消退。

肝样腺瘤具有放射敏感性，进行X射线分次照射通常使肿瘤长时间消退。肛门腺瘤通常在手术切除后局部复发，并且可转移至局部淋巴结或肺。

## 六、皮肤黑色素瘤

**发生与外观** 皮肤黑色素瘤(melanomas in skin)犬多发,但很少见于猫。

犬黑色素瘤分为两类。老龄犬可能出现数量多、黑色的结节,直径0.5～1 cm,位于下腹部、四肢或头部皮肤。这些病灶质地柔软,通常有蒂,界限清楚,位置浅,生长缓慢。犬的另一种黑色素瘤通常单个存在,多出现于四肢或尾部,坚硬并出现局部侵袭。这种类型的肿瘤生长迅速,并穿透被覆皮肤形成溃疡。一些犬黑色素瘤无黑色素存在。

猫黑色素瘤很少见,但见到的都是单个分布、位置浅、界限清楚的团块,可长至直径数厘米大小。

**组织学形态** 黑色素瘤无包膜,含有大的排列紧密的多角形细胞。这些细胞有一圆形或椭圆形浓染的核,中等数量的嗜碱性胞浆,细胞边界不清。一般瘤细胞含有胞质内黑色素颗粒,分化差的细胞除外。

**病因** 病因尚不清楚。

**治疗及预后** 在犬,小而数量多的肿瘤是良性的,即使数量很多,也有一个良好的预后。单个分布、具侵袭性的肿瘤是恶性的,可转移至局部淋巴结和肺,手术切除后常局部复发。有时可进行尾巴和患肢的切断术来根除,但是如果不便进行彻底切断手术,手术切除后进行X射线分次照射也可起到缓解作用。

## 七、皮肤纤维瘤和纤维肉瘤

**发生与外观** 皮肤纤维瘤和纤维肉瘤(fibromas and fibrosarcomas inskin)在犬和猫都常发生,可发生于皮肤的任何部位。

纤维瘤界限清楚,紧连于被覆表皮,其上的毛发通常脱落。纤维瘤不易形成溃疡,可在深部组织上移动。质地可能坚硬或柔软,其切面呈白色或黄色,为纤维性表面。良性肿瘤生长十分迅速,瘤体下通常可达到比纤维瘤大的体积。纤维肉瘤具有在生长的早期即穿透皮肤形成溃疡的特征,呈弥散性侵袭,质地坚硬,紧连于周围组织,不易移动。

**组织学形态** 纤维瘤由呈螺环和大波浪状的成熟的胶原纤维束组成。纤维肉瘤在组织学形态上呈渐变的过程,因而与纤维瘤十分相似,但出现周围组织侵袭的肿瘤到含有随意排列在一起的紧密堆积的均匀一致的大的梭形细胞的肿瘤。随着肿瘤的分化程度变低,细胞变得更大,核淡染,有丝分裂象增多。

**病因** 犬的病因尚不清楚,但是已有资料表明猫纤维肉瘤可由致肿瘤RNA病毒引起。

**治疗及预后** 纤维瘤较易手术切除,且预后良好。偶尔也会出现局部复发,尤其是切除大的肿瘤后。皮肤纤维肉瘤很少转移,但是预后必须谨慎,因为可能出现局部复发。

## 八、犬皮肤血管周细胞瘤

**发生与外观** 犬皮肤血管周细胞瘤(canine haemangiopericytomas in skin)常见于中年犬或老龄犬四肢的皮下组织,眼观为多叶、橡皮样团块,紧贴于皮肤,可能会侵害深部组织。犬皮肤血管周细胞瘤生长缓慢,但是如果未及时发现,会长得很大,表面坚硬,呈灰白色或灰黄色外观。

**组织学形态** 犬皮肤血管周细胞瘤界限十分清楚,但是无包膜,有时难以同纤维瘤或纤维肉瘤相区别。该肿瘤由排列成束或由紧密的螺环状小梭形细胞构成,特征性的表现是在螺环中央有一小的毛细血管。

**治疗及预后** 手术切除,如不能完全切除,可复发,预后谨慎。

## 九、皮肤血管瘤和恶性血管内皮瘤

**发生与外观** 皮肤血管瘤和恶性血管内皮瘤(haemangiomas and maligan-thaemangioendothelimasinskin)起源于血管内皮。良性肿瘤多于恶性肿瘤,且多见于犬,通常发生于背部和胁腹的皮下组织。体积通常很小,直径0.5~2.0 cm,呈椭圆形,界限清楚。被覆皮肤可能出现脱毛。皮肤颜色浅的动物,肿瘤呈黑红色,如果形成溃疡,会大量出血。新鲜肿瘤的切面呈黑红色,严重充血,冲净后,很像一个小蜂巢。

恶性血管内皮瘤生长迅速,侵袭性强,能长得很大,并迅速穿透皮肤形成溃疡。其质脆易碎,表面由于不规则的出血和坏死而呈斑驳状。

**组织学形态** 皮肤血管瘤界限清楚,但无包膜,位于真皮结缔组织中,含有由成熟的纤维彼此隔开的规则的囊泡状空隙。这些囊泡由单层内皮细胞围成,其中充满了正常的红细胞。

恶性血管内皮瘤界限不清,侵袭性强,含有浓染的椭圆形细胞。这些细胞衬于含有红细胞的不规则腔隙中。有丝分裂象普遍。

**治疗及预后** 手术切除后可痊愈,但很难彻底切除,预后应谨慎。

## 十、皮肤脂肪瘤和脂肪肉瘤

**发生与外观** 皮肤脂肪瘤和脂肪肉瘤(lipomas and liposarcomas in skin)最常见于犬,其次为猫。良性肿瘤比恶性肿瘤常见,尤其多见于肥胖的中年或老龄母犬，出现于胁腹、胸部、胸骨前区、腋窝和腹股沟的皮下脂肪。

其临床表现为柔软、界限清楚、易活动的肿瘤，触诊有时感觉像囊状物。它们可以长得很大，但其被覆的皮肤不受影响，也不形成溃疡。大多数外观为界限清楚，看起来像正常脂肪的球体，切面均质，略带苍白色，但是有些肿瘤广泛侵入肌肉间。

脂肪肉瘤是很少见的一种皮肤肿瘤，其生长部位同脂肪瘤相似，但其侵袭性很强，因此，呈坚硬、粘连的团块状，迅速引起表皮溃疡。眼观很难说出其组织来源，切面坚硬，呈灰白色，含丰富的血管，通常只有靠组织学方法才能揭示其本质。

**组织学形态** 脂肪瘤界限清楚，且有一薄的纤维膜包裹。它们由含有排列紧密、胞浆界限清晰的细胞组成，细胞体积大，但在石蜡切片中，细胞的胞浆呈空泡状。这些细胞的核很小，并被挤向细胞的一侧。脂肪肉瘤呈弥散性侵袭，由多角形或圆形细胞组成。这些细胞核大，其中有丝分裂象多。这些肿瘤含有丰富的血管，其细胞浆内含有数量不等的脂滴。

**病因** 据观察，皮肤脂肪瘤主要发生于肥胖动物，说明它可能是随着脂肪细胞的增生发展而成的。

**治疗及预后** 手术切除。对于一些犬，手术前进行几个月的限饲可使肿瘤的体积减小，从而有利于切除。长于深部组织并侵袭至肌束间的皮肤脂肪瘤由于难以保证完全切除，因而可出现局部复发。

由于脂肪肉瘤通常出现局部复发或转移至肺，因此，对患病动物的预后应谨慎。

### 十一、皮肤肥大细胞瘤

**发生与外观** 皮肤肥大细胞瘤(mastocytorna in skin)对于犬来说意义最大，因为它占了皮肤肿瘤总数的10%。猫不常发生。在犬，其发生率有明显的品种差异性。皮肤肥大细胞瘤可发生于任何部位的皮肤且不局限于生长在某一特定部位。在犬，肥大细胞瘤可单个或成群分布，从生长缓慢、柔软、松弛的肿瘤至生长迅速、坚硬、多结节的团块状，有的可侵入皮肤引起溃疡。其切面通常呈黄褐色或绿色，也可由于出血而呈斑驳状。皮肤肥大细胞瘤无包膜，但是生长缓慢的肿瘤比生长迅速的肿瘤界限更清晰。在猫，皮肤肥大细胞瘤通常很小(直径通常小于0.5 cm)，但是数量很多，散布于整个皮肤。

皮肤肥大细胞瘤无包膜。当真皮结缔组织被大量的肥大细胞所侵袭，在这些肥大细胞之间，散着数量不等的嗜酸性多形核粒细胞。在犬，肥大细胞的分化程度差别很大，肿瘤被分成3个级别，有丝分裂象很少见。分化不好的肿瘤含有紧密排列的细胞。这些细胞有大而不规则的核，胞浆稀少，有丝分裂象多。

猫皮肤肥大细胞瘤有不同的形态。它们含有分化良好的均匀而紧密排列的肥大细胞。

**病因** 病因不详。

**治疗及预后** 在犬，生长缓慢、分化良好的皮肤肥大细胞瘤很容易进行手术切除，且切除后80%以上的患畜可获痊愈。分化较差的肿瘤有明显的局部复发和转移至局部淋巴结的倾向，预后应谨慎。手术切除后，可结合放疗和化疗治疗。

由于肿瘤经常发生扩散，因此，对猫皮肤肥大细胞瘤的预后应谨慎。

## 十二、乳腺良性混合性乳腺瘤

**发生与外观** 乳腺良性混合性乳腺癌(benign mixed malnmary tumors)只发生于犬，通常是中年或更老一些的母犬易发，而且是几个乳腺同时发病。形态大小不同，质地坚实，凹凸不平，界限清晰，可以自由移动，覆盖的皮肤不发生溃疡，只是在一些较大的肿瘤可能由于外伤而引起覆盖处皮肤溃疡。该瘤生长缓慢，但在发情期刚结束时增长很快，在发情间期肿块在一定程度上有所消退。其切面颜色发黑，有时包含一些蓝色半透明的软骨或小的充满液体的囊肿块。

**组织学特点** 该瘤界限明显，被一层薄的纤维膜所包裹，由分化良好的上皮和间质成分组成。上皮成分是由有规则的腺泡结构组成，最常见的间质成分是鼓液瘤组织，其他常见的间质成分包括成熟软骨碎片，有时带有骨髓腔的网状骨质和增生的成纤维细胞。有时在同一肿瘤中包括以上所有成分，但通常是一种成分占主导。

**病因** 观察发现这些肿瘤在发情刚结束时期增长非常快，说明它可能是受激素控制的，但确切的机理仍不清楚。

**治疗及预后** 尽管这些肿瘤生长缓慢，多呈良性，但由于有向恶性发展的可能性，应尽早切除。在早期切除后，预后良好。

## 十三、乳腺瘤和乳腺癌

**发生与外观** 乳腺瘤和乳腺癌(adenomas and carcinomas)起源于乳腺的导管或腺泡上皮，发生率高；猫一般为恶性。乳腺瘤一般为混合性瘤，体积小，界限明显，有包膜包裹，切面坚实、苍白、均质。乳腺癌生长迅速，界限不清，易形成溃疡和继发感染。肿瘤组织质地较坚实，呈纤维状，切面常见不规整的坏死区。

**组织学特点** 乳腺瘤界限明显，有包膜。瘤组织排列成腺泡状和乳头状。

上皮为立方状,单层或多层,胞浆内有多量的玻璃样物质。乳腺癌是呈管状或乳头状,有的癌细胞侵袭到周围组织中。

**治疗及预后**　临床上良性肿瘤切除单个乳腺,恶性肿瘤切除全部乳腺。很多病例由于广泛侵袭到真皮,使得外科手术很困难。在所有患乳腺癌并外科摘除的犬中,40%会由于肿瘤复发和转移而死亡,而且大部分发生在外科手术后1年内。预后与肿瘤的分化程度有关。猫的预后通常不良。

## 第5节　泌尿生殖系统肿瘤

泌尿系统很少出现原发性肿瘤,可发生淋巴肉瘤及转移瘤。肾脏可发生腺瘤和胚胎性肾瘤。但肾癌却很少见。肿瘤一般仅出现在老龄犬。犬的膀胱、尿道黏膜的乳头状瘤及癌症的发生率高于肾肿瘤。对猫而言,膀肌和尿道乳头状瘤及癌的发生则很少。

雌性生殖系统肿瘤常见于卵巢、阴道、外阴,而在子宫和子宫颈少见。

最常见的卵巢肿瘤为颗粒细胞瘤,卵巢的腺瘤和腺癌少见于犬,在猫则更为罕见。

除了特异性的卵巢组织外,卵巢内的结缔组织有时也会发生纤维瘤、纤维肉瘤及血管内皮瘤。这几种瘤的表现同其他部位的同种类型的肿瘤相似。

阴道肿瘤在老龄母犬中常见。在母犬的阴道中经常发生纤维瘤、平滑肌瘤。仅仅发生于犬的传染性交媾性瘤是一种自然发生的可以转移的肿瘤。这种肿瘤涉及阴道和阴茎。它可以通过交配从一个动物传播到另一个动物。

子宫瘤包括纤维瘤、平滑肌瘤、纤维肉瘤及子宫腺癌。

睾丸肿瘤常见于犬,但由于犬一般在幼龄被去势,所以肿瘤发生率相对低。雄性生殖系统肿瘤常见的类型是莱迪希细胞瘤,大约有20%的中年及老龄犬罹患此病。这些肿瘤大多数并没有临床表现,只是在死后剖检时才被发现。支持细胞瘤也很常见,但精原细胞瘤则发生较少。

### 一、肾腺瘤和肾癌

**发生与外观**　肾腺瘤和肾癌(renal adenomas and carcinomas)通常发生于中年或老龄动物肾脏的皮质,一般体积生长很大后才被诊断出来。肾腺瘤界限清楚,通常有包裹,切面坚实、均质、白色。甚至在大的肿瘤中,正常肾的边缘一般仍存在。肾癌具有局部侵袭性并与周围组织很快形成粘连。尽管肿瘤是从肾的一端发生的,但整个肾脏将很快被肿瘤组织所替代。肿瘤组织呈黑色,切面因出血和坏死而呈驳纹状。临床症状包括腹部膨大、嗜睡、食欲不稳定和呕吐。可通过肾盂造影术和剖腹探查加以确诊。

**组织学特点** 良性肿瘤通常是乳头状腺瘤，有大的囊腔，由分支状上皮包绕而成。腺癌的病变多样，即柱状细胞组成的不规则小管，也可能有排列均匀的囊状区。

**治疗及预后** 患肾腺瘤的动物实行肾切除术后，预后良好。肾癌则由于其侵袭的特性而常不能完全切除，预后一般不良；局部再生及转移至肝、肺和其他器官均很常见。

### 二、胚胎性肾瘤

**发生与外观** 胚胎性肾瘤(embryonal nphromas)是一类由肾脏胚胎性细胞发展而成的，幼龄动物相对多发。这类肿瘤生长缓慢，在诊断出以前可生长至很大。它们通常可替代整个肾。其外形不规则，有完整的包裹，切面坚实。呈灰白色，有时还有出血及坏死区。

**组织学特点** 典型特征是上皮成分和间质成分同时存在。肿瘤常含有分裂旺盛的纺锤体状细胞。该细胞基质中有不规则的腺泡结构及小球。另外，也可见到横纹肌和胶原纤维、软骨和骨组织等。

**治疗及预后** 如果诊断时肿瘤已很大，手术切除较为困难，但若能完全切除，则预后良好。

### 三、卵巢颗粒细胞瘤

**发生与外观** 卵巢颗粒细胞瘤(ovarian granulosa cell tumors)是卵巢内最为常见的瘤，常见于中老龄母犬。这类肿瘤来源于卵巢的卵泡细胞。肿瘤细胞可以分泌雌激素，使患犬持续发情或假妊娠。

颗粒细胞瘤在被诊断之前就生长得非常大，其外观呈球状，有包囊和可移动的团块。它们一般只侵袭一侧卵巢，切面坚实，分叶，有出血斑，有时有大的囊状物。

**组织学特点** 这类肿瘤被大量的纤维组织分隔成小叶状，细胞呈辐射状排列。细胞胞浆丰富，细胞核位于中央，呈球形。

**治疗及预后** 颗粒细胞瘤一般为良性肿瘤，通过外科手术可治愈。在有些病例中，由于罹患卵巢涉及较大范围，不易切除。

### 四、卵巢腺瘤和腺癌

**发生与外观** 卵巢腺瘤和腺癌(ovarian adenomas and adenocarcinomas)常

见于犬，也发生于猫。它们是非功能性的瘤，并不引起行为的改变，通常表现为进行性的腹部膨大。若和其他卵巢相比，它们在被发觉前就长得很大，且一般表现为单侧肿瘤，由大量的大小不一的紧紧包裹在一起的囊状物组成。这些囊肿内充满了清亮的浅黄色的液体和被一层有白色组织的包膜包裹，组织有规律地排列成乳头状。

腺瘤外包有一层厚而完全的纤维膜，界限清楚，而腺癌一般个体较大，且向包膜呈侵袭状，因而腺癌可紧紧地附着在肠道或肾脏的浆膜上。腺瘤和腺癌上都有广泛的出血区域。

**组织学特点** 肿瘤被薄层纤维间隔彼此分开，腺瘤囊壁上会有一层分化良好的立方状上皮细胞，而在腺癌中囊壁上皮分化程度低，这些细胞在腔内围绕形成小玫瑰花状。

**治疗及预后** 在诊断之前腺瘤往往长得很大，但手术完全切除后即可痊愈。而卵巢癌的切除效果则必须长期监视。有的恶性肿瘤由于粘连在周围组织上，因此不易彻底切除，所以常会发生局部复发和转移。最常见的转移方式是腹腔内转移，可见在腹膜的壁层和脏层有大量、白色、坚实的肿瘤结节出现，也可通过血液转移到肝脏和肺。

## 五、子宫腺瘤和子宫腺癌

**发生与外观** 子宫腺瘤和子宫腺癌（adenomas and adenocarcinomas of the uterus）在犬的子宫中较为常见，一般为良性。

子宫腺癌个体非常大，通常是单一的，突出于子宫腔内。子宫腺瘤界限清楚，有柄，有膜包裹，切面淡黄色，有大小不一的囊肿存在，囊腔充满清亮的淡黄色液体。

在子宫或阴道中，子宫腺癌呈扁平状，界限不清，并侵袭周围组织造成黏膜溃疡。切面均质、致密、呈灰白色。

**组织学特点** 大多数生殖道腺瘤是由非常致密的成熟胶原基质所组成，内有大量分化良好的腺泡结构，上面衬有单层内皮细胞，且细胞常有分泌物。腺癌则由呈弥散性侵袭的大量紧密堆积在一起形成不规则形状的腺泡所组成。其中的细胞呈乳头状生长突出于腔内。

**治疗及预后** 母犬可以通过子宫卵巢切除获得痊愈，甚至在组织学上判定为恶性肿瘤的也可以痊愈。

## 六、传染性交媾性肿瘤

**发生与外观** 传染性交媾性肿瘤（transmissible venereal tumors）只在犬发

生，世界各地都有本病，在热带和亚热带地区发生较多，在非洲、马来西亚和哥伦比亚地区常见，但在北欧和西欧并不多见。病灶局限于阴道黏膜和阴茎黏膜上，偶尔也可在包皮或阴蒂上出现，最常见的临床症状是有包皮或阴门分泌带血的分泌物。雌性动物中，这些肿瘤可能发生于阴唇，表现为柔软的易碎的粉红色的团块，表面有溃疡，常伴发感染。在雄性动物中，在肿瘤可观察到以前在人工暴露阴茎后才能出现的病变。外观呈多结节性的具有侵袭性的界限不清的肿块紧密地附着在包皮和阴茎上，切面呈粉色肉质的外观。

**组织学特点** 不同动物的这类肿瘤形态相似，由紧密排列的大型细胞所组成，胞浆呈嗜酸性，细胞核淡染，细胞排列紊乱。这种肿瘤可能起源于网状细胞。

**病因** 尽管为传染性肿瘤，但它是转移，不是传染，因为瘤细胞是在交配时从一个动物转移到另一个动物。

**治疗及预后** 一部分病犬不经治疗肿瘤自行消退，一些动物则表现为转移，常转移到腹股沟淋巴结，有时也可转移到更远的器官。由于肿瘤的弥散性侵袭的特征，一般外科手术不能完全切除，有时造成局部复发。

### 七、睾丸莱迪氏细胞瘤（睾丸间质细胞瘤）

**发生与外观** 睾丸莱迪氏细胞瘤是犬类最常见的睾丸肿瘤，在其他种属中则很少发生。正常睾丸及隐睾中均可发生，且通常两侧同时出现。睾丸莱迪氏细胞瘤（睾丸间质细胞瘤）[Leydig cell tumors（Interstitial adenomas）]多发生于中年及老年犬。许多此种类型肿瘤并没有明显的临床表现，那些在死后剖检中才偶然发现的此类肿瘤直径通常为1～2 cm，与周围正常的睾丸组织界限明显；切面外翻，均质，呈红黄色，体积大。临床表现比较明显的肿瘤，一般呈囊状瘤，囊内充盈无色液体。

**组织学特点** 肿瘤组织由包膜包裹，与周围组织分界清晰。瘤细胞呈上皮状，核位于细胞中央，呈球形，胞浆较丰富，嗜酸性。

**治疗及预后** 实行阉割后，预后良好，因该瘤恶性者少。睾丸莱迪氏细胞瘤并不释放功能性的激素，因此，有该病的犬行为上并无异常。

### 八、睾丸足（支持）细胞瘤

**发生与外观** 睾丸足（支持）细胞瘤[sertoli（sustentacular）cell tumors]多见于老龄犬，据认为右侧睾丸较左侧多发。

肿瘤生长相对缓慢，不向外侵袭，无痛感，但可能长得很大。其切面呈灰白色,小叶状。隐睾肿瘤形状不规则,常呈小结节状肿块,切面呈灰白色且较坚实。

一些足细胞瘤能分泌雌激素。这将使患病公犬发生行为改变——雌性化。这些犬会对其他公犬产生性吸引力。它们通常乳房增大,两侧对称性脱毛,同时出现皮肤色素沉着,包皮增长。未发生肿瘤的另一睾丸萎缩。前列腺也会由于鳞状化生而增大。

**组织学特点** 早期阶段,生精小管相对正常,但精子的发生已经停止,并且这些小管是由定向排列的长柱状并带有空泡的细胞组成。细胞胞浆淡染,有一个浓染的卵圆形核。随着疾病的发展,间质胶原越来越多,使精小管闭塞。

**治疗及预后** 外科切除术,切除后雌性化及脱毛等现象可在4个月内自行消失。

### 九、睾丸精原细胞瘤

**发生与外观** 睾丸精原细胞瘤(testicular seminomas)不如足细胞瘤多发。多发生在中年或老年犬,并且隐睾犬多发。尽管在被确诊前腹腔内肿瘤已经很大,但被膜并没有遭到破坏,从而可以轻松地施行手术摘除。其切面易碎,黄白相间,并常因坏死区和出血区共存而呈斑驳状。如今尚不能证明精原细胞瘤可以产生性激素。

**组织学特点** 典型变化为正常的睾丸结构被均质的较大的紧密排列的细胞所代替。这些细胞呈圆形或多边形,细胞核位于中央,大致呈球形,浓染,胞浆多少不一,但通常胞浆丰富,嗜酸性。这些细胞的排列方式不定,也不产生明显的细胞间质。

**治疗及预后** 彻底切除后,尽管有一小部分瘤细胞转移到髂淋巴结或偶然转移到肺部,但预后仍良好。原发于腹腔内隐睾精原细胞瘤预后应慎重,因为当确诊时,肿瘤往往已长至很大,并且常常发生腹腔内转移,特别是转移到肾。

## 第6节 消化系统肿瘤

犬猫的大多数消化道肿瘤发生于口腔,犬最常见的一种口腔肿瘤是恶性黑色素瘤,而鳞状细胞癌、纤维肉瘤和网状细胞瘤很少发生。猫口腔中发生的肿瘤大多数是鳞状细胞癌,但偶尔也会发生纤维肉瘤。

胃、直肠多发生腺瘤和腺癌,小肠也可发生,但很少见在这些器官的肌层亦可发生平滑肌瘤和平滑肌肉癌。有些动物消化道下部多发生淋巴肉瘤。

犬多发生肝脏和胰腺原发性肿瘤,而猫少发。

## 一、口腔恶性黑色素瘤

**发生与外观**　口腔恶性黑色素瘤(malignant melanomas of the oropharynx)是犬的口腔最常发生的肿瘤,但猫的口腔很少发生。口腔恶性黑色素瘤起源于唇或齿龈的黏膜。该类肿瘤质地较脆,呈不规则的肿块,生长速率也不相同。它们容易溃烂并发生感染,以致发出难闻的气味并伴有出血。肿瘤有明显的黑色素沉着,切面呈现一致的黑色或暗棕色,但分化不良的肿瘤仅有部分沉积黑色素或没有黑色素沉积。口腔恶性黑色素瘤具有很强的局部侵袭性,没有明显的界限。

**组织学特点**　口腔恶性黑色素瘤分化程度相对较低,具有侵袭性,没有包膜包裹。它们是由均质的多形性的嗜碱性细胞构成,细胞核大而淡染,胞浆界限不明显,呈片状排列。大多数肿瘤至少部分细胞中含有暗棕色的黑色素颗粒。个别的肿瘤不含黑色素颗粒。

**治疗及预后**　这种肿瘤恶性程度极大。手术切除后,至少 80%在局部仍复发,并且有时比原来的肿块长的还快。经常出现肿瘤局部淋巴结及更远部位淋巴结转移。最好的治疗方法是大面积手术切除辅以局部组织放射治疗。犬口腔中的黑色素瘤对放射敏感,用这种方法治疗后,大多数患者可在 6～12 个月内由于发生肺转移而死去。

## 二、口腔鳞状细胞癌

**发生与外观**　口腔鳞状细胞癌(squamous cell carcinomas)对老龄的猫犬危害较大。猫最常见于嘴唇、牙龈和舌头。而犬的鳞状细胞癌常发部位是齿龈和上颚。各部位的肿瘤都表现为非常坚硬的侵袭性的白色团块,表面往往出现溃烂,切面颜色较淡。猫和犬的口腔鳞状细胞癌有时出现在下颌内。肿瘤引起下颌的扩大与变形,在 X 射线检查时易和骨细胞肉瘤混淆。口腔鳞状细胞癌也发生于猫的食道,对食道造成阻塞。

**组织学特点**　口腔鳞状细胞癌与皮肤的鳞状细胞癌在组织学上极为相似,但肿瘤细胞分化程度低。

**治疗及预后**　猫口腔内发生鳞状细胞癌时,不管肿瘤发生部位与分化程度如何,预后不良。手术切除后,由于局部复发并常伴有所在区域淋巴结转移或肺转移,大多数动物将在 3 个月内死亡。

犬口腔鳞状细胞癌由于经常在局部复发或转移到同侧的咽后和颈浅淋巴结或肺,预后应慎重。齿龈发生鳞状细胞癌时不容易发生转移,但由于发病部位会出现严重的糜烂与溃疡，故患本病的动物可实行安乐死。

### 三、口腔纤维瘤、纤维肉瘤和齿龈瘤

**发生与外观**　口腔纤维瘤、纤维肉瘤和齿龈瘤（flbromas，fibrosarcomasand epulides）是犬和猫常发的肿瘤。纤维肉瘤在口腔中的发生率比纤维瘤高，唇部或齿龈部的纤维肉瘤发生率比在舌头、上腭、咽部的高。肿瘤生长较慢，但最终可突破上层黏膜而发生溃疡并引起继发感染。肿瘤的外表坚硬，切面呈一致的灰白色。

任何年龄的猫和犬都可发生齿龈瘤。一般认为齿龈瘤来源于齿周围的上皮。齿龈瘤一般生长较慢，外观表现为坚硬、光滑、粉红色的肿块，发生于齿龈边缘，直径一般小于 2 cm。一些病例肿瘤呈多发性，占据了上下颌大部分齿龈边缘，在牙齿周围生长并把牙齿遮住。这种肿瘤有时又叫做齿龈增生，多发生于爱争斗的犬，但猫也可以发生。

**组织学特点**　口腔与真皮结缔组织中的纤维肉瘤有相同的病理变化，但口腔中的纤维肉瘤分化程度相对较高。

齿龈瘤组织学差异较大，最常见的一种形式是含细胞成分相对较少，由成熟结缔组织构成的排列规则的肿块。

**治疗及预后**　单个的分化良好的典型齿龈瘤预后良好，手术切除后可彻底治愈。个别病例切除后很可能发生局部复发，但没有发现转移。手术切除齿龈瘤后，X 射线协助治疗，可以有效地控制齿龈瘤发生。

### 四、胃肠道腺瘤与腺癌

**发生与外观**　胃肠道腺瘤（adenomas of the stomache and intestines）或息肉常见于犬，能在任何部位发生，但通常在胃的幽门部、十二指肠、直肠的后段多发。胃或十二指肠瘤，临床上表现为进食后几小时出现呕吐。发生于直肠后段的肿瘤，引起排便费力和排出混有血液的粪便。通过口服钡餐进行 X 射线检查，或者腹腔探查，可做出诊断。腺瘤通常呈现小的坚硬的蒂状肿瘤。该肿瘤通过一条狭窄的根蒂连接到黏膜上。肿瘤的切面颜色较淡、质地较硬；肿瘤外周包绕着许多既小又细的乳头样结构。

胃肠道癌（adenocarcinomas of the stomache and intestines）在一些动物并不常见，犬的腺癌多在胃和直肠中发生。临床症状和这些部位发生腺瘤时相似。腺癌很少是局限性的，受损器官壁层往往出现不规则的增厚区域；如果发生在胃，整个胃壁都可能增厚。覆盖腺癌区域的黏膜发生溃疡并出现继发感

染。肿瘤区域硬度一致，切面呈灰白色，肌肉组织被肿瘤所替代。小肠也能形成大的多结节状癌，它们引起肠道部分或全部阻塞。

**组织学特点** 腺瘤的中央为致密结缔组织，外部被形成分支状突起或腺泡样结构高柱状上皮细胞包绕。

腺癌在分化程度上有很大变化。直肠癌的分化程度较高，胃癌分化程度低。分化程度较高的肿瘤是由致密的纤维状基质和不规则形态的囊状腺泡构成。腺泡腔内含有黏液样分泌物。即使是分化良好的腺癌，也是呈侵袭性生长，以致整个壁层能够见到肿瘤样结构。发生在胃的分化较差的肿瘤，可见到整个胃的壁层被体积较大的上皮弥散性浸润，上皮细胞一般不形成镜下可见的腺体样结构。

**治疗及预后** 手术切除腺瘤预后良好，但仍会出现局部复发问题，特别是直肠息肉和直肠癌预后不良。

### 五、胆管癌

**发生与外观** 胆管癌（bile duct carcinomas）主要发生在犬，是大多数肝脏原发性肿瘤；猫也可以发生。胆管肿瘤一般为多发性，并且由于出现临床症状时肿瘤已发展到后期，所以在诊断时，肿瘤已经长得很大。临床症状包括腹部膨大、疼痛、食欲不振和严重的腹水，腹腔有时有大量带血的液体。经检查发现，发生胆管肿瘤的肝脏，通常一些肝组织被肿瘤细胞取代。瘤组织形状不规，则呈大的黄白色肿块。肿瘤的切面很脆，并且由于出血和坏死而形成斑驳样。

也常见到在整个肝实质中散在分布多个小肿瘤结节。这些肿瘤的界限清楚，大致呈球形，直径大约几厘米。

因为胆管瘤具有多发性特征，它与腹腔内其他脏器转移到肝脏的肿瘤常常难以鉴别，因此，在诊断为胆管癌之前，必须检查其他脏器有无原发性肿瘤，以排除转移的可能性。

**组织学特点** 分化程度高的肿瘤是由大的囊泡样结构组成的并衬有一单层柱状上皮细胞。分化程度低的肿瘤，侵袭性一般较大，由许多非常小的不规则的腺泡组成。腺泡由着色深、形状各异的细胞围成。

**治疗及预后** 预后一般不良，因为几乎所有患肿瘤的动物在发现时都已发生肝内转移。

### 六、肝肿瘤与肝癌

**发生与外观** 肝肿瘤与肝癌（hepatomas and hepatic carcinomas）最常见于犬，猫很少发生。由于早期基本上不表现出临床症状，所以当肝肿瘤能够被确诊时,往往已经长得很大。症状主要有腹腔胀大、食欲不振、有时呕吐。这些症状通常发展很快。触诊腹部感觉到腹腔内有非常大的肿块,可用放射方法协助诊断。

通过腹腔探查摸到肝出现一个大的直径可达数厘米的团块时,可确诊为肝肿瘤。肿瘤通常都有一个非常宽的基部。肿瘤形状不规则,切面黄褐色,并夹杂着出血和坏死区域。

**组织学特点**　这些肿瘤是由分化良好的肝细胞构成的,组织学上难以区分肿瘤的良性与恶性。肝细胞排列成实心的小叶,但有时也能在肝脏正常部位的肝窦中看到呈小团块状的肿瘤细胞。

**治疗及预后**　预后往往不良。一些肝肿瘤会由于肝被膜突然破裂,大量的腹腔内出血而使动物突然死亡。

手术切除肿瘤侵袭的小叶有时可痊愈,但一般情况下,由于肿瘤向局部淋巴结或肺转移,造成动物死亡。

### 七、胰腺癌

**发生与外观**　胰腺癌(adenomas of the tancreas)是犬最常见的腹腔内肿瘤,猫也可发生。猫和犬很少发生胰岛的肿瘤。患本病的动物临床上表现为嗜睡、食欲不振、有时腹腔膨大。由于肿瘤对胆管到十二指肠入口处的压迫,有的动物会出现阻塞性黄疸。放射检查可显示腹腔内存在的肿块,但确诊必须进行剖腹探查。胰腺癌外观上表现为一个大的非常坚硬的多结节的肿块替代了胰腺的一部分,并且与大网膜及周围组织紧密相连。胰腺癌的切面色淡、质坚、均质,但较大的肿瘤可能有坏死区。

**组织学变化**　胰腺癌的分化程度差别很大,多数是由高柱状细胞围成的中间有腺腔的腺泡组成,而分化较差的胰腺癌常见到由染色质丰富的细胞构成的实心团块。

**治疗及预后**　预后往往不良。因为当能诊断为胰腺癌时,大多已转移到肝,少数情况下肾和脾亦可发现有转移瘤。

## 第7节　其他器官和组织肿瘤

### 一、淋巴肉瘤

淋巴肉瘤(lymphosarcomas)是猫最常见的肿瘤,在犬也可发生。淋巴肉瘤类型多，其中最常见的类型为多中心型、消化型和胸腺型淋巴肉瘤。

淋巴肉瘤大多发生于 4 岁以上的犬猫，主要是多中心型、消化型，胸腺型也能见到。多中心型的淋巴肉瘤主要临床特征是两侧外周淋巴结和扁桃体肿大，大脾大肝。对病变淋巴结的全面检查表明，淋巴结坚硬、增大，有明显的界限，具有苍白、均质、肿胀突起的切面，皮质和髓质的界限完全丧失。在较重的病例中，淋巴结可能会坏死和部分液化。有时可以在肝、脾、心和肺观察到呈结节状的肿瘤。

在猫消化型和胸腺型是最普遍的，多中心型却少见。消化型的临床症状包括严重的腹泻或痢疾，经常伴随着厌食和呕吐。像肠套叠的香肠状肠肿瘤块能被触知，但在一些病例中，病灶分布得更广泛、更散在。一般小肠发生该肿瘤，肠壁表现较硬，环状增厚，特别是那些靠近回盲口的肠系膜淋巴结增大，其切面类似于多中心型的淋巴结。一些病例中，肠损伤小，其主要特征是肠系膜淋巴结极度增大。

胸腺淋巴肉瘤趋向于幼年动物中出现，通常是 3 岁以下的动物。患病动物经常没有任何先兆就死亡，有时经过短期的厌食和呼吸抑制后死亡。在 X 射线照片上，可以看到一个大的不透射线的块状物占据了胸廓的前半部。

**血液学和组织学** 由于红细胞生成障碍和溶血作用，机体贫血。有些病例特别是肿瘤出现坏死和继发感染的病例，经常出现白细胞增多现象。淋巴结涂片，有助于鉴别区分肿瘤细胞组织学类型。

淋巴结特征病变为淋巴细胞致密，含有大淋巴细胞、小淋巴样细胞及淋巴细胞，核圆形或卵圆形，有时可见有丝分裂象。

**病因** 在猫科动物中，该病是由肿瘤反转录 RNA 病毒引起。受感染猫科动物的外周血涂片或骨髓涂片用荧光素标记的兔抗猫白血病病毒血清处理后，显现出明亮的绿色荧光，对该病毒具有诊断意义。这也是一种临床症状出现前所采用的检查方法。

**治疗及预后** 猫的病程短，许多病例在确诊后几周内死亡。所患消化道类型肿瘤的病例通常在确诊后就实施安乐死。犬的多中心型病例一般能存活 2～3 个月。

犬用皮质类固醇强的松龙治疗后能使症状得到改善，淋巴结肿瘤消退，但很快也会死亡。其他一些使用过的抗肿瘤药物包括左旋苯丙氨酸氮芥、环磷酰胺、长春新碱、胞嘧啶阿拉伯糖苷和天门冬酰胺酶等。

## 二、白血病

**发生与外观** 白血病(leukamia)是以造血组织(包括骨髓、淋巴组织、网状内皮系统)的系统性自主性增生为特征的恶性肿瘤疾病。其异常增生的白细胞常出现于循环血液中。临床上,根据肿瘤细胞进入周围血液的程度,即按照白血病的血象又可分为白血性、亚白血性和无白血性白血病。白血性白血病是由于造血组织的肉瘤性增生所增生的未成熟型白细胞大量进入周围血液,以致血中白细胞总数常激增至数万、十几万、几十万甚至百万个;红细胞数则常显著减少,血液色调因而变为淡红略带灰色。亚白血性白血病仅有少量未成熟型白细胞出现血中,而血中的白细胞总数并不见增加或略见减少。无白血性白血病则指血中白细胞总数正常而且没有未成熟型白细胞出现。

患病动物被毛粗乱、消瘦、体质衰弱、腹泻、贫血;可视黏膜苍白或黄染,呈恶病质状态;皮下淋巴结可能肿大,血液中红细胞减少,白细胞明显增加。外周血涂片,白细胞显著增加,多为幼稚型白细胞;核染色程度不一且胞浆少,核大小不一,分化程度不等,形状极度不规则。肝、肾和脾等可能有转移的肿瘤灶。

**治疗及预后** 目前还没有有效的治疗措施,预后不良。

## 三、脑星形细胞瘤

脑星形细胞瘤(astrocytomas)在犬猫均有过报道,但大多数病例发生在老龄犬,最常见的发生部位是大脑和小脑。肿瘤结节与周围组织界限清楚,一般为良性。电子显微镜观察表明,它们由分化较好的星形细胞组成。这些星形细胞可产生成束的或螺旋的胶原纤维。胶原纤维数目是多变的。在少数病例中,可以见到一些巨型细胞,但在大多数病例中,这些肿瘤含有由排列紧密细胞组成的小块区域这些细胞核染色很深。

## 四、骨肉瘤

**发生与外观** 犬极易发生骨肉瘤(osteosarcomas),多发生于老年动物。犬猫的骨肉瘤通常发生在长骨的骨骺端,有时发生于肋骨或头盖骨上。大型品种犬比体重少于 15 kg 的小型品种犬更易发生。

患骨肉瘤动物发病的骨出现肿胀后,常表现行动不便、跛行等临床症状。骨肉瘤的发生常见部位是肋骨近端、桡骨近端和胫骨近端。90%以上患四肢骨肉瘤的动物病情一般都会转移到肺部。

X射线检查显示,发生骨肉瘤的部位发生溶骨或骨骼硬化。骨肉瘤形成的病灶,仅靠X射线检查不能与结核菌、放线菌等引起的骨髓病变区分开。

发病骨骼检查显示,骨的形状严重变形、变细,一般骨骼变得容易骨折。骨髓腔中充满大量由网状骨质组成的白色或粉红色的均质物质,同时可见相同的物质穿过骨膜并在周围软组织中形成大的肿瘤肿块,一般具有包膜并发生出血,在大的骨肉瘤组织中可见到坏死。

**组织学特点** 骨肉瘤是一种形成类骨质瘤或新生骨瘤,或两者并存的癌,起源于成骨细胞,细胞形态变化多样。

**治疗及预后** 预后不良。骨肉瘤放射性治疗后,疼痛症状很快缓解,肿瘤的生长速度也有所降低。大部分四肢骨肉瘤的犬经截肢后,往往在6个月内又转移到肺部。

### 五、鼻窦癌

**发生与外观** 鼻窦癌(nasal careinomas)起源于鼻腔和额窦的柱状上皮细胞的腺癌,犬猫均可发生。鼻窦癌多是单侧发生,发病侧损伤广泛,鼻甲骨几乎完全被破坏。鼻腔有时包括额窦被一种苍白、灰褐色的易脆的组织所堵塞,导致临床上呼吸时的鼾音、单侧黏液性脓性鼻腔分泌物和叩诊浊音症状。在许多病例中,肿瘤引起了上额骨和前额骨明显的扭曲。

**组织学特点** 大多数肿瘤分化程度很低,由紧密堆积在一起的个体很大的染色质丰富的排列紊乱的细胞所组成。然而,在一些病例中也可见到由大的上皮细胞组成的腺泡状结构。

**治疗及预后** 预后不良。为获得痊愈有时进行广泛的手术切除。但对大多数病例而言,发现时已经是晚期。单独应用放射性疗法仅仅是一个治标的措施,但是放疗和手术合并疗法值得考虑。尽管组织学上分化程度很低,但一般不转移。

### 六、肺癌

**发生与外观** 原发性肺癌(carcinomas of the lung)少;如果发生,一般是单个,苍白,肺内广泛性转移的肿块。在确定肺癌前必须排除转移性肺内肿瘤。

肺癌临床症状是多变的,包括咳嗽、腹式呼吸、发绀、厌食和体重减轻。X射线照片显示,在肺的一个叶或多个叶有大量的不透明团块。

**组织学特点** 在犬肺癌有 2 种类型,即柱状细胞或支气管源性癌和立方状细胞或细支气管肺泡源性癌。肺原发性鳞状细胞癌少见,并与其他不同的位置有着相似的外观。在猫,大多数肺癌是柱状细胞类型的,尽管它们许多是间变的和显示出一种角质化的趋势。

**治疗及预后** 预后谨慎,因为肺内部容易转移。

(赵德明)

# 第22章　抗菌药物的临床应用

由细菌、支原体、衣原体和病毒等病原微生物引发的感染性动物疾病，在临床上各科均可看到，其中细菌性感染尤为常见。因此，抗菌药物就成了动物临床上应用最广泛的药物之一。为了在临床上应用抗菌药物获得最佳疗效，保障患病动物用药安全和减少细菌产生耐药性，现就犬猫抗菌药物临床应用加以说明。

## 第1节　抗菌药物治疗性应用

### 一、应用抗菌药物的基本条件

根据患病动物的病史、临床症状、实验室检验等，初步诊断为细菌（包括真菌、支原体、衣原体、螺旋体、立克次氏体和部分原虫）性感染时，才可以应用抗菌药物。如果缺乏细菌性感染证据、诊断难成立以及病毒感染动物，都不应该应用抗菌药物。但动物螨虫感染，可应用伊维菌素类药物治疗。

### 二、根据病原菌选用抗菌药物

应尽早诊断出动物感染的病原菌，然后根据病原菌对抗菌药物的敏感性或耐药性试验结果，选用抗菌药物。危重病动物在未知病原菌和药敏试验结果前，动物医生可根据自己的经验及当地动物细菌性疾病流行情况，推断可能的病原菌，再结合当地细菌耐药情况，先给以抗菌药物经验治疗，等获知细菌药敏结果后，再调用抗菌药物。

### 三、根据动物病情、病原菌种类及抗菌药物特点选用抗菌药物

#### （一）抗菌药物的品种选择

根据病原菌种类和药敏试验结果来选用，另外还要考虑以下因素：

①药物的渗透性。不同的器官组织和病理状况以及药物进入机体和蛋白

结合、脂溶性或水溶性、环境 pH 等都会影响药物的渗透性和作用(表 22-1 和表 22-2)。了解药物渗透性很重要。例如,药敏试验好的药物,若对某体液或组织渗透性差,不能达到治疗需要的药物浓度,也难治愈疾病。

**表 22-1　抗菌药物易渗透入的体液和组织**

| 类别 | 抗菌药物 |
|---|---|
| 骨骼 | 青霉素类、头孢菌素类、氟喹诺酮类、氨基糖苷类、林可霉素、四环素、土霉素、多西环素、甲烯土霉素 |
| 眼睛 | 阿莫西林、氨苄西林、头孢曲松、头孢氨苄、头孢噻啶、氯霉素*、林可霉素 |
| 前列腺 | 红霉素、三甲氧苄氨嘧啶(TMP) |
| 胆汁 | 红霉素 |
| 乳汁 | 青霉素 G、红霉素、林可霉素、竹桃霉素、螺旋霉素、泰乐菌素 |
| 浆膜液 | 双氢链霉素、红霉素、弗氏丝菌素、庆大霉素、卡那霉素、林可霉素、巴龙霉素、链霉素 |
| 脑脊髓液 | 氟喹诺酮类、磺胺类药物、头孢唑啉、氯霉素 |

* 氯霉素对人类可造成致命性贫血,但对犬猫只引起轻微的暂时性贫血。

**表 22-2　尿液中抗菌药物的作用**

| 不受尿 pH 影响的药物 | 在酸性尿中作用较强的药物 | 在碱性尿中作用较强的药物 |
|---|---|---|
| 头孢氨苄 | 羧苄西林 | 多黏菌素 |
| 头孢噻啶 | 土霉素 | 双氢链霉素 |
| 头孢曲松 | 多西环素 | 红霉素 |
| 氯霉素 | 甲烯土霉素 | 弗氏丝菌素(新霉素 B) |
| 萘啶酸 | 呋喃妥英 | 庆大霉素 |
| 磺胺类药物 | 四环素 | 卡那霉素 |
| 三甲氧苄氨嘧啶+磺胺类药物 | 青霉素 G | 新霉素 |
| | | 巴龙霉素 |
| | 酸化尿液: | 链霉素 |
| | D(*L*)-蛋氨酸(口服) | |
| | 抗坏血酸 | |
| | | 碱化尿液: |
| | | 碳酸氢钠(口服) |

②细菌耐药性。抗菌药物的使用造成了动物体内菌系的改变,对药物敏感的菌株被杀灭了,耐药菌株保留了下来,并且可从污染环境传给其他动物或人类。细菌以质子或转座子形成的耐药性,能够转染到易感菌株,这样使得细菌对单一或多种抗菌药物的耐药性得以传播,还能产生多种革兰氏阳性或革兰氏

阴性耐药菌,如金黄色葡萄球菌、大肠杆菌、沙门氏菌、巴氏杆菌等。这些细菌多是能产生β-内酰胺酶而具有耐药性,但还是有不少种类抗菌药物,对能产生β-内酰胺酶的细菌有作用(表22-3)。

**表22-3　对多种产生β-内酰胺酶而耐药的细菌仍有作用的抗菌药物**

| 类别 | 药物 |
|---|---|
| 青霉素类 | 氯唑西林、甲氧西林、阿莫西林+克拉维酸钾 |
| 头孢菌素类 | 头孢哌酮、头孢氨苄、头孢烟酰、头孢噻啶、头孢金素、头孢曲松 |
| 氨基糖苷类 | 阿米卡星、弗氏丝菌素(新霉素B)、庆大霉素、卡那霉素、新霉素、巴龙霉素 |
| 大环内酯类 | 红霉素、竹桃霉素、螺旋霉素、泰乐菌素 |
| 呋喃类 | 呋喃唑酮、呋喃妥英、呋喃西林 |
| 氟喹诺酮类 | 达诺沙星、恩诺沙星、马波沙星、麻氟沙星 |
| 其他 | 杆菌肽、氯霉素、林可霉素、新生霉素、磺胺和三甲氧苄氨嘧啶、万古霉素 |

### (二)给药剂量

给药剂量一定要保证足够浓度和足够使用时间,使得药物能与病原菌接触,并杀灭它们。另外,还要考虑药物的毒性、剂型和给药次数。对重症感染和对药敏感性降低的细菌以及药物不易到达的系统组织如中枢神经系统,为了获得较好疗效,抗菌药物用量较大。但对于毒性较大的药物,增加用药量,必须要小心谨慎。否则,量大会中毒。例如,喹诺酮类药物量大中毒,能引起猫进行性视网膜萎缩;磺胺药物中毒能引起多伯曼犬视网膜炎。单纯性下尿路感染时,由于多数药物从尿中排出,尿浓度较高,可用药物治疗范围的较小剂量。

### (三)给药途径

一般轻症感染,能接受口服给药动物,可选用口服给药。重症感染和全身感染动物,应静脉给药,等病情好转能口服时,转为口服给药。全身感染或内脏感染时,应尽量避免局部应用抗菌药物,因为局部用药很少吸收难有效,还易使细菌产生耐药性。但皮肤表面、口腔、眼睛、阴道、耳内及脓肿腔内可选用适当抗菌药物。氨基糖苷类等耳毒性药物,不可局部滴耳用。

给药有多种途径。给药途径的选择,可根据下列每种途径的优缺点进行:

①静脉输入给药,需缓慢注入。

优点:能很快提高血液和组织中药物浓度水平,多应用于败血症。血液循环中药物浓度比肌肉注射或口服的要高,更易进入坏死或慢性脓肿部位;适用于大量给药及具有刺激性或致痛性药物;容易获得血液中药物浓度。

缺点：需要熟练技术，急性不良反应比较多见，需要能够静脉注射的剂型。

②肌肉注射。

优点：操作容易、常用；注射后 2 h 血液和组织中药物浓度达峰值；稍有刺激性药物可作肌肉深部注射，在机体内药物浓度维持时间较长些。

缺点：肌肉有损伤，有的药物可引起严重反应，如引起疼痛和局部发炎肿胀。体内药物浓度随时间而变化。

③皮下注射。

优点：比肌肉注射刺激性小，可给予稍大量药物。

缺点：比肌肉注射吸收缓慢。

④口服药物。

优点：最基本的给药方法，犬猫主人可操办。

缺点：应用药物剂量要比非肠道给药方法大些；需较长时间血液药物浓度才能达到高峰；一些抗生素肠道难吸收，如链霉素、新霉素等。有的抗生素被破坏了，如青霉素。长期口服抗生素破坏肠道内菌系，吸收情况难确定，又依赖胃肠状况、食物类型和食入量等，口服钙或高岭土可妨碍多种抗菌药物的吸收。

### （四）用药持续时间

一般注射给药需持续 3～5 d，恢复正常后再增加给药 1 d。如果治疗 3～5 d 不见效，可考虑更换另一种抗菌药物。治疗慢性疾病时，持续给药需 10～14 d 或更长。

### （五）抗菌药物效能谱

抗菌药物不同，其对病原的效能也不同。一般说来，对革兰氏阳性和革兰氏阴性细菌都有效的，称为广谱抗菌药物；只对革兰氏阳性或革兰氏阴性有效的，称为窄谱抗菌药物（表 22-4）。也有把只对细菌有效的称为窄谱；把对细菌、支原体、衣原体和立克次氏体都有效的称为广谱。

**表 22-4　抗菌药物对细菌的效能**

| 革兰氏阳性菌 | 革兰氏阴性菌 | 广谱：革兰氏阴性和阳性菌 |
|---|---|---|
| 青霉素类： | 青霉素类： | 青霉素类： |
| 氯唑西林 | 羧苄西林 | 阿莫西林 |
| 甲氧西林 | | 氨苄西林 |
| 青霉素 G | 多黏菌素类： | 克拉维酸钾-阿莫西林 |
| 青霉素 V | 多黏菌素 E | |
| | 多黏菌素 B | 磺胺类： |
| 大环内酯类： | | 多种磺胺药物 |

续表 22-4

| 革兰氏阳性菌 | 革兰氏阴性菌 | 广谱:革兰氏阴性和阳性菌 |
|---|---|---|
| 红霉素 | 氨基糖苷类： | |
| 竹桃霉素 | 阿米卡星 | 四环素类： |
| 螺旋霉素 | 双氢链霉素 | 四环素 |
| 泰乐菌素 | 弗氏丝菌素(新霉素 B) | 多西环素 |
| | 庆大霉素 | 甲烯土霉素 |
| 其他： | 卡那霉素 | 土霉素 |
| 杆菌肽 | 新霉素 | |
| 林可霉素 | 巴龙霉素 | |
| 新生霉素 | 链霉素 | 头孢菌素类： |
| 万古霉素 | | 头孢曲松 |
| | 其他： | 头孢噻呋 |
| | 阿泊拉霉素 | 头孢氨苄 |
| | 壮观霉素 | 头孢噻啶 |
| | | 头孢金素 |
| | | 呋喃类： |
| | | 呋喃唑酮 |
| | | 呋喃妥英 |
| | | 呋喃西林 |
| | | 氟喹诺酮类药物： |
| | | 达诺沙星 |
| | | 恩诺沙星 |
| | | 麻氟沙星 |
| | | 其他： |
| | | 氯霉素 |
| | | 氟苯尼考 |
| | | 哈喹诺 |
| | | 磺胺和三甲氧苄氨嘧啶 |

### (六)杀菌或抑菌效能

了解抗菌药物的杀菌或抑菌效能很重要。有的药物能杀灭细菌;有的药物主要是抑菌(表 22-5),抑菌后靠动物自身的防疫功能来消灭病原菌。当然这些都是相对的定义。有的药物在高浓度时具有杀菌作用,在低浓度时只有抑菌作

用。因此，用药一定要用足药量。

**表 22-5　杀菌和抑菌药物**

| 杀菌药物 | 抑菌药物 |
| --- | --- |
| 青霉素类： | 哈喹诺 |
| 阿莫西林 | 新生霉素（高浓度） |
| 氨苄西林 | 大观霉素（偶尔） |
| 羧苄西林 | 磺胺和三甲氧苄氨嘧啶（TMP） |
| 氯唑西林 | 万古霉素 |
| 甲氧西林 | |
| 青霉素 G | 大环内酯类： |
| 青霉素 V（苯氧青霉素） | 碳霉素 |
| | 红霉素（低浓度） |
| 大环内酯类： | 阿奇霉素 |
| 红霉素（高浓度） | 螺旋霉素 |
| | 替米考星 |
| 呋喃类： | 泰乐菌素 |
| 呋喃唑酮（高浓度） | |
| 呋喃妥英（高浓度） | 磺胺类： |
| 呋喃西林（高浓度） | 所有种类磺胺 |
| 头孢菌素类： | 呋喃类： |
| 头孢噻呋 | 呋喃唑酮（低浓度） |
| 头孢氨苄 | 呋喃妥英（低浓度） |
| 头孢噻啶 | 呋喃西林（低浓度） |
| 头孢曲松 | |
| | 四环素类： |
| 多黏菌素类： | 四环素 |
| 多黏菌素 E | 多西环素 |
| 多黏菌素 B | 甲烯土霉素 |
| | 土霉素 |
| 氨基糖苷类： | 金霉素 |
| 阿米卡星 | |
| 双氢链霉素 | 其他： |
| 弗氏丝菌素（新霉素 B） | 阿泊拉霉素 |
| 庆大霉素 | 氯霉素 |
| 卡那霉素 | 克林霉素 |

续表 22-5

| 杀菌药物 | 抑菌药物 |
|---|---|
| 新霉素 | 氟苯尼考 |
| 巴龙霉素 | 林可霉素 |
| 链霉素 | 冠截耳素 |
| | 三甲氧苄氨嘧啶 |
| 氟喹诺酮类药物： | |
| 达诺沙星 | |
| 恩诺沙星 | |
| 麻氟沙星 | |
| 其他： | |
| 杆菌肽 | |

### (七)抗菌药物的联合应用

临床上联合用药经常看到，但是最好避免使用。在多种病原菌同时感染时，可采用联合用药。联合用药有的有协同或相加作用，还可能获得广谱的抗菌效能，如青霉素和氨基糖苷类、甲氧苄氨嘧啶和磺胺类药物的联合用药。对于治疗免疫功能差的动物，联合用药的协同作用有重要意义。对于大多数败血性休克犬猫的治疗，氨苄西林加恩诺沙星或恩诺沙星加克林霉素、阿米卡星加克林霉素、阿米卡星加甲硝唑等，都是较有效的治疗组合。另外，犬猫的尿液多为酸性，磺胺类药物在酸性尿液中易形成结晶，严重的能形成尿结石。所以，犬猫应用磺胺类药物时，最好同时也应用碳酸氢钠。联合用药有些副作用，如两药发生沉淀或降低疗效、增加毒性等。因此，临床上必须小心选择联用药物的配伍(表 22-6)。

表 22-6 只给出了每类抗菌药物的一般情况，能否联合应用的详细说明，仍需参考每种抗菌药物的说明书。

### (八)药物毒性

临床上应根据抗菌药物用量来用药；有些毒性较大的药物，应用时尤其要注意，以防发生中毒(表 22-7)。

### (九)药物价格

选择抗菌药物，最好是抗菌或杀菌作用最强，毒性最小，对病动物免疫力没有副作用，价格较便宜的抗菌药物。

**表 22-6 抗菌药物的联合应用和禁忌**

| | | | | | | | | | | | |
|---|---|---|---|---|---|---|---|---|---|---|---|
| 1 | 1.青霉素类抗生素 | | | | | | | | | | |
| 2 | + | 2.头孢菌素类抗生素 | | | | | | | | | |
| 3 | + | ± | 3.氨基糖苷类抗生素 | | | | | | | | |
| 4 | − | − | + | 4.四环素类抗生素 | | | | | | | |
| 5 | − | − | − | − | 5.大环内酯类抗生素 | | | | | | |
| 6 | − | − | − | − | − | 6.林可霉类抗生素 | | | | | |
| 7 | + | − | − | + | − | ○ | 7.多黏菌素类抗生素 | | | | |
| 8 | − | − | − | − | − | − | ○ | 8.氯霉素类抗生素(氟苯尼考) | | | |
| 9 | + | + | ± | − | − | + | ○ | − | 9.喹诺酮类药物 | | |
| 10 | − | − | − | − | ○ | − | + | − | − | 10.磺胺类药物 | |
| 11 | + | + | + | − | + | + | + | ○ | + | + | 11.抗菌增效剂(TMP) |

注:表中"+"表示可以联合应用,有协同或相加作用,须分别给药。"±"表示可以联合应用,但毒性增加,须分别给药。"−"表示不可以联合应用。"○"不清楚。

**表 22-7 抗菌药物的毒性**

| 药物类别 | 毒性 |
|---|---|
| 青霉素类 | 毒性很低,偶尔高敏,有时可导致严重危害反应 |
| 磺胺类药物 | 少见有毒性,快速静脉注射可导致虚脱和呼吸衰竭,在酸性尿中易形成结晶 |
| 大环内酯类 | 皮下或肌肉注射后,可导致疼痛或其他反应。注射红霉素和泰乐菌素可能有刺激性反应 |
| 林可霉素 | 腹泻;产奶下降(口服) |
| 氨基糖苷类 | 耳毒性(可能有);心血管损伤;高血压(动物中毒或休克);肾毒性 |
| 四环素类 | 急性虚脱综合征(静脉注射);消化功能不良(口服);在骨骼和牙齿内聚积,造成幼动物骨骼和牙齿发育不良 |
| 氟喹诺酮类 | 损伤幼年动物软骨组织。猫使用剂量超过 5 mg/kg,可能引起失明 |
| 氯霉素类 | 经微毒性;可引起双重感染(口服);可引起贫血 |
| 多黏菌素类 | 因为非肠道给药可引起中毒性休克和死亡,所以通常应用于局部 |
| 呋喃类 | 急性——神经症状;慢性——出血综合征 |

## 四、抗菌药物治疗无效的原因

①抗菌药物种类选择不当,没有建立在药物作用或药敏试验的基础上,或

药物不能进入靶组织或体液，如不能通过血脑屏障。

②使用的剂量不当，每天给药的次数和途径不当，应用时间长短不当。

③感染的细菌具有了耐药性，如有的细菌能产生β-内酰胺酶，对抗β-内酰胺类药物(如青霉素和头孢菌素类)。

④抗菌药物联合应用时的拮抗作用。

⑤诊断错误，如用抗菌药物治疗病毒性疾病、异物和植入物。

⑥患病动物免疫功能差或药物影响了免疫力。

## 第2节　抗菌药物预防性应用

### 一、内科预防性用药注意事项

①只可用于预防1种或2种特定病原菌感染，不可用于预防任何病原菌入侵感染。

②只可用于预防在一段时间内可能发生的细菌感染，不可长期预防用药。

③在任何情况下，一般都不宜常规长期预防性应用抗菌药物。

### 二、外科手术预防性用药

动物外科手术不像人类那样清洁，即使清洁手术，也应应用抗菌药物。抗菌药物的选择依预防目的而定。预防伤口感染，多选择针对预防金黄色葡萄球菌感染药物。肠道手术宜选择预防大肠杆菌和厌氧菌感染药物，如新霉素、甲硝唑或氟苯尼考，手术前口服。一般手术时间越长，导致感染的机会越多，90 min手术是60 min手术的可感染危险的2倍。犬猫不同部位手术较易感染细菌见表22-8。

**表22-8　犬猫不同部位手术较易感染细菌**

| 手术部位 | 较易感染细菌 |
|---|---|
| 胸腔肺部和心血管手术 | 葡萄球菌、革兰氏阴性杆菌 |
| 矫形外科手术，如髋关节移植、骨骼内固定 | 葡萄球菌 |
| 胃和近胃端肠管手术(严重病动物) | 革兰氏阳性球菌、革兰氏阴性杆菌 |
| 胆管手术(严重病动物) | 肠革兰氏阴性杆菌、厌氧菌，特别是链球菌和梭菌属 |

续表 22-8

| 手术部位 | 较易感染细菌 |
| --- | --- |
| 结肠和直肠手术 | 肠革兰氏阴性杆菌、厌氧菌，特别是拟杆菌属和链球菌 |
| 泌尿生殖系统手术（如伴有子宫积脓或内膜炎） | 大肠杆菌、链球菌、厌氧菌 |
| 深部穿透创伤手术 | 厌氧菌、兼性细菌 |
| 牙科手术（患有心血管疾病动物） | 葡萄球菌、链球菌、兼性细菌、厌氧菌 |

外科手术预防给药时间，可在手术前 0.5～2 h 内给药，手术超过 3 h、污染严重或失血较多者，手术中可给第二次抗菌药物。动物清洁手术可预防用药 1～3 d，污染手术可根据情况适当延长用药时间。

## 第 3 节　抗菌药物在动物某些生理和病理状况下的应用

### 一、老年动物患病时抗菌药物的应用

老年动物的器官组织已有生理功能性退化，免疫功能也减退，因此，一旦发生感染，如果应用由肾脏排出的抗菌药物，可按肾功能轻度减退减量给药，可用正常治疗量的 2/3～1/2。同时，宜选用对肾脏毒性低的抗菌药物，如青霉素、头孢菌素类等；忌用毒性大的氨基糖苷类等药物。

### 二、幼年动物患病时抗菌药物的应用

幼年动物的主要器官组织尚未发育成熟，其功能也较差，尤其是肝肾均未发育成熟。因此，在发生感染时，慎用对肾脏和耳有毒性的氨基糖苷类（如庆大霉素、阿米卡星、卡那霉素等）；慎用对肝脏有毒性的红霉素酯化物、磺胺类、酮康唑和利福平等药物；慎用能造成牙齿和骨骼发育不良的四环素类药物（如四环素、土霉素、多西环素）；慎用损伤骨骼的骨骺软骨的氟喹诺酮类药物（如吡哌酸、依诺沙星、诺氟沙星、氧氟沙星、环丙沙星）。在使用毒性较小的抗菌药物时，也应该严格控制用量，防止药物在体内蓄积导致中毒。

### 三、妊娠动物抗菌药物的应用

妊娠动物抗菌药物的应用要考虑药物对母动物和胎儿 2 个方面的影响。

①对胎儿有致畸和明显有毒性药物。如四环素类(如四环素、土霉素、多西环素、甲烯土霉素等)容易经胎盘进入胎儿体内,妊娠早期可致胎儿畸形、四肢发育不良及小肢畸形;妊娠中期可致牙蕾发育不良,从而使乳牙呈棕黄色及牙釉发育不良,恒齿发育也受影响,易形成龋齿;妊娠后期可引起肝肾损伤。甲硝唑类药物容易通过胎盘进入胎儿体内,在妊娠早期(组织器官形成时期)易引起胎儿畸形。磺胺类(如磺胺甲基异唑等)易引起黄疸。还有抗真菌类药物等。这些药物,动物妊娠期避免应用。

②对母体和胎儿均有毒性药物。如氨基糖苷类(如庆大霉素、卡那霉素、丁胺卡那霉素、妥布霉素等)药物对胎儿听力和肾脏有损害,动物妊娠期避免应用。

③对母体和胎儿毒性低,也无致畸作用药物。如青霉素类(如青霉素、氨苄西林、阿莫西林、美罗西林等)、头孢菌素类(如头孢氨苄、头孢唑啉、头孢拉定等)、大环内酯类(如红霉素、吉他霉素、克林霉素、罗红霉素等),均可用于妊娠母动物。

## 四、哺乳期母动物抗菌药物的应用

哺乳期母动物应用抗菌药物后,药物可从乳汁分泌,通常乳汁中只占用药量的1%左右。但是,氟喹诺酮类、四环素类、大环内酯类、甲硝唑、磺胺甲噁唑等药物,在乳汁中分泌含量较高。而青霉素类,头孢菌素类和氨基糖苷类等药物,在乳汁中含量较低。无论乳汁中含抗菌药物量多少,都可能存在对哺乳幼动物的影响。因此,哺乳期患病母动物,避免选用氨基糖苷类、喹诺酮类、四环素类、磺胺类等药物进行治疗。

## 五、肾功能减退动物抗菌药物的应用

进入动物机体内许多药物主要经肾排出。因此,对肾有毒性的抗菌药物,尽量避免应用,如氨基糖苷类、四环素类、呋喃妥因、磺胺类、万古霉素、氯磺丙胺、乙胺丙醇等。对肾无毒或毒性较低,或肝和胃肠也参与代谢和排出的药物,如青霉素类、头孢菌素类、大环内酯类、磺胺甲噁唑、克林霉素、甲硝唑、利多卡因、苯妥英钠、洋地黄苷、甲苯磺丁脲等药物可以选用,药物用量可维持原量或剂量略减。

## 六、肝功能减退动物抗菌药物的应用

动物肝功能减退应用抗菌药物时，要考虑肝代谢和清除药物的能力以及药物对肝脏的毒性。

①药物对肝无毒性，主要经肝清除，如红霉素、林可霉素等，肝病时正常应用或减量给药。治疗过程注意监测肝功能。

②药物主要由肾脏排出，如氨基糖苷类、氟喹诺酮类药物，肝病时可正常应用。

③药物由肝、肾 2 条途径清除的，如青霉素类、头孢菌素类等，因它们毒性不大，在肝病时可应用；在肝、肾功能都减退时，需酌情减量应用。

④肝病避免应用的抗菌药物有红霉素酯化物、四环素类、氯霉素、抗真菌药和磺胺类药物等。

## 七、犬猫特殊感染抗菌药物的应用

### (一)皮肤和软组织感染

犬感染的病原最多见的是中间葡萄球菌，深层组织感染是铜绿假单胞菌或大肠杆菌和变形杆菌，有时还有革兰氏阳性菌的肠球菌。另外，还有厌氧菌的放线菌。猫皮肤感染菌有巴氏杆菌、链球菌等；口腔感染还有厌氧菌。

1. 中间葡萄球菌

治疗中间葡萄球菌感染最有效的药物是头孢菌素(如头孢氨苄)、青霉素(阿莫西林、克拉维酸钾阿莫西林等)和氟喹诺酮类药物。其他还有红霉素、林可霉素、克林霉素和复方磺胺药物，但易产生抗药性。

2. 假单胞菌

治疗假单胞菌感染可用氨基糖苷类(阿米卡星、庆大霉素、妥布霉素)、广谱青霉素类(替卡西林钠克拉维酸钾、克拉维酸钾阿莫西林等)、第 3 代头孢菌素类或氟喹诺酮类药物。

3. 巴氏杆菌

治疗巴氏杆菌感染可用氨苄西林、克拉维酸钾阿莫西林、头孢菌素和氟喹诺酮类药物。

4. 大肠杆菌和变形杆菌

治疗大肠杆菌和变形杆菌感染可用氨基糖苷类、头孢菌素、氟喹诺酮类、三甲氧苄氨嘧啶和磺胺类药物。

5. 厌氧菌

治疗厌氧菌感染可用青霉素类、林可霉素和甲硝唑类药物。

### (二)泌尿道感染

犬猫泌尿道感染最常见的病原菌是奇异变形杆菌、葡萄球菌和革兰氏阴性菌假单胞杆菌、大肠杆菌、克雷伯菌和肠杆菌。有时还有肠球菌感染。

治疗可选用青霉素类、头孢菌素、四环素类(多西环素除外)、氟喹诺酮类和氨基糖苷类(对肾脏有毒,用时注意)药物。

治疗前列腺疾患,可选用氟喹诺酮类、红霉素和甲氧苄氨嘧啶(磺胺增效剂)。

### (三)骨骼和关节感染

犬猫骨骼和关节感染病原菌有葡萄球菌、大肠杆菌、假单胞杆菌、变形杆菌和厌氧菌;常为混合感染,但葡萄球菌感染多见,而且最麻烦。

治疗时间较长,一般得 6 周。应先清洗脓汁和异物,然后再用药,可选用头孢菌素、克拉维酸钾阿莫西林口服,其他可选用氟喹诺酮类、林可霉素。非肠道用药,可选用氨基糖苷类或第 3 代头孢菌素。

其他一些疾病抗菌药物的应用见表 22-9。

**表 22-9　犬猫一些疾病抗菌药物的应用***

| 类别 | 选用药物 |
|---|---|
| 细菌性腹泻 | 阿莫西林、氨苄西林、克拉维酸钾和阿莫西林、达诺沙星、恩诺沙星、麻氟沙星、新霉素、四环素、土霉素、磺胺类药物、磺胺和三甲氧苄氨嘧啶、呋喃唑酮 |
| 肺炎 | 阿莫西林、氨苄西林、克拉维酸钾和阿莫西林、头孢噻呋、头孢氨苄、头孢曲松、达诺沙星、恩诺沙星、麻氟沙星、土霉素、青霉素和链霉素、替米考星、泰乐菌素、阿奇霉素 |
| 沙门氏菌 | 阿莫西林、氨苄西林、克拉维酸钾和阿莫西林、达诺沙星、恩诺沙星、麻氟沙星、新霉素、呋喃唑酮、磺胺和三甲氧苄氨嘧啶 |
| 拟杆菌 | 氨苄西林、克拉维酸钾阿莫西林、克林霉素、琥乙红霉素、甲硝唑 |
| 克雷伯菌 | 阿米卡星、头孢去甲噻肟、庆大霉素、妥布霉素、替卡西林、恩氟沙星 |
| 梭形杆菌 | 氨苄西林、克拉维酸钾阿莫西林、克林霉素、氯霉素、甲硝唑 |
| 梭菌属 | 氨苄西林、克拉维酸钾阿莫西林、甲硝唑、氯霉素 |
| 放线菌属 | 氨苄西林、克拉维酸钾阿莫西林、青霉素、克林霉素、氯霉素、琥乙红霉素 |
| 诺卡氏菌 | 磺胺和三甲氧苄氨嘧啶、阿米卡星、环丙沙星、头孢噻肟、头孢曲松 |

续表 22-9

| 类别 | 选用药物 |
|---|---|
| 伯氏疏螺旋体（莱姆病） | 多西环素、四环素、阿莫西林、头孢菌素（头孢曲松）、氯霉素 |
| 败血症 | 阿莫西林、氨苄西林、克拉维酸钾和阿莫西林、达诺沙星、恩诺沙星、麻氟沙星、磺胺和三甲氧苄氨嘧啶 |
| 乳房炎 | 阿莫西林、氨苄西林、头孢曲松、头孢氨苄、土霉素、磺胺和三甲氧苄氨嘧啶 |
| 子宫炎 | 阿莫西林、头孢噻呋、头孢氨苄、头孢曲松、克拉维酸钾和阿莫西林、土霉素 |
| 脐病 | 阿莫西林、氨苄西林、克拉维酸钾和阿莫西林、土霉素、磺胺和三甲氧苄氨嘧啶 |
| 脑膜炎 | 达诺沙星、恩诺沙星、麻氟沙星、磺胺和三甲氧苄氨嘧啶 |
| 支原体 | 四环素、土霉素、多西环素、甲烯土霉素、红霉素、喹诺酮类、林可霉素、竹桃霉素、螺旋霉素、泰乐菌素 |
| 立克次氏体 | 喹诺酮类、四环素、土霉素、多西环素、甲烯土霉素、氯霉素 |
| 真菌 | 两性霉素、灰黄霉素、制霉菌素、曲古霉素、克念菌素、咪康唑、酮康唑、克霉唑、特比萘芬 |

* 选择抗菌药物治疗，最好通过药物敏感试验来决定。

（韩　博　高得仪）

# 参考文献


[1] 安铁洙，等. 犬解剖学. 吉林科学技术出版社，2003.

[2] 陈琦，夏炉明，俞向前，等. 猫巴尔通体病和猫抓病研究进展. 动物医学进展，2011，32(1)：73-76.

[3] 高得仪，等. 猫饲养与疾病防治误正谈. 北京：中国农业出版社，2002.

[4] 高得仪，韩博，等. 宠物疾病实验室检验与诊断彩色图谱附病例分析. 北京：中国农业出版社，2003.

[5] 高得仪，等. 宠物犬猫的保健. 北京：中国农业出版社，1999.

[6] 侯加法. 小动物疾病学. 北京：中国农业出版社，2002.

[7] 侯加法. 小动物外科学. 北京：中国农业出版社，1996.

[8] 胡延春，等. 犬猫疾病类症鉴别诊疗彩色图谱. 北京：中国农业出版社，2010.

[9] 李志鹏，金艺鹏，孙瑶，等. 北京地区犬马拉色菌耳炎的流行病学调查. 中国畜牧兽医. 2010，37(10)：187-189.

[10] 刘海. 动物常用药物及科学配伍手册. 北京：中国农业出版社，2008.

[11] 林德贵. 动物医院临床技术. 北京：中国农业大学出版社，2004.

[12] 田野，董悦农，韩博. 溴比斯的明治愈犬重症肌无力. 中国兽医杂志，2009，46(7)：53.

[13] 汪复. 抗菌药物临床应用指导原则. 北京：人民卫生出版社，2004.

[14] 王小龙. 畜禽营养代谢病和中毒病. 北京：中国农业出版社，2009.

[15] 谢富强. 兽医影像学. 北京：中国农业大学出版社，2004.

[16] 夏咸柱. 狂犬病及其防治. 北京：金盾出版社，2008.

[17] 夏兆飞. 犬猫疾病诊疗技术. 北京：中国农业科学技术出版社，2006.

[18] 徐明. 犬解剖生理学. 北京：中国人民公安大学出版社，2008.

[19] 叶晓敏，郭静卫，陈平，等. 苏格兰折耳猫骨软骨发育的 X 线影像分析. 中国兽医杂志. 2007(43)，3，28-30.

[20] 任改仙，徐芝华，曾兴梅，等. 犬尿崩症的诊治. 中国兽医杂志，2008，44(5)：58.

[21] 赵德明.兽医病理学.北京:中国农业大学出版社,2005.

[22] 中国兽医协会组织编写.2010年执业兽医资格考试应试指南:下册.北京:中国农业出版社,2010.

[23] 朱汉英,岳文浩.重症肌无力的病因与治疗.国外医学参考资料(神经病学神经外科学分册),1976(1):16-22.

[24] Alan H R 等. 犬猫血液学手册.夏兆飞,等译.北京:中国农业大学出版社,2007.

[25] Dziezye J, et al. 犬猫眼科学彩色图谱.韩博,等译.北京:中国农业科学技术出版社,2008.

[26] Fossum T W, Hedlund C S, et al. 小动物外科学.张海彬,夏兆飞,林德贵,主译.北京:中国农业大学出版社,2008.

[27] Morgan R V. 小动物临床手册.施振声,主译.北京:中国农业出版社,2005.

[28] Boarino A, Bollo E, Prunotto L, et al. Application of a recombinant protein for the serological diagnosis of canine leishmaniasis[J]. Comparative Immunology, Microbiology and Infectious Diseases, 2008, 31(6): 527-536.

[29] Chaturvedi U, Tiwari A K, Ratta B, et al. Detection of canine adenoviral infections in urine and faeces by the polymerase chain reaction[J]. Journal of Virological Methods, 2008, 149(2): 260-263.

[30] Davison L J, Weenink S M, Christie M R, et al. Autoantibodies to GAD65 and IA-2 in canine diabetes mellitus[J]. Veterinary Immunology and Immunopathology. 2008, 126(1-2): 83-90.

[31] De Cramer K G M, Stylianides E, van Vuuren M. Efficacy of vaccination at 4 and 6 weeks in the control of canine parvovirus[J]. Veterinary Microbiology. 2011, 149(1-2): 126-132.

[32] Decaro N, Desario C, Elia G, et al. Occurrence of severe gastroenteritis in pups after canine parvovirus vaccine administration: A clinical and laboratory diagnostic dilemma[J]. Vaccine, 2007, 25(7): 1161-1166.

[33] Demeter Z, Palade E A, Horny B, et al. Controversial results of the genetic analysis of a canine distemper vaccine strain[J]. Veterinary Microbiology. 2010, 142(3-4): 420-426.

[34] Denny H R, Butterworth S J. Nutritional bone disease. In: A guide to canine and feline orthopaedic suugery[M]. 4th ed. Blackwell Science Ltd. 2000 :604-605.

[35] Di Martino B, Di Rocco C, Ceci C, et al. Characterization of a strain of feline calicivirus isolated from a dog faecal sample[J]. Veterinary Microbiology. 2009, 139(1-2): 52-57.

[36] Ettinger S J, Feldman E C. Textbook of veterinary internal medicine[M]. 6th ed. Elsevier Saunders, 2005.

[37] Fenner W R. Quick reference to veterinary medicine[M], 3rd ed. Lippincott, Baltimore, 2000.

[38] Giunchetti R C, Reis A B, Da Silveira-Lemos D, et al. Antigenicity of a whole parasite vaccine as promising candidate against canine leishmaniasis[J]. Research in Veterinary Science, 2008, 85(1): 106-112.

[39] Goddard A, Leisewitz A L. Canine parvovirus[J]. Veterinary Clinics of North America: Small Animal Practice. 2010, 40(6): 1041-1053.

[40] Greene C E. Infectious diseases of the dog and cat-revised reprint [M]. 3rd ed. Saunders, 2006.

[41] Hibbert A, Gruffydd-Jones T, Barrett E L, et al. Feline thyroid carcinoma: diagnosis and response to high-dose radioactive iodine treatment[J]. Journal of Feline Medicine & Surgery, 2009, 11(2): 116-124.

[42] Irculating in Italy[J]. Veterinary Microbiology, 2007, 121(3-4): 225-230.

[43] Kealy J K, McAllister H. The thorax. In: Kealy J K, McAllister H (eds): Diagnostic radiology and ultrasonography of the dog and cat [M]. 4th ed. Elsevier Saunders, 2005: 173-296.

[44] Litster A L, Atwell R B. Feline heartworm disease: a clinical review[J]. Journal of Feline Medicine & Surgery, 2008, 10(2): 137-144.

[45] Lorenz M D, Neer T M, Demars P L. Small animal medical diagnosis[M]. 3th ed. Wiley-Blackwell, 2009.

[46] Maggs D J. Antiviral therapy for feline herpesvirus infections[J]. Veterinary Clinics of North America：Small Animal Practice，2010，40(6)：1055-1062.

[47] Malik R，Allan G S，Howlett C R，et al. Osteochondrodysplasia in Scottish fold eats[J]. Aust Vet J，1999，77：85-92.

[48] Michael D W，Harold T. Small animal clinical diagnosis by laboratory methods[M]. 4th ed. Saunders，2004.

[49] Montavon P M，Voss K，et al. Feline orthopedic surgery and musculoskeletal disease [M]. Elsevier Saunders，2009.

[50] Nakano H，Kameo Y，Andoh K，et al. Establishment of canine and feline cells expressing canine signaling lymphocyte activation molecule for canine distemper virus study[J]. Veterinary Microbiology. 2009，133(1-2)：179-183.

[51] Nelson R W，Couto C G. Small animal internal medicine[M]. 4th ed. Elsevier，Mosby，2009.

[52] Pratelli A. Canine coronavirus inactivation with physical and chemical agents[J]. The Veterinary Journal，2008，177(1)：71-79.

[53] Quimby J M，Elston T，Hawley J，et al. Evaluation of the association of *Bartonella* species，feline herpesvirus 1，feline calicivirus，feline leukemia virus and feline immunodeficiency virus with chronic feline gingivostomatitis[J]. Journal of Feline Medicine & Surgery，2008，10(1)：66-72.

[54] Rose B D. Clinical physiology of acid-base and electrolyte disorders [M]. 5th ed. New York，2000，McGraw-Hill.

[55] Scott H W，McLaughlin R. Feline orthopedics[M]. Manson Publishing Ltd，2007.

[56] Shiba N，Maeda K，Kato H，et al. Differentiation of feline coronavirus type I and II infections by virus neutralization test[J]. Veterinary Microbiology，2007，124(3-4)：348-352.

[57] Stephen B. Current topics in canine and feline infectious[J]. Veterinary Clinics of North America Small Animal Practice，2010，40(6)：1041-1204.

[58] Troth S P，Dean A D，Hoover E A. In vivo CXCR4 expression，

lymphoid cell phenotype, and feline immunodeficiency virus infection[J]. Veterinary Immunology and Immunopathology, 2008, 123 (1-2): 97-105.

[59] Yang S, Xia X, Qiao J, et al. Complete protection of cats against feline panleukopenia virus challenge by a recombinant canine adenovirus type 2 expressing VP2 from FPV[J]. Vaccine, 2008, 26(11): 1482-1487.